碾压混凝土坝施工技术与工程实例研究

NIANYA HUNNINGTUBA SHIGONG JISHU YU GONGCHENG SHILI YANJIU

刘洪超 著

黄河水利出版社

·郑州·

内 容 提 要

本书通过对大量工程实例和施工现场的资料进行研究，阐述了水工碾压混凝土坝施工技术，是一本对碾压混凝土坝施工技术和施工经验进行总结，并具有较高的理论水平的技术专著。

全书共10章，内容包括：综述、碾压混凝土坝设计概述、碾压混凝土原材料、碾压混凝土配合比设计、碾压混凝土性能研究、碾压混凝土温度控制、碾压混凝土坝施工技术、变态混凝土施工技术、碾压混凝土施工质量控制及附录。

图书在版编目(CIP)数据

碾压混凝土坝施工技术与工程实例研究/刘洪超著. —郑州：黄河水利出版社，2018.10
ISBN 978-7-5509-2070-5

Ⅰ. ①碾…　Ⅱ. ①刘…　Ⅲ. ①碾压土坝-混凝土坝-工程施工-研究　Ⅳ. ①TV642.2

中国版本图书馆CIP数据核字(2018)第151888号

出 版 社：黄河水利出版社
地址：河南省郑州市顺河路黄委会综合楼14层　　邮政编码：450003
发行单位：黄河水利出版社
发行部电话：0371-66026940、66020550、66028024、66022620(传真)
E-mail：hhslcbs@126.com
承印单位：北京虎彩文化传播有限公司
开本：787 mm×1 092 mm　1/16
印张：27
字数：560千字　　印数：1—1 000
版次：2018年10月第1版　　印次：2018年10月第1次印刷

定价：80.00元

前　言

碾压混凝土坝是在常态混凝土坝与土石坝相互借鉴、取长补短中产生的一种新的坝型，是筑坝史上的一次重大技术革新。碾压混凝土筑坝是把碾压混凝土技术引入混凝土坝施工中，采用类似土石方填筑施工工艺，将无坍落度的半塑性混凝土通过振动碾碾压达到密实的混凝土施工技术。碾压混凝土坝突破了传统混凝土土坝分缝分块柱状浇筑和大量并缝灌浆对大坝浇筑速度的限制，简化了施工工序，提高了施工机械化水平，进而缩短了工期，节省了投资。它是把土石坝高效快速的机械化施工和混凝土坝的安全运行等优点结合起来的筑坝方式。

碾压混凝土筑坝技术是集科研、设计、施工、监理等多方面的系统工程。碾压混凝土的通仓薄层碾压工艺改变了枢纽布置和坝工结构的设计理念。枢纽布置不但要简化大坝布置，满足碾压混凝土快速施工要求，还需要从大坝结构、温度应力、整体性能等方面进行深化研究。坝址的比选、枢纽布置格局务必结合碾压混凝土的自身特点和施工工艺要求，坝型力求简单，引水发电建筑物、大坝及泄洪建筑物尽量分开布置，以发挥碾压混凝土大仓面快速施工的优势。

我国碾压混凝土筑坝技术从 1986 年福建坑口坝建成后，得到了广泛的推广和应用，建成的碾压混凝土坝有 200 多座。通过对坝体结构型式、原材料及配合比、材料性能、入仓方式及手段、碾压施工工艺、变态混凝土、斜层铺筑、温度控制、质量检测等方面进行研究和创新，碾压混凝土筑坝技术日趋成熟。我国碾压混凝土坝无论是在西北高纬度严寒地区还是在南方亚热带、热带高温多雨地区，以及在高地震烈度地区均已取得了成功经验。碾压混凝土坝型也从重力坝发展至拱坝，从中低坝发展到高坝乃至 200m 级特高坝。例如，龙滩(192/216.5m)、光照(200.5m)、黄登(203m)。其中，龙滩在施工中有大坝单仓日浇筑碾压混凝土 2 万 m^3 和月浇筑 38 万 m^3 的记录。三峡三期碾压混凝土围堰高 121m，碾压混凝土 110 万 m^3，充分发挥了碾压混凝土快速施工的特性，仅在 4 个月内便完成了碾压混凝土施工，实现了围堰挡水发电的目标，创造了巨大的发电效益。

目前，我国碾压混凝土坝已从“外包常态混凝土(金包银)”发展到由“变态混凝土＋Ⅱ级配碾压混凝土＋Ⅲ级配碾压混凝土(坝体内部)”全断面碾压混凝土筑坝的施工技术，强调层间结合和温控防裂。碾压混凝土必须满足大坝的防渗、抗冻、极限拉伸等主要性能指标。大坝内部混凝土还必须满足温度控制和防裂要求。在碾压混凝土配合比设计方面已形成具有中国特色的水泥用量少、胶凝材料用量适中、混凝土绝热温升低、掺合料掺量大、抗渗和抗冻性能好的低热高性能碾压混凝土配合比技术路线。其具有“三低、两高和双掺”的特点，即低水泥用量、低VC值、低水胶比，高掺合料掺量、高石粉含量，使用高效缓凝减水剂和引气剂。碾压混凝土工程量在大坝混凝土中的占比从50%～60%提高到80%～90%。

经过几十年的发展，特别是近十多年的水电大开发，我国碾压混凝土坝无论是在数量、坝高，还是在坝型多样、地质及气候条件复杂多样（高温多雨、高寒、高地震烈度）等方面均稳居世界前列。同时，通过大量工程建设实践在设计、施工、监理、试验检测等方面积累了丰富的经验和培养了大批的工程技术人员，使我国碾压混凝土筑坝在科研、设计、施工、制造、监理和建设管理方面力量更加强大。随着中国智造、大数据及人工智能在坝工建设中的应用，碾压混凝土必将迎来突飞猛进的发展。我国碾压混凝土筑坝技术已从“跟跑”实现了“领跑”，中国已成为世界碾压混凝土坝工技术的大国和强国。

本书共分为10章。第1章介绍了碾压混凝土筑坝技术的发展历程，简述了碾压混凝土施工技术以及碾压混凝土施工中值得思考和关注的问题。第2章介绍了碾压混凝土坝的设计概况，总结了碾压混凝土坝枢纽布置格局、坝体结构设计、材料分区、防渗排水、分缝止水、廊道布置等设计和实践，分析了典型碾压混凝土的设计工程实例，总结和提出了枢纽布置的基本原则。第3章详细阐述了碾压混凝土的各类原材料，水泥、骨料、掺合料及外加剂的性能，并以金安桥水电站和喀腊塑克工程为工程实例，研究了石粉代砂的技术方案。第4章阐述了碾压混凝土配合比设计的方法，对金安桥水电站碾压混凝土配合比设计及其优化和百色水利枢纽工程大坝碾压混凝土配合比设计进行了深入研究。第5章介绍碾压混凝土的拌和物、力学性能、变形、耐久及热力学性能。第6章对碾压混凝土的温度控制及措施进行了研究。第7章详细阐述了碾压混凝土的施工技术及各项工艺。分别以高温多雨、高地震烈度区的金安桥水电站和西北严寒地区的龙首水电站的碾压混凝土坝为工程实例对碾压混凝土的施工技术进行了深入的研究。第8章阐述了变态混凝土的施工工艺。第9章介绍了碾压混凝土质量控制及工程经验，介绍了原材料、拌和生产、仓面养护和保护、质量管理及评定方法，重点对碾压混凝土生产试验、钻孔取芯、现场压水试验、芯样性能试验、原位抗剪断试验进行了总结和分析，并介绍了金安桥水电站碾压混凝土施工工法。第10章为附录。

本书作者在云南金沙江金安桥水电站工作期间，有幸参与了装机2400MW、坝高160m的碾压混凝土重力坝的建设。更幸运的是能够在诸多水利水电老专家、老前辈的直接指导下工作。他们是周汉军总工、田育功副总工、黄振兴教高、中国水力发电学会碾压混凝土筑坝专业委员会原主任王圣培教授、武汉大学方坤河教授、水电八局原总工刘炎生教高等。工作中各位专家教授提供了丰富的资料并悉心地指导和耐心地解答。最重要的是作者在他们身上学到了老一辈水利水电技术工作者严谨的治学态度和学术精神。在此一并表示衷心的感谢。

本书在写作过程中参考了大量的研究报告、施工组织设计、试验报告、规范规程等文献资料。书中引用的资料除附注中和篇末之外,其他的未能一一列举。特别向各单位和相关人员表示衷心的感谢,并敬请谅解。

由于篇幅有限,本书未涉及碾压混凝土坝安全监测的内容,感兴趣的读者可以查阅相关资料。本书引用的相关规范在具体工作应用时请参阅最新的版本。

由于作者水平有限,本书难免有片面、遗漏和错误、不足之处,敬请读者批评指正。

作　者

2018 年 5 月

目　录

第 1 章　综　述 …… 001

1.1　碾压混凝土坝发展历程简述 …… 001

1.2　碾压混凝土坝类型 …… 006

1.3　碾压混凝土坝施工技术特点 …… 009

1.4　碾压混凝土筑坝的思考和探讨 …… 014

第 2 章　碾压混凝土坝设计概述 …… 029

2.1　概述 …… 029

2.2　枢纽布置 …… 032

2.3　碾压混凝土坝坝体设计 …… 033

2.4　坝体混凝土分区及设计龄期 …… 039

2.5　典型碾压混凝土坝工程实例 …… 040

2.6　小结 …… 063

第 3 章　碾压混凝土原材料 …… 065

3.1　概述 …… 065

3.2　水泥 …… 066

3.3　骨料 …… 074

3.4　掺合料 …… 086

3.5　外加剂 …… 109

第 4 章　碾压混凝土配合比设计 …… 117

4.1　概述 …… 117

4.2　碾压混凝土配合比参数研究 …… 120

4.3　配合比设计步骤 …… 138

4.4　配合比设计方法 …… 139

4.5　金安桥水电站大坝碾压混凝土配合比设计及优化研究 …… 145

4.6　百色水利枢纽工程主坝碾压混凝土配合比设计 …… 177

第 5 章　碾压混凝土性能研究 …… 186

5.1　概述 …… 186

5.2　拌和物性能 …… 187

5.3　力学性能 …… 192

5.4 变形性能 …… 196
5.5 耐久性能 …… 204
5.6 热力学性能 …… 208
第6章 碾压混凝土温度控制 …… 214
6.1 概述 …… 214
6.2 碾压混凝土温控标准 …… 216
6.3 碾压混凝土温控设计 …… 221
6.4 碾压混凝土温度控制措施 …… 224
6.5 温度控制的思考 …… 238
6.6 金安桥水电站大坝碾压混凝土温控设计及施工控制措施研究 …… 242
第7章 碾压混凝土坝施工技术 …… 257
7.1 概述 …… 257
7.2 碾压混凝土施工分区 …… 258
7.3 模板工程 …… 260
7.4 碾压混凝土生产 …… 273
7.5 碾压混凝土运输 …… 287
7.6 碾压混凝土仓面施工 …… 296
7.7 高温多雨地区金安桥大坝碾压混凝土施工 …… 316
7.8 严寒干燥地区的龙首拱坝碾压混凝土施工 …… 333
第8章 变态混凝土施工技术 …… 342
8.1 概述 …… 342
8.2 变态混凝土施工技术 …… 346
8.3 机拌变态混凝土 …… 348
8.4 防渗区变态混凝土掺纤维工程实例研究 …… 348
8.5 百色碾压混凝土坝变态混凝土施工 …… 354
8.6 金安桥水电站变态混凝土施工简介 …… 357
第9章 碾压混凝土施工质量控制 …… 359
9.1 质量控制标准 …… 360
9.2 原材料质量控制标准 …… 361
9.3 混凝土配合比控制 …… 361
9.4 质量检测与控制 …… 362
9.5 碾压混凝土质量评定统计计算 …… 373

9.6 碾压混凝土质量管理措施、缺陷处理 …… 376
9.7 钻孔取芯、压水及原位抗剪试验 …… 380
9.8 光照水电站碾压混凝土压水试验及芯样性能试验成果分析 …… 381
9.9 金安桥水电站碾压混凝土压水试验及芯样性能试验研究 …… 384
9.10 金安桥水电站碾压混凝土坝现场原位抗剪试验研究 …… 391
第10章 附 录 …… 396
10.1 总则 …… 396
10.2 规范引用标准 …… 396
10.3 名词术语 …… 397
10.4 原材料控制与管理 …… 398
10.5 碾压混凝土配合比选定及配料单签发 …… 401
10.6 碾压混凝土浇筑施工前检查与验收 …… 401
10.7 混凝土拌和与管理 …… 405
10.8 混凝土运输 …… 407
10.9 仓内施工管理 …… 408
10.10 卸料 …… 411
10.11 仓面质量管理 …… 414
10.12 特殊气候条件下的施工 …… 417
10.13 高温、低温条件下的施工 …… 418
10.14 层面质量缺陷处理 …… 419
10.15 碾压收仓后的仓面管理 …… 419
参考文献 …… 420

第1章　综　述

1.1　碾压混凝土坝发展历程简述

现代土力学理论的发展，放宽了土石坝对建筑材料的限制，也拓展了利用当地材料筑坝的范围。大型土石方施工机械的发展加快了土石坝的施工进度，使土石坝的经济性得到了显著的提高。但是土石坝本身固有的局限性仍没有改变，土石坝坝顶不具备过流条件，其泄洪建筑物和坝体不能结合，必须另行布置溢洪道。大规模的开采当地材料对环境破坏较大。土石坝遇到超标准洪水漫顶及筑坝材料内部的侵蚀等情况时，土石坝的安全性较混凝土坝低。这些土石坝的局限性却恰恰是混凝土坝的优势所在。但常态混凝土坝需布置纵缝和横缝，形成分缝分块的柱状浇筑，水泥用量多，温控压力大，并缝灌浆占工期长等。

碾压混凝土坝是在常态混凝土坝与土石坝相互借鉴、取长补短中产生的一种新的坝型。采用类似土石方填筑施工工艺，将无坍落度的半塑性混凝土通过振动碾碾压达到密实的混凝土施工技术。把土石坝高效快速、机械化施工和混凝土坝的安全性等优点结合起来的筑坝方式就是碾压混凝土筑坝技术。无论是碾压混凝土重力坝还是拱坝，其坝体断面和常态混凝土坝相同。它突破了传统混凝土坝分缝分块柱状浇筑和大量并缝灌浆对大坝浇筑速度的限制，简化了施工工序，提高了施工机械化水平，具备土石坝快速施工的特点，进而缩短了工期、节省了投资。因此，"快速、高效、经济"是碾压混凝土筑坝的最大优势和特点。一般百米级别的混凝土大坝采用碾压混凝土技术，大坝 2～3 年即可建成，与常态混凝土筑坝技术相比，可缩短工期的 1/3 以上。例如，目前世界上最高的碾压混凝土重力坝黄登水电站大坝自 2015 年 3 月开始浇筑，2017 年 11 月下闸蓄水，2018 年 3 月大坝全线封顶。施工工期仅 3 年。碾压混凝土围堰相对土石围堰具有更好的安全性并且有占地面积小(可显著减少导流洞、明渠等导流建筑物的工程量)、堰顶能过水和临时挡水提前发电等优势。例如，三峡二期工程上游碾压混凝土围堰堰高 121m，碾压混凝土总方量 110 万 m^3，仅用 4 个月即完成(1 个枯水期内完成)，最高月浇筑 47.5 万 m^3，最高日浇筑 2.1 万 m^3，因此获得了三峡提前挡水发电的巨大经济效益。随着碾压混凝土筑坝技术的发展、设计的优化、机械化水平和数字智能化水平的提高，施工进度还有进一步大幅度提升的空间。

碾压混凝土的历史可以追溯到碾压混凝土在公路工程中的应用。从 20 世纪 20 年代末起，碾压混凝土经常用于高速公路路基和机场地面，当时被称为贫混凝土、干贫混凝土。有关资料表明：碾压混凝土筑坝从设想到实现历时 10 余年。1980 年世界上第一座碾压混凝土坝——日本岛地川重力坝建成。该坝高 89m，坝体碾压混凝土 16.5 万 m^3，占混凝土总方量的 52%。上游采用 3m 厚的常态混凝土防渗。坝体碾压混凝土胶凝材料用量120kg/m³，其中粉煤灰掺量30%，摊铺厚度50～70cm，每层碾压后间歇1～3d后再继续上升，采用切缝机切缝，形成坝体横缝。1982年美国建成世界上第一座全碾压混凝土重力坝——柳溪(Willow Creek)坝。该坝高52m，不设纵缝和横缝，上游面采用预制混凝土面板，内部碾压混凝土胶凝材料用量仅66kg/m³(其中水泥47kg/m³，粉煤灰19kg/m³)，压实层厚24～34cm，连续浇筑上升，33.1万m³混凝土在5个月内完成，比常态混凝土坝缩短工期1～1.5年。当时造价仅为常态混凝土坝的40%左右，为堆石坝的60%左右。1988年南非建成世界第一座碾压混凝土拱坝——Knellpoot坝。1985年以后引入富胶凝材料大量掺入掺合料的碾压混凝土概念，建成了一系列的大坝。例如，西班牙的Ca-stilblanco delos Arroyos坝和中国的坑口坝，以及美国的Upper Stillwater坝、Elk Creek坝等。早期一系列碾压混凝土坝的建成充分展示了碾压混凝土在工期和经济性等方面的优势，推动了碾压混凝土坝在美国和世界的迅速发展。

中国碾压混凝土筑坝技术研究开始于20世纪70年代末。先后在一些水电站非主体工程或者非主要的部位应用。例如，四川龚嘴水电站场内公路、铜街子水电站水泥罐基础、沙溪口电站纵向围堰、葛洲坝船闸下导墙等。1986年建成我国第一座碾压混凝土重力坝——福建坑口大坝。自坑口大坝建成，碾压混凝土坝在我国得到了迅速的发展。

截至目前，据不完全统计，我国建成的碾压混凝土坝已达200余座。碾压混凝土重力坝坝高已发展至200m级。例如，龙滩(216.5m)、光照(200.5m)、黄登(203m)。碾压混凝土拱坝坝高已发展到150m级。例如，万家口子(167.5m)、象鼻岭(141.5m)。目前，碾压混凝土坝坝身布置的泄洪建筑物孔口泄洪能力已达几千甚至上万立方米每秒的泄量。坝体防渗体系从“外包常态混凝土(金包银)”发展到由“变态混凝土+Ⅱ级配碾压混凝土”甚至“变态混凝土+Ⅲ级配碾压混凝土”的防渗体系。碾压混凝土工程量在大坝混凝土所占比重由50%～60%提高到80%～90%。

随着新材料、新技术、新工艺的不断进步和机械化水平的提高，碾压混凝土坝无论在高地震烈度区或者西北严寒地区的冬季，还是南方热带高温季节均可施工。碾压混凝土坝的结构体型、坝高、坝身孔口布置、建设地点等基本不受碾压混凝土筑坝材料本身限制。只要坝址地形地质具备建刚性坝的条件，骨料性能满足要求，水泥、粉煤灰等原材料采购运输方便，均可以修建碾压混凝土坝。从而使碾压混凝土筑坝技术得到广泛的应用。

我国碾压混凝土筑坝技术从引进、消化到成熟创新，经过几十年的发展特别是近十多年的水电大开发，我国碾压混凝土坝无论在数量、坝高，还是在坝型多样、地质及气候条件复杂多样(高温多雨、高寒、高地震烈度)等方面都稳居世界前列。同时，我国碾压混凝土在科研、设计、施工、制造、监理和建设管理方面力量强大。随着中国智造、大数据及人工智能在坝工建设中的应用，碾压混凝土还将迎来突飞猛进的发展。中国已成为世界碾压混凝土坝工技术的大国和强国。

已建的碾压混凝土坝见表1-1、表1-2。

表 1-1 已建 100m 级碾压混凝土重力坝统计表(部分)

序号	工程名称	河流	坝型	坝高(m)	坝长(m)	底宽(m)	顶宽(m)	坝体体积(万 m^3)		碾压混凝土比例(%)	总库容(亿 m^3)	装机(MW)	泄洪方式及布置型式	引水系统及厂房布置型式
								碾压	总量					
1	龙滩	红水河	重力坝	192 (216.5)	836.5	168.6	14	446	665.6	67.01	162.1	4 200	7个溢流表孔+2个泄洪底孔	坝式进水口+地下厂房
2	黄登	澜沧江	重力坝	203	464	—	—	—	321.37	—	15.49	1 900	3个溢流表孔+2个底孔	岸塔式进水口+地下厂房
3	光照	北盘江	重力坝	200.5	410	160	12	241	280	86.07	31.4	1 040	3个溢流表孔+2个底孔	岸塔式进水口+地下厂房
4	官地	雅砻江	重力坝	168	516	153	12	253.5	297	85.35	7.6	2 400	5个溢流表孔+2个底孔	岸塔式进水口+地下厂房
5	金安桥	金沙江	重力坝	160	640	152.7	12	240	360	66.67	8.47	2 400	5个溢流表孔+1底孔+1中孔	河床坝后式厂房
6	观音岩	金沙江	重力坝	159	816.6	—	—	—	—	—	20.72	3 000	7个溢流表孔+2个中孔+2个冲砂孔	坝后式厂房
7	鲁地拉	金沙江	重力坝	140	622	—	11	154	197	78.17	17.81	2 160	5个溢流表孔+2个底孔	岸塔式进水口+地下厂房
8	阿海	金沙江	重力坝	138	482	—	—	160	300	53.33	8.79	2 000	5个溢流表孔+3个冲砂孔	坝后式厂房
9	江垭	娄水	重力坝	131	367	105	12	110	137	80.29	17.5	300	4个溢流表孔+3个中孔	岸塔式进水口+地下厂房
10	洪口	霍童溪	重力坝	130	340.1	103	6	70.9	83.2	85.21	4.5	200	4个溢流表孔	引水式+地下厂房
11	百色	右江	重力坝	130	734	113	12	210.4	256.9	81.90	56.6	540	4个溢流表孔+3个中孔	岸塔式进水口+地下厂房

表 1-1(续)

序号	工程名称	河流	坝型	坝高(m)	坝长(m)	底宽(m)	顶宽(m)	坝体体积(万 m^3)		碾压混凝土比例(%)	总库容(亿 m^3)	装机(MW)	泄洪方式及布置型式	引水系统及厂房布置型式
								碾压	总量					
12	喀拉塑克	额尔齐斯河	重力坝	121.5	1 760	—	—	220	265	83.02	24.2	—	4个溢流表孔+1个底孔+1个中孔	引水式+地面厂房
13	思林	乌江	重力坝	117	316.3	81.9	20	82	114	71.93	12.05	1 000	7个溢流表孔+1个底孔	岸塔式进水口+地下厂房
14	龙开口	金沙江	重力坝	116	768	101	10	229	330	69.39	5.44	1 800	5个溢流表孔+4个中孔+1个冲砂孔	坝后式厂房
15	索风营	乌江	重力坝	115.8	169.7	104.2	8	44.7	55.5	80.54	2.01	600	5个溢流表孔+台阶消能	岸塔式进水口+地下厂房
16	彭水	乌江	重力坝	113.5	309.53	90.2	20	60.77	133	45.69	14.44	350	9个溢流表孔	岸塔式进水口+地下厂房
17	大朝山	澜沧江	重力坝	115	480	85	16	89	150	59.33	8.9	1 350	5个溢流表孔+3个底孔+1个冲砂底孔	右岸进水口+地下厂房
18	棉花滩	汀江	重力坝	113	308	90	7	51	61	83.60	2.04	600	3个溢流表孔+1个泄洪底孔	岸塔式进水口+地下厂房
19	岩滩	红水河	重力坝	110	525	73	20	62.6	90.5	69.17	24.3	1 210	7个溢流表孔	坝后式厂房
20	景洪	澜沧江	重力坝	108	704.6	—	—	29.2	84.8	34.43	11.4	1 750	7个溢流表孔+2个冲砂底孔	坝后式厂房
21	功果桥	澜沧江	重力坝	105	356	—	—	77	107	71.96	3.16	900	5个溢流表孔+1个低孔	地下厂房
22	沙坨	乌江	重力坝	106	613.2	90.5	10	151	198	76.26	7.71	1 100	—	—
23	水口	闽江	重力坝	101	783	68	20	61	348	17.53	23.4	1 400	12个溢流表孔+2个底孔	河床坝后式

表 1-2 已建 100m 级碾压混凝土拱坝统计表(部分)

序号	坝名	河流	坝型	坝高(m)	坝长(m)	底宽(m)	顶宽(m)	坝体体积(万 m^3)		碾压混凝土占总混凝土百分比	总库容(亿 m^3)	装机(MW)	泄洪方式及布置型式	引水系统及厂房布置型式
								碾压	总量					
1	万家口子	北盘江	拱坝	167.5	413.16	36	9	96	98.1	98.00	—	160	3个溢流表孔+2个中孔	引水式地面厂房
2	云龙河三级	云龙河	拱坝	135	143.69	22	5.5	17.5	18.3	95.63	0.43	40	3个溢流表孔+2个中孔	引水式地面厂房
3	大花水	清水河	拱坝	134	198.4	25	7	55	65	84.62	2.77	180	3个溢流表孔+2个底孔	左岸引水式厂房
4	沙牌	草坡河	拱坝	132	250.3	28	9.5	36.5	39.2	93.11	0.18	36	2条泄洪洞	右岸引水+岸边式厂房
5	善泥坡	北盘江	拱坝	119.4	205.4	24	—	21.5	26.7	80.52	0.85	180	3个溢流表孔+2个中孔	岸塔式进水口+引水式地面厂房
6	罗坡	冷水河	拱坝	114	191	20	6	18.2	20.7	87.92	0.86	25	3个溢流表孔	引水式地面厂房
7	天花板	牛栏江	拱坝	113	223.7	32	6	18.2	36.0	50.56	0.66	180	3个溢流表孔+2个中孔+1个冲砂底孔	岸塔式进水口+引水式地面厂房
8	石门子	玛西河	拱坝	110	176.5	30	5	18.8	20	94	0.8	600	3个溢流表孔+1个泄洪冲砂底孔	左岸引水地面厂房
9	招徕河	招徕河	拱坝	107	198	18.5	6	18	22	81.82	0.7	36	3个溢流表孔+1条放空洞	岸塔式进水口+地面厂房
10	白莲崖	漫水河	拱坝	104.6	421.8	25	8	54.1	62.9	86.00	4.6	50	3个泄洪中孔+1个泄洪洞	右岸上游引水式地下厂房
11	蔺河口	岚河	拱坝	100	311	27.2	6	23.1	29.5	78.30	1.47	72	5个溢流表孔+1条泄洪洞	左岸引水+岸边式厂房

1.2 碾压混凝土坝类型

1.2.1 按照坝型划分

碾压混凝土坝按照坝型分为重力坝和拱坝。

1.碾压混凝土重力坝

碾压混凝土重力坝和常态混凝土重力坝在工作原理、坝体稳定、对地质地形要求等各方面均相同。碾压混凝土仅仅是在混凝土的浇筑施工工艺上不同。碾压混凝土在强度、抗冻抗渗、极限拉伸值、弹性模量等各方面均不逊于同等强度等级的常态混凝土。

(1)坝体体型。为适应碾压混凝土的施工特点。碾压混凝土坝的体型结构尽量力求简单。在满足稳定的条件下,下游坡比在1∶0.65～1∶0.8之间,绝大部分的碾压混凝土坝下游采取单一坡比1∶0.75(根据32座坝高100m以上大坝统计),上游面垂直,也有少部分坝的上游采取斜坡的型式。例如,棉花滩碾压混凝土重力坝上游斜坡坡比为1∶0.066 7。对于高坝上游大部分采取折坡,即大坝下部采取1∶0.2～1∶0.3的坡比,上部为垂直。只要地质地形条件允许,一般尽量将引水发电建筑物移出坝体单独布置。坝体内的廊道、排水系统进行简化或集中布置。以减少对碾压混凝土的施工干扰,便于充分发挥碾压混凝土快速施工的特点。

(2)坝体的分缝。碾压混凝土坝不设纵缝,这一点与常态混凝土坝柱状分层分块浇筑不同。碾压混凝土坝是否设置横缝,以及用什么样的横缝方式应根据工程实际情况确定。在热带、亚热带和冬季寒冷地区必须设置横缝。对于中小型坝,因工程量小、工期短,可以在一个枯水期或低温季节完成施工的,可以不设置横缝。例如,美国的柳溪坝、上静水坝和我国的坑口坝等。横缝的结构有永久缝(切缝或立模)和诱导缝。根据32座坝高100m以上的重力坝统计,横缝的间距一般为14～35m,个别工程横缝间距较大。例如,龙滩横缝最大间距44m,棉花滩横缝最大间距70m,岩滩横缝最大间距46m,大朝山横缝最大间距36m。当横缝间距在25m以上时应通过专门的技术论证。

(3)下游坡面及溢流坝面处理。我国碾压混凝土下游坡面一般按照设计坡比立模,靠近模板附近浇筑变态混凝土。模板上预设凸槽,使拆模后形成装饰缝,拆模以后下游坝坡与常态混凝土大坝外观一样。也有在下游坡面采用混凝土预制块(混凝土预制块代替模板)使下游坝坡形成台阶状。在溢流坝段,根据设计的消能方式,一般是立模(竖直)浇筑,形成台阶状,然后浇筑二期混凝土形成符合设计要求的溢流面,其外观与常态混凝土坝一样;如果设计的消能方式为台阶式消能,一般采用预制混凝土块作为模板,直接浇筑碾压混凝土。例如,福建水东坝,在下游坡溢流面采用预制混凝土块，形成宽 0.585m，高 0.9m 的台阶。实践证明消能效果良好。

2. 碾压混凝土拱坝

(1)坝体体型和断面。因为碾压混凝土施工需要较大的仓号。有观点认为，碾压混凝土单价较低，不应设计薄拱坝。但也有观点认为，在保证坝体结构稳定安全的前提下，薄拱坝节约一些混凝土量也是好的。已建设的福建溪柄溪碾压混凝土拱坝，坝高 63.5m，厚高比为值 0.19，招徕河碾压混凝土拱坝，坝高 107m，厚高比值仅为 0.17。从国内外碾压混凝土拱坝施工的实践来看，拱坝体型简单一些，即使混凝土方量增加了，总造价还是经济的。对发挥碾压混凝土快速施工的特点和缩短工期非常有利。因此，在坝体体型和断面的选择上还应进行深入的经济技术分析。

(2)坝体分缝。碾压混凝土拱坝和常态混凝土拱坝的不同之处是，常态混凝土拱坝分缝分块柱状浇筑，只有在后期并缝灌浆后，才能成拱受力。而碾压混凝土拱坝采用通仓薄层碾压，成拱受力比常态混凝土坝早得多。拱坝分缝型式一般为横缝和诱导缝。横缝是贯穿坝体上下游的连接缝，采用切缝机切缝。诱导缝则是部分缝面，一般用预制混凝土块隔断，局部辅以振动切缝方法造缝形成断续缝，预制块之间用可重复灌浆的灌浆管路组成可重复灌浆体系。按照设计要求进行并缝灌浆。例如，普定拱坝采取坝肩一道横缝、坝体两道诱导缝的分缝型式，诱导缝内设有灌浆管，在缝张开时能够多次灌浆；沙牌水电站拱坝采用了 4 条诱导缝；大花水和龙首拱坝因采用拱坝加重力坝的混合式布置，拱坝除设两条诱导缝外，还设置了周边缝。溪柄拱坝和石门子水电站拱坝采用了应力释放短缝结构，即在大坝上游面靠近坝肩附近 4～6m 处，上游面设置 2 条伸入坝体的短缝，短缝长度约为该部位拱坝厚度的 1/3，缝的上、下游设有止水结构。石门子水电站拱坝温度应力突出，在上游面增设了柱式铰，并在下游面中间增设一条短缝。也有少数碾压混凝土拱坝因河谷狭窄、气候条件温和，施工可以在冬季低温时节进行等情况下不用设横缝。

1.2.2　按照坝体材料分区划分

国内外建设的碾压混凝土坝按照坝体材料分区划分为两大类。

(1)“金包银”型式(简称 RCD)。即坝体内部采用碾压混凝土，坝体外部采用 2～3m厚的常态混凝土进行防渗。例如，日本的岛地川、玉川，我国的观音阁、岩滩、天生桥二级等。

(2)全断面碾压型式(简称 RCC)。全断面采用碾压混凝土，利用碾压混凝土自身防渗或在上游面设置薄层防渗层。例如，普定坝、光照、金安桥坝、官地坝、黄登坝等。

随着碾压混凝土性能的提升，碾压混凝土也由干硬性无坍落度的混凝土变成了半塑性碾压混凝土，要求经过碾压后全面泛浆，上次骨料嵌入下层碾压层中。以解决层间结合问题。

1.2.3 按胶凝材料用量分类

1.胶凝砂砾石坝

胶凝材料固结砂砾石碾压坝，也称超贫碾压混凝土。胶凝材料总量小于100kg/m^3，其中掺合料用量大部分在30%。这类碾压混凝土因胶凝材料用量少，为了获得拌和物的可碾压性，一般通过加大用水量来实现其拌和物的工作性能。因此，其混凝土的水胶比较大，一般达到0.95～1.50，从而造成这类混凝土的强度较低、抗渗性及耐久性能较差。采用此类混凝土旨在利用胶凝材料浆体把砂、砾石材料胶结成整体作为坝体的一部分，依靠混凝土的自身重量满足坝体稳定性要求。坝体的防渗功能由其他混凝土或上游面的防渗材料承担。上游防渗体一般采用常态混凝土（或预制块）并和内部干贫混凝土同步上升，但在上游面每个层面通常设置垫层（富浆混凝土或砂浆）以提高内部碾压混凝土和防渗结构的结合。例如，美国的柳溪（Willow Creek）坝、盖尔斯威尔（Galesville）坝、麋鹿溪（Elk Creek）坝和我国广西百龙滩坝、四川西河顺江堰引水枢纽工程等都属此种类型的碾压混凝土。

此类碾压混凝土由于胶凝材料用量少，拌和物的黏聚性差，骨料易发生分离。但混凝土的绝热温升较低，施工时温度控制要求低。该类混凝土非常适合作为混凝土强度要求不高且上游布置有可靠防渗结构的中小型坝的内部混凝土材料。

2.“金包银”RCD坝

该类碾压混凝土中胶凝材料用量为120～130kg/m^3。其中掺合料占胶凝材料总质量的25%～30%。碾压层厚50～100cm。此类混凝土由于胶凝材料用量不多，通过适当加大用水量使拌和物满足可碾压性的要求，其水胶比一般为0.70～0.90。由于水胶比较大，抗渗性不高，一般不作为坝体的防渗层而作为内部混凝土。由于掺合料占比较低，水泥占比较高，故混凝土的绝热温升较高。施工过程中层与层间间歇2～5d，以便利用混凝土顶面散热。层间缝按冷缝看待采用刷毛铺砂浆方法以改善层面黏结质量。日本所建的碾压混凝土坝都采用这类配合比的碾压混凝土作为内部混凝土，坝体外部使用2～3m的常态混凝土作为防渗结构，即所谓的“金包银”RCD坝。

3.富胶凝材料坝

这类碾压混凝土中胶凝材料用量为140～250kg/m^3。其中掺合料占胶凝材料总质量的50%～75%。这类混凝土分两种：

(1)胶凝材料用量为140～180kg/m³。其中掺合料占50%～65%,称为中胶凝材料碾压混凝土。一般为坝体内部的Ⅲ级配碾压混凝土。

(2)胶凝材料用量为180～250kg/m³。其中掺合料占60%～75%,称为富胶凝材料碾压混凝土。一般为坝体上游面防渗Ⅱ级配碾压混凝土。胶凝材料用量较高,混凝土的绝热温升较高,但其抗渗性能(特别是施工层面的结合和抗渗性能)好,因布置的上游面散热条件相对较好,特别适合布置在上游面作为抗渗混凝土。

需要说明的是,各个国家和不同行业对按照胶凝材料划分坝型的标准并不统一。

我国碾压混凝土形成了水泥用量少,掺合料用量大,富胶凝材料,混凝土绝热温升低,抗渗抗冻性能好的中国特色碾压混凝土。目前,我国碾压混凝土坝基本不再采用“金包银”的型式。几乎全部采用全断面碾压依靠碾压混凝土自身防渗的RCC型碾压混凝土坝。本书重点论述的也是这种结构的碾压混凝土坝。

1.3 碾压混凝土坝施工技术特点

碾压混凝土坝与常态混凝土坝相比,其最大的特点就是采用类似土石坝的施工机械用碾压的工艺使混凝土密实,而常态混凝土是采用振捣器振捣的工艺使混凝土密实。为了满足混凝土碾压的工艺,要求使混凝土从原材料、拌和、配合比设计、运输入仓、平仓碾压、温度控制、养护等各个方面与常态混凝土相比具有如下特点。

1.3.1 碾压混凝土入仓方式的特点

碾压混凝土入仓运输历来是制约快速施工的关键因素之一。碾压混凝土入仓运输经过汽车运输、皮带机输送、负压溜槽+集料斗周转、缆机或塔机垂直运输等多种入仓运输方案。大量的工程施工实践证明,汽车直接入仓是快速施工最有效的方式。可以极大地减少中间环节,减少混凝土温度回升。特别适合中低坝和高坝的底部施工。

目前碾压混凝土坝的高度越来越高,坝体往往地处狭窄河谷地段。上坝道路高差较大造成汽车将无法直接入仓,碾压混凝土的垂直运输可以采用满管溜槽进行,即仓外汽车+满管溜槽+仓面汽车联合运输的方案。由于满管溜槽尺寸的增大,完全替代了以往传统的负压溜槽。目前满管溜槽的断面尺寸已经达到800mm×800mm,下倾角一般为40°～50°,取消了仓面集料斗,仓外汽车通过卸料仓经满管溜槽直接把料卸入仓面汽车中,倒运十分简捷快速,目前满管溜槽高差已经突破

100m。汽车＋满管溜槽是高碾压混凝土坝混凝土运输普遍、快捷、经济的运输方案。需要注意的是，峡谷地区的高碾压混凝土坝在坝区道路规划时，应充分考虑“汽车＋满管溜槽”的方案，结合坝区边坡开挖和防护布置左右岸高线公路（上坝公路）、左右岸底线公路、左右岸中线公路，使公路交通系统和拌和站至满管溜槽形成高低搭配、循环回路的混凝土运输系统。

1.3.2　仓面生产组织特点

（1）碾压混凝土坝体不设纵缝，采用通仓薄层浇筑斜层摊铺碾压的工艺。与常态混凝土筑坝分缝分块的柱状浇筑方式完全不同。

（2）碾压摊铺层厚一般为30cm，仓号升层一般为3m，也有6m升层的情况，例如黄登坝。

（3）一般采取汽车运输直接入仓或者使用汽车完成仓内混凝土倒运。推土机平仓，振动碾碾压。

1.3.3　保证层间结合的工艺

1.层面液化泛浆是评价可碾性的重要标准

碾压混凝土液化泛浆是在振动碾碾压作用下从混凝土液化中提出的浆体，这层薄薄的表面浆体是保证层间结合质量的关键。是否全面液化泛浆已作为评价碾压混凝土可碾性的重要标准。近年来大量工程实践证明，碾压混凝土现场控制的重点是拌和物的VC值和凝结时间。VC值的大小对碾压混凝土的性能有着显著的影响，VC值动态控制是保证碾压混凝土可碾性、液化泛浆和层间结合的关键。碾压混凝土配合比在满足可碾性的前提下，施工仓面内影响液化泛浆的主要因素有以下几点。

（1）入仓后是否及时碾压。

（2）气温、光照等导致的VC值经时损失。

（3）碾压作业可通过碾辊进行适当的补水。

2.及时碾压是保证层间结合质量的关键

碾压混凝土摊铺后及时碾压是保证层间结合质量的关键。碾压混凝土浇筑特点是薄层、通仓摊铺碾压施工。这种层状结构，其层间缝面容易成为渗漏的通道，碾压混凝土坝层间结合质量优劣与配合比设计关系密切，精心设计的配合比对层间结合起着举足轻重的作用，优良的施工配合比经振动碾碾压2～5遍，层面就可以全面泛浆。碾压混凝土入仓摊铺后及时碾压，是保证层间结合质量控制的关键所在，直接关系到大坝防渗及整体质量。

3. 直接铺筑允许时间

根据《水工碾压混凝土施工规范》(DL/T 5112—2009)碾压后的层面(或处理后碾压层面)是否允许继续摊铺覆盖下层碾压混凝土的标准,即直接铺筑允许条件应根据现场的具体情况、综合考虑各种因素后经试验确定。现场有以碾压混凝土的初凝时间作为直接铺筑允许条件的判断标准,即所谓的“2h”“4h 或更长时间”作为标准控制,这种控制标准没有考虑混凝土层间的亲和力、层面的力学特性和渗流特性,显然用初凝时间作为直接铺筑允许条件的标准过于简单。大中型工程直接铺筑时间可根据《水工混凝土试验规程》(DL/T 5150—2001)按照现场碾压混凝土仓面贯入阻力检测值确定。

混凝土的凝结理化特性是在加水拌和后水泥胶凝体在由凝聚结构(凝聚结构有触变复原性能)向结晶网状结构转变时有一个突变。这个突变的物理量可以通过多种方法量测。例如,用超声波测定混凝土中的波速时,当水泥凝胶开始变化结晶时,声速有一个突变跳跃。用热学法测定混凝土水化温升速率,在水化过程中温升速率同样有一个突变跳跃点。用两个电极板测定一段混凝土电流时,同样能测到一个突变点。用测针测定贯入阻力时也能测到这个突变点。工程上采用的是测针测定贯入阻力法,即用高精度贯入阻力仪测定碾压混凝土的贯入阻力—历时关系过程线。它表明随着历时的增长,贯入阻力增加,该过程线由两段直线组成,水化初期贯入阻力值较低,增长速率也较缓慢,至一定历时,直线出现一个拐点,直线斜率变大,增长速率增加。一般认为出现拐点的历时称为初凝时间。

普通混凝土在施工时,层间间歇后继续浇筑还是作为施工冷缝处理后再继续浇筑一般是在现场对混凝土进行振捣试验观察确定。即用振捣棒插入混凝土中能出浆、拔出不留孔为准。此时砂浆的贯入阻力一般为 3.5MPa 左右。

碾压混凝土拌和出机后,经运输上坝、摊铺、碾压后形成了层面再铺筑下层混凝土,无论间隔多长时间,均会形成碾压混凝土的层间缝面。这些层面会造成碾压混凝土的抗压强度、抗拉强度、黏聚力、抗渗性能等随着层面暴露时间延长而降低。从大坝安全的角度可以提出一个这种历时造成的碾压混凝土各项性能下降允许的下限值,以此下限值作为直接铺筑允许质量标准而不是简单地以初凝时间为控制标准。

碾压混凝土层面胶砂的贯入阻力值与碾压混凝土的力学和抗渗特性直接相关。胶砂贯入阻力值增加,层面的力学和抗渗性能下降。大中型工程一般采用工程使用材料并结合工程实际工况通过实验确定层面贯入阻力控制值。一般步骤如下:

(1)拌制施工配合比的碾压混凝土。测定贯入阻力与历时的关系。

(2)测定不同历时,含有层面碾压混凝土轴拉强度、黏聚力和渗透性与本体的关系。

(3)确定层面各项性能允许降低值和层面贯入阻力控制标准。

现场仓面的环境条件,如气温、日光直射、风速变化、表面遮盖、喷雾等一系列条件均影响层面胶砂的贯入阻力值。但是,不论外界条件如何变化,同一碾压混凝土拌和物胶砂对外力的阻抗能力基本一致。因此,不同环境条件下具有相同贯入阻力值的层面胶砂应具有相同的层面胶结作用。当实测贯入阻力大于控制标准时,就应该停止直接铺筑,进行层面处理。

现场仓号内测定层面贯入阻力的方法如下:

(1)从运到施工现场的碾压混凝土拌和物中筛取胶砂试样 40L。

(2)在平仓后的碾压混凝土层某一预定位置挖取面积 40cm×40cm,深 20cm 的坑,将胶砂分两层装入试样坑内,每层插捣 40 次,刮平试样,表面略高出碾压混凝土表面。

(3)将胶砂表面覆盖一层尼龙编织布,然后,胶砂试样与仓面的碾压混凝土拌和物一起进行振动碾碾压。碾压完毕后,除去覆盖编织布,与碾压混凝土暴露在相同外界环境中。

(4)按不同时间间隔(以碾压混凝土拌和物加水搅拌时开始计时)分多次用手持式贯入阻力仪测定现场胶砂试样的贯入阻力值。

(5)每次在胶砂试样上测定贯入阻力时,按照先周边后中心的顺序进行。测点间距应不小于 25mm。

(6)当实测层面贯入阻力大于控制值,即超过规范规定的“直接铺筑允许时间”时,应通知施工单位中止直接铺筑,进行层面处理。

1.3.4 变态混凝土施工工艺

1. 变态混凝土造孔技术

变态混凝土是我国采用全断面碾压混凝土筑坝技术的一项技术创新。变态混凝土是在碾压混凝土推铺施工中,在碾压混凝土中铺洒灰浆而形成的富浆混凝土,采用振捣器的方法振捣密实。变态混凝土主要运用于大坝防渗区表面部位、模板周边、岸坡、廊道、孔洞及设有钢筋的部位等。采用变态混凝土可以明显减少对碾压混凝土施工的干扰。变态混凝土施工质量优劣直接关系到大坝防渗性能,所以备受人们关注。

影响变态混凝土施工质量的关键是造孔质量。碾压混凝土中变态混凝土的注浆方式,先后经历了顶部、分层、掏槽和插孔等多种注浆法,大量的工程实践表明,目前插孔注浆法已成为主流方式。插孔注浆法是在摊铺好的碾压混凝土表面采用直径40～60mm的插孔器进行造孔，目前造孔均采用人工脚踩插孔器进行，由于人工造孔费力、费时，效果差，孔深难于达到要求的深度，导致孔内灰浆渗透不到底部和周边。所以造孔质量是影响变态混凝土施工质量的关键。

机械化的插孔器可以借鉴手提式振动夯原理，把振动夯端部改造为插孔器，在夯头端部安装单杆或多杆插孔器，这样可以有效地提高造孔深度和造孔效率，减轻劳动强度，明显改善变态混凝土施工质量。

2. 灰浆浓度均匀性工艺

造孔满足变态混凝土要求后，灰浆均匀性和注浆是影响变态混凝土质量的一道极其关键的施工工艺。变态混凝土使用的灰浆在制浆站制好后，灰浆通过管路输送到仓面的灰浆车中，由于灰浆自身有容易产生沉淀的特性，导致灰浆浓度不均匀。在变态混凝土中注入浓度不均匀的灰浆，会引起水胶比变化，直接影响变态混凝土的质量。

为了防止灰浆沉淀，保证灰浆均匀性，需要对传统灰浆车进行技术创新，研究在灰浆车中安装搅拌器的可行性，灰浆车按照搅拌器工作原理进行技术改造。每次注浆前先用搅拌器对灰浆车中的灰浆进行搅拌，使灰浆浓度均匀并达到设计的密度，再对已完成造孔的碾压混凝土进行注浆。

3. 机拌变态混凝土

在变态混凝土相对集中的部位，例如垫层、岸坡、廊道、上下游表面部位等，变态混凝土往往数量大而集中，若按现场加浆的施工方法，加浆工作量过大，劳动强度大，施工进度慢，并且加浆均匀性很难得到保证，直接影响变态混凝土施工质量。这时一般采用机拌变态混凝土的工艺。机拌变态混凝土是在拌制碾压混凝土时，加入规定比例的水泥、粉煤灰灰浆，即每立方碾压混凝土中加40～60L灰浆而拌制成坍落度为2～4cm的常态混凝土。在实际施工中，只要施工条件允许，在不影响碾压混凝土施工的前提下，改用拌和楼直接拌制变态混凝土代替现场加浆的变态混凝土，从而减少了现场变态混凝土的加浆量，优化了仓号内的工艺，减少了仓面施工工序的干扰，降低了劳动强度，极大地提高了施工强度，而且提高了变态混凝土浇筑的质量。

1.3.5 尽量简化温控措施

碾压混凝土的优势之一就是简化温控或取消温控。早期碾压混凝土坝高度较低，充分利用低温季节和低温时段施工，大都不采取温控措施。但是近年来，由于碾压混凝土坝高度和体积的增加，为了赶工或缩短总工期，高温季节和高温时段连续浇筑碾压混凝土已成普遍现象。这样就造成温控措施越来越严、越来越复杂，有的碾压混凝土坝温控措施已经和常态混凝土坝没有什么区别，碾压混凝土坝温控措施呈日趋复杂的趋势，对碾压混凝土简单快速施工带来一定的不利影响。

仓面埋设冷却水管对碾压混凝土快速施工干扰大，能否取消坝体冷却水管将是对目前碾压混凝土温控的挑战。取消冷却水管并非对碾压混凝土不进行温控，而是把温控措施主要放在碾压混凝土入仓前、碾压过程的温控中，严格控制浇筑温度不超标。取消冷却水管温控措施的主要技术路线有以下几点。

(1)高温季节和高温时段不浇筑碾压混凝土，尽量利用低温季节或低温时段浇筑碾压混凝土，可以有效降低坝体混凝土的最高温升。

(2)严格控制碾压混凝土出机口温度。出机口温度控制采用常规温控方法，即控制水泥、粉煤灰入罐温度、预冷骨料、冷水或加冰拌和。虽然控制出机口碾压混凝土温度要投入一定的费用，但可以明显减少对现场碾压混凝土快速施工的干扰。

(3)严格控制碾压混凝土温度回升。防止温度回升的关键是及时碾压，仓面喷雾保湿改变小气候，碾压后的混凝土及时覆盖保温材料。

(4)笔者大胆设想在碾压混凝土拌和物中添加一种可产生吸热反应的材料，在混凝土的硬化过程中胶凝材料水化反应的热被吸收掉。且吸热反应的速度、热量也与混凝土胶凝材料水化放热的过程相匹配，吸热反应对混凝土硬化后的各项性能不存在不良影响。通过这种方式，达到完全取消温控措施的目的。

总之，温控已经成为制约碾压混凝土快速施工的关键因素之一。针对具体工程项目碾压混凝土坝的温控标准、温控技术路线需要认真地进行研究分析，使温控标准和快速施工达到一个最佳的结合点。

1.4 碾压混凝土筑坝的思考和探讨

1.4.1 坝体设计与快速施工

碾压混凝土与常态混凝土的主要区别仅仅是改变了混凝土材料的配合比和施工工艺，而碾压混凝土材料性能与常态混凝土性能基本相同。设计并未因是碾压混凝土而降低大坝的设计标准，所以碾压混凝土坝设计断面与常态混凝土坝相同。碾压混凝土施工技术是在混凝土施工中采用类似土石方填筑施工工艺，将混凝土振动碾压密实的一种施工技术。土石坝的施工工艺最适合土石坝的结构，既然用土石坝的施工工艺建筑混凝土坝，那么我们不妨将混凝土坝的结构也设计成土石坝的结构。摆脱传统的混凝土坝的结构观念，把碾压混凝土坝不仅仅作为一种重力坝和拱坝的施工工艺，而是作为一种特殊的坝型来考虑，成为真正的碾压混凝土坝。

大坝是枢纽建筑物中的重要组成部分。在布置碾压混凝土坝时，设计要千方百计地考虑碾压混凝土通仓薄层快速施工的技术特点，合理安排枢纽其他各类建筑物的布置。碾压混凝土坝与发电建筑物和泄水建筑物尽可能分开布置，坝体碾压混凝土部位应相对集中，减少坝内孔洞，简化坝体结构，尽量扩大坝体采用碾压混凝土的范围，最大限度地减少对碾压混凝土快速施工的干扰。

针对碾压混凝土低坝或碾压混凝土高坝上部防渗标准、强度等级指标较低的特点，设计要科学创新，其设计方向应该是"金碾压混凝土坝"而不是"复合式碾压混凝土坝"。尽可能采用一种级配、一种强度等级进行碾压混凝土坝设计，这样可以极大地简化碾压混凝土施工仓面的相互干扰，能够充分发挥碾压混凝土快速筑坝技术的优势。由于目前的碾压混凝土配合比设计采用的浆砂比较大，在距大坝上部30m的范围，可以考虑采用Ⅲ级配或Ⅱ级配一种级配、一种设计等级的碾压混凝土进行施工，可以明显减少两种混凝土的施工干扰。其中，云南红坡水库碾压混凝土坝成功地采用单一的Ⅲ级配碾压混凝土进行了全断面施工就是很好的例证。

目前，碾压混凝土普遍采用富胶凝材料(高掺粉煤灰)、低VC值、无坍落度的半塑性的混凝土。要求碾压层面全面"泛浆"，提倡依靠碾压混凝土自身防渗。其抗渗、抗冻、极限拉伸等指标已经与常态混凝土基本趋于相同。这是"碾压工艺施工的常态混凝土"，而不是真正意义的碾压混凝土坝。

笔者认为：应参考堆石坝结构，按照"上堵下排"的方式。上游设置混凝土防渗面板或土工膜等，坝体布置反虑(垫层)层、排水盲管(孔)和排水体来承担防渗、排水任务。后部坝体不承担防渗任务，仅承担坝体稳定和对面板(防渗体)的支撑作用。把碾压混凝土从防渗中解脱出来，这样，层间结合仅有抗滑稳定要求(层间结合在下文中有论述)。坝体内部采用干硬性、超干硬性的混凝土，甚至生产超超干硬性的"贫胶凝材料"碾压混凝土。减少水泥用量，减轻碾压混凝土温度控制的压力。

如果地形、地质条件允许，碾压混凝土坝应尽量将发电引水建筑物布置在坝体以外。在坝基防渗、基础处理、坝体廊道布置、坝内监测仪器、坝体的横缝，以及坝段仓号之间的搭接方式等参照土石坝的结构。总之，碾压混凝土坝坝体结构以尽量适应快速碾压施工的原则。

我国堆石坝上下游坡比为1∶1.4左右。混凝土重力坝采用直角三角形，坝后坡坡比为1∶0.70～1∶0.75(统计23座坝高大于80m的碾压混凝土重力坝，1∶0.75的占47.8%，1∶0.7的占30.4%)。碾压混凝土坝上下游坡比应陡于堆石坝，缓于混凝土重力坝。金安桥水电站大坝坝高160m，底宽158m。官地水电站大坝坝高168m，底宽153m。假设坝高为160m，碾压混凝土坝上下游坡比为1∶0.7，堆石坝上下游坡比为1∶1.4。初步估算碾压混凝土坝比混凝土重力坝断面增加近1倍，而仅为堆石坝的50%左右。坝体断面增大，吸收了土石坝和重力坝的优点，克服其缺点（增大断面增加了工程量需求）比较经济合理性。

（1）提高了坝体的稳定安全性和抗震性能。

（2）降低了对坝基的要求，适应坝址条件更加宽泛，减少了开挖量（坝体工程量）和坝基基础处理工作量。

（3）上游面坝踵将不再出现拉应力区。坝体应力将大大降低，采用较低强度等级（如 C_{10} 或 C_{15}）的混凝土即可满足高坝要求。例如，金安桥大坝下部 C_{20}、上部 C_{15}，官地大坝下部 C_{25}、中部 C_{20}、上部 C_{15}。金安桥大坝 C_{20}、C_{15} 碾压混凝土水泥用量分别为 76kg/m³ 和 63kg/m³。莲花台水电站大坝 C_{10} 碾压混凝土水泥用量仅 46kg/m³。采用强度等级低的混凝土意味着水泥用量的降低，减轻温控压力，甚至完全取消温度控制要求。

（4）断面增大，仓面面积增大，更有利于仓面的生产组织。

（5）较好地克服了土石坝坝体的沉降量大的缺点。

1.4.2 碾压混凝土设计龄期

碾压混凝土坝从浇筑施工到库区蓄水历时数年之久，也就是说碾压混凝土坝在数年之后才会达到设计荷载的工况，这一点是不同于一般的工业与民用建筑的混凝土。同时碾压混凝土后期强度增长与水泥、掺合料、骨料、外加剂等品种及掺量有关。大量工程研究结果表明，一般碾压混凝土 28d、90d、180d 龄期的抗压强度增长率为 1∶(1.4～1.7)∶(1.7～2.0)。有资料表明，岩滩水电站大坝碾压混凝土粉煤灰掺量为 65%，经 10 年龄期后其混凝土芯样抗压强度、抗拉强度等随龄期增长而继续增长。

目前，碾压混凝土设计龄期大多采用 90d，未能充分发挥碾压混凝土后期强度的优势。《碾压混凝土坝设计规范》(SL 314—2004) 规定：碾压混凝土的抗压强度宜采用 180d (或 90d)龄期抗压强度。同时抗渗、抗冻、抗拉、极限拉伸值等指标，宜采用与抗压强度相同的设计龄期。

经过大量的工程实例统计发现，在碾压混凝土的设计龄期选用上，采用水利行业规范(SL)设计的碾压混凝土坝大多采用 180d 龄期抗压强度。例如，棉花滩、百色、喀腊塑克、武都水库等。水电行业规范(DL、NB)设计的碾压混凝土坝抗压强度大多采用 90d 设计龄期，采用 180d 的反而较少。例如，大朝山、蔺河口、沙牌、龙滩、光照、金安桥等。20 世纪 90 年代初期，我国的二滩高拱坝混凝土开始采用 180d 设计龄期，近年来的特高拱坝混凝土抗压强度均采用 180d 设计龄期。例如，拉西瓦（坝高 250m）、小湾（坝高 292m）、溪洛渡（坝高 278m）、锦屏一级（坝高

305m)等特高拱坝。已建设的 100m 级碾压混凝土坝,例如,功果桥、观音岩、鲁地拉、百色、向家坝(下部优化为碾压混凝土)等已经开始采用 180d 设计龄期。但大部分碾压混凝土坝均采用的是 90d 设计龄期。例如,龙滩、光照、黄登、金安桥、官地、景洪。因此,坝工碾压混凝土宜采用 180d 或 360d 设计龄期,同时抗渗、抗冻、抗拉、极限拉伸值等指标,宜采用与抗压强度相同的设计龄期。坝工碾压混凝土采用 180d 或 360d 的设计龄期已成为发展趋势。

1.4.3 碾压混凝土设计指标匹配问题

水工混凝土的抗压强度、设计龄期、抗冻等级、极限拉伸值等设计指标是一个辩证统一的整体,应该用全面的观点使之协调和相互匹配。

从 1997 年三峡二期工程开始,就将抗冻等级作为评价大坝混凝土耐久性的重要指标。此后,我国在南方等温和地区均把抗冻等级列为混凝土耐久性的主要设计指标。特别是近几年来,在大坝外部、内部的混凝土中,抗冻等级设计指标都朝着越来越高的趋势发展。实际对大坝硬化后混凝土钻孔取芯,混凝土芯样的抗冻等级往往低于机口取样的混凝土抗冻等级。把单一的抗冻等级作为评价混凝土耐久性指标应进行深入的研究。例如,温暖的西南地区某碾压混凝土重力坝,坝体内部碾压混凝土设计指标:强度为 15MPa、龄期为 90d、抗冻等级为 F100。碾压混凝土坝内部与外部防渗区均采用 F100 相同抗冻等级,理由是否充分,是耐久性要求还是抗裂要求,目的性不是很清楚。为了满足坝体内部碾压混凝土 F100 抗冻要求,需要掺入大量的引气剂。由于内部碾压混凝土设计强度等级低、含气量又大,结果影响极限拉伸值下降,反而不得不使抗压强度大幅超强来满足抗冻要求。大量的试验研究结果表明,混凝土设计指标不相匹配,为了满足其中的一项控制指标,要付出一定的代价,即以混凝土大量超强、多用水泥、增加温升和应力为代价来获得。而混凝土大量超强对温控防裂极为不利。例如,如果用降低水胶比、增加水泥用量的方法来提高混凝土强度等级和极限拉伸值以满足提高抗裂性能的目的,有可能得不偿失,因为增加水泥用量必然造成水化热增大,导致采取更多的降温措施来满足温控的要求。所以在配合比设计时,一定要使大坝碾压混凝土设计指标科学合理、切合实际、相互匹配。

1.4.4 碾压混凝土定义的发展和重新认识

近年来的碾压混凝土定义与早期的干硬性碾压混凝土定义完全不同。我国从 20 世纪 90 年代后期碾压混凝土采用全断面筑坝技术以来,改变了传统的“金包银”施工方式和防渗结构，大坝采用全断面碾压混凝土筑坝技术，防渗依靠坝体自身完成，这就要求碾压混凝土要有足够长的初凝时间，经振动碾碾压密实后必须是表面全面泛浆、有弹性，保证上层碾压混凝土骨料嵌入已经碾压完成的下层碾压混凝土中，彻底改变碾压混凝土层面多、易形成“千层饼”渗水通道的薄弱层面。所以，碾压混凝土也从干硬性混凝土逐渐过渡到半塑性混凝土。目前我国碾压混凝土的定义是指将无坍落度的半塑性混凝土拌和物分薄层摊铺并经振动碾碾压密实且层面全面泛浆的混凝土。

采用无坍落度的半塑性碾压混凝土施工，大量工程实践证明，碾压混凝土层间结合质量良好。2007—2009 年，已经从龙滩、光照、戈兰滩、景洪、金安桥、喀腊塑克等碾压混凝土坝中分别取出 15.03m、15.33m、15.85m、15.30m、16.49m、16.55m 等长度大于 15m 的超长芯样。大多数碾压混凝土坝钻孔取芯及压水试验成果表明，透水率小于设计要求，摩擦系数和黏聚强度大于设计控制指标，芯样外观光滑、致密、骨料分布均匀。不论是连续摊铺热层缝还是施工冷层缝(经过处理)，层间结合良好，无明显层缝，碾压混凝土表观密度与现场核子密度仪检测成果相符，碾压混凝土坝质量满足设计要求。

1.4.5 碾压混凝土配合比设计应注重拌和物性能试验

碾压混凝土与常态混凝土在配合比设计中既有共性又有一定区别。试验表明：碾压混凝土本体的强度、防渗、抗冻、抗剪等物理力学性能并不逊色于常态混凝土。但是碾压混凝土施工采用薄层通仓浇筑，依靠坝体自身防渗，其配合比设计和常态混凝土同样要求满足本体强度、抗渗等性能的要求，同时还应完全满足新拌碾压混凝土经碾压作业后要全面泛浆，保证层间结合和机械碾压施工的工作度要求。所以碾压混凝土配合比设计试验应以拌和物性能试验为重点。这是碾压混凝土配合比试验应充分重视的一点。

1.4.6 浆砂比已成为配合比设计的关键参数

浆砂比(PV)是灰浆体积(包括粒径小于 0.08mm 的颗粒体积)与砂浆体积的比值，即浆砂体积比，简称“浆砂比”。

碾压混凝土经过 20 多年大量的试验研究和筑坝实践，其配合比设计已经趋于成熟，形成了一套比较完整的理论体系。其中浆砂比是碾压混凝土配合比设计的关键技术，已成为配合比设计的重要参数之一。其具有与水胶比、砂率、单位用水量等参数同等重要的作用。在碾压混凝土配合比设计中，人们对浆砂比值越来越重视。根据近年来全断面碾压混凝土筑坝实践经验，当人工砂石粉含量控制在18%左右时，一般浆砂比值不低于0.42。由此可见，浆砂比非常直观地体现了碾压混凝土材料之间的一种比例关系，成为评价碾压混凝土拌和物性能的重要指标。

1.4.7 采用机拌变态＋碾压混凝土的方案可实现基础垫层混凝土快速施工

大坝的基础坐落在凹凸不平的基岩面上，为满足碾压施工机械的作业要求，一般碾压混凝土铺筑前均设计一定厚度的基础垫层混凝土，达到建基面找平和固结灌浆的目的。然后才开始碾压混凝土施工。

以往基础垫层常常采用常态混凝土浇筑，有如下不足：

(1)常态混凝土垫层强度高，水泥用量大，水化热高，对温控不利。

(2)常态混凝土垫层混凝土浇筑仓面小，模板量大，施工强度低，往往基础垫层混凝土的浇筑赶不上后续碾压混凝土的施工进度，无法为后续碾压混凝土施工提供施工面。这成为制约大坝施工进度的瓶颈。

近年来，大量的工程实例表明，碾压混凝土完全可以达到与常态混凝土相同的质量和性能。因此，采用机拌变态＋碾压混凝土的方案可实现基础垫层混凝土的快速施工。采用机拌变态混凝土或低坍落度常态混凝土找平基岩面后，立即采用碾压混凝土同步跟进浇筑，可明显加快基础垫层混凝土施工。

碾压混凝土坝一般不设纵缝，其底宽较大，造成基础约束范围亦较高，为了防止基础混凝土裂缝，应对基础容许温度进行控制。因此可以充分发挥碾压混凝土绝热温升低、基础温差小，有利于抗裂的优点采用碾压混凝土代替基础垫层常态混凝土，有利于坝基强约束区温控。例如，百色工程基础垫层混凝土，就是采用常态混凝土先找平基岩面，后面立即跟进铺筑碾压混凝土施工。一般基础垫层混凝土大都选择冬季或低温时期浇筑，取消基础垫层常态混凝土，利用低温期采用碾压混凝土快速浇筑垫层混凝土，可以有效控制基础温差，并可尽早地为固结灌浆提供工作面。

1.4.8 碾压混凝土坝温控工作思考

温控工作几乎涉及碾压混凝土施工的所有工艺环节。如果任何一个工艺环节达不到其温控要求，都会影响到下一工艺环节的温度控制。将温控的压力传导到下一个工艺环节，最终将造成混凝土超过允许最高温度。例如：

(1)细骨料的含水量长期超标(应小于等于6%)且波动较大。

(2)取消拌和楼的二次筛分系统。造成超逊径波动大,也不利于消除骨料裹粉现象。

(3)粗骨料在一冷、二冷料仓内是否冷透。有可能骨料表面温度达标,内部温度仍超标。

(4)混凝土运输时是否有大量“压车”现象,造成温度倒灌。

(5)仓号喷雾保湿时断时续,使用冲毛枪代替喷雾机,且没有使用专用的喷头。

(6)承包商以资金问题长期短缺保温材料,造成碾压完成的混凝土不能即时覆盖保温。

(7)冷水机组容量不足,冷水干管裸露,冷水温度“跑冒滴漏”现象。

(8)冷却水管升管束过于集中,并且水管容易破裂,冷却水管未使用专用接头。

(9)施工高峰期碾压设备远少于碾压施工工艺要求,承包商以种种借口拒绝增加设备,导致不能及时碾压。

(10)冷却水管由于种种原因通畅率较低等。

(11)承包商对温控思想上重视不够,个别管理人员认为温控影响施工进度,工艺操作上为了省事,敷衍执行温控要求。

综上所述,碾压混凝土温度控制水平的高低能从一个侧面反映一个施工企业碾压混凝土的施工和项目管理水平。

我们应该充分地认识到对混凝土进行温度控制并不是一味地降低混凝土的温度,而是消减混凝土温度的“峰值”,降低混凝土的温度梯度,减少温度应力,从而避免温度裂缝。目前,碾压混凝土的发展方向是对温控工艺要求越来越严格,越来越细致。繁杂和精细的温控工艺要求限制了碾压混凝土快速施工的特点的发挥。

温控不但增加了工程管理难度,也加大了工程投资(经测算金安桥温控综合费用为16.9元/m^3)。应该研究生产完全免温控的碾压混凝土,搬开温度控制这个制约碾压混凝土快速施工的“绊脚石”,并且工艺要求相对“粗犷”一些,以适应当前的水电施工和监理队伍现状。

笔者设想:找到一种水化过程为吸热作用的新材料,按照一定的配合比添加到混凝土中,其吸热过程和水泥水化放热过程相匹配,以“中和”或对冲掉水泥的水化热的峰值。当然这种材料应该来源广泛、价格低廉,对混凝土和钢筋的各项性能指标无负面影响。

1.4.9 表面保温保湿防裂

裂缝是混凝土坝普遍存在的问题,所谓“无坝不裂”,长期困扰着人们。碾压混凝土温度及温度应力与常态混凝土坝是有区别的。碾压混凝土坝虽然水化热低,早期坝面裂缝较少，但碾压混凝土坝内高温持续时间长，大坝表面由于受到低温、寒潮、暴晒、干湿等风化作用，使坝体内外温差大，极易出现表面裂缝，碾压混凝土坝表面裂缝出现较多的时期往往是在大坝建成以后。碾压混凝土坝为层缝结构，层面多，层间抗拉强度较低，所以碾压混凝土坝下闸蓄水或水温较低，以及遇水冷击或温度骤降时，坝体内外温差大，容易引起层面或水平裂缝，甚至引起劈头裂缝。碾压混凝土坝裂缝绝大部分是表面裂缝，在一定的条件下表面裂缝可能发展为深层裂缝，很难处理。对碾压混凝土坝表面防裂应重在预防和限制裂缝发展成为有害裂缝。因此，加强混凝土坝表面保护至关重要。

对碾压混凝土坝内高温持续时间长、层缝多的特点，为了防止坝体内外温差大、造成表面裂缝，需要对大坝表面进行保护，即给大坝“穿衣服”，采用聚合物水泥柔性防水涂料对大坝表面全方位进行保护，可以起到事半功倍的作用。在大坝表面涂 3～5mm 厚度的聚合物水泥柔性防水材料，可以起到很好的表面保护作用，既可以防渗、保湿、防裂、保温，又可以增强混凝土耐久性，而且施工简单快速，造价低廉。与常规的 XPS 保温板进行混凝土表面保护相比，聚合物水泥柔性防水材料有着极大的优越性。例如，西北高纬度、严寒干燥地区某大(1)型水利枢纽的碾压混凝土重力坝。坝体上、下游坝面设计采用永久性保温材料进行保温，形成永久性保温层，既可保温，又可保湿。具体方案是：

(1)坝体上游面。蓄水之前，地面以上部分采用聚氨酯防渗涂层(厚 2mm)＋粘贴 XPS 板(厚 10cm)的保温防渗结构型式。地面以下部分采用聚氨酯防渗涂层(厚 2mm)＋粘贴 XPS 板(厚 5cm)＋回填坡积物的保温防渗结构型式。

(2)坝体下游面。采用粘贴 XPS 板(厚 10cm)＋外涂防裂聚合物砂浆(厚 1～1.5cm)的保温结构型式。

又如，西北高纬度、严寒干燥地区已建成 80m 级某水电枢纽的碾压混凝土重力坝，坝体上、下游永久性保温措施采用在坝面喷涂 5cm 厚度的聚氨酯材料保温。

上述碾压混凝土重力坝水库在蓄水工作多年后，现场检查结果表明，坝体上、下游坝面变态混凝土防渗层未发现裂缝，且保温措施效果良好。

1.4.10　台阶式溢洪道消能

溢流坝段溢流面的施工工艺往往是影响碾压混凝土坝工期的一个主要因素。由于溢流面设计大多采用 WES 剖面或渥奇(Ogee)剖面进行泄流消能，其泄流面为弧面。溢流消能弧面的施工体型复杂、施工难度大，一般采用二期混凝土施工，即碾压混凝土施工完后再进行溢流面的施工。由于新老混凝土应力不同，所以抗冲磨防空蚀混凝土与老的碾压混凝土之间存在的层间结合问题容易形成“两张皮”

现象，工程质量难以保证。

采用台阶式溢洪道消流技术可以解决上述问题。据不完全统计，碾压混凝土坝采用台阶式溢洪道的有30%以上。台阶式溢洪道尤其适合在单宽流量较小[小于15m^3/(s·m)]的溢洪道中使用，但也有在单宽流量达到30m^3/(s·m)的溢洪道中采用的案例。例如，大朝山、索风营等水电站大坝泄洪消能采用了X形宽尾墩＋台阶溢流坝面＋消力池的联合消能方式。个别大坝在下游非溢流坝段也采用台阶式的布置。

溢洪道采用台阶式方案的优点有以下几个方面。

(1)可以增大消能率，减小消力池的尺寸。台阶式泄流消能效果好，技术经济效益显著。

(2)体型简单，减少施工干扰和模板的复杂性。更主要的是，显著简化了溢流面的施工难度，可以明显加快施工进度。

(3)高强度等级的台阶抗冲耐磨混凝土可以和碾压混凝土同步上升，取消了二期面层混凝土施工，有效加快了施工进度。

(4)台阶式方案方便立模板。即垂直立模比斜坡立模方便得多。若采用预制混凝土块代替传统的模板，则简化工艺、加快施工进度的效果更为显著。

台阶式消能方案的不足之处是与大坝的外观不甚协调。目前国外采用台阶式泄流消能方案较多，国内工程较少。碾压混凝土坝溢流坝段采用台阶式消能方案需要改变传统观念，从技术上、经济上进行分析比较，使台阶式消能方案优势得到应用推广，对优化大坝施工工期有着十分积极的作用。

1.4.11 前期科研配合比设计与施工配合比的区别

工程前期(预可研阶段、可研阶段)，设计和科研单位进行的碾压混凝土配合比试验研究只是初步的、原则性的成果报告。与工程建设施工期的碾压混凝土施工配合比试验结果往往存在很大的差异。分析原因有以下几点。

(1)水利水电工程现场施工受水文、气象、地形、地质条件以及施工条件的变化影响极大，在标准条件进行的科研试验和施工现场存在着较大的差异性。

(2)科研试验条件和现场实际试验条件发生变化。例如，科研试验用的原材料与现场实际施工的原材料不符。

(3)科研试验单位缺乏一定的施工经验，对工程实际施工情况掌握不充分。例如，VC值的动态控制，石粉含量的精确控制，VC值与外加剂掺量、含气量及凝结时间等参数的相互关系影响等。

如何紧紧围绕新拌碾压混凝土拌和物性能和施工性能进行配合比设计，这是科研试验与现场施工在碾压混凝土配合比设计上的最大区别。这一点应引起充分的重视。

1.4.12 减少骨料最大尺寸,克服骨料分离现象

标准的Ⅲ级配碾压混凝土,骨料最大粒径为 80mm。百色工程为了降低辉绿岩骨料的弹性模量,坝体内部碾压混凝土采用准Ⅲ级配,骨料最大粒径为 60mm。施工实践证明,百色工程采用准Ⅲ级配碾压混凝土,骨料抗分离性强、可碾性好、液化泛浆快、层间结合紧密,保证了碾压混凝土施工质量,降低了弹性模量,提高了抗裂性能。同时,准Ⅲ级配碾压混凝土的水泥用量和标准Ⅲ级配相同。笔者认为在配合比设计时应对骨料最大粒径进行深入研究,即研究采用一种级配、骨料最大粒径为 60mm 的可行性(近年来国外采用 50mm 单一级配的较多)。这样,从骨料加工、拌和楼生产到碾压混凝土施工,可以显著加快施工速度,并有效减少骨料最大尺寸,克服骨料分离现象,达到事半功倍的效果。

1.4.13 仓面喷雾保湿改变小气候

碾压混凝土的喷雾保湿是保证层间结合质量的关键所在。气象资料表明,晴天和阴雨天的温度一般相差 10℃左右,如果使大坝仓面真正形成喷雾保湿的阴雾天小气候,改变仓面周边气候条件,对改善碾压混凝土层间结合、温控防裂将十分有效。但现场施工生产时不容易做到这一点。实际上,大多数仓面的喷雾保湿仅仅是对仓面已摊铺或正在碾压的混凝土进行喷雾保湿。如果对上万平方米的仓号统一进行喷雾保湿,那样将投资巨大。施工单位为了降低成本,喷雾枪的喷头一般使用冲锚枪用的喷头代替。在这方面需要对喷雾设备和喷雾枪(尤其是喷嘴)规格进行严格要求。建议喷雾设备的采购也像工程使用的水泥、钢材、粉煤灰等主材一样由业主供应,由业主统一选择、采购、配发给承包商使用。这样能有效保证喷雾设备的质量,有效改善碾压混凝土仓面小气候,提高层间结合质量和降低混凝土温升,真正达到喷雾保湿和温控防裂效果。

1.4.14 采用凸块碾碾压和增加"刨毛"工序的设想

众所周知,碾压混凝土层间结合是关键。总是担心形成"千层饼",担忧层(缝)面抗滑稳定和容易形成渗漏通道的问题。在土石坝防渗体施工中,怎样解决层间结合呢? 就是采用凸块碾(凸块碾适用于黏性土料、砾质土及软弱风化土石混合

料)碾压。笔者设想:可以使用凸块碾碾压混凝土,或者在使用光面振动碾碾压的基础上再用凸块碾碾压。像土石坝施工那样,采用“刨毛”工艺彻底解决层间结合问题。

1.4.15 采用高效缓凝剂,改斜层施工为平层施工

目前对大仓面的碾压混凝土一般采取1:10的斜层碾压的施工工艺。在施工中,斜层摊铺较难控制摊铺的厚度,坡脚部位形成的尖角更是不易控制(承包商作业队伍为农民工组成,难以做到每层坡脚均按要求处理)。

一般在碾压混凝土使用外加剂的情况下,初凝时间为10～12h。使用了超缓凝剂的碾压混凝土,初凝时间延长至21h左右。工程实践表明,在35℃高温下使用缓凝高效减水剂初凝时间达到17h,在25℃条件下初凝时间甚至能达55h。龙滩水电站混凝土生产能力达到1 300m^3/h,12℃温控碾压混凝土900m^3/h,其入仓能力达到600m^3/h,最大日浇筑强度为15 826 m^3/h。金安桥水电站生产12℃温控碾压混凝土450 m^3/h。因此,可以设想:一个5 000m^2的仓号,采用平层碾压,摊铺厚度为0.5m。混凝土初凝时间、拌和能力、入仓能力、碾压能力等,是完全可以满足实现平层摊铺碾压的工艺。

因在施工中片面追求“大仓号”的现象,造成绝大部分碾压仓是斜层施工。应在条件许可的情况下提倡平层为主,斜层为辅的摊铺碾压工艺要求。

1.4.16 使用摊铺机摊铺和采用四级配混凝土的设想

碾压混凝土分为Ⅱ级配、Ⅲ级配和四级配(即全级配),Ⅱ级配由小石和中石组成,最大粒径为40mm。Ⅲ级配由小石、中石和大石组成,最大粒径为80mm。四级配由小石、中石、大石和特大石组成,其最大粒径为150mm(碾压混凝土四级配最大粒径为120mm)。其中Ⅱ级配碾压混凝土主要用于迎水面防渗,Ⅲ级配碾压混凝土用于大坝坝体内部大体积碾压混凝土。

四级配混凝土可提高骨料的最大粒径,使得整体骨料的表面积减小,将会更进一步降低混凝土的用水量,降低碾压混凝土的胶凝材料用量。级配的增加必然增加碾压混凝土施工层厚、降低碾压混凝土的水化热温升,从而简化温控措施,加快施工速度,具有一定的技术经济效益。但是从已公开的试验研究成果来看,到目前为止,国内外在这方面的实质性试验研究成果较少,仅贵州省沙沱水电站大坝工程部分采用了四级配碾压混凝土。

目前我国绝大部分碾压混凝土大坝主体采用的是Ⅲ级配混凝土(上游防渗区

为Ⅱ级配)。为什么不采用四级配的碾压混凝土呢?就这个问题咨询了有关专家。他们普遍认为,采用Ⅲ级配而没有采用四级配的碾压混凝土,是担心碾压混凝土在卸料、摊铺的过程中造成大骨料的集中、架空现象。从咨询专家的意见中也可以得出这样的结论:只要克服了四级配碾压混凝土摊铺过程中的大骨料集中和架空问题,采用四级配碾压混凝土筑坝也是可行的。

碾压混凝土一般采用自卸汽车直接入仓(或增加满管溜槽)+推土机平仓摊铺的生产工艺(也有采用皮带机、塔带机等其他入仓方式的)。汽车卸料和推土机平仓摊铺难免造成骨料的分离、粗集中现象。

笔者设想:改善推土机平仓工艺,引进公路施工设备(加以改进)。使用路面摊铺机取代推土机来完成平仓作业,或者在推土机完成平仓作业后,采用公路施工中的路拌设备对已摊铺完成的碾压混凝土进行二次处理(对厚层混凝土可以多次摊铺一次碾压)。这样,将彻底解决骨料的分离、粗集中、架空现象。如果上述设想能够实现,配置同样强度等级的碾压混凝土,四级配将比Ⅲ级配用更少的水泥量。这样不但节约了水泥,而且有利于碾压混凝土的温度控制。例如,沙陀水电站尝试开展了四级配碾压混凝土配合比研究与应用。研究成果表明,四级配碾压混凝土的用水量比Ⅲ级配碾压混凝土降低 8~10kg/m^3,胶凝材料降低 16~20kg/m^3。在四级配碾压混凝土拌和物 VC 值与Ⅲ级配碾压混凝土相同或稍低的情况下,有较好的抗分离性能和可碾性。四级配碾压混凝土和Ⅲ级配碾压混凝土相比,抗压强度无明显差异,劈拉强度、极限拉伸值略低,抗压弹模略高,泊松比接近。四级配干缩率比Ⅲ级配低 15%~25%;自生体积变形值略小;可降低混凝土水化热温升 2.2~2.5℃,导温系数接近,导热系数和比热略小;抗渗性能略低;抗冻融循环能力基本相当。

我们把施工中质量较差的碾压混凝土形象地比喻为"萨其马"。碾压混凝土坝中只要强度、抗滑稳定等指标满足设计要求,适当的"萨其马"现象反倒有利于坝体内部的排水。

1.4.17 对突破摊铺层厚 30cm 的思考

目前,一般碾压混凝土坝施工要求松铺厚度在 32~34cm,碾压完成后层间厚度为 30cm,一个 100m 高的碾压混凝土坝,就有 300 层缝面,这么多的缝面对大坝的防渗性能、层间抗剪强度以及大坝整体性能十分不利。早期我国部分学者和科研工作者对碾压混凝土坝层间结合、坝体防渗等一直存在疑虑和争论。层间结合的质量问题一直是碾压混凝土领域多年来研究的主要课题。层间接缝的抗拉、抗剪强度在碾压混凝土坝的设计中起主导作用,尤其是在地震高烈度区域。设计规范将碾压混凝土坝层(缝) 面的抗剪断参数(摩擦系数和黏聚系数)作为设计控制指标。

碾压混凝土坝层缝越多,碾压越费时、费工,这严重制约碾压混凝土快速施工。所以十分有必要研究提高碾压层厚度、减少碾压缝面、提高碾压混凝土施工升层高度的措施等内容。如从目前传统的 30cm 碾压层厚提高至 40cm、50cm、60cm,甚至更厚的碾压厚度。同时应研究将目前碾压混凝土 3m 升层提高至 6m 甚至更高升层的可能性。

由于碾压混凝土本体防渗性能并不逊色于常态混凝土,碾压层厚和升层的提高可以明显加快碾压混凝土筑坝速度,有效减少坝体层缝的数量,有利于抗渗性能提高。

目前绝大部分的碾压混凝土的摊铺厚度在 30cm 左右,而相关规范对摊铺厚度并没有强制要求 30cm,因此,增大摊铺厚度是完全可行的。黄花寨水电站在电厂生活住房的基础上进行了摊铺层厚为 100cm 的试验,取得了良好的效果。应该在大坝主体工程中尽快应用推广。当摊铺厚度达到 100cm 时,也存在混凝土的拌和、运输、摊铺、碾压、质检(核子密度仪检测深度在 40cm 左右)、横缝的造缝以及模板等一系列的综合配套问题需解决。

1.4.18 采用“广谱”的掺合料以降低成本

随着粉煤灰在各类混凝土中的广泛应用,粉煤灰成了碾压混凝土胶材中不可或缺的成分,粉煤灰成了较紧俏的商品。如果在坝址附近没有大量合格的粉煤灰料源,从远方采购粉煤灰的运输成本较高。因此,碾压混凝土坝应最大限度利用当地材料,采用“广谱”的掺合料以降低成本,使碾压混凝土也成为“当地材料坝”。例如,铁矿渣、磷矿渣、火山灰、凝灰岩、石灰岩粉、硅粉、甚至烧结的黏土粉等等。其中,利用外掺石粉(工地现场加工)完全替代粉煤灰不失为一个好的技术路线(较成功的例子很多)。例如,中国水电十一局在蒙古国泰西尔水电站碾压混凝土坝中就利用当地白云岩加工石粉完全代替粉煤灰。

1.4.19 采用变态混凝土+大坝本体碾压混凝土(Ⅲ级配)防渗体系

采用了变态混凝土与富胶凝材料Ⅱ级配碾压混凝土组合式防渗体。通常变态混凝土位于上游坝面,一般为 30~80cm,Ⅱ级配富胶凝材料碾压混凝土厚度为坝高的 1/15~1/20。从工程实践来看,这种组合防渗体防渗能力能达到 W9~W12,完全满足 200m 级高特高坝的要求。但是,该组合式防渗体仍有不足之处。例如,

Ⅱ级配富胶凝材料碾压混凝土与下游大坝本体大体积Ⅲ级配碾压混凝土在施工时仍有拌和楼转换频繁、施工车辆必须严格区分运料、增加仓面分区管理难度等问题。在索风营、光照大坝上部 50m 以内采用了变态混凝土＋Ⅲ级配防渗，取得了良好的效果。将变态混凝土＋Ⅲ级配防渗体系，应用到中低水平的碾压混凝土坝中值得研究和推广。

1.4.20　其他

（1）曾经的一个同事来自核电建设系统，他谈到核电工程 AP1000 的核岛安全壳基础大体积混凝土施工时遇到的大体积混凝土温度控制难题。其实他谈到的这些问题在水利水电系统中已经得到了很好的解决。因此，碾压混凝土技术应向公路、机场、核电等使用大体积混凝土的领域推广。

（2）国内一些科研和设计单位开展了碾压混凝土坝施工智能仿真系统的研究，并取得了一些成果。具体在工程项目施工时，可以积极利用这些施工智能仿真系统的研究成果为碾压混凝土坝的施工提供高科技的智能技术支撑。例如，龙滩水电站开展了相应的计算机仿真、动态模拟技术和施工信息管理系统的研究与应用，黄登水电站、鲁地拉水电站等碾压混凝土坝开展了碾压混凝土数字化施工技术的研究与应用。黄登水电站建设了"数字黄登·大坝施工信息化系统"，综合运用工程技术、计算机技术、无线网络技术、手持式数据采集技术、数据传感技术（物联网）、数据库技术等，对大坝混凝土从原材料、生产、运输、浇筑到运行实施全面质量监控，实现了远程、移动、实时、便捷的动态质量监控，智能温度控制，施工进度动态调整与控制和施工信息的综合集成与高效管理。随着信息化技术的快速发展，基于互联网＋BIM 技术、GIS 技术的覆盖项目全生命周期的智能化、数字化施工技术将逐渐得以普遍应用和发展。

（3）目前，仓面的喷雾保湿主要采用喷雾机喷雾和喷雾枪喷雾，有的工地甚至使用冲毛枪进行喷雾（效果不如专用的喷雾枪好）。喷雾机体积大，重量大，移动不便，需要连接供水管和电源，在仓面内一旦供水管路被压坏破损，就可能造成溢水漫流，影响仓面施工。电源线扯来拉去，不仅存在安全隐患，也给仓面施工造成不便。喷雾机、喷雾枪覆盖面积有限，操控受人为控制，喷雾质量和保证及时喷雾受操作人员责任心的影响大。目前，国内有科研单位已经研制成功了集成在模板边上的水汽二相流的智能喷雾保湿设备，可以自动监测仓面的温度、湿度情况，自动地完成喷雾保湿作业，自动化程度高，节约人力，喷雾保湿质量有保证。如图 1-1 所示。

图 1-1　集成在模板上的自动化智能喷雾保湿设备

(4)生产实践中,碾压混凝土温度控制中冷却水管的埋设、一期通水、二期通水、闷温测温等,各项工作量很大而且很烦琐。需要生产技术人员及时观测记录大量的数据,劳动量大,容易出现“错、漏、碰、缺”等工作失误。目前国内的科研单位已经研发了高度集成的流量、水温测控装置和混凝土智能通水系统,并结合大坝安全监测埋设的温度计(含温控要求埋设的温度计),实现了对大坝混凝土温度的实时监控和成果及时分析。随着我国工业技术的升级换代,更多自动化、人工智能将运用到碾压混凝土坝设计、施工上,给坝工行业带来深刻的变革。

第 2 章　碾压混凝土坝设计概述

2.1　概述

众所周知，设计是工程建设的龙头，设计的节约是最大的节约。碾压混凝土坝要发挥其快速施工的特性，设计工作显得尤为重要。设计是保证碾压混凝土快速筑坝的前提和根本。由于碾压混凝土筑坝技术与常态混凝土筑坝技术在施工工艺上有着极大的区别，设计不应局限在常态混凝土坝的设计思路上，设计要针对碾压混凝土快速施工的特点，从碾压混凝土坝的枢纽布置、坝体设计、坝体构造、材料分区以及温度控制等方面进行精心优化设计，可以起到事半功倍的效果。同样，施工时要熟悉具体工程碾压混凝土坝的设计特点，这样可以对工期、关键项目和施工难点进行合理地施工组织设计和控制。

碾压混凝土坝的设计与碾压混凝土性能密切相关。早期的碾压混凝土由于防渗体系、配合比设计、施工工艺等理念不同，碾压混凝土坝体体型比常态混凝土肥大，坝体混凝土方量增加。所以，早期的碾压混凝土坝主要为重力坝。为了保证大坝的防渗效果，大都采用"金包银"防渗体型，即外部通常采用 1～3m 厚的常态混凝土作为防渗体，内部采用超干硬性的碾压混凝土大坝。因此，早期碾压混凝土工作度 VC 值很大，VC 值一般控制在 20～30s，我国控制在 15～25s，且波动范围大。故早期的碾压混凝土定义为超干硬性或干硬性混凝土。过大的 VC 值导致碾压混凝土拌和物松散无黏性，碾压混凝土在拌和、运输、卸料和摊铺过程中，拌和物十分容易产生分离和大粒径骨料集中的现象，同时碾压混凝土拌和物的黏聚性、可碾性、液化泛浆和层间结合很差，层(缝)面容易形成渗水通道而出现"千层饼"现象。

由于碾压混凝土采用全断面筑坝技术，大坝施工采用通仓薄层碾压连续上升的方式，与常态混凝土筑坝柱状浇筑方式不同。碾压混凝土坝与常态混凝土坝在设计上的最大区别是层间缝面的抗滑稳定，所以水平层间缝面的抗滑稳定和防渗是碾压混凝土坝设计的关键。为此，碾压混凝土坝对层间逄面的抗剪断强度提出了专门的设计指标。随着碾压混凝土筑坝技术的不断创新、材料科学的发展、防渗体系的改变，彻底改变了碾压混凝土坝的设计理念和设计方法。从 20 世纪 80 年代初期的贫胶凝材料坝向富胶凝材料碾压混凝土坝转变。富胶凝材料碾压混凝土坝可以获得良好的层面间的黏聚力，已建成的碾压混凝土坝芯样几乎分辨不出层面。

碾压混凝土坝分为碾压混凝土重力坝和碾压混凝土拱坝。一般能修建常态混凝土坝的坝址均能够建设碾压混凝土坝。在重力坝和拱坝的坝型比选方面和常态混凝土一样。

碾压混凝土重力坝枢纽设计中，力求全面分析和掌握坝址区的水文、泥沙、地形、地质、地震、天然建筑物材料状况、综合利用要求、运用要求、施工条件等各种基本资料，根据工程开发任务和枢纽功能要求，确定枢纽中应有哪些水工建筑物，合理规划布置挡水建筑物、泄水建筑物、引水发电系统、通航建筑物及其他建筑物，以适应坝址地形、地质条件，满足枢纽泄洪、发电、排沙、供水、航运、排漂、过鱼、旅游、施工导流和交通等各项功能。通过对选定坝址及坝线上各种可行的布置方案进行研究和风险评估。特别需要注意的是应结合碾压混凝土坝的施工工艺特点，减少各建筑物施工的相互干扰，为碾压混凝土快速施工创造条件。从技术、经济、环境等方面进行综合比较，确定技术可行、经济合理、环境友好的枢纽布置和建筑物设计方案。

碾压混凝土重力坝坝址一般选在地质条件相对较好、覆盖层相对较薄的狭窄河谷处，坝基岩石要坚硬，岩体完整，构造要简单。坝址基岩卸荷风化不能太深，以免增加开挖和混凝土工程量。断层、裂隙、节理不能太密集，否则会增加处理难度和工程量。坝基岩体内有夹泥层等软弱结构面，尤其是存在缓倾下游的软弱结构面时，对大坝抗滑稳定较为不利，应尽量避开；若不能避开，则需研究确定采用恰当的处理方案进行处理。另外，还应关注坝址和库岸的边坡稳定，近坝库区不能存在大体积的潜在不稳定山体。

在水文地质方面，坝基和水库应是不渗漏的，或经可能的防渗处理后，渗漏能减少到允许的范围以内。没有一点地质缺陷的坝址几乎是不存在的，但要选择地基缺陷较少、经过采取一定的处理措施后可满足要求的坝址。对于地质条件复杂且难以处理或处理工程量太大的坝址只能放弃，另选其他坝址或改用其他坝型。

碾压混凝土重力坝坝轴线一般为直线，与河流流向基本正交。有时为适应和满足河床段和岸坡段坝基的地质条件，使大坝两端坝头放在较好的基岩上，坝线可与河流流向有一定程度的斜交，或采用折线布置，将坝头部分适当转向上游或下游，以避开地质条件较差的部位。例如，百色、天生桥二级碾压混凝土坝两岸坝头均采用了折线型式。

一般碾压混凝土重力坝枢纽格局及建筑物布置应注意以下几点内容。

(1)枢纽格局中的大坝、泄水建筑物、引水发电系统和其他建筑物应结合地形地质条件并根据其重要性、型式、施工条件和运行管理等，按照既协调紧凑、又尽量避免相互干扰的原则进行布置。

(2)枢纽布置要便于碾压混凝土快速施工，有利于缩短工期，提前发挥效益。在枢纽布置、建筑物设计和施工进度计划中要研究提前蓄水发电的可能性。

(3)碾压混凝土重力坝的泄水建筑物布置要优先考虑主河床坝身泄洪或以坝身泄洪为主，必要时辅以泄洪洞或岸边溢洪道。在允许的条件下，尽可能扩大表孔规模、增大单宽泄量，避免另外设置泄洪洞或岸边溢洪道。当下游水垫较深、岩体抗冲刷能力较强时，一般采用挑流消能方式。当消能区岩体抗冲能力较弱或存在边坡稳定，以及因水流雾化引起的其他问题难以解决时，则应研究采取底流和戽流消能方式。

(4)枢纽布置中应尽量将碾压混凝土坝与引(输)水发电建筑物分开布置，以减少建筑物间的施工干扰。窄河谷高坝枢纽，宜优先考虑岸边式厂房布置型式，在具备地下洞室工程的地质条件下，优先采用地下厂房。当厂坝不能分开布置或河谷开阔需采用河床式厂房时，宜考虑采用坝后式厂房。引(输)水管道宜采用坝内水平埋管或坝后背管。

(5)岸边式厂房的输水系统进出水口宜与大坝分开布置，河床式厂房输水系统进出水口布置要避免受到坝身泄洪孔口和岸边泄洪洞的影响，尤其是尾水出口，要避开下游的冲刷和淤积的不利影响。

(6)通航建筑物应尽量远离枢纽泄洪消能区而靠岸边布置，并与施工导流和施工期通航统筹规划。要充分考虑通航建筑物上下游引航道口门区的水流条件和泥沙淤积问题，必要时采取防沙、冲沙和排沙的措施。

(7)对于多泥沙河流，要研究水库泥沙淤积的问题。研究采取必要的防沙、排沙措施，特别是电站进水口的防淤，应做到“门前清”并研究水库采取的排沙运行方式。

(8)泄洪、发电、航运等建筑物分散布置型式，可简化坝体结构，减小施工干扰，有利于发挥碾压混凝土快速施工的优势。对碾压混凝土重力坝采用地下或岸边厂房，土石围堰(洪枯比大时宜采用过水围堰)一次拦断河床、隧洞导流、坝体缺口度汛成为高山峡谷区高碾压混凝土坝枢纽的典型布置型式。

碾压混凝土重力坝的坝高在 70m 以上时，坝体下游坡比多采用 1∶0.75，上游垂直。对坝高超过 100m 级的高坝，坝体上游坝面的下部坡比一般采用 1∶0.2～1∶0.3。碾压混凝土拱坝厚高比多在 0.17～0.30。

近年来，碾压混凝土重力坝的横缝多在 20～30m，金安桥大坝最大间距达 34m。当横缝大于 25m 时，在坝段中间设一道短的横缝，防止坝面产生劈头裂缝。碾压混凝土拱坝的分缝主要采用横缝和诱导缝结合的方式。

碾压混凝土拱坝设计与碾压混凝土筑坝施工速度存在着一个最佳的结合点。特别是采用双曲拱坝，一味追求过小的厚高比及倒悬度，使拱坝体型过于小，虽然节约了混凝土，但并不利于对碾压混凝土快速施工。截至目前，国内修建的百米级碾压混凝土拱坝，例如龙首、沙牌、石门子、蔺河口、大花水、招徕河等碾压混凝土双曲拱坝，坝体碾压混凝土方量大多在 20 万～30 万 m^3。碾压混凝土拱坝施工周期大多在 2 年左右，月最高浇筑强度也仅 3 万 m^3 左右，碾压混凝土快速筑坝技术优势并未在拱坝中得到充分发挥。拱坝体型决定了大坝仓面面积过窄，不能充分发挥大型机械化的施工优势。而且，拱坝采用大量的异形模板，模板重复使用的利用率很低，造成模板费用投入很多。所以，对碾压混凝土拱坝设计，一定要考虑碾压混凝土机械化快速施工的特点。采用碾压混凝土重力拱坝设计方案，可以充分发挥碾压混凝土快速筑坝技术优势及模板的重复使用，筑坝速度和造价可能优于超薄的碾压混凝土双曲拱坝，设计时需要进行综合经济技术分析。

2.2 枢纽布置

工程枢纽布置对碾压混凝土快速筑坝具有战略性和全局性。碾压混凝土坝的枢纽布置、发电建筑物的布置方式对碾压混凝土快速施工影响极大。碾压混凝土坝大多采用地下厂房或引水式厂房的布置方式，避免了对碾压混凝土快速施工的干扰。但也有少数碾压混凝土重力坝采用坝后式厂房，因为坝内引水钢管、进水口的布置方式严重制约了碾压混凝土快速施工。碾压混凝土坝的泄水建筑物，以表孔溢流为主，为了泄洪冲砂以及下游供水，高坝还设有中孔或低孔。

根据《碾压混凝土坝设计规范》(SL 314—2004)，碾压混凝土坝枢纽布置宜扩大碾压混凝土的使用范围，且部位宜相对集中，应结合工程任务，合理地安排各类建筑物的布置，以减少对碾压混凝土的干扰，坝体结构布置宜简化，充分发挥碾压混凝土快速施工的优点。在狭窄河谷段，碾压混凝土坝以引水式或地下厂房为最佳。

枢纽布置对碾压混凝土快速施工影响至关重要，相对于工程量、造价和工期而言，碾压混凝土坝的枢纽布置具有全局性。大坝是枢纽建筑物中最重要的组成部分，在坝址坝型选择上，设计要充分考虑碾压混凝土通仓薄层快速施工的技术特点，科学合理地安排枢纽的各类建筑物布置。

碾压混凝土坝最理想的枢纽布置是借鉴土石坝枢纽布置设计原则，尽量把其他各类建筑物布置在大坝以外。碾压混凝土坝设计规范明确指出：在布置碾压混凝土大坝时，应结合工程任务，科学合理地安排泄水、发电、灌溉、供水及航运等各类建筑物的布置，碾压混凝土坝与发电建筑物和泄水建筑物尽可能分开布置。

我国的碾压混凝土坝不论是在狭谷河段还是宽阔河段，碾压混凝土重力坝厂房型式都主要以地下厂房或者引水式厂房为主。碾压混凝土拱坝均未采用坝后式厂房布置型式，这与拱坝狭窄的V形河谷地形有关。厂房与坝体分开布置型式和岸塔式进水口的布局十分有利于碾压混凝土大型机械化的快速施工，并且可以均衡枢纽各建筑物的工程量，且不占直线工期。同时，利用碾压混凝土坝体自身泄流的特点，导流标准和防洪度汛标准可以极大地降低。

由于工程地形地质、水文气象、工期等因素，也有少数碾压混凝土重力坝发电厂房布置为坝后式。坝后式厂房必然要在坝体中布置引水钢管、进水口、拦污栅等建筑物，给碾压混凝土快速施工带来了较大的困难和障碍。施工证明，坝后式厂房布置型式直接影响碾压混凝土快速施工，已成为控制碾压混凝土坝直线工期的关键，对缩短工期十分不利。同时，碾压混凝土坝在施工期泄水建筑物未形成时，坝后式厂房不允许坝体泄流，必须提高设计导流标准和防洪度汛标准，增加工程投资。例如，龙滩碾压混凝土坝原设计有 5 台机组布置在坝后，发电引水钢管必须穿过坝体。优化设计后，将 9 台机组全部布置在左岸地下厂房内，避免了穿越坝体的发电引水钢管和大坝碾压混凝土施工的相互干扰。

我国碾压混凝土坝在泄水布置型式上，优先采用开敞式溢流孔，主要是为了简化施工，减少混凝土分区，方便组织碾压混凝土施工。坝高 100m 以上的碾压混凝土坝在表孔溢流布置孔口数量上，重力坝多为 4～7 孔布置，碾压混凝土拱坝多为 3～4孔布置。

国内部分碾压混凝土重力坝、碾压混凝土拱坝枢纽布置工程实例见表 1-1、表 1-2。

根据不完全统计表明，无论是碾压混凝土重力坝还是拱坝，坝体和引水发电建筑物分开是最佳的布置方式。在预可行性研究、可行性研究阶段的坝址坝型选择上就应该考虑采用碾压混凝土坝的设计理念。避免像少数重力坝那样，原设计采用坝后式厂房的常态混凝土坝，仅仅在适合碾压的部位采取了碾压混凝土代替部分常态混凝土。

2.3　碾压混凝土坝坝体设计

2.3.1　坝体设计

工程枢纽坝址、布置格局、坝型确定以后就是坝体的设计。坝体设计要服从枢纽布置格局，坝体布置对枢纽各建筑物位置的优化调整只能是小幅度的或者局部的。在确定坝上各建筑物位置和结构型式时，既要考虑满足各建筑物规模和功能上的要求，又要考虑到尽量减少工程量，节省投资。还要考虑扩大坝体采用碾压混凝土的范围，简化坝体结构，减少坝内孔洞，减少施工干扰以方便施工和缩短工期。

根据《碾压混凝土坝设计规范》(SL 314—2004)，坝体体型设计宜简单，便于施工，坝顶最小宽度不宜小于 5m，上游坝坡宜采用铅直面，下游坡比可按常态混凝土重力坝的断面进行优选。碾压混凝土重力坝坝体断面上下游坝面坡度与常态混凝土重力坝基本相似，下游坝面基本采用重力坝标准坡比 1∶0.75。中坝、低坝上游坝面通常采用铅直面，下游坝面采取单一坡度。例如坑口坝、高坝洲坝、棉花滩坝、江垭坝等。但对于高坝，上游面的上部为垂直面，下部多采用 1∶(0.2～0.3)的斜坡。例如高度在 100m 以上的大朝山坝、百色坝、龙滩坝、光照坝、金安桥坝、官地坝等。

碾压混凝土拱坝体型大都采用单曲拱坝或双曲拱坝,但与常态混凝土拱坝相比,其拱型相对简单,主要是为了适应碾压混凝土筑坝的特点。碾压混凝土拱坝的应力状态与常态混凝土拱坝是不同的,常态混凝土拱坝由纵缝、横缝形成的柱状浇筑块,通过坝内埋设的冷却水管将混凝土施工期的水化热消除,待坝块冷却到封拱温度后进行接缝灌浆使坝块形成整体而成拱。由于碾压混凝土拱坝采用全断面薄层通仓碾压,在碾压后已成拱,施工期碾压混凝土水化热温升所产生的温度应力,将随着坝体温度的回降持续影响拱坝运行期的应力状态,其坝体自重应力分布与常态混凝土拱坝也不同。因此,碾压混凝土拱坝的应力及其分布与常态混凝土不同。高坝、中坝宜采用三维有限元仿真计算,并按照计算成果指导碾压混凝土拱坝的横缝和诱导缝的布置和设计。

碾压混凝土坝的施工方式与常态混凝土坝的柱状浇筑方式不同,因此碾压混凝土坝的坝体构造与常态混凝土不同。为了适应碾压混凝土大面积薄层摊铺连续碾压的施工特点,碾压混凝土坝不设纵缝。例如200m级的龙滩、光照、百色、金安桥、官地等碾压混凝土重力坝均未设置纵缝。对于特高的碾压混凝土重力坝引起基础部位底宽特别大,是否设置纵缝应根据专题研究决定。

在碾压混凝土重力坝的发展过程中,初期人们倾向大间距的横缝或诱导缝,一般间距为30～80m,少数已超过90m。目的主要是强调仓面大,方便平仓及碾压设备施工,以加快施工进度。通过多年的工程实践经验证明,横缝间距较大时,碾压混凝土重力坝的上、下游方向会不同程度地出现贯穿裂缝,或上游坝面受库水冷击会出现劈头裂缝。而裂缝的间距一般为20～30m。据此可将碾压混凝土重力坝的横缝或诱导缝间距缩小到30m。

碾压混凝土重力坝一般被认为属于平面受力结构,将横缝设计成诱导缝,分层碾压,分层切缝。按目前碾压混凝土坝横缝设计的趋势,基本倾向横缝间距与常态混凝土坝一致。例如已建的大朝山、龙滩、景洪等工程甚至将碾压混凝土坝的横缝或诱导缝间距降到20m左右。大朝山等工程的诱导缝宽度达2～4cm,缝内回填粉细沙,此种缝面的结构基本上使相邻坝块完全脱开,各坝段独立工作。

从大坝抗震和坝基侧向抗滑稳定要求出发,希望横缝间距越大越好,以提高整体性能。从坝体混凝土温控防裂要求出发,横缝间距不宜太大,否则易产生温度裂缝。《碾压混凝土设计规范》(SL 314—2004)规定,横缝或诱导缝的间距宜为20～30m(该间距为横缝之间、诱导缝与横缝之间、综合诱导缝之间的距离)。近年来,修建的碾压混凝土重力坝的最大横缝间距一般控制在30m左右,如光照、龙滩、金安桥等大坝。当横缝超过25m时,在其坝块上游面中部一般增设一条深3～5m的短缝,有效防止了坝体上游面劈头裂缝的产生。例如金安桥碾压混凝土重力坝的分缝方案中,碾压混凝土重力坝最大坝高为160m,坝顶长度为640m。大坝由左右两岸非溢流坝、右岸溢洪道、右岸泄洪冲砂双底孔、左岸冲砂底孔、河中厂房坝段等组成，共分 21 个坝段，横缝或诱导缝的间距除少数坝段外，一般为 30m 左右(厂房坝段为 34m)，为避免上游坝面出现劈头裂缝，在各坝段上游坝面的中心线处设置一条 3～5m 深的垂直短缝，见图 2-1。在坝体混凝土温度应力场计算中，上游面考虑垂直短缝对降低拉应力的效果较为明显，从大坝抗震和坝体侧向抗滑稳定方面考虑，上游面设置垂直的短缝大大提高了坝体的整体受力性能。

图 2-1　金安桥水电站大坝上游侧布置的短缝及斜层碾压工艺

常态混凝土坝的纵缝、横缝均设有键槽并进行专门的接缝灌浆，分缝对大坝的整体受力性能影响较小。碾压混凝土拱坝与重力坝通过剪切作用荷载传递给坝基不同，其层间结合在受力分析方面不像重力坝那样重要和关键，拱坝是通过拱的作用将荷载传递到坝肩，要求大坝具有整体受力性能。因此要求设置横缝并进行专门的接缝灌浆，甚至还需进行二次接缝灌浆。拱坝对裂缝非常敏感，一旦温差引起的拉应力超过抗拉强度就必然产生温度裂缝，因此，采用施工缝或者在应力集中部位布置诱导缝显得很重要。例如，普定碾压混凝土厚拱坝，因安排在低温季节施工，设计仅布置了 3 条用于灌浆的收缩缝，间距为 90m 左右。温泉堡薄拱坝(坝高 49m，坝厚 13.8m)运行在严寒的环境中，设计布置了 4 条灌浆的收缩缝，间距为 30～40m。溪柄溪坝(坝高 63m，坝厚 12m)处于温和的气候条件下，通过有限元分析计算后，设计没有布置横缝，为释放局部的拉应力仅在其上游坝肩部位设置了短缝。

碾压混凝土重力坝一般被视为平面受力结构，从施工角度出发，仓面大有利于大型碾压设备及仓面设备的操作。因此，将横缝设计成诱导缝，分层碾压，分层切缝。例如,金安桥水电站为了提高大坝的侧向整体性并兼顾碾压混凝土坝的温控要求,在满足混凝土温控要求的前提下,最大限度地增加大坝的整体性。在大坝施工设计中,对坝体每一碾压浇筑层,横缝的切缝深度仅切穿浇筑层厚度的 2/3(浇筑层厚约为 30cm),在顺水流方向切穿 2/3 的长度,即约有 56%的诱导缝面积仍保持混凝土连接。在切缝中填充无纺布(彩条布),使横缝具有弱连接诱导缝的性质,以达到既能满足温控要求,又可增强大坝整体性能的目的。在充分调研国内外现有碾压混凝土重力坝横缝设计研究的基础上,结合金安桥大坝的具体情况,共设计了 20 条横缝,横缝间距略大丁规范要求的间距。但对坝段长度大于 30m 的,在上游坝面设置了 4m 深的短缝。采取这种措施既避免了温度裂缝又加快了施工进度并增强了大坝的整体性能。实际施工表明,采取该横缝方式大坝浇筑层面及内部基本未发现有害裂缝,取得了很好的效果。

随着碾压混凝土施工技术日臻成熟及切缝机械的不断改进,成缝技术已经变得十分简单,坝体分缝已不是影响碾压混凝土通仓施工的问题。

2.3.2 碾压混凝土坝防渗及排水结构

碾压混凝土坝坝体的上游面应设置防渗结构,宜优先选用Ⅱ级配碾压混凝土,其抗渗等级最小值为:当水头 $H<30$m 时,W4;当水头 $H=30\sim70$m 时,W6;当水头 $H=70\sim150$m 时,W8;当水头 $H>150$m 时,需进行专门论证。防渗厚度根据已建或在建工程的有关资料可知,一般防渗厚度与水头比值取 1/15～1/12,视坝高的不同,其厚度一般为 3～8m,最小厚度应满足施工要求,宜大于 2m。

碾压混凝土坝防渗结构普遍采用Ⅱ级配富胶凝材料碾压混凝土+坝面变态混凝土的防渗结构型式。该结构简单,可保证通仓碾压施工与坝体内部碾压混凝土结合良好。针对某些碾压混凝土坝仓面施工特点,变态混凝土可以采用拌和楼拌制“机拌变态混凝土”浇筑。例如百色、光照、金安桥等工程变态混凝土施工,均采用“机拌变态混凝土”进行施工,效果良好。变态混凝土厚度宜为 30～50cm,最大不宜超过 100cm。

目前,我国大坝防渗结构为上游面采用Ⅱ级配富胶凝材料碾压混凝土及坝面上游模板部位的变态混凝土(厚 30～50cm)进行防渗。Ⅱ级配富胶凝材料碾压混凝土厚度为坝高的 1/20～1/15,其防渗效果可满足 W10、W12 的抗渗指标要求。也有一些大坝表面采用辅助防水材料,即采用合成橡胶、复合土工膜聚合物水泥防水涂料或防渗结晶体进行防渗。例如,景洪工程直接在变态混凝土浆液中掺加防渗结晶体进行防渗。

当采用常态混凝土作为防渗结构(金包银)的时候,由于常态混凝土和坝体内部碾压混凝土初凝时间差距较大，造成施工干扰大，两种混凝土结合也是个薄弱环节，目前我国已不再采用（日本均采用 RCD 型式）。

室内实验和工程实践均已证明，质量良好的碾压混凝土，无论是Ⅱ级配、还是Ⅲ级配，均有很好的防渗能力。江垭上游面钻取垂直和水平混凝土芯样进行专门抗渗试验研究，结果显示，混凝土满足 W8 抗渗指标，甚至超过了 W10，混凝土的渗透系数可达 10^{-9}～10^{-10}cm/s，碾压混凝土上游侧加上一层厚 30～50cm 的变态混凝土，切断了层间结合的渗漏通道，其抗渗性能更有提高，渗透系数可达 10^{-10}～10^{-11}cm/s。

随着碾压混凝土筑坝技术的不断成熟，通过采用Ⅱ级配碾压混凝土与变态混凝土组合防渗结构，虽已达到简化施工和加快施工速度的效果，但因碾压仓面上有两种不同级别的碾压混凝土，对碾压混凝土的生产、运输到摊铺、碾压等仍存在诸多不便。尤其是在坝体上部和水头不高的中低坝，由于坝体宽度较小、碾压仓面本来就不大，再进行两种混凝土的摊铺碾压，施工干扰仍较大，碾压混凝土快速施工的优势无法发挥。因此，近年来已有一些中低坝工程（或高坝上部），直接采用了Ⅲ级配碾压混凝土＋变态混凝土组合的防渗结构。国内已建的Ⅲ级配碾压混凝土钻孔取芯试验检测数据分析，Ⅲ级配碾压混凝土自身能够满足防渗要求，关键是要解决好层间结合问题。实践表明，通过配合比设计优化、层间结合处理及碾压施工工艺等的严格控制，解决层间渗漏问题后，直接采用Ⅲ级配碾压混凝土＋变态混凝土组合的防渗结构型式是能够满足设计要求的。

坝体排水系统是坝体渗流控制的关键。碾压混凝土坝必须设置完善的排水系统，坝体排水系统紧接上游防渗体，排水系统包括排水廊道、竖向排水管等。坝身竖向排水孔常采用钻孔、埋设透水管等方法。其中钻孔法不易堵塞、排水效果最佳，同时对碾压混凝土施工干扰最小。目前大坝埋设的透水管均采用尼龙编织加工的成品透水管，质量显著提高，淘汰了早期易碎的无砂排水管。埋设透水管容易对碾压混凝土施工造成干扰，影响快速施工。钻孔的直径一般比埋设透水管和拔管法小，孔径为 76～102mm，孔距为 2～3m。因此，从快速施工和经济角度考虑宜优先选用钻孔成孔的工艺，但后期钻孔的方案也存在施工作业条件差、工期慢、造价高的问题。

百色水利枢纽碾压混凝土大坝上游侧设有 3 层排水廊道，即高程 110m 基础排水廊道、高程 155m 排水廊道和高程 200m 排水廊道。坝体上游侧设置直径为 150mm 的排水幕和排水廊道相通，排水孔间距为 3m，排水孔的设计工程量为 2 万多延长米。坝体排水孔如果后期在廊道中钻设，难度很大、进度慢，很难满足工程下闸蓄水的工期要求而且钻孔费用较高。设计采用埋设垂直塑料盲管方案。施工过程发现塑料盲管 3m 间距太小，仓面自卸汽车进入上游面Ⅱ级配碾压混凝土区时，很容易损坏已安装好的塑料盲管。因此，将垂直塑料盲管方案优化为垂直与水平相结合的排水管网方案，即垂直塑料盲管的间距扩大为6m，中间采用水平盲管与垂直盲管连通，水平盲管错层布置。通过上述改进后，效果很好，既保证埋设塑料盲管的质量，又不影响上游Ⅱ级配碾压混凝土区的施工。

2.3.3 碾压混凝土坝廊道布置

碾压混凝土坝的坝内廊道布置和常态混凝土坝的廊道布置基本相同，但为了方便碾压混凝土施工，其基础灌浆、排水、检查、安全监测、交通等廊道应适当合并，综合集中，尽量少布置。低坝1条，中坝、高坝1～3条。如果大坝廊道布置过多或过于复杂时，将严重影响碾压混凝土快速施工，据统计，一般情况下有廊道的仓号将使碾压混凝土的施工速度降低20％以上。在坝体设计时应尽量简化坝体廊道。必须设置廊道的时候，廊道与坝面之间宜留有充分的间距以便于摊铺和碾压设备作业。但设计也应清醒地认识到，在运行期，廊道是可以进入坝体内部进行观测、疏通及重新布设排水孔等工作的唯一通道。一旦出现坝体因安全和稳定性出现问题需要加固的情况，有廊道和没有廊道其便利程度和产生的处理费用相差巨大。

坝体内部廊道近年来主流的施工方案是采用预制廊道＋周边变态混凝土的工艺。预制廊道在仓面拼接安装十分快捷、质量有保证，减小了对碾压混凝土快速施工的干扰。例如，龙滩工程大部分廊道采用了混凝土全预制，将基础廊道底板高程调整为与基础固结灌浆高程相一致，使得廊道施工与固结灌浆平行作业，节省了工期，加快了施工进度。

应注意的是，对用于检测裂缝的廊道应避免使用预制的方式而宜采用现浇的型式。

2.3.4 碾压混凝土重度

重力坝是依靠自身重量在坝基上产生的摩擦力和坝与地基之间的凝聚力来抵抗坝上游侧的水推力，以保持坝体稳定。因此，重度（表观密度）是重力坝设计荷载最重要的参数，重度的取值范围决定坝体断面尺寸及抗滑稳定。《水工建筑物荷载设计规范》及《碾压混凝土坝设计规范》对对碾压混凝土重度均有要求。水工建筑物的自重标准，可按结构设计尺寸与其材料重度计算确定。高坝的碾压混凝土重度与原材料、配合比、摊铺厚度、振动能力、碾压遍数等有关。高坝由试验确定，中坝、低坝可根据类似工程的参数确定。大量工程实例表明，碾压混凝土重度即表观密度一般比常态混凝土大，主要是碾压混凝土配合比和施工方法与常态混凝土有较大区别。由于碾压混凝土拌和物呈无坍落度的半塑性混凝土状态，其胶材用量、单位用水量均比常态混凝土少，而骨料用量却大于常态混凝土，碾压混凝土施工采用薄层摊铺、振动碾碾压施工工艺，其密实性显著优于常态混凝土。

碾压混凝土坝体断面设计时，对碾压混凝土重度即表观密度应认真分析研究，虽然碾压混凝土坝体断面与常态混凝土坝相同，但大量工程所证明其重度即表观密度比常态混凝土大。所以，碾压混凝土坝的断面是否可以比常态混凝土坝的断面更“瘦”一些(节省材料更经济)。这是在设计上进行深入研究和优化的一个方向。

(1)百色水利枢纽工程碾压混凝土采用辉绿岩人工骨料，大坝内部准Ⅲ级配(最大粒径为 60mm)和外部Ⅱ级配，碾压混凝土表观密度分别为 2 650kg/m^3、2 600kg/m^3，常态混凝土表观密度分别为 2 600kg/m^3、2 560kg/m^3。结果表明，相同级配的碾压混凝土表观密度分别比常态混凝土重 50kg/m^3、40kg/m^3，其表观密度换算成重度分别达到 26kN/m^3 和 25.5kN/m^3，大于 24.5kN/m^3 的设计重度值。

(2)金安桥、官地水电站工程采用玄武岩骨料碾压混凝土，碾压混凝土大坝内部Ⅲ级配表观密度分别为 2 630kg/m^3、2 660kg/m^3，常态混凝土Ⅲ级配分别为 2 620kg/m^3、2 620kg/m^3，碾压混凝土表观密度分别比常态混凝土重 10～40kg/m^3，其表观密度换算成重度分别达到 25.7kN/m^3 和 26.1kN/m^3，均大于 24.5kN/m^3 的一般重度设计值。

(3)百色、金安桥以及官地大坝按照实际的碾压混凝土 25.5～26.1kN/m^3 的重度值计算，则设计自重荷载 24kN/m^{3}重度值比设计值为 6%～8%，这样重力坝的坝体断面是否可以优化 6%左右应综合坝体受力和稳定分析进行深入研究。

混凝土的重度与筑坝材料密切相关，当骨料密度较小时，碾压混凝土自重荷载小于 23.5kN/m^3 的设计重度值，不但坝体断面不能减小，反而断面需要增大以满足重力坝的抗滑稳定需要。例如，福建洪口水电站碾压混凝土重力坝，由于骨料密度小，其碾压混凝土重度值达到设计值就比较困难。

2.4　坝体混凝土分区及设计龄期

坝体混凝土分区对碾压混凝土的快速施工影响很大。根据大量工程的施工经验，碾压混凝土坝体材料分区应尽量简化，当因结构限制影响施工时，宜对材料分区范围进行调整。碾压混凝土设计规范规定:为便于施工，坝体内部宜采用一种标号的碾压混凝土，以避免多标号混凝土引起的施工干扰和混乱。由于碾压混凝土坝的不同部位对混凝土设计要求不同，对高坝可按照不同的高程或部位进行分区采用不同的标号。坝体上游面防渗区设计为Ⅱ级配富胶凝材料碾压混凝土，坝体内部设计为Ⅲ级配碾压混凝土，上、下游模板周边、廊道、孔洞、止水片、管道、布设钢筋区域等部位设计为变态混凝土。对于低坝、中坝大可不必再分下部、中部、上部，而采用3种设计指标。个别坝体上游面防渗区富浆Ⅱ级配碾压混凝土，也采用不同设计指标，更是对碾压混凝土快速施工不利，应予以简化。

碾压混凝土坝基础垫层在河床部位常态混凝土垫层达到找平形成碾压施工的条件下不宜太厚，应尽快转入正常碾压混凝土施工。一般垫层厚度不大于1m，在岸坡部位一般采用变态混凝土的方式。

近年来，在碾压混凝土的坝体材料分区上，设计已经进行了研究探索与应用。例如，昆明红坡水库碾压混凝土重力拱坝采用全断面Ⅲ级配碾压混凝土施工，三峡三期围堰Ⅱ级配、Ⅲ级配碾压混凝土采用一种 R_{90}15W8F50 设计指标，百色碾压混凝土主坝内部采用 R_{180}15W4F25 一种标号，上部采用一种级配（准Ⅲ级配）。国外的缅甸、泰国、越南等碾压混凝土坝采用一种设计指标、一种级配（最大粒径为50mm或40mm）。由于材料分区的简化，明显改善了施工的相互干扰，有效加快了碾压混凝土快速施工。在坝体材料的分区上，设计应借鉴这些工程坝体材料分区经验，不断地进行技术创新和深化研究，为碾压混凝土快速筑坝提供技术支撑。

由于碾压混凝土水泥用量少、高掺粉煤灰等活性掺合料，其后期强度增长显著。一般碾压混凝土28d、90d、180d龄期的强度增长率为1∶(1.4～1.5)∶(1.7～1.8)。碾压混凝土水化放热速度较常态混凝土缓慢，延缓了混凝土最高温度的出现时间，同时降低了混凝土温升。为充分利用碾压混凝土的后期强度，简化温控措施，结合工程下闸蓄水时间计划，碾压混凝土抗压强度宜采用180d或者90d龄期的抗压强度。其他设计指标，如抗渗、抗冻、抗拉、极限拉伸值等也应采用与抗压强度相同的设计龄期。

2.5 典型碾压混凝土坝工程实例

2.5.1 龙滩碾压混凝土坝设计简介

1. 工程概况

龙滩水电站位于红水河上游，下距广西天峨县城15km。坝址以上流域面积为98 500km^2，占红水河流域面积的71%。电站拟分两期开发，即正常蓄水位远景按400m设计，初期按375m建设。大坝为碾压混凝土重力坝。初期正常蓄水位为375m时，最大坝高为192m，碾压混凝土量达到446万m^3。总库容162.1亿m^3，有效库容111.5亿m^3，为年调节水库，装机容量420万kW，多年平均年发电量156.7亿kW·h，电站保证出力123.4万kW。

(1)水文气象。红水河是珠江流域西江水系的中上游河段。红水河全长 1 573km，流域面积 138 340km^2。坝址流域属亚热带气候区，径流主要由降雨形成，径流年内分配为：5～10 月占年总量的 82.8%，11 月至翌年 4 月占年总量的 17.1%。

(2)工程地质。坝址位于相对稳定的地块内，属弱震环境，无区域性活动断层穿过，不存在发生地震的地质背景，坝址地震基本烈度和水库可能诱发地震影响烈度均为Ⅵ度。水库库周地表和地下水分水岭均高于水库蓄水位，水库不存在渗漏问题，库岸总体稳定性较好。当地缺乏天然砂砾料，混凝土骨料需采石轧制。料场基岩裸露，开采条件较好。料场储量和质量均可满足设计要求。主要工程问题是左岸坝头蠕变岩体引发的对 400m 级左进水口高边坡及密集洞室群组成的引水发电系统的开挖支护及处理。

(3)工程枢纽布置。坝体布置研究首先服从枢纽布置的格局，对各建筑物位置的优化调整只是局部的。其次在确定各建筑物位置和结构型式时，既要考虑到满足各建筑物规模和功能上的要求，又要考虑到尽量减少工程量，节省投资。还要尽量扩大坝体采用碾压混凝土的范围，简化坝体结构，减少坝内孔洞，减少对碾压混凝土的施工干扰。

龙滩水电站枢纽主要建筑物由碾压混凝土重力坝、泄洪建筑物、通航建筑物及输水发电系统组成。龙滩水电站为一等工程，工程规模为大(1)型，主要建筑物按 1 级建筑物设计，次要建筑物按 3 级建筑物设计。挡水建筑物采用碾压混凝土重力坝，泄洪建筑物布置在河床坝段，设有 7 个表孔和 2 个底孔，表孔孔口尺寸为 15m×20m(宽×高，下同)，表孔两侧布置底孔，底孔进口高程为 290.0m，尺寸为 5m×8m。表孔担负泄洪和放空水库的任务，底孔担负后期导流、水库放空和冲排沙等任务。表、底孔均采用鼻坎挑流消能。大坝体型由优化方法确定，优化后溢流坝断面最大底宽为 168.58m，坝底宽与坝高的比值(B/H)为 0.779，最大挡水坝断面底宽为 158.45m，B/H 为 0.806，均为经济断面。

龙滩水电站枢纽主要由大坝、泄洪建筑物、通航建筑物及引发电厂房等组成。初步设计审查通过的枢纽布置方案为常态混凝土重力坝，为避开左岸上游的蠕变岩体，厂房机组布置采用“5 台坝后＋4 台地下”的方案。在可研补充阶段，对枢纽布置方案进行了深入的研究，重点研究两个方面的问题：一是适应碾压混凝土坝施工的枢纽布置，二是左坝头蠕变岩体的处理方法。枢纽布置要充分发挥碾压混凝土快速施工的优势，必须将碾压混凝土坝与发电厂房的进水口和引水道分开布置，坝体可用碾压混凝土的部位应相对集中，简化坝体结构，减少施工干扰，尽量扩大坝体采用碾压混凝土的范围，这样才能达到简化施工工艺、加快施工进度、减少工程投资的目的。根据深入的勘测和专题研究，龙滩水电站工程的设计对枢纽布置进行了大量的优化研究。龙滩工程原设计厂房布置采用“5 台坝后＋4 台地下”的方案，最终选用了最适合混凝土重力坝施工的全地下厂房方案，即“9台地下厂房”的方案，为发挥碾压混凝土快速施工的优势创造了条件。

龙滩水电站工程枢纽布置采用大坝与发电建筑物分开布置方案的优点如下：

(1)大坝施工是直线工期上的关键项目，河床坝段是制约控制发电工期的关键。由于枢纽布置采用地下厂房，本方案因坝后无厂房，坝上无进水口，坝内无钢管，因此有效简化了坝体结构，减少了施工干扰，加快了大坝建设速度。这也是工程提前发挥效益的主要途径。本方案比“5＋4”的“地下厂房＋坝后厂房”的方案首台机组发电工期提前1年，整个工程土建工期也可提前1年。

红水河汛期长、流量大，施工度汛和泄洪消能问题存在一定风险，采用全地下厂房方案不仅可以简化导流措施，而且可使永久泄水建筑物的布置更灵活，水流回归主河道更顺畅，消能设施调整优化的余地更大，也便于发电厂运行管理与维护。

(2)坝体布置方案优化后，无坝后厂房，坝内无引水钢管，坝前无发电进水口及拦污栅等，增强了上部坝体刚度，有助于改善坝体应力，增强坝体抗震能力。

(3)优化后的方案只有一个厂房，便于运行管理与维护。后期提高正常蓄水位时，后期坝体加高对电站的正常运行影响较小。

枢纽布置格局确定后，对坝体设计也进行了一系列的优化，以充分发挥碾压混凝土快速施工的优势。

(1)由于采取了全地下厂房枢纽布置格局，坝体采取了表孔溢流的方式，整个枢纽的泄洪问题迎刃而解，考虑到将原左右岸导流洞改建成泄洪洞，水力条件差、结构复杂、施工难度大、投资巨大等因素，保留了表孔溢洪道两侧的底孔承担后期导流、水库放空和冲沙排沙的功能。

(2)采用全断面碾压混凝土后，减少坝体的电梯井，并对廊道、门库、泵房、控制室等均从坝体内部优化而不在坝顶和坝后。总之，尽量减少坝体空洞，简化坝体结构，尽量扩大碾压混凝土的使用范围，发挥碾压混凝土快速施工的优势。

2.碾压混凝土施工主要技术特点

龙滩大坝坝高且浇筑量大、气候环境复杂，夏季时间长，仓面气温高达40℃，坝区属于亚热带气候，早晚温差大，特别是雨季，气候早晚变化无常。混凝土浇筑仓面大，大坝最大底宽为168.6m，浇筑强度高，仓面覆盖能力为500m/h，入仓条件受到限制。施工工期紧，从2004年10月开浇到2006年10月下闸蓄水，仅2年时间需要浇筑665.5万m^3混凝土，其中碾压混凝土446万m^3，实现了高温多雨气候环境下全年连续施工。大坝由坝基高程190.00m浇筑至2007年高程342.00m度汛，历时32个月，月平均上升4.75m，月最大上升11m，年最大上升74m，充分发挥了碾压混凝土快速施工的优势。2005年、2006年均实现了碾压混凝土全年连续施工，其中6～8月高温多雨季节共浇筑碾压混凝土78.5万m^3，创造了日浇筑碾压混凝土 20 078m^3、月浇筑碾压混凝土 38 万 m^3、年浇筑碾压混凝土 240 万 m^3 的纪录。2 条带式输送机供料线输送强度最高日产达 13 050.5m^3，当日单机平均强度为 326.3m^3/h(以 20h 运行时间计)，创造了单条供料线最高班产达 3 680m^3，单条供料线最高班月输送 110 554.5m^3 混凝土的世界纪录，实测坝体温度在控制范围内，未发现危害性裂缝，较计划工期提前完工。

(1)采用了长距离输送带式输送机运输成品骨料，运送强度高，运输费用低，运行可靠，维护使用简单。成品砂石料由大法坪人工砂石系统采用湿法生产，可满足混凝土月浇筑强度 32.5 万 m^3 的需要，另有麻村人工砂石系统补充。大法坪砂石系统生产规模：处理能力 2 500t/h，生产能力 2 000t/h。采用的带式输送机长 4km，带宽 1 200mm，带速 4m/s，设计输送能力 3 000t/h，长距离带式输送机最高强度达到 3 200t/h，平均强度 2 800t/h，运行可靠，平均每千米每吨运输费用仅 0.49元，满足了高强度运输的要求。

(2)配置了生产效率高的大型强制式拌和系统。右岸混凝土拌和系统配备 3 座2×6.0m^2 的双卧轴强制式搅拌楼和 1 座 4×3.0m^3 的自落式搅拌楼，设计生产能力达 1 230m^3/h。左岸混凝土拌和系统配置 2 座 HL120－3F1500L 自落式搅拌楼和 1 座 HL20－251500L 强制式搅拌楼，设计生产能达 520m^3/h。高温季节采用二次风冷粗骨料、加冰及低温水搅拌的方式对混凝土进行预冷。碾压混凝土的出机口温度为 12℃，12℃时碾压混凝土的生产能力达 1 200m^3/h。

采用了塔带机、顶带机、缆机和高速带式输送机供料线。配置了满足最大仓面覆盖的入仓设备，大坝碾压混凝土运输采用 3 条高速带式输送机供料线、2 台塔(顶)带机、2 台平移式缆机、1 条真空溜槽及自卸汽车等运输设备，入仓能力达到 600m^3/h。形成配套的混凝土生产、运输和仓面施工“一条龙”生产线，并与施工强度配套，以保证施工设备的高强度、高效率。供料线、塔带机与顶带机均随大坝浇筑仓面的上升进行顶升，始终保持最佳浇筑高度，其标准节也随坝面上升而不断埋入混凝土中。

(3)高温多雨条件下通过仿真计算，优化温控措施，实现了 6m 升程连续施工，减少了施工层面，加快了施工进度。根据施工进度安排，坝体全年施工要求，混凝土浇筑方式、浇筑过程及混凝土性能试验的相关物理力学、热学参数，对挡水坝段、溢流坝段、底孔坝段的温度场和应力场进行相应的三维仿真计算分析，针对混凝土块体所在部位与浇筑时间，确定常态及碾压混凝土的允许浇筑温度和允许内部混凝土最高温度，为高温或次高温季节混凝土连续施工及施工温控方案优化提供依据。

(4)建立基于骨料生产到仓面作业的“一条龙”监控体系，从出机口、运输直至仓面施行全线温控措施。在拌和楼自卸汽车入口设置喷雾装置，以降低小环境气温，对车厢进行降温湿润。在高速带式输送机沿线的桁架顶部镀锌铁板上铺盖聚乙烯保温层，并在顶层保温板间两端安装保温帘，形成相对封闭的环境。增设制冷机组，通过PVC管输送冷风到皮带上方混凝土表面，减少混凝土在运输过程中的温度回升。自卸汽车运输时车厢顶部设活动遮阳棚，外侧面贴隔热板。提高混凝土入仓强度，缩短层间间隔时间，改善混凝土层间结合质量。及时摊铺、及时碾压、及时覆盖，防止温度倒灌。仓面布置摇摆式雾化设备，形成仓面小气候，降低仓面温度，减少太阳辐射热，可使仓面温度降低4～7℃，使仓面保持湿润和避免碾压混凝土摊铺的温度回升。

(5)VC值动态控制。VC值是碾压混凝土稠度或可碾性的重要指标，VC值的取值保值、控制、调整对碾压混凝土的质量有直接影响。它与振动碾的激振力、激振频率、振幅、行驶速度、碾压遍数以及仓面的气温、湿度、覆盖时间、原材料和配合比等均有密切关系。VC值应根据施工时的气象条件和仓面实际情况及时调整，动态控制。龙滩水电站碾压混凝土配合比设计VC值为2～7s，VC值以施工碾压不陷碾为原则，尽量采用较低的VC值，一般控制在3～5s。

(6)采用了预埋冷却水管通水冷却降温措施控制混凝土最高温度、基础温差和内外温差在设计允许范围之内。

3.混凝土施工质量检测情况

碾压混凝土钻孔取芯单根最大芯样长度为15.03m。芯样表面光滑，结构致密，骨料分布均匀，表明碾压混凝土质量良好。水库水位蓄至高程为374.80m(大坝挡水高度为184.8m)时，实测坝体坝基总渗漏量为1.65L/s(5.95m^3/h)，坝体廊道内干燥，坝体防渗效果良好。

2.5.2 光照碾压混凝土坝设计简介

1.工程概况

光照水电站位于贵州省关岭县与晴隆县交界的北盘江中游，是北盘江干流梯级的龙头电站，为Ⅰ等大(1)型工程，主要建筑物为1级建筑物。电站以发电为主，结合航运，兼顾其他。正常蓄水位在745m时，相应库容为31.35亿m^3，调节库容为20.37亿m^3，为不完全多年调节水库。电站总装机容量1 040MW，保证出力1 802MW，年发电量为27.54亿kW·h。坝址控制流域面积为13 548km^2，多年平均流量为257m^3/s，多年平均年径流量为81.1亿m^3，多年平均年降雨量为1 178.8mm，坝址气候温和湿润，多年平均气温为18℃，极端最高气温为39.9℃，极端最低气温为−2.2℃。电站在电力系统中主要为调峰、调频、事故及负荷备用。

2.枢纽布置

枢纽工程主要由碾压混凝土重力坝、坝身泄洪系统、右岸引水系统＋地面厂房

(采用两洞四机引水方式)及左岸预留远景通航建筑物等组成。光照工程等级为Ⅰ等大(1)型工程，挡水坝、泄水建筑物、引水发电系统等永久建筑物为 1 级建筑物。光照工程在可研阶段推荐坝型为常态混凝土重力坝，随着碾压混凝土筑坝技术的发展。在招标设计阶段开展了碾压混凝土重力坝的研究并通过审批改为碾压混凝土重力坝。坝型优化后可节省工程静态投资约 5 500 万元，缩短工期 1 年零 6 个月，效益十分明显。枢纽布置经多方案比选后，采用了坝身表孔泄洪，右岸引水式地面厂房的方案。厂坝分开布置减少了施工干扰，十分有利于发挥碾压混凝土大仓面快速施工的优势。光照水电站枢纽布置见图 2-2。

图 2-2　光照水电站枢纽布置

(1)拦河坝。拦河坝为碾压混凝土重力坝，坝顶总长度为 410m，坝顶高程为 750.50m，最大坝高 200.50m。大坝混凝土总量为 280 万 m^3，其中碾压混凝土有 240 万 m^3，占 85.7%。非溢流坝段坝顶宽 12m，坝体最大底宽 159.05m，共分 20 个坝段。左右非溢流坝段分别长 163m 和 156m，河床溢流坝段和底孔坝段长 91m。泄洪坝段布置在主河槽的中央，包括 3 个表孔坝段和 2 个底孔坝段。在右岸底孔坝段的右侧布置有电梯井坝段，电梯井(楼梯井)与坝内廊道连接。

坝体混凝土包括变态混凝土、常态混凝土和碾压混凝土三大类，除细部结构和布置上要求采用常态混凝土的部位外，大坝下游面、两岸坝基面、电梯井周边、碾压混凝土分区内的廊道及孔口周边、其他不便碾压施工的部位采用变态混凝土，其余坝体内凡具备碾压条件的部位均采用碾压混凝土。

坝体排水系统由排水廊道、竖向排水孔幕组成。坝基布置 8～12m 孔深的固结灌浆。

(2)泄水建筑物。大坝设计洪水标准采用 1 000 年一遇，相应入库洪峰流量为 10 400m^3/s，校核洪水标准采用 5 000 年一遇，相应入库洪峰流量为 11 900m^3/s。泄水建筑物布置在河床坝段，泄水建筑物由坝身 3 个表孔和 2 个底孔组成，表孔承担泄洪任务，底孔承担水库放空任务。表孔每孔净宽16m，堰顶高程725.00m，每孔设有16m×20m（宽×高）的弧形工作弧门和平板检修门。采用窄缝挑流消能方式，挑流鼻坎出口高程为640m，窄缝收缩比为0.30，反弧半径为45m，挑角10°，设计最大泄量为9 857m^3/s。2个底孔分别位于溢流表孔的两侧，底板高程640.00m，进口段孔口尺寸为4m×6.5m（宽×高），设有检修门和事故门，出口控制尺寸为4m×6m，设置充压式弧形工作闸门。出口采用转折导墙和斜鼻坎挑流消能方式，使水流导入河床以内，斜鼻坎反弧半径为45m，最大挑角27°，最大泄量为1 597m^3/s。坝脚设置50m长的护坦。

3.坝体断面设计

大坝基本体形设计主要措施：①大坝采用富胶凝碾压混凝土材料，全部采用碾压混凝土进行浇筑。②坝上游面采用变态混凝土和Ⅱ级配碾压混凝土防渗。③坝基面扬压力计入抽排减压效果。④采用最优法确定大坝的经济断面。

光照水电站大坝不存在沿坝基深层滑动失稳的问题，大坝经济断面的设计按大坝稳定条件、坝基的应力及上游坝面无拉应力条件控制，坝体任意高程的碾压混凝土层面的稳定和应力条件，通过合理设计碾压混凝土配合比满足设计要求的材料强度来满足。在坝体断面能够满足稳定和应力要求的前提下，使整个坝体的混凝土方量最小，这也是坝体断面优化的目标。为使坝体结构布置简单，光照水电站大坝只对最大坝高基本剖面进行优化，不同的非溢流坝段均取相同的上、下游坝坡。坝体基本断面为三角形，其顶点定在上游最高水位，坝体上游坝坡优化范围定为0～0.30，下游坝坡优化范围为0.5～0.9。断面优化的参数包括上、下游坝坡和上游折坡点高程。经优化计算，最终拟定坝体基本断面的优化参数为：上游坝坡1∶0.25，折坡点高程615.00m；下游坝坡1∶0.75，折坡点高程731.07m。

4.坝体混凝土分区及防渗设计

光照水电站大坝坝体按全断面碾压混凝土设计，坝体混凝土材料分为常态混凝土、碾压混凝土和变态混凝土三大部分。根据坝体不同部位混凝土的工作条件、应力状态和施工时的气温环境等因素，坝体常态混凝土分为C1、C2、C3、C4、C5、C6六个区，碾压混凝土分为R1、R2、R3、R4、R5五个分区。

根据材料强度要求，碾压混凝土以高程600.00m和高程680.00m为界分为R1、R2、R3三个区。大坝高程710.0m以下，上游面均采用变态混凝土与Ⅱ级配碾压混凝土组合防渗。大坝高程710.0m以上，上游面均采用变态混凝土与Ⅲ级配碾压混凝土组合的Ⅲ级配碾压混凝土自身防渗。变态混凝土厚度根据大坝作用水头大小确定，高程615.00m以上，变态混凝土厚度为0.80m；高程615.00m以下，变态混凝土的厚度为1.20m。

为加强高水头作用下上游坝面的防裂作用，限制裂缝的发展，在上游坝面高程

640.0m 以下设置一层直径 25@200mm×200mm 的钢筋网。上游Ⅱ级配碾压混凝土水平宽度根据作用水头不同采用 3～13m 不等，以其下游边界距坝体排水孔幕的距离不小于 0.3m 控制，由此确保排水孔孔幕的排水降压效果。为了进一步加强上游防渗结构的可靠性，上游死水位以下坝面涂刷一层高分子渗透结晶型防渗材料。

5. 坝体排水设计

坝体排水是拦截渗透水、减少坝体渗透压力的措施。坝体排水管布置在上游Ⅱ级配防渗碾压混凝土的下游侧。在混凝土碾压过程中预埋在坝内，自左岸到右岸形成坝体排水幕，与上下层廊道连接。坝体排水孔采用预埋铅直盲沟管和水平盲沟管的方式。竖直管孔径为 150mm，间距为 3～5m。水平管是边长为 100mm 的方形管，间距为 3.6m。水平管和铅直管之间进行连接，形成“井”字形排水管网，以形成排水通道系统。考虑坝体竖直排水管和水平排水管均具有排水降压能力，竖直排水管对沿着坝体水平碾压层面和施工缝面渗透水流具有导渗降压的作用，但对沿贯穿性垂直向劈头缝的渗透水流的截渗作用相对有限。而水平排水管则相反，对沿垂直向劈头缝入渗的水量能够起到很好的导渗作用。

光照水电站特高碾压混凝土重力坝，为保证大坝的安全稳定，在大坝每道横缝止水下游侧布置直径为 300mm 的排水盲沟管与坝内纵向交通廊道连接，防止当大坝横缝止水失效时上游渗透水流经排水盲沟管排至廊道，达到排水降压的目的。

6. 碾压混凝土施工的主要技术特点

光照水电站大坝混凝土高峰月浇筑碾压混凝土 22.25 万 m^3。拌和系统分左、右岸布置，左岸布置 2 座 $2\times4.5m^3$ 强制式搅拌楼和 1 座 $2\times3.0m^3$ 强制式搅拌楼，右岸布置 1 座 $4\times3.0m^3$ 自落式搅拌楼，大坝左右岸拌和系统的碾压混凝土拌和能力为 $840m^3/h$。为保证夏季混凝土出机口温度控制在 15℃以下，在左岸配置了制冷车间，采取二次风冷粗骨料，加冷水拌和的方式。制冷系统设计蒸发温度为 −15～−5℃，凝结温度为 40℃，选用 6 台螺杆式氨制冷压缩机组及配套设备，总制冷容量为 828.6 万 kcal/h。

碾压混凝土入仓方式采用了自卸汽车直接入仓、带式输送机＋箱式满管入仓＋自卸汽车、自卸汽车＋箱式满管、自卸汽车＋缆机入仓等入仓方式。

(1)光照水电站碾压混凝土重力坝坝址地形陡峭，仅大坝底部局部混凝土可采用汽车直接入仓，大量混凝土入仓须从上往下输送。因此，大坝碾压混凝土水平运输主要采用汽车和深槽高速带式输送机，垂直运输主要采用箱式满管溜槽，实现了混凝土大方量、高强度、抗分离输送。大坝高程 622.50m 以上的碾压混凝土水平运输采用深槽高速皮带进行输送，每条皮带输送碾压混凝土能力可达 $500m^3/h$。

深槽高速皮带安装在混凝土输送洞内，混凝土从拌和楼卸料后经深槽高速皮带输送至箱式满管受料斗，由箱式满管输送至仓面，采用箱式满管输送碾压混凝土，输送能力每条可达 500m^3/h，供料顺畅，且投资少，制作、安装、检修、拆除都比较方便。采用箱式满管输送碾压混凝土达 150 万 m^3 以上，箱式满管输送混凝土最大日浇筑 11 161m^3，坝体碾压混凝土日浇筑强度最大为 13 582m^3，月浇筑最大强度为 22.25 万 m^3，23.8 个月完成了大坝浇筑。

(2)光照水电站碾压混凝土重力坝施工中采用溢流面常态混凝土与碾压混凝土同步浇筑上升的施工工艺。碾压混凝土和常态混凝土同步浇筑，可使常态混凝土施工工作面增大，有利于混凝土振捣密实，减小了污染和施工缝处理等仓面准备工作量，且异种混凝土之间结合良好。该工艺避免了溢流面二期浇筑常态混凝土的弊端，有利于节约工期和保证施工质量。

(3)光照水电站大坝碾压混凝土最大浇筑仓面面积达 2.2 万 m^2，为避免大仓面平层碾压层间覆盖时间过长，机械设备及人员投入过大，碾压混凝土供料强度太高和提高层间结合质量，全面采用了斜层碾压施工技术。大坝高程 662.50m 以下，斜层碾压浇筑方向由下游往上游，高程 662.50m 以上，斜层碾压浇筑方向由右岸往左岸，斜层碾压混凝土量占大坝碾压混凝土总量的 92%。

(4)通过针对施工度汛的水力学模型试验，加高上游围堰，取消了坝体度汛缺口，实现了大坝全年连续施工。原大坝基坑上游围堰按 10 年一遇枯水期流量设计，枯水时段为 11 月 6 日至翌年 5 月 15 日，共 6 个月一旬，设计流量为 1 120m^3/s。采用土石过水围堰。该围堰设计标准偏低，围堰经常过水，过水后夹着草根和树枝，使基坑清理和恢复混凝土浇筑困难，为挡住初汛的洪水和为大坝碾压混凝土浇筑赢得时间，通过对历年水文资料、导流洞实际泄洪能力、上游库容增加后调洪演算等的分析，设计加高了 6m 混凝土围堰，成功地拦截了 7 次洪水，最大洪峰流量为 2 220m^3/s，保证了大坝碾压混凝土浇筑和施工工期。

(5)因地制宜地采用了移动式冷水站水回收、底孔周边采用高流态自流密实性混凝土浇筑、拌和系统骨料二次风冷、高空冷水管网建立仓面小气候、大坝背面阶梯浇筑、移动式带式输送机输送混凝土、粉煤灰部分替代人工砂、贝雷桥跨缺口等技术和工艺，降低了施工成本，保证了施工质量和进度，效果明显。

7.混凝土施工质量检测情况

为验证光照水电站大坝碾压混凝土质量情况，对大坝混凝土进行了钻孔取芯，检测结果如下：

(1)大坝碾压混凝土钻孔取芯，芯样获得率为 99.50%、芯样优良率为 95.19%，10m 以上的芯样占 13.5%，最长芯样为 15.33m，芯样层、缝面折断率为 1.30%。

芯样表面光滑致密，结构密实，骨料分布均匀。

(2)经 106 段压水试验，透水率最大值为 0.22Lu，最小值为 0。小于 0.1Lu 的试段占 93.4%，小于 0.01Lu 的试段占 12.3%。混凝土整体抗渗性能良好。

(3)碾压混凝土Ⅲ级配 C_{90}20 实测强度平均值为 25.5MPa，标准差为 3.9，保证率为 91.7%；Ⅲ级配 C_{90}25 实测强度平均值为 32.2MPa，标准差为 3.7，保证率为 97.3%。

检测结果表明碾压混凝土施工质量良好，满足设计和规范要求。

8.小结

光照水电站碾压混凝土重力坝泄洪和发电建筑物分散布置，采用引水式地面厂房(地质条件允许的条件下可优先考虑地下厂房)已成为峡谷高碾压混凝土重力坝枢纽的典型布置。其枢纽布置特点为坝体仅布置泄洪建筑物，结构简单。主河槽泄洪，下游水垫消能，有利于水流衔接。泄洪对发电运行影响较小。大坝和厂房分开独立布置，坝体结构相对简单，对碾压混凝土施工干扰小，便于发挥大坝碾压混凝土快速施工的优势。也便于大坝和厂房工期的安排，有利于缩短工程建设周期，提前发挥工程效益。

2.5.3　金安桥碾压混凝土坝设计简介

1.工程概况

金安桥水电站位于金沙江中游河段云南省丽江市境内，左、右岸分属丽江永胜县、古城区。水电站地理位置适中，距昆明、攀枝花和丽江的直线距离分别为 300km、130km 和 20km。

金沙江流域地形地貌极为复杂，气候特征差异很大。该地区气候在水平和垂直方向上差异很大，立体气候明显。冬半年主要受青藏高原南支西风环流的影响，天气晴朗干燥，降雨少。夏半年西南暖湿气团加强，沿河谷溯源入侵形成降雨，汛期雨量多、强度大。坝址区多年平均气温为 19.8℃，多年平均年降水量为 1 078mm。

工程的开发任务以发电为主，兼可发展旅游、库内航运、水产养殖等。电站的供电范围为南部电网。电站总装机容量为 2 400MW，单独运行(上游虎跳峡水库投入前)的保证出力为 473.7MW，年发电量为 110.43 亿 kW·h。上游虎跳峡水库投入后，电站保证出力将提高到 1 351.3MW，年发电量将增加到 129.20 亿 kW·h。

2.工程地质条件

坝区出露地层主要为二叠系上统玄武岩组上段，岩性有玄武岩、杏仁状玄武岩、火山角砾熔岩及凝灰岩，坝区分布有 10 层连续性较好的凝灰岩。玄武岩、杏仁状玄武岩及火山角砾熔岩岩石坚硬，受构造影响，玄武岩较破碎，河床部位分布有较厚的裂面绿泥石化玄武岩岩体，杏仁状玄武岩及火山角砾熔岩岩体相对较完整。凝灰岩层常发生顺层挤压并出现泥化现象。坝址区岩层呈单斜构造。坝址区物理地质作用较强烈，主要为崩塌、岩体风化和卸荷。地下水以基岩裂隙潜水为主，岩体的透水性不均一，总的趋势是自地表至深部逐渐减弱。

玄武岩石料场位于五郎河口左岸，料场岩石以玄武岩、杏仁状玄武岩为主，夹有数层火山角砾熔岩及凝灰岩。除凝灰岩及全、强风化岩体外，岩石坚硬，较完整，单轴饱和抗压强度大于 60MPa。料场石料的质量、储量可以满足工程要求，开采条件好，运输距离近。

3. 枢纽工程布置

(1)工程等别。金安桥水电站是以发电为主的大型水电工程，水库校核洪水位为 1 421.07m，总库容 9.13 亿 m^3。正常蓄水位 1 418.00m，相应库容 8.47 亿 m^3，有效库容 3.46 亿 m^3。混凝土重力坝最大坝高 160m，装机容量为 2 400MW。本工程为大(1)型，工程等别为Ⅰ等。其主要建筑物：大坝、泄洪建筑物和引水发电建筑物为 1 级建筑物。次要建筑物为 3 级建筑物。

(2)地震设防烈度。本工程大坝地震设防烈度为Ⅺ度，即大坝按基准期 100 年超越概率 2%基岩水平加速度峰值 $a=0.399g$ 进行抗震设计。其他主要建筑物地震设防烈度为Ⅷ度，即按基准期 50 年超越概率 5%基岩水平加速度峰值 $a=0.246g$ 进行抗震设计。

(3)枢纽工程布置。金安桥水电站工程枢纽主要由拦河坝、河床坝后式厂房、右岸坝身溢流表孔、右岸泄洪兼冲砂底孔、右岸消力池、左岸冲砂底孔及左岸进厂交通洞等组成。

拦河坝为碾压混凝土重力坝，坝顶高程 1 424.00m，最大坝高 160m，坝顶长度为 640m。拦河坝从左到右由左岸非溢流坝段、左岸冲砂底孔坝段、河床厂房坝段、右岸泄洪兼冲砂底孔坝段、右岸溢流表孔坝段及右岸非溢流坝段组成，共计 21 个坝段。

左岸非溢流坝段为 0～5 号坝段，全长 192m，坝顶宽度为 12m。左岸冲沙底孔坝段为 6 号坝段，长 30m，冲沙压力钢管从厂房安装间下方延伸到下游。河床中部布置坝后厂房坝段为 7～11 号坝段，全长 156m，坝顶宽度 26m。右岸泄洪兼冲砂底孔坝段为 12 号坝段，紧邻厂房坝段右端墙布置，坝段为 26m，坝顶宽度为 21m，布置2 孔泄洪兼冲砂底孔。右岸溢流表孔坝段为 13～15 号坝段，全长 93m，坝顶宽度为 31m，布置 5 个表孔，采用底流消能。右岸非溢流坝段为 16～20 号坝段，全长 183m，坝顶宽度为 12m。

坝后厂房 4 台机采用单机单管引水型式，管径 10.5m，为坝后采用半背管式压力钢管，外包 2m 厚钢筋混凝土。电站进水口为坝面立式进水口，进水口高程 1 370.00m。主厂房体型尺寸为 213m×34m×79.2m（长×宽×高），内装 4×600MW 混流式水轮发电机组。从左到右布置安装间和主机段。机组安装高程 1 285.00m，发电机层高程 1 303.00m，单台机组段长 34m。

（4）主要建筑物。碾压混凝土坝、拦河坝为混凝土重力坝，坝顶高程 1 424.00m，最大坝高 160m，下游坝坡为 1∶0.75，上游坝坡以高程 1 330.00m 为起坡点，以上为垂直坝面，以下坝坡为 1∶0.3。

大坝不设纵缝，横缝的设置是根据建筑物结构要求及国内外碾压混凝土坝的分缝经验，在常态混凝土的基础上，适当加大了横缝的间距，分缝间距最大控制在 30～34m。为防止上游坝面出现劈头裂缝，当坝段宽度超过 30m 时，在坝体上游的坝段中心线的Ⅱ级配碾压混凝土中设置 3m 深的短缝。河床坝段按厂坝联合受力进行设计，厂坝分缝高程 1 278.50m 以下进行接缝灌浆。

坝体混凝土分区。根据坝体动、静应力分析和渗流分析成果，类比工程经验对坝体结构混凝土进行分区设计。分区设计主要考虑以下几个方面的因素。

①坝体强度要求。各分区混凝土的强度指标必须满足规范对坝体承载力极限状态的要求。根据材料力学法、平面有限元法及三维有限元法对坝体应力进行分析复核。坝体材料分区按应力成果控制，正常工况及校核工况采用 90d 混凝土强度复核，地震工况采用 180d 混凝土强度复核。

②坝体防渗要求。坝体上游面防渗层分为 3 个区，坝体内部混凝土以高程 1 350.00m为界，以下为 $C_{90}20$Ⅲ级配碾压混凝土，以上为 $C_{90}15$Ⅲ级配碾压混凝土，采用 $C_{90}20$Ⅱ级配碾压混凝土防渗。根据不同的作用水头，采用不同的防渗层厚度。上游面高程 1 335m 以下，为厚 5m 的Ⅱ级配防渗碾压混凝土。高程 1 335.00～1 398.00m（死水位），为厚 4m 的Ⅱ级配防渗碾压混凝土。高程 1 398.00m 以上，为厚 3m 的Ⅱ级配防渗碾压混凝土。

4. 主要设计特点

（1）上下游坝面配置抗震钢筋。大坝地震设防烈度高达Ⅸ度。国内外尚无在地震烈度如此高的地区修筑百米级碾压混凝土坝的成功实例。因此，大坝上下游坝面配置上下游抗震钢筋（螺纹钢 ϕ28mm、间距 200mm×200mm）。尽量采用减少坝体体型突变、减轻坝顶重量、部分薄弱部位使用高强混凝土等经济可行的抗震措施，为大坝的抗震安全提供了保证。

（2）裂面绿泥石化岩体作坝基。金安桥坝基弱风化下部一微新带内广泛分布有裂面绿泥石化岩体，该岩体具有“硬、脆、碎”的特点。经专题研究，裂面绿泥石化岩体完全满足坝体稳定及强度承载能力的要求，坝体和坝基变形符合一般规律，变形数值不大。

(3)坝后式厂房布置。金安桥水电站为坝后式厂房,因布置水电站进水口、引水钢管及闸门需要,对大坝采用碾压混凝土筑坝受到一定影响。受闸墩、孔口及进水口等结构影响的部位采用常态混凝土。坝体混凝土总量约 329 万 m^3,其中碾压混凝土 251 万 m^3,常态混凝土 78 万 m^3。

2.5.4 百色碾压混凝土坝设计简介

1.工程概况

广西右江百色水利枢纽工程是一座以防洪为主,兼有发电、灌溉、航运、供水等综合效益的大型水利工程。工程位于广西西江水系郁江干流上游右江中段,坝址距百色市 22km,集雨面积 1.96 万 km^2,多年平均流量 $263m^3/s$,年径流量 82.9 亿 m^3。多年平均年降水量 1 200mm,年蒸发量 1 370～1 674mm,多年平均气温 22.1℃,水库正常蓄水位 228m,校核洪水位 231.49m。总库容 56.6 亿 m^3,防洪库容 16.4 亿 m^3,调节库容 26.2 亿 m^3,为不完全多年调节水库。结合南宁市防洪堤运用,工程可使南宁市防洪能力提高到防御 50 年一遇洪水标准。电站装机容量 540MW,多年平均发电量 17.01 亿 kW·h。

枢纽主要建筑物由拦河主坝、地下式发电系统、2 座副坝及通航建筑物组成。

拦河主坝为全断面碾压混凝土重力坝,主坝坝轴线为折线,坝顶长 720m,共分 27 个坝段,坝顶高程 234m,最大坝高 130m,大坝混凝土共计 258 万 m^3,其中碾压混凝土 212 万 m^3。枢纽布置发电建筑物为左岸地下厂房布置型式,进水口为岸塔式,布置在大坝左岸,上游坝身 4A～5 号,集中布置 3 个中孔和 4 个表孔,高温季节碾压混凝土不施工,由于汛期利用碾压混凝土坝体自身泄水而降低了导流标准,导流洞仅布置了 1 条,有效降低了工程造价,同时均衡枢纽各建筑物的工程量。特别是采用岸塔式进水口布置型式,极大地简化了碾压混凝土坝体设计的复杂性,有效发挥了碾压混凝土快速筑坝技术的优势。百色水利工程采用主坝与发电厂房分离式布置型式,避免了碾压混凝土主坝与发电厂房相互间的干扰,满足了碾压混凝土施工强度大、速度快的要求。碾压混凝土重力坝仅用 3 个枯水期就完成了大坝施工,充分体现了设计在碾压混凝土快速筑坝中的重要作用。

2.工程地质条件

库坝区处在华南准地台的桂西印支褶皱系中的桂西坳陷内,属云南山字型构造和广西山字型构造之间的相对稳定的地块,坝址地震基本烈度为Ⅶ度。

主坝区出露泥盆系榴江组的硅质岩、泥岩、泥质灰岩和华力西期辉绿岩,岩层分布软硬相间。坝基辉绿岩条带厚 120m 左右,岩性坚硬,透水性微弱。辉绿岩与围岩接触面蚀变严重,风化强烈,岩体破碎,形成具有一定规模的软弱层带。

坝基较大断层是F6、F46断层。F6断层位于河床右侧，错断辉绿岩带、破碎带宽上游段2～4m，下游段0.6～1.4m，影响带岩体破碎，宽1～2m，局部24m。F46断层位于河床4号坝段坝踵，向下游延伸变窄消失，由蚀变的辉绿岩组成，充填全、强风化岩屑及泥质。

消力池地基岩体由多种岩性组成，岩性复杂，软硬相间，透水性中等，顺层风化强烈，全、强风化深度在建基面以下20～60m，构造裂隙和层间挤压破碎夹泥层均十分发育。

坝区缺乏天然沙砾料，坝址周边十几千米范围内缺少可用作人工骨料的灰岩，工程设计开创性地选用坝址右岸与坝基同一条带的辉绿岩做主坝混凝土骨料，在国际上尚属首例。

3.枢纽布置及主要工程建筑物

工程等别为Ⅰ等工程，挡水建筑物为1级建筑物，防洪标准按500年一遇洪水设计，5 000年一遇洪水校核，泄洪消能防冲建筑物洪水设计标准为100年一遇。

枢纽主要建筑物：拦河主坝、地下式发电系统、2座副坝及通航建筑物。拦河主坝坐落于坝区出露厚度仅为120m左右的一条辉绿岩脉上，为顺应辉绿岩的地面出露形状，主坝沿着辉绿岩层在地面以出露形状布设，坝轴线分成3段折线布置。全断面碾压混凝土重力坝，坝顶长720m，坝顶高程为234.00m，宽度为10m，大坝高130m，共分27个坝块，坝块长22～33m。坝块之间设横缝，不设纵缝。长度大于25m的坝块上游面中部增设1条深3m的短缝，防劈头裂缝。

坝体断面：上游面高程146.00m以上为铅直面，以下采用1∶0.2的斜坡。非溢流坝段下游坡比为1∶0.75，溢流坝下游面坡比为1∶0.7，堰顶高程210.00m。

基础灌浆排水廊道断面为3m×3.5m城门型，观测排水廊道为2.5m×3m城门型断面，设在坝上游侧高程155.00m和200.00m，排水廊道断面为2.5m×3.5m城门型，设在坝基中部、下游部。

坝体上游面采用Ⅱ级配富胶凝材料碾压混凝土防渗。上游坝面死水位高程为203.00m以下设置厚2mm辅助防渗涂层。

坝体内部采用准Ⅲ级配碾压混凝土R_{180}150W2F50。坝体上游防渗区采用Ⅱ级配碾压混凝土R_{180}200W8F50。坝基找平层采用准Ⅲ级配常态混凝土R_{28}200W2F5。溢流面采用准Ⅲ级配抗冲耐磨常态混凝土R_{90}400W8F100。坝体外表面、坝内常态混凝土周边、孔洞周边采用变态混凝土。均采用42.5号中热硅酸盐水泥。

坝基及坝基上下游一定范围内均进行固结灌浆，坝踵区帷幕以上区域深度为12～15m，坝址区为8m，其余部位为5m，坝基外上下游蚀变带灌浆深度为20m。

防渗帷幕为双排悬挂式，深度为0.5倍坝高。

坝基排水：坝基内纵向设置3排排水孔，主排水孔位于灌浆排水廊道内帷幕下游侧，副排水孔设置在坝基中部及下游部位的2个排水廊道内，孔深入岩20m。

泄水建筑物消能型式："表孔宽尾墩＋中孔跌流＋底流式消力池联合消能工。溢流坝段长88m，与河流流向正交，其上设4个14m×18m(宽×高)的表孔和3个4m×6m(宽×高)"中孔。表孔中闸墩厚8m，边墩厚4m。中孔为有压孔口，进口底高程167.50m，布置在表孔中墩下部，出口为宽尾墩。

消力池池底高程为105m。尾坎高程为121.00m，消力池宽82m，深16m，长124.617m。采取混凝土底板加厚及地基固结灌浆、锚筋锚固等措施处理。

4.主要设计特点

(1)主坝区采用碾压混凝土主坝、发电厂房分离式布置，避免了碾压混凝土主坝与发电厂房相互间的干扰，满足碾压混凝土施工强度大、速度快的要求。

(2)创造性地采用坚硬的辉绿岩作为筑坝人工骨料，避免了采用当地石灰岩骨料面临薄层、夹泥、含燧石造成的开采难度大、弃料多、成本高、骨料有碱活性反应等诸多难题。本工程采用辉绿岩作为筑坝混凝土骨料，在世界上属于首例。

(3)在厚114～131m、河床展露宽140m左右极为有限的辉绿岩墙上，采用折线方式布置大坝，坝线可调整的幅度已控制到厘米级。

(4)主坝采用全断面碾压混凝土，Ⅱ级配碾压混凝土作为坝面防渗区，坝面涂刷聚合物水泥防水涂料作为辅助防渗层。使用中热硅酸盐水泥，高掺量粉煤灰，碾压混凝土内埋置高密聚乙烯塑料水管，通天然河水强迫冷却，有效地降低了混凝土的温升，简化了碾压混凝土施工温控措施，更经济、方便、快速。

(5)大坝主体混凝土采用准Ⅲ级配(最大粒径为60mm)辉绿岩骨料，明显降低了混凝土的弹性模量，显著改善了混凝土的温度应力和大坝的地震应力。

(6)泄洪消能采用"表孔宽尾墩＋中孔跌流＋底流式消力池"联合消能工，实现了这种消能工在100m高碾压混凝土坝上应用的突破。

(7)采用R_{90}400号常态混凝土作为溢流坝、消力池表面抗冲磨混凝土，采取综合措施提高混凝土的强度、抗裂、防冲及耐磨性能。例如，使用辉绿岩骨料以强化混凝土的耐磨能力，使用中热硅酸盐水泥以降低混凝土温升，控制混凝土低温浇筑以降低混凝土最高温度，掺用聚丙烯短纤维以提高混凝土早期抗裂能力以增强混凝土抗冲能力等技术措施。

2.5.5 官地碾压混凝土坝设计简介

1.工程概况

官地水电站位于雅砻江干流下游、四川省凉山彝族自治州西昌市和盐源县交界的打罗村境内，系雅砻江卡拉至江口河段水电规划5级开发方式的第3个梯级电站。上游与锦屏二级电站尾水衔接，库区长约 58km，下游接二滩水电站，与二滩水电站相距约 145km。距西昌市公路里程约 80km。

本工程主要任务是发电，水库正常蓄水位 1 330.00m，死水位 1 328.00m，总库容 7.6 亿 m^3，属日调节水库。

本工程等级为Ⅰ等工程，主要水工建筑物为 1 级，次要建筑物为 3 级，临时建筑物为 4 级。电站枢纽建筑物主要由左右岸挡水坝、中孔坝段和溢流坝段（为碾压混凝土重力坝）、消力池、右岸引水发电系统组成，右岸地下厂房装机 4 台 600MW 机组，总装机容量 2 400MW。

本工程人工骨料为坝址右坝肩上侧、竹子坝沟上缘山体的玄武岩料场。

2. 地形、地质条件

官地水电站位于雅砻江锦屏大河湾下游，河流总体流向由北向南，在官房至打罗段形成三道向西凸出的河湾，官地水电站坝址即位于最下游的打罗河湾上，雅砻江汇入安宁河后在攀枝花市注入金沙江。区域地势西北高，东南低，由海拔 5 000～4 000m降至 2 000m 左右，可分为海拔 4 000m、3 000m、2 000m 左右 3 级平面，海拔 400m 以下可见 6 级阶地零星分布于两岸。

区域地层以锦屏山—小金河为界，西部属松潘—甘孜地层区，东部属扬子地层区，扬子地层区又以金河—管河断裂为界分为盐源—丽江地层分区和康滇地层分区。工程区即位于盐源—丽江地层分区，主要出露地层为元古界（震旦系、前震旦系）：以浅灰色白云岩夹角砾状白云岩为主，下部为砂页岩夹泥灰岩、泥岩。上古生界（泥盆系—二叠系）：下部主要为灰岩夹少量砂岩，上部为玄武岩，顶部为板岩夹变质砂岩、泥灰岩等。中生界（三叠系）：砂泥岩及白云质灰岩。新生界（第三系）：砾岩央砂岩。第四系：昔格达半固结粉砂岩、黏土岩及各类覆盖层。

3. 气象水文条件

雅砻江流域属川西高原气候区，主要受高空西风环流和西南季风的影响，坝址区干湿季节分明，每年 11 月至翌年 4 月为旱季，日照多，湿度小，日温差大，降水很少，占全年降水量的 5%～10%。5～10 月为雨季，气候湿润，降水集中，占全年降水量的 90% 以上。流域内气温由北向南呈增高趋势，降水量自北向南递增。根据西昌气象站资料显示，多年平均气温为 17.0℃，极端最高气温达 39.4℃，多年平均相对湿度为 75%，最大风速为 14.0m/s。多年平均年降水量为 1 142.3mm。

雅砻江流域径流主要来源于大气降水，洪水主要由暴雨形成，6～9 月为汛期，年最大洪水发生在 7～8 月。洪水过程呈双峰或多峰，一般单峰过程为 6～10d，双峰为 12～17d，一般具有洪峰相对不高、洪量大、历时长的特点。

（1）枢纽布置与主要建筑物。官地水电站大坝为碾压混凝土重力坝，坝顶高程为 1 334.00m，最低建基面高程为 1 166.00m，最大坝高为 168.0m，最大坝底宽为

153.2m，坝顶轴线长516m。整个坝体共24个坝段，从左至右由左岸挡水坝1～9号坝段、左中孔10号坝段、溢流坝11～14号坝段、右中孔15号坝段和右岸挡水坝16～24号坝段组成。溢流坝段布置5孔溢流表孔，每孔净宽15m，溢流堰顶高程为1 311.00m。放空中孔孔口底高程为1 240.00m，孔口尺寸为5m×8m。左、右岸挡水坝沿坝轴线长分别为190m、195m，溢流坝段和中孔坝段沿坝轴线长为131m，其中左、右中孔坝段坝轴线长22m。溢流坝段下游接消力池，消力池边墙为混凝土斜边墙，消力池边墙顶高程为1 224.00m，建基高程分别为1 166.00m、1 180.00m，底板高程为1 188.00m，消力池长145m。两岸挡水坝段基础垫层和坝顶为常态混凝土，坝体内廊道等孔洞周边为变态混凝土，其余均为碾压混凝土。溢流坝段溢流面、闸墩、基础垫层为常态混凝土，坝体内廊道等孔洞周边为变态混凝土，其余均为碾压混凝土。中孔坝段基础垫层和坝顶为常态混凝土，中孔周边为常态混凝土，上游闸门井周围为变态混凝土，其余均为碾压混凝土。坝体上游迎水面为变态混凝土。消力池基础深槽回填为碾压混凝土，其余均为常态混凝土。坝基处理包括固结灌浆、接触灌浆、帷幕灌浆、排水孔。坝基固结灌浆孔深为6～18m，孔间、排距为3m，梅花型布置。坝基帷幕灌浆采用双排孔，主帷幕孔深度为坝高的0.5～0.7倍，副帷幕孔深度为坝高的2/3倍，帷幕排距为1.5m，孔距为2.0m，孔间错布置。在防渗帷幕的下游设置一排主排水孔，深度为主帷幕孔深的0.5倍，孔距为3m。

厂房进水口开挖平台长约144.2m，平台宽度为30m，进水口前沿宽40～90m，进水口开挖底高程为1 293.00m，本工程进水口边坡最大开挖高41m。进水口开挖高程1 293.00～1 312.00m为垂直开挖边坡，高程1 312.00～1 334.00m开挖坡比为1∶0.3，在高程1 312.00m处设置3.00m宽的马道。

右岸1号滑坡体地质上称右岸进水口竹子坝沟两侧土滑，竹子坝沟右侧土滑位于进水口右侧，前缘高程为1 293.00～1 320.00m，后缘为一陡壁，高程为1 337.00m，顺沟平均长约65m，该土滑坡体在进水口边坡开挖时已将其基本挖除，挖除后采用喷锚、挂网及锚索支护，并设置混凝土框格梁。

2.5.6 龙首碾压混凝土拱坝设计简介

1.工程概况

龙首水电站工程位于甘肃省张掖市西南约30km，黑河干流出山口的莺落峡出口，电站设计总装机容量59MW(3×15MW+2×7MW)，年发电量1.836亿kW·h，最大坝高80m，总库容1 320万m^3，属中型Ⅲ等工程。大坝、引水及厂房为3级建筑物，工程区地震设防烈度为Ⅷ度。

2.水文气象特性

龙首水电站位于张掖市境内的黑河干流上，处于西北内陆腹地，大陆性气候，夏季酷热，雨量稀少，蒸发强烈；冬季严寒，冰期长达 4 个月之久。该地区多年平均降水量为 171.6mm，多年平均蒸发量为 1 378.7mm，平均气温为 8.5℃，绝对最高气温为 37.2℃，绝对最低气温为－33℃，最大冻土深度为 1.5m。

3.坝址地质条件

坝址处左岸古河道阶地，阶地地面高程为 1 722.00m 左右，基岩微风化线高程约 1 697.00m，基岩顶板出露高程约 1 704.00m，覆盖层厚约 17m。阶地左侧地面坡度较陡基岩出露；阶地右侧为主河道，河床高程为 1 680.00m，基岩微风化线高程约 1 652.00m，主河道两岸高程 1 720.00m 以下岸坡为 50°～70°的陡崖，基岩出露。右岸高程 1 720.00m 以上覆盖层较厚，基岩顶板平缓，主河道左岸断层节理发育。工程所在地地震基本烈度为Ⅷ度，为典型的高寒、高蒸发、高震地区。

4.工程总布置

龙首水电站枢纽由碾压混凝土拱坝、左岸碾压混凝土重力坝、中表孔泄洪建筑物、坝身放空兼冲砂底孔、坝身取水口建筑物及引水系统和左岸地面厂房及开关站组成。

根据地形、地质条件，结合枢纽各建筑物的布置特点，拦河大坝平面上布置为混合坝型，主河道左岸断层节理发育，从安全考虑拟建碾压混凝土重力坝，拱坝坝肩，坝顶长 47.16m。主河道设碾压混凝土拱坝，拱坝轴线长 140.84m。右岸高程 1 720.00m 以上基岩顶板平缓，拟设推力墩，推力墩顶长 29.32m，整个大坝坝顶全长 217.32m。

拱坝坝顶高程为 1 751.50m，最大中心角为 94.58°，最小中心角为 54.79°，最大曲率半径为 54.5m，最小曲率半径为 32.75m，坝顶最大弧长 140.84m，最大坝高 75.5m，坝顶厚 5.0m，坝底厚 13.5m，厚高比为 0.17，拱冠梁最大倒悬度为 1∶0.08，坝身最大倒悬度为 1∶0.189。坝体混凝土量为 6.83 万 m^3。

重力坝坝高 54.5m，按整体式重力坝设计，不分坝段，其自重满足自身稳定，并维持 1 697.00m 高程以上左拱端的稳定，其体型设计应能满足刚度、变形、应力的控制指标。根据稳定计算和有限元应力分析确定重力坝断面上游为铅直面，坝顶宽 30.0m，坝底宽 65.43m；下游坝坡为 1∶0.65，坝底高程为 1 697.00m，坝顶长 47.16m。

推力墩布置于右岸高程为 1 720.00m 以上，高 31.50m，体型主要由稳定控制。经分析确定，坝顶宽 14.50m，坝底宽 30.25m，上游面垂直，下游面为斜坡，坡比为 1∶0.5，坝顶长 29.32m。

泄洪建筑物由中孔、表孔和冲砂孔组成，根据本工程汛期泥沙量大的特点，汛期可降低库水位运行，开启冲砂孔利用丰富的来水排除库内大量泥沙，常年洪水和设计洪水均由3个中孔下泄。表孔、中孔、冲砂孔具体布置如下。

(1)表孔：2个表孔沿拱坝中心线对称布置，由WES溢流堰、反弧段挑坎组成，孔口净宽10.0m，堰顶高程为1 741.00m，采用挑流消能，挑坎高程为1 735.20m，上游悬臂长3.72m，出口悬臂长2.99m，总长14.22m。

(2)中孔：3个中孔沿拱坝中心线对称布置，底板高程为1 710.00m，出口孔口尺寸为5m×5.5m，进口设5m×6.6m平板事故检修门，出口设5m×5.5m平板工作门，孔身段底板为平坡，顶板为1∶13.54的压坡，采用挑流、窄缝及跌流等混合消能型式。

(3)冲砂孔：冲砂孔布置于左岸重力坝内，底板高程为1 710.00m，进口设3m×7m平板事故检修门，孔身底板为平坡，顶部为1∶20和1∶8的压坡，出口设3m×4m弧形工作门。

引水系统布置在左岸，进水口布置在左岸重力坝内，总引水量为109.3m^3/s，采用1管4机的供水方式。引水系统由进水口、主管段、岔管段和支管段组成。

厂房布置在河床左岸，距拦河大坝约110m，机组安装高程1684.40m，机组间距11m。厂内布置3台15MW和2台7.0MW机组，主厂房尺寸为64.04m×16.5m×31.17m。副厂房布置在主厂房上游，尺寸为47.9m×11m×20.8m。开关站布置二回110kV出线杆，预留一回110kV出线间隔。

开关站布置在厂房下游古河床上，尺寸为35m×42m，高程为1 724.00m。

5.工程特点

(1)龙首水电站工程1999年3月实行土建招标，同年10月实现工程截流，2001年5月30日首台机组并网发电，同年7月9日4台机组全部发电，比设计优化后的审批工期提前半年。在电站运行过程中，2002年汛期，龙首大坝遭遇50年一遇洪水的考验。2003年9月，又经受6.3级大地震(距震中不到100km)的考验，工程运行安全、正常。

(2)研究解决了碾压混凝土在双曲薄拱坝、异型坝开设多个孔口的结构复杂拱坝的工程运用问题。在拱坝的防渗、防裂和抗冻等方面，提出了更新颖、更完善的研究成果。

(3)龙首水电站工程利用戈壁滩的天然砂石骨料，就地取材，有针对性地研究了不同部位、不同标号的混凝土配合比，包括抗渗混凝土、抗裂混凝土、大坝主体混凝土和抗冲耐磨混凝土。

(4)为了提高混凝土抗裂性能，并简化温控措施，在混凝土配合比中掺用了氧化镁和膨胀剂。在龙首水电站工程运用中，尽管气候条件恶劣，但均取得裂缝较少的效果，混凝土质量完全满足设计要求。

(5)从工程的实际出发，较好地解决了混凝土拌和、运输、入仓和仓面作业等工艺问题，并针对地方工程的特点，采取了较为简单、实用而经济的温控防裂措施。

(6)在西北严寒地区对碾压混凝土拱坝的施工过程中，主要是要保证施工浇筑期的混凝土在气温为－10～－20℃的寒冬季节，其拌和物不能结冰冻坏。最有效的措施是在混凝土中添加抗冻剂，以降低混凝土拌和物中水的冰点。或在混凝土从出机到仓面浇筑过程中，始终保持混凝土在正温以上，即采取对原材料加温，仓面搭暖棚保持棚内为正温等措施。目前各种抗冻剂在混凝土中均有一定的副作用且其掺量均很大，使混凝土成本增加幅度较大，这对于少量抢工期的部分混凝土尚可考虑使用，而对于以数十万、百万立方米计的大体积土，普遍采用添加抗冻剂浇筑的混凝土在实用上是不现实的。故龙首大坝在严寒地区浇筑混凝土普遍采用的方法是给原材料加温和仓面搭暖棚保温，保证混凝土从出机到浇筑仓过程中均处于正温，且只有当现场混凝土的强度达到 5MPa 以上时才免受冻。龙首工程的施工经验解决了严寒地区混凝土冬季施工的问题，从材料配合比上解决问题(加抗冻剂)还不如从施工工艺方面解决问题经济实用。

2.5.7　沙牌碾压混凝土拱坝设计简介

1. 工程概况

沙牌水电站位于四川省阿坝藏族羌族自治州汶川县境内，是岷江支流草坡河上游的梯级龙头电站。电站采用蓄、引相结合的开发方式，坝址位于草坡河上沙牌村牛厂沟附近，厂址在其下游约 5km 的克充台地，电站尾水汇入已建成的草坡电站水库。坝址距草坡河口约 19km，距汶川县城约 47km，距成都约 136km。

沙牌水库正常蓄水位为 1 866.0m，死水位为 1 825.0m，总库容 0.18 亿 m^3。电站总装机容量为 36MW，年发电量为 1.79 亿 kW·h，年利用小时数为 4 791h。工程等级为Ⅲ等工程，主要建筑物为 3 级建筑物。坝址多年平均流量为 8.72m^3/s，多年平均气温为 11.3℃。坝址区地震基本烈度为Ⅶ度。

2. 工程地质

沙牌水电站坝址处河谷深切，两岸基岩裸露，河谷形状为 V 形，基本对称，其宽高比约为 1.7，适合修建混凝土拱坝。坝基主要为块状花岗(闪长)岩，坝基左岸高程为 1 800.00m，右岸高程为 1 795m，分布有片岩带。坝基岩体卸荷不明显，风化微弱，岩体质量主要为Ⅱ级，局部为Ⅲ-1 级。对片岩进行混凝土置换处理后，可以满足拱坝建基面的要求。

3. 枢纽布置

枢纽工程主要由碾压混凝土拱坝、右岸两条泄洪洞及右岸发电引水隧洞、发电厂房等建筑物组成。根据坝址区的自然条件，拱坝体型设计采用三心圆单曲拱坝，拱坝坝身不布置泄洪建筑物，在拱坝右岸布置两条泄洪隧洞，引水发电系统布置在拱坝右岸，厂房布置在下游3.5km草坡河阶地上。主体工程施工期采用断流围堰挡水、隧洞导流、坝体全年施工的导流方案。

碾压混凝土拱坝最大坝高132m，顶拱中心线弧长250.25m，最大中心角为92.48°，厚高比为0.238，大坝体积有38.3万m^3。拱坝混凝土设计强度采用90d龄期20MPa碾压混凝土。坝体防渗采用Ⅱ级配碾压混凝土自身防渗，防渗层厚度和抗渗指标为：高程在1 820.00m以上的防渗层厚度为3m，抗渗强度等级为W6。高程在1 820.00m以下的防渗层厚度为6～8m，抗渗强度等级为W8。在上游坝面高程1 850.00m以下，采用UP型高分子防水涂料作为坝体辅助防渗。

1号拱坝右岸布置两条泄洪隧洞：其中一条泄洪洞与导流洞结合利用，洞身采用涡旋式内消能竖井泄洪洞，最大泄流量为$242m^3/s$，是国内第一个采用涡旋式内消能的泄洪洞。另一条泄洪洞采用长陡坡，坡度为10%，最大泄流量为$211m^3/s$。

发电引水系统布置在拱坝右岸，引水隧洞全长3 500.92m，洞径3m，引用流量为$15.6m^3/s$。调压井为圆筒阻抗式，直径为4.5m，高99.36m。主厂房长26m，宽18.50m，高31.55m，安装2台单机容量为18MW的混流式机组。

主体工程施工期采用断流围堰挡水、隧洞导流、坝体全年施工的导流方案。

拱坝基础处理主要有防渗帷幕、固结灌浆、排水系统、绿泥石片岩密集带混凝土置换、坝肩预应力锚索加固等。防渗帷幕主要在两岸灌浆平洞进行施工，少部分在坝体水平廊道进行，固结灌浆采用无盖重灌浆加浅层引管灌浆的方式。

该枢纽布置的特点为厂坝分离布置，坝身无泄洪建筑物，选用三心圆单曲拱坝，结构简单，应力和稳定条件好，极大地简化了碾压混凝土拱坝的结构，为碾压混凝土快速施工创造了极为有利的条件。

4.工程特点

(1)典型的碾压混凝土拱坝枢纽布置。厂坝分离布置，坝身无泄洪建筑物，大坝结构简化，仅布置3层廊道、1个电梯井、2条横缝和2条诱导缝，为碾压混凝土快速施工创造了极为有利的条件。

(2)“全碾压混凝土坝”设计模式。除在坝内孔洞结构周围、基础找平层、泵房等特殊部位采用预制混凝土或变态混凝土外，拱坝基本上采用碾压混凝土。坝体总方量为39.2万m^3，其中碾压混凝土有36.5万m^3，碾压混凝土占93.1%。

(3)在碾压混凝土拱坝分缝理论与技术方面实现重大突破。系统地建立了碾压混凝土拱坝的分缝设计理论和方法，采用诱导缝和横缝组合的分缝方案。成功采用预制混凝土重力式预制件成缝新技术，成功实施了适用于碾压混凝土拱坝的接缝重复灌浆技术。

(4)采用了高抗裂碾压混凝土技术，研发了低弹模、高极限拉升和微膨胀特性的高抗裂性能碾压混凝土。通过多方案试验研究比选，因地制宜就近选择厂家，采取降低熟料中C_3A和C_3S，提高C_4AF和C_2S含量，成功研发了低脆性延迟微膨胀专用水泥，其水化热指标低于中热水泥，采用该水泥和花岗岩低弹模人工骨料及粉煤灰配制出了低弹模、高极限拉升和微膨胀特性的高抗裂性能碾压混凝土。沙牌水电站碾压混凝土拱坝从施工期到运行期，至今尚未发现裂缝，表现出良好的抗裂性能。

(5)沙牌水电站碾压混凝土拱坝垫座最大长度为 56m，宽 44m，高 12.5m，混凝土体积大，基础约束强。采用掺 MgO 微膨胀混凝土技术，取消了分缝分块，简化了温控措施，实现了通仓连续碾压，加快了使用进度，经济效益明显。为控制 MgO 的掺合比例和均匀性，通过水泥厂在生产过程中的掺合，有效地保证了质量。

(6)坝体采用Ⅱ级配碾压混凝土自身防渗为坝体主要防渗措施。考虑到高拱坝的安全性，还采用 UP 型合成高分子防水涂料作为辅助防渗措施。

(7)碾压混凝土快速施工技术取得重大发展。采用计算机动态模拟高碾压混凝土拱坝的施工过程；新型连续强制式拌和楼应用成功；真空溜管输送混凝土高度达到了 100m 级；研制并优化上下交替、连续上升、可调式全悬臂大模板，确保碾压混凝土连续施工。

(8)冷却水管降温技术是常态混凝土拱坝控制施工期混凝土水化热温升和进行后期冷却将坝体温度降到封拱温度的一种常用技术，由于以前埋设的冷却水管类型对碾压混凝土施工干扰大，一直是制约碾压混凝土快速施工的一个因素。沙牌水电站在碾压混凝土施工中采用的塑料 HDPE 管外径为 32mm，壁厚 2.3mm，单根回路总长最大为 240m，埋设距离一般为 1.5m×1.5m(水平距离×垂直距离)。利用沙牌水电站当地低温河水进行冷却，通水历时一般为 15～20d，削减坝体内部混凝土水化热温升平均在 3.5℃左右，用最低的代价实现了夏季碾压混凝土施工。塑料 HDPE 冷却水管也得到了广泛的应用。

2.5.8　蔺河口碾压混凝土拱坝设计简介

1. 工程概况

蔺河口水电站位于陕西省岚皋县境内的岚河干流上，是岚河干流花里以下梯级规划中的第三个电站，为岚河全流域唯一的控制性工程。坝址位于蔺河乡上游 1.0km 处，距下游岚皋县城约 7km，距安康市 80km。电站厂房位于岚河左岸，距坝址约 5.5km。蔺河口水电站工程的主要任务是发电，兼有养殖和旅游等综合效益。

枢纽工程的主要建筑物由碾压混凝土双曲拱坝、坝身泄洪表孔、泄洪洞、引水发电隧洞、电站厂房及开关站等组成。正常蓄水位为 512.0m，最大坝高 96.5m，水库总库容为 1.47 亿 m^3，调节库容为 0.875 亿 m^3，为不完全年调节水库。电站总装机容量为 72MW，保证出力 11.7MW，多年平均年发电量为 2.23 亿 kW·h。

2. 水文气象

岚河干流全长 151.2km，总落差为 2 073m，流域面积为 2 128km^2。蔺河口电站位于岚河中游的干流上，坝址控制集水面积为 1 450km^2。

根据岚皋气象站资料统计，年平均气温约15℃，极端最高气温约40.7℃，极端最低气温约−8.4℃，平均年降水量约1 000mm，历年最大风速约19.7m/s。

3.地质条件

坝址区位于岚河峡谷段，河谷狭窄，岸坡陡峻，河谷呈V形，两岸基本对称，高程490.00～500.00m以下为基岩岸坡，以上多被坡积物覆盖。岸顶相对河床高差为130～310m，枯水期河面宽23～40m，坝顶高程为515.00m时河谷宽230～250m。

主要水工建筑物均布置在由志留系变质含砾凝灰岩、变质凝灰岩和板岩组成的岩基上，河床覆盖层厚5～8m。坝区地层呈单斜构造，岩层产状变化较大，总体走向NW290°～310°，倾向NE，倾角为45°～65°。坝基岩体干容重2.98～3.0g/cm^3，干抗压强度为132～161MPa，饱和抗压强度为81～98MPa。弱、微风化岩体纵波波速为5 200m/s，强风化卸荷岩体纵波波速为3 200～3 400m/s。

4.枢纽布置

电站枢纽主要由碾压混凝土双曲拱坝、坝身泄洪表孔、导流洞改建泄洪洞、压力引水隧洞、调压井、岸边式厂房和110kV开关站组成。工程为Ⅱ等大(2)型，主要建筑物为2级建筑物。

大坝为变圆心、变半径的等厚双曲拱坝，坝顶高程为515.00m，最大坝高96.5m。坝顶宽6m，坝底宽27.2m，厚高比为0.28。泄洪表孔布置在拱坝中心，孔口尺寸为9m× 10.5m，堰顶高程为502.00m。引水建筑物布置在左岸，包括岸边进水口、有压引水隧洞、调压井和压力管道。引水管道总长2 933m。电站厂房为岸边式地面厂房。开关站布置在厂房上游，为户外型布置。

5.主要工程建筑物

(1)拱坝。蔺河口水电站大坝坝顶高程为515.00m，建基高程为418.50m，最大坝高96.5m，上游面顶拱半径为172m，最大中心角为103.6°，上游面坝顶弧长311m，坝底宽27.2m。拱坝参考面方位为NE67°，与坝线区域河段流向一致。

为了满足基础灌浆、排水、交通、观测和检查等要求，在坝内高程为438.00m、478.00m处设两层帷幕灌浆、排水、交通、观测廊道，河床部位(主要为4、5号坝段)高程493.00m处设一层排水、交通、观测廊道。两岸帷幕灌浆、排水平洞高程为438.00m、478.00m及515.00m。拱冠梁处最大倒悬度为0.1，右岸最大倒悬度为0.13，左岸倒悬度大致控制在0.15左右，最大倒悬度为0.17。

帷幕灌浆：两岸坝基共布置高程为515.00m、478.00m和438.00m三层帷幕灌浆、排水平洞，左岸洞长分别为30m、35m和40m，右岸洞长分别为30m、50m和40m。坝顶高程为515.00m的帷幕孔设两排，孔深38m。高程为478.00m的灌浆洞帷幕孔设两排，孔深42m。高程为438.00m的基础帷幕孔设两排，第一排帷幕孔孔深入岩40m，第二排帷幕孔孔深入岩25m。高程为438.00m和478.00m的帷幕灌浆洞内设搭接幕。

排水设计：排水孔孔距 3m，在高程 478.00m 以上灌浆排水平洞范围以内，排水孔向上打仰孔直至坝基混凝土的 1～2m，在灌浆排水平洞范围以外排水孔由高程 515.00m 灌浆排水平洞向下打孔与高程 478.00m 平洞相衔接。高程 478.00～438.00m 排水孔主要由高程 478.00m 灌浆排水平洞或廊道向下打孔至高程 438.00m 灌浆排水平洞。在高程 438.00m 以下，排水孔孔深入岩 20m。

坝体防渗设计：大坝采用Ⅱ级配富胶凝材料碾压混凝土及变态混凝土自身作为防渗体，大坝死水位 485.0m 以下涂刷 LJP 型合成高分子防水涂料为辅助防渗措施。

坝体分缝及坝体接缝灌浆系统设计：大坝共设置 5 条诱导缝（其中 4 号缝部分为横缝）和 3 条横缝。诱导缝及横缝将坝体从右到左分成了 9 个坝段，上游面坝顶弧长依次为 22.28m、18.00m、34.00m、41.50m、49.33m、48.00m、36.00m、30.00m 和 31.90m。标准灌区由三套灌浆管路和一套排气管路形成。灌区高度为 5.7～8.4m。大坝接缝灌浆系统具有重复灌浆的功能，各套接缝灌浆管路上均安装有多个重复灌浆套件作为出浆装置。

（2）泄水建筑物：泄水建筑物由坝身表孔和由导流洞改建而成的泄洪洞组成。

拱坝坝顶中心位置布置 5 孔泄洪表孔。表孔单孔尺寸为 9m×10.5m，堰顶高程为 502.00m，堰面采用 WES 实用堰。采用差动式挑流鼻坎消能。校核洪水位为 512.5m 时，5 孔全开，泄量为 3 080m^3/s。设计洪水位为 511.10m 时，5 孔全开，泄量 2 488m^3/s。

泄洪洞进口位于大坝左岸，由导流洞改建而成。泄洪洞进水口底板高程为 464.00m。

6. 主要设计特点

本电站的设计特点为挡水建筑物采用碾压混凝土双曲拱坝，坝高 96.5m，居全国同类坝型的前列，坝顶弧长 311m，大坝最大倒悬度为 0.17。

大坝分缝通过埋设诱导板形成，采用了横缝和诱导缝两种型式，缝内埋设了重复灌浆系统，施工简便且可靠性强。大坝防渗以Ⅱ级配富胶凝混凝土为主，变态混凝土加强防渗，上游面高程 485.00m 以下采用 MP 高分子合成材料辅助防渗，防渗可靠、施工方便。大坝体型设计力求简单，坝内廊道布置进行了优化，基础廊道高程高于河床建基面 19.5m，采用自流排水，坝基不设集水井，以便于运行管理，充分发挥了碾压混凝土快速上升的特点。

2.6　小结

（1）碾压混凝土坝的设计与碾压混凝土性能密切相关。特别是碾压混凝土采用全断面筑坝技术、防渗体型改变、富胶凝材料配合比设计、低 VC 值，使碾压混凝土成为无坍落度的半塑性混凝土。其抗渗、抗冻、极限拉伸值等性能已经与常态混凝土基本相同，令人担忧的层(缝)面抗滑稳定和渗水薄弱面的问题已得到解决。

(2)枢纽布置对碾压混凝土快速施工至关重要，相对于工程量、造价和工期而言，碾压混凝土坝的枢纽布置具有全局性。碾压混凝土坝最理想的枢纽布置是借鉴土石坝枢纽布置设计原则，尽量把其他各类建筑物布置在大坝以外，碾压混凝土坝与发电建筑物和泄水建筑物尽可能分开布置，采用地下厂房或者引水式厂房。这是保证碾压混凝土快速施工的最优技术方案。

(3)碾压混凝土坝的设计体型宜简单，坝体碾压混凝土部位应相对集中，减少坝内孔洞，简化坝体结构，尽量扩大坝体采用碾压混凝土的范围，最大限度地减少对碾压混凝土的施工干扰，发挥碾压混凝土快速施工的优势。

(4)碾压混凝土坝的坝体构造与常态混凝土坝差异很大，碾压混凝土的施工方式与常态混凝土柱状浇筑的方式也不同。变态混凝土施工根据工程实际，部分采用机拌变态混凝土，施工效果良好。坝身排水孔采用钻孔方式或预埋塑料盲管，廊道采用预制廊道等施工措施有利于充分发挥碾压混凝土快速施工的特点。

第 3 章　碾压混凝土原材料

3.1　概述

原材料质量的优劣直接影响混凝土施工质量，关系到大坝的强度、耐久性和整体性能，是工程质量保证的基础。为此，《水工混凝土施工规范》(DL/T 5144—2015)、《水工碾压混凝土施工规范》(DL/T 5112—2009)、《碾压混凝土坝设计规范》(SL 314—2004) 等标准中，对原材料均做了专门规定。同时，水利水电工程大坝土建工程招标文件技术条款中，也对混凝土原材料提出了具体的技术要求。合理的原材料选择和产量的保障供应是保证碾压混凝土大坝工程质量和施工进度的关键。

碾压混凝土与传统常态混凝土最大的差别在于碾压混凝土在施工时可以承受振动碾碾压的工作度。碾压混凝土拌和物现场的工作度还包括层间结合的性能，工作度是其原材料选择的最重要因素。碾压混凝土是由水泥、掺合料、砂、石、外加剂、水以及石粉等原材料组成，是典型的多相非均质体材料。碾压混凝土使用的原材料质量的优劣和稳定与否，直接关系到拌和物的质量和稳定控制以及混凝土配合比试验数据的可靠性、使用性的吻合性。

碾压混凝土的胶凝材料主要由水泥＋掺合料＋0.08mm 以下微石粉(微石粉已成为碾压混凝土中必不可少的组成材料)组成。胶凝材料与水调和形成胶凝浆体。在碾压混凝土中，胶凝浆体包裹沙子颗粒、填充砂子间空隙，并与砂子一起形成砂浆，砂浆包裹石子颗粒并填充石子间的空隙。在碾压混凝土拌和物中，胶凝浆体在砂石颗粒间起“润滑”作用，可以调整改善拌和物的工作性能。胶凝浆体水化反应后，硬化的胶凝浆体将骨料牢固地胶结成整体。外加剂在碾压混凝土中起减水、缓凝、引气及改善性能的作用，是碾压混凝土中重要的组成材料。

水泥是水硬性胶凝材料，在水利水电工程、工业及民用建筑、道路等建筑工程中应用十分广泛。目前，水工混凝土及水工碾压混凝土一般常用的主要品种有硅酸盐水泥、普通硅酸盐水泥、中热硅酸盐水泥、低热硅酸盐水泥、低热矿渣硅酸盐水泥等。近年来，大坝工程混凝土对水泥的细度（比表面积)、氧化镁(MgO)含量、三氧化硫（SO_3)含量、碱含量、水化热、抗压强度、抗折强度、铝酸三钙(C_3A)含量、铁铝酸四钙（C_4AF)含量和进场工地水泥温度等指标提出了更为严格的控制要求，有效降低了混凝土水化热温升。

掺合料是碾压混凝土胶凝材料的主要组成部分，我国的碾压混凝土中掺合料掺量一般占胶凝材料的 50%～65%。碾压混凝土中的掺合料大部分具有活性，少部分为非活性掺合料。掺合料主要为粉煤灰、粒化高炉矿渣、磷矿渣、火山灰、凝灰岩、石灰岩粉等。粉煤灰作为掺合料在水工混凝土中始终占主导地位。粉煤灰不但掺量大、应用广泛，其性能在掺合料中也是最优的。掺合料可以单掺，也可以复合掺。例如，大朝山碾压混凝土采用磷矿渣＋凝灰岩各50％的复合掺合料，简称PT掺合料。景洪、戈兰滩、居甫度、土卡河等工程采用锰铁矿渣＋石灰岩粉各50％的复合掺合料，简称SL掺合料。

外加剂已成为除水泥、掺合料、粗细骨料和水以外的第五种必备材料。水工混凝土施工规范及碾压混凝土施工规范中均规定，水工混凝土中必须掺加适量的外加剂。由于碾压混凝土施工的方式特殊，为了改善碾压混凝土的层面结合，凝结时间已成为碾压混凝土拌和物极为重要的指标，直接关系到碾压混凝土的可碾性、液化泛浆、层间结合和施工质量。近年来，在寒冷地区，抗冻等级已成碾压混凝土耐久性设计的重要指标，为提高抗冻等级，碾压混凝土中均掺用引气剂。碾压混凝土使用的外加剂主要以复合型的缓凝高效减水剂和引气剂为主。例如，百色、龙滩、景洪、金安桥等碾压混凝土均掺有缓凝高效减水剂和引气剂。

骨料是指拌和混凝土用的砂石料，其中细骨料分天然砂和人工砂，粗骨料分碎石和卵石。砂石骨料是混凝土的主要原材料，一般骨料占碾压混凝土体积的80％～85％。骨料在配合比设计和拌和质量控制中均采用饱和面干状态进行计算，这是水工混凝土与普通混凝土在配合比设计中最大的区别。骨料的质量和数量决定了工程能否顺利施工及工程的经济性。因此，必须通过严密的勘探调查、系统的物理力学性能试验及经济技术比较，正确地选择料场。碾压混凝土施工进度快，骨料使用量大而集中，骨料选择失当或调研不够都将导致工程施工面临“无米下锅”的尴尬局面。因此，应特别给予重视，切忌在骨料选择上出现任何差错。骨料在使用中，也要考虑骨料料源和骨料生产加工的实际情况。如采用混合骨料，即人工砂＋河沙、卵石＋碎石的混合骨料情况，需要进行技术经济分析比较论证。

凡是符合国家标准的生活饮用水，均可用于拌制和养护混凝土。混凝土拌和用水的物质含量应符合《水工混凝土施工规范》(DL/T 5144—2001)。有研究资料表明，引气剂对拌和用水水质存在一定的适应性，初期配合比设计一定要采用工程现场的施工用水。

3.2 水泥

碾压混凝土可以采用任何强度和任何类型的硅酸盐系列的水泥，但如果当地有水化热较低的水泥也可以用。采用水化热较低的水泥对碾压混凝土的温度控制十分有利。

整个施工期内保持水泥及其他胶凝材料品质的一致性对保证碾压混凝土的质量至关重要。在可行性研究阶段或者招标设计之前宜对胶凝材料供应厂家进行普查和优选，以保证工程建设期间胶凝材料保质保量地连续性供应，不宜在工程建设过程中更换厂家和品种。同时，应提前对多个品种和厂家的水泥进行外加剂、掺合料、骨料等适应性试验，以备万一出现供货紧张时有备用厂家的货源。如金安桥水电站大坝在建设期就遇到水泥、粉煤灰厂家货源紧张的局面，增加了大量备用原材料的配合比试验，给工程建设带来极大的不便。

3.2.1　水泥熟料矿物组成

1. 水泥熟料的化学组成

硅酸盐水泥熟料的主要化学组成有氧化钙（CaO），一般范围为 60%～66%；二氧化硅（SiO_2），一般范围为 19%～24%；三氧化二铝（Al_2O_3），一般范围为 4%～7%；三氧化二铁（Fe_2O_3），一般范围为 3%～6%。这 4 种氧化物通常在熟料中占 95%以上，同时含有 5%以下的其他物质，如氧化镁（MgO）、硫酐（SO_3）、氧化钛（TiO_2）、氧化磷（P_2O_5）以及碱等。

MgO 含量小于 5%，它的含量控制在一定范围可使混凝土产生微膨胀效应，但若含量高出一定范围，并以方镁石结晶状态存在时，会使水泥安定性不良，发生膨胀性破坏。

碱份是有害成分，与活性骨料能发生碱骨料反应，使体积膨胀，产生裂缝。

SO_3 主要由掺入的石膏带来。掺量合适时能调节水泥凝结时间，改善水泥性能，但过量会使水泥性能变差。

在水泥熟料中，氧化钙、氧化硅、氧化铝和氧化铁等不是以单独的氧化物存在的，而是经过高温煅烧后，由两种或两种以上的氧化物反应生成的多种矿物的集合体，其结晶细小，通常为 30～60μm。因此，水泥熟料是一种多矿物组成的结晶细小的人造岩石，或者说它是一种多矿物的聚集体。

2. 水泥熟料的矿物组成

经过高温煅烧，水泥原料中 CaO、SiO_2、Al_2O_3、Fe_2O_3 4 种成分化合为熟料，其中的主要矿物组成有：

(1)硅酸三钙（$3CaO \cdot SiO_2$），可简写为 C_3S。它的含量一般在 50%～64%，是水泥中产生早期强度的矿物。硅酸三钙在水泥水化过程中的水化速度较快，能迅速使水泥凝结硬化，并形成具有相当强度的水化产物。硅酸三钙含量越高，水泥 28d 以前的强度也越高。28d 强度可达到它 1 年强度的 70%～80%。这种矿物的水化热较 C_3A 低，较其他两种矿物高。

(2)硅酸二钙（$2CaO \cdot SiO_2$），可简写为 C_2S。它的含量一般在 14%～28%，是 4 种矿物成分中水化最慢的一种，其水化热最小。它是水泥中产生后期强度的矿物，早期强度较低，但其后期强度却较高，甚至在几十年以后还在继续水化并发挥其强度。硅酸二钙水化热较小，抗水性好，所以对于大体积混凝土或处于侵蚀性大的工程所用的水泥，适当提高其含量是有利的。

硅酸三钙和硅酸二钙这两种矿物在水泥熟料中大约占矿物总量的 3/4，其水化产物对水泥石的性能影响最大。

(3)铝酸三钙($3CaO \cdot Al_2O_3$)，可简写为 C_3A。它的含量一般在 6%～10%，常以玻璃体状态存在，铝酸三钙在熟料煅烧中起熔剂的作用，它和铁铝酸四钙在 1 250～1 280℃时熔融形成液相，从而促使硅酸三钙顺利生成。铝酸三钙的晶形特征随冷却速度而变化，一般情况下，快冷时呈点滴状，慢冷时呈矩形或柱状。

铝酸三钙水化作用最快，发热量最高，凝结很快，如果不加石膏等缓凝剂，易使水泥急凝。铝酸三钙硬化也很快，它的强度 3d 内就大部分发挥出来，故早期强度发挥迅速，但绝对值不高，以后几乎不再增长，甚至还会倒缩。

铝酸三钙的干缩变形大，体积收缩大，抗硫酸盐性能差，所以当生产抗硫酸盐水泥或大体积混凝土工程用水泥时，应将铝酸三钙控制在较低的范围内。

(4)铁铝酸四钙($4CaO \cdot Al_2O_3 \cdot Fe_2O_3$)，可简写为 C_4AF。它的含量一般在 10%～19%。它的水化速度较快，仅次于 C_3A。水化热及强度均为中等。含量高时对提高抗拉强度有利，具有较好的耐化学介质腐蚀、抗冲击性能。

铁铝酸四钙也是一种熔剂矿物，因它易于熔融而能降低燃烧时液相出现的温度和液相的黏度，所以有助于硅酸三钙的形成。

铁铝酸四钙的水化速度在早期介于铝酸三钙和硅酸三钙之间，但随后的发展不如硅酸三钙。它的早期强度类似于铝酸三钙，而后期还能不断增长，类似于硅酸二钙。

它的水化产物不仅受温度、溶液中氢氧化钙浓度的影响，而且与这种矿物的 Al_2O_3/Fe_2O_3 有很大关系。当铁铝酸钙中 Al_2O_3 的量增加时，水化就会加快，如果铁铝酸钙中的 Fe_2O_3 含量增加，水化反应就会减慢。

铁铝酸四钙的抗冲击性能和抗硫酸盐性能较好，水化热较铝酸三钙低。在生产抗硫酸盐水泥或大体积水工混凝土工程用水泥时，适当提高铁铝酸四钙的含量是有利的。

另外，水泥中还有少量的游离氧化钙($f-CaO$)、方镁石(结晶氧化镁)、含碱矿物以及玻璃体等。通常情况下，熟料中硅酸三钙和硅酸二钙的含量占 75%左右，称为硅酸盐矿物；铝酸三钙和铁铝酸四钙占 22%左右。

3.2.2 通用硅酸盐水泥

根据《通用硅酸盐水泥》(GB 175—2007)国家标准，通用硅酸盐水泥定义：以硅酸盐水泥熟料和适量的石膏及规定的混合材料制成的水硬性胶凝材料。水泥按混合材料的品种和掺量分为硅酸盐水泥、普通硅酸盐水泥、矿渣硅酸盐水泥、火山灰质硅酸盐水泥、粉煤灰硅酸盐水泥、复合硅酸盐水泥。

（1）硅酸盐水泥的强度等级分为 42.5、42.5R、52.5、52.5R、62.5、62.5R6 个等级。

（2）普通硅酸盐水泥的强度等级分为 42.5、42.5R、52.5、52.5R4 个等级。

（3）矿渣硅酸盐水泥、火山灰质硅酸盐水泥、粉煤灰硅酸盐水泥、复合硅酸盐水泥的强度等级分为 32.5、32.5R、42.5、42.5R、52.5、52.5R6 个等级。

水泥密度是指水泥单位体积的质量，其试验方法采用《水泥密度测定方法》（GB/T 208）规定的李氏瓶法。水泥的密度是混凝土配合比设计中经常用到的参数，普通硅酸盐水泥（简称普通水泥）密度一般为 3.0～3.15g/cm^3。

根据《水泥标准稠度用水量、凝结时间、安定性检验方法》（GB/T 1346—2011）水泥净浆稠度是采用稠度仪测定的，以试锥沉入深度为 28mm±2mm 时的净浆为标准稠度，此时的用水量为标准稠度用水量。达到标准稠度水泥净浆时用水量与水泥质量之比为水泥标准稠度。标准稠度用水量不作为水泥质量评价的强制性指标，其目的是为了水泥净浆在标准稠度的条件下测定水泥凝结时间和安定性试验，使不同的水泥具有可比性。硅酸盐水泥的标准稠度用水量一般在 24%～30%之间。水泥熟料成分、水泥细度混合材种类及掺量等因素均会对标准稠度用水量产生影响。一般来说，水泥的标准稠度用水量越小越好。

体积安定性是指水泥在硬化过程中体积变化的均匀性能。如果水泥在凝结硬化后产生不均匀的体积变化，会致使混凝土产生膨胀开裂甚至结构破坏，因此，国家标准规定安定性不良的水泥为不合格品。体积安定性不良的水泥，主要是由于熟料中存在过量的游离氧化钙、氧化镁等，这些成分在高温煅烧过程中因过量或未与二氧化硅等组分完全反应而以游离型式出现，即所谓的“死烧”。游离氧化钙和氧化镁的早期水化反应活性低，水化速度慢，在水泥硬化后才开始水化，从而引起水泥的异常体积膨胀，导致开裂。另外，当水泥中掺入过量的石膏时，它会在水泥硬化后继续与水泥水化产物——水化铝酸钙反应，生成高硫型的水化硫铝酸钙，产生约 1.5 倍的体积膨胀，也会引起水泥石的异常开裂。

国家标准对安定性的试验和判定方法做了规定。沸煮法可检测因游离氧化钙产生的安定性不良，压蒸法可检测因氧化镁产生的安定性不良，另外对三氧化硫的含量也进行了限制性的规定。

通用硅酸盐水泥因混合材掺量较少，只起辅助作用，其主要的性能取决于水泥熟料。与硅酸盐水泥相比，普通硅酸盐水泥早期强度增加率低，抗冻性、耐磨性稍有下降，但耐硫酸盐侵蚀增强。普通硅酸盐水泥适应性强，广泛应用于各种工业、民用建筑及水利水电工程。不同品种、不同强度等级的通用硅酸盐水泥的技术要求见表 3-1。

表 3-1　通用硅酸盐水泥技术指标

品种	代号	烧失量（质量分数）	三氧化硫（质量分数）	氧化镁（质量分数）	比表面积	氯离子（质量分数）	凝结时间(min)	
							初凝	终凝
硅酸盐水泥	P.Ⅰ	3.0	≤3.5	≤5.0	不小于300m²/kg	≤0.06	>45	<390
	P.Ⅱ	≤3.5						
普通硅酸盐水泥	P.O	≤5.0	≤3.5	≤5.0				<600
矿渣硅酸盐水泥	P.S.A		≤4.0	≤6.0	80μm筛余不大于10%或45μm筛余不大于30%			
	P.S.B		≤4.0					
火山灰质硅酸盐水泥	P.P		≤3.5	≤6.0				
粉煤灰硅酸盐水泥	P.F		≤3.5	≤6.0				
复合硅酸盐水泥	P.C		≤3.5	≤6.0				

说明：1. 如果水泥压蒸试验合格，则水泥中氧化镁的含量(质量分数)允许放宽到6.0%。

2. 如果水泥中氧化镁的含量（质量分数）大于6.0%，需进行水泥压蒸安定性试验并合格。

3. 当有更低要求时，该指标由使用和供货双方协商确定。

3.2.3　中热硅酸盐水泥、低热硅酸盐及低热矿渣硅酸盐水泥技术指标

根据国家标准《中热硅酸盐水泥、低热硅酸盐水泥、低热矿渣硅酸盐水泥》(GB 200—2003)，中热硅酸盐水泥、低热硅酸盐水泥及低热矿渣硅酸盐水泥的定义如下：

(1)中热硅酸盐水泥：以适当成分的硅酸盐水泥熟料，加入适量石膏，磨细制成的具有中等水化热的水硬性胶凝材料，称为中热硅酸盐水泥(简称中热水泥)。强度等级为42.5，代号P.MH。

(2)低热硅酸盐水泥：以适当成分的硅酸盐水泥熟料，加入适量石膏，磨细制成的具有低水化热的水硬性胶凝材料，称为低热硅酸盐水泥(简称低热水泥)，强度等级为42.5，代号P.LH。

(3)低热矿渣硅酸盐水泥：以适当成分的硅酸盐水泥熟料，加入粒化高炉矿渣、适量石膏，磨细制成的具有低水化热的水硬性胶凝材料，称为低热矿渣硅酸盐水泥(简称低热矿渣水泥)，强度等级为32.5，代号P.SLH。

根据《中热硅酸盐水泥、低热硅酸盐水泥、低热矿渣硅酸盐水泥》(GB 200—2003)，中热水泥、低热水泥、低热矿渣水泥的技术要求见表3-2。

表 3-2　中热、低热水泥技术指标

<table>
<tr><th rowspan="2">品种</th><th rowspan="2">熟料矿物限量(%)</th><th rowspan="2">氧化镁(%)</th><th rowspan="2">碱含量(%)</th><th rowspan="2">三氧化硫(%)</th><th rowspan="2">烧失量(%)</th><th rowspan="2">比表面积(m^2/kg)</th><th colspan="2">凝结时间(min)</th><th colspan="2">水化热(kJ/kg)</th></tr>
<tr><th>初凝</th><th>终凝</th><th>3d</th><th>7d</th></tr>
<tr><td>中热水泥 GB 200—2003</td><td>C_3S≤55%
C_3A≤6%
f-CaO≤1%</td><td><5.0</td><td><0.6</td><td><3.5</td><td><3</td><td>>250</td><td rowspan="3">>60</td><td rowspan="3"><720</td><td>251</td><td>293</td></tr>
<tr><td>低热水泥 GB 200—2003</td><td>C_2S≥40%</td><td><5.0</td><td><0.6</td><td><3.5</td><td><3</td><td>>250</td><td>230</td><td>260</td></tr>
<tr><td>低热矿渣水泥 GB 200—2003</td><td>C_3A≤8%
f-CaO≤1.2%
MgO≤5%</td><td><5.0</td><td><1</td><td><3.5</td><td><3</td><td>>250</td><td>197</td><td>230</td></tr>
</table>

说明：1. 水泥中 MgO 的含量不宜超过 5.0%。如果水泥经过压蒸安定性试验合格，则水泥中 MgO 的含量允许放宽到 6.0%。

2. 当水泥在混凝土中和骨料可能发生有害反应并经用户提出低碱要求时，水泥的碱含量不得大于 0.6%。

中热水泥是水工混凝土使用的主导水泥品种，中热水泥的生产工艺与硅酸盐水泥基本相同，但二者也存在区别。根据水工混凝土的特点，中热水泥熟料的某些成分和矿物组成有其特殊的要求，其熟料中不允许掺入混合材料。

中热水泥的主要技术特点为：

(1)如果水泥经压蒸安定性试验合格，熟料中 MgO 允许放宽到 6%。

(2)碱含量由供需双方商定，如果水泥在混凝土中与骨料可能发生有害反应，用户可提出低碱要求。

(3)合理控制中热水泥的细度是生产水泥的关键。一般在保证足够强度和水化热符合标准的情况下，水泥比表面积控制在 280～350m^2/kg。

(4)水化热低是中热水泥的主要特征之一。一般其放热高峰发生在水化 7h 左右，但其放热速率仅为硅酸盐水泥的 60%。

(5)中热水泥凝结时间正常，通常其初凝为 2～4h，终凝为 6～12h。

(6)中热水泥的早期强度略低于同标号的硅酸盐水泥。

在中热水泥应用过程中，一定要重视其碱含量的问题，以防可能产生碱—集料反应而危害混凝土工程。此外，中热水泥使用过程中为了进一步降低水化热，改善抗侵蚀性能，减少碱—集料反应的影响，可在混凝土中掺入粉煤灰等掺合料。

中热硅酸盐水泥与低热硅酸盐水泥两种水泥熟料的化学成分相差不大，但由于烧成制度的不同，生成的矿物组成有明显差别，中热硅酸盐水泥熟料 C_3S 高，而低热硅酸盐水泥熟料则是 C_2S 高，二者正好相反。这也就决定了两种水泥的性能有较大差别。

水泥脆性系数与矿物成分。水泥的脆性系数即水泥抗压强度与抗折强度的比值。水泥脆性系数大，极限拉伸值小，表明水泥本身的抗裂性能差。对于水工建筑物大坝大体积混凝土而言，由于其内部处于绝热状态，水泥水化热放出的热量在混凝土内部积蓄，致使坝体内部温度可以升至 50℃ 或更高，与冷却较快的坝体表面混凝土温差可达数十度。由于物体热胀冷缩的缘故，坝体悬殊的内外温差产生较大的拉应力，造成混凝土开裂，从而直接影响到工程质量和大坝的安全。水工大体积混凝土施工在采用合理施工工艺和温控措施的同时，减少和消除这一影响最直接有效的技术途径是水泥的水化热尽可能降低。降低水泥水化热大小和放热速率的途径有调整熟料的矿物组成、水泥的细度、合适的掺合料及外加剂等。

中热、低热水泥仍属硅酸盐水泥系列，其熟料矿物成分仍然是 C_3S、C_2S、C_3A、C_4AF。不论是绝对水化热值还是相对放热速率，均为 C_3A 最高，C_3S 次之，C_2S 最低。显然，只有降低 C_3A 和 C_3S 的含量，才能降低水泥的水化热。降低 C_3S 的含量意味着增加 C_2S 的含量，C_3S 是硅酸盐熟料中的主要强度组分，C_2S 虽然水化热较低，但早期强度发挥也较慢，其含量太多会使水泥早期强度得不到保证，故 C_3S 的含量不宜过分减少。在熟料矿物组成的设计上，应以降低 C_3A 含量的比例，相应增加 C_4AF 含量为主。另外，游离的氧化钙（f－CaO）在水中消解时的发热量也很高，会增加水泥水化热，所以也应严格控制游离氧化钙（f－CaO）的含量。

不同水泥生产厂家生产的水泥，由于矿物成分含量不同，其脆性系数也不同。因此，为了提高水泥的抗脆性能力，应尽量提高水泥熟料中的 C_2S 与 C_4AF 矿物成分，一般 C_4AF 的含量大于 16%，可以明显提高水泥的抗折强度和抗裂性能，对提高混凝土抗裂十分有利。部分工程使用的水泥脆性系数为 5.41～7.30。

3.2.4　大型水利水电工程对水泥的要求

1.水泥的特殊指标要求

水利水电工程优先使用中热硅酸盐水泥、低热硅酸盐水泥或普通硅酸盐水泥，这种水泥的各项性能除满足国家标准外，还根据工程的具体使用情况提出一些特殊的要求。例如水泥的细度，其主要采用比表面积表示，水泥的细度对水泥的水化速率影响很大，水泥熟料的颗粒越细水化越快，水化放热亦随之加快，故过细的水泥会明显增加早期的水化热。因此，大体积混凝土工程中对中热硅酸盐水泥的细度即比表面积提出了具体的要求。国内的工程实践经验及试验资料也表明，水泥的细度对混凝土的抗裂性有重要影响，为了获得抗裂性能好的混凝土，水泥宜稍粗一些，一般水泥的比表面积应控制在 $280\sim320m^2/kg$。

关于中热硅酸盐水泥的矿物组成，为了降低水泥的水化热，要求硅酸三钙(C_3S)的含量在50%左右，铝酸三钙(C_3A)的含量小于6%，铁铝酸四钙(C_4AF)的含量大于16%。为了避免产生碱—骨料反应，水泥熟料的碱含量应控制在0.6%以下。关于氧化镁(MgO)的含量，为了使硬化混凝土体积产生膨胀，补偿混凝土在降温过程中的收缩，一般要求中热水泥熟料中MgO的含量控制在3.5%～4.5%。

2.水泥的选择

在水泥的选择上，应首先对工程所在地周边的水泥生产厂家进行调研，主要调研内容包括运距和交通条件、产量、在类似碾压混凝土工程中的应用情况、生产工艺和质量稳定情况以及取样检验。

我国的水电工程基本地处西部，而西部工业的发达程度普遍不高，如果大量采用中低热水泥则需从中东部地区采购，运距太远，加之西部地区交通条件复杂，对工程的经济性将造成很大影响。本着尽量采用当地材料筑坝的理念，在实际工程中不能刻意追求采用中低热水泥而应考虑使用普通硅酸盐水泥。在采用普通硅酸盐水泥时，可以对生产厂家提出技术要求。大型水利水电工程，例如，三峡、拉西瓦、小湾、溪洛度、锦屏、金安桥、光照等工程均对水泥提出了具体的特殊指标要求，并派驻厂监造监理，从源头上保证水泥、粉煤灰的出场质量。例如，光照水电站对厂家生产的水泥提出了细度、矿物成分、水化热、MgO含量等10余项技术要求。其中要求水泥熟料中$C_3S<60\%$，$C_3A<6\%$，$C_4AF>14\%$；水泥3d水化热不大于251kJ/kg，7d水化热不大于293kJ/kg。此技术要求使得采购的普通硅酸盐水泥符合碾压混凝土的应用特点，达到了节约投资、满足质量要求的技术经济效果。

3.金安桥工程水泥特殊指标要求实例

金沙江金安桥水电站工程大坝为碾压混凝土重力坝，碾压混凝土采用丽江永保中热硅酸盐水泥。根据专家咨询意见，在合同中对中热水泥提出了特殊的内部控制指标要求，金安桥中热水泥内控指标见表3-3。内控指标对中热水泥的组度、氧化镁含量、水化热以及28d的抗压强度、抗折强度等指标要求更为严格。同时对到工地的水泥温度做了专门要求，进场水泥入罐温度不得大于60℃。实际检测进场水泥的温度控制在39～48℃，从而有效地保证了金安桥大坝碾压混凝土质量的稳定性，对温度控制和防止大坝裂缝起到十分有利的作用。

表3-3 金安桥水电站水泥控制指标

序号	检验项目	GB 200—2003中热水泥标准要求	金安桥工程中热水泥内部控制指标要求
1	比表面积(m^2/kg)	≥250	≤310
2	氧化镁含量(%)	≤5.0	3.5～5.0
3	碱含量(%)	≤0.6	≤0.6

表 3-3(续)

序号	检验项目		GB 200—2003 中热水泥标准要求	金安桥工程中热水泥内部控制指标要求
4	SO_3 含量(%)		≤3.5	≤3.0
5	水泥到工地温控（℃）		—	≤60
6	抗压强度(MPa)	3d	≥12.0	≥12.0
		7d	≥22.0	>22.0
		28d	≥42.5	47.5+2.5
7	抗折强度(MPa)	3d	≥3.0	≥3.0
		7d	≥4.5	>4.5
		28d	≥6.5	≥8.0
8	水化热(kJ/kg)	3d	≤251	≤230
		7d	≤293	≤281

为了进一步提升金安桥工程水泥、粉煤灰质量，2008 年金安桥水电站有限公司采用工地中热水泥、粉煤灰的盲样进行比对试验。参加比对试验的单位有中国建筑材料科学研究总院驻厂监造监理、业主中心试验室、承包商项目部试验室、水泥及粉煤灰生产厂化验室以及标准检测试验室等多个单位。比对试验结果表明：水泥的主要内控指标比表面积、氧化镁含量、碱含量、抗压强度、抗折强度、水化热等指标与标准结果误差很小，符合国家标准及合同规定的内控指标要求。

3.3　骨料

骨料的选择、级配的控制及储量是影响现场碾压混凝土质量和施工进度的重要因素。一般碾压混凝土对骨料的坚固性、耐久性、高密度等方面的要求与常态混凝土相同，但应注意粗骨料中针片状含量的问题。骨料对碾压混凝土的热力学性能和大坝的温控防裂也有显著的影响，最好选弹性模量低且热膨胀系数小的骨料。由于碾压混凝土通仓大仓面连续施工，对骨料的供应比常态混凝土要求高，必须有足够大的储料场或者较强的骨料生产能力。二者应根据工地的具体情况进行经济技术分析。一般在仓号开仓前至少应储备 30%～50%的骨料（考虑骨料的冷却，应尽量多储备一些）。考虑到骨料的运输成本，料场和拌和站应有合理经济的运距。

碾压混凝土可以用简单筛分甚至未经筛分的骨料（使用在贫胶凝材料坝中），也可以选用经过筛分的正式的混凝土骨料（使用在富胶凝材料坝中）。我国目前普遍采用的是富胶凝材料坝型，采用的骨料均为砂石厂正规生产的合格合规的骨料。

《水工混凝土施工规范》(DL/T 5144—2001)及《水工碾压混凝土施工规范》

(DL/T 5112—2009)中规定，混凝土所用砂石骨料按骨料粒径分为粗骨料和细骨料，粗骨料是指粒径大于 5mm 的骨料，细骨料也称为砂，是指粒径小于 5mm 的骨料。碾压混凝土中骨料所占比例明显高于常态混凝土。碾压混凝土中骨料所占的体积一般为 80%～85%，按质量计算则占 90%。这主要是由碾压混凝土配合比及施工方式与常态混凝土的不同特性所决定的。碾压混凝土胶材用量和单位用水量比常态混凝土用量少，施工工艺是经振动碾碾压，其密实性优于常态混凝土。所以，碾压混凝土的密度比常态混凝土大。碾压混凝土粗骨料与常态混凝土相同，但最大级配、粒径小于常态混凝土。大量工程实践证明，大坝内部碾压混凝土一般采用Ⅲ级配，最大骨料粒径为 80mm (百色为准Ⅲ级配、最大粒径为 60mm)，大坝外部防渗区碾压混凝土一般采用Ⅱ级配，最大骨料粒径为 40mm。碾压混凝土用砂与常态混凝土用砂的细度模数要求基本相同，但砂中的石粉含量、颗粒级配技术指标区别很大。近几年的工程实践证明，人工砂石粉含量一般控制在 16%～22%。有的工程人工砂石粉含量已经突破了最大值 22%的限制，这是碾压混凝土与常态混凝土用砂指标上的最大区别。

3.3.1　细骨料

1. 细度模数、分类及品质要求

细骨料又称砂子，分为人工砂和天然砂。其颗粒粒径在 0.16～5.0mm。细骨料应质地坚硬、清洁、级配良好。根据砂的细度模数的大小，可将细骨料分为粗砂、中砂、细砂 3 种。《水工混凝土施工规范》(DL/T 5144—2001)要求，水工混凝土使用的砂要求均为中砂。碾压混凝土用的中砂细度模数为 2.2～2.9，天然砂细度模数宜在 2.0～3.0，常态混凝土用的中砂细度模数为 2.4～2.8，天然砂细度模数宜在 2.2～3.0。所以，应严格控制超径颗粒含量。使用细度模数小于 2.0 的天然砂，应经过试验论证。人工砂的石粉(d<0.16mm 的颗粒)含量宜控制在 12%～22%，石粉中(d<0.08mm 的微粒)含量不宜小于 5%，最佳石粉含量应通过试验确定。天然砂的含泥量应不大于 5%。细骨料的含水率应保持稳定，人工砂饱和面干的含水率不宜超过 6%。碾压混凝土用砂与常态混凝土用砂的品质要求见表 3-4。

表 3-4　混凝土细骨料的品质要求

<table>
<tr><th colspan="2" rowspan="2">项目</th><th colspan="2">碾压混凝土用砂</th><th colspan="2">常态混凝土用砂</th></tr>
<tr><th>人工砂</th><th>天然砂</th><th>人工砂</th><th>天然砂</th></tr>
<tr><td colspan="2">石粉含量(%)</td><td rowspan="2">12～22</td><td></td><td>6～18</td><td></td></tr>
<tr><td rowspan="2">含泥量(%)</td><td>≥C_{90}30 和有抗冻要求的混凝土</td><td rowspan="2">≤3</td><td></td><td>≤3</td></tr>
<tr><td><C_{90}30</td><td></td><td></td><td>≤5</td></tr>
</table>

表 3-4(续)

<table>
<tr><th colspan="2" rowspan="2">项目</th><th colspan="2">碾压混凝土用砂</th><th colspan="2">常态混凝土用砂</th></tr>
<tr><th>人工砂</th><th>天然砂</th><th>人工砂</th><th>天然砂</th></tr>
<tr><td rowspan="2">坚固性(%)</td><td>有抗冻要求的混凝土</td><td>≤6</td><td>≤6</td><td>≤6</td><td>≤6</td></tr>
<tr><td>无抗冻要求的混凝土</td><td>≤10</td><td>≤10</td><td>≤10</td><td>≤10</td></tr>
<tr><td colspan="2">轻物质含量(%)</td><td></td><td rowspan="2">≤1</td><td></td><td>≤1</td></tr>
<tr><td colspan="2">含水率(%)</td><td>≤6</td><td>≤6</td><td></td></tr>
<tr><td colspan="2">泥块含量</td><td>不允许</td><td>不允许</td><td>不允许</td><td>不允许</td></tr>
<tr><td colspan="2">表观密度(kg/m^3)</td><td>≥2 500</td><td>≥2 500</td><td>≥2 500</td><td>≥2 500</td></tr>
<tr><td colspan="2">硫化物及硫酸盐含量(%)
(折算成S_3O,按质量计)</td><td>≤1</td><td>≤1</td><td>≤1</td><td>≤1</td></tr>
<tr><td colspan="2">有机质含量</td><td>不允许</td><td>浅于标准色</td><td>不允许</td><td>浅于标准色</td></tr>
<tr><td colspan="2">云母含量(%)</td><td>≤2</td><td>≤2</td><td>≤2</td><td>≤2</td></tr>
</table>

2.人工砂制砂工艺简介

水电工程对于人工砂石料的要求非常高,一方面要求在规定的各个施工峰值满足使用量的需求,另一方面要满足碾压混凝土对砂的特殊要求。由于人工砂用量占骨料总量的1/3以上,特别是人工砂中的石粉含量直接关系到碾压混凝土的快速施工和经济性。所以,砂石骨料系统规划的设计、合理地选择人工砂的加工生产方式是碾压混凝土快速施工的基本保障。

在20世纪90年代以前,水电工程的人工制砂工艺主要是采用棒磨机制砂,但在使用中存在产量低、运行成本高、污水处理和石粉回收困难等缺点。

我国从20世纪90年代引进了立轴冲击式破碎机制砂,主要设备为巴马克公司生产的立轴冲击式破碎机,立轴破碎机对骨料的破碎方式往往直接决定了产品粒形质量指标和粒度分布。单从产品的粒形指标来看,通常情况下,石打石立轴破优于石打铁立轴破、反击破及圆锥和旋回破,优于颚式破碎机。目前,国内水电工程广泛采用立轴冲击式破碎机与棒磨机联合制砂的工艺。但是,由于水电工程的区域性、混凝土使用性、骨料料源及岩石品种的差异性,人工制砂仍然采用不同的生产方式,目前常用的制砂方法主要有干法制砂、湿法制砂、半干式制砂3种工艺方式。

(1)干法制砂工艺。干法制砂主要采用立轴冲击破,主要为石打铁方式。干法制砂的特点是岩石破碎后人工砂的产量可以达到40%~50%,石粉含量在20%~25%,并与立轴冲击破的线速度有关。采用干法生产减少了系统的耗水量,降低了成品砂的含水率,即解决了石粉含量偏低的问题,而且成品砂不用脱水。但人工砂的颗粒级配具有明显的“两头大、中间小”的两头翘现象。百色、棉花滩、蔺河口等工程采用干式制砂工艺,人工砂产量和石粉含量明显提高,但粉尘大、扬尘严重,只有实行封闭式生产才能避免粉尘污染。

目前，干法制砂将除尘和脱粉相结合，例如，阿海工程采用全干法制砂及脱粉系统装置，既起到环保降尘的作用，又可以通过调节除尘器的风量来调节成品砂的石粉含量。全干法生产对一个砂石系统既要供应常态混凝土用砂又要供应碾压混凝土用砂提供了可靠的技术保障。而且除尘器脱掉的物料中，0.08mm 以下的颗粒占 80%以上，可以方便地回收，对保证碾压混凝土石粉含量和调节成品砂的级配起到相当大的作用。干法生产脱掉的石粉便于储存和运输，用石粉替代混凝土中部分粉煤灰，干法回收的石粉就可以被再次利用，变废为宝，大大降低人工砂的生产运行成本。

干法制砂的优缺点已被工程证明。制砂的产量大、经济，石粉含量高。但颗粒级配的连续性欠佳，粉尘问题需进一步研究。现在国内采用干法制砂已有成功的经验可以借鉴，例如戈兰滩、阿海等工程。

(2)湿法制砂工艺。湿法制砂是立轴冲击式破碎机与棒磨机以及石粉回收装置的联合制砂，回收的石粉在同时段进成品仓胶带机上混合后进入成品仓。该流程使混合砂的含水率高达 20%左右，砂呈流态状，进入料仓后，一部分细颗粒砂、石粉与粗砂分离，砂的均匀性差，且延长了脱水时间，一般要经过 1 周左右的脱水时间才能使砂的含水率降至 6%以下。

湿法制砂石粉回收对生产碾压混凝土用砂至关重要。例如，龙滩工程采用湿法制砂工艺，制砂系统的石粉回收可基本满足石粉含量最低的要求。制砂运行实践表明，通过石粉回收装置和刮砂机回收的石粉含量始终处在要求的下限，即 17%左右，且经常有低于下限不达标的情况发生。关于石粉回收特别是 0.08mm 以下的微石粉回收问题始终是湿法制砂的缺陷。

湿式制砂工艺的脱水周期长，会影响成品砂的产量，需要的仓容较大，且砂中微石粉流失量大，有资料表明流失量达 50%以上，成品砂的石粉含量低，对环境造成的污染较大。同时，采用传统的棒磨机制砂工艺，其耗钢量较大，生产成本高。总之，湿法生产的石粉回收与粗砂、细砂的均匀性和脱水问题还有待进一步研究解决。

(3)半干式制砂工艺。半干式制砂技术是在整个工艺流程的生产过程中全面地考虑了节能降耗、绿色环保、智能优质的设计理念，不用棒磨机也能生产优质的人工砂石料。半干式制砂工艺技术特点是以破代磨，多破少磨的设计思路。通过应用半干式制砂工艺技术，在达到或优于人工制砂骨料质量要求的同时，摒弃或部分摒弃一些传统且高能耗的制砂设备。

利用半干式制砂技术生产高品质人工砂石，经深化研究发现，采用先进的制砂工艺还能解决砂石骨料加工中的资源利用、能源消耗、粉尘、噪声、人工砂分级、细度模数及石粉含量问题，粉砂、废水的回收利用及粉砂的脱水问题，砂石生产的粉尘控制问题。既节能降耗，又能解决环境保护问题。例如，索风营、云鹏、沙沱、苏家河等水电站砂石系统采用半干式制砂工艺，针对灰岩、花岗岩的各种物理力学性能，选择合适的生产设备，并在总结国内其他硬岩制砂的基础上，采用“全程半干式”自动化工艺生产，结合砂、水的充分回收利用，场地的充分绿化，采用工厂化管理，成为一个现代化的环保型砂石加工系统。

3.人工砂石粉含量

大量的工程实践及反复试验证明，碾压混凝土用的人工砂中具有较高的石粉含量，能显著改善碾压混凝土的工作性、液化泛浆、可碾性、层间结合、抗骨料分离以及密实性等施工性能。同时，提高了硬化混凝土抗渗性、力学指标及断裂韧性。石粉可作掺合料，替代部分粉煤灰，适当提高石粉含量，亦可提高人工砂的产量并降低成本，增加了技术经济效益。因此，合理控制人工砂石粉含量是提高碾压混凝土质量的重要措施。

蔺河口采用石灰岩加工的人工砂，通过可碾性观察和压实度检测，石灰岩人工砂石粉含量控制在15%～22%时，混凝土的各项性能均较优。棉花滩工程人工砂采用干法生产，石粉含量在17%左右，特别是人工砂中小于0.08mm微细颗粒占石粉含量的30%左右时，能够提高碾压混凝土的施工性能和抗渗性能，效果良好。采用辉绿石、白云岩加工的人工砂，石粉含量在20%时比较优良，说明不同岩性加工的人工砂的石粉有差异。大量的研究已经证实，碾压混凝土石粉含量大多控制在16%～22% ，不同工程使用的人工砂的最佳石粉含量应通过试验确定。石粉中小于0.08mm的微粒含量作用明显。根据蔺河口、百色、龙滩、光照等工程的生产实际，石粉中小于0.08mm的微粒含量可以达到15%以上。

4.砂含水率控制

水工混凝土砂的含水率是指砂的饱和面干含水率。砂吸水后，表面形成一层水膜可以引起砂的体积膨胀。例如，万家寨工程采用灰岩人工砂，当砂含水率超过6%时，砂的体积开始快速膨胀；当含水率达到6%～10%时，砂的体积膨胀至15%～30%，这对混凝土拌和质量控制造成很大的影响。因此，控制成品砂含水率的稳定，即控制人工砂饱和面干的含水率不超过6%具有十分重要的意义，是保证新拌混凝土质量稳定的关键，是控制混凝土水胶比和出机混凝土VC值或坍落度的主要措施之一，也是预冷混凝土满足加冰的要求。一般砂的用量大多在600～800kg/m^3。砂含水量增减1%，混凝土单位用水量就相应增减6～8kg/m^3，VC值也相应减增3～5s(坍落度也相应增减3～4cm)。例如，金安桥工程由于玄武岩中夹有凝灰岩、绿泥石等导致人工砂脱水十分困难，砂含水率往往突破6%的控制指标要求，个别时段含水率达10%左右。加之粗骨料也有一定的含水率，致使拌和系统在不加水的情况下拌制的已超出了拌和用水量，也造成无法加冰拌和。严重影响了碾压混凝土的质量和施工。

在湿法制砂的成品砂中掺入部分干砂，有效解决了玄武岩人工砂的含水率和砂含水率不稳定的问题，保证了碾压混凝土正常施工。在二滩、三峡、龙滩等工程中非常重视细骨料的含水率控制，采用真空脱水机、脱水筛等技术措施，效果明显。

5. 砂含水率测定及计算方法的区别

(1)砂含水率测定影响因素分析。砂含水率对碾压混凝土拌和物用水量影响极为敏感。是碾压混凝土拌和物用水量调整的关键。混凝土拌和前，试验人员应对砂的含水率高度重视。均应进行了含水率测定。但经常会发生用测定的砂含水率进行用水量计算调整时，往往导致新拌混凝土的 VC 值或坍落度产生很大的波动。使拌和物工作度超出控制的范围。

混凝土拌和系统专门设置了粗细骨料、水泥、掺合料、外加剂、水等各种原材料储料罐(仓)。影响砂含水率测定值变化的主要因素与拌和楼砂储料罐(仓)存放量的多少有关。由于砂具有极强的过滤作用。如果拌和楼砂料罐(仓)为满罐(仓)储存，此时砂料罐底部的含水率要比实际检测的砂含水率高许多。如果拌和楼砂料罐储量较少时 (一般少于 1/3)。此时料罐中的砂含水率要比实际检测的砂含水率低很多。在此砂料罐(仓)储存量不同的条件下，仍然按照检测的砂含水率进行用水量计算调整，则会导致新拌混凝土的 VC 值或坍落度波动很大，极容易拌制成不合格料。

所以，有经验的试验人员不但根据检测的砂含水率进行用水量计算调整，同时对砂料罐(仓)的储存情况随时进行观察，根据经验及时对砂含水率进行修正，以保证混凝土拌和物 VC 值或坍落度控制在设计的范围内。

(2)砂含水率计算方法分析。水工混凝土的粗细骨料含水率是指骨料的饱和面干含水率。与工民建骨料含水率 (绝干状况)完全不同。由于粗骨料含水率很小，故规范或教材对粗细骨料含水量计算采用正乘法。即粗骨料含水量＝粗骨料质量×含水率。但细骨料砂的含水量采用正乘法计算将导致含水量存在误差，会对拌和物 VC 值或坍落度造成一定的影响。为什么砂含水量计算采用正乘法计算会使砂含水量计算存在一定的误差呢？通过砂含水量不同计算方法进行对照，见表 3-5，可以看出，如果按照砂含水率 5%计算。采用两种不同的计算方法，在调整用水量和用量砂时，结果存在着差异。正乘法多用水 1.97kg/m^3，少用砂 1.97kg/m^3，而反除法计算考虑了调整的砂仍然具有 5%含水率，正乘法未考虑调整砂的含水率，所以两种计算方法存在差异。实际生产中，试验人员对砂含水率采用反除法计算调整用水量和砂用量，提高了配合比的吻合性和拌和物的工作性。

表 3-5 不同计算方法计算砂含水量对照表(示例)

项目	正乘法计算	反除法计算
碾压混凝土用水量 90kg/m³	正乘法计算公式： 含水量＝砂×含水率	反除法计算公式： 含水量＝砂÷（1－含水率）
混凝土用砂 750kg/m³		
含水率 5.0％		
含水量(kg/m³)	750×5.0％＝37.5	750÷(1－5.0％)－750＝39.47
含水率 5.0％时的砂用量(kg/m³)	750＋37.5＝787.5	750÷(1－5.0％)＝789.47
含水率 5.0％时计算调整的单位用水量(kg/m³)	90－37.5＝52.5	90－39.47＝50.53
用水量差额(kg/m³)	52.5－50.53＝1.97	
砂量差额(kg/m³)	787.5－789.47＝－1.97	
结果分析	正乘法多用水 1.97kg/m³，少用砂 1.97kg/m³	

3.3.2 粗骨料

粗骨料又称石子，分为碎石和卵石。其颗粒在 5～150(120) mm，骨料应坚硬、粗糙、耐久、洁净、无风化。粒形应尽量为方圆形，避免针片状颗粒。粗骨料按粒径范围确定原则，分为小石 (5～20mm)、中石 (20～40mm)、大石(40～80mm)、特大石(80～150mm 或 120mm)4 种。粗骨料按最大粒径确定原则分成下列几种级配：

(1) Ⅰ级配：5～20mm，最大粒径为 20mm。

(2) Ⅱ级配：分成 5～20mm 和 20～40mm，最大粒径为 40mm。

(3) Ⅲ级配：分成 5～20mm、20～40mm 和 40～80mm，最大粒径为 80mm。

(4) Ⅳ级配：分成 5～20mm、20～40mm、40～80mm 和 80～150mm（或 120mm)，最大粒径为 150mm(或 120mm)。

如果细骨料和粗骨料含有活性骨料，必须进行专门的试验论证。

1. 粗骨料品质

碾压混凝土所用的骨料——岩石，是分布最广泛的一种材料。根据其成因，分为沉积岩、火成岩和变质岩。在沉积岩中，经常应用于工程的主要是石灰岩和白云岩，砂岩由于沉积和成岩时间短，工程力学性能差，应用较少。花岗岩、玄武岩和辉绿岩是混凝土常用的火成岩骨料，它们具有硬度大、力学强度高、密度大等特点。变质岩性质介于火成岩和沉积岩之间。混凝土性能的品质与骨料密切相关。骨料的强度、孔结构、颗粒形状和尺寸及骨料的弹性模量等都直接影响混凝土的相关性能。骨料强度一般要高于混凝土的设计强度，这是因为骨料在混凝土中主要起骨架作用：在承受荷载时骨料的应力可能会大大超过混凝土的抗压强度。骨料的强度不易通过直接测定单独的骨料强度获得，而是采用间接的方法来评定。一种是测定岩石的压碎指标，另一种是在作为骨料的岩石上采样加工成立方体或圆柱体试样，测定其抗压强度。岩石在含水状态时，其强度会降低。这是因为岩石微粒间的结合力被渗入的水膜所削弱。如果岩石中含有一些易于被软化的物质，则强度降低更为明显。所以，有时还用其在饱水状态下与干燥状态下抗压强度之比，即软化系数，表示岩石的软化效应，软化系数的大小表明岩石浸水后强度降低的程度。

由于水利水电工程分布的区域广泛性，人工骨料岩石品种多。工程实践表明，不同岩石品种的人工骨料对碾压混凝土性能有着不同的影响。因此，在骨料的使用上，针对具体工程使用的岩石品种，需要进行认真分析和试验研究。常用的骨料岩石种类有以下几种。

(1)岩浆岩：花岗岩、玄武岩、安山岩、辉绿岩、正长岩、闪长岩、伟晶岩等。

(2)沉积岩：砂岩、泥岩、黏土岩、石灰岩、白云岩等。

(3)变质岩：板岩、片麻岩、大理岩、榴辉岩等。

2. 各类岩石集料和工程性质

各种岩石的弹性模量和表观密度统计表见表 3-6。一般来讲，弹性模量高的岩石抗压强度也高，但同一种岩石，由于结构的松散或致密性不同，其抗压强度有相当大的差别。例如，有裂隙的石灰岩极限抗压强度为 20～80MPa，而最坚硬的石灰岩其值可达 180～200MPa。骨料的弹性模量与表观密度存在着较好的线性关系。例如，百色工程的辉绿岩、金安桥及官地工程的玄武岩，由于该种骨料密度大，致使混凝土弹性模量也高。针对表观密度大的骨料，百色工程为了降低碾压混凝土弹性模量，采用准Ⅲ级配，骨料最大粒径为 60mm，同时辉绿岩人工砂石粉含量高达 20%以上，工作度采用 1～5s 的低 VC 值，有效降低了碾压混凝土弹性模量，提高了大坝的抗裂性能。

表 3-6　各类岩石的弹性模量和表观密度统计表

名称	弹性模量(万 MPa)	表观密度(t/m^3)	名称	弹性模量(万 MPa)	表观密度(t/m^3)
石灰岩	3.5～3.9	2.7～2.9	辉绿岩	7.0～8.0	2.8～2.98
花岗岩	2.32～8.81	2.6～3.7	大理岩	5.82～6.90	
玄武岩	6～10	2.5～3.1	白云岩	0.7～3.2	
安山岩	4.50～5.04	2.65～2.75	石英岩	5.0～6.05	
橄榄岩	3.40～4.44	3.0～3.5	凝灰岩	0.6～0.65	2.0～2.5

人工骨料的性状对新拌和硬化碾压混凝土的性能有很大影响，其数量和质量决定了工程能否顺利进行及其经济效果。一般认为灰岩骨料性能较好(因其线膨胀系数较小，对抗裂性能有利)，因此，大多数工程都在附近尽量寻求这种料场。例如江垭、汾河二库、普定等工程。对于附近没有可用石灰岩的工程，为尽量利用工

程开挖石料并降低运费,也有选用火成岩、变质岩做骨料的。例如,金安桥、象鼻岭、大朝山水电站工程采用玄武岩,棉花滩、沙牌水电站工程采用花岗岩,百色水利枢纽工程采用辉绿岩等。这类岩石密度大,对提高坝体容重、减少坝体方量较为有利。但应注意的是,采用玄武岩骨料的混凝土用水量比灰岩骨料混凝土用水量高10～15kg/m^3,为保持水胶比不变,相应的胶凝材料用量需增加20～30kg/m^3,一般采取加大高效减水剂掺量的技术路线降低用水量。

3.3.3 骨料检测工程实例

1.天然砂、含泥量检测实例

碾压混凝土用砂主要以人工砂为主,但也有部分工程使用天然砂。例如,甘肃龙首、新疆喀腊塑克、浙江西溪、湖北高州坝等工程。天然砂与人工砂在碾压混凝土中的应用有较大的区别,主要是天然砂中不含石粉,但含泥量往往较大。关于天然砂含泥量的检验有较大争议,根据《水工混凝土施工规范》(DL/T 5144—2001)规定,天然砂含泥量是指小于0.08mm颗粒的总量,对其全部是含泥量还是有部分石粉的界定并不是十分清楚。目前,针对碾压混凝土中使用的天然砂,0.16mm以下颗粒含量的几乎很少,一般均采用外掺石粉代砂或粉煤灰代砂的技术方案,有效地提高了碾压混凝土的浆砂体积比,明显改善了碾压混凝土胶凝材料少和浆体不足的缺陷。

(1)甘肃龙首工程天然砂的使用。龙首水电站主要天然建筑材料为砂砾石,其主要产地位于黑河左岸距坝轴线下游1～2km的砂砾石料场。天然砂砾石料场地处坝址区3级、4级阶地上,地势平坦,其顶部有0～1.5m厚度不等的粉质壤土,以下为6m左右厚度的砂砾石层,砂砾石储量较大。

龙首水电站枢纽由碾压混凝土拱坝、左岸碾压混凝土重力坝、右岸碾压混凝土推力墩、坝身放空兼冲砂底孔、坝身取水口等建筑物组成。龙首工程碾压混凝土采用戈壁滩的天然砂砾石,骨料开采时对天然砂进行冲洗,使0.08mm以下的细颗粒随水冲掉。碾压混凝土生产试验中发现,混凝土和易性、可碾性差,经过参建各方认真研究分析认为:一是因为设计单位提供的碾压混凝土配合比砂率偏小,二是因为砂子中0.16mm以下的微小颗粒含量太少。在天然砂的生产工程中,0.16mm以下的微小颗粒被水大部分冲掉,仅剩余3%～5%,这两种因素导致了碾压混凝土和易性和可碾性差,致使碾压层面液化泛浆不充分,有骨料外露情况。针对这些问题,结合龙首工程特点,改变砂石骨料生产方式,由原来湿法生产改为干法生产,提高砂子中0.16mm以下特别是0.08mm以下(原来认为是含泥量)微小颗粒的含量,以改善砂的颗粒级配,提高天然砂的产量,同时适当增大碾压混凝土配合比中的砂率,有效改善碾压混凝土的工作性能。

(2)西溪工程亚甲蓝溶液含泥量的检测。浙江西溪水库工程由于岩石及砂石加工系统等原因,生产的人工砂质量不理想。经过多方论证并咨询国内著名专家,认为在人工砂中掺入适量的粉砂,有利于降低细度模数,增加砂中小于 0.08mm 颗粒含量,提高碾压混凝土的密实性和抗渗性。粉砂的细度模数较小,一般小于 1,而小于 0.08mm颗粒含量的在 20%～30%。如果按《水工混凝土施工规范》(DL/T 5144—2001)对砂的质量要求,把砂中小于 0.08mm 颗粒部分都当作泥,那么砂中含泥量就会超标。虽然粉砂掺量仅为 10%～20% ,但还是不能消除砂中含泥量是否超标的疑虑,按照《水工混凝土砂石骨料试验规程》(DL/T 5151—2001)中砂料、淤泥、黏土及细屑含量试验中的提法,小于 0.08mm 颗粒含量并非全部是泥,而有部分是砂的细屑,为此需要对砂的含泥量做进一步论证。参照《建筑用砂》(GB/T 14684—2001)提供的亚甲蓝溶液测定方法,研究粉砂中的含泥量,为粉砂的应用提供依据。试验采用黏土、天然粉砂、广西百色工程和西溪工程新鲜石粉,用黏土作为纯泥,与石粉以不同的比例掺合,标定亚甲蓝溶液的用量。试验结果表明,亚甲蓝溶液用量与含泥量呈很好的线性关系,而与石粉品种关系不明显。该方法为解决砂中小于 0.08mm 石粉和泥土的分离提供了可靠的检测案例,同时为粉砂的应用提供了理论依据。

2.骨料品种应用工程实例

(1)沙牌拱坝片麻花岗岩骨料。四川沙牌拱坝碾压混凝土采用的片麻花岗岩骨料弹强比低,水泥在生产过程中采用高铁、低铝配方,使生产的水泥具有低脆性、高抗裂的特点,所配制的碾压混凝土弹强比比普定、岩滩降低约 40%,比龙滩降低 32%,比大朝山降低 27%。R_{90}200 号碾压混凝土的极限拉伸值比普定工程提高约 85%,比岩滩提高约 50%,比龙滩提高约 75%,比大朝山提高约 57%。这说明采用低弹模骨料和高铁、低铝水泥对降低碾压混凝土弹性模量效果显著。这对于提高混凝土抗裂性极为有利,使得大坝Ⅱ级配碾压混凝土极限拉伸值高达 1.36×10^{-4},抗压弹模为 6.65GPa;Ⅲ级配碾压混凝土极限拉伸值高达 1.35×10^{-4},抗压弹模为 17.25GPa;芯样Ⅲ级配碾压混凝土极限拉伸值高达 5×10^{-4},抗压弹模为 14.64GPa,反映了碾压混凝土的高拉伸低弹模特性。沙牌大坝运行至今尚未出现一条裂缝,有效解决了碾压混凝土拱坝的防裂问题。特别是四川汶川“5·12”大地震,沙牌拱坝地处地震中心,但大坝安然无恙。沙牌高抗裂材料的研究与成功应用为碾压混凝土坝防裂提供了成功的经验。

(2)百色工程辉绿岩骨料。广西百色水利枢纽工程碾压混凝土重力坝采用辉绿岩人工骨料,辉绿岩人工骨料在水工大体积混凝土中的应用在国内尚属首次。辉绿岩人工骨料密度达到 3.0g/cm^3 以上,且硬度大、弹模高、加工难,特别是辉绿岩人工砂石粉含量很高,粒径级配较差,需水量比远远高于国内采用的其他品种人工骨料,拌制的碾压混凝土表观密度达 2 650kg/m^3,比一般混凝土增重 6%～10%。

为了降低混凝土的弹性模量，改善大坝应力状况，针对辉绿岩骨料特性，按照国内外咨询专家的咨询意见，采用降低骨料最大粒径技术方案，可以达到有效降低混凝土弹性模量。为此，百色工程混凝土骨料最大粒径分别采用60mm的准Ⅲ级配和100mm的准Ⅳ级配，准Ⅲ级配、准Ⅳ级配为国内首次采用。百色主坝碾压混凝土采用准Ⅲ级配，针对辉绿岩人工砂石粉含量高达20%～24%的特点，配合比采用石粉替代部分粉煤灰、高掺外加剂、低VC值的技术路线，使硬质辉绿岩骨料碾压混凝土的抗压弹性模量从原来的41GPa以上降至23.3～29.8GPa，降低骨料粒径对降低弹性模量作用显著，有效提高了百色大坝的抗裂性能。大坝运行多年来 廊道始终处于干燥状态，反映出大坝具有良好的防渗性能。

(3)棉花滩工程粗骨料裹粉试验。粗骨料生产中不仅干法生产人工骨料时有可能出现骨料表面裹粉，半干法生产也会产生裹粉现象，还有骨料在运输过程中的碰撞、跌落，也会导致骨料表面裹粉。裹粉的成品骨料被输送到拌和楼时，如果没有采取二次筛分冲洗或者取消了二次筛分冲洗，就会使粗骨料表面包裹的石粉与砂浆之间握裹力减弱，从而会对碾压混凝土的性能产生负面影响。例如，棉花滩、龙滩、金安桥等工程均有骨料裹粉情况的发生。

棉花滩水电站大坝碾压混凝土浇筑使用的粗细集料为人工砂石料，由于采用干法生产，为了减少粉尘对大气的污染，在粗碎机及中碎机处安装了喷水装置，并在筛分楼安装了喷雾装置，喷水及喷雾生产的粗骨料表面包裹了一层较难脱落的石粉。在拌和混凝土时，考虑到拌和机叶片的损耗等因素，采用砂→水泥＋粉煤灰→水＋外加剂→粗骨料的加料方式，同时由于碾压混凝土配合比用水量较少，拌和时间也有限，故包裹的石粉在拌和时无法充分脱离粗骨料表面，从而减弱了集料与砂浆的握裹，对混凝土性能会产生一定的负面影响。

为了探讨黏附在粗骨料表面的石粉对混凝土性能的影响，就必须查清黏附在粗骨料表面石粉的含量及组成。试验将大、中、小骨料分别清洗，把清洗的石粉烘干并筛分，筛分结果表明，包裹的石粉多数为小于0.16mm的颗粒，这部分石粉包裹在粗骨料表面较难脱落。小石因表面积较大，故黏附的石粉含量也最多，因此对混凝土性能影响也较大。

试验用的碾压混凝土配合比采用Ⅱ级配和Ⅲ级配，棉花滩碾压混凝土设计指标为R_{180}100号、R_{180}150号、R_{180}200号，碾压混凝土抗压强度设计龄期长，抗压强度较低，三个配合比水胶比最后选定为0.65、0.60和0.55。试验采用冲洗干净的骨料与表面裹粉骨料进行碾压混凝土的性能比较，对两种骨料状态下拌制的混凝土的抗压、劈拉、轴拉、抗渗、抗冻等进行试验，试验结果表明：

(1)粗骨料冲洗与否对混凝土抗渗和抗冻影响不明显。由于配合比龄期长，水胶比也较小，故碾压混凝土抗渗和抗冻标号较高。虽然粗骨料包裹了一层石粉，但被砂浆紧密包裹，故这两种状态下混凝土抗渗和抗冻特性的差别不大。

(2)由未冲洗的粗骨料拌制的碾压混凝土抗压强度、劈拉强度、轴拉强度都有所下降,各龄期强度下降平均值为:抗压强度 7.8%,劈拉强度 10.9%,轴拉强度 13.9%,抗拉的影响比较大。常态混凝土用水量较大,能在一定程度上降低粗骨料表面包裹石粉对混凝土性能的影响,其抗拉强度降低不到 5%。

(3)随着龄期增长,粗骨料表面包裹石粉对混凝土抗压强度的影响有所减弱,但碾压混凝土的抗压、劈拉和轴拉强度都有不同程度的降低。由于受耐久性指标的约束,在配合比设计时,水胶比比较低,强度富余较多,故用包裹石粉的粗骨料生产的混凝土也能满足抗渗、抗冻、抗压、抗拉强度的设计要求。

综上所述,干法生产的粗骨料表面黏附了一层石粉,粒径大部分为小于 0.16mm 的颗粒。由于碾压混凝土用水量较少以及拌和时间有限,无法使表面石粉脱离,势必在水泥砂浆与粗骨料表面形成一个较薄弱的结合面,此薄弱面使集料与混凝土中的砂浆黏结力减弱,抗压、轴拉、劈拉强度有不同程度的下降。由于受耐久性的约束,设计水胶比较小,碾压混凝土强度富余度较大,因而对碾压混凝土大坝的抗压、抗拉、抗渗、抗冻指标没有本质的影响。

3.3.4 小结

(1)水泥、掺合料、外加剂等是混凝土工程重要的原材料,应通过优选试验确定厂家和品种,厂家应有足够的生产规模和工程使用其原材料的成功经验,并在优选的基础上固定生产供应厂家。提供原材料应有产品合格证,运到工地后应尽快进行复验,以便确定原材料是否合格及质量变化情况。对到工地的原材料必须按不同品种、等级及出厂编号分别运输和存放,并做好存放场地的防雨及防潮措施。

(2)水利水电工程应优先使用中热硅酸盐水泥、低热硅酸盐水泥或普通硅酸盐水泥,这种水泥的各项性能除满足国家标准外,还应满足工程的一些特殊的要求。一般要求水泥抗压强度大于 45MPa、抗折强度大于 8.0MPa,细度应稍粗一些,比表面积宜控制在 280～320m^2/kg,其熟料中 MgO 含量控制在 3.5%～4.5%。为了降低水泥的水化热,要求熟料中的矿物组成硝酸三钙(C_3A)含量小于 6%,铁铝酸四钙(C_4AF)含量大于 16%,同时对到工地进场水泥的温度也有要求(金安桥工程不大于 60℃)。

(3)由于人工砂用量占骨料总量的 1/3 以上,特别是人工砂中的石粉含量直接关系到碾压混凝土的快速施工和经济性,所以合理地选择人工砂的加工生产方式是碾压混凝土快速施工的基本保障。大量的工程及反复试验证明,碾压混凝土用的人工砂中有较高的石粉含量,能显著改善碾压混凝土的工作性、液化泛浆、可碾性、层间结合、抗骨料分离以及密实性等施工性能,同时提高了硬化混凝土抗渗性、力学指标及断裂韧性。石粉可作掺合料,替代部分粉煤灰。适当提高石粉含量亦可提高人工砂的产量，降低成本，增加技术经济效益。因此，合理控制人工砂石粉含量是提高碾压混凝土质量的重要措施。控制人工砂饱和面干的含水率不超过6%具有十分重要的现实性，是控制混凝土水胶比和出机碾压混凝土VC值的关键，也是预冷混凝土加冰的要求（如果砂子含水量过高，则加冰拌和时加不进去冰）。

(4)水利水电工程分布的区域广泛性，人工骨料岩石品种多，工程实践表明，不同岩石品种的人工骨料对碾压混凝土性能有着不同的影响。粗骨料生产时，不仅干法生产人工骨料时有可能出现骨料表面裹粉，半干法生产也会产生裹粉现象，还有骨料在运输过程中的碰撞、跌落，也会导致骨料表面裹粉。裹粉的成品骨料被输送拌和楼时没有采取二次筛分冲洗或者取消了二次筛分冲洗，就会使粗骨料表面包裹的石粉与砂浆之间握裹力减弱，从而对碾压混凝土的性能产生一定影响。

3.4 掺合料

碾压混凝土的掺合料主要有粉煤灰、铁矿渣、磷矿渣、火山灰、凝灰岩、石灰岩粉、硅粉、燧石、页岩、硅藻土等，通过煅烧黏土或页岩也可以获得火山灰质材料。本节重点讲述粉煤灰。

在碾压混凝土中加入掺合料可以起到以下作用：

(1)降低胶凝材料的水化热，即减少了混凝土的温升，减轻了混凝土的温控压力。

(2)有效地利用工业废料，变废为宝。降低工程造价，节约建设投资。

(3)增加了浆体体积，改善碾压混凝土的工作性能。

3.4.1 概述

《碾压混凝土坝设计规范》(SL 314—2004)规定，掺合料指为改善混凝土性能、减少水泥用量而掺入混凝土中的活性或非活性矿物质材料。碾压混凝土中的掺合料一般具有活性，也有非活性的。所谓活性掺合料和非活性掺合料，是为了区别掺合料活性的大小而人为划分的界线。当矿物质材料只要粉磨至足够的比表面积都会具有一定的与水泥的某些水化产物发生化学反应的活性，差别只是活性的大小和活性发挥的早晚。

掺合料可以单掺，也可以混合复掺。碾压混凝土自身特点是掺合料掺量大，水泥用量少。在碾压混凝土中掺用大量的掺合料，一是极大地改善了碾压混凝土中拌和的物性能，提高了可碾性和层间结合质量，有效降低了混凝土温升和温度应力；二是利用了当地材料，变废为宝。我国碾压混凝土坝在上游面普遍采用Ⅱ级配碾压混凝土防渗，属外部碾压混凝土，应满足抗渗、抗冻、抗冲刷等耐久性的要求。根据已建工程实例可知，水泥强度等级为 42.5MPa（原 525 号水泥）Ⅱ级配碾压混凝土的掺合料掺量通常在 50%～55%。例如，江垭、棉花滩、普定工程均为 55%，大朝山工程为 50%。钻孔取芯试验表明，该区碾压混凝土能满足设计要求。因此，规定在外部碾压混凝土中掺合料不宜超过总胶凝材料的 55%。同时，外部碾压混凝土的掺合料掺量应根据坝址的气候条件、水泥性质、粉煤灰等级、采用的具体部位等因素综合确定。

内部碾压混凝土主要指除上游面防渗层、基础垫层以及有抗冻、抗冲刷、抗侵蚀等要求之外的大坝碾压混凝土。国内大坝内部碾压混凝土掺合料多数在 50%～65%。武汉大学水利水电学院的研究成果表明，使用优质粉煤灰掺量大于 70%的碾压混凝土作为水工大体积内部混凝土也是可行的。由于粉煤灰掺量大，数年后后期强度还有一定的增长，混凝土内部结构还在不断改善。考虑到碾压混凝土的耐久性并结合工程实践，《碾压混凝土坝设计规范》（SL 314—2004）规定内部碾压混凝土中掺合料不宜超过总胶凝材料的 65%。

坝工混凝土用量少则几十万立方米，多则几百万立方米。采用常态混凝土浇筑大坝对水泥的需求量是很大的。当采用碾压混凝土筑坝时由于掺用了大量的掺合料（一般占胶凝材料的 50%～65%），有效降低了水泥用量，其水泥用量仅为常态混凝土的 1/2 左右（一般水泥用量为 55～90kg/m^3），水泥用量大为减少，从而降低工程造价。

掺合料已经是碾压混凝土胶凝材料中不可缺少的材料，掺合料对碾压混凝土性能的影响主要表现在以下几个方面。

（1）掺合料的微集料作用，改善拌和物的和易性，增加内聚力，减少拌和物离析。

（2）延缓水泥水化热温峰的出现时间，降低水化热，减少大体积混凝土的温升值，与碾压混凝土强度发展规律相匹配，可以减少温度裂缝。

（3）改善碾压混凝土拌和物的工作性能，有利于延长初凝时间，提高可碾性、液化泛浆，对层间结合十分有利。

（4）矿物粉末磨细到一定的比表面积后作为掺合料掺入混凝土中具有一定的减水作用。

水泥及各种掺合料水化热测试成果见表 3-7。各种掺合料的化学成分分析结果见表 3-8。

表 3-7 水泥及掺合料水化热检测成果

掺合料品种		水泥	铁矿渣粉	粉煤灰	火山灰粉	石灰岩粉	磷矿渣粉	凝灰岩粉	玄武岩粉
水化热（kJ/kg）	1d	124.2	109.8	108.6	97.8	96.7	94.9	82.8	71.3
	3d	192.1	153.5	170.5	148.2	138.2	156.8	135.9	120.0
	5d	235.0	193.6	207.0	180.2	167.1	192.3	168.1	150.4
	7d	260.7	215.3	230.7	199.2	184.5	217.0	191.0	173.6

表 3-8 部分掺合料化学成分统计表

掺合料	SiO_2	Al_2O_3	Fe_2O_3	MgO	Na_2O	K_2O	TiO_2	P_2O_5	MnO	SO_3	烧失量
玄武岩粉	45.09	12.39	13.83	4.05	2.41	1.8	2.52	0.55	0.3	0.69	8.40
石灰石粉	4.38	1.56	0.76	0.49	0.03	0.14	0.08	0.03	0.02	0.39	44.17
磷矿渣粉	23.46	2.61	1.04	1.56	0.25	0.88	0.12	1.05	0.04	0.83	20.24
凝灰岩粉	55.89	16.57	7.3	4.35	3.45	3.17	1.14	0.44	0.10	0.41	2.32
铁矿渣粉	35.02	10.5	1.94	8.2	0.16	0.32	0.66	0.03	1.79	1.19	2.92
火山灰粉	56.97	16.67	7.09	3.95	3.37	3.31	1.1	0.46	0.10	0.71	1.01
粉煤灰	52.25	26.39	5.91	3.15	0.23	3.4	1.52	0.21	0.05	0.41	3.34

大量试验结果表明：在保持流动度不变和保持水胶比不变的情况下，掺合料的掺入等量取代30%的水泥在90d龄期以内强度将会降低。但总的趋势是随着龄期的延长强度在提高，即掺合料的效能随着龄期的延长逐渐得到发挥。此外，掺合料的掺入使水泥胶砂的脆性系数降低，这说明在相同强度情况下，掺合料的掺入将使混凝土的韧性有所提高，对抗裂有利。

根据大量工程碾压混凝土配合比的统计结果表明，碾压混凝土的胶凝材料平均用量在逐渐增加，水泥平均用量反而逐步小幅下降，掺合料的平均用量逐步上升，见表 3-9。

表 3-9 部分碾压混凝土坝配合比平均胶凝材料用量变化统计表

项目	1991 年以前	1991—2000 年	2001 年以后
掺合料平均掺量(%)	47.71	51.23	56.38
胶凝材料平均用量(%)	149.57	167.39	171.80
水泥平均用量(%)	78.43	76.65	75.42

3.4.2 粉煤灰

粉煤灰的性质与其来源密切相关，其物理和化学成分随煤种和火电厂的不同而不同。特别是大、中型大坝工程，因对粉煤灰需求量大，宜在可行性研究阶段或招标设计前对粉煤灰的来源、品质、供应量进行优选。如果工地附近有足够的品质符合要求且价格低廉的低钙粉煤灰，应优先选择。

粉煤灰在水泥混凝土中的作用机制及其对混凝土基本性能的影响，包括形态效应、活性效应、微集料效应 3 个方面。

(1)粉煤灰中的玻璃球形颗粒完整、表面光滑、粒度较细、质地致密，这些形态上的特点可降低水泥浆体的需水量，改善浆体的初始结构，这就是所谓的形态效应。

(2)酸性氧化物(如 SiO_2 及 Al_2O_3)为主要成分的玻璃相，在潮湿环境中可与 C_3S 及 C_2S 的水化物氢氧化钙起作用，生成 C—S—H 及 C—A—H 凝胶体，对硬化水泥浆体起增强作用，特别是在 28d 以后的增强作用更显著。这种由粉煤灰活性引起的火山灰反应而产生的效应就叫作活性效应。

(3)粉煤灰的活性效应不仅与龄期有关，而且与温度有关，温度高的粉煤灰其增强效应比温度低的要好。粒径在 30μm 以下的粉煤灰微粒在水泥石中可以起到相当于未水化水泥熟料微粒的作用，填充毛细孔隙，使水泥结石更加致密。由此就产生了微集料效应。

在水工混凝土中掺用一定量的粉煤灰代替水泥。其作用主要有：

(1)减少水泥用量，降低工程造价。

(2)降低混凝土水化热温升，简化温控措施，减少混凝土裂缝产生。

(3)掺粉煤灰后可减少混凝土的干缩，还可以抑制碱—骨料反应。

(4)由于粉煤灰有形态效应、微集料效应，且相对密度比水泥小得多，所以在采用等量代替水泥的情况下，其浆体体积增加，可显著改善混凝土的填充包裹特性、和易性及抗分离性，改善混凝土的施工和易性。

(5)需水量比小于 100%的粉煤灰具有良好的减水效应。

(6)掺粉煤灰后可提高混凝土的耐久性能。

1. 粉煤灰的物理特性

粉煤灰为燃煤电厂磨细煤粉在锅炉中燃烧(1 100～1 500℃)后，由电除尘系统在炉烟道气体中收集的粉末，通常呈现灰白至黑色，主要成分为 SiO_2、Al_2O_3。物理性质主要为密度、堆积密度、细度、颗粒形貌、需水量、颗粒级配(粒径分布)等。影响粉煤灰物理性质的因素也比较多，与粉煤灰的化学性质、矿物组成都有很大关系。熟悉粉煤灰的物理性质对粉煤灰在碾压混凝土中的应用是很有必要的。

(1)密度。粉煤灰的密度范围在 1.9～2.8g/cm³，目前使用的粉煤灰密度多在 2.0～2.2g/cm³。粉煤灰的密度对粉煤灰质量评定和控制具有一定的意义，如果密度发生变化，在一定程度上表明了其质量的波动。粉煤灰用作混凝土掺合料时，密度通常也是混凝土配合比设计时的参数之一。通常影响粉煤灰密度最主要的因素为 CaO 的含量，研究结果表明，低钙 F 类粉煤灰(CaO≤10%)的密度通常比较低，且变化范围比较大，高钙C类粉煤灰(CaO>10%)的密度平均要比低钙粉煤灰的密高19%左右。

(2)细度。粉煤灰作为副产品所具有的利用价值，很大程度上是因为粉煤灰为很细的颗粒，具有很大的比表面积，因此细度是粉煤灰的重要性能指标。粉煤灰的粒径主要分布在0.5～300μm，其中玻璃微珠的粉煤灰粒径在0.5～100μm，且大部分为45μm。现代火电厂通常采用静电收尘方式，不同电场所收集到的粉煤灰细度差异很大，所以，细度是评定粉煤灰等级的主要指标之一。大量的试验研究分析发现，细度与粉煤灰的氧化钙含量关系比较大，C类的高钙粉煤灰通常比较细，大部分较粗的粉煤灰石英含量比较高。

《水工混凝土掺用粉煤灰技术规程》(DL/T 5055—2007)规定，粉煤灰的细度采用45μm孔径标准筛的筛余量来表示。但是用比表面积表示粉煤灰的细度更为准确，它不仅可以反映粉煤灰的细度，还可以整体上反映粉煤灰的颗粒形状，甚至可以反映粉煤灰颗粒开放空隙的量。粉煤灰的比表面积通常采用勃氏法来测定，我国粉煤灰比表面积的变化范围在800～5 500cm^2/g，一般在1 600～3 500cm^2/g。所以掺粉煤灰对改善混凝土的和易性效果是十分显著的。

(3)颜色。肉眼看到的粉煤灰为灰色粉末状物质。通常原状灰的颜色越浅，表明粉煤灰的烧失量越低，并且同级别煤的粉煤灰颜色越浅，还表明粉煤灰的颗粒越细，因为一般情况下细颗粒的煤粉通常燃烧比较充分，因此粉煤灰的烧失量比较低。由于粉煤灰颜色可以反映含碳量的高低，因此对于粉煤灰的质量控制和生产控制，粉煤灰的颜色受煤粉的燃烧条件影响比较大，另外还与粉煤灰的组成、含水率、细度等因素有关。一般来说，无烟煤相对于烟煤，其煤灰颜色就比较深。

(4)颗粒形貌。观察粉煤灰的颗粒形貌就必须借助显微镜、扫描电镜以及其他手段。用扫描电镜来观察粉煤灰的颗粒形貌可以观察到粉煤灰的绝大部分粒径为1～400μm。当在3 000倍电镜下观察可以看出，粉煤灰的颗粒形状和结晶状况是不规则的海绵状玻璃体、玻璃体珠、各种颗粒碎屑、黏聚颗粒并存时。当在2万倍电镜下观察还可以看出玻璃体微珠间有碎屑(或黏聚颗粒)，有些微珠还有更细微的凹坑特征。小颗粒粉煤灰为表面光滑的球形颗粒，较大粒径的粉煤灰大于250μm，形状不规则，有些含有未完全燃烧的物质，有些为内含很多细小粉煤灰颗粒的开口球状颗粒，有些细小粉煤灰颗粒附着在大的粉煤灰颗粒表面，相当多的非球形粉煤灰颗粒可能都是未燃碳成分颗粒。

粉煤灰中的CaO的含量对粉煤灰颗粒形貌影响比较大。CaO因为降低铝硅酸盐的聚合度而影响粉煤灰的颗粒粒径。C类高钙矿物的熔融物有比较低的黏性，因此其熔融物能形成更小的液滴然后冷却成粉煤灰颗粒，并且因为小液滴冷却速度很快使得其玻璃体的含量更高。黏性的高低同样影响粉煤灰的颗粒形状，

F类低钙矿物因为具有更高的黏性，更容易引入气体而形成中空的球形结构，这也是F类低钙粉煤灰密度比C类高钙粉煤灰密度低的主要原因。

(5)需水性。需水量对于粉煤灰的应用来说是非常重要的物理性能指标。粉煤灰的需水量可以定义为粉煤灰和水的混合物达到某一流动度的情况下所需的水量，粉煤灰的需水量越小，粉煤灰的工程利用价值就越高。影响粉煤灰需水量的主要因素为粉煤灰的细度、颗粒形貌、颗粒级配，此外还与粉煤灰的密度、烧失量高低有很大关系。

工程应用中通常以需水量比来表示粉煤灰的需水性。《用于水泥和混凝土中的粉煤灰》(GB/T 1596—2017)、《水工混凝土掺用粉煤灰技术规程》(DL/T 5055—2007)规定，Ⅰ级粉煤灰的需水量比不大于95%，Ⅱ级粉煤灰的需水量比不大于105%，Ⅲ级粉煤灰的需水量比不大于115%。

因为影响粉煤灰需水量的因素很多，不同粉煤灰的需水量差别比较大。研究发现需水量与粉煤灰烧失量、粉煤灰细度有明显的正比关系。

(6)不同掺量的抗压强度。粉煤灰作为混凝土掺合料主要是利用其火山灰活性，抗压强度比可以比较准确地表示粉煤灰这种性质。我国《水泥胶砂强度检验方法》(GB/T 17671—1999)规定，抗压强度比为水泥胶砂28d抗压强度比，其值为试验样品的28d抗压强度和对比样品28d抗压强度的比值。考虑到常态混凝土掺用粉煤灰常用掺量为15%～30%，碾压混凝土粉煤灰常用掺量为50%～65%，所以粉煤灰掺量按照常态混凝土及碾压混凝土常用掺量等量替代水泥。按照大坝混凝土强度设计龄期，粉煤灰胶砂强度采用与混凝土相同的设计龄期，即7d、28d和90d。

不同掺量粉煤灰胶砂强度试验结果见表3-10。

表3-10　不同品种、不同掺量粉煤灰胶砂强度试验成果表(龙滩工程)

粉煤灰品种	F(%)	抗压强度(MPa)			抗折强度(MPa)		
		7d	28d	90d	7d	28d	90d
基准	0	37.9	57.4	68.6	7.1	8.7	9.8
宣威电厂粉煤灰	15	30.7	50.9	67.7	6.0	8.2	10.1
	25	26.8	44.9	65.4	5.2	7.7	9.9
	30	24.2	42.8	62.9	5.0	7.5	9.0
	50	14.8	28.4	48.5	3.3	5.8	8.5
	55	13.0	23.9	44.6	2.6	5.1	7.2
	60	10.8	20.3	39.0	2.5	4.4	7.3
	65	8.8	16.9	35.2	2.1	3.8	6.7

表 3-10(续)

粉煤灰品种	F(%)	抗压强度(MPa)			抗折强度(MPa)		
		7d	28d	90d	7d	28d	90d
来宾B电厂粉煤灰	15	31.4	51.0	68.2	6.4	8.8	9.9
	25	26.6	47.0	65.2	5.7	8.5	10.1
	30	24.5	44.4	63.2	5.0	7.9	8.9
	50	14.2	29.0	48.3	3.3	5.7	7.6
	55	12.3	25.2	43.7	3.3	5.0	7.2
	60	10.1	21.2	38.0	2.6	4.8	6.9
	65	8.4	17.8	31.0	2.2	3.9	6.4
珞璜电厂粉煤灰	15	33.4	52.3	69.2	6.2	8.5	10.1
	25	29.6	50.6	67.4	6.0	8.5	9.5
	30	28.9	49.4	65.5	5.6	8.1	9.0
	50	18.2	34.9	50.8	4.0	6.4	7.8
	55	16.1	31.6	46.3	3.8	6.1	7.5
	60	13.5	26.2	39.7	3.2	5.3	7.1
	65	12.0	22.7	34.4	3.0	4.7	6.4
襄樊电厂粉煤灰	15	34.3	57.6	72.1	6.3	8.8	10.9
	25	31.3	54.0	70.0	6.1	8.4	10.7
	30	29.0	50.7	68.6	5.8	8.7	10.6
	50	19.0	38.2	55.8	4.0	7.2	9.4
	55	16.3	34.2	53.4	3.7	6.7	8.8
	60	13.8	28.7	47.5	3.2	5.8	8.2
	65	11.6	24.6	40.4	2.7	4.9	8.1

各种粉煤灰随着掺量的增加而强度减小，呈现出良好的线性相关。在90d龄期情况下粉煤灰掺量不大于25%时，粉煤灰胶砂强度与水泥胶砂强度基本相当。

(7) 吸附性能。粉煤灰是一种由硅、铝、钙、铁、一些微量元素的氧化物和未燃碳组成的颗粒。这些颗粒有些为海绵状，有些为多孔状，有些为中空的球状颗粒。由于这些颗粒都非常细，因此具有非常大的比表面积。另外，粉煤灰是由煤在非常高的温度下燃烧急冷所得到的颗粒，粉煤灰颗粒表面具有一定的活性，因此粉煤灰具有比较高的吸附性能。所以，粉煤灰作为混凝土掺合料时，这种吸附性能直接表现在影响混凝土外加剂的效果上，特别是对引气剂的吸附作用较为明显。粉煤灰吸附性能的研究结果显示，粉煤灰的吸附能力可达到活性炭粉末的75%以上。

2.粉煤灰的化学性质

(1)化学组成。粉煤灰的化学组成很大程度上取决于原煤的无机物组成和燃烧条件。根据粉煤灰中各种元素含量的差异可将粉煤灰中的元素分为主要元素和微量元素,此外,粉煤灰中另一种很重要的化学组成为未燃碳粉,这些未燃碳粉对粉煤灰的应用影响非常大。70%以上的粉煤灰通常都由氧化硅、氧化铝和氧化铁组成,典型的粉煤灰中还有钙、镁、钛、硫、钾、硝和磷的氧化物。不同地区粉煤灰的化学组成差异非常大。粉煤灰主要化学元素的含量统计结果见表 3-11。

表 3-11　粉煤灰主要化学元素含量表

元素名称	O	Si	Al	Fe	Ca	K	Mg	Ti	S	Na	P	Ci	其他
含量范围(%)	—	11.48~31.14	6.40~22.91	1.90~18.51	0.30~25.10	0.22~3.10	0.05~1.92	0.40~1.80	0.03~4.75	0.05~1.40	0.00~0.90	0.00~0.12	0.50~29.12
平均值(%)	47.83	23.50	15.26	3.84	2.31	1.04	0.52	0.71	0.32	0.31	0.04	0.02	4.30

不同地区粉煤灰的化学组成差异非常大。我国一些地区 35 家火电厂的粉煤灰的主要氧化物含量统计结果见表 3-12。

表 3-12　部分粉煤灰化学成分统计表

氧化物	SiO_2	Al_2O_3	Fe_2O_3	CaO	MgO	Na_2O	K_2O	SO_3	总体
均值(%)	50.6	27.1	7.1	2.8	1.2	0.5	1.3	0.3	8.2
范围(%)	33.9~59.7	16.5~35.1	1.5~19.7	0.8~10.4	0.7~1.9	0.7~1.9	0.2~1.1	9.0~1.1	1.2~23.6

(2)烧失量。大量试验结果显示,粒径越大,粉煤灰的含碳量越高,小于 45μm 的粉煤灰颗粒中含碳量非常低。因此,提高煤粉的细度可以很大程度降低粉煤灰的含碳量,换句话说,粉煤灰越粗,则含碳量越高。

(3) 火山灰活性。硅质或铝硅质材料本身不具有或只有很弱的胶凝性质,但在水存在的情况下与 CaO 化合将会形成水硬性固体,这种性质称为火山灰性质。

粉煤灰特别是 F 类低钙粉煤灰,从化学组成上看是一种比较典型的火山灰质材料,粉煤灰的很多工程应用都是建立在对粉煤灰这种潜在的火山灰性质的利用上,因此火山灰性质是粉煤灰最基本的性质。

由于硅酸盐水泥水化时会产生 $Ca(OH)_2$,如果粉煤灰与硅酸盐水泥混合,粉煤灰将会与水泥水化产物 $Ca(OH)_2$进行二次反应,且这种反应速度比粉煤灰—石灰混合物要快,因此采用粉煤灰代替部分水泥用于配制混凝土或水泥砂浆,然后以其抗压强度与基准混凝土或水泥砂浆的抗压强度的比值,就可以反映粉煤灰的火山灰活性高低,比值越高表明粉煤灰火山灰活性越高。

(4)粉煤灰与水泥的反应。粉煤灰与水泥的反应通常被描述为“与水泥的水化产物 $Ca(OH)_2$ 反应生成 C—S—H 凝胶”,习惯上称之为“二次反应”。首先是粉煤灰颗粒表面形成一层 C—S—H 凝胶外壳(C—S—H 凝胶为硅酸盐水泥的水化产物),然后是粉煤灰颗粒表面的玻璃体的溶解,这种溶解的速度通常受水泥基本系统孔隙中含有高浓度碱性水化产物溶液的影响,粉煤灰再与 $Ca(OH)_2$ 反应形成水化产物。

总的来说,粉煤灰与水泥的反应将显著影响硬化水泥浆体和混凝土的最终性质,粉煤灰的 CaO 含量不同,粉煤灰与水泥反应差异也比较大。F 类低钙粉煤灰中,可与水泥反应的组分主要是玻璃体,粉煤灰颗粒中的石英、赤铁矿、磁铁矿等晶体相在水泥中是没有反应性的,而玻璃体在通常温度下与水泥反应速度也很慢,这也是掺粉煤灰混凝土早期强度偏低的主要因素。但是在水工大体积混凝土中,在水泥水化热温度较高的情况下,粉煤灰与水泥的这种水化反应将加快,程度也加大;而且在蒸汽养护或蒸压条件下,粉煤灰与水泥的这种反应速度非常迅速。

3.粉煤灰性能与品质检测

粉煤灰细度、需水量比、烧失量、三氧化硫含量等指标是粉煤灰最主要的品质指标。由于粉煤灰的品质不断提高,特别是Ⅰ级粉煤灰的大量生产,粉煤灰也由过去一般掺合料变为如今的混凝土功能材料。水工混凝土掺用粉煤灰最大的优势就是利用了粉煤灰后期强度的特性。粉煤灰与其他掺合料不同,粉煤灰颗粒呈微珠形,粉煤灰等级越高,颗粒就越细,微珠含量就越多,对混凝土性能改善就越明显。特别是优质的Ⅰ级粉煤灰具有明显的球形颗粒,其形态效应、微集料效应和火山灰效应可以起到很好的固体减水剂作用。

粉煤灰在混凝土中的使用已有几十年的历史,并取得了许多成功的经验。水工混凝土中掺入粉煤灰,可以显著改善混凝土拌和物性能,降低水化热温升,十分有利于温控和防裂。但是粉煤灰的效应主要表现在后期,在掺量较大的情况下,混凝土早期强度发展缓慢,其早期强度低,但其后期强度和其他性能增长显著。

根据《用于水泥和混凝土中的粉煤灰》(GB/T 1596—2005)和《水工混凝土掺用粉煤灰技术规范》(DL/T 5055—2007)标准规定,对粉煤灰品质指标和等级提出了具体要求,用于水工混凝土粉煤灰的技术要求见表 3-13。

表 3-13 粉煤灰的技术要求(用于水工混凝土)

项目	技术要求			
	Ⅰ级	Ⅱ级	Ⅲ级	备注
细度(%)	≤12.0	≤25.0	≤45.0	45μm 方孔筛筛余量(%)
需水量比(%)	≤95	≤105	≤115	
烧失量(%)	≤5.0	≤8.0	≤15.0	

表 3-13(续)

项目		技术要求			
		Ⅰ级	Ⅱ级	Ⅲ级	备注
含水量(%)		≤5.0			
三氧化硫(%)		≤1.0			
游离氧化钙(%)	F	≤1.0			
	C	≤4.0			
安定性		合格			

当粉煤灰用于活性骨料混凝土时,需限制粉煤灰的碱含量,其允许值应经过论证确定。粉煤灰的碱含量以纳当量(Na_2O+0.658K_2O)计。

《水工混凝土掺用粉煤灰技术规范》(DL/T 5055—2007)将粉煤灰分为 F 类和 C 类两种。F 类粉煤灰是由无烟煤或烟煤煅烧收集的粉煤灰,其游离氧化钙小于 1.0%。C 类粉煤灰是由褐煤或次烟煤煅烧收集的粉煤灰,其游离氧化钙小于 4.0%,同时氧化钙含量一般大于 10%。C 类粉煤灰含有较高的游离氧化钙(f—CaO),容易出现安定性不良的问题,为保证工程质量,对 C 类粉煤灰不仅要控制 f—CaO 含量,而且要求安定性合格。

《水工混凝土掺用粉煤灰技术规范》(DL/T 5055—2007)对水工混凝土掺用粉煤灰也提出了具体的技术要求。掺粉煤灰的混凝土的强度设计龄期要充分利用粉煤灰的后期性能,在保证设计要求的条件下,宜尽可能采用较长的设计龄期,以获得较好的技术经济效果。

虽然水工混凝土施工规范中规定了粉煤灰的最大掺量,但还是要根据混凝土结构类型、水泥品种和粉煤灰品质等级通过试验后确定最大掺量。我国的火电厂大多都能生产Ⅱ级粉煤灰,碾压混凝土坝大多使用Ⅱ级粉煤灰(Ⅰ级粉煤灰更好,但价格稍贵)。粉煤灰的掺量在常态混凝土坝中一般为 20%～40%,在碾压混凝土坝中一般为 50%～60%。而在光照水电站、沙阡水电站和石垭子水电站中采用超高粉煤灰掺量技术,粉煤灰的掺量突破规范限制,达到了 65%～70%。

水工混凝土浇筑后到投入使用一般有较长时间,所以水工混凝土掺用粉煤灰最大的优势就是利用了粉煤灰后期强度的特性。近年来,由于粉煤灰品质不断提高,特别是Ⅰ级粉煤灰的大量生产,粉煤灰也由过去一般掺合料变为如今的混凝土功能材料使用。由于粉煤灰与其他掺合料不同,粉煤灰颗粒呈微珠形,粉煤灰等级越高,颗粒就越细,微珠含量越多,对混凝土性能改善就越明显。Ⅰ级粉煤灰主要使用在大型水利水电工程及高等级混凝土中,例如,三峡工程、200m 级的龙滩碾压混凝土重力坝及高等级的抗冲蚀混凝土和结构混凝土。把优质的Ⅰ级粉煤灰(需水量比不大于 92%)作为功能材料使用,充分发挥了Ⅰ级粉煤灰球形颗粒含量高的形态效应、微集料效应和火山灰效应,起到了固体减水剂的作用。这对改善混凝土施工性能、温控防裂和耐久性起到了良好的作用。

目前，Ⅲ级粉煤灰已经在永久水工建筑物中很少使用。

粉煤灰作为碾压混凝土最为主要的掺和材料，用量是很大的。为了保证粉煤灰供应和质量的稳定，工程使用时应最好选用2～3个粉煤灰供应厂家，各厂家粉煤灰应固定储存和使用，避免影响混凝土的质量和外观颜色。

4.用于混凝土的粉煤灰新规范要求

近年来，随着人们对可持续发展和环境保护的重视，火力发电污染物排放检查越来越严格。电厂超洁净发电技术逐步实施，火力发电厂燃料种类与燃烧工艺的变化、脱硫脱硝技术的变化带来了粉煤灰成分和性能的改变。当粉煤灰作为掺合料掺入混凝土中时可能给混凝土的质量带来一系列问题。例如，有的粉煤灰在混凝土中释放气体造成气泡，有的粉煤灰造成混凝土凝结缓慢，甚至强度降低、倒缩。

2017年7月12日，中华人民共和国国家标准公告(2017年第18号)批准发布了《用于水泥和混凝土中的粉煤灰》(GB/T 1596—2017)(以下简称新标准)。新标准对粉煤灰的定义、技术性质要求、测试方法等方面进行了修订、完善，有利于粉煤灰的资源化应用和服务于混凝土生产。

现对新标准简要阐述如下。具体应用时可参阅相关规范。

(1)新标准将3类粉煤灰排除在掺合料的范围之外，也就是以下3类粉煤灰不能用于水泥、混凝土和砂浆中：①与煤一起煅烧城市垃圾或其他固体废弃物时产生的灰；②在焚烧炉中煅烧工业或城市垃圾时产生的灰；③循环流化床锅炉燃烧收集的粉末。

燃烧垃圾等废弃物时收集的灰，一方面成分、活性及在混凝土中的应用表现差异性较大，不利于质量控制；另一方面，这些灰大多含有重金属或二噁英，对人体和环境有害。

循环流化床锅炉燃烧收集的灰，主要成分多为硬石膏和石灰，不具有掺合料的功效。

(2)2005版标准规定Ⅱ级粉煤灰过45μm方孔筛筛余量不大于25%，新标准规定Ⅱ级粉煤灰过45μm方孔筛筛余量不大于30%。新标准降低了对Ⅱ级粉煤灰细度的技术要求，拓宽了粉煤灰利用的范围。但要注意，偏粗的粉煤灰会造成混凝土某些性能的下降。

(3)2005版标准规定Ⅲ级粉煤灰烧失量不大于15%，新标准规定Ⅲ级粉煤灰烧失量不大于10%。这既是燃烧工艺技术带来的效果，也是因烧失量对混凝土性能、质量影响巨大，应当从严控制质量的要求。碾压混凝土一般不选用Ⅲ级粉煤灰。

(4)用于混凝土和砂浆中的粉煤灰新增加了密度、强度活性指数和硅铝铁氧化物总质量分数三个指标。粉煤灰中自身含有的活性硅铝铁氧化物是其作为掺合料活性的主要来源，新增加的硅铝铁氧化物总量指标有利于保证粉煤灰的活性；强度活性指数又是验证掺合料活性的重要物理性能试验指标。

(5)新标准明确提出，粉煤灰的放射性指标需符合 GB 6566 中建筑主体材料规定的要求，还增加放射性试验样品配比(粉煤灰与水泥按 1∶1混合)。

(6)新标准中要求对干法或半干法脱硫工艺时产生的粉煤灰需检测其半水亚硫酸钙含量，规定指标为不大于 3%。因此这种脱硫工艺使煤中的硫部分固化为半水亚硫酸钙，而半水亚硫酸钙会延长混凝土的凝结时间，造成混凝土强度下降、倒缩。

(7)新标准中除密度、半水亚硫酸钙、硅铝铁氧化物总量三个新增指标增加了试验方法外，对需水量比、活性指数试验也进行了修订。需水量比试验中，一方面使用对比水泥发生的变化，另一方面试验中的对比水泥胶砂流动度要求由 130～140mm 修改成 145～155mm。

3.4.3　其他掺合料

1. 磷矿渣

磷矿渣是用电炉法生产黄磷时所得到的一种工业废渣。用电炉法制取黄磷时所得到的以硅酸钙为主要成分的熔融物，经淬冷成粒，即为粒化电炉磷渣，简称磷渣。在用电炉法生产或制取黄磷时，通常每制取 1t 黄磷就能产生 8～10t 磷渣。磷矿渣作为大体积混凝土掺合料使用，不仅可以解决磷矿渣的堆放占用大量土地的问题，而且能解决因磷矿渣中有一定量的磷与氟所造成的环境污染问题。

磷矿渣的化学成分主要为 CaO、SiO_2、P_{20}、MgO、A_2O_3、SO_3 等。其中 CaO、SiO_2、Al_2O_3 为活性物质，与水泥水化产物产生二次水化反应。从而提高混凝土的后期强度。

有的磷矿渣产品经球磨以后细度较细，烧失量低，活性较好。其品质可达到Ⅱ级粉煤灰的品质要求。使用磷矿渣应注意，磷矿渣烘干、球磨成本略高。

2. 锰硅渣

锰硅渣是铁合金厂冶炼锰钢生铁时排放的一种含锰量较高的矿渣。其结构疏松，外观常为浅绿色的颗粒。锰硅渣由一些形状不规则的多孔非晶质颗粒组成，粒径主要集中在 250μm 以上，其化学成分主要是 SiO_2、CaO、Al_2O_3、MnO 等。我国锰矿资源丰富，但我国锰矿石的平均品位较低，全国 93.6%的锰矿资源属于贫锰矿。随之带来的就是冶炼后的大量锰渣废弃物的排放，不仅占用大量的土地，而且给环境带来严重的污染。锰矿渣在大体积混凝土中的应用，开辟了锰矿渣变废为宝的途径。例如，马岩洞水电站在部分混凝土部位上应用了锰硅渣与粉煤灰混掺技术。

粉煤灰作为掺合料在水工混凝土中始终占主导地位，粉煤灰在碾压混凝土中的应用研究是成熟的，粉煤灰不但掺量大、应用广泛，其性能也是掺合料中最优的。我国具有丰富的粉煤灰资源优势，但由于地域广阔，粉煤灰资源的分布极不平衡。

例如，云南的大朝山、景洪、居浦渡、戈兰滩等碾压混凝土坝工程，由于所需粉煤灰距离产地很远，使用很不经济。加之近年来水电站工程项目集中开工建设，导致粉煤灰货源紧缺。因此，各个工程充分利用当地条件，本着就地取材的原则，掺合料的用法呈多样性的方向发展，研制多种掺合料及复合掺合料，工程应用效果良好。例如，大朝山工程利用磷矿渣(P)与当地的凝灰岩(T)混合磨制成新型掺合料(PT掺合料，各50%的掺量)，其性能、掺量均与Ⅱ级粉煤灰相近，使用效果也相似。景洪、戈兰滩、居甫度、土卡河等工程采用锰铁矿渣＋石灰岩粉各50%的复合掺合料，简称SL掺合料。腊寨等工程采用火山灰作为掺合料，磷矿渣与凝灰岩(PT)、铁矿渣与石灰岩(SL)、粉煤灰与磷矿渣(FP)混合磨制而成的以及火山灰单独磨制而成的掺合料。马岩洞工程使用锰硅与粉煤灰各50%符合掺量。龙江水利枢纽利用腾冲火山灰为掺合料。漫湾利用凝灰岩石粉和磷矿渣混掺替代粉煤灰。官地电站利用大理岩石粉替代部分粉煤灰。

3.4.4 石粉

1. 概述

粉煤灰在水电工程中得到广泛应用。但是对于地处偏远、交通不便，附近没有火电厂、当地粉煤灰资源匮乏的工程，远距离采购、运输粉煤灰的经济性较差。或者当施工高峰期粉煤灰供应不足时，坝址附近的岩石经过加工而成的石粉就成了理想的材料。

石粉主要指石灰岩、凝灰岩、花岗岩、板岩或其他原岩经机械加工后的粉磨成小于0.08mm的微细颗粒。石粉形貌与水泥颗粒相似，为形状不规则的多棱体，掺入混凝土中，可改善细粉料的颗粒级配，有填充效应并可提高浆体之间的机械咬合力。由于碾压混凝土中胶凝材料和水的用量较少，当人工砂中含有适量的石粉时，因其与掺合料的细度基本相当，石粉在砂浆中能够替代部分掺合料，与胶凝材料一起起到填充空隙和包裹砂粒表面的作用，即相当于增加了胶凝材料浆体。石粉最大的贡献是提高了碾压混凝土浆砂的体积比，可以显著改善灰浆量较少的碾压混凝土拌和物的工作性能，增进混凝土的匀质性、密实性和抗渗性，提高混凝土的强度及断裂韧性，减少胶凝材料用量，降低绝热温升。同时，提高砂中的石粉含量，在制砂工艺中可以增加人工砂的产量，降低成本，提高技术经济效益。

采用细度合适、无碱活性的岩石磨制的石粉部分或全部取代混凝土中的粉煤灰，可以使混凝土的性能不低于掺粉煤灰的混凝土，甚至有些性能比掺加粉煤灰的混凝土性能更优，其中以石灰岩石粉为最优。而且，石粉的加工处理价格明显低于外购粉煤灰的价格，可大大降低工程造价。室内试验和工程实践表明，石灰石粉用作碾压混凝土掺合料时基本上不增加碾压混凝土的用水量，能达到良好的和易性及可碾性。科学合理地提高、选择碾压混凝土中的石粉含量，是有效改善碾压混凝土质量的重用措施之一。

石粉作为掺合料在碾压混凝土中的作用越来越受到人们的重视，现在，石粉已成为碾压混凝土材料不可缺少的组成部分，人工砂中石粉含量的高低直接影响碾压混凝土拌和物的性能。在碾压混凝土筑坝材料中，对石粉的使用主要有两个方面：一是采用石粉取代部分细骨料；二是将石粉直接作为掺合料使用。针对前者进行的研究目前较多。在我国，很多水电工程均采用石粉取代部分细骨料，取得了良好的效果。石粉在一定掺量范围内起到了填充密实和微集料效应的作用，能明显改善新拌混凝土的和易性，而对混凝土的凝结时间没有影响，可提高混凝土的强度和抗渗性能，还可减少水泥用量，从温控角度考虑，可以降低混凝土 3～5℃的绝热温升。通过大量的工程实例，例如普定、汾河二库、江垭、大朝山、棉花滩、蔺河口、沙牌、百色、索风营、龙滩、光照、金安桥等碾压混凝土坝，施工实践证明，当石粉含量达到 18%左右时，碾压混凝土拌和物性能得到明显改善。

近年来，人工砂采用干法生产、半干半湿法生产，有利于提高人工砂石粉含量和产量。但干法生产的粉尘易对环境造成污染。目前，人工砂干法制砂，采取绿色环保的措施进行生产，即半干半湿法已成功运用到干法生产中。干法制砂采用大型封闭车间进行生产，解决了污染问题。例如，索风营半干半湿绿色环保法、观音岩大型封闭车间干法生产等都成功地解决了干法生产的粉尘污染难题。

碾压混凝土灰浆含量远低于常态混凝土，为保证其可碾性、液化泛浆、层间结合、密实性及其他一系列性能，提高砂中的石粉含量是非常有效的措施。最新修订的《水工碾压混凝土施工规范》(DL/T 5112—2009)规定，人工砂石粉($d\leqslant 0.16$mm 颗粒)含量宜控制在 12%～22%，最佳石粉含量应通过试验确定。近年来，大中型工程招标文件中对碾压混凝土坝人工砂石粉含量一般规定为 15%～22%。研究结果表明，石粉含量可以进一步提高到 22%，甚至可以突破 22%的上限限制(需严格试验)。石粉中特别是小于 0.08mm 的微石粉在碾压混凝土中的作用十分显著，工程实践证明，小于 0.08mm 的微石粉已成为碾压混凝土掺合料的重要组成部分。

碾压混凝土用砂最重要的控制指标是石粉含量，这是碾压混凝土与常态混凝土在人工砂控制指标上的最大区别。人工砂石料中石粉的含量和粒径分布与人工砂石料的生产设备、生产工艺和岩石种类有关。目前，大多数工程采用的骨料主要岩石种类有石灰岩、花岗岩、辉绿岩、白云质灰岩、玄武岩、砂质板岩等。不同种类的岩石生产的人工砂石粉含量也是不同的，同时它们的化学成分也各不相同。研究结果表明，石粉不完全是一种惰性材料，掺入混凝土中可改善细粉料的颗粒级配，有填充效应；掺入一定量石粉后，在复合胶凝材料早期能够加速水泥的水化反应。当石粉粒径小于 0.045mm 时，石粉的活性可以较明显地表现出来，石粉粒径越小，其活性越高。石粉在碾压混凝土中，可部分替代粉煤灰作为掺合料，对碾压混凝土的VC值影响不大，而抗压强度、劈拉强度和抗渗性能均能得到保证，其性能是可以满足碾压混凝土的力学性能、耐久性等要求的。虽然石粉具有较多优点，但也存在一定的缺陷。研究表明，石粉取代粉煤灰后会增加混凝土的干缩值和自生体积变形收缩值，降低了混凝土的抗裂性能，且混凝土耐久性要略差于掺粉煤灰混凝土的耐久性。因此，石粉并不能全部替代粉煤灰作为掺合料使用，宜部分替代粉煤灰，与粉煤灰混掺使用。例如，漫湾水电站采用凝灰岩粉+粉煤灰的复合掺合料。景洪水电站采用了石灰石粉+磨细矿渣复合掺合料的方案。取出的碾压混凝土芯样长14.13m，混凝土芯样表面光滑、密实、无气孔。大朝山水电站采用凝灰岩粉+磷矿渣复合掺合料的方案（PT掺合料），也取得了很好的效果。

虽然有的石粉也具有一定的活性，参与了胶凝材料的水化反应，但是其活性是很低的。石粉活性与粉煤灰、铁矿渣、磷矿渣、火山灰等活性掺合材料相对比其火山灰活性效应作用不大，但是，石粉能发挥微集料作用，具有填充密实的作用，增加了胶凝材料的体积。因此，石粉最大的贡献是提高了碾压混凝土浆砂体积比，明显改善了碾压混凝土可碾性和层间结合质量。例如，百色水利枢纽碾压混凝土主坝工程采用辉绿岩骨料，受生产工艺、生产设备和岩石种类的影响，人工砂石粉含量大，占20%～24%，其中小于0.08 mm的微石粉占石粉的40%～60%。江垭大坝混凝土骨料生产采用意大利碎石机，石质为灰质白云岩、灰岩及白云质灰岩，所生产的人工砂中石粉含量约占人工砂的18.9%，其中小于0.075mm的微粒约占13.9%。索风营水电站工程采用PL－8500立轴式破碎机生产骨料，骨料为石灰岩，石粉含量为17%～21.8%，平均含量为18.3%，小于0.08mm的石粉含量为11.6%～14.4%，平均含量为12.8%。

应当注意的是，人工砂石粉颗粒十分细小，由于静电作用，按照试验规程采用烘干法检测的石粉含量偏低，所以人工砂采用水洗法检测的石粉含量与烘干法检测的结果存在较大的差异。人工砂石粉含量采用水洗法检测切合工程实际，目前已为大量工程所采用。例如，百色工程碾压混凝土施工中，通过对辉绿岩人工砂检测结果统计分析，辉绿岩人工砂按照《水工混凝土砂石骨料试验规程》（DL/T 5151—2014）检测，即采用干法筛析检测，石粉含量在16%～20%，细度模数FM＝2.7～3.0。辉绿岩人工砂采用水洗法湿筛检测，即将烘干称量好的500g辉绿岩人工砂先采用0.16mm筛在水中筛析，然后再烘干检测，所得石粉含量在20%～24%，细度模数FM＝2.7～2.9，而且粗细颗粒两极分化，级配不在颗粒级配曲线范围内，石粉含量超标，人工砂级配不连续，石粉含量超过标准。施工证明，高石粉含量的辉绿岩人工砂拌制的碾压混凝土易于泛浆、可碾性好，大坝碾压混凝土钻孔芯样表明，碾压混凝土层间结合十分致密，质量优良。从人工砂石粉检测方法、颗粒级配以及高石粉含量在碾压混凝土中的作用，制定符合碾压混凝土用的人工砂检测标准，对人工砂石粉含量采用烘干法或水洗法检测，应进行进一步的深化研究和论证。

由于石灰岩是水泥生产的重要原材料，故石灰岩石粉作为水泥的掺合料，其性能与水泥二次反应效果良好。一般应优先选用石灰岩石粉。

2. 石粉含量与浆砂比 PV 值

浆砂比 PV 值是碾压混凝土配合比设计极为重要的参数之一，具有与水胶比、砂率、用水量同等重要的作用。早期碾压混凝土配合比设计的特征值主要参考国外经验，一般采用 α、β 和 PV 特征值。α 是灰浆填充系数，一般取 1.1～1.3，反映水、水泥、掺合料三者填充砂空隙的情况。β 是砂浆填充系数，一般取 1.3～1.5，反映水、水泥、掺合料、砂四者填充粗骨料空隙的情况（α、β 值计算复杂，变幅范围大，不易精确控制）。浆砂比 PV 值是灰浆（水＋胶凝材料＋0.08mm 微石粉）体积与砂浆体积的比值，一般不宜低于 0.42。

随着人们对石粉含量的研究和深化认识，碾压混凝土配合比设计中对浆砂比 PV 值越来越重视。根据近年来全断面碾压混凝土筑坝实践经验可知，当人工砂石粉含量控制在 18%左右时，一般浆砂比 PV 值不会低于 0.42。由此可见，浆砂比 PV 值从直观上体现了碾压混凝土材料之间的一种比例关系，是评价碾压混凝土拌和物的可碾性、液化泛浆、层间结合、抗骨料分离等施工性能的重要指标。

石粉含量对碾压混凝土浆砂比 PV 值影响很大，碾压混凝土浆砂比 PV 值的大小直接关系到碾压混凝土的层间结合、防渗性能和整体性能，一般浆砂比 PV 值不宜低于 0.42。当碾压混凝土采用天然砂或人工砂石粉含量偏低时，以及低等级贫水泥用量的碾压混凝土时，可通过提高人工砂石粉含量或提高掺合料掺量的途径，达到提高碾压混凝土浆砂比 PV 值、改善拌和物性能的目的。下面对几个工程石粉含量与浆砂比 PV 值关系影响情况进行分析：

(1) 大朝山水电站工程采用玄武岩人工砂石骨料。根据专家咨询意见并通过试验论证，$d \leqslant 0.15$mm（旧标准）石粉含量必须达到 15%以上，$d \leqslant 0.08$mm 石粉含量必须达到 8%以上。前期石粉含量偏低，后期生产系统增加石粉回收设施，取得了较好的成效，石粉含量显著提高。对个别未达到设定值石粉含量指标且低于 7%时，采用 PT（磷矿渣与凝灰岩混磨）掺合料进行替代。经计算，浆砂比 PV 值提高到 0.43，保证了 PT 掺合料碾压混凝土拌和物具有良好的工作性能。

(2) 棉花滩水电站工程采用粗粒黑云母花岗岩骨料，人工砂石骨料采用全干法生产，系统的主要破碎设备采用瑞典斯维达拉公司设备，该系统具有产量高、骨料粒形好、石粉含量高、省水等优点。由于采用干法生产，避免了砂中大量的石粉流失，砂中石粉平均在 17%以上，微细颗粒（不大于 0.08mm）占石粉的 30%左右。经计算，浆砂比 PV 值在 0.42～0.45。

(3) 蔺河口水电站工程采用石灰岩人工砂石骨料，在砂石骨料生产系统运行初期，经螺旋洗砂机水洗的小于 20mm 的骨料直接进入巴马克进行石打石干式制砂，造成石粉包裹，干砂中石粉含量波动较大，且影响制砂产量。经组织专题技术研究，首先对水洗的小于 20mm 的骨料在料堆脱水后再进入巴马克，经过上述工艺调整，解决了生产过程中石粉包裹的问题，石粉含量基本控制在 15%～22% ，经计算，Ⅱ级配、Ⅲ级配碾压混凝土浆砂比 PV 值在 0.44～0.45。由于配合比设计确定了合理的胶材用量，采用了富含石粉的细骨料。人工砂石粉含量高，高掺粉煤灰胶凝材料体积较大，蔺河口拱坝碾压混凝土拌和物的可碾性、液化泛浆、层间结合、抗骨料分离等工作性能良好。

(4)光照水电站碾压混凝土重力坝为 200.5m 的世界级高坝，碾压混凝土采用石灰岩人工砂石骨料，由于人工砂采用湿法生产，致使宝贵的 0.08mm 以下的微石粉大量随水流失。由于工期紧张，2005 年 8 月下旬在进行碾压混凝土工艺试验时，采用了常态混凝土用砂，人工砂石粉含量仅为 7%～13%。在进行第一次碾压混凝土工艺试验时，采用碾压混凝土配比为：大坝防渗区Ⅱ级配 C_{90}25F100W10，水胶比为 0.45，水为 86kg/m^3，粉煤灰为 45%；大坝内部Ⅲ级配 C_{90}20F100W10，水胶比为 0.48，水为 77kg/m^3，粉煤灰为 50%，骨料级配为小石∶中石∶大石＝30∶35∶35。由于采用了常态混凝土用砂，配合比设计很不合理，且人工砂石粉含量低，经计算，碾压混凝土浆砂比 PV 值仅为 0.35。同时人工砂含水率大大超过 6%的控制指标。因此，第一次现场工艺试验的碾压混凝土拌和物严重泌水、骨料分离，可碾性、层间结合很差。第一次碾压混凝土 90d 龄期时进行钻孔取芯，芯样蜂窝麻面，层间热缝结合部位断层明显。

2005 年 12 月中旬又进行了第二次碾压混凝土工艺试验。试验之前，对第一次碾压混凝土工艺存在的问题进行了认真分析。首先对碾压混凝土配合比进行了调整，在保持原有配合比、水胶比不变的条件下，大坝防渗区和内部碾压混凝土粉煤灰掺量分别提高到 50%和 55%，针对采用常态混凝土用砂石粉偏低的情况，采用粉煤灰代砂 4%的方案，骨料级配调整为小石∶中石∶大石＝30∶40∶30。调整后的Ⅱ级配、Ⅲ级配实际用水量分别为 96kg/m^3 和 86kg/m^3，VC 值控制在 3～5s，并严格把砂的含水率控制在 6% 以内。这样，碾压混凝土的浆砂比 PV 值从原来的 0.35 提高到 0.44。第二次碾压混凝土工艺试验十分成功，仓面碾压混凝土液化泛浆充分，可碾性、层间结合良好。碾压混凝土 10d 龄期即进行了钻孔取芯，碾压混凝土芯样表面光滑致密，层间结合无法辨认，得到咨询专家的一致好评与认可，保证了光照大坝碾压混凝土于 2006 年 2 月按期施工浇筑。

国内外大量碾压混凝土筑坝技术实践证明，碾压混凝土强度几乎全部超过设计的配制强度，且富余量较大，这样提高了混凝土弹性模量，对抗裂是不利的。碾压混凝土质量控制最为重要的是拌和物工作性能，这些性能都与碾压混凝土浆砂比 PV 值大小直接有关。所以，在配合比设计中必须对浆砂比 PV 值高度关注。

3.石粉含量对碾压混凝土性能的影响

(1)石粉含量对用水量、含气量及凝结时间的影响。碾压混凝土随着石粉含量的提高，其工作性、液化泛浆、层间结合和硬化混凝土性能作用显著。但高石粉含量也有不利的一面。碾压混凝土单位用水量随着石粉含量的增加也相应增加，一般石粉每增加 1%，单位用水量相应增加约 2kg/m³。另外，石粉含量对新拌碾压混凝土含气量影响极大，一般随着石粉含量的增加，碾压混凝土的含气量明显下降。所以，高石粉含量的碾压混凝土引气要比常态混凝土困难得多，因此，碾压混凝土引气剂的掺量往往是常态混凝土的数倍。

不同石粉含量碾压混凝土凝结时间试验表明，在高效缓凝减水剂 ZB－1RCC15 掺量为 0.8%时，石粉含量从 24%降低至 16%，碾压混凝土在自然温度为 21～31℃，初凝时间从 3.55h 延长至 6.12h。说明石粉含量从 24%降低至 16%，初凝时间相应延长约 2h，即石粉含量每降低 1%，初凝时间延长约 15min。因此，提高石粉含量将缩短碾压混凝土的凝结时间。

(2)石粉取代部分粉煤灰对碾压混凝土性能影响。试验研究表明，保持水泥用量不变，采用石粉取代部分粉煤灰，在一定的范围内对碾压混凝土工作性的影响很小。百色工程实践表明，当采用辉绿岩石粉取代 20～40kg/m³ 的粉煤灰时，对硬化混凝土性能影响不大，但辉绿岩石粉取代量超过 40kg/m³ 的粉煤灰时，碾压混凝土强度等性能明显下降，这说明石粉取代粉煤灰量过大对混凝土性能是不利的。

(3)石粉含量对硬化碾压混凝土性能的影响。碾压混凝土石粉含量的提高和采用小的 VC 值，可以明显提高碾压混凝土的密实性，掺入适量石粉有利于提高碾压混凝土的强度及抗渗性能，特别是对提高抗冻性能、极限拉伸值和降低弹性模量效果明显。

不同石粉含量(14%、16%、18%、20%、22%、24%)碾压混凝土强度性能影响试验结果见表 3-14。

表 3-14　不同石粉含量碾压混凝土强度试验结果(高效缓凝减水剂 ZB－1RCC15 掺量 0.8%)

石粉含量(%)	用水量(kg/m³)	抗压强度(MPa)				劈拉强度(MPa)		极限拉伸值(×10⁻⁶)		抗压弹性模量(GPa)	
		7d	28d	90d	180d	28d	180d	28d	180d	28d	180d
24	103	3.9	9.8	20.2	27.2	0.67	2.31	48	82	12.8	36.7
22	100	4.5	10.0	21.4	29.3	0.73	2.39	53	91	11.9	38.4
20	97	5.3	10.3	22.4	30.2	0.69	2.45	60	94	21.8	40.2
18	94	6.1	11.0	24.0	30.4	0.87	2.40	67	97	24.1	44.7
16	91	6.7	11.5	24.6	30.4	0.88	2.48	71	96	23.7	46.2
14	88	5.9	10.9	23.6	29.8	0.80	2.38	72	88	24.1	45.1

试验结果表明，在高效缓凝减水剂 ZB－1RCC15 掺量为 0.8%的条件下：

(1)石粉含量从 24%降低至 16%时，7d 抗压强度从 3.9MPa 提高到 6.7MPa，28d 抗压强度从 9.8MPa 提高到 11.5MPa，90d 抗压强度从 20.2MPa 提高到

24.6MPa，180d抗压强度从27.2MPa提高到30.4MPa。当石粉含量降至14%时，强度也开始呈下降趋势。石粉含量在16%～22%时，碾压混凝土强度较优。

(2)不同石粉含量对碾压混凝土劈拉强度影响不大。

(3)随着石粉含量的降低，碾压混凝土用水量也有规律地相应降低。

试验成果显示，随着石粉含量的增加，混凝土各龄期的干缩值增加，其干缩值随龄期延长也逐步增大，这说明过高的石粉含量对碾压混凝土干缩是不利的。

(4)粗骨料表面包裹石粉对碾压混凝土强度的影响。棉花滩、戈兰滩等大坝碾压混凝土，针对粗骨料表面包裹石粉的情况，研究了包裹在粗骨料表面的石粉对碾压混凝土强度的影响。试验结果表明，包裹在粗骨料表面的石粉会降低碾压混凝土的抗压强度、劈拉强度和轴拉强度，特别是劈拉强度降低幅度较大。随着龄期的增长，包裹在粗骨料表面的石粉对碾压混凝土的抗压强度的影响有所减弱，这是由于包裹在粗骨料表面的石粉造成拌和浆体与组骨料表面之间黏结力下降（或机械咬合力下降)。随着龄期增长，胶凝材料进一步水化，新生成的C－S－H凝胶不断渗入粗骨料表面，改善了粗骨料与砂浆之间的界面结构，增强了砂浆与粗骨料的机械咬合力，因此对抗压强度的影响有所减弱。

因此，在拌和站对粗骨料进行二次筛分是十分有必要的。一些工程取消了二次筛分就会带来不利影响。

3.4.5 金安桥碾压混凝土外掺石粉代砂技术方案

1.前言

金安桥水电站工程五郎河料场为玄武岩和弱风化玄武岩。大坝、泄水、厂房等主体工程混凝土总量约528万m^3，所需砂石骨料约1 180万t，其中碎石730万t，碾压混凝土用砂230万t，常态混凝土用砂220万t。前期设计单位、有关科研单位以及施工单位在混凝土配合比试验中均发现，金安桥工程混凝土使用的玄武岩骨料密度大、表面粗糙、具有很强的吸附性。由于玄武岩骨料的这种特性，导致混凝土用水量急剧增加，新拌碾压混凝土拌和物工作性差。

金安桥工程地处云贵高原，具有典型的高原气候特点，昼夜温差大、光照强烈、气候干燥、蒸发量大，环境条件对碾压混凝土施工不利。

金安桥工程采用的玄武岩人工砂由于石粉含量低，不能满足施工要求。通过对玄武岩骨料碾压混凝土配合比试验研究，采用外掺石粉代砂＋提高外加剂掺量＋低VC值的技术路线，有效提高玄武岩骨料碾压混凝土液化泛浆及层间结合质量，改善了碾压混凝土拌和物的工作性能，保证了大坝碾压混凝土的快速施工。经比选，石粉采用水泥厂加工的石灰岩石粉，石灰岩石粉细度按Ⅱ级粉煤灰标准控制。石粉检测结果见表3-15。

表3-15 金安桥石灰岩石粉检验结果

石粉生产厂	细度(0.08mm筛余量)	烧失量	SiO_2	Al_2O_3	Fe_2O_3	CaO	MgO
永保水泥厂	13.2	41.84	0.42	0.08	未检出	55.82	0.38
六德水泥厂	13.0	42.34	3.25	1.6	未检出	50.14	1.97

2.碾压混凝土石粉含量选择

石粉含量的高低对碾压混凝土浆砂比影响很大，当人工砂石粉含量偏低时，可以通过外掺石粉代砂或粉煤灰代砂达到提高碾压混凝土浆砂体积比的目的。由于金安桥玄武岩人工砂石粉含量远低于设计指标15％～22％的要求，为了研究石粉代砂技术方案，试验了不同石粉含量对碾压混凝土性能的影响。试验条件：永保42.5中热水泥，Ⅱ级粉煤灰，石灰岩石粉，玄武岩骨料，人工砂FM＝2.78，石粉含量为11.8％。Ⅱ级配碾压混凝土试验，配合比：水胶比为0.50、粉煤灰为55％、砂率为37％，高效缓凝减水剂ZB－1RCC15掺量为1.0％，引气剂ZB—1G掺量为0.3％，含气量为3％～4.2％，VC值为3～5s。

结果表明，随着人工砂石粉含量的增加，用水量呈规律性的增加，当砂中石粉含量控制在18％～20％时，经计算碾压混凝土浆砂体积比达到0.44，碾压混凝土拌和物液化泛浆明显加快，VC值测试完成后的试体表面光滑、密实、浆体充足，有效改善拌和物的性能。由于密实性能得到了提高，混凝土强度也相应提高，但含气量从4.2％降低到3.0％。

3.石粉代砂碾压混凝土的质量

优良的配合比是保证碾压混凝土快速施工和施工质量的基础。金安桥大坝玄武岩骨料碾压混凝土配合比经过反复大量的试验研究以及现场生产性试验，针对玄武岩骨料碾压混凝土特性和人工砂石粉含量偏低的情况，采用外掺石粉代砂技术措施，控制砂中石粉含量在18％～19％。

金安桥大坝碾压混凝土石粉含量采用精确拌和，石粉代砂量和碾压混凝土的VC值实行动态控制，出机口VC值控制以仓面可碾性好为原则。白天控制出机口VC值在1～3s，仓面VC值按3～5s控制。夜晚控制出机口VC值为2～5s，出机按下限控制。碾压混凝土从拌和、运输、入仓、摊铺、碾压及喷雾保湿等全过程受控，采用外掺石粉代砂方案后，碾压混凝土浆体充足、可碾性良好、骨料抗分离性好、表面液化泛浆充分、有弹性，使上层骨料能够嵌入下层已碾压完的碾压混凝土中，保证了碾压混凝土层间结合的质量。大坝钻孔取芯获得率高，钻孔取芯获得了16.49m，是国内外当时第一的超长芯样，压水试验小于设计要求的1.0Lu和0.5Lu值，原位抗剪断参数表明，摩擦系数＞1.3，黏聚力＞1.6MPa，且匀质性良好。质量控制检测结果表明，金安桥大坝碾压混凝土采用外掺石粉代砂、低VC值的技术路线科学、合理，并取得了良好的技术经济效益。

3.4.6 新疆喀腊塑克碾压混凝土外掺石粉代砂技术

1.前言

新疆喀腊塑克水利枢纽工程距离乌鲁木齐市 528.5km。工程的主要任务是在保证和改善额尔齐斯河流域社会经济发展及生态环境用水的条件下，向乌鲁木齐供水，并兼顾发电和防洪。本工程水利枢纽由碾压混凝土重力坝、发电引水系统、电站厂房和副坝组成。碾压混凝土重力坝分溢流坝段和非溢流坝段。最大坝高 121.5m，最大水头 119.6m，混凝土总量 289.04 万 m^3，其中碾压混凝土 252.24 万 m^3，常态混凝土 36.8 万 m^3。

坝址处多年平均气温为 2.7℃，极端最高气温 40.1℃，极端最低气温－49.8℃，多年平均降水量 183.9mm，多年平均蒸发量 1 915.1mm，多年平均风速 1.8m/s，最大风速 25m/s，最大积雪深 75cm，最大冻土深 175cm。5～10 月平均水温为 13.1℃，最高水温为 25℃。

喀腊塑克工程地处新疆北部，具有典型的“冷、热、风、干”的复杂气候特点。设计针对恶劣的气候条件，对主坝不同的部位设计有 5 种不同强度等级的碾压混凝土，特别是大坝上游死水位以上及下游水位变化区外部碾压混凝土，其抗冻等级为 F300，是特级抗冻等级。主坝碾压混凝土细骨料为戈壁滩开采的天然砂，天然砂含泥量大，通过水洗后的天然砂小于 0.16mm 颗粒的石粉含量极少，导致碾压混凝土的工作性差，无法满足碾压混凝土全面液化泛浆、可碾性和层间结合质量的要求。因此，抗冻等级高和天然砂石粉含量极少是主坝碾压混凝土配合比设计的难点和关键。

按照前期科研单位提交已有的喀腊塑克工程碾压混凝土配合比试验成果，在此基础上进行了主坝碾压混凝土配合比试验的复核试验。

2.主坝碾压混凝土设计要求

喀腊塑克主坝碾压混凝土设计要求见表 3-16。坝址在高纬度地区，要求最高抗冻等级为 F300，在国内很少见，碾压混凝土强度保证率 $P=80\%$、表观密度不小于2 400kg/m^3，初凝时间为 12～17h。

表 3-16 喀腊塑克碾压混凝土设计指标表

部位	上游死水位以上及下游水位变化区	上游死水位以下外部混凝土	下游水位变化区以上外部混凝土	内部高程 650m 以上碾压混凝土	内部高程 650m 以下碾压混凝土
混凝土级配	Ⅱ	Ⅱ	Ⅲ	Ⅲ	Ⅲ
设计标号	R_{180}20W10F300	R_{180}20W10F100	R_{180}20W6F200	R_{180}15W4F50	R_{180}20W4F50
保证率系数	0.84	0.84	0.84	0.84	0.84

表 3-16(续)

部位	上游死水位以上及下游水位变化区	上游死水位以下外部混凝土	下游水位变化区以上外部混凝土	内部高程 650m 以上碾压混凝土	内部高程 650m 以下碾压混凝土
标准差 σ(MPa)	4.0	4.0	4.0	3.5	4.0
配制强度(MPa)	23.4	23.4	23.4	17.9	23.4
极限拉伸值($\times10^{-4}$)	>0.78	>0.78	>0.70		
VC 值(s)	5~8				
初凝时间(h)	12~17				

3. 原材料

采用天山 42.5 普通硅酸盐水泥，水泥的品质按《硅酸盐水泥、普通硅酸盐水泥》(GB 175—1999)进行检测。结果表明，水泥的各项物理检测指标均满足规范要求。

采用玛纳斯粉煤灰，其品质按《水工混凝土掺用粉煤灰技术规范》(DL/T 5055—1996)进行检测，结果表明，玛纳斯粉煤灰符合Ⅱ级灰标准。

细骨料为喀腊塑克戈壁滩天然水洗砂，粗骨料为料场开采的片麻花岗岩人工碎石。天然水洗砂品质按《水工混凝土砂石骨料试验规程》(DL/T 5151—2001)进行检测。检测结果表明，小于 0.16mm 的石粉含量仅为 1.6%。

粗骨料为片麻花岗岩人工碎石。检测成果表明，片麻花岗岩表观视密度为 2 700～2 720kg/m^3，饱和面干吸水率为 0.84%～1.4%，这说明片麻花岗岩吸水率较大。同时，人工碎石压碎指标较高，从骨料品质看，喀腊塑克片麻花岗岩属风化岩类，岩石强度一般为 45MPa 左右，在压碎指标和坚固性上存在一定波动，这对混凝土性能会产生一定影响。

试验采用 PMS－3 型缓凝高效减水剂、NF－1 型高效减水剂及 PMS－NEA3 型引气剂。检测结果表明，外加剂均满足《混凝土外加剂》(GB 8076—1997)标准要求。

石粉分为两种：天山水泥厂采用石屑加工磨制，粒径大于 0.08mm 的含量小于 10%。粒径在 0.16mm 以下的石粉由骨料生产系统洗筛后废水沉淀收集。两种石粉的颗粒分析结果见表 3-17。

表 3-17　石粉颗粒分析成果表

种类	>0.16mm 颗粒含量(%)	>0.08mm 颗粒含量(%)	>0.045mm 颗粒含量(%)	<0.045mm 颗粒含量(%)
磨制石粉	0.62	10.24	17.54	71.60
收集过筛石粉	0.00	30.04	32.16	37.80

4.石粉代砂碾压混凝土配合比试验

考虑到干燥、蒸发量大的气候条件，出机 VC 值按 1～3s 控制。由于耐久性抗冻等级指标要求很高，出机含气量按不同的抗冻等级进行设计，含气量 F50 为 3%～4%，F100 为 4%～5%，F200 为 4.5%～5.5%，F300 为 5%～6%。采用粒径小于 0.08mm 和 0.16mm 以下颗粒的两种石粉等量代替天然砂。

当水胶比小于等于 0.47，胶凝材料大于 200kg/m^3 时采用不掺石粉方案。当水胶比大于 0.50，胶凝材料小于 170kg/m^3 时采用粒径 0.08mm 以下石粉代砂方案及 0.16mm 以下石粉代砂方案。

5.碾压混凝土拌和物试验成果

(1)VC 值：出机 VC 值较小，15min、30min 检测结果符合设计要求。

(2)含气量：出机含气量大，15min 或 30min 检测时，结果符合设计要求。含气量 15min 内损失快，15min 之后损失速度较慢，测值趋于稳定。

(3)表观密度：碾压混凝土表观密度普遍偏低。分析认为主要是由水泥、粉煤灰、骨料等密度小和混凝土含气量高所造成的。试验结果表明，含气量每增加 1%，表观密度约降低 25kg/m^3。大坝内部碾压混凝土在 0.5～1h 后，含气量基本趋于较稳定的范围，混凝土表观密度可达到 2 400kg/m^3 以上的设计要求。

(4)采用 0.08mm 颗粒以下石粉等量代替 8%质量的天然砂，新拌碾压混凝土工作性较好，液化泛浆加快，石粉填充砂孔隙效果良好，碾压混凝土密实性能得到明显改善。

(5)采用 0.16mm 颗粒以下石粉等量代替为 12%、14%和 16%质量天然砂。结果表明：外掺代砂在 12%时，碾压混凝土可碾性和填充效果不理想。外掺代砂在 14%时，碾压混凝土可碾性和填充效果较好。外掺代砂在 16%时，碾压混凝土可碾性和填充效果良好。

6.碾压混凝土硬化后试验结果

(1)混凝土强度：90d 主坝碾压混凝土强度已满足设计等级，根据推算，各配合比强度性能指标均能满足相应等级要求，并且有较大的富余量。

(2)轴心抗拉强度：由于碾压混凝土掺较高的粉煤灰，90d 主坝碾压混凝土轴心抗拉强度整体较低，为 1.8～2.3MPa，与劈裂抗拉强度相近。

(3)极限拉伸值：90d 主坝碾压混凝土极限拉伸值在 70×10^{-6}～85×10^{-6}，满足设计要求。

(4)轴心抗压强度：90d 主坝碾压混凝土轴心抗压强度在 15～30MPa，低于立方体抗压强度，但均满足设计强度。

(5)静力抗压弹模：90d 主坝碾压混凝土静力抗压弹性模量在 27～37GPa，较为适中。

(6)抗冻性能:碾压混凝土含气量严格控制在设计的范围内,控制 F300 出机含气量不大于 7.5%,现场不小于 5.0%。F200 出机含气量不大于 7.0%,现场不小于 4.0%。抗冻性能完全满足设计要求。

7.小结

喀腊塑克碾压混凝土在细骨料天然砂中采用外掺石粉代砂技术方案。配合比试验结果表明,石粉代砂后的碾压混凝土工作性、可碾性和施工性能明显得到改善,硬化混凝土性能满足设计要求。喀腊塑克水利枢纽工程主坝碾压混凝土推荐施工配合比见表 4-2、表 4-3。

喀腊塑克碾压混凝土实际施工中采用外掺石粉代砂 29kg/m³,VC 值出机按 1～3s控制,含气量严格按照设计要求的范围进行控制。硬化碾压混凝土的抗冻性能检测结果表明:拆模后的混凝土试件外观气泡微小、分布均匀。硬化后的混凝土内部结构致密、孔隙分布均匀,气泡直径和气泡间距相对较小,有效提高了 F300 高抗冻等级的碾压混凝土抗冻性能。大坝钻孔取芯检测,芯样获得率高,其中取出了大于 16m 超长芯样两根,芯样外观光滑致密,层间结合良好,充分反映了在石粉含量极少的天然砂中,合理采用石粉代砂的技术方案是完成可行的。

3.5　外加剂

混凝土外加剂是指在拌制混凝土过程中掺入用以改善混凝土性能的物质。其掺量一般不大于胶凝材料总量的 5%(特殊情况除外)。外加剂是配制高品质碾压混凝土不可缺少的重要材料,外加剂已成为除水泥、骨料、掺合料和水以外的第五种必备材料。掺用外加剂是改善碾压混凝土性能的必要手段,掺外加剂是改善混凝土配合比优化设计的一项重要技术措施。外加剂的使用加速了碾压混凝土施工中新工艺的实现。根据碾压混凝土的设计指标、工程特点和施工季节等要求,掺入混凝土外加剂不但可以改善碾压混凝土的性能、便于施工,还能节约工程费用。因此,外加剂技术已成为碾压混凝土快速筑坝发展的关键。针对具体工程原材料实际情况,有时还需要大幅提高外加剂掺量才能满足碾压混凝土的施工要求。

根据国家标准《混凝土外加剂定义、分类、命名与术语》(GB/T 8075—2005)的分类,混凝土外加剂按其主要使用功能分为 4 类:

(1)改善混凝土拌和物流变性能的外加剂,包括各种减水剂和泵送剂等。

(2)调节混凝土凝结时间、硬化性能的外加剂,包括缓凝剂、促凝剂和速凝剂。

(3)改善混凝土耐久性的外加剂,包括引气剂、防水剂、阻锈剂和矿物外加剂。

(4)改善混凝土其他性能的外加剂,包括膨胀剂、防冻剂、着色剂等。

该规范同时对普通减水剂、早强剂、缓凝剂、促凝剂、引气剂、高效减水剂、缓凝高效减水剂等27种外加剂进行了命名。

《混凝土外加剂》(GB 8076—2008)标准对外加剂的性能指标做了规定,必须分别满足掺外加剂后的受检混凝土性能指标和均匀性指标。

近年来,碾压混凝土主要采用两种外加剂复合使用,即缓凝高效减水剂+引气剂,既满足了碾压混凝土大仓面摊铺、高强度施工、连续上升的缓凝等要求,又达到了减水和提高耐久性的目的。由于碾压混凝土采用全断面筑坝技术,对外加剂的性能要求越来越高,要求外加剂与水泥具有良好的相容性,容易配制,不产生沉淀,匀质性好。同时,要求其具有高减水、高缓凝的性能,且含气量稳定。

3.5.1 外加剂在水工混凝土中的作用

在混凝土中掺入适量的外加剂,能提高混凝土的质量,改善混凝土的性能,减少其用水量,节约水泥,降低成本,加快施工进度。在水工混凝土中,掺外加剂是混凝土配合比优化设计的一项重要措施。用于碾压混凝土的外加剂需具备如下功能:①高效减水及增强效应;②缓凝功能;③提高混凝土的可碾压性;④使水泥水化速度减慢,使水化热缓慢释放,抑制早期水化温升,推迟水化热峰值;⑤提高混凝土的耐久性。

外加剂是改善混凝土性能的最主要的技术措施,目前混凝土外加剂品类繁多,可以改善混凝土多种性能,满足施工生产、质量性能等各种要求。其中最为常用的是混凝土减水剂和引气剂。混凝土减水剂的发展过程可分为三个阶段。第一代,以木钙、糖蜜、糖钙为主的普通减水剂,成本低廉但减水率低,目前仍作为萘系外加剂复合的主要原料使用。第二代,以ZB、JM等一批萘系高效减水剂为代表,其良好的性能取代了第一代减水剂。第三代,以聚羧酸类、丙烯酸接枝共聚物等多种高分子减水剂为代表,具备突出的高减水、高保塑、高增强性能,在高性能自密实混凝土中应用效果显著。

目前,我国外加剂生产厂家众多,一个工程使用什么样的外加剂应根据工程设计和施工技术要求在工程开工之初进行优选,并根据该工程使用的水泥、掺合料、砂石骨料等原材料进行严格的适应性试验论证确定。为了方便管理,一般大中型工程优选出1~2种同类外加剂为宜,一般情况下,在工程施工中不要随便更换外加剂的品种。相对于其他原材料而言,外加剂掺量虽然较少,但对混凝土质量至关重要,因此其掺量经试验论证确定之后,应严格控制。外加剂质量及其稳定性应按有关标准在出厂和使用过程中进行严格检验,外加剂的运输和储存也要按相关标准规定严格执行。

目前大体积水工混凝土外加剂主要采用高效减水剂。高效减水剂对水泥有强烈分散作用，可大幅度地提高水泥拌和物的流动度，在混凝土坍落度相同时，能大幅降低用水量，并显著提高混凝土各龄期的强度，进而降低胶凝材料用量，节约成本。由于水泥硬化所需水量一般仅为水泥或胶凝材料质量的 20%左右，混凝土拌和水中其余水量在蒸发散失过程中极易形成连通的毛细孔道，造成混凝土缺陷。采用减水剂降低拌和用水能改善混凝土的微观结构，还能显著提高强度、抗渗、抗冻、抗裂等多种性能。

近年来，水利水电工程不论是常态混凝土还是碾压混凝土，设计对其耐久性均提出了更高的要求。抗冻等级是耐久性极为重要的指标，不论是寒冷地区或南方温和炎热地区，还是大坝外部、内部，混凝土均设计有抗冻等级。碾压混凝土施工具有铺筑仓面大、浇筑强度高、层间结合以及温控要求严等特点。为了适应碾压混凝土施工特点，改善碾压混凝土拌和物的性能，降低单位用水量，减少水泥用量和降低水化热温升，提高抗裂性及耐久性，碾压混凝土中必须掺用外加剂。目前碾压混凝土主要使用缓凝高效减水剂和引气剂，这两种外加剂复合使用时，要求其具有较高的减水率和缓凝效果，且保持一定的含气量，使碾压混凝土拌和物满足施工要求的可碾性、液化泛浆、层间结合和耐久性等质量要求。为此，大型工程对外加剂的减水率提出了具体的指标要求。

碾压混凝土采用全断面筑坝技术以来，随着对水工混凝土质量要求的提高，对减水剂的减水率等质量要求也越来越高。例如，二滩、三峡等大型水利水电工程大量应用的萘系高效减水剂，其减水率要求大于 18%。百色、金安桥工程针对碾压混凝土采用辉绿岩、玄武岩硬质骨料的特性，导致混凝土单位用水量高、凝结时间短、液化泛浆差等施工难题，需要大幅度减少混凝土单位用水量，特别是用水量居高不下时，不但要提高缓凝高效减水剂的减水率，还采用提高外加剂掺量的技术，使辉绿岩、玄武岩骨料碾压混凝土性能和施工性能得到明显改善。

3.5.2　碾压混凝土使用的外加剂简介

水工混凝土常用的外加剂品种有引气剂、普通减水剂、早强减水剂、缓凝减水剂、引气减水剂、高效减水剂、缓凝高效减水剂、缓凝剂和高温缓凝剂等 9 种。

针对碾压混凝土性能及快速施工的特点，碾压混凝土常用的外加剂主要有高效减水剂、缓凝剂、缓凝高效减水剂及引气剂等 4 种。根据《水工混凝土外加剂技术规程》(DL/T 5100—1999)、《混凝土外加剂》(GB 8076—2008)有关规定和要求。碾压混凝土掺用 4 种外加剂的性能要求见表 3-18。

表 3-18 混凝土掺用常用外加剂的要求

		高效减水剂	缓凝剂	缓凝高效减水剂	引气剂
减水率(%)		≥15		≥15	≥6
含气量(%)		＜3.0	＜2.5	＜3.0	4.5～5.5
泌水率比(%)		≤95	≤100	≤100	≤70
凝结时间(min)	初凝	−60～+90	210～480	−120～+240	−90～+120
	终凝	−60～+90	210～720	−120～+240	−90～+120
抗压强度比(%)	3d	≥130	≥90	≥125	≥90
	7d	≥125	≥95	≥125	≥90
	28d	≥120	≥105	≥120	≥85
28d 收缩率比(%)		＜125	＜125	＜125	＜125
抗冻标号		≥50		≥50	≥200
对钢筋及埋件锈蚀作用		应说明对钢筋有无锈蚀作用			
热学性能的影响		用于大体积混凝土时，应说明对 7d 水化热或 7d 混凝土绝热温升的影响			

(1)高效减水剂：能在混凝土坍落度基本不变的情况下使拌和用水量减少15%以上的外加剂。

减水剂又称塑化剂或分散剂。拌和混凝土时加入适量的减水剂，可使水泥颗粒分散均匀。混凝土的用水量包括两部分，一部分用于水泥的水化反应，此部分约为水泥重量的25%。另一部分是为满足混凝土施工工作性能的自由水，此部分不参与水泥的水化反应，在混凝土浇筑后会逐渐挥发而在混凝土中形成孔洞。与水泥适应性良好的减水剂掺入后在水泥与水界面上产生定向排列，其憎水基团与水泥粒子结合，亲水基团与水分子键合，起到润滑、分散、减少摩擦等作用，从而能明显减少混凝土用水量。减水剂的作用是在保持混凝土配合比不变的情况下改善其工作性，或在保持工作性不变的情况下减少用水量，提高混凝土强度，亦或在保持强度不变时减少水泥用量，节约水泥，降低成本。同时，加入减水剂后混凝土更为均匀密实，改善了混凝土一系列物理化学性能。例如，抗渗性、抗冻性、抗侵蚀性等，提高了混凝土的耐久性，对改善碾压混凝土的凝结时间、液化泛浆、可碾性、层间结合及提高抗冻性能等作用显著。

由于碾压混凝土筑坝理念的改变，碾压混凝土采用全断面筑坝技术以来，彻底改变了碾压混凝土的性能。以往碾压混凝土使用的减水剂要求不高，随着对碾压混凝土质量要求的提高，对减水剂的质量要求也越来越高。例如，百色、金安桥工程使用辉绿岩、玄武岩人工骨料，导致碾压混凝土用水量大、凝结时间短，需要大幅度减少混凝土单位用水量，特别是用水量居高不下时，要求使用的萘系高效减水剂而且提高掺量，使其减水率要求大于 18%。

(2)缓凝剂：能延长混凝土凝结时间的外加剂。缓凝剂掺入后与水泥水化产物发生吸附作用，从而能使混凝土浆体水化速度减慢，延缓了水化速度和混凝土凝结硬化时间，使混凝土保持较长时间的塑性，便于施工，延长水化放热过程，也有利于大体积混凝土温度控制。缓凝剂会使混凝土 1d、3d 早期强度有所降低，但对后期强度的正常发展无影响。

一般缓凝剂可使混凝土的初凝时间延长 1～4h。为了满足高温地区和高温季节大体积混凝土施工的需要，国家“八五”科技攻关项目研究出了高温缓凝剂，这种缓凝剂能在气温为(35±2)℃、相对湿度为(60±5)%的条件下使混凝土初凝时间延长至 6～8h。为我国高温地带或高温季节大体积水工混凝土顺利施工创造了条件。例如在三峡、龙滩等工程中大量使用了缓凝高效减水剂，通过适当增加掺量，也可使混凝土初凝时间达到 6～8h，满足 35℃左右高温季节大仓面混凝土施工的需要。

(3)缓凝高效减水剂：兼有缓凝剂和高效减水剂功能的外加剂。缓凝高效减水剂为复合外加剂，同时具有缓凝和减水双重作用。碾压混凝土要求低热、中弹、微膨胀、高极限拉伸、高抗冻等级等性能，最直接和最有效的措施就是使用缓凝高效减水剂。使用中要注意外加剂的含气量不宜过大，因为含气量过大是导致坍落度或 VC 值损失的主要原因，也是缓凝高效减水剂质量不稳定的表现。

目前高效减水剂有萘系高效减水剂、氨基磺酸盐系高效减水剂、三聚氰胺系高效减水剂以及第三代的聚羧酸类高效减水剂。其中在水工混凝土中萘系高效减水剂应用最广泛。第三代的聚羧酸类高效减水剂环保、减水率高，能减少混凝土收缩，减少坍落度和含气量的损失等优点，但价格比萘系高效减水剂贵，所以目前使用较少，但科技含量高综合性能优良，应大力推广。聚羧酸系高性能减水剂具有以下性能特点：

①掺量低、减水率高，减水率可高达 45%。

②能降低水泥早期水化热，有利于大体积混凝土和夏季施工。适应性优良，与水泥、掺合料的相容性好，温度适应性好，与不同品种水泥和掺合料具有很好的相容性，解决了采用其他类减水剂与胶凝材料相容性差的问题。

③坍落度(VC 值)损失小，预拌混凝土坍落度损失率 1h 小于 5%，2h 小于 10%。

④混凝土和易性优良，无离析、泌水现象，混凝土外观颜色均一。用于配制高标号混凝土时，混凝土黏聚性好。

⑤增强效果显著，混凝土 3d 抗压强度提高 50%～110%，28d 抗压强度提高 40%，90d 抗压强度提高 30%～60%。

⑥碱含量极低，碱含量不大于0.2%，可有效防止碱骨料反应的发生。

⑦含气量适中，对混凝土弹性模量无不利影响，抗冻耐久性好。

⑧低收缩率，可明显降低混凝土收缩，抗冻融能力和抗碳化能力明显优于使用其他减水剂的普通混凝土。显著提高混凝土体积稳定性和长期耐久性。

⑨产品绿色环保，不含甲醛，为环境友好型产品。

⑩产品稳定性好，长期储存无分层、沉淀现象发生，低温时无结晶析出。

值得注意的是，聚羧酸系列减水剂对原材料的适应性比较敏感，特别是当骨料的含泥量较高时应特别注意。

由于碾压混凝土性能和施工特性的要求，施工中实际直接铺筑允许时间采用的是初凝时间，所以缓凝是第一位的。由于薄层碾压连续上升，一般碾压升层大多为3m，需要摊铺碾压10层，为了确保混凝土层间结合质量良好，必须控制施工层间间隔时间。层间间隔时间控制标准直接关系到层间结合质量的好坏，要求新拌碾压混凝土必须要有足够长的初凝时间（现场施工可以按照允许直接铺筑时间确定，具体见1.3.3节相关内容），满足层间结合的施工要求。一般直接铺筑允许时间要求小于初凝时间。外界环境条件（即不同的季节、温度时段、太阳照射或阴天）对碾压混凝土初凝时间影响很大。同时，碾压混凝土对减水率要求也是很高的。由于目前的碾压混凝土为高粉煤灰掺量、高石粉含量、低VC值，由于粉煤灰对含气量有极强的吸附性、高石粉含量造成的高需水性，所以必须采用缓凝高效减水剂和引气剂复合掺用，才能保证碾压混凝土具有良好的工作性能，同时满足设计要求的抗渗性、抗冻性等力学性能指标。

近年来，水电工程主要使用的缓凝高效减水剂为江苏博特JM－Ⅱ、浙江龙游ZB－1RCC、河北石家庄的DH－1等系列产品，可以显著改善碾压混凝土工作性能，提高层间结合的质量。

缓凝高效减水剂不仅能延缓混凝土的凝结时间，还能延缓水化热峰值出现的时间，降低水化热峰值，起到了调控水泥水化热释放速度、平缓混凝土温升的作用。

(4)引气剂：能在混凝土中引入许多独立且分布均匀的微细气泡，以改善混凝土和易性，提高混凝土的耐久性的外加剂。

引气剂是一种表面活性物质，是混凝土常用的外加剂之一。它能使混凝土在搅拌过程中从大气中引入大量的均匀封闭的小气泡，使混凝土中含有一定量的空气。好的引气剂引入混凝土中的气泡达十亿个之多，孔径多为0.05～0.2μm，一般为不连续的封闭球形，分布均匀，稳定性好。由于气泡的存在，相对地增加了水泥浆的体积，提高了混凝土的流动性。大量微细气泡的存在，还可显著改善混凝土的黏聚性和保水性。由于气泡能隔断混凝土中毛细管通道，以及对水泥石内水分结冰时所产生的水压力有缓冲作用，故能显著提高混凝土的抗渗性及抗冻性。气泡还可使混凝土弹性模量有所降低，这对提高混凝土的抗裂性是有利的。

由于碾压混凝土胶材用量少、粉煤灰掺量大、石粉含量高以及采用振动碾压密实的施工方法等因素，引气剂在碾压混凝土中的引气能力大大低于常态混凝土。为了保证碾压混凝土抗冻性能满足设计要求的抗冻等级，引气剂的掺量要按照混凝土的含气量要求进行控制，工程实践证明，碾压混凝土引气剂掺量一般为常态混凝土的数倍。例如，甘肃龙首碾压混凝土坝，碾压混凝土设计要求外部混凝土抗冻等级为 F300，内部混凝土抗冻等级为 F200，在碾压混凝土中掺入高达常态混凝土 30～40 倍的引气剂，使碾压混凝土含气量达到 5.0%～5.5%，满足了高 F300 抗冻等级设计要求。

目前，引气剂已从过去的胶状改变为粉剂，其配制十分方便，采用冷水即可配制，且引气效果良好。

3.5.3　工程对外加剂的使用要求

水利水电工程要求外加剂与水泥具有良好的相容性，容易配制，不产生沉淀，匀质性好，同时要求具有高减水、高缓凝的性能，且含气量稳定。针对具体工程原材料的具体情况，有的还要额外提高外加剂的掺量才能满足碾压混凝土的施工要求。

随着碾压混凝土筑坝技术的发展，目前的碾压混凝土为无坍落度的半塑性混凝土，拌和站出机口 VC 值一般为 1～5s，现场仓面 VC 值的控制以不陷碾为原则，使上层骨料经碾压后嵌入下层混凝土，且表面全面泛浆，以保证了层间结合质量。碾压混凝土从过去的干硬量混凝土过渡到半塑性混凝土，目前碾压混凝土的性能已经与常态混凝土的性能基本相同。碾压混凝土中含气量难以引入的难题也迎刃而解，引气剂掺量也随 VC 值的降低而降低。这样就显著提高了碾压混凝土抗冻性能和极限拉伸值，降低了弹性模量。

相对于其他原材料而言，外加剂掺量虽然较少，但对混凝土质量至关重要，所以，需要高度重视对外加剂的使用。

由于碾压混凝土耐久性、抗冻等级设计指标的提高，目前，碾压混凝土均采用缓凝高效减水剂＋引气剂复合使用，特别是碾压混凝土中掺用了引气剂后，既满足了碾压混凝土大仓面摊铺、高强度施工、连续上升的缓凝的要求，又达到了减水和提高耐久性的目的。

因为外加剂和胶凝材料存在相容性的问题，所以任何外加剂的使用必须经过试验室的试验，最好经过现场试验验证，并根据该工程使用的水泥、砂石骨料等原材料进行严格的适应性试验论证确定。一般情况下，经优选确定的外加剂在工程施工中不要轻易更换。例如,龙滩工程在大量优选的基础上,最终选用江苏博特JM－Ⅱ、浙江龙游ZB－1RCC15缓凝高效减水剂和JM－2000、ZB－1G引气剂。对选定的外加剂进行了适应性试验。选用的外加剂均满足《水工混凝土外加剂技术规程》(DL/T 5100—1999)标准要求,而且还满足工程内部控制指标减水率大于18%的要求。工程实际生产情况是:缓凝高效减水剂掺量为0.5%,JM－Ⅱ及ZB－1RCC15减水率分别达到21.2%和20.5%,含气量分别为1.4%和2.3%,初凝时间均延长了193min和315min。引气剂JM－2000及ZB－1G减水率分别达到6.7%和6.6%,含气量在4.8%～4.9%,均能满足规范和工程对碾压混凝土性能的要求。

第4章 碾压混凝土配合比设计

4.1 概述

碾压混凝土与常态混凝土最主要的区别是碾压混凝土在施工的时候不是像常态混凝土那样采用插入式或平板式振捣器振捣，而是通过振动碾碾压来达到混凝土密实的。碾压混凝土必须有适合振动碾碾压作业的工作度。碾压混凝土坝采用通仓薄层浇筑，依靠碾压混凝土自身防渗，配合比设计还应满足坝体施工层缝面结合的要求。必须有较富裕的胶凝浆体，抗骨料分离性好，有足够长的初凝时间，经振动碾碾压压实后达到表面全面泛浆，有弹性，才能保证上层碾压混凝土骨料能嵌入已经碾压后的下层混凝土中。保证不出现“千层饼”和“萨其马”现象。

碾压混凝土配合比设计的实质就是对筑坝材料进行最佳组合，找出工作度满足碾压施工的要求，各项指标科学经济合理的配合比。它是保障碾压混凝土坝施工质量和快速施工的基础。碾压混凝土已经从“金包银”坝型的超干硬性混凝土、干硬性混凝土发展到无坍落度的半塑性混凝土。其硬化后的性能与常态混凝土性能基本相同，其凝结硬化后的强度及其他物理力学性能和常态混凝土一样符合混凝土“水胶比定则”。碾压混凝土坝设计指标和坝体断面设计与常态混凝土基本相同，其配合比设计也与常态混凝土方法类似。

目前碾压混凝土坝普遍采用全断面碾压混凝土筑坝施工技术，强调层间结合和温控防裂，碾压混凝土应满足大坝的防渗、抗冻、极限拉伸等主要性能指标。大坝内部混凝土必须满足温度控制和防裂要求。中国已形成具有水泥用量少、胶凝材料用量适中、混凝土绝热温升低、掺合料掺量大、抗渗和抗冻性能好的低热高性能碾压混凝土配合比设计核心技术，即具有低水泥用量、低 VC 值、低水胶比，高掺掺合料、高石粉含量，掺用高效缓凝减水剂和引气剂的“三低、两高和双掺”的特点。

(1)低水胶比。水胶比是混凝土配合比设计首要考虑的参数之一。在掺合料等其他固定条件下，一般来说，水胶比越低，混凝土强度越高。较低的水胶比使胶凝材料体系的水化产物更加致密，在提高混凝土强度的同时混凝土也有更高的抗渗性及耐久性。

(2)低用水量。水是混凝土中不可或缺的组成部分。一方面水泥水化必须有水的参与，另一方面为满足混凝土的施工性能，混凝土的塑性或流动性需要水来提供。但是，除参与水反应外，混凝土中的大部分水以自由水形式存在，当混凝土硬化后，这些游离水逐渐挥发从而在混凝土中形成孔隙，对混凝土的抗冻、抗渗及耐久性能极为不利。因此，在满足施工性能的前提下，尽可能减少用水量将对混凝土耐久性能的提升起促进作用。

(3)低水泥用量。水泥是混凝土最主要的胶凝材料，它与水发生水化反应生成水化硅酸钙等矿物，使混土骨料胶结在一起形成一定强度。但水泥水化会产生热量，在大体积混凝土中其水化热积聚使混凝土内部温度升高，内外温差导致的应力变化会引发混凝土有裂缝的产生。因此，从混凝土抗裂角度来说，应尽量减少水泥用量。

碾压混凝土配合比设计要在和常态混凝土一样重视硬化后的混凝土各项性能指标的基础上特别重视碾压混凝土拌和物的工作性能。即满足施工现场的抗骨料分离、可碾性、液化泛浆和层间结合等问题。

碾压混凝土配合比设计具有技术含量高、试验周期长、劳动强度大以及需要丰富经验等特点。碾压混凝土一般采用 90d 或者 180d 龄期。因此，碾压混凝土配合比设计周期比一般的常态混凝土设计周期要长，应提前进行计划实施。前期的碾压混凝土配合比设计由于原材料、试验条件与现场使用的原材料和施工条件存在着较大的差别。碾压混凝土配合比确定之后，其现场应用是一个动态控制和调整的过程。配合比设计试验室选用的原材料要尽量和工程施工实际使用的原材料一致，否则极容易出现试验室配合比成果和实际施工存在较大差异而影响工程建设的情况。例如，某科研单位承担西北高寒、干燥、蒸发量大的地区的碾压混凝土配合比试验，配合比所用的原材料运到南方湿度大的所在地进行试验，提交的配合比在西北工程现场复核时存在着较大的差异，不能满足碾压混凝土拌和物的工作性要求。究其原因，主要是气候条件的不同导致碾压混凝土用水量、VC 值、凝结时间与现场实际差别很大。因此，配合比的现场适应性试验显得至关重要，碾压混凝土施工配合比一般需通过现场生产性工艺试验确定。

碾压混凝土配合比设计，根据设计指标、原材料、施工方法，参照类似工程碾压混凝土配合比，初步确定水胶比、砂率、用水量、掺合料掺量等参数。既要满足施工性能要求的 VC 值，又要将用水量和胶凝材料用量控制在设计范围内。控制用水量，降低胶凝材料用量和改善碾压混凝土施工性能。大量的碾压混凝土配合比设计实例证明：提高石粉含量和高效缓凝减水剂等外加剂掺量是最有效的技术措施。

碾压混凝土配合比设计应遵循《水工混凝土配合比设计规程》(DL/T 5330—2015)、《水工混凝土试验规程》(SL 352—2006)、《水工碾压混凝土施工规范》(DL/T 5112—

2009)。我国的工程建设实行招标、投标制度，碾压混凝土配合比设计必须按照招标文件技术条款的要求进行。水利水电工程通用合同技术条款招标文件中对现场试验均有明确规定：承包人应按“合同技术条款”的规定，建立现场材料试验室，配备足够合格的人员和设备。对工程使用的材料如水泥、骨料、掺合料、外加剂、钢材等材料及监理人指定的其他材料等进行取样试验。对现场进行混凝土施工配合比试验、碾压混凝土现场工艺试验等专项试验。各种不同类型结构物的混凝土配合比必须通过试验选定。为此，碾压混凝土配合比设计试验必须依据招标文件技术条款的规定进行，混凝土配合比试验采用的原材料（水泥、掺合料、骨料、外加剂等）、配合比设计中混凝土的最大水胶比、掺合料掺量等除满足规程、规范、规定外，还应满足招标文件技术条款的有关要求。

按照招标文件技术条款的一般要求：混凝土配合比设计试验前 28d 承包人应提交一份至少含有不同龄期（按照不同工程技术条款要求的龄期进行）的碾压混凝土配合比试验计划，碾压混凝土中掺用各种掺合料百分比含量，最少应具有 7d、28d、90d 及 180d 龄期的试验报告。应提供不同龄期 7d、28d、90d 以及 180d 的水胶比与抗压强度关系曲线，每条曲线至少 4 个试验点，每一试验点的数据至少应由 3 组试验结果得到。碾压混凝土配合比试验报告中应至少包括（但不仅限于）如下内容：

(1)所用的每种材料及其试验数据的详细描述。

(2)试验方法、程序及设备的详细描述。

(3)组分比例、配料、拌和、试验、制模及养护。

(4)材料及设备在试验期间的合格证明。

(5)试验结果的详细陈述及结论。

例如，金安桥水电站碾压混凝土配合比试验的内容见表 4-1。

表 4-1　金安桥水电站碾压混凝土配合比试验内容表

需要的试验特性	最大骨料粒径 80mm	最大骨料粒径 40mm	混凝土龄期(d)					
	湿筛后	湿筛后	新拌	7	28	90	180	360
VC 值(工作度)	√	√	√					
温度	√		√					
含气量	√		√					
表观密度	√	√	√		√			
泌水			√					

表 4-1(续)

<table>
<tr><th colspan="2" rowspan="2">需要的试验特性</th><th>最大骨料粒径 80mm</th><th>最大骨料粒径 40mm</th><th colspan="6">混凝土龄期(d)</th></tr>
<tr><th>湿筛后</th><th>湿筛后</th><th>新拌</th><th>7</th><th>28</th><th>90</th><th>180</th><th>360</th></tr>
<tr><td rowspan="2">凝结时间</td><td>初凝</td><td>√</td><td>√</td><td>√</td><td></td><td></td><td></td><td></td><td></td></tr>
<tr><td>终凝</td><td>√</td><td>√</td><td>√</td><td></td><td></td><td></td><td></td><td></td></tr>
<tr><td colspan="2">抗压强度</td><td>√</td><td>√</td><td>√</td><td></td><td>√</td><td></td><td>√</td><td>√</td></tr>
<tr><td colspan="2">劈拉强度</td><td>√</td><td>√</td><td>√</td><td>√</td><td>√</td><td>√</td><td>√</td><td>√</td></tr>
<tr><td colspan="2">抗剪强度</td><td></td><td></td><td></td><td></td><td>√</td><td></td><td>√</td><td>√</td></tr>
<tr><td colspan="2">抗渗等级</td><td>√</td><td>√</td><td></td><td></td><td></td><td>√</td><td>√</td><td></td></tr>
<tr><td colspan="2">抗冻等级</td><td>√</td><td>√</td><td></td><td></td><td></td><td>√</td><td>√</td><td></td></tr>
<tr><td colspan="2">轴拉强度</td><td>√</td><td>√</td><td></td><td>√</td><td>√</td><td>√</td><td>√</td><td>√</td></tr>
<tr><td colspan="2">极限拉伸值</td><td>√</td><td>√</td><td></td><td>√</td><td>√</td><td>√</td><td>√</td><td>√</td></tr>
<tr><td colspan="2">轴拉弹性模量</td><td>√</td><td>√</td><td></td><td></td><td>√</td><td>√</td><td>√</td><td>√</td></tr>
<tr><td colspan="2">静压弹性模量</td><td>√</td><td>√</td><td></td><td></td><td>√</td><td>√</td><td>√</td><td>√</td></tr>
<tr><td colspan="2">徐变试验</td><td></td><td></td><td>√</td><td>√</td><td>√</td><td rowspan="2">√</td><td rowspan="2">√</td><td rowspan="2">√</td></tr>
<tr><td colspan="2">绝热温升</td><td></td><td></td><td>√</td><td>√</td><td>√</td></tr>
</table>

说明:“√”表示必须提供的试验资料。

4.2 碾压混凝土配合比参数研究

碾压混凝土配合比设计的任务实质上是在满足施工要求的拌和物的工作性条件下,配置符合设计要求的强度、耐久性、抗裂性等性能的混凝土。并尽可能地降低水泥用量,合理地确定 $1m^3$ 碾压混凝土中水、水泥、掺合料、外加剂、砂和石子的用量。

碾压混凝土配合比参数选择是配合比设计中重要的环节。碾压混凝土配合比设计时在选定水胶比、砂率、单位用水量和浆砂比参数时必须了解碾压混凝土坝的结构型式和碾压混凝土的施工特点。我国的碾压混凝土配合比设计随着全断面碾压混凝土筑坝技术的发展而不断地创新、完善。根据碾压混凝土设计指标、设计龄期、原材料特性、坝址的气候特点,制定科学合理的配合比设计技术路线,深入掌握配合比参数之间的相互关系,运用辩证统一和全面的观点进行配合比设计。

碾压混凝土大坝内部Ⅲ级配碾压混凝土配合比见表 4-2。防渗区Ⅱ级配的碾压混凝土配合比见表 4-3。

表 4-2　部分工程Ⅲ级配碾压混凝土配合比统计表

序号	工程名称	碾压混凝土设计指标	配合比参数						材料用量(kg/m^3)				水泥品种	骨料品种	掺合料品种
			水胶比	粉煤灰(%)	砂率(%)	减水剂(%)	引气剂(%)	VC值(s)	用水量	水泥	粉煤灰	表观密度			
1	坑口	R_{90}100S4	0.7	57.1	36.8	0.2	—	15±5	98	60	80	2 374	普硅425号	人工凝灰熔岩、石粉10%~15%	Ⅱ级粉煤灰
2	坑口	R_{90}100S4	0.578	66.7	36	0.2	—	15±5	104	60	120	2 364	普硅425号	河砂、粉煤灰代砂20kg/m^3	Ⅱ级粉煤灰
3	岩滩	R_{90}150S4	0.566	65.4	34	0.25	—	15±5	90	55	104	2 498	普硅525号	人工灰岩骨料、石粉8%~18%	Ⅱ级粉煤灰
4	普定	R_{90}150S4	0.55	65	34	0.55	—	10±5	84	54	99	2 530	普硅525号	人工灰岩、石粉13%~17%	Ⅱ级粉煤灰
5	江垭	C_{180}20W6F100	0.58	60	33	0.4	—	3~11	93	64	96	—	—	人工灰岩	—
6	東埔寨甘再	C_{180}20W8F50	0.53	60	36	0.8	0.1	2~7	90	68	102	—	—	—	粉煤灰+石粉
7	马来西亚沐若	C_{180}15W6F50	0.56	60	30	0.9	0.1	3~7	89	65	97	—	—	—	粉煤灰+石粉
8	三峡左导墙	R_{90}C150D100S6	0.50	58	34	0.5	5	3~7	87	73	101	2 450	中热525号	人工花岗岩	Ⅰ级粉煤灰
9	三峡左导墙	R_{90}200D150S8	0.50	51	34	0.5	5	3~7	89	87	91	2 450	中热525号	人工花岗岩	Ⅰ级粉煤灰

表 4-2(续)

序号	工程名称	碾压混凝土设计指标	配合比参数						材料用量(kg/m³)				水泥品种	骨料品种	掺合料品种
			水胶比	粉煤灰(%)	砂率(%)	减水剂(%)	引气剂(%)	VC 值(s)	用水量	水泥	粉煤灰	表观密度			
10	红坡(大坝为全Ⅲ级配)	R_{90}150 上游	0.55	65	35	0.9	4	5～15	84	54	99+18	2 525	普硅 525R	人工灰岩、石粉 13%～17%	Ⅱ级粉煤灰、代砂
11		R_{90}150 下游	0.60	65	36	0.9	4	5～15	85	50	92+18	2 520			
12	棉花滩	R_{180}100S4D25	0.65	60	32	0.6	—	5～10	89	55	82	2 412	普硅 525 号	人工灰岩、石粉 13%～17%	Ⅱ级粉煤灰
13		R_{180}150S4D25	0.56	60	32	0.6	—	5～10	89	64	95	2 412			
14		R_{180}200S4D25	0.50	60	32	0.6	—	5～10	89	72	106	2 412			
15	石门子	C_{90}15W6F100	0.49	64	31	0.95	4	1～10	84	62	110	2 467	普硅 525 号	人工灰岩、石粉 17%～20%	Ⅱ级粉煤灰
16	高坝洲	R_{90}150	0.52	50	31	0.4	1	5～8	91	88	88	2 438	普硅 525R	卵石、天然砂	Ⅱ级粉煤灰
17		R_{90}200	0.45	45	31	0.4	1	5～8	93	114	93	2 438	中热 525 号	卵石、河砂	
18	大朝山	C_{90}15W4F25	0.50	PT60	34	0.75	—	2～5	87	67	107	—	普硅 525 号	人工玄武岩、石粉大于 15%	磷矿渣+凝灰岩
19	龙首	C_{90}20W6F100	0.48	65	30	0.9	8	0～5	85	62	115	2 450	硅酸盐 525 号	卵石、天然砂	外掺 MgO

表 4-2(续)

序号	工程名称	碾压混凝土设计指标	配合比参数						材料用量(kg/m^3)				水泥品种	骨料品种	掺合料品种
			水胶比	粉煤灰(%)	砂率(%)	减水剂(%)	引气剂(%)	VC值(s)	用水量	水泥	粉煤灰	表观密度			
20	沙牌	R_{90}200	0.50	50	33	0.75	1	2~8	93	93	93	2 480	普硅425号	人工花岗岩、石粉大于12%~19%	关口Ⅱ级粉煤灰
21	山口Ⅲ级	R_{90}C10W6	0.6	60	28	0.70	—	2~8	85.5	57	85.5	2 460	普硅425号	—	Ⅲ级粉煤灰、不同温度掺量
22	蔺河口	R_{90}200S6D50	0.47	62	34	0.7	2	3~5	81	66	106	2 460	中热525号	人工灰岩、石粉含量大于18%	准Ⅰ级粉煤灰
23	三峡三期围堰	R_{90}150W6F50	0.50	55	34	0.6	10	1~5	83	75	91		中热525号	人工花岗岩、石粉大于15%	Ⅰ级粉煤灰
24	百色(准Ⅲ级)	R_{180}15S6D25	0.60	63	34	0.8	4	1~5	96	59	101	2 650	中热525号	人工辉绿岩	Ⅱ级粉煤灰
25	索风营	C_{90}15W6F50	0.55	60	32	0.8	6	3~5	88	64	96+5	2 435	P·O 42.5	人工灰岩、石粉17%~21%	Ⅰ级粉煤灰外掺3%MgO
26	招徕河	C_{90}20W6F100	0.48	55	34	0.6	15	2~5	75	70	86	2 437	P·O 42.5	人工灰岩、石粉18%~20%	准Ⅰ级粉煤灰
27	彭水	C_{90}15W6F100	0.50	60	35	0.6	6	3~8	83	66	100	2 528	P·MH 42.5	人工灰岩、石粉含量14.5%	Ⅰ级粉煤灰

表 4-2(续)

序号	工程名称	碾压混凝土设计指标	配合比参数						材料用量(kg/m³)				水泥品种	骨料品种	掺合料品种
			水胶比	粉煤灰(%)	砂率(%)	减水剂(%)	引气剂(%)	VC 值(s)	用水量	水泥	粉煤灰	表观密度			
28	景洪	C_{90}15W6F50	0.50	NH60	33	0.5	2	3～5	80	64	96	2 441	P·MH 42.5	天然砂、人工碎石	矿渣＋石粉双掺料
29		C_{90}15W6F50	0.50	50	35	0.5	2.5	3～5	80	80	80	2 440			
30	龙滩	下部 C_{90}25W6F100	0.41	55	33	0.6	2	2～7	79	85	108	2 465	P·MH 42.5	人工灰岩、石粉含量 16%～20%	Ⅰ级粉煤灰
31		中部 C_{90}20W6F100	0.45	61	33	0.6	2	2～7	78	67	106	2 455			
32		上部 C_{90}15W6F50	0.48	66	34	0.6	2	2～7	79	56	109	2 455			
33	光照	下部 C_{90}25W8F100	0.45	50	34	0.7	4	3～5	78	83	83＋14	2 483	P·O 42.5	人工灰岩、石粉含量 16%～20%	Ⅱ级粉煤灰代砂 2%～3%
34		中部 C_{90}20W6F100	0.50	60	34	0.7	4	3～5	78	70	86＋21	2 483			
35		上部 C_{90}15W6F50	0.55	55	35	0.7	4	3～5	78	57	85＋22	2 496			
36	思林	C_{90}15W6F50	0.54	60	35	0.6	13	2～6	80	59	89	2 470	P·MH 42.5	人工骨料、石粉含量 9%～15%	Ⅱ级粉煤灰
37		C_{90}20W6F50	0.51	55	33	0.6	8	2～6	85	75	92	2 484	P·O 42.5		
38	戈兰滩	C_{90}15W4F50	0.50	Sl60	38	0.8	4	3～8	83	66	100	2 443	P·O 32.5	人工灰岩、石粉含量 16%～22%	矿渣＋石粉双掺料
39	土卡河	C_{180}10W6F100	0.50	Sl55	38	0.60	12	3～8	95	85	105	2 440	P·O 42.5	人工灰岩、双掺料代砂 5%	矿渣＋石粉双掺料

表 4-2(续)

序号	工程名称	碾压混凝土设计指标	配合比参数						材料用量(kg/m³)				水泥品种	骨料品种	掺合料品种
			水胶比	粉煤灰(%)	砂率(%)	减水剂(%)	引气剂(%)	VC值(s)	用水量	水泥	粉煤灰	表观密度			
40	居普渡	C_{90}15W4F50	0.55	Sl55	34	0.70	2	1～12	75	67	83	2 430	P·O 42.5	沉凝灰岩	矿渣＋石粉双掺料
41	武都引水	内部 C_{180}20W8F50	0.55	60	35	0.7	10	3～5	84	61	92	2 472	P·MH 42.5	人工骨料、石粉含量 17.5%	Ⅰ级粉煤灰
42	喀腊塑克	外部 C_{180}20W6F200	0.45	50	32	0.9	10	1～5	90	100	100	2 400	P·O 42.5	片麻花岗岩碎石水洗天然砂灰岩、石粉代砂 0%～10%	Ⅰ级粉煤灰
43		内部 C_{180}20W4F50	0.53	62	30	0.9	6	1～5	90	65	105	2 400			
44		内部 C_{180}15W4F50	0.56	62	30	0.9	6	1～5	90	61	100	2 400			
45	金安桥	下部 C_{90}20W6F100	0.47	60	33	1.2	25	1～5	90	76	115	2 630	P·MH 42.5	人工玄武岩、石粉按 18%～19%控制，达不到要求石粉代砂 5%～8%	Ⅱ级粉煤灰
46		上部 C_{90}15W6F100	0.53	63	33	0.12	15	1～5	90	63	107	2 630			
47	功果桥	C_{180}15W4F50	0.50	55	36	0.8	5	3～7	90	81	99	2 440	P·MH 42.5	人工砂质板岩、石粉大于 18%	Ⅱ级粉煤灰
48	官地	下部 C_{90}25W6F100	0.45	55	32	0.8	12	3～7	92	92	112	2 660	P·MH 42.5	人工玄武岩骨料、石粉按 16%～20%	Ⅱ级粉煤灰
49		中部 C_{90}20W6F100	0.48	60	33	0.8	12	3～7	92	67	106	2 660			
50		上部 C_{90}15W6F100	0.51	65	34	0.8	12	3～7	92	56	109	2 660			

表 4-3　部分工程Ⅱ级配碾压混凝土配合比统计表

序号	工程名称	碾压混凝土设计指标	配合比参数						材料用量(kg/m^3)				水泥品种	骨料品种	掺合料品种
			水胶比	粉煤灰(%)	砂率(%)	减水剂(%)	引气剂(%)	VC值(s)	用水量	水泥	粉煤灰	表观密度			
1	普定	R_{90}200S6	0.5	55	38	三复合 0.55	—	10±5	94	85	103	2 514	普硅 425 号	人工灰岩	Ⅲ级粉煤灰
2	江垭	C_{90}20W12F100	0.53	55	36	0.50	—	7±4	103	87	107	—	—	人工灰岩	—
3	汾河二库	R_{90}C20S8D150	0.50	45	35.5	0.60	6	2～5	94	103	85	2 484	普硅 425 号	人工灰岩、石粉含量 16%～20%	Ⅰ级粉煤灰
4	汾河二库	R_{90}C20S8D150	0.45	40	35	0.60	6	2～5	95	127	84	2 430	普硅 425 号	石灰岩粗骨料、天然砂	Ⅰ级粉煤灰、代砂
5	棉花滩	R_{180}150S4D25	0.55	60	36	0.6	—	5～10	99	71	106	2 381	普硅 525 号	人工花岗岩、石粉含量 17%～20%	Ⅱ级粉煤灰
6	棉花滩	R_{180}200S8D50	0.50	60	36	0.6	—	5～10	99	80	118	2 381	普硅 525 号	人工花岗岩、石粉含量 17%～20%	Ⅱ级粉煤灰
7	石门子	C_{90}25W8F300	0.40	54	33	0.95	40	1～10	81	93	110	2 434	普硅 525R	卵石、天然砂	Ⅱ级粉煤灰
8	高坝洲	R_{90}200	0.48	45	35	0.4	1	5～8	109	114	93	2 407	中热 525 号	卵石、河砂	Ⅱ级粉煤灰
9	大朝山	C_{90}20W8F50	0.50	PT50	37	0.70	—	2～5	94	94	94	—	普硅 525 号	人工玄武岩	磷矿石+凝灰岩(PT)

表 4-3(续)

序号	工程名称	碾压混凝土设计指标	配合比参数						材料用量(kg/m^3)				水泥品种	骨料品种	掺合料品种
			水胶比	粉煤灰(%)	砂率(%)	减水剂(%)	引气剂(%)	VC 值(s)	用水量	水泥	粉煤灰	表观密度			
10	龙首	C_{90}20W8F300	0.43	53	32	0.7	40	0～5	91	100	112	2 420	硅酸盐 525 号	卵石、天然砂	Ⅰ级粉煤灰外掺 MgO
11	沙牌	R_{90}200	0.53	40	37	0.75	2	2～8	102	115	77	2 482	普硅 425 号	人工花岗岩、石粉含量 12%～19%	关口Ⅱ级粉煤灰
12	蔺河口	R_{90}200S8D100	0.47	60	37	0.7	2	3～5	87	74	111	2 440	中热 525 号	人工灰岩、石粉含量大于 18%	准Ⅰ级粉煤
13	三峡三期围堰	R_{90}150W6F50	0.50	55	39	0.6	10	1～5	93	84	102	—	中热 525 号	人工花岗岩、石粉含量 15%	Ⅰ级粉煤
14	百色	R_{180}20S10D50	0.50	58	38	0.8	7	1～5	106	89	123	2 630	中热 525 号	人工辉绿岩、石粉含量 20%～24%	Ⅱ级粉煤灰
15	索风营	C_{90}20W8F100	0.50	50	38	0.8	6	3～5	94	94	94	2 430	P·O 42.5	人工灰岩、石粉含量 17%～21%	Ⅰ级粉煤灰外掺 3%MgO
16	招徕河	C_{90}20W8F150	0.48	50	37	0.6	15	3～5	85	88.5	88.5	2 403	P·O 42.5	人工灰岩、石粉含量 18%～20%	准Ⅰ级粉煤

表 4-3(续)

序号	工程名称	碾压混凝土设计指标	配合比参数						材料用量(kg/m³)				水泥品种	骨料品种	掺合料品种
			水胶比	粉煤灰(%)	砂率(%)	减水剂(%)	引气剂(%)	VC值(s)	用水量	水泥	粉煤灰	表观密度			
17	彭水	C_{90}20W10F150	0.50	50	38	0.6	6	3～8	91	91	91	2 518	P·MH 42.5	人工灰岩、石粉含量14.5%	Ⅰ级粉煤
18	景洪	C_{90}15W8F100	0.45	NH50	38	0.5	2	3～8	84	93	93	2 448	P·MH 42.5	天然砂、碎石	矿渣＋石粉双掺料
19	龙滩	C_{90}25W12F150	0.40	55	38	0.6	2	2～7	87	99	121		P·MH 42.5	人工灰岩、石粉含量16%～20%	Ⅰ级粉煤
20	光照	下部 C_{90}25W12F150	0.45	50	38	0.7	6	3～5	83	92	92±23	2 450	P·O 42.5	人工灰岩、石粉含量20%～24%	Ⅱ级粉煤灰、代砂3%
21		上部 C_{90}20W10F100	0.50	55	39	0.7	6	3～5	86	77	95±23	2 455			
22	思林	C_{90}20W8F100	0.48	50	38	0.6	13	2～6	91	95	95	2 454	P·MH 42.5	人工骨料、石粉含量9%～15%	Ⅱ级粉煤
23		C_{90}20W8F100	0.46	45	39	0.6	8	2～6	90	108	88	2 479	P·O 42.5		
24	戈兰滩	C_{90}20W8F100	0.45	SL55	34	0.8	5	3～8	93	93	114	2 402	P·O 32.5	人工灰岩、石粉含量18%～20%	矿渣＋石粉双掺料

表 4-3(续)

序号	工程名称	碾压混凝土设计指标	配合比参数						材料用量(kg/m³)				水泥品种	骨料品种	掺合料品种
			水胶比	粉煤灰(%)	砂率(%)	减水剂(%)	引气剂(%)	VC值(s)	用水量	水泥	粉煤灰	表观密度			
25	土卡河	C_{180}7.5W4F50	0.55	SL60	34	0.60	12	3～8	88	64	96	2 460	P·O 42.5	双掺料代砂5%	矿渣＋石粉双掺料代砂
26	居甫度	C_{90}20W8F100	0.44	SL45	37	0.7	2	1～12	88	110	90	2 400	P·O 42.5	沉凝灰岩	矿渣＋石粉双掺料
27	武都引水	防渗区 C_{180}20W8F50	0.50	55	38	0.7	10	3～5	93	84	102	2 457	P·MH 42.5	人工骨料、石粉含量17.5%	Ⅰ级粉煤
28	喀腊塑克	水位变化区 R_{180}20W10F300	0.45	40	35	1.0	12	1～5	98	131	87	2 370	P·O 42.5	片麻花岗岩碎石水洗天然砂灰岩石粉代砂0%～10%	Ⅰ级粉煤
29		死水位以下 R_{180}20W10F300	0.47	55	35.5	0.9	7	1～5	95	91	111	2 600			
30	金安桥	C_{90}20W8F100	0.47	55	37	1.0	20	1～5	100	96	117	2 420	P·MH 42.5	人工玄武岩、石粉代砂5%～8%	Ⅱ级粉煤
31	功果桥	C_{180}20W10F10	0.46	50	38	0.8	5	3～7	100	109	109	2 640	P·MH 42.5	人工砂质板岩、石粉大于18%	Ⅱ级粉煤
32	官地	下部 C_{90}25W10F100	0.45	55	36	0.8	12	3～7	102	102	125		P·MH 42.5	人工玄武岩骨料、石粉按16%～20%控制	Ⅱ级粉煤
33		上部 C_{90}20W8F100	0.48	55	37	0.8	12	3～7	102	102	96	2 640			

4.2.1 水胶比

水胶比：单位体积混凝土用水量和全部胶凝材料用量的比值(用水量以砂石骨料的饱和面干状态为准)。用 $W/(C+F)$表示。

水胶比是决定混凝土强度和耐久性的关键参数和因素。碾压混凝土与常态混凝土相比只是配合比和仓面施工工艺的不同。碾压混凝土的抗压强度同样取决于水胶比的大小。水胶比的倒数与碾压混凝土的抗压强度是线性相关的。影响水胶比的因素有碾压混凝土的设计指标、设计龄期、抗冻等级、极限拉伸值、骨料的性能、掺合料和外加剂的品种及其掺量等。

抗冻等级已成为大坝混凝土耐久性的重要指标。因此无论是严寒地区还是温暖的南方地区,碾压混凝土抗冻等级设计指标越来越高。由于碾压混凝土的强度指标一般较低,这就造成碾压混凝土的抗冻等级、极限拉伸等设计指标和强度等级指标不匹配。通俗地讲就是只要满足了碾压混凝土的抗冻等级、极限拉伸等指标的水胶比,一般是很容易满足强度等级指标的。所以,碾压混凝土的水胶比选择是以抗冻等级、极限拉伸值作为控制指标进行选择的。

《水工混凝土施工规范》(DL/T 5144—2009)、《水工混凝土配合比设计规程》(DL/T 5330—2015)中对水胶比最大允许值的规定见表 4-4。

表 4-4 规范规定的混凝土配合比最大允许值

部位	严寒地区	寒冷地区	温暖地区
上、下游水位以上(坝体外部)	0.50	0.55	0.60
上、下游水位变化区(坝体外部)	0.45	0.50	0.55
上、下游水位以下(坝体外部)	0.50	0.55	0.60
基础	0.50	0.55	0.60
内部	0.60	0.65	0.65
水流冲刷	0.45	0.50	0.50

说明:在有环境水侵蚀情况下,水位变化区外部及水下混凝土最大允许水胶比应减少 0.05。

根据国内典型部分工程碾压混凝土(统计 51 座大坝)水胶比的统计分析:绝大多数工程的水胶比在 0.40～0.69。其中水胶比在 0.45～0.55 范围的占多数,平均水胶比为 0.536。一般大坝内部Ⅲ级配强度等级 C_{90}15MPa 碾压混凝土水胶比一般在 0.50～0.60,C_{90}20MPa 碾压混凝土水胶比一般在 0.45～0.50。上游防渗区Ⅱ级配强度等级 C_{90}20MPa 碾压混凝土水胶比一般在 0.45～0.50。因此,在工程实践中通过统计建立已有工程的水胶比数据库按照规范要求选择水胶比范围,其值不宜大于 0.65。通过试验确定,选择既满足设计技术指标要求又经济合理的水胶比。

4.2.2　最优砂率的选择

砂率:单位体积混凝土中砂在砂石体积比中所占的百分比。由于砂和石的密度较为接近,在实际生产中通常以砂和石的质量比来代替体积比计算砂率。最优砂率就是在保证按施工要求的 VC 值拌制的混凝土具有良好的可碾性、液化泛浆、良好的层间结合的条件下,单位用水量最少时对应的砂率。

砂率的大小对混凝土的和易性、工作性和用水量影响很大。砂率过大,砂子的比表面积增大,相对减弱了起润滑骨料作用的水泥浆层的厚度,拌和物就会显得干稠,流动性减小。否则,在保持相对流动性的条件下,则需增加水泥浆用量,即增加水和胶凝材料的用量,从而提高了成本。砂率过小,则骨料的空隙中砂浆数量就会不足,造成碾压混凝土流动性差,特别是黏聚性、保水性、可碾性变差,难以碾压密实,影响混凝土施工性能以及强度、耐久性等其他性能。因此,在确定碾压混凝土配合比参数时,必须选择最优砂率。

碾压混凝土最优砂率的选择与常态混凝土最优砂率的选择相比较为复杂。它与掺合料和外加剂品种掺量、VC 值的大小、石粉含量高低有直接关系。对出机后的新拌和的碾压混凝土可以通过脚踩、手抓把捏,观察拌和物是否为泥巴状、是否容易成为松散状。通过对拌和物进行稠度试验,即 VC 值试验,观察维勃稠度仪表面液化泛浆快慢程度。同时,将完成试验后的 VC 值试件倒扣出来,对试件表面进行观察,表面光滑、密实且有弹性的拌和物,可以初步判定为最优砂率。碾压混凝土最优砂率的选择要参考类似工程配合比的经验,入仓摊铺后的碾压混凝土经振动碾碾压后应是全面泛浆、有弹性和亮感,保证上层骨料嵌入下层已经碾压好的混凝土中。

根据国内典型部分工程碾压混凝土配合比砂率统计分析及工程实例表明:人工骨料Ⅲ级配砂率一般为 32%～34%。Ⅱ级配砂率一般为 34%～38%。天然砂的砂率比人工砂的砂率一般降低 2%～3%。影响砂率的主要因素与粗骨料的品种、粒型和砂的颗粒级配、细度模数有关。特别是人工砂石粉含量的高低对砂率的影响较大。大量工程实践证明,砂中的石粉含量对改善碾压混凝土工作性能影响显著。

4.2.3　单位用水量选择

单位用水量:每立方米混凝土中所需的用水量(以砂石骨料饱和面干状态为准),称为单位用水量,简称用水量。单位用水量用 W 表示。

单位用水量的选择原则是在满足新拌碾压混凝土工作性能，即满足施工要求的 VC 值、可碾性、液化泛浆的前提下，力求单位用水量最小。用水量直接关系到碾压混凝土工作度 VC 值的大小，用水量与 VC 值之间存在着良好的相关关系，用水量增加，碾压混凝土的 VC 值就会减小。大量工程实践表明：VC 值每增减 1s，用水量相应约减增 1.5kg/m^3。

单位用水量的选择与混凝土的可碾性及经济性直接相关。根据国内部分典型工程碾压混凝土配合比研究分析表明：碾压混凝土单位用水量变化范围较大。单位用水量Ⅲ级配碾压混凝土在 78～106kg/m^3、Ⅱ级配碾压混凝土在 83～110kg/m^3。影响单位用水量的主要因素有骨料品种、掺合料与外加剂品种及掺量、石粉含量、施工要求 VC 值的大小以及气候等施工条件。

当采用天然骨料和石灰岩人工骨料时，碾压混凝土用水量较低。如采用辉绿岩、玄武岩等硬质火成岩人工骨料时，碾压混凝土用水量和外加剂掺量会显著增加。

当采用优质的Ⅰ级粉煤灰时，在其需水量比小的减水作用下，可以使碾压混凝土用水量明显降低。

石粉含量高、VC 值小可以显著改善碾压混凝土层间结合质量，有利于抗冻性能和极限拉伸值的提高，但用水量增大。为保证水胶比不变，一般采取加大高效减水剂的技术路线以降低单位用水量。

4.2.4 浆砂比的选择

浆砂比：碾压混凝土灰浆体积（水泥、掺合料、水及粒径小于 0.08mm 微石粉的体积）与砂浆体积的比值，即浆砂体积比，简称浆砂比。用 PV 值表示。PV 值是碾压混凝土配合比设计的重要参数之一，与水胶比、砂率、单位用水量等混凝土配合比设计同等重要。早期的“金包银”碾压混凝土筑坝技术，由于缺乏对浆砂比的深入认识和研究，PV 值很低，大坝建成后，层间渗漏严重，钻孔取出的芯样长度仅 0.3～0.6m，且芯样获得率低。

浆砂比能直观地体现碾压混凝土材料之间的比例关系，也是评价碾压混凝土可碾性、液化泛浆、层间结合、抗骨料分离、保证层间结合等重要的指标参数。提高浆砂比不仅可以增加拌和物灰浆含量充填砂的空隙，还可以有效地提高拌和物的可碾性和层间结合的质量。

碾压混凝土拌和物含气量较低且不容易引气，而且碾压混凝土拌和物经振动碾碾压后含气量极不稳定，含气量损失很快。浆砂比的计算可以不考虑含气量的影响因素，采用绝对体积法进行 PV 值的计算较切合施工实际。

根据近年来全断面碾压混凝土筑坝实践经验，PV 值最小值一般不低于 0.42。例如，百色、龙滩、光照、戈兰滩、金安桥、喀腊塑克等工程碾压混凝土的 PV 值均大于 0.42。影响 PV 值的主要因素是石粉含量。根据国内部分典型碾压混凝土坝配合比研究表明：碾压混凝土胶凝材料用量大坝内部一般在 150～170kg/m³，大坝外部一般在 190～210kg/m³。如果不考虑石粉含量，经计算，PV 值仅为0.33～0.37，将无法保证碾压混凝土层间结合质量。在不提高胶凝材料用量的前提下，石粉在碾压混凝土中的作用显得十分重要。特别是小于 0.08mm 的微石粉，可以起到增加胶凝浆体的作用，如果砂中的石粉（小于 0.16mm 的颗粒）含量达到 18%左右，其中小于 0.08mm 的微石粉占石粉的 30%以上时，经计算，浆砂比（PV 值）一般均大于 0.42。

工程实践表明，石粉含量进一步扩大到 22%时仍可满足碾压混凝土的力学指标要求。当砂中石粉含量较低，PV 值达不到 0.42 比值要求时，一般采用外掺石粉代砂或粉煤灰代砂的技术路线，提高砂中的石粉含量或细粉含量，使其达到 18%左右，可以显著改善碾压混凝土拌和物性能和施工性能。

4.2.5　掺合料的选择

掺合料：掺入碾压混凝土中的粉煤灰、双掺料（矿渣＋灰岩、磷矿渣＋凝灰岩）、火山灰、铁矿渣粉、磷矿渣粉、硅粉等具有活性的材料，是碾压混凝土胶凝材料的主要组成部分。可用 F、SL、PT 等表示。

掺合料的选择在碾压混凝土配合比设计中有十分重要的作用。对掺合料的品种、品质、掺量进行深入的试验研究是碾压混凝土配合比设计的关键。在碾压混凝土掺合料研究与应用方面，粉煤灰是最重要和最主要的掺合料。少数工程由于缺乏粉煤灰或运距过远，经技术分析比较，采用双掺料作为碾压混凝土掺合料，取得了好的效果。例如，大朝山采用了磷矿渣＋凝灰岩混磨掺合料（PT），戈兰滩、景洪、土卡河等工程采用铁矿渣＋石粉掺合料（SL）。

影响掺合料掺量的主要因素是碾压混凝土设计指标、龄期、掺合料品质等。根据 51 个碾压混凝土大坝统计，掺合料的掺量在 30%～69%之间，其中以 50%～65%居多，平均掺量为 55.5%（2000 年以前平均掺量低于 50%，2001 年以后平均掺量在 56%左右）。碾压混凝土掺合料主要以Ⅱ级粉煤灰为主。大坝内部Ⅲ级配碾压混凝土中粉煤灰掺量一般为 55%～65%，大坝防渗区Ⅱ级配碾压混凝土中粉煤灰掺量一般为 50%～55%。大量的碾压混凝土坝工程实践表明，碾压混凝土强度几乎全部超过设计的配制强度，且富余量较大，这样就提高了混凝土的弹性模量，增加了坝体的温度应力，对碾压混凝土抗裂不利，特别是抗冻等级、极限拉伸值与强度等级不相匹配。设计龄期大多采用90d(少数工程采用180d),这样制约了高掺掺合料混凝土后期强度的利用,增加了大坝的温控负担,同时也限制了掺合料的掺量。

4.2.6 外加剂选择

外加剂:在拌制混凝土过程中,掺入一般不超过胶凝材料质量5%的无机、有机或无机与有机混合的化合物。用于改变混凝土和易性、初凝时间,提高强度及耐久性的物质,称为混凝土的外加剂。

外加剂是改善混凝土性能最主要的技术措施之一,可以有效地降低单位用水量,减少胶材用量,有利于温控和提高耐久性能。外加剂对改善碾压混凝土拌和物性能、可碾性、液化泛浆和层间结合作用十分显著。外加剂已经成为碾压混凝土不可缺少的重要材料组分。

我国的碾压混凝土均掺外加剂,主要以萘系缓凝高效减水剂和引气剂为主。外加剂掺量的提高可以有效控制碾压混凝土的用水量,降低VC值,提高可碾性、液化泛浆和层间结合质量。

抗冻等级是碾压混凝土耐久性极为重要的设计指标,目前,抗冻等级设计指标呈越来越高的趋势。碾压混凝土设计指标要求,大坝内部Ⅲ级配碾压混凝土的抗冻等级一般为F50～F100,大坝外部或防渗区Ⅱ级配碾压混凝土的抗冻等级一般为F100,严寒地区大坝,例如龙首、石门子、喀腊塑克等外部防渗区碾压混凝土的抗冻等级均为F300。为了保证碾压混凝土抗冻性能,碾压混凝土中必须掺入引气剂才能满足抗冻要求。由于碾压混凝土高石粉含量的特性,引气比常态混凝土困难,要达到设计的含气量,引气剂的掺量往往是常态混凝土的数倍。

抗冻性能与碾压混凝土含气量有着直接的关系,碾压混凝土中必须掺入引气剂才能满足设计要求的抗冻性能。抗冻等级指标的高低不同,对含气量大小的要求也不同。抗冻等级为F100,含气量需要控制在3.0%～4.0%。抗冻等级为F150～F200,含气量需要控制在4.0%～5.0%。抗冻等级为F300,含气量需要控制在5.5%～5.5%。由于碾压混凝土高掺粉煤灰以及高石粉含量,大量工程试验表明,粉煤灰及石粉对引气剂有极强的吸附性,为了达到抗冻等级要求,根据骨料品种不同,引气剂掺量一般为0.1%～0.3%,才能满足新拌混凝土对含气量控制的要求。引气剂掺量的多少是以含气量的控制要求为原则的,而且碾压混凝土出机口含气量应按照上限进行控制(运输、摊铺和碾压的工序中含气量损失较大)。

骨料品种对外加剂掺量影响很大。例如,百色工程采用辉绿岩人工骨料,金安桥、官地工程采用玄武岩人工骨料,辉绿岩、玄武岩属火成岩,该类硬质岩石骨料密度大，致使拌制的碾压混凝土表观密度达到 2 650kg/m³、2 630kg/m³、2 660kg/m³，密度比常用的灰岩骨料大，特别是硬质骨料还会引起的碾压混凝土用水量高，可碾性、液化泛浆差，抗冻和极限拉伸值低。大量的试验研究的结果表明，提高外加剂掺量是解决上述难题最有效的技术措施。百色、金安桥和官地碾压混凝土缓凝高效减水剂掺量分别达到 1.5%、1.2%、1.1%，引气剂掺量达到 0.15%～0.3%，Ⅲ级配碾压混凝土单位用水量为 90～96kg/m³，Ⅱ级配碾压混凝土单位用水量为 100～106kg/m³，用水量仍然是较高的。当采用石灰岩骨料碾压混凝土时，外加剂掺量和用水量就明显降低。例如，蔺河口、龙滩、光照等工程碾压混凝土采用灰岩人工骨料，碾压混凝土表观密度在 2 450kg/m³ 左右，缓凝高效减水剂掺量一般为 0.6%，引气剂掺量在 1%以下，Ⅲ级配碾压混凝土单位用水量不超过 80kg/m³，Ⅱ级配碾压混凝土单位用水量不超过 85kg/m³。因骨料品种的不同，相同级配的碾压混凝土单位用水量可相差 10kg 以上。

配合比设计是在标准的室内温度气象条件下进行的，与现场施工条件存在很大的差别。碾压混凝土施工受地域、温度、气象、不同时段等条件的影响，加之原材料质量的波动，为了使碾压混凝土配合比满足各种条件下的施工，一般保持配合比参数不变，通过调整外加剂掺量控制拌和物性能。例如，高温时段，白天太阳照射、风干时，提高外加剂掺量，由于外加剂掺量提高，在外加剂减水和缓凝双重叠加作用下，可以有效降低 VC 值，延长缓凝时间，提高拌和物的碾压性能，提高层间结合质量，而且保持了水胶比不变。因此，在施工现场外加剂的掺量是动态控制的。

碾压混凝土中缓凝高效减水剂的掺量是常态混凝土的数倍。大量工程实践中尚未发现缓凝高效减水剂掺量的增加对碾压混凝土强度性能的负面影响。

4.2.7　胶凝材料用量

胶凝材料：单位体积碾压混凝土或砂浆中水泥与掺合料组成的材料总称。胶凝材料用量的大小直接关系到碾压混凝土的各种性能。影响胶凝材料用量高低的主要因素有碾压混凝土设计指标（特别是抗冻等级、极限拉伸值）、骨料品种、掺合料品质以及施工条件等。

碾压混凝土的胶凝材料中水泥所占比例较小，掺合料所占比例较大。坝体内部碾压混凝土Ⅲ级配强度等级 C_{90}15MPa 的胶凝材料一般在 150～170kg/m³，其中水泥用量在 55～65kg/m³。强度等级 C_{90}20MPa 的胶凝材料一般在 180～190kg/m³。其中水泥用量在 70～90kg/m³。防渗区Ⅱ级配碾压混凝土胶凝材料一般在 190～220kg/m³，其中水泥用量在 85～100kg/m³。

关于胶凝材料用量，《水工碾压混凝土施工规范》(DL/T 5112—2009)规定，永久建筑物碾压混凝土的胶凝材料用量不宜低于 130kg/m³，当低于 130kg/m³ 时应进行专题试验论证。

碾压混凝土富胶凝材料与富胶凝浆体材料的含义是有一定区别的。胶凝材料主要指水泥+活性掺合料组成的有效胶凝材料，富胶凝浆体材料主要是把 0.08mm 以下的微石粉计入胶凝材料中，但在水胶比的计算中却未予考虑。大量的工程实践及试验研究成果表明：

(1)采用富胶凝材料碾压混凝土，其透水率与常态混凝土非常接近。

(2)当胶凝材料用量达到一定程度时，碾压混凝土Ⅲ级配与Ⅱ级配的透水率基本相当。

(3)随着碾压混凝土胶凝浆体材料的增加，碾压混凝土渗透性呈逐渐减小的趋势，这种趋势表现为透水率的减小和离散性系数的减小。

(4)胶凝材料用量(170～190kg/m³)及胶凝浆体材料达到一定程度时，PV 值达到 0.42 以上。碾压混凝土现场原位抗剪断试验结果表明，摩擦系数和黏聚力值较高，离散性很小。

(5)碾压混凝土压水试验透水率累积曲线表明，胶凝材料用量在 170kg/m³ 以上的碾压混凝土，采用 0.5Lu 作为防渗区透水率设计指标，施工质量检测标准是合理的。

富胶凝浆体材料并非水泥用量多，而是增加了石粉含量，提高了浆砂比。例如，蔺河口、百色、龙滩、光照、喀腊塑克、金安桥等许多大坝碾压混凝土水泥用量和有效胶凝材料用量并不高，而是富胶凝浆体材料含量高，浆砂比达到 0.42 及以上。再例如，金安桥工程前期碾压混凝土配合比设计，科研试验阶段采用的人工砂石粉含量较低，VC 值按 5～12s 控制，由于石粉含量低，VC 值大，致使碾压混凝土的弹模高，抗冻性能和极限拉伸值达不到设计要求。在进行现场碾压混凝土施工配合比试验时，配合比设计中控制人工砂石粉为 18%～20% ，针对玄武岩人工砂石粉含量偏低的情况，采用外掺石粉代砂技术方案，出机口 VC 值按 1～3s 进行控制，经计算，PV 值达到 0.44 以上。试验结果表明，富胶凝浆体材料的无坍落度半塑性碾压混凝土，显著改善了碾压混凝土的施工性能，同时，抗冻性能和极限拉伸值明显提高，满足了设计要求。

4.2.8 VC 值选择

VC 值：碾压混凝土拌和物的工作度。采用维勃稠度仪测得的时间，以秒(s)为计量单位。VC 值是碾压混凝土拌和物性能及配合比设计极为重要的参数之一。

受气温、湿度和风等气象因素的影响，碾压混凝土拌和物中的 VC 值损失较快。VC 值的损失直接影响到现场碾压混凝土的可碾性及压实度检测指标，同时也直接影响到碾压混凝土力学和耐久性能指标。例如，三峡工程试验数据表明，在平均气温为 14℃、湿度为 70％的环境下，0.5h VC 值损失 2～3s。龙滩工程试验表明：VC 值损失 30％，碾压混凝土整体抗压强度降低 1％，整体劈拉强度降低 3％，层面抗拉强度降低 10％。VC 值损失 60％，相应强度分别降低 2％、7％、16％。可见 VC 值的损失对碾压混凝土层面结合质量影响极大。在高温、大风季节施工时，采取缩小施工仓面，减少层间间隔时间，对 VC 值实施动态控制，并在仓面内通过喷雾降温增湿的措施，以期减小层面 VC 值的损失，保证碾压混凝土层间结合质量。《水工碾压混凝土施工规范》(DL/T 5112—2009)规定，碾压混凝土从拌和到碾压完成历时不宜超过 2h，也是考虑拌和物放置时间过长，VC 值损失大，影响碾压混凝土质量。

因此，现场仓面控制的重点是 VC 值和初凝时间。VC 值是碾压混凝土可碾性和层间结合的关键，使碾压混凝土入仓至碾压完毕均有良好的可碾性，并且在上层碾压混凝土覆盖以前，下层碾压混凝土表面仍能保持良好的塑性。应根据气温和施工条件的变化对 VC 值实行动态控制，及时调整出机口 VC 值。VC 值的控制以仓面碾压混凝土全面泛浆和具有“弹性”，经碾压能使上层骨料嵌入下层混凝土为宜。大量工程实践表明，现场 VC 值控制在 2～8s 比较适宜，机口 VC 值应根据施工现场的气候条件变化实行动态控制，一般宜为 2～5s。例如，龙首工程针对河西走廊气候干燥、蒸发量大的特点，VC 值采用 0～5s。江垭、棉花滩、蔺河口、百色、龙滩、光照、金安桥等工程，当气温超过 25°C 时，VC 值大都采用 1～5s。再例如，龙滩碾压混凝土仓内温度在 20℃以下时，入仓混凝土 VC 值控制在 3～5s；仓内温度在 20℃以上时，VC 值控制在 1～3s。这样既保持混凝土较好的可碾性，又有利于保证层间结合质量。

4.2.9　石粉含量的确定

石粉：人工砂中粒径小于 0.16mm，或加工的粒径小于 0.08mm 的颗粒，称为石粉。

《水工碾压混凝土施工规范》(DL/T 5112—2009)最新标准规定，人工砂石粉含量宜控制在 12％～22％。最佳石粉含量需要通过拌和物性能试验和现场碾压性能试验进行确定。近年来，大量的工程实践证明，碾压混凝土的最优石粉含量大多控制在 18％左右。

石粉含量对碾压混凝土性能影响显著，石粉最大的贡献是提高了碾压混凝土的 PV 值，明显改善了可碾性和层间结合质量。石粉能发挥微集料填充密实的作用，增加胶凝浆体材料的体积。当 PV 值小于 0.42 时，一般采用外掺石粉代砂方案，将砂中石粉含量提高到 18%左右。

石粉含量是用水量和 VC 值的敏感因子。石粉含量每增加 1%，碾压混凝土的用水量相应增加约 $2kg/m^3$，石粉含量的波动，对碾压混凝土用水量影响极大。如果用水量不变，VC 值的大小会随着石粉含量的变化而波动，严重影响可碾性。如果按照施工要求的 VC 值控制，将导致用水量的增加或减少，引起水胶比的变化，使混凝土强度等性能发生变化。所以大量的试验结果表明，最优石粉含量的确定是保证碾压混凝上配合比设计参数稳定的关键。

必须注意的是：石粉含量检测方法的不同，得到的试验结果也不同。干法检测石粉与水洗法检测石粉结果存在较大的差异。例如，百色工程碾压混凝土采用辉绿岩人工砂，按照《水工混凝土砂石骨料试验规程》(DL/T 5151—2014)规定，对辉绿岩人工砂采用干法筛析检测，烘干法检测石粉含量为 16%～20%，FM＝2.7～3.0。采用湿法筛析检测，即将烘干称量好的 500g 辉绿岩人工砂先采用 0.16mm 筛在水中筛析，然后再烘干检测，所得石粉含量为 20%～24%，FM＝2.6～2.9。由于采用干法和湿法检测人工砂石粉含量检测结果存在较大的差异，易造成人工砂质量满足不了规范要求。所以，各个工地应针对具体的骨料品种，对人工砂石粉含量的检测选用切合实际的、能反映碾压混凝土性能的检测方法和标准。

石粉最大的贡献是提高了碾压混凝土 PV 值，增加了胶凝浆体含量体积，提高了层间结合质量。采用高石粉含量的富胶凝浆体材料、低 VC 值的碾压混凝土，消除了骨料分离现象，也为大型的满管溜槽技术替代输送强度低、运行复杂的负压溜槽提供了配合比技术支撑。

4.3 配合比设计步骤

混凝土配合比设计至今尚无统一的方法和标准。其配合比设计思路应根据工程要求结构型式和施工条件，通过试验论证，确定混凝土的组分，即水、胶凝材料和粗细骨料的配合比。目前，已有的各种计算方法，总体归纳起来有绝对体积法(或称为表观密度法、最大密度近似法)、重量法(或称为假定容重法)、包裹理论法等。碾压混凝土的配合比计算，基本上类同于普通混凝土，一般推荐采用绝对体积法进行。碾压混凝土配合比设计的 6 个主要步骤如下。

步骤一：收集配合比设计所需的资料。主要为工程的设计要求及原材料的试验检测结果。

(1)设计要求。包括混凝土强度及保证率，混凝土的抗渗等级、抗冻等级及其他性能指标，混凝土的工作性，骨料最大粒径等。

(2)原材料试验内容。包括水泥的品种、品质、强度等级、密度,掺合料的品种、品质、密度,外加剂的种类、品质,粗细骨料的岩性、种类、级配、表观密度、吸水率、砂子细度模数,拌和用水品质等。

步骤二:初步配合比设计参数选定。在进行配合比参数选择前,需确定粗骨料的最大粒径和各级粗骨料所占比例。国内多数碾压混凝土工程大、中、小三级粗骨料所占的比例为 4:3:3或 3:4:3。

根据碾压混凝土设计指标、掺合料品种掺量、骨料粒径、最优级配、VC 值、碾压混凝土保证度等参照类比类似工程,进行初步配合比设计参数选定。对初步设计的配合比参数,需要通过大量反复的拌和物性能试验进行调整选定。例如,水胶比、用水量、砂率、浆砂比、外加剂掺量、石粉含量等。

步骤三:水胶比与抗压强度的关系试验。对选定的配合比参数,进行水胶比与抗压强度的关系试验,试验至少选用 3 个水胶比试验数据以及不同的掺合料掺量组合,进行不同龄期 7d、28d、90d 以及 180d 的水胶比与抗压强度关系曲线试验。每一试验点的数据至少应由 3 组试验结果得到。同时,计算不同掺合料水胶比与抗压强度及龄期关系的发展系数。

步骤四:根据水胶比与抗压强度关系曲线和强度与龄期关系的发展系数。参照类比类似工程,按照配制强度、工作度 VC 值、抗冻等级、极限拉伸值等设计指标和施工要求,选定碾压混凝土配合比设计参数。

步骤五:碾压混凝土配合比室内试验。根据配合比设计参数确定试验配合比,进行碾压混凝土拌和物性能试验,即硬化混凝土的强度、抗渗、抗冻、极限拉伸、弹性模量、绝热温升等性能试验。

步骤六:配合比现场碾压验证试验。在大坝碾压混凝土正式施工前,应采用现场的原材料和拌和系统进行现场生产性碾压混凝土工艺试验,对提交的施工配合比进行验证和调整,使确定的碾压混凝土配合比满足设计和施工要求。

需要说明的是,水工混凝土配合比设计时,砂石料均是按照饱和面干状态进行计算的。这是水工混凝土和其他行业使用的混凝土在配合比设计上的最大区别,在配合比试验中应充分重视。

4.4　配合比设计方法

碾压混凝土配合比设计计算方法与常态混凝土计算方法相同。骨料以饱和面干(水利水电系统为饱和面干,工民建系统为绝干状态)状态为基准。采用绝对体积法或假定表观密度法(简称表观密度法,又称质量法)计算出 $1m^3$ 碾压混凝土各组成材料的用量。

碾压混凝土的配制强度应为设计抗压强度与施工工艺离散裕度之和。配制强度按照以下公式计算：

混凝土配置强度按照《水工混凝土施工规范》(DL/T 5144—2015)及合同的技术条款，大坝碾压混凝土强度保证率不低于80%。碾压混凝土配置强度计算公式：

$$f_{cu,o}=f_{cu,k}+t\sigma;$$

式中 $f_{cu,o}$——混凝土配置强度，MPa；

$f_{cu,k}$——混凝土设计强度标准值，MPa；

t——保证率系数，碾压混凝土按照80%，$t=0.84$；

σ——混凝土立方体抗压强度标准差，MPa。

根据《水工混凝土施工规范》(DL/T 5144—2015)规定，保证率和概率度系数见表4-5；抗压强度标准差σ，对近期无同品种混凝土生产资料的参照表4-6选用。

表4-5 保证率和概率度系数表

保证率 p(%)	65.5	69.2	72.5	75.8	78.8	80.0	82.9	85.0	90.0	93.3	85.0	97.7	99.9
保证率系数 t	0.40	0.50	0.60	0.70	0.80	0.84	0.95	1.04	1.28	1.50	1.65	2.0	3.0

表4-6 无近期同品种混凝土强度资料时标准差值表

设计龄期混凝土抗压强度 $f_{cu,k}$(MPa)	$f_{cu,k}\leqslant15$	$15<f_{cu,k}\leqslant25$	$25<f_{cu,k}\leqslant35$	$35<f_{cu,k}\leqslant45$	$45<f_{cu,k}$
混凝土抗压强度标准差 σ	3.5	4.0	4.5	5.0	5.5

4.4.1 绝对体积法

1.配合比计算步骤

步骤一：计算胶凝材料用量。根据配合比设计参数选定的水胶比、单位用水量，计算出碾压混凝土的胶凝材料用量，按照掺合料掺量百分率，分别计算出水泥和掺合料用量。

步骤二：根据各自材料的密度，分别计算出水、水泥、掺合料、含气量体积。由于外加剂掺量很小，其体积可忽略不计。

步骤三：由已计算确定的用水量体积、胶凝材料体积、含气量体积及砂率，求出砂石骨料的体积，然后乘以其饱和面干表观密度求出砂石骨料的质量。注意：这里的砂率是指单位体积混凝土中砂在砂石体积比中所占的百分比。由于砂和石的密度较为接近，在实际生产中通常以砂和石的质量比来代替体积比计算砂率。

2. 基本原理

(1)$1m^3$ 新拌混凝土拌和物的体积等于各组成材料的绝对体积与空隙中空气体积之和。则有：

$$1=V_w+V_c+V_p+V_s+V_G+V_a \tag{4.1}$$

即：

$$1=m_w/\rho_w+m_c/\rho_c+m_p/\rho_p+m_s/\rho_s+m_G/\rho_G+0.01\alpha \tag{4.2}$$

式中　V_w、V_c、V_p、V_s、V_G、V_a——$1m^3$ 混凝土中水、水泥、掺合料、砂、石、空气的体积；

m_w、m_c、m_p、m_s、m_G——$1m^3$ 混凝土中水、水泥、掺合料、砂、石的质量；

ρ_w——水的密度，kg/m^3；

ρ_c——水泥的密度，kg/m^3；

ρ_p——掺合料的密度，kg/m^3；

ρ_s——砂饱干面干表观密度，kg/m^3；

ρ_G——石饱和面干表观密度，kg/m^3；

α——混凝土含气量百分数。

(2)由水胶比和单位用水量求得水泥、掺合料用量，则有：

水泥用量：

$$m_c=m_w/[m_w/(m_c+m_p)] \tag{4.3}$$

粉煤灰量：

$$m_p=m_w/[m_w/(m_c+m_p)]\times \text{掺量} \tag{4.4}$$

式中　$m_w/(m_c+m_p)$——水胶比。

(3)由砂率求得砂石质量：

砂质量：

$$m_s=(V_s+V_G)\times[m_s/(m_s+m_G)]\times\rho_s \tag{4.5}$$

石质量：

$$m_G=(V_s+V_G)\times\{1-[m_s/(m_s+m_G)]\}\times\rho_G \tag{4.6}$$

式中　V_s+V_G——$1m^3$ 混凝土中砂、石的体积，m^3；

$m_s/(m_s+m_G)$——砂率，%。

在已知各材料密度、砂率和抗冻要求的含气量等条件后，可按照公式(4.1)或(4.2)求出砂和石的质量。

3. 绝对体积法配合比计算实例

某工程大坝内部Ⅲ级配碾压混凝土设计指标 $C_{90}15W6F100$。试验条件：42.5 中热水泥、Ⅱ级粉煤灰、灰岩人工砂石骨料、石粉含量 18%、掺缓凝高效减水剂 0.6%和引气剂 0.08%。已知水、水泥、粉煤灰、砂、石密度分别为 1 000kg/m^3、3 200kg/m^3、2 200kg/m^3、2 600kg/m^3、2 700kg/m^3。

配合比设计参数：水胶比 0.50、砂率 33%、用水量 83kg/m^3、粉煤灰掺量 60%、含气量 3%（按 3%～4%控制）、VC 值 3～5s，骨料级配小石∶中石∶大石=30∶40∶30。

配合比采用绝对体积法计算如下：

水泥用量：$m_c = m_w/[m_w/(m_c+m_p)]\times(1-60\%)=83/0.50\times40\% = 66.4(kg/m^3)$

粉煤灰量：$m_p=m_w/[m_w/(m_c+m_p)]\times60\%=83/0.50\times60\% = 99.6\ (kg/m^3)$

水的体积：$V_w=m_w/\rho_w=83/1\ 000=0.083\ (m^3)$

水泥体积：$V_C=[(m_c+m_p)\times(1-60\%)]/\rho_c=66.4/3\ 200\approx0.020\ 8\ (m^3)$

粉煤灰体积：$V_p=[(m_c+m_p)\times60\%]/\rho_p=99.6/2\ 200\approx0.045\ 3\ (m^3)$

含气量体积：$V_a=3\%=0.030\ (m^3)$

因此，砂石骨料体积：$V_s+V_G=1-(V_w+V_C+V_p+V_a)=1-0.083-0.020\ 8-0.045\ 3-0.030\approx0.821(m^3)$

由砂率求得砂质量：$m_s=(V_s+V_G)\times m_s/(m_s+m_G)\times\rho_s=0.821\times33\%\times2\ 600\approx704(kg/m^3)$

由砂率求得石质量：$m_G=(V_s+V_G)\times[1-m_s/(m_s+m_G)]\times\rho_G=0.821\times67\%\times2\ 700\approx1\ 485(kg/m^3)$

根据石的质量，由骨料级配：小石∶中石∶大石＝30∶40∶30，求出各粒径骨料用量：小石＝1 485×30％≈446 (kg/m³)，中石＝1 485×40％＝594 (kg/m³)，大石＝1 485×30％≈446(kg/m³)。

4.4.2 假定表观密度法

1.基本原理

1m³ 新拌混凝土拌和物的质量等于各组成材料的质量之和，则有：

$$1m^3\ 表观密度=m_w+m_c+m_p+m_s+m_G \tag{4.7}$$

式中 m_w、m_c、m_p、m_s、m_G——1m³ 混凝土中水、水泥、掺合料、砂、石的质量，kg。

2.配合比计算步骤

步骤一：可先按照类比工程的经验假定 1m³ 拌和物的表观密度，或已知各组成材料密度采用绝对体积法计算出 1m³ 混凝土表观密度，假定的表观密度取十进制。

步骤二：计算砂石用量。根据水胶比和用水量计算胶凝材料用量，然后按照假定表观密度计算砂石质量，即：砂石用量＝1m³，表观密度－(胶凝材料用量＋用水量)，由于外加剂掺量很小，其质量可忽略不计。

砂石质量：$$m_s+m_G=1m^3,表观密度-(m_w+m_c+m_p) \tag{4.8}$$

砂质量：$$m_s=(m_s+m_c)\times m_s/(m_s+m_G) \tag{4.9}$$

石质量：$$m_G=(m_s+m_G)\times[1-m_s/(m_s+m_G)] \tag{4.10}$$

式中　m_s+m_G——砂石饱和面干质量，kg/m³；

$m_s/(m_s+m_G)$——质量砂率，%。

步骤三：对计算出的 1m³ 混凝土表观密度，通过混凝土配合比表观密度试验，对单位体积混凝土表观密度进行调整修正，确定施工配合比砂石骨料用量。

采用绝对体积法的碾压混凝土配合比见表 4-7。

表 4-7　Ⅲ级配 C15 碾压混凝土配合比计算示例表

设计方法	配合比参数					材料用量(kg/m³)							表观密度(kg/m³)
	水胶比	砂率(%)	粉煤灰(%)	减水剂(%)	引气剂(%)	水	水泥	粉煤灰	砂	石	减水剂	引气剂	
绝对体积法	0.50	33	60	0.6	0.08	83	66.4	99.6	704	1 485	0.996	0.133	2 439
假定密度法	0.50	33	60	0.6	0.08	83	66.4	99.6	726	1 475	0.996	0.133	2 450

3.假定表观密度法配合比计算实例

某工程大坝内部Ⅲ级配碾压混凝土设计指标 C_{90}15W6F100。试验条件：42.5 中热水泥、Ⅱ级粉煤灰、灰岩人工砂石骨料、石粉含量 18%、掺缓凝高效减水剂 0.6%和引气剂 0.08%。配合比设计参数：水胶比 0.50、砂率 33%、用水量 83kg/m³、粉煤灰掺量 60%、含气量 3%（按 3%～4%控制）、VC 值 3～5s，骨料级配为小石∶中石∶大石＝30∶40∶30。配合比采用表观密度法计算，根据原材料的表观密度，经计算并参考类似工程碾压混凝土表观密度，Ⅲ级配灰岩骨料碾压混凝土表观密度初步选用 2 450kg/m³。采用表观密度法计算如下：

水泥用量：$m_c=m_w/[m_w/(m_c+m_p)]\times(1-60\%)=83/0.50\times40\%=66.4(\text{kg/m}^3)$

粉煤灰量：$m_p=m_w/[m_w/(m_c+m_p)]\times60\%=83/0.50\times60\%=99.6(\text{kg/m}^3)$

砂石用量：$m_s+m_G=$1m³ 表观密度$-(m_w+m_c+m_p)=2\,450-(83-66.4-99.6)=2\,201(\text{kg/m}^3)$

砂质量：$m_s=(m_s+m_G)\times m_s/(m_s+m_G)=2\,201\times33\%\approx726(\text{kg/m}^3)$

石质量：$m_G=(m_s+m_G)\times[1-m_s/(m_s+m_G)]=2\,201\times(1-33\%)\approx1\,475(\text{kg/m}^3)$

根据石的质量，由骨料级配：小石∶中石∶大石＝30∶40∶30，求出各粒径骨料用量：小石＝1 475×30%≈443(kg/m³)，中石＝1 475×40%＝590(kg/m³)，大石＝1 475×30%≈443(kg/m³)。

采用假定表观密度法的碾压混凝土配合比见表 4-7。

4.混凝土表观密度确定

配合比设计采用不同的计算方法：绝对体积法和假定表观密度法，配合比参数、水、胶凝材料用量是相同的。由于混凝土表观密度不同，砂石骨料的质量存在着较小的差异。两种配合比计算方法表明，采用绝对体积法进行配合比设计计算时，要具备原材料的表观密度条件才能进行配合比设计计算。同时，绝对体积法配合比计算比假定表观密度法复杂。

实际的配合比设计计算是按照绝对体积法、表观密度法以及新拌混凝土表观密度试验三个步骤进行，三者之间相互关联，一般施工配合比混凝土表观密度确定步骤如下。

步骤一：首先根据原材料的表观密度和抗冻要求的含气量，采用绝对体积法计算出 $1m^3$ 混凝土表观密度。这里需要注意的是，混凝土含气量的确定对表观密度的确定影响很大。混凝土1%含气量的体积为 $0.01m^3$，其混凝土质量约为24～25kg/m^3，其次是原材料表观密度波动的影响，这也是影响混凝土表观密度的因素之一。

步骤二：对初步选定的混凝土表观密度须通过新拌混凝土表观密度试验进行验证，验证设计的表观密度的准确性。当试验得到的表观密度与设计的表观密度相差较大时需要进行修正计算。具体可参考《水工混凝土配合比设计规程》(DL/T 5330—2015)。

步骤三：确定混凝土表观密度采用绝对体积法进行配合比设计计算时，求得的表观密度数往往不是整数。因为混凝土为非均质材料，新拌制混凝土在进行表观密度试验时，一盘混凝土中多次的试验结果是不相同的。由于新拌混凝土容易造成坍落度或VC值损失，导致含气量也相应减小，含气量波动直接影响表观密度。所以在选定混凝土表观密度时，施工配合比往往采用整数：一是水工混凝土砂石骨料试验规程要求骨料表观密度准确至10kg/m^3。二是质量控制混凝土表观密度取整，便于试验人员记忆和计算。三是混凝土质量控制对水、胶凝材料、外加剂允许偏差为±1%，砂石骨料允许偏差为±2%。考虑上述因素，在施工配合比设计中，混凝土施工配合比的表观密度一般取整数，准确至10kg/m^3，并且取大值。

4.4.3 配合比试拌调整

试验室提交的碾压混凝土配合比在施工生产中，应根据施工现场的条件变化和原材料的波动情况及时对配合比进行调整。对关键参数，水胶比、单位用水量、掺合料一般不允许调整。一般根据现场砂的细度模数、石粉含量、骨料超逊径、气温和含气量变化，对砂率、石粉含量、级配、外加剂掺量等按配合比参数关系规律进行调整。

水工混凝土在拌和时，砂石骨料均应按照饱和面干状态计算为准。由于实际状况砂石骨料往往不是饱和面干状态，当砂石骨料的含水率超过饱和面干吸水率，或骨料绝干状况达不到饱和面干状态时，在混凝土拌和中，混凝土单位用水量的计算应按照实际的骨料含水率，扣除骨料表面含水量或补充饱和面干吸水量。

混凝土试拌调整必须采用搅拌机进行拌和，其最小拌和量不宜小于搅拌机额定搅拌量的 1/3。同时还应根据骨料最大粒径选择最小拌和量，一般骨料粒径不小于 80mm 时，其最小拌和量不应少于 40L。

4.5　金安桥水电站大坝碾压混凝土配合比设计及优化研究

4.5.1　工程概况

金安桥水电站位于云南省丽江市境内的金沙江中游河段，是金沙江中游河段规划的第五个梯级电站。工程枢纽主要由混凝土重力坝、坝后厂房、右岸溢流表孔及消力池、右岸泄洪（冲砂）底孔、左岸冲砂底孔及交通洞等永久建筑物及导流隧洞、围堰等临时建筑物组成。坝高 160m、电站装机 2 400MW。

碾压混凝土重力坝坝顶高程为 1 424m，最大坝高为 160m，坝顶长度为 640m。坝体共分 21 个坝段。从左至右依次为混凝土键槽 0# 坝段，长 42m；左岸 1# ～5# 非溢流坝段，长 150m；6# ～11# 为河床坝段，长 186m；其中 6# 坝段布置左岸冲砂底孔；7# ～10# 坝段为进水口坝段；11# 坝段布置电梯等上坝设施；右岸 12# ～15# 坝段为泄洪冲砂坝段，长 119m；其中 12# 坝段布置两孔 5m×8m 的泄洪（冲砂）底孔；13# ～15# 坝段布置五孔 13m×20m 的溢流表孔；右岸 16# ～20# 为非溢流坝段，长 143m。由于坝后式厂房的布置格局，坝身孔口多（12 个），对碾压混凝土快速施工影响较大。厂房坝段施工是控制本工程大坝混凝土施工进度的关键，特别是引水压力钢管安装与混凝土浇筑交叉或平行作业，干扰大，施工质量和安装精度要求高，必须密切协调同厂房标段之间的关系，按时或提前提交工作面，为厂房混凝土施工、机组安装提供方便和通道。

金沙江洪水由暴雨形成，洪水多发生在 6～10 月的汛期内，主汛期为 7～9 月。主汛期发生年洪水的可能性均在 94％以上。金安桥工程地处云贵高原，具有典型的高原气候特点，昼夜温差大、光照强烈、气候干燥、蒸发量大。近几年来，极端最高气温为 35.9℃，极端最低气温为－6.2℃。

金安桥工程混凝土总量约 595 万 m^3，大坝混凝土总量约 453 万 m^3，其中大坝碾压混凝土有 259 万 m^3。大坝混凝土浇筑强度高(最高强度达 22.3 万 m^3/月)。共需制备混凝土粗细骨料 1 362 万 t,则需提供加工料源约 700 万 m^3。此外,围堰填筑需石渣料 100 万 m^3,反滤料过渡料 13 万 m^3。

4.5.2 前期配合比试验情况

根据合同文件要求于 2006 年 7 月上旬开始进行碾压混凝土施工配合比试验。原材料采用永保 42.5 中热水泥,攀枝花Ⅱ级粉煤灰,缓凝高效减水剂 ZB－1RCC15 和 JM－Ⅱ及引气剂 ZB－1G,三峡加工的弱风化玄武岩人工骨料以及工地水电八局生产的玄武岩人工骨料等。分别进行了原材料试验、混凝土配合比参数选择试验、常态混凝土配合比试验、碾压混凝土配合比试验、层间铺筑砂浆及富浆混凝土试验等。通过上述试验取得了大量的试验参数和相关数据。提出了金安桥大坝混凝土施工配合比。

在进行大坝碾压混凝土配合比试验过程中发现:

(1)玄武岩人工骨料密度大,表面粗糙、岩性脆、硬度高,具有很强的吸附性,由于玄武岩骨料的这种特性,导致混凝土用水量急剧增加。

(2)前期为了保证混凝土配合比试验及时开展,采用金安桥玄武岩毛料在三峡加工,加工的成品人工砂石骨料拉运到金安桥工地。经试验检测,该成品玄武岩粗骨料粒形差,多为片状粒形,特别是针片状含量严重超标。

(3)玄武岩人工砂石粉含量偏低。前期采用三峡加工的玄武岩骨料,人工砂石粉含量偏低,新拌碾压混凝土拌和物工作性差,经计算,浆砂体积比均在 0.38 以下,明显小于一般碾压混凝土浆砂比为 0.42 的理论值。后期砂石标投产后,采用玄武岩制砂,石粉含量低、细度模数大,无法生产出符合施工要求的碾压混凝土用砂。由于石粉含量低,碾压混凝土浆体明显不足,造成碾压混凝土液化泛浆差,对层间结合十分不利。

(4)采用的攀枝花Ⅱ级粉煤灰需水量比也较高。

上述原因造成金安桥工程不论是常态混凝土或碾压混凝土的单位用水量急剧增加。而且新拌碾压混凝土拌和物性能差,不能满足碾压混凝土可碾性、液化泛浆和层间结合的施工要求,明显有别于其他工程的碾压混凝土,对大坝碾压混凝土快速施工、层间结合、温控防裂带来极大的不利。在以往的工程中是十分少见的。通过外掺灰岩石粉提高了浆体比值以达到了改善新拌碾压混凝土拌和物性能的目的,但混凝土单位用水量仍偏高。由于金安桥水电站工程砂石标生产的玄武岩人工砂石粉含量偏低，不能满足大坝工程碾压混凝土对人工砂石粉含量的要求。因此，在已完成碾压混凝土施工配合比的基础上，通过增加外掺石灰石粉的方案来提高碾压混凝土人工砂中的石粉含量。在保持胶凝材料用量不变的情况下，通过适当降低砂率以降低混凝土的单位用水量。

根据业主公司《关于贯彻落实大坝碾压混凝土配合比优化及混凝土芯样质量评价咨询会咨询意见的通知》及 2008 年 6 月 5～6 日在丽江召开的“云南省金沙江金安桥水电站工程大坝碾压混凝土配合比优化及混凝土芯样质量评价咨询会咨询意见”会议的精神，自 2006 年 12 月底开始在已经完成的碾压混凝土施工配合比的基础上进行优化试验。对金安桥水电站工程碾压混凝土 1 350.000m 高程以上配合比进行优化。从经济角度出发，为降低水化热温升，将 $C_{90}15$Ⅲ级配配合比水泥用量从 72 kg/m^3 降至 63 kg/m^3，优化后的粉煤灰掺量为 63%，未突破 65%的规定；水胶比为 0.53，未突破 0.55 的设计指标。截至目前，大坝已蓄水多年，裂缝较少，防渗性能良好，大坝观测成果显示，大坝整体稳定，优化成功。配合比设计优化主要从以下几个方面进行：

(1)通过外掺石粉代砂技术方案解决石粉含量低的问题，通过试验确定了碾压混凝土最优石粉含量，$C_{90}20$Ⅲ级配石粉含量为 18%，$C_{90}15$Ⅲ级配石粉含量为 19%。

(2)针对 VC 值损失的情况，调整出机口 VC 值为 1～3s，出机口 VC 值控制以仓面可碾性和液化泛浆好为原则。

(3)针对玄武岩骨料碾压混凝土用水量高及液化泛浆差的不利因素，提高缓凝高效减水剂的掺量，降低了用水量，解决了液化泛浆差的难题。

(4)优化 $C_{90}15$Ⅲ级配碾压混凝土，水泥用量从 72 kg/m^3 降至 63 kg/m^3，有效降低了水化热温升。

4.5.3　原材料试验

1. 水泥

水泥为永保 42.5 中热硅酸盐水泥，水泥物理力学性能试验结果见表 4-8，永保 42.5 中热硅酸盐水泥物理力学性能；水泥化学分析试验结果见表 4-9，永保 42.5 中热硅酸盐水泥化学分析结果。

检测结果表明：水泥物理和化学指标符合《中热硅酸盐水泥、低热硅酸盐水泥、低热矿渣硅酸盐水泥》(GB 200—2003)标准要求。

表 4-8　永保 42.5 中热硅酸盐水泥物理力学性能

水泥品种		比表面积(m^2/kg)	标稠(%)	安定性	凝结时间		抗压强度(MPa)			抗折强度(MPa)			水化热(kJ/kg)	
					初凝	终凝	3d	7d	28d	3d	7d	28d	3d	7d
永保 42.5 中热	1 批	316	26.1	合格	2h33min	3h31min	26.8	31.0	48.1	5.8	7.2	7.9	230	272
	2 批	315	24.6	合格	2h30min	3h35min	24.0	33.1	47.5	5.1	6.3	7.5	228	261
GB 200—2003		≥250	—	合格	≥1h	≤12h	≥12.0	≥22.0	≥42.5	≥3.0	≥4.5	≥6.5	≤251	≤293

表 4-9　永保 42.5 中热硅酸盐水泥化学分析结果

水泥品种		化学分析(%)							
		SiO_2	Al_2O_3	Fe_2O_3	CaO	MgO	SO_3	R_{20}	Loss
永保 42.5 中热	1 批	21.30	5.81	5.10	60.12	3.90	2.18	0.59	2.17
	2 批	21.10	5.60	5.03	61.08	2.60	2.98	0.47	1.14
GB 200—2003		—	—	—	—	≤5.0	≤3.5	≤0.6	≤3.0

2. 粉煤灰

粉煤灰为攀枝花Ⅱ级粉煤灰，品质检测结果见表 4-10。检测结果表明：粉煤灰符合《水工混凝土掺用粉煤灰技术规程》(DL/T 5055—2007)技术指标，属Ⅱ级粉煤灰。

表 4-10　攀枝花Ⅱ级粉煤灰品质检测结果

粉煤灰品种	细度(%)	需水量比(%)	烧失量(%)	SO_3(%)
攀枝花Ⅱ级(磨细)	18.6	102	4.47	0.58
攀枝花Ⅱ级(分选)	13.1	100	4.12	0.62
DL/T 5055—2007	≤25	≤105	≤8	≤3

3. 骨料

细骨料为弱风化玄武岩人工砂，三峡加工的玄武岩人工砂及金安桥骨料加工系统生产的玄武岩人工砂品质检测结果见表 4-11。结果表明：玄武岩人工砂石粉含量明显偏低。

表 4-11　金安桥水电站玄武岩人工砂品质检测结果

品种	细度模数	石粉含量(%)	堆积密度(kg/m^3)	紧密度(kg/m^3)	表观密度(kg/m^3)	饱和面干表观密度(kg/m^3)	饱和面干吸水率(%)	坚固性(%)
三峡加工	2.71	11.0	1 700	2 020	2 910	2 880	1.0	3
金安桥加工	2.78	11.8	1 730	1 890	2 940	2 870	1.6	2
DL/T 5144—2001	2.2～2.9	10～22	—	—	≥2 500	—	—	≤8

粗骨料采用弱风化玄武岩人工碎石，三峡加工的玄武岩粗骨料及金安桥骨料加工系统生产的玄武岩粗骨料品质检测结果见表 4-12。结果表明：玄武岩人工骨料密度大。三峡加工的玄武岩粗骨料粒形差，多为片状结构，针片状含量较大，特别是中石、大石针片状含量严重超标，而金安桥骨料加工系统试生产时的玄武岩骨料满足规范要求。

表 4-12　玄武岩粗骨料品质检测结果

骨料粒径(mm)		表观密度(kg/m^3)	堆积密度(kg/m^3)	紧密密度(kg/m^3)	饱和面干表观密度(kg/m^3)	饱和面干吸水率(%)	针片状(%)	压碎指标(%)	坚固性(%)
三峡加工	5～20	2 950	1 540	1 740	2 920	0.57	19	3.7	3
	20～40	2 960	1 530	1 700	2 940	0.37	31	—	3
	40～80	2 960	1 510	1 680	2 950	0.15	31	—	1

表 4-12(续)

骨料粒径(mm)		表观密度(kg/m³)	堆积密度(kg/m³)	紧密密度(kg/m³)	饱和面干表观密度(kg/m³)	饱和面干吸水率(%)	针片状(%)	压碎指标(%)	坚固性(%)
金安桥加工	5～20	2 970	1 540	1 720	2 940	0.56	7.4	3.9	3
	20～40	2 990	1 530	1 680	2 960	0.43	3.3	—	2
	40～80	2 990	1 520	1 620	2 970	0.32	6.8	—	0
DL/T 5144—2001		≥2 550	—	—	—	≤2.5	≤15	≤12	≤5

4.外加剂

外加剂采用浙江龙游五强外加剂有限责任公司生产的ZB－1RCC15缓凝高效减水剂和ZB－1G引气剂，掺外加剂混凝土性能试验结果见表4-13。试验结果表明：外加剂的混凝土性能均满足标准要求，并且改进后的减水剂和引气剂性能均得到了很大的提升。

表 4-13 掺入外加剂混凝土试验成果

品种	外加剂		减水率(%)	含气量(%)	凝结时间差(min)		泌水率比(%)	抗压强度比(%)		
	品种	掺量(%)			初凝	终凝		3d	7d	28d
缓凝高效减水剂	ZB－1RCC15	0.8	18.8	1.6	＋663	＋806	32.4	—	130	124
	ZB－1RCC15(改进型)	0.7	21.3	2.3	＋315	＋350	12.6	153	154	160
引气剂	ZB－1G	0.007	6.7	4.7	＋45	＋90	15.8	96	96	98
	ZB－1G(改进型)	0.005	6.4	4.7	＋55	＋50	15.9	101	98	97
GB 8076—1997	缓凝高效减水剂		≥12	<4.5	>＋90	—	≤100	≥125	≥125	≥120
	引气剂		≥6	>3.0	－90～＋120	－90～＋120	≤70	≥95	≥95	≥90

4.5.4 碾压混凝土参数与性能试验

1.水胶比与抗压强度关系试验条件

金安桥水电站主坝碾压混凝土配合比试验于2006年6月开始进行，首先采用前期开采的少量弱风化玄武岩毛料拉运至三峡破碎加工成人工骨料，分别进行了原材料试验和配合比参数选择试验。试拌过程中发现，加工后的粗骨料针片状含量高，粒形差，人工砂石粉含量偏低。新拌碾压混凝土拌和物工作性差，经计算，浆砂体积比均在 0.38 以下，明显小于一般碾压混凝土浆砂比为 0.42 的理论值。由于石粉含量低，碾压混凝土浆体明显不足，造成碾压混凝土液化泛浆差，为此采用外掺石粉 9%，将人工砂石粉含量提高到 18%～20%，碾压混凝土工作性改善明显。

根据大坝碾压混凝土的设计指标和施工性能要求，进行了弱风化玄武岩骨料碾压混凝土水胶比与抗压强度关系试验。

(1)试验条件。水泥：永保中热 42.5。粉煤灰：攀枝花Ⅱ级(磨细)。外加剂：减水剂 ZB－1RCC15 、引气剂 ZB－1G。骨料：三峡加工的玄武岩人工骨料。石粉：永保水泥厂加工的灰岩石粉，细度为 9.4、需水量比为 104%、烧失量为 35.53%、SO_3 含量为 0.38%。

(2)试验参数。Ⅱ级配碾压混凝土(小石∶中石＝50∶50)，水胶比：0.45、0.50、0.55。粉煤灰掺量：50%、55%、60%。Ⅲ级配碾压混凝土(小石∶中石∶大石＝30∶40∶30)，水胶比：0.45、0.50、0.55。粉煤灰掺量：55%、60%、65%。缓凝高效减水剂：ZB－1RCC15 掺量 1.0%，引气剂 ZB－1G 掺量 0.20%～0.25%(按含气量确定)。砂率：选择最优砂率。VC 值：3～5s(出机)。用水量：Ⅱ级配(110±5)kg/m^3、Ⅲ级配(100±5)kg/m^3。密度：Ⅱ级配 2 590kg/m^3，Ⅲ级配 2 620kg/m^3。

(3)试验龄期：7d、28d、90d、180d。

2.拌和物性能试验

弱风化玄武岩骨料碾压混凝土水胶比与抗压强度关系的拌和物性能试验结果见表 4-14。结果表明：弱风化玄武岩骨料碾压混凝土单位用水量很高，当减水剂掺量提高到 1.0%，引气剂掺量在 0.25%时，碾压混凝土Ⅲ级配用水量为 100kg/m^3，Ⅱ级配用水量 110kg/m^3，VC 值方能达到 3～5s。和国内同类型的其他工程碾压混凝土配合比用水量相比，单位用水量仍高出 10kg/m^3 以上，并且碾压混凝土凝结时间明显偏短，初凝时间均在 3h 左右。

3.抗压强度试验

弱风化玄武岩骨料碾压混凝土水胶比与抗压强度关系试验结果见表 4-14。试验结果表明：在不同水胶比和粉煤灰掺量的条件下，碾压混凝土水胶比与抗压强度有较好的相关性。

表 4-14 碾压混凝土水胶比与抗压强度关系试验成果

试验编号	级配	水胶比	煤灰掺量(%)	砂率(%)	水(kg/m³)	ZB－1RCC15(%)	ZB－1G(%)	VC值(s)	液化泛浆	含气量(%)	凝结时间		抗压强度(MPa)				
											初凝	终凝	7d	28d	56d	90d	180d
J2－01	Ⅱ级配	0.45	50	37	110	1.0	0.25	4.0	好	4.3	2h10min	8h52min	8.2	19.6	26.6	29.4	32.7
J2－02		0.50		38				3.5	好	4.0	2h38min	9h9min	7.2	17.8	24.2	27.8	30.8
J2－03		0.55		39				3.8	好	4.2	2h42min	9h35min	5.9	15.9	21.5	24.5	27.6
J2－04		0.45	55	37	110	1.0	0.25	3.8	好	2.4	2h2min	5h	7.8	18.7	23.8	27.2	30.2
J2－05		0.50		38				3.6	好	3.3	2h24min	8h38min	6.9	17.1	22.5	25.4	28.5
J2－06		0.55		39				3.3	好	3.8	2h50min	9h49min	5.4	15.1	19.9	23.5	25.8
J2－07		0.45	60	37	110	1.0	0.25	3.6	好	4.4	2h37min	7h26min	6.9	17.2	22.5	25.7	29.5
J2－08		0.50		38				3.6	好	3.8	2h38min	10h10min	6.2	15.9	19.4	22.9	27.9
J2－09		0.55		39				3.2	好	4.2	2h56min	9h58min	5.2	14.0	17.8	20.1	25.8
J3－01	Ⅲ级配	0.45	55	33	100	1.0	0.25	3.5	好	4.2	—	—	9.8	20.3	25.5	28.2	33.2
J3－02		0.50		34				4.3	好	3.5	2h42min	9h38min	8.2	18.8	23.5	26.5	30.5
J3－03		0.55		35				3.7	好	3.5	3h5min	9h42min	6.6	16.2	20.9	23.9	28.1
J3－04		0.45	60	33	100	1.0	0.25	3.8	好	3.0	—	—	7.9	18.2	24.2	26.2	31.0
J3－05		0.50		34				3.7	好	3.0	3h2min	9h25min	7.0	17.4	21.2	24.6	29.8
J3－06		0.55		35				3.7	好	3.0	2h56min	9h2min	6.4	15.8	19.8	21.8	27.5
J3－07		0.45	65	33	100	1.0	0.25	4.6	好	4.6	—	—	6.9	16.8	22.0	24.5	29.8
J3－08		0.50		34				3.3	好	4.4	3h45min	9h10min	6.1	15.5	19.6	21.8	27.8
J3－09		0.55		35				5.0	好	4.3	3h8min	9h15min	5.6	15.0	18.0	19.2	24.5

根据碾压混凝土水胶比与抗压强度关系试验结果，对碾压混凝土各龄期抗压强度发展系数进行了统计，统计表明：混凝土抗压强度以 28d 龄期为基准值，随粉煤灰掺量的不同，则不同龄期混凝土抗压强度与 28d 发展系数如下：7d 为 37%～48%、56d 为 120%～136%、90d 为 128%～156%、180d 为 161%～184%，见表 4-15。

表 4-15　碾压混凝土各龄期抗压强度发展系数表

级配	各龄期抗压强度与 28d 龄期发展系数(%)				
	7d	28d	56d	90d	180d
Ⅱ	37～42	100	122～136	144～156	161～184
Ⅲ	37～48	100	120～133	128～148	162～179

4. 碾压混凝土现场工艺试验分析

2007 年 2 月 2 日至 2007 年 2 月 10 日，在金安桥工地进行了碾压混凝土工艺试验，由于弱风化玄武岩人工砂石粉含量偏低，通过外掺石灰石粉代砂 5%的技术方案，提高碾压混凝土人工砂中的石粉含量，使碾压混凝土中的石粉含量控制在 16%～18%的范围。碾压过程中虽然气温不高，但光照强烈、气候干燥，碾压混凝土表面易发白。碾压完毕后，混凝土表面有较多粗骨料裸露，麻面较多，增加碾压遍数也无法改观。达到设计龄期后，对工艺试验的碾压混凝土进行了钻孔取芯，从芯样外观看，表面有较多的孔洞，层间结合较差，芯样整体性不高。通过对工艺生产过程中的试验资料统计后初步分析，造成碾压混凝土可碾性差的主要原因是碾压混凝土中的石粉含量偏低和入仓 VC 值偏大。工艺试验碾压混凝土施工时，虽然采用了石粉代砂 5%的技术方案，但由于人工砂中的石粉含量波动较大，碾压混凝土中的石粉总量多数在 16%左右。而碾压混凝土出机口 VC 值在 3.0～5.9s，入仓 VC 值在 3.6～6.5s。

2007 年 5 月 2 日大坝首仓碾压混凝土浇筑。首仓大坝碾压混凝土施工浇筑时，金安桥地区正处于气候干燥少雨、高温多风、光照强烈（白天温度达 30～34℃）、蒸发量大等不利的施工条件下，针对玄武岩人工砂石粉含量低、特别是 0.08mm 以下的微石粉含量少等特点，对初步确定的碾压混凝土施工配合比进行了调整，采用外掺石粉代砂 8%，使人工砂石粉含量达到 18%～20%，0.08mm 以下微粉颗粒达到 50%以上，把进行工艺试验剩余的缓凝高效减水剂掺量提高到 1.2%，VC 值实行动态控制，出机 VC 值以仓面可碾性好为原则。

首仓大坝碾压混凝土施工表明，由于采取了上述技术措施，碾压混凝土从拌和、运输、入仓、摊铺、碾压及喷雾保湿等全过程反映，碾压混凝土浆体充足、可碾性良好、骨料不分离、表面液化泛浆充分、有弹性，使上层骨料能够嵌入下层已碾压完的碾压混凝土中，保证了碾压混凝土层间结合。

国内大量的碾压混凝土坝实践证明，水工碾压混凝土快速筑坝关键核心技术是“层间结合、温控防裂”，直接关系到大坝的防渗性能和整体性能。碾压混凝土本体抗渗性能并不逊色于常态混凝土，但层间结合面质量的优劣是导致渗透的主要原因。碾压混凝土层面结合强度主要取决于两个方面：胶凝材料之间的胶结力和新浇混凝土骨料嵌入前面浇筑层产生的骨料咬合力，即碾压后的混凝土层面应全面泛浆有弹性，使上层碾压混凝土骨料嵌入下层碾压完毕的混凝土中。

根据上述试验结果，弱风化玄武岩骨料对碾压混凝土的性能影响如下：

(1)弱风化玄武岩骨料是导致碾压混凝土用水量高的主要原因。

(2)弱风化玄武岩人工砂石粉含量低是造成碾压混凝土工作性差的主要因素。

(3)首仓大坝碾压混凝土施工初步表明，外加剂掺量、石粉代砂、VC 值是影响碾压混凝土施工性能的重要因素。

5.弱风化玄武岩骨料碾压混凝土性能试验研究

(1)外加剂掺量对用水量的影响。外加剂掺量对碾压混凝土单位用水量的影响试验是采用相同的配合比试验参数，通过调整外加剂掺量，研究碾压混凝土单位用水量的变化。

试验条件：

原材料：永保 42.5 中热水泥，攀枝花Ⅱ级(磨细)粉煤灰、需水量比为 102%，金安桥玄武岩人工骨料、配制玄武岩人工砂 FM=2.56，石粉含量按 20%控制，缓凝高效减水剂为 ZB－1RCC15，引气剂为 ZB－1G。

级配：Ⅱ级配，小石∶中石=45∶55；Ⅲ级配，小石∶中石∶大石=30∶40∶30。

密度：Ⅱ级配为 2 600kg/m^3，Ⅲ级配为 2 630kg/m^3。

外加剂掺量与碾压混凝土用水量关系试验参数及结果见表 4-16。结果表明：掺入缓凝高效减水剂 ZB－1RCC15 为 0%、0.5%、1.0%和引气剂 ZB－1G 为 0.25%～0.30%时，碾压混凝土随外加剂掺量的提高，单位用水量及胶凝材料用量显著降低。

当 ZB－1RCC15 掺量为 0%、0.5%和 1.0%，ZB－1G 引气剂掺量为 0.25%～0.30%，碾压混凝土达到相近 VC 值时，Ⅲ级配用水量分别为 127 kg/m^3、106 kg/m^3、95 kg/m^3。当水胶比为 0.55 时，相应胶凝材料分别为 231 kg/m^3、193 kg/m^3、173 kg/m^3；当水胶比为 0.50 时，相应胶凝材料分别为 254 kg/m^3、212 kg/m^3、

190 kg/m³。Ⅱ级配用水量分别从 137 kg/m³ 降低到 105 kg/m³；当水胶比为 0.50 时，相应胶凝材料从 274 kg/m³ 降低到 210 kg/m³。

当 ZB－1RCC15 掺量从 0.5％提高到 1.0％掺量时，胶材用量相应降低20～22kg/m³。由于碾压混凝土高掺粉煤灰，粉煤灰具有极强的吸附作用，对含气量影响极大，同时碾压混凝土引气比较困难，所以，为了达到碾压混凝土需要的含气量，引气剂掺量很高，这是大量碾压混凝土工程实践结果所证明的。

表 4-16　外加剂掺量与碾压混凝土用水量关系试验结果

试验编号	级配	试验参数						胶材用量(kg/m³)			试验结果		
		水胶比	粉煤灰(％)	砂率(％)	用水量(kg/m³)	ZB－1RCC15(％)	ZB－1G(％)	胶材总量	水泥	粉煤灰	减水率(％)	VC 值(s)	含气量(％)
WR－1	Ⅲ	0.55	65	35	127	—	—	231	81	150	—	4.6	1.4
WR－2		0.55	65	35	106	0.5	0.25	193	68	125	16.5	4.9	3.8
WR－3		0.55	65	35	95	1.0	0.25	173	61	112	25.2	4.5	3.5
WR－4		0.50	60	34	127	—	—	254	102	152	—	4.3	1.8
WR－5		0.50	60	34	106	0.5	0.30	212	85	172	16.5	4.2	3.4
WR－6		0.50	60	34	95	1.0	0.30	190	76	114	25.2	4.3	3.9
WR－7	Ⅱ	0.50	55	38	137	—	—	274	123	151	—	4.6	1.5
WR－8		0.50	55	38	116	0.5	0.30	232	104	128	15.3	4.1	4.1
WR－9		0.50	55	38	105	1.0	0.30	210	94	116	23.4	5.5	3.8

上述试验结果充分说明：从降低混凝土温升、提高抗裂性能和防止大坝裂缝考虑，提高减水剂掺量是降低胶材用量和温控最有效的技术措施。

(2)水泥和粉煤灰品种对用水量的影响。水泥、粉煤灰对碾压混凝土单位用水量的影响试验采用相同的配合比试验参数，通过选取不同的水泥和粉煤灰品种，进行对照分析，确定影响因素。

试验条件及参数：

原材料：红塔 42.5 中热水泥和宣威Ⅰ级粉煤灰组合，永保 42.5 中热水泥和宣威Ⅰ级粉煤灰组合，永保 42.5 中热水泥和攀枝花Ⅱ级粉煤灰组合。采用玄武岩人工砂石骨料，石粉含量控制在 18％～20％。采用 ZB－1RCC15 减水剂和 ZB－1G 引气剂。

VC 值：控制在 3～5s。

级配：Ⅱ级配，小石∶中石＝45∶55；Ⅲ级配，小石∶中石∶大石＝30∶40∶30。

密度：Ⅱ级配为 2 600kg/m^3，Ⅲ级配为 2 630kg/m^3。

水泥、粉煤灰品质与碾压混凝土用水量关系试验结果见表 4-17。数据表明：

编号 RX 采用红塔 42.5 中热水泥，宣威Ⅰ级粉煤灰，碾压混凝土Ⅲ级配用水量为 87 kg/m^3，Ⅱ级配用水量为 96 kg/m^3。

编号 RXJ 采用永保 42.5 中热水泥，宣威Ⅰ级粉煤灰，碾压混凝土Ⅲ级配用水量为 87 kg/m^3。

编号 RY 采用永保 42.5 中热水泥，攀枝花Ⅱ级粉煤灰，碾压混凝土Ⅲ级配用水量为 95 kg/m^3，Ⅱ级配用水量为 105 kg/m^3。

表 4-17　水泥、粉煤灰品种与碾压混凝土用水量关系试验结果

试验编号	级配	试验参数						VC 值 (s)	含气量 (%)	材料组合
		水胶比	用水量 (kg/m^3)	砂率 (%)	粉煤灰 (%)	ZB－1RCC15 (%)	ZB－1G (%)			
RX－01	Ⅲ	0.55	87	35	65	0.8	0.20	4.5	2.7	红塔水泥、宣威粉煤灰
RX－02	Ⅲ	0.50	87	34	60	0.8	0.20	4.0	—	
RX－03	Ⅱ	0.50	96	38	55	0.8	0.20	3.0	2.9	
RXJ－04	Ⅲ	0.55	87	35	65	0.8	0.20	4.4	2.6	永保水泥、宣威粉煤灰
RY－01	Ⅲ	0.55	95	35	65	1.0	0.20	4.8	2.4	永保水泥、攀枝花粉煤灰
RY－02	Ⅲ	0.50	95	34	60	1.0	0.20	4.6	—	
RY－03	Ⅱ	0.50	105	38	55	1.0	0.20	4.3	3.2	

上述试验结果表明：水泥品种对碾压混凝土用水量影响关系不大。采用Ⅰ级粉煤灰，减水剂掺量为 0.8%时，碾压混凝土单位用水量降低 8kg/m^3，充分说明不同等级的粉煤灰对混凝土用水量有很大的影响。宣威Ⅰ级粉煤灰需水量比为 93.2%，细度为 5.7%，烧失量为 1.44%，具有良好的减水效果，堪称固体减水剂。攀枝花Ⅱ级粉煤灰需水量比为 102%，细度为 18.6%，烧失量为 4.47%，对混凝土单位用水量产生影响，这从粉煤灰掺量较高时与混凝土用水量较大是一致的。

(3)改善碾压混凝土凝结时间试验。改善碾压混凝土凝结时间试验采用相同的配合比参数，通过对减水剂的性能进行不断调整试验，延长弱风化玄武岩骨料碾压混凝土的凝结时间，以满足碾压混凝土的施工要求。

试验条件：

原材料：永保 42.5 中热水泥，攀枝花Ⅱ级(磨细)粉煤灰，三峡加工的玄武岩人工骨料，石粉含量按 20%控制，外掺灰岩石粉细度为 9.4%，缓凝高效减水剂为 ZB－1RCC15和 JM－Ⅱ，引气剂为 ZB－1G。

级配：Ⅱ级配，小石∶中石＝45∶55；Ⅲ级配，小石∶中石∶大石＝30∶40∶30。

密度：Ⅱ级配为 2 600kg/m³，Ⅲ级配为 2 630kg/m³。

改善碾压混凝土凝结时间试验结果见表 4-18。结果表明：采用相同的配合比参数与外加剂掺量，使用缓凝高效减水剂 ZB－1RCC15 原样时，碾压混凝土初凝时间为 3h2min，终凝时间 9h25min。随后采用厂家对 ZB－1RCC15 调整后的样品 1 和样品 2，碾压混凝土初凝时间变化不大，分别为 3h15min 和 3h30min，而终凝时间长达 38h50min 和 48h。初凝时间仍然较短，说明弱风化玄武岩骨料对碾压混凝土凝结时间影响较大。为满足碾压混凝土对凝结时间的要求，厂家通过不断试验和改进，最终提供的 ZB－1RCC15 缓凝高效减水剂改进型样品，使弱风化玄武岩骨料碾压混凝土初凝时间延长至 11h55min，终凝时间延长至 22h35min，凝结时间满足了碾压混凝土的施工要求。

表 4-18　改进外加剂对碾压混凝土凝结时间的实验成果

试验编号	级配	水胶比	用水量(kg/m³)	砂率(%)	粉煤灰(%)	减水剂		ZB－1G(%)	VC值(s)	含气量(%)	凝结时间	
						品种	掺量(%)				初凝	终凝
NW－1	Ⅲ	0.50	100	34	60	ZB－1RCC15(原样)	1.0	0.20	3.7	3.0	3h2min	9h25min
NW－2	Ⅲ	0.50	100	34	60	ZB－1RCC15(调整 1)	1.0	0.20	4.1	3.1	3h15min	38h50min
NW－3	Ⅲ	0.50	100	34	60	ZB－1RCC15(调整 2)	1.0	0.20	3.8	2.9	3h30min	48h
NW－4	Ⅲ	0.50	100	34	60	ZB－1RCC15(改进)	1.0	0.20	4.4	2.7	11h55min	22h35min

上述试验结果说明：玄武岩骨料是造成碾压混凝土凝结时间偏短的主要原因，采用改进型的 ZB－1RCC15 缓凝高效减水剂可满足碾压混凝土现场施工要求。

(4)拌和时间对碾压混凝土性能的影响。选择适宜的拌和时间既能保证碾压混凝土拌和物均匀性的要求，又可满足其快速施工的需要。拌和时间对碾压混凝土的性能试验采用永保 42.5 中热水泥，攀枝花Ⅱ级(分选)粉煤灰，需水量比为 100%，金安桥筛分系统加工的玄武岩粗细骨料，玄武岩人工砂，FM＝2.78，石粉含量为 12.5%，外掺石粉、石粉总量按 18%控制。缓凝高效减水剂为 ZB－1RCC15，引气剂 ZB－1G(改进型)。骨料比例为小石∶中石∶大石＝30∶40∶30。

金安桥水电站碾压混凝土拌和时间通过在拌和楼生产时进行均匀性试验，Ⅲ级配碾压混凝土最少搅拌 80s 时可满足拌和物均匀性要求。为此，拌和时间对碾压混凝土性能影响试验在室内分别采用 60s、80s、120s 三种拌和时间进行对比试验。拌和时间对碾压混凝土性能影响试验参数见表 4-19，不同拌和时间碾压混凝土性能试验成果见表 4-20。拌和时间从 60s 延长至 120s 时，碾压混凝土性能变化趋势如下。

①碾压混凝土的 VC 值从 3.9s 减小至 2.6s；含气量从 3.3％升高至 4.7％；初凝时间由 11h30min 延长至 12h5min。因此，适当延长碾压混凝土的拌和时间，外加剂更有效地发挥作用，使混凝土充分熟化，碾压混凝土拌和物性能得到改善。

②7d 抗压强度从 10.3MPa 提高到 12.9MPa，28d 抗压强度从 18.3MPa 提高到 22.4MPa，90d 抗压强度从 29.8MPa 提高到 33.9MPa。试验结果表明，拌和时间对碾压混凝土强度有一定的影响，碾压混凝土强度从 60s 到 80s 上升趋势明显，80～120s 上升趋势十分平缓。

③28d 极限拉伸值从 53×10^{-6} 提高至 61×10^{-6}，90d 极限拉伸值从 69×10^{-6} 提高至 80×10^{-6}，且静力抗压弹性模量有所增大。这说明拌和时间在 80s 以上时，对提高碾压混凝土的极限拉伸值是有利的。

④不同拌和时间的碾压混凝土的 90d 抗冻性能均可满足设计的抗冻等级要求。拌和时间 80s 和 120s 的碾压混凝土抗冻性能基本接近。但经过 100 次冻融循环后，拌和时间 60s 的碾压混凝土其相对动弹模量下降和质量损失率均大于拌和时间为 80s 和 120s 的碾压混凝土。这说明拌和时间在 80s 以上时对提高抗冻和抗渗性能有利。

综合上述试验结果说明：拌和时间对碾压混凝土的性能有较大影响。随着碾压混凝土拌和时间的延长，碾压混凝土强度、极限拉伸值呈相应增大的趋势，对提高抗冻和抗渗性能有利。金安桥水电站碾压混凝土掺合料(粉煤灰和石粉)相对较多，并且外加剂掺量较高，适当延长碾压混凝土的拌和时间(兼顾生产效率，实际生产采用拌和时间为 90s)，保证外加剂充分发挥作用，使混凝土充分熟化和改善碾压混凝土的各项性能。

表 4-19　拌和时间对碾压混凝土性能影响试验参数

设计指标	试验编号	级配	拌和时间(s)	水胶比	粉煤灰(%)	砂率(%)	用水量(kg/m³)	ZB－1RCC15(%)	ZG－1G(%)	设计VC值(s)	密度(kg/m³)	实测VC值(s)	含气量(%)	凝结时间	
														初凝	终凝
C_{90}15W6F100	KSJ－1	Ⅲ	60	0.50	60	34	90	1.0	0.1	3～5	2 630	3.9	3.3	11h30min	19h45min
	KSJ－2		80	0.50	60	34	90	1.0	0.1	3～5	2 630	3.5	4.2	11h52min	20h18min
	KSJ－3		120	0.50	60	34	100	1.0	0.1	3～5	2 630	2.6	4.7	12h5min	21h

表 4-20　不同拌和时间碾压混凝土性能试验成果

试验编号	级配	拌和时间(s)	抗压强度(MPa)			劈拉强度(MPa)		极限拉伸($\times10^{-6}$)		静力抗压弹模(GPa)		相对动弹模量(%)		质量损失(%)		抗冻等级	抗渗等级
			7d	28d	90d	28d	90d	28d	90d	28d	90d	50次	100次	50次	100次	90d	90d
KSJ－1	Ⅲ	60	10.3	18.3	29.8	1.39	2.25	53	69	28.5	35.7	89.2	66.6	1.2	3.1	＞F100	＞W6
KSJ－2		80	12.5	21.7	32.3	1.53	2.46	59	78	29.6	38.6	90.4	70.8	0.9	2.7	＞F100	＞W6
KSJ－3		120	12.9	22.4	33.9	1.62	2.51	61	80	29.8	39.1	91.8	72.2	0.7	2.5	＞F100	＞W6

(5)含气量对碾压混凝土性能的影响。为满足碾压混凝土的抗冻性能和耐久性要求,需掺入一定量的引气剂,以控制碾压混凝土中的含气量,改善碾压混凝土的可碾性和耐久性。碾压混凝土属半塑性混凝土,并且高掺粉煤灰,使得碾压混凝土引气较为困难,造成引气剂掺量较高,厂家对 ZB－1G 引气剂改进后,有效降低了引气剂掺量。

根据金安桥水电站碾压混凝土抗冻等级的要求,分别对不同含气量的 RCC 性能进行试验研究。试验采用永保 42.5 中热水泥,攀枝花Ⅱ级(分选)粉煤灰,需水量比为 100%,金安桥筛分系统加工的玄武岩粗细骨料,玄武岩人工砂,FM－2.78,石粉含量为 12.5%,通过外掺使石粉含量按 18%控制。缓凝高效减水剂为 ZB－1RCC15(改进型),引气剂为 ZB－1G(改进型)。骨料比例:小石∶中石∶大石＝30∶40∶30。不同含气量对碾压混凝土性能影响试验参数见表 4-21。

表 4-21　不同含气量对碾压混凝土性能影响试验参数

设计指标	试验编号	级配	水胶比	粉煤灰(%)	砂率(%)	用水量(kg/m³)	ZB－1RCC15(%)	ZG－1G(%)	VC 值(s)	密度(kg/m³)
C_{90}15W6F100	KHQ－1	Ⅲ	0.50	60	34	90	1.0	0.05	3～5	2 630
	KHQ－2	Ⅲ	0.50	60	34	90	1.0	0.10	3～5	2 630
	KHQ－3	Ⅲ	0.50	30	34	90	1.0	0.20	3～5	2 630

①含气量对拌和物性能的影响。不同含气量碾压混凝土拌和物性能试验结果见表 4-22。试验数据表明:随着引气剂掺量由 0.05%提高至 0.20%,碾压混凝土的 VC 值从 4.3s 减小至 2.9s,含气量从 2.7%增加至 4.8%。虽然含气量随着引气剂掺量倍数的提高而增加,但其增长率并不大,充分说明了碾压混凝土引气困难。含气量的增加对凝结时间影响不大,但会减小碾压混凝土密度。

表 4-22　不同含气量碾压混凝土拌和物性能试验结果

试验编号	级配	ZB－1G(%)	气温(℃)	碾压混凝土温度(℃)	VC 值(s)	含气量(%)	凝结时间		密度(kg/m³)
							初凝	终凝	
KHQ－1	Ⅲ	0.05	26	23	4.3	2.7	11h32min	19h30min	2 645
KHQ－2	Ⅲ	0.10	20	19	3.5	4.2	11h52min	20h18min	2 625
KHQ－3	Ⅲ	0.20	26	23	2.9	4.8	12h	20h55min	2 612

②含气量对强度的影响。不同含气量碾压混凝土强度试验结果见表 4-23。试验数据表明:含气量从 2.7%增高至 4.8%时,7d 抗压强度从 13.6MPa 降低至 11.8MPa,28d 抗压强度从 23.3MPa 降低至 20.4MPa,60d 抗压强度从 32.0MPa 降低至 27.8MPa,90d 抗压强度从 35.3MPa 降低至 30.6MPa。并且,随着抗压强度的降低劈拉强度也相应地下降。试验结果说明:增大含气量对碾压混凝土抗压

强度和劈拉强度的负面影响较大，见表 4-23。

表 4-23　不同含气量的碾压混凝土强度试验结果

试验编号	级配	ZB－1G (%)	含气量 (%)	抗压强度(MPa)				劈拉强度(MPa)		
				7d	28d	60d	90d	28d	60d	90d
KHQ－1	Ⅲ	0.05	2.7	13.6	23.3	32.0	35.3	1.77	2.39	2.68
KHQ－2	Ⅲ	0.10	4.2	12.5	21.7	29.2	32.3	1.53	2.18	2.46
KHQ－3	Ⅲ	0.20	4.8	11.8	20.4	27.8	30.6	1.34	2.00	2.29

③含气量对极限拉伸和弹性模量的影响。不同含气量碾压混凝土极限拉伸和静力抗压弹性模量试验结果见表 4-24。试验数据表明：含气量从 2.7%增高至 4.8%时，28d 极限拉伸值从 61×10^{-6}降低至 56×10^{-6}，28d 抗压弹性模量从 32.2GPa 降低至 28.5GPa；90d 极限拉伸值从 81×10^{-6}降低至 73×10^{-6}，90d 抗压弹性模量从 41.5GPa 降低至 36.7GPa。试验结果说明：较大的含气量会降低碾压混凝土的极限拉伸值，但相应降低了弹性模量，应综合考虑含气量对抗裂的影响。

表 4-24　不同含气量碾压混凝土极限拉伸和弹性模量试验结果

试验编号	级配	ZB－1G (%)	含气量 (%)	极限拉伸($\times10^{-6}$)		静力抗压弹模(GPa)	
				28d	90d	28d	90d
KHQ－1	Ⅲ	0.05	2.7	61	81	32.2	41.5
KHQ－2	Ⅲ	0.10	4.2	59	78	29.6	38.6
KHQ－3	Ⅲ	0.20	4.8	56	73	28.5	36.7

④含气量对抗冻和抗渗的影响。不同含气量碾压混凝土抗冻、抗渗试验结果见表 4-25。试验数据表明：含气量从 2.7%提高至 4.8%时，经过 100 次冻融循环后，相对动弹模量由 62.3%提高至 74.5%，质量损失率由 3.8%下降至 2.1%。结果说明：含气量对抗冻性能影响较大，提高含气量是提高碾压混凝土的抗冻性能最为有效的技术措施。同时也表明，其抗渗性能也相应提高。

表 4-25　不同含气量的碾压混凝土抗冻和抗渗试验结果

试验编号	级配	ZB－1G (%)	含气量 (%)	相对动弹模量(%)		质量损失(%)		抗冻等级	抗渗等级
				50 次	100 次	50 次	100 次	90d	90d
KHQ－1	Ⅲ	0.05	2.7	88.8	62.3	1.4	3.8	＞F100	＞W6
KHQ－2	Ⅲ	0.10	4.2	90.4	70.8	0.9	2.7	＞F100	＞W6
KHQ－3	Ⅲ	0.20	4.8	91.3	74.5	0.6	2.1	＞F100	＞W6

综合上述试验结果说明：随着含气量的增高，碾压混凝土的强度、极限拉伸值、抗压弹性模量呈降低趋势，但抗冻性能显著提高，充分说明控制含气量对改善碾压混凝土可碾性和提高耐久性作用明显。在极限拉伸值和抗冻性能满足设计要求，

可碾性等满足施工性能的条件下，弱风化玄武岩骨料碾压混凝土含气量控制在3%～4%时，碾压混凝土各项性能较优。

6.玄武岩与灰岩骨料碾压混凝土性能对比试验研究

在采用玄武岩骨料与灰岩骨料碾压混凝土性能的对比试验中，分析两种骨料的拌和物性能、力学性能、抗冻和抗渗等性能的差异。

试验条件：永保42.5中热水泥；攀枝花Ⅱ级(分选)粉煤灰，需水量比为100%；金安桥筛分系统加工的玄武岩粗细骨料，玄武岩人工砂FM=2.78，石粉含量为12.5%；通过外掺，使石粉含量按18%控制。石灰岩人工骨料，石灰岩人工砂FM=2.76，石粉含量为18.0%；缓凝高效减水剂为ZB－1RCC15(改进型)，引气剂为ZB－1G(改进型)。骨料比例：Ⅱ级配，小石∶中石=45∶55；Ⅲ级配，小石∶中石∶大石=30∶40∶30。

玄武岩骨料与灰岩骨料碾压混凝土对比试验参数见表4-26。由于采用改进型的ZB－1G，引气效果明显增强，显著降低了碾压混凝土中的引气剂掺量。根据试验参数，分别进行了拌和物性能、力学性能、变形性能和耐久性能的对比试验。试验数据表明：在两种骨料碾压混凝土的VC值、含气量、凝结时间相差不大时，玄武岩骨料碾压混凝土的用水量明显高于石灰岩骨料碾压混凝土。

表4-26 玄武岩骨料与灰岩骨料碾压混凝土对比试验参数

设计指标	试验编号	级配	水胶比	粉煤灰(%)	砂率(%)	用水量(kg/m³)	ZB－1RCC15(%)	ZG－1G(%)	VC值(s)	密度(kg/m³)	岩石种类
C_{90}15W6F100	KDB－1	Ⅲ	0.50	60	34	95	1.0	0.10	3～5	2 630	玄武岩
	KDB－2	Ⅲ	0.50	60	33	87	1.0	0.10	3～5	2 430	石灰岩
C_{90}20W8F100	KDB－3	Ⅱ	0.47	55	37	105	1.0	0.10	3～5	2 600	玄武岩
	KDB－4	Ⅱ	0.47	55	36	97	1.0	0.10	3～5	2 400	石灰岩

(1)玄武岩与灰岩碾压混凝土拌和物性能对比。玄武岩与灰岩骨料碾压混凝土拌和物性能对比试验结果见表4-27。试验数据表明：因石灰岩骨料密度相对较小，灰岩骨料碾压混凝土的表观密度比玄武岩骨料碾压混凝土约小200kg/m³。

表4-27 玄武岩与灰岩碾压混凝土拌和物性能对比试验结果

试验编号	级配	岩石种类	气温(℃)	混凝土温(℃)	VC值(s)	含气量(%)	凝结时间		密度(kg/m³)
							初凝	终凝	
KDB－1	Ⅲ	玄武岩	20	19	3.5	4.2	11h52min	20h18min	2 625
KDB－2	Ⅲ	石灰岩	20	19	3.9	4.2	12h8min	20h32min	2 436
KDB－3	Ⅱ	玄武岩	22	21	3.5	4.5	13h10min	22h35min	2 552
KDB－4	Ⅱ	石灰岩	20	19	3.5	4.6	13h25min	22h30min	2 393

(2)玄武岩与石灰岩碾压混凝土力学性能对比。玄武岩与石灰岩骨料碾压混凝土力学性能对比试验结果见表 4-28。试验数据表明:采用相同的配合比试验参数,玄武岩骨料碾压混凝土各龄期的抗压强度稍高于石灰岩骨料碾压混凝土抗压强度。但其劈拉强度却全部低于石灰岩骨料碾压混凝土的劈拉强度,这与弱风化玄武岩骨料密度大、硬脆特性有关。

表 4-28　玄武岩与石灰岩碾压混凝土力学性能对比试验结果

试验编号	级配	岩石种类	抗压强度(MPa)				劈拉强度(MPa)		
			7d	28d	60d	90d	28d	60d	90d
KDB—1	Ⅲ	玄武岩	12.5	21.7	29.2	32.3	1.53	2.18	2.46
KDB—2	Ⅲ	石灰岩	11.3	18.4	27.2	30.7	1.55	2.22	2.50
KDB—3	Ⅱ	玄武岩	14.4	24.1	31.7	35.4	1.56	2.26	2.52
KDB—4	Ⅱ	石灰岩	12.4	22.4	29.4	33.5	1.70	2.32	2.61

玄武岩骨料碾压混凝土的拉压比(劈拉强度与抗压强度的比值):Ⅲ级配 28d、60d、90d 分别为 7.05%、7.47%、7.62%,Ⅱ级配 28d、60d、90d 分别为6.47%、7.13%、7.12%。而石灰岩骨料Ⅲ级配碾压混凝土的 28d、60d、90d 拉压比分别为8.42%、8.16%、8.14%,Ⅱ级配碾压混凝土的 28d、60d、90d 拉压比分别为7.59%、7.89%、7.79%。玄武岩骨料碾压混凝土的拉压比小于石灰岩骨料碾压混凝土的拉压比,说明玄武岩骨料表面与浆体的黏结力相对较弱,这与骨料母岩的特性有关。

(3)玄武岩与石灰岩碾压混凝土极拉、弹模性能对比。玄武岩与灰岩骨料碾压混凝土极限拉伸和静力抗压弹性模量对比试验结果见表 4-29。试验结果表明:玄武岩骨料Ⅲ级配碾压混凝土,28d 和 90d 极限拉伸值比石灰岩骨料碾压混凝土极限拉伸值相应低 7×10^{-6} 和 11×10^{-6},Ⅱ级配 28d 和 90d 极限拉伸值比石灰岩骨料极限拉伸值相应低 9×10^{-6} 和 12×10^{-6}。玄武岩骨料碾压混凝土的极限拉伸值均低于石灰岩骨料碾压混凝土极限拉伸值,而静力抗压弹性模量全部高于石灰岩骨料碾压混凝土的弹性模量。这充分说明了弱风化玄武岩和玄武岩骨料特性是造成碾压混凝土极限拉伸值较低的主要原因。

表 4-29　玄武岩与石灰岩碾压混凝土极限拉伸、弹性模量对比试验结果

试验编号	级配	岩石种类	极限拉伸($\times10^{-6}$)		静力抗压弹模(GPa)	
			28d	90d	28d	90d
KDB—1	Ⅲ	玄武岩	59	78	29.6	38.6
KDB—2	Ⅲ	石灰岩	66	89	27.5	35.9
KDB—3	Ⅱ	玄武岩	63	80	31.2	41.0
KDB—4	Ⅱ	石灰岩	72	92	29.1	38.8

(4)玄武岩与灰岩碾压混凝土抗冻、抗渗性能对比。玄武岩与灰岩骨料碾压混凝土抗冻、抗渗性能对比试验结果见表 4-30。试验数据表明:玄武岩和石灰岩骨料碾压混凝土 90d 抗冻性能均可满足设计的抗冻等级要求。但经过 100 次冻融循环后,玄武岩骨料碾压混凝土的相对动弹模量下降,质量损失率均大于石灰岩骨料碾压混凝土,说明石灰岩骨料碾压混凝土的抗冻性能优于玄武岩骨料。但两种骨料碾压混凝土的抗渗性能均满足设计要求。

表 4-30　玄武岩与灰岩碾压混凝土抗冻、抗渗性能对比试验结果

试验编号	级配	岩石种类	含气量(%)	相对动弹模量(%)		质量损失(%)		抗冻等级	抗渗等级
				50 次	100 次	50 次	100 次	90d	90d
KDB－1	Ⅲ	玄武岩	4.2	90.4	70.8	0.9	2.7	＞F100	＞W6
KDB－2	Ⅲ	石灰岩	4.2	95.1	80.6	0.4	1.8	＞F100	＞W6
KDB－3	Ⅱ	玄武岩	4.5	92.4	74.5	0.7	2.3	＞F100	＞W8
KDB－4	Ⅱ	石灰岩	4.6	96.8	82.2	0.3	1.5	＞F100	＞W8

综合上述试验成果说明:

(1)玄武岩与灰岩骨料碾压混凝土性能对比试验研究,再次论证玄武岩骨料是影响碾压混凝土用水量偏高的主要原因,直接导致了用水量、胶材用量和外加剂用量的增加。

(2)对比试验表明,由于弱风化玄武岩骨料密度大、弹模高的特性。造成骨料与浆体的黏结力低,界面效应差,这是造成碾压混凝土极限拉伸值偏低、弹性模量较高、抗冻性能较差的主要原因。

7. 石粉含量对碾压混凝土性能的影响研究

(1)金安桥水电站筛分系统批量生产的玄武岩人工砂石粉含量较低,不能满足碾压混凝土中对人工砂石粉含量的要求。通过采用外掺石粉代砂的技术措施,来增加碾压混凝土中人工砂的石粉含量。为了研究外掺不同石粉含量对碾压混凝土性能的影响,确定弱风化玄武岩骨料碾压混凝土的最佳石粉含量,进行了玄武岩人工砂不同石粉含量(14%、16%、18%、20%、22%)碾压混凝土拌和物性能、力学性能、变形性能以及干缩等试验研究。

试验条件:永保 42.5 中热水泥;攀枝花Ⅱ级(分选)粉煤灰,需水量比为 100%;金安桥筛分系统加工的玄武岩粗细骨料,人工砂 FM＝2.78、石粉含量为 12.5%,灰岩石粉细度为 15.8%;缓凝高效减水剂为 ZB－1RCC15,引气剂为 ZB－1G(改进型);骨料比例:小石∶中石∶大石＝30∶40∶30。

Ⅲ级配 RCC 试验配合比参数见表 4-31。

表 4-31　不同石粉含量碾压混凝土实验参数

设计指标	试验编号	级配	水胶比	粉煤灰(%)	砂率(%)	用水量(kg/m^3)	石粉代砂(%)	石粉含量(%)	ZB—1RCC15(%)	ZG—1G(%)	VC值(s)	密度(kg/m^3)
C_{90}15W6F100	KSF—1	Ⅲ	0.50	60	34	86	1.5	14	1.0	0.1	3～5	2 630
	KSF—2	Ⅲ	0.50	60	34	88	3.5	16	1.0	0.1	3～5	2 630
	KSF—3	Ⅲ	0.50	60	34	90	5.5	18	1.0	0.1	3～5	2 630
	KSF—4	Ⅲ	0.50	60	34	92	7.5	20	1.0	0.1	3～5	2 630
	KSF—5	Ⅲ	0.50	60	34	94	9.5	22	1.0	0.1	3～5	2 630
	KSF—6	Ⅲ	0.50	60	34	86	5.5	18	1.0	0.1	3～5	2 630
	KSF—7	Ⅲ	0.50	60	34	82	5.5	18	1.0	0.1	3～5	2 630

(2)不同石粉含量对用水量、VC 值、含气量的影响。采用石粉代砂的技术措施，进行了玄武岩人工砂不同石粉含量对碾压混凝土用水量、VC 值和含气量的影响试验，试验结果见表 4-32。试验结果表明：当人工砂石粉含量达到 18%时，碾压混凝土拌和物的外观逐渐变好。VC 值测试完成后，将其从容量筒中倒出，试体表面基本光滑、密实，随着石粉含量的增加，浆体变得充足，拌和物黏聚性增强。

编号 KSF—1、KSF—2、KSF—3、KSF—4、KSF—5 试验数据表明：石粉含量从 14%增加至 22%，用水量从 86kg/m³ 相应增加至 94kg/m³。结果说明：人工砂石粉含量对碾压混凝土用水量有很大影响。随着人工砂石粉含量的增高，碾压混凝土中材料的总表面积相应增大，用水量呈规律性的增加。即玄武岩人工砂石粉含量每增加 1%，碾压混凝土用水量相应增加约 1kg/m³。

从编号 KSF—3、KSF—6、KSF—7 试验数据中发现，采用相同石粉含量的人工砂，当石粉含量为 18%时，用水量从 90kg/m³ 降低至 82 kg/m³，VC 值从 3.5s 相应增大到 7.6s。结果表明：用水量对 VC 值有很大影响，当碾压混凝土的 VC 值每增减 1s，用水量相应减增约 2kg/m³。

编号 KSF—1、KSF—2、KSF—3、KSF—4、KSF—5 试验数据表明：随着石粉含量从 14%增加至 22%，用水量从 86kg/m³ 相应增加至 94kg/m³，碾压混凝土浆体含量在相对增多，但含气量却从 4.3%降低至 4.0%。这充分说明：随着人工砂石粉的增高，会降低碾压混凝土的含气量。同时从碾压混凝土拌和物出机到 30min 的 VC 值和含气量数据表明：VC 值损失逐渐增大时，含气量也相应地降低。当碾压混凝土的 VC 值损失每增加 1s，含气量相应平均降低约 0.7%。

表 4-32 不同石粉含量碾压混凝土拌和物性能试验结果

试验编号	石粉代砂(%)	石粉含量(%)	用水量(kg/m³)	气温(℃)	混凝土温度(℃)	VC值(s)		含气量(%)		外观
						出机	30min	出机	30min	
KSF—1	1.5	14	86	21	20	3.7	5.6	4.3	2.7	骨料包裹较差、试体粗涩
KSF—2	3.5	16	88	23	21	3.7	6.1	4.2	2.4	骨料包裹较差、试体粗涩
KSF—3	5.5	18	90	20	19	3.5	4.9	4.2	3.2	骨料包裹一般、试体表面较密实
KSF—4	7.5	20	92	20	19	3.5	5.2	4.1	2.9	骨料包裹较好、试体表面光滑、密实
KSF—5	9.5	22	94	25	22	3.5	6.3	4.0	2.3	骨料包裹好、试体表面光滑、密实
KSF—6	5.5	18	86	25	22	5.4	—	—	—	—
KSF—7	5.5	18	82	25	22	7.6	—	—	—	—

(3)不同石粉含量对碾压混凝土凝结时间的影响。不同石粉含量碾压混凝土拌和物凝结时间试验结果见表 4-33。试验结果表明:石粉含量从 14%增高至 22%,碾压混凝土室内温度 24～27℃时,初凝时间从 12h33min 缩短至 11h10min。

结果说明:人工砂中的石粉含量对碾压混凝土凝结时间有一定的影响,石粉含量从 14%增高至 22%时,初凝时间相应缩短约 1h23min,即石粉含量每增高 1%,初凝时间缩短约 10min。

表 4-33 不同石粉含量碾压混凝土凝结时间试验结果

试验编号	石粉代砂(%)	石粉含量(%)	用水量(kg/m³)	气温(℃)	混凝土温度(℃)	VC值(s)	含气量(%)	液化泛浆	凝结时间			
									条件	温度(℃)	初凝	终凝
KSF—1	1.5	14	86	21	20	3.7	4.3	一般	室内	24～27	12h33min	20h58min
KSF—2	3.5	16	88	23	21	3.7	4.2	一般	室内	24～27	12h10min	20h40min
KSF—3	5.5	18	90	20	19	3.5	4.2	较好	室内	24～27	11h52min	20h18min
KSF—4	7.5	20	92	20	19	3.5	4.1	好	室内	24～27	11h32min	19h55min
KSF—5	9.5	22	94	25	22	3.5	4.0	好	室内	24～27	11h10min	19h38min

(4)不同石粉含量对强度的影响。为了检验石粉含量对碾压混凝土强度的影响,进行了不同石粉含量(14%～22%)对碾压混凝土强度的影响试验,试验结果见表 4-34、图 4-1。试验结果表明:石粉含量从 16%增加至 22%时,7d 抗压强度从 12.7MPa 降低至 10.7MPa,28d 抗压强度从 22.4MPa 降低至 19.2MPa,60d 抗压

强度从 30.4MPa 降低至 26.4MPa，90d 抗压强度从 33.2MPa 降低至29.2MPa；当石粉含量低于 16%时，强度开始呈下降趋势。

上述结果说明：当石粉含量从 16%增高至 22%时，随着石粉含量的增加，碾压混凝土抗压强度和劈拉强度呈下降趋势，当石粉含量小于 16%时，随着石粉含量的降低，强度也开始呈下降趋势。结果说明，石粉含量对强度有较大的影响，石粉含量在 16%～18%范围时，拌和物性能最优，碾压混凝土强度最佳。

表 4-34　不同石粉含量碾压混凝土强度试验结果

试验编号	石粉代砂(%)	石粉含量(%)	用水量(kg/m^3)	抗压强度(MPa)				劈拉强度(MPa)		
				7d	28d	60d	90d	28d	60d	90d
KSF—1	1.5	14	86	11.1	19.4	27.1	30.9	1.47	2.09	2.31
KSF—2	3.5	16	88	12.7	22.4	30.4	33.2	1.67	2.38	2.60
KSF—3	5.5	18	90	12.5	21.7	29.2	32.3	1.53	2.18	2.46
KSF—4	7.5	20	92	12.0	20.7	27.6	31.1	1.48	2.07	2.35
KSF—5	9.5	22	94	10.7	19.2	26.4	29.2	1.45	2.02	2.21

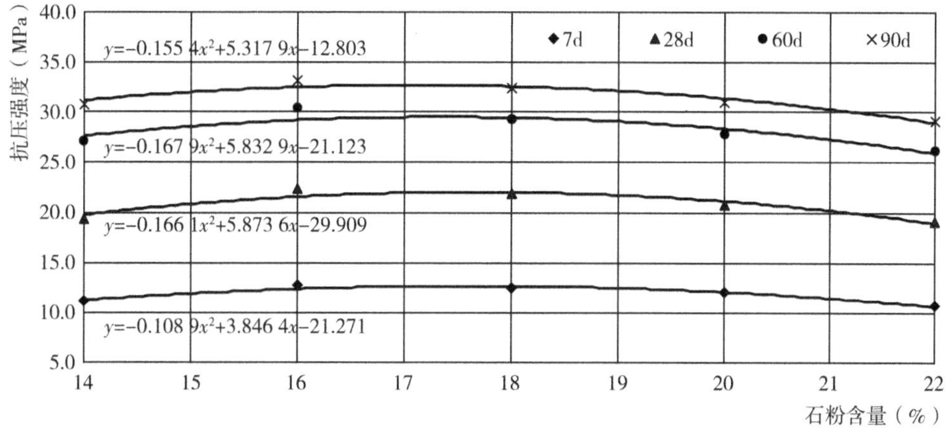

图 4-1　不同石粉含量碾压混凝土强度关系曲线

(5)不同石粉含量对极限拉伸、弹性模量的影响。不同石粉含量碾压混凝土的极限拉伸、弹性模量试验结果见表 4-35、图 4-2、图 4-3。试验结果表明：石粉含量从 16%增高至 22%时，28d 极限拉伸值从 60×10^{-6} 降低至 54×10^{-6}，28d 抗压弹性模量从 31.1GPa 减小到 27.2GPa，90d 极限拉伸值从 78×10^{-6} 降低至 71×10^{-6}，90d 抗压弹性模量从 38.3GPa 降低至 35.1GPa；当石粉含量低于 16%时，极限拉伸值也随之降低，弹性模量增大。

上述试验结果说明：随着玄武岩人工砂中石粉代砂含量的增高，碾压混凝土强度、极限拉伸值、弹性模量相应减小，当石粉含量低于 16%时，随着石粉含量的降低，碾压混凝土强度、极限拉伸值也有降低的趋势。当石粉含量达到 18%时，碾压混凝土拌和物性能较好,强度、极限拉伸值较高、弹性模量适中。

表 4-35 不同石粉含量碾压混凝土极限拉伸值和弹性模量试验结果

试验编号	石粉代砂(%)	石粉含量(%)	用水量(kg/m^3)	极限拉伸($\times10^{-6}$)		静力抗压弹模(GPa)	
				28d	90d	28d	90d
KSF—1	1.5	14	86	52	73	28.9	37.1
KSF—2	3.5	16	88	60	75	31.1	40.3
KSF—3	5.5	18	90	59	78	29.6	38.6
KSF—4	7.5	20	92	56	75	28.4	37.5
KSF—5	9.5	22	94	54	71	27.2	36.1

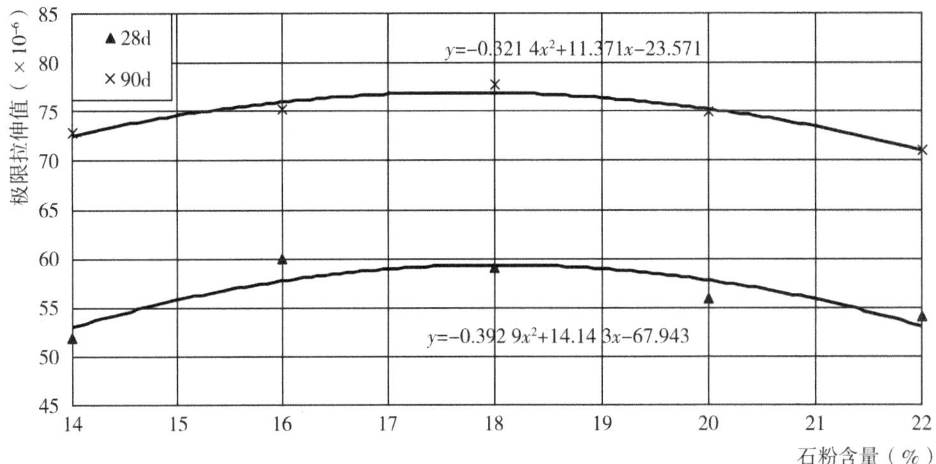

图 4-2 不同石粉含量的碾压混凝土极限拉伸值关系曲线

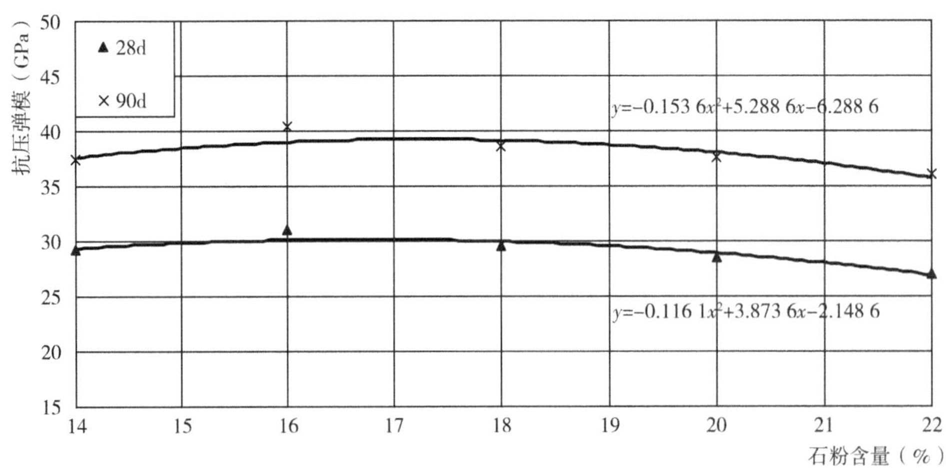

图 4-3 不同石粉含量碾压混凝土的抗压弹性模量关系曲线

(6)不同石粉含量对碾压混凝土干缩的影响。大量的试验资料表明,人工骨料石粉含量高,可使碾压混凝土的黏聚性增强,提高碾压混凝土的可碾性和易密性。但是在湿度低、温度高、风干状态时,由于混凝土表面水分蒸发快,得不到及时补充,表面会产生塑性收缩,易出现裂缝。

不同石粉含量碾压混凝土干缩试验结果见表 4-36。

表 4-36 不同石粉含量的碾压混凝土干缩试验结果

试验编号	石粉代砂(%)	石粉含量(%)	水胶比	用水量(kg/m^3)	干缩率(10^{-6})					
					3d	7d	14d	28d	60d	90d
KSF—1	1.5	14	0.50	86	71	142	237	308	339	358
KSF—2	3.5	16	0.50	88	75	148	244	319	350	368
KSF—3	5.5	18	0.50	90	79	154	252	331	361	380
KSF—4	7.5	20	0.50	92	84	160	263	346	377	397
KSF—5	9.5	22	0.50	94	88	166	271	361	396	419

试验结果表明,当石粉含量从 14%增加至 22%时:

3d 干缩率从 71×10^{-6}增高至 88×10^{-6},干缩率增加了 17×10^{-6},石粉每增加 1%,干缩率约增加 2.1×10^{-6}。

7d 干缩率从 142×10^{-6}增高至 166×10^{-6},干缩率增加了 24×10^{-6},石粉每增加 1%,干缩率增加 3.0×10^{-6}。

14d 干缩率从 237×10^{-6}增高至 271×10^{-6},干缩率增加了 34×10^{-6},石粉每增加 1%,干缩率增加 4.2×10^{-6}。

28d 干缩率从 308×10^{-6}增高至 361×10^{-6},干缩率增加了 53×10^{-6},石粉每增加 1%,干缩率约增加 6.6×10^{-6}。

60d 干缩率从 339×10^{-6}增高至 396×10^{-6},干缩率增加了 57×10^{-6},石粉每增加 1%,干缩率约增加 7.1×10^{-6}。

90d 干缩率从 358×10^{-6}增高至 419×10^{-6},干缩率增加了 61×10^{-6},石粉每增加 1%,干缩率约增加 7.6×10^{-6}。

上述试验表明:外掺石粉含量的高低对碾压混凝土干缩性能有很大的影响。随着石粉含量的增高,碾压混凝土干缩率有规律的增大;随龄期延长,碾压混凝土干缩率有规律地增大。较高的石粉含量会增加碾压混凝土干缩率,这对大体积碾压混凝土的抗裂性是不利的。

综合上述试验成果说明:

(1)针对玄武岩人工砂石粉含量偏低的现状,采用外掺石粉代砂的技术措施,有效改善了碾压混凝土的工作性能。

(2)石粉含量每增减 1%,碾压混凝土用水量相应增减约 $1kg/m^3$。

(3)碾压混凝土的 VC 值每增减 1s,用水量相应减增约 $2kg/m^3$。

(4)VC值对含气量有很大的影响，VC值每增加1s，含气量相应降低约0.7%。

(5)石粉含量对凝结时间有很大的影响，石粉含量每降低1%，初凝时间延长约10min。

(6)通过石粉代砂使石粉含量控制在18%左右时，新拌碾压混凝土性能优，强度高。

(7)随着石粉含量的提高，碾压混凝土干缩率逐步增大。

4.5.5 碾压混凝土配合比设计及优化

1.碾压混凝土设计指标

金安桥水电站大坝碾压混凝土设计指标及配制强度见表4-37。

表4-37 金安桥水电站大坝碾压混凝土设计指标

工程部位	强度等级(保证率80%)	龄期(d)	级配	抗渗等级	容重(kg/m^3)	抗冻等级	极限拉伸值($\times10^{-6}$)	配制强度(MPa)
坝体内部(1 350m以上)	$C_{90}15$	90	Ⅲ	W6	≥2 400	F100	70	17.9
坝体内部(1 350m以下)	$C_{90}20$	90	Ⅲ	W6	≥2 400	F100	70	23.4
上游面	$C_{90}20$	90	Ⅱ	W8	≥2 400	F100	75	23.4

2.碾压混凝土配合比设计技术路线

金安桥大坝混凝土由于玄武岩人工骨料及石粉含量较低的特性，导致碾压混凝土用水量高，拌和物性能差，不能满足施工要求。弱风化玄武岩骨料碾压混凝土配合比设计技术路线为“采用适宜的水胶比、外掺石粉代砂、提高粉煤灰和外加剂掺量、低VC值”，有效降低碾压混凝土单位用水量和水泥用量，从源头上降低混凝土温升，提高抗裂性能，有效改善了碾压混凝土可碾性、液化泛浆和层间结合质量。

3.碾压混凝土配合比试验

金安桥水电站主坝碾压混凝土由于采用弱风化玄武岩骨料，受到粉煤灰需水量比偏高、人工骨料品质差等因素的影响，初期在进行碾压混凝土配合比参数选择试验时，碾压混凝土单位用水量较高，人工砂石粉含量偏低。对粉煤灰和玄武岩骨料的生产工艺进行改造后，进行了碾压混凝土施工配合比试验。

试验条件：永保42.5中热水泥，分选攀枝花Ⅱ级粉煤灰，需水量比为1∶1，金安桥筛分系统加工的玄武岩粗细骨料，玄武岩人工砂，FM＝2.78，石粉含量为11.8%、石粉替代4.5%的人工砂，灰岩石粉细度为9.4%，石粉总量按16%～18%控制，缓凝高效减水剂为ZB－1RCC15，引气剂为ZB－1G。骨料比例：Ⅱ级配，小石∶中石＝45∶55；Ⅲ级配，小石∶中石∶大石＝30∶40∶30。含气量控制在3%～4%，可满足抗冻要求。

金安桥水电站大坝碾压混凝土配合比试验参数见表4-38，拌和物性能试验结果见表4-39，力学性能试验结果见表4-40，极限拉伸和弹性模量试验结果见表4-41，抗冻和抗渗性能试验结果见表4-42。

表 4-38　碾压混凝土配合比试验参数表

设计指标	级配	水胶比	砂率(%)	粉煤灰(%)	用水量(kg/m^3)	减水剂 ZB－1RCC15(%)	引气剂 ZB－1G(%)	VC值(s)	密度(kg/m^3)
C_{90}15W6F100(1 350m以上)	Ⅲ	0.50	34	60	90	1.0	0.30	3～5	2 630
C_{90}20W6F100(1 350m以下)	Ⅲ	0.47	33	60	90	1.0	0.30	3～5	2 630
C_{90}20W8F100(上游面)	Ⅱ	0.47	37	55	100	1.0	0.30	3～5	2 600

表 4-39　碾压混凝土拌和物性能试验结果

设计指标	级配	水胶比	粉煤灰(%)	气温(℃)	混凝土温度(℃)	VC值(s)	含气量(%)	凝结时间		密度(kg/m^3)
								初凝	终凝	
C_{90}15W6F100(1 350m以上)	Ⅲ	0.50	60	13	15	3.6	3.6	12h45min	26h10min	2 625
C_{90}20W6F100(1 350m以下)	Ⅲ	0.47	60	10	11	3.9	3.6	14h50min	30h20min	2 638
C_{90}20W8F100(上游面)	Ⅱ	0.47	55	10	11	4.2	3.4	15h	29h45min	2 606

表 4-40　碾压混凝土力学性能试验结果

设计指标	级配	水胶比	粉煤灰(%)	抗压强度(MPa)				劈拉强度(MPa)		
				7d	28d	60d	90d	28d	60d	90d
C_{90}15W6F100(1 350m以上)	Ⅲ	0.50	60	11.7	17.7	21.4	25.8	1.17	1.50	2.04
C_{90}20W6F100(1 350m以下)	Ⅲ	0.47	60	11.6	20.0	25.1	29.7	1.26	1.60	2.22
C_{90}20W8F100(上游面)	Ⅱ	0.47	55	14.2	23.5	27.8	32.5	1.55	1.78	2.41

表 4-41　碾压混凝土极限拉伸值和弹性模量试验结果

设计指标	级配	水胶比	粉煤灰(%)	极限拉伸($\times10^{-6}$)		静力抗压弹(GPa)	
				28d	90d	28d	90d
C_{90}15W6F100(1 350m 以上)	Ⅲ	0.50	60	60	77	25.9	39.3
C_{90}20W6F100(1 350m 以下)	Ⅲ	0.47	60	64	79	27.6	41.2
C_{90}20W8F100(上游面)	Ⅱ	0.47	55	70	81	29.8	43.1

表 4-42　碾压混凝土抗冻和抗渗性能试验结果

设计指标	级配	水胶比	粉煤灰(%)	相对动弹模量(%)		重量损失(%)		抗冻等级	抗渗等级
				50 次	100 次	50 次	100 次	90d	90d
C_{90}15W6F100(1 350m 以上)	Ⅲ	0.50	60	95	68	1.1	3.9	>F100	>W6
C_{90}20W6F100(1 350m 以下)	Ⅲ	0.47	60	96	73	0.8	3.0	>F100	>W6
C_{90}20W8F100(上游面)	Ⅱ	0.47	55	96	88	0.6	2.6	>F100	>W8

4.碾压混凝土配合比试验参数分析

碾压混凝土配合比试验结果显示,碾压混凝土各项性能均能满足设计要求。通过表 4-43 结果表明,采用攀枝花分选Ⅱ级粉煤灰,外掺灰岩石粉代砂的技术措施,使石粉含量控制在 16%~18%最佳范围内。且随着弱风化玄武岩骨料品质明显提高,碾压混凝土用水量明显降低,碾压混凝土Ⅲ级配用水量降为 90kg/m³,Ⅱ级配降为 100kg/m³。而碾压混凝土的引气剂掺量高达 0.30%时,碾压混凝土含气量仅在 3.4%~3.6%的范围,这在国内碾压混凝土工程中是少有的。设计强度等级 C_{90}15 和 C_{90}20Ⅲ级配碾压混凝土 90d 抗压强度分别为 25.8MPa 和 29.7MPa,C_{90}20Ⅱ级配碾压混凝土 90d 抗压强度为 32.5MPa。虽然碾压混凝土各等级的抗压强度均超过配制强度较多,但极限拉伸值和抗冻性能富余较小。特别是Ⅲ级配碾压混凝土抗冻性能在经过 100 次冻融循环后,相对动弹模量在 68%~73%,质量损失在 3.0%~3.9%。充分说明弱风化玄武岩骨料对碾压混凝土的极限拉伸和抗冻性能影响较大,同时表明极限拉伸值和抗冻性能是金安桥水电站大坝碾压混凝土配合比设计的主要控制指标,而非抗压强度。根据试验结果初步确定的碾压混凝土施工配合比见表 4-43。

表 4-43　金安桥水电站碾压混凝土施工配合比

工程部位	设计指标	级配	水胶比	砂率(%)	粉煤灰(%)	ZB－1RCC15(%)	ZB－1G(%)	VC 值(s)	坍落度(cm)	材料用量(kg/m³)									密度(kg/m³)
										用水量	水泥	粉煤灰	砂	粗骨料(mm)			外加剂		
														5～20	20～40	40～80	ZB－1 RCC15	ZB－1G	
1 350m 以上	C_{90}15W6F100	砂浆	0.47	100	60	0.6	—	—	9～11	290	247	370	1 393	—	—	—	3.70	—	2 300
		Ⅲ	0.50	34	60	1.0/1.2	0.3	3～5	—	90	72	108	802	467	624	467	1.80/2.16	0.54	2 630
1 350m 以下	C_{90}20W6F100	砂浆	0.44	100	60	0.6	—	—	9～11	290	264	395	1 351	—	—	—	3.95	—	2 300
		Ⅲ	0.47	33	60	1.0/1.2	0.3	3～5	—	90	76	115	775	472	630	472	1.91/2.29	0.573	2 630
外部防渗	C_{90}20W8F100	砂浆	0.44	100	55	0.6	—	—	9～11	290	297	362	1 351	—	—	—	3.95	—	2 300
		Ⅱ	0.47	37	55	1.0/1.2	0.3	3～5	—	100	96	117	846	648	793	—	2.13/2.56	0.639	2 600
变态混凝土	C_{90}15W6F100	Ⅲ	0.50	34	60	1.0/1.2	0.3	—	2～4	90	72	108	802	467	624	467	1.80/2.16	0.54	2 630
		浆液	0.52	—	50	0.5	按 RCC 体积的 4%～6%掺入			574	552	552	—	—	—	—	5.52	—	1 683
	C_{90}20W6F100	Ⅲ	0.47	33	60	1.0/1.2	0.3	—	2～4	90	76	115	775	472	630	472	1.91/2.29	0.573	2 630
		浆液	0.52	—	50	0.5	按 RCC 体积的 4%～6%掺入			574	552	552	—	—	—	—	5.52	—	1 683
	C_{90}20W8F100	Ⅱ	0.47	37	55	1.0/1.2	0.3	—	2～4	100	96	117	846	648	793	—	2.13/2.56	0.639	2 600
		浆液	0.52	—	50	0.5	按 RCC 体积的 4%～6%掺入			574	552	552	—	—	—	—	5.52	—	1 683

说明：1. 永保 42.5 中热硅酸盐水泥；攀枝花Ⅱ级粉煤灰。

2. 玄武岩人工骨料，砂 FM＝2.4～2.8，根据实测的人工砂石粉含量，采用石灰石粉代砂使砂石粉含量控制在 18%～20%，其中 0.08mm 以下大于 50%。

3. 级配：Ⅱ级配，小石∶中石＝45∶55；Ⅲ级配，小石∶中石∶大石＝30∶40∶30。

4. VC 值每增减 1s，用水量相应减增 $2kg/m^3$；砂细度模数每增减 0.2s，砂率相应增减 1%；含气量控制在 3.0%～4.0%。

5. VC 值动态控制，白天出机 VC 值为 1～3s，仓面为 3～5s；夜晚出机 VC 值按 2～5s 控制；小雨（雨强≤3mm/h）仓面 VC 值控制在 5～9s。

6. 当气温低于 28℃时，ZB－1RCC15 掺量为 1.0%，当气温在大于 28℃或太阳暴晒时，ZB－1RCC15 掺量为 1.2%。

5. 大坝上部 C_{90}15W6F100 配合比优化

根据大坝高程 1 350m 以下内部Ⅲ级配 C_{90}20W6F100 碾压混凝土配合比应用情况，对已提交的大坝上部 C_{90}15W6F100Ⅲ级配碾压混凝土配合比经比较分析，只要提高浆砂比、严格控制含气量、降低 VC 值，可以保证低强度等级碾压混凝土抗冻等级达到 F100 的设计要求。为此，对大坝上部 C_{90}15W6F100Ⅲ级配碾压混凝土配合比进行了优化。

优化技术路线：

(1)通过提高缓凝高效减水剂的掺量，充分利用减水剂的减水和缓凝效果，在保持单位用水量不变的情况下，降低碾压混凝土出机 VC 值和减小碾压混凝土 VC 值的经时损失，保证碾压混凝土现场施工的可碾性和层间结合质量。

(2)适量提高粉煤灰掺量，利用粉煤灰后期强度增长较多的优势，减少碾压混凝土中的水泥用量，降低碾压混凝土内部早期温升，提高其抗裂性能。

(3)适当提高外掺石粉含量，在降低碾压混凝土胶材用量和水泥用量的同时，基本保持碾压混凝土的浆砂比不变，保证碾压混凝土现场施工的可碾性。

试验条件：永保 42.5 中热水泥，攀枝花Ⅱ级分选粉煤灰；金安桥筛分系统加工的弱风化玄武岩粗细骨料；外掺灰岩石粉代砂，使人工砂中的石粉含量达到 19%；缓凝高效减水剂为 ZB－1RCC15，引气剂为 ZB－1G(改进型)。骨料比例：Ⅱ级配，小石∶中石＝45∶55；Ⅲ级配，小石∶中石∶大石＝30∶40∶30。

金安桥水电站大坝 C_{90}15W6F100Ⅲ级配碾压混凝土优化配合比试验参数见表 4-44，拌和物性能试验结果见表 4-45，力学性能试验结果见表 4-46，极限拉伸和弹性模量试验结果见表 4-47，抗冻和抗渗性能试验结果见表 4-48。

表 4-44　优化碾压混凝土配合比试验参数

设计指标	级配	水胶比	水(kg/m³)	砂率(%)	粉煤灰(%)	减水剂		引气剂		VC 值(s)	密度(kg/m³)
						品种	掺量(%)	品种	掺量(%)		
C_{90}15W6F100(1 350m 以上)	Ⅲ	0.50	90	33	60	ZB－1RCC15	1.2	ZB－1G	0.15	1～3	2 630
					63						
					65						
C_{90}15W6F100(1 350m 以上)	Ⅲ	0.53	90	33	60	ZB－1RCC15	1.2	ZB－1G	0.15	1～3	2 630
					63						
					65						

表 4-45　优化碾压混凝土配合比拌和物性能试验结果

设计指标	级配	水胶比	粉煤灰(%)	气温(℃)	混凝土温度(℃)	VC 值(s)	含气量(%)	凝结时间		密度(kg/m³)
								初凝	终凝	
C_{90}15W6F100(1 350m 以上)	Ⅲ	0.50	60	17	19	2.5	4.2	13h30min	20h57min	2 610
			63	21	19	2.6	3.8	13h58min	21h18min	2 620
			65	17	19	2.4	4.0	14h28min	21h35min	2 620
C_{90}15W6F100(1 350m 以上)	Ⅲ	0.53	60	18	19	2.8	4.0	12h	18h15min	2 610
			63	25	22	2.9	3.5	12h30min	18h52min	2 620
			65	18	19	2.5	4.1	12h55min	19h35min	2 610

优化配合比试验参数和优化碾压混凝土配合比拌和物性能试验结果表明:减水剂掺量提高到1.2%,通过降低1%的砂率,外掺石粉含量控制在19%,碾压混凝土拌和物VC值均在1～3s的范围内。当引气剂掺量由原配比的0.30%降低为0.15%时,碾压混凝土含气量仍然在3.5%～4.2%,说明改进后的引气剂对弱风化玄武岩骨料碾压混凝土的引气作用明显。优化后的碾压混凝土拌和物性能均可满足设计和施工要求。

表4-46　优化碾压混凝土配合比力学性能试验结果

设计指标	级配	水胶比	粉煤灰(%)	抗压强度(MPa)				劈拉强度(MPa)		
				7d	28d	60d	90d	28d	60d	90d
C_{90}15W6F100(1 350m以上)	Ⅲ	0.50	60	5.8	15.4	25.0	29.0	1.39	2.14	2.22
			63	5.3	13.8	23.0	26.8	1.26	1.98	2.05
			65	5.1	12.3	20.8	24.3	1.18	1.80	1.90
C_{90}15W6F100(1 350m以上)	Ⅲ	0.53	60	5.4	13.6	22.8	26.2	1.22	1.93	2.02
			63	5.1	12.2	20.1	23.1	1.13	1.76	1.88
			65	4.3	10.8	17.8	19.7	1.05	1.57	1.74

表4-47　优化碾压混凝土配合比极限拉伸值和弹性模量试验结果

设计指标	级配	水胶比	粉煤灰(%)	极限拉伸($\times10^{-6}$)		静力抗压弹模(GPa)	
				28d	90d	28d	90d
C_{90}15W6F100(1 350m以上)	Ⅲ	0.50	60	59	79	28.2	41.2
			63	57	77	26.6	38.8
			65	55	73	24.4	35.0
C_{90}15W6F100(1 350m以上)	Ⅲ	0.53	60	56	76	26.9	37.4
			63	54	72	24.6	35.2
			65	51	67	22.3	32.4

表4-48　优化碾压混凝土配合比抗冻和抗渗性能试验结果

设计指标	级配	水胶比	粉煤灰(%)	相对动弹模量(%)		质量损失(%)		抗冻等级	抗渗等级
				50次	100次	50次	90d	90d	90d
C_{90}15W6F100(1 350m以上)	Ⅲ	0.50	60	93.5	77.4	0.8	2.9	＞F100	＞W6
			63	91.3	74.8	0.9	3.1	＞F100	＞W6
			65	88.5	70.5	1.1	3.9	＞F100	＞W6
C_{90}15W6F100(1 350m以上)	Ⅲ	0.53	60	92.1	75.9	0.9	3.2	＞F100	＞W6
			63	89.0	69.2	1.2	4.3	＞F100	＞W6
			65	87.2	65.4	1.4	5.6	＜F100	＞W6

试验结果表明:当水胶比为0.50和0.53,粉煤灰掺量60%、63%和65%时,90d

抗压强度均可满足设计和配制强度要求，分别在 29.0～24.3MPa 和 26.2～19.7MPa范围。除水胶比为 0.53，粉煤灰掺量 65%时的碾压混凝土配合比 90d 龄期的极限拉伸值和抗冻性能低于设计指标外，其他配合比的各项性能均满足设计指标要求，极限拉伸值在 79×10^{-6}～72×10^{-6}之间。经过 100 次冻融循环后，相对动弹模量在 69%以上，质量损失在 4.3%以内。

根据试验结果，大坝高程 1 350m 以上设计指标为 C_{90}15W6F100 的Ⅲ级配碾压混凝土优化施工配合比见表 4-49。优化后的碾压混凝土施工配合比在满足设计及施工要求的条件下，显著降低了碾压混凝土的胶材用量和引气剂掺量。胶材用量降低 10kg/m^3，水泥用量由 72kg/m^3 降至 63kg/m^3，从而有效地降低了碾压混凝土的内部温升，减轻碾压混凝土的温控压力，提高了其抗裂性能。

表 4-49　优化后的大坝上部碾压混凝土施工配合比

设计指标	级配	水胶比	水 (kg/m^3)	砂率 (%)	粉煤灰 (%)	减水剂 ZB－1RCC15 (%)	引气剂 ZB－1G (%)	VC 值 (s)	密度 (kg/m^3)
C_{90}15W6F100 (1 350m 以上)	Ⅲ	0.53	90	33	63	1.2	0.15	1～3	2 630

4.6　百色水利枢纽工程主坝碾压混凝土配合比设计

4.6.1　工程概况

广西右江百色水利枢纽工程是一座以防洪为主，兼有发电、灌溉、航运、供水等综合效益的大型水利工程。工程位于广西西江水系郁江干流上游右江中段，工程等别为Ⅰ等工程，挡水建筑物为 1 级建筑物。

枢纽工程由碾压混凝土拦河主坝、地下式发电系统、2 座副坝及通航建筑物。主坝坐落于坝区出露厚度仅为 120m 左右的一条辉绿岩上，为顺应辉绿岩的地面出露形状，主坝沿着辉绿岩层在地面以出露形状布设，坝轴线分成 3 段折线布置。采用全断面碾压混凝土重力坝，布置 4 个表孔、3 个中孔、1 个底孔，坝顶长 720m，坝顶高程为 234.00m，宽度为 10m，大坝高 130m，共分 27 个坝块，坝块长 22～33m。坝块之间设横缝，不设纵缝。主坝碾压混凝土有 218 万 m^3，安排在 4 个枯水期施工，主坝总工期 4.5 年。

主坝采用全断面碾压混凝土，坝体上游面采用Ⅱ级配富胶凝材料碾压混凝土防渗。上游坝面死水位高程 203.00m 以下设置厚 2mm 的辅助防渗涂层。坝体内部为准Ⅲ级配碾压混凝土 R_{180}150W2F50。坝体上游防渗区为Ⅱ级配碾压混凝土 R_{180}200W8F50。坝基找平层为准Ⅲ级配常态混凝土 R_{28}200W2F5。溢流面为准Ⅲ级配抗冲耐磨常态混凝土 R_{90}400W8F100。坝体外表面、坝内常态混凝土周边、孔洞周边采用变态混凝土。使用中热硅酸盐水泥，高掺量粉煤灰，碾压混凝土内埋置高密聚乙烯塑料水管通天然河水冷却，有效地降低了混凝土的温升，简化了碾压混凝土施工温控措施，更经济、方便、快速。

由于坝区缺乏天然沙砾料，坝址周边十几千米范围内缺少可用作人工骨料的灰岩，创造性地采用坚硬的辉绿岩作为筑坝人工骨料，避免了采用当地石灰岩骨料而面临的薄层、夹泥、含燧石造成的开采难度大、弃料多、成本高、骨料有碱活性反应等诸多难题。工程选用在坝址右岸与坝基同一条带的辉绿岩做主坝混凝土骨料。

4.6.2　配合比试验

1.原材料

(1)水泥可供货的有田东水泥厂、石门水泥厂、黎塘水泥厂、柳州水泥厂生产的525 中热水泥、42.5 普硅水泥及石门水泥厂生产的 525 中热微膨胀水泥。经试验，水泥物理力学性能、化学成分分别符合 GB 200—1989 和 GB 175—1999 的技术要求。

(2)粉煤灰可供货的有贵州盘县、云南宣威、湖南石门、广西来宾、广西柳州、广西百色等Ⅱ级粉煤灰。粉煤灰品质检验试验和化学成分试验结果表明：粉煤灰质量均满足《水工混凝土掺用粉煤灰技术规范》(DL/T 5055—1996)的Ⅱ级粉煤灰标准。

(3)外加剂选用浙江龙游外加剂厂生产的 ZB－1RCC15 及江苏建科院生产的JM－Ⅱ缓凝高效减水剂、河北混凝土外加剂厂的 DH9 型引气剂。掺外加剂混凝土性能试验和外加剂匀质性试验按照《水工混凝土外加剂技术规程》(DL/5100—1999)进行。试验结果表明：两种缓凝高效减水剂质量均满足《水工混凝土外加剂技术规程》(DL/T 5100—1999)的要求。

经过上述多种水泥、粉煤灰及外加剂的组合适应性试验：原材料检测试验(水泥、粉煤灰、外加剂)、适应性试验(净浆性能试验、胶砂性能试验、胶砂干缩性能试验、胶砂水化热性能试验)及混凝土配合比试验(拌和物性能、力学性能耐久性能)等。碾压混凝土选用田东 525 中热水泥、曲靖或盘县的Ⅱ级粉煤灰，外加剂选用浙江龙游的 ZB－1RCC15 型缓凝高效减水剂、选用河北混凝土外加剂厂的 DH9 型引气剂。江苏建科院生产的 JM－Ⅱ缓凝高效减水剂使用在常态混凝土中。

(4)百色水利枢纽碾压混凝土采用辉绿岩人工骨料。辉绿岩人工骨料密度大，达到 $3.0g/cm^3$ 以上，硬度大、弹模高、加工难度大。辉绿岩人工砂石粉含量高、颗粒级配较差，细度模数 FM＝2.71，石粉含量为 21.4%，需水量比一般骨料的混凝土多 $30\sim40kg/m^3$。

不同级配混凝土骨料级配与振实容重有直接关系，一般容重越大，空隙率越小，所需填充包裹砂浆越少，混凝土容重越大，经济性越好。一般把振实容重最大的骨料级配作为最优级配，再综合考虑拌和物的和易性等因素后确定实际配合比骨料级配。

碾压混凝土Ⅱ级配：小石∶中石＝45∶55。

碾压混凝土准Ⅲ级配：小石∶中石∶准大石＝30∶40∶30。

2. 碾压混凝土配置强度

混凝土配置强度按照《水工混凝土施工规范》(DL/T 5144—2001)及合同的技术条款规定大坝碾压混凝土强度保证率不低于 80%。

碾压混凝土配置强度计算公式:

$$f_{cu,o}=f_{cu,k}+t\sigma$$

式中 $f_{cu,o}$——混凝土配置强度,MPa;

$f_{cu,k}$——混凝土设计强度标准值,MPa;

t——保证率系数,碾压混凝土按照 80%,$t=0.84$;

σ——施工强度标准差,MPa,根据不同强度等级取值,小于等于 $C_{90}15$ 时,$\sigma=3.5$,$C_{90}20\sim C_{90}25$ 时,$\sigma=4.0$。

经计算,百色工程碾压混凝土 $R_{180}15$ 配置强度为 17.9MPa,$R_{180}20$ 配置强度为 22.9MPa,$R_{90}10$ 配置强度为 12.9MPa,R20(变态)配置强度为 22.9MPa。

3. 施工配合比复核试验

百色工程前期配合比试验由于辉绿岩人工砂尚未投产,所以采用右江河沙进行的试验,在人工砂投产以后进行生产性试验过程中发现,混凝土凝结时间过快、过早,碾压混凝土在 2~4h 以内凝结。

当采用河砂代替人工砂时,采用田东普硅水泥初凝时间达到 9h,采用田东中热水泥初凝时间达到 6h。卵石、河砂代替辉绿岩人工骨料,初凝时间达到 8~9h。根据科研单位对辉绿岩化学成分分析结果显示:Al_2O_3 占 11.27%,Fe_2O_3 占 18.84%,SiO_2 占 46.53%,MgO 占 4.81%,CaO 占 4.40%。说明辉绿岩的化学成分和石灰岩、花岗岩等人工骨料的化学成分有很大差异。由于混凝土中石粉微颗粒含量高,在石粉浆液澄清晾晒过程中,胶状石粉晒后有一定的强度,手掰、脚踩均不破碎。说明辉绿岩人工骨料是导致混凝土凝结时间严重缩短的主要原因。施工生产复核性试验时,采取加大外加剂掺量,更换外加剂(厂家提供 ZB-1RCC15 新的产品)以满足碾压混凝土施工生产对凝结时间的要求的技术路线。RCCⅡ级配、准Ⅲ级配分别掺入 ZB-1RCC15 外加剂 1.2%和 1.5%。

试验条件:采用田东 525 中热水泥,曲靖Ⅱ级粉煤灰,辉绿岩人工骨料,石粉含量按 20%控制,浙江龙游五强厂家新送样品 ZB-1RCC15(样 3)。进行加大外加剂掺量满足 RCC 凝结时间配合比试验。进行了拌和物性能及力学性能试验、极限拉伸值和弹模试验。试验结果表明:采用外加剂厂改进产品 ZB-1RCC15(样 3),碾压混凝土Ⅱ级配、准Ⅲ级配分别加大掺量到 1.2%和 1.5%后,碾压混凝土初凝时间均达到 8h 的设计要求。抗压强度大坝内部准Ⅲ级配碾压混凝土 180d 抗压强度为 19.6MPa、极限拉伸为 86×10^{-6}、弹性模量为 2.96×10^{4}MPa、抗渗等级>S2。大坝迎水面Ⅱ级配碾压混凝土 180d 抗压强度为 30.0MPa、极限拉伸为 92×10^{-6}、弹性模量为 3.22×104MPa、抗渗等级>S10,均达到设计要求。混凝土拌和物满足施工要求的 VC 值,且拌和物泛浆快、塑性好,骨料包裹充分、不分离,振实后的混凝土表层浆体均密度大,有一定弹性和黏聚性,可碾性好。经分析,在人工砂石粉含量高的情况下,由于加大了外加剂掺量,碾压混凝土拌和物不需补水即可达到施工要求的 VC 值,这也是提高强度的主要因素。大坝碾压混凝土配合比见表 4-50。

表 4-50　百色工程大坝碾压混凝土配合比

碾压混凝土设计指标级配及工程部位	配合比参数							凝结时间		抗压强度(MPa)			劈拉强度(MPa)			抗冻	抗渗	极限拉伸(10^{-6})	弹性模量(10^4MPa)
	水胶比	粉煤灰+石粉(%)	砂率(%)	缓凝高效减水剂(%)	引气剂(%)	VC值(s)	用水量(kg)	初凝	终凝	28d	90d	180d	28d	90d	180d				
R_{180}15S2D50 大坝内部准Ⅲ级配	0.60	50.5+12.5=63	34	0.8/1.0/1.5	0.015	3~8	96	8h	15h40min	11.0	18.0	26.0	0.77	1.41	2.08	>D50	>S2	75	2.55
R_{180}20S10D50 大坝上游面Ⅱ级配	0.5	48.7+9.3=58	38	0.8/1.0/1.2	0.015	3~8	106	8h45min	18h	15.2	22.8	33.8	1.19	1.84	2.60	>D50	>S10	82	2.68

说明：1. 田东 525 中热水泥，曲靖Ⅱ级粉煤灰；粗细骨料为辉绿岩人工骨料。砂 FM=2.8±0.2，石粉含量按 18±2%控制。

2. 骨料级配：RCCⅡ级配小石∶中石=45∶55，准Ⅲ级配：小石∶中石∶准大石=30∶40∶30。人工砂 FM 每增减 0.2，砂率相应增减 1%。石粉含量每增减 2%，砂率相应减增 1%。

3. 当石粉含量大于 20%且微石粉含量较高时，微石粉等量替代粉煤灰的原则是，准Ⅲ级配、Ⅱ级配均按 12~20kg/m³ 的量替代，并补充相应质量的辉绿岩人工砂。

4. 碾压混凝土出机口 VC 值控制在 3~8s，当 VC 值每增减 1s，用水量相应减增 1.5kg/m³。温度在 25℃以下时，碾压混凝土外加剂掺量为 0.8%，温度在 25℃以上时，外加剂掺量提高到 1.0%，太阳暴晒时，采用外加剂掺量 1.5%。灰浆外加剂掺量为 0.3%；变态混凝土凝结时间短、不满足施工要求时，灰浆外加剂掺量为 0.6%。

4.6.3　辉绿岩人工骨料不同石粉含量对碾压混凝土性能影响试验研究

为了研究辉绿岩骨料对碾压混凝土性能的影响，确定辉绿岩骨料碾压混凝土的最佳石粉含量，进行了辉绿岩人工砂不同石粉含量（14%、16%、18%、20%、22%、24%）碾压混凝土拌和物性能、力学性能、耐久性、变形性能以及干缩等试验研究。试验采用Ⅲ级配碾压混凝土，田东525中热水泥，曲靖Ⅱ级粉煤灰，工地辉绿岩人工骨料，高效缓凝减水剂ZB－1RCC15，引气剂DH_9。

把原状辉绿岩人工砂和水按一定质量投入搅拌机内，按设定的时间进行搅拌，然后将石粉浑水从搅拌机中慢慢倒掉，水洗搅拌两次后，基本将小于0.16mm的石粉洗除干净，这样把原状辉绿岩人工砂通过水洗制成了基本不含石粉的辉绿岩人工砂，然后将水洗砂与原状辉绿岩人工砂按一定比例混合，配制得到不同石粉含量的辉绿岩人工砂。

（1）当高效缓凝减水剂ZB－1RCC15掺入0.8%时，石粉含量从24%降低至16%，用水量从106kg/m^3相应降低至94kg/m^3。当高效缓凝减水剂ZB－1RCC15掺入1.0%时，石粉含量从24%降低至16%，用水量从103kg/m^3相应降低至91kg/m^3。结果说明：人工砂石粉含量对碾压混凝土用水量有很大影响，随人工砂石粉含量的降低，碾压混凝土总表面积相应减少，用水量降低。即辉绿岩人工砂石粉含量每降低1%，碾压混凝土用水量相应减少1.5kg/m^3。

（2）采用的原状辉绿岩人工砂，其石粉含量为23.7%。当高效缓凝减水剂ZB－1RCC15掺量为0.8%时，用水量从106kg/m^3降低至100kg/m^3，VC值从4.0s相应增大到8.0s。当高效缓凝减水剂ZB－1RCC15掺量为1.0%时，用水量从97kg/m^3降低至91kg/m^3，VC值从4.0s相应增大到7.6s。结果表明：用水量对VC值有很大影响，当碾压混凝土的VC值每增减1s，用水量相应增减约1.5kg/m^3。

（3）随着石粉含量从24%降低至16%，用水量从103kg/m^3相应降低至91kg/m^3，碾压混凝土浆体含量在降低，但含气量却从1.6%提高到1.8%。充分说明：过高的辉绿岩石粉含量对碾压混凝土含气量有一定影响。

（4）当高效缓凝减水剂ZB－1RCC15掺量为0.8%时，石粉含量从24%降低至16%，碾压混凝土在室外自然温度为21～31℃，初凝时间从3h55min延长至6h12min。当高效缓凝减水剂ZB－1RCC15掺量为1.0%时，石粉含量从24%降低至16%，碾压混凝土在室外自然温度为21～31℃，初凝时间从5h延长至7h20min。结果说明：辉绿岩人工砂石粉对RCC凝结时间有一定影响，石粉含量从24%降低至16%，初凝时间相应延长约2h。即石粉含量每降低1%，初凝时间延长约15min。

(5)在满足凝结时间要求的条件下(高效缓凝减水剂为ZB－1RCC15,碾压混凝土Ⅱ级配掺入1.2%、准Ⅲ级配掺入1.5%)。通过调整用水量将VC控制在(6±1)s的范围,碾压混凝土Ⅱ级配用水量从97kg/m^3增至109kg/m^3,准Ⅲ级配用水量从87kg/m^3增至99kg/m^3。

石粉含量从16%增加至24%时,碾压混凝土Ⅱ级配7d强度从10.2MPa降至8.1MPa,28d强度从16.2MPa降至12.2MPa,60d强度从19.0MPa降至16.0MPa,90d强度从21.2MPa降至18.0MPa,180d强度从32.0MPa降至26.0MPa。准Ⅲ级配7d强度从5.4MPa降至3.9MPa,28d强度从8.4MPa降至7.0MPa,60d强度从11.4MPa降至10.0MPa,90d强度从13.8MPa降至11.8MPa,180d强度从21.8MPa降至19.7MPa。说明随石粉含量增加,强度呈下降趋势,当石粉含量超过20%时,强度下降幅度较大。石粉含量在16%～18%时碾压混凝土强度最优。

(6)不同石粉含量的碾压混凝土的180d抗渗、抗冻试验结果表明:石粉含量在24%～14%,外加剂掺量为0.8%和1.0%时,碾压混凝土的180d龄期抗冻、抗渗指标均满足设计要求。

(7)不同石粉含量碾压混凝土的极限拉伸、弹性模量试验结果。

石粉含量从24%降低至14%,ZB－1RCC15掺量为0.8%时,28d极限拉伸值从48×10^{-6}提高到75×10^{-6},28d抗拉弹性模量从22.9GPa增大到26.6GPa。180d极限拉伸值从78×10^{-6}降低到73×10^{-6},180d抗拉弹性模量从35.8GPa增大到37.2GPa。28d抗压弹性模量从13.6GPa提高到18.3GPa,180d抗压弹性模量从38.4GPa提高到44.0GPa。

石粉含量从24%降低至14%,ZB－1RCC15掺量为1.0%时,28d极限拉伸值从48×10^{-6}提高到72×10^{-6},180d极限拉伸值从82×10^{-6}提高到88×10^{-6},28d抗拉弹性模量22.5GPa增大到25.3GPa,180d抗拉弹性模量从36.7GPa增大到45.1GPa。

(8)大量的试验资料表明,人工骨料石粉含量高,混凝土和易性改善,泌水明显减少。但是在湿度低、温度高、风干状态时,由于混凝土表面水分蒸发快,得不到及时的补充,表面会产生塑性收缩,出现较多分布不规则的裂缝。出现裂缝以后,混凝土体内水分蒸发进一步加快,于是裂缝迅速扩展,特别是当风速超过1.0m/s时,混凝土表面塑性收缩急剧增大。所以高石粉含量的混凝土,塑性收缩必须严格监控,对高石粉含量的混凝土表面,必须采取加强养护、保湿及覆盖等措施,防止其风干。辉绿岩石粉含量的高低对碾压混凝土干缩性能影响很大。随着石粉含量的降低,碾压混凝土干缩率有规律的减小。随龄期延长,RCC干缩率有规律的增大。根据有关资料,常态混凝土干缩率一般在200×10^{-6}～300×10^{-6}之间,碾压混凝土干缩率一般不超过300×10^{-6}。百色辉绿岩人工骨料碾压混凝土干缩率相对较大，这对大体积的碾压混凝土的抗裂性不利。

上述研究结果表明：辉绿岩人工砂石粉含量的高低对碾压混凝土的性能有较大的影响。随着辉绿岩人工砂石粉含量的增加，碾压混凝土强度、极限拉伸值、弹性模量也相应增加。石粉含量在 16%～18%范围时，碾压混凝土的强度、极限拉伸值、弹性模量较高。辉绿岩骨料是影响碾压混凝土凝结时间的主要因素，直接导致外加剂用量、用水量和胶材用量的增加。由于辉绿岩特性，人工砂中间级配缺乏，级配不合理，这是影响混凝土和易性的主要原因。辉绿岩人工砂石粉含量每增减 1%，RCC 用水量相应增减约 1.5kg/m。碾压混凝土的 VC 值每增减 1s，用水量相应减增约 1.5kg/m。辉绿岩人工砂石粉每降低 1%，初凝时间延长约 15min。辉绿岩骨料石粉含量过高时，碾压混凝土干缩率明显增大，过大的干缩对 RCC 抗裂性能不利。石粉含量在 16%～18%范围时，碾压混凝土优，密实度大、强度高，性能较好。

4.6.4　辉绿岩人工砂石粉替代掺合料的研究

掺合材料分活性与非活性两种，活性掺合材主要靠火山灰活性产生水硬性，非活性掺合材主要靠填充起增强作用。判断掺合材的活性主要从以下四项指标考察：

(1)人工的火山灰质掺合料烧失量不得超过 10%。

(2)三氧化硫含量不得超过 3%。

(3)火山灰活性合格。

(4)水泥胶砂 28d 抗压强度比不得低于 65%。

四项指标全部符合即可作为活性掺合材。只满足前两项指标者为非活性掺合材料。

辉绿岩属火成岩，石粉满足前两项指标要求，且辉绿岩石粉火山灰活性合格(见长江科学研究院研究成果)，具有微粒填隙作用。唯有水泥胶砂 28d 抗压强度比不满足要求(仍有一定的强度)。故此，辉绿岩石粉为非活性掺合材料。

百色工程 RCC 采用辉绿岩骨料，由于辉绿岩骨料自身特性和用巴马克干法生产，加工的人工砂石粉含量高达 20%～24%，远高于《水工碾压混凝土施工规范》(DL/T 5112—2009)中对碾压混凝土细骨料石粉含量为 10%～22%的控制指标，且级配不连续。2.5m 以上粗颗粒多达 35%左右，0.16～2.5mm 颗粒仅占 40%左右，粒径小于 0.08mm 微石粉占石粉的 40%～60%。粗细颗粒两极分化。微石粉比表面积大，吸附水分能力强，对混凝土的和易性有较大影响，可有效减少混凝土泌水，石粉很细对混凝土有填充密实作用。试验中采用水洗法获取石粉，水洗的石粉浆液在澄清晒干后，石粉黏结成块状，具有一定的强度，手掰、脚踩均不易破碎。为充分利用微石粉的强度和填充密实作用“变废为宝”，从保证工程质量和降低工程造价考虑进行了辉绿岩人工砂石粉作为掺合料代替粉煤灰的试验研究。

(1)石粉替代掺合料拌和物性能试验。采用准Ⅲ级配和Ⅱ级配 RCC 施工配合比。按每 1%石粉作为掺合料等量替代 $4kg/m^3$ 粉煤灰(RCC 用砂约 $800kg/m^3$，石粉中的微石粉约占 50%，经计算，1%石粉中 0.08mm 以下微石粉约有 $4kg/m^3$)。石粉掺合料分别按 0kg、4kg、8kg、…、40kg 进行替代粉煤灰用量，通过研究不同的石粉掺合料用量对 RCC 拌和物性能的影响，以论证石粉作为掺合料的可行性和最佳的掺量。

这里需要说明的是石粉作为掺合料等量替代了部分粉煤灰后，就需要增加相应质量的辉绿岩人工砂，以保证 RCC 的密度。试验结果表明：

用水量：RCC 在外加剂掺入 0.8%时，VC 值相近的条件下，用水量随石粉掺合料用量每增加 $8kg/m^3$，用水量约降低 $1kg/m^3$。

VC 值：替代量分别为 0kg、4kg、8kg、…、32kg 时，RCC 的 VC 值随石粉替代量的增加而降低，降到 $24kg/m^3$ 时，RCC 的 VC 值开始增大，工作性降低。

凝结时间：在 22～26℃自然条件下，当石粉掺合料按 0kg、4kg、8kg、…、40kg 等量替代，Ⅲ级配 RCC 初凝时间从 5h35min 缩短至 4h25min，缩短约 50min，说明了随石粉替代量的增加，粉煤灰用量减小，RCC 凝结时间逐渐缩短。

(2)石粉替代掺合料 RCC 力学性能。石粉掺合料 RCC 力学试验结果表明：在 ZB－1RCC15 掺量为 0.8%，单位用水量不变的条件下，石粉掺合料替代量从 0kg、4kg、8kg、…、40kg，准Ⅲ级配 RCC 7d 抗压强度从 5.2MPa 降低至 3.8MPa，28d 抗压强度从 9.3MPa 降低至 7.9Pa，90d 抗压强度从 19.6MPa 降低至 14.8MPa，180d 抗压强度从 26MPa 降低至 19.3MPa。Ⅱ级配 RCC 7d 抗压强度从 9.4MPa 降低至8.0MPa，28d 抗压强度从 15.8Pa 降低至 14.1MPa，90d 抗压强度从 29.4MPa 降低至 19.1MPa，180d 抗压强度从 37.8MPa 降低至 23.8MPa。说明随石粉作为掺合料替代粉煤灰用量的增加 RCC 抗压强度有所降低，但降低幅度不大，均满足设计要求。

经试验，其抗冻、抗渗，均满足设计要求。和抗压强度规律类似，随着石粉替代量的增大，极限拉伸值有所降低，但降低幅度不大。

(3)石粉掺合料 RCC 干缩性能试验结果表明：石粉替代掺合用量从 $0kg/m^3$ 增加到 $40kg/m^3$ 时(粉煤灰等量减少)，准Ⅲ级配 RCC 的 3d 干缩率从 93×10^{-6} 降低至 40×10^{-6}，7d 干缩率从 205×10^{-6} 降低至 109×10^{-6}，28d 干缩率从 456×10^{-6} 降低至 296×10^{-6}，90d 干缩率从 596×10 降低至 494×10^{-6}，180d 干缩率从 662×10^{-6} 降低至 543×10^{-6}。

Ⅱ级配 RCC 的 3d 干缩率从 99×10^{-6}降低至 70×10^{-6}，7d 干缩率从 218×10^{-6}降低至 170×10^{-6}，28d 干缩率从 475×10^{-6}降低至 379×10^{-6}，90d 干缩率从 614×10^{-6}降低至 566×10^{-6}，180d 干缩率从 673×10^{-6}降低至 619×10^{-6}。

试验结果说明，石粉是影响混凝土干缩的主要因素，随石粉掺合料用量的增加（粉煤灰等量减少），混凝土中总的细颗粒（小于 0.08mm 以下颗粒）含量相对减少，总比表面积减小，相应需水量降低，干缩减小。

综合上述试验研究结果表明：石粉作为掺合料替代部分粉煤灰后，RCC 各项性能满足施工设计要求，并改善 RCC 可碾性，降低 RCC 造价。当辉绿岩人工砂石粉含量超过 20%，且微石粉含量较高时，采用石粉作为掺合料替代 $12\sim20kg/m^3$ 粉煤灰较好地改善 RCC 的可碾性。RCC 各项指标满足施工设计要求，有利于混凝土的温控和经济性，百色水利枢组 RCC 主坝工程石粉掺合料 RCC 施工配合比见表 4-50。

第5章　碾压混凝土性能研究

5.1　概述

碾压混凝土与常态混凝土相比只是改变了配合比和施工工艺，其材料本身符合混凝土水胶比定则。碾压混凝土性能具有与常态混凝土强度、耐久性、密度等相同的性能。

我国早期的碾压混凝土筑坝技术主要借鉴国外的经验，防渗体系采用"金包银"的设计理念。因此，早期的水工碾压混凝土类似于公路、机场碾压混凝土，采用大的 VC 值，强度是主要的控制指标。其性能主要用于承载强度荷载，自身不承担防渗任务。目前，碾压混凝土大坝改变了"金包银"的结构，均采取全断面碾压筑坝工艺，完全依靠碾压混凝土自身防渗。由于水工碾压混凝土承担的任务和用途与以往的设计理念不同，所以要求碾压混凝土必须满足层（缝）间的抗滑稳定和防渗性能要求。要求新拌碾压混凝土从拌和、运输、入仓、摊铺到碾压完成后的混凝土表面必须是全面泛浆、有弹性，保证上层骨料嵌入已经碾压完成的下层碾压混凝土中。

水工碾压混凝土性能与常态混凝土性能基本相同，但又存在一定的差别。碾压混凝土性能与常态混凝土相比，碾压混凝土水泥用量少、掺合料掺量高和高石粉含量；早期强度比常态混凝土低，但后期（长龄期）强度增长显著；早期变形性能和耐久性也比常态混凝土稍差，主要表现在碾压混凝土的极限拉伸值和抗冻性能试验结果不如常态混凝土。碾压混凝土绝热温升比常态混凝土低得多，大坝内部碾压混凝土绝热温升一般为 15～18℃，十分有利于大坝温控防裂。

碾压混凝土性能主要包括拌和物性能、力学性能、变形性能、耐久性能、热学性能等。这五种性能既有联系、又相互约束，是辩证统一的关系，并与设计、施工有着密切的联系。影响碾压混凝土性能的因素很多，但主要还是与水泥品种、掺合料品质及掺量、骨料品种、配合比设计以及施工工艺等有关。特别是碾压混凝土设计龄期、石粉含量、VC 值大小、外加剂品质掺量等对碾压混凝土的性能影响很大。新拌碾压混凝土拌和物性能是水工碾压混凝土最为重要的性能。拌和物性能在满足可碾性、液化泛浆、层间结合质量的施工前提下，要求硬化后的碾压混凝土具有较高的极限拉伸值、较低的弹性模量并具有良好的抗渗性能和抗冻性能。

碾压混凝土性能试验可按照《水工混凝土试验规程》(SL 352—2006)进行。水工碾压混凝土性能主要内容包括：

(1)拌和物性能：工作度 VC 值、含气量、凝结时间、表观密度等。

(2)力学性能：抗压强度、劈拉强度、抗剪强度等。

(3)变形性能：极限拉伸(抗拉强度)、弹性模量、徐变、自生体积变形、干缩(湿胀)等。

(4)耐久性能：抗渗性能、抗冻性能等。

(5)热学性能：绝热温升、导温系数、导热系数、比热系数等。

5.2 拌和物性能

硬化前的碾压混凝土为碾压混凝土拌和物。它必须具有良好的工作性，便于施工，以保证获得良好的层间结合质量。水工碾压混凝土拌和物性能是碾压混凝土物理力学和耐久性能的先决条件。拌和物性能直接关系到碾压混凝土快速施工和层间结合质量。同时，拌和物硬化以后，应具有良好的物理力学性能和耐久性，以保证建筑物能安全地承受设计荷载。

碾压混凝土拌和物与常态混凝土拌和物相比，其骨料用量较多、水泥用量少，虽然掺用大量的粉煤灰等掺合料，但胶凝材料用量仍比常态混凝土少。拌和物不具流动性、黏聚性小，一般不泌水，适合振动碾碾压施工。此外，如果配合比设计不当，石粉含量少、VC值大，容易使新拌碾压混凝土稳定性差，在拌和楼及现场的卸料过程中发生骨料分离现象。

我国目前的碾压混凝土坝几乎全部采用全断面碾压混凝土筑坝施工，强调"层间结合"，碾压完毕的层面必须是全面泛浆、有弹性，上层骨料经碾压后嵌入下层混凝土中，要求摊铺好的碾压混凝土面能承受碾压机械振动碾在上面行走，保证以不陷碾为原则。在施工摊铺过程中拌和物不易发生骨料分离、缓凝时间长，以利于碾压施工。

水工碾压混凝土拌和物性能主要包括工作度VC值、含气量、表观密度、凝结时间、稳定性。

5.2.1 工作度VC值

碾压混凝土的工作度VC值是衡量碾压混凝土拌和物工作性能极为重要的指标。工作度用VC值表示。以秒(s)为计量单位。碾压混凝土拌和物是一种无坍落的半塑性混凝土，其坍落度为0，手捏可以形成泥巴团状物。所以，采用传统的坍落度试验方法无法测定其工作度VC值。必须借助辅助力量才能完成液化泛浆过程，即采用维勃稠度仪来测定碾压混凝土的VC值。

《混凝土拌和物稠度仪测定方法》(ISO 4110—1979)要求试验设备振动频率为(50±3)Hz，空载振幅为(0.5±0.1)mm。按照《水工混凝土试验规程》(SL 352—2006)规定，将碾压混凝土拌和物过40mm湿筛，分两层装入容量筒中，在固定振动频率及振幅、固定压强(压强为 4 900Pa,总质量为 17.75kg)的条件下,拌和物从开始振动到表面泛浆所需的时间(以 s 计)。新拌碾压混凝土工作度 VC 值评定主要通过试验过程中观测液化泛浆的快慢、试件外观的光滑程度以及对试件剖开后观察其匀质性进行评定。目前,工作度 VC 值在某种程度上依然主要凭经验来判定。

2009 年 12 月 1 日实施的《水工碾压混凝土施工规范》(DL/T 5112—2009)规定,碾压混凝土拌和物的 VC 值现场宜选用 2～12s,机口 VC 值应根据施工现场的气候条件的变化实行动态控制,宜选用 2～8s。

我国是一个地域辽阔和气候多样性的国家,工程所在地的环境和气候条件存在着很大的差异性,造成了工程所处地区的高温、高寒、潮湿多雨和干燥少雨等气候条件的多样性,施工过程中的气温、日照、风速等对碾压混凝土的 VC 值都有着极大的影响。《水工碾压混凝土施工规范》(DL/T 5112—2009)规定,对 VC 值实行动态控制,拌和站出机口 VC 值应根据施工现场的施工条件变化,动态选用和控制。在满足现场正常碾压的条件下,现场 VC 值宜采用低值。碾压混凝土施工应依据规范要求根据工程所处的地理位置、气候因素、原材料(如掺合料、骨料岩性、石粉含量)等现场生产实际情况,对 VC 值实行动态控制。

碾压混凝土现场控制的重点是拌和物的 VC 值和初凝时间,VC 值控制是碾压混凝土可碾性和层间结合的关键,根据气温等条件变化应及时调整出机口 VC 值。例如汾河二库在夏季气温超过 25℃时,VC 值采用 2～4s,龙首针对河西走廊气候干燥、蒸发量大的特点,VC 值采用 1～5s,江垭、棉花滩、蔺河口、百色、龙滩、光照、金安桥等工程,当气温超过 25℃时,VC 值大都采用 1～5s。由于采用较小的 VC 值,使碾压混凝土入仓至碾压完毕均有良好的可碾性,并且在上层碾压混凝土覆盖以前,下层碾压混凝土表面能保持良好的塑性。VC 值的控制以混凝土全面泛浆、具有弹性,经碾压使上层骨料嵌入下层混凝土为标准。当碾压混凝土采用较小的 VC 值碾压时,仓面可能会出现"弹簧土"现象,人们按照土石坝施工的观念认为对混凝土密实度、强度等性能会有不良影响,但大量生产实践表明这是一种片面性误解。因为碾压混凝土归根到底还是混凝土,符合混凝土水胶比定则。"弹簧土"现象不会对混凝土密实度、强度等性能产生不良影响。影响 VC 值的因素如下。

(1)单位用水量及水胶比:用水量对 VC 值有很大影响,根据大朝山、江垭、棉花滩、蔺河口、百色等工程的试验结果,VC 值每增减 1s,用水量相应增减约 1.5kg/m^3。如果单纯依靠增加用水量来调整 VC 值的大小,会对碾压混凝土水胶比和强度产生很大影响。如果配合比不合理,特别是在细骨料石粉含量偏低的情况下,还就容易引起仓面泌水。

(2)外加剂:首先要选择与本工程碾压混凝土性能相适应的外加剂,通过调整外加剂掺量改变 VC 值的大小,达到改善碾压混凝土拌和物性能,满足不同气候、温度时段条件下的碾压混凝土施工。例如，棉花滩、蔺河口、百色、金安桥等工程，在高温时段保持碾压混凝土配合比参数不变，通过调整外加剂掺量达到调整 VC 值大小的目的。

(3)浆砂比 PV 值：浆砂比是指碾压混凝土中的灰浆（水＋水泥＋掺合材＋0.08mm石粉）体积与砂浆体积的比值。浆砂比大小对碾压混凝土的可碾压性影响很大，碾压混凝土的浆砂比一般不小于 0.42。百色工程由于辉绿岩自身特性，人工砂石粉含量大，石粉含量为 20%～24%，其中 0.08mm 以下微石粉含量高达 40%～60% ，这对提高碾压混凝土浆砂比作用十分明显，经计算，其拌和物实际浆砂比在 0.45～0.47。由于百色主坝碾压混凝土采用准Ⅲ级配，骨料最大粒径为 60mm，人工砂石粉含量高，碾压混凝土拌和物 VC 值小，浆砂比大，黏聚性好，骨料分布均匀，液化泛浆快，可碾性好且无泌水。施工时进入仓号需要穿高筒雨鞋，表明仓面泛浆充分，反映了碾压混凝土具有良好的层间结合质量。

调整 VC 值的方法：一是在拌和楼直接加水，二是在仓面直接洒水，三是通过调整外加剂掺量。前两种方法容易改变碾压混凝土水胶比，拌和物容易离析泌水，层间结合也不理想。

由于混凝土施工配合比是在规程要求的温度和湿度标准条件下进行的，但施工现场情况千差万别，为了保证碾压混凝土在高温、干燥或蒸发量大等不利自然气候条件下的施工，必须对配合比进行动态控制和调整。在施工现场遇到高温、日照强度大、蒸发量大等的情况下，一般采取的技术措施有两个：一是保持配合比参数不变，适当调整缓凝高效减水剂的掺量，达到延缓初凝时间和降低 VC 值的目的。二是通过喷雾和振动碾碾压洒水等措施改善仓面小气候，达到降温、保持碾压混凝土表面湿度和减少 VC 值损失的作用。三是采取上述两个措施结合的方法。通过上述方法可有效地保证碾压混凝土拌和物的黏聚性、液化泛浆和可碾性，提高碾压混凝土的层间结合和防渗性能。

5.2.2　含气量

在混凝土中有目的地引入 3.0%～5.5%的空气能显著改善混凝土的耐久性和其他性能。要提高碾压混凝土的抗冻性，最根本的途径是掺用引气剂。引气剂是一种表面活性剂，它能使混凝在搅拌过程中引入大量的、不连续的、分布均匀的、孔径为 50～200μm 的微小气泡以改善混凝土微孔结构。可以有效改善混凝土的工作性能，抗冻及抗渗性能，同时提高混凝土的韧性和变形能力以及热力学性能。

20 世纪 90 代开始，为了提高大坝混凝土的耐久性，设计已将抗冻等级作为评价混凝土耐久性的重要指标。不论是北方寒冷地区或南方亚热带温和地区，抗冻等级已成为水工混凝土设计的重要指标。

由于掺合料使用量大，以及碾压混凝土拌和物自身特性等原因造成碾压混凝土引气比较困难。大量的试验研究表明，要使碾压混凝土拌和物达到和常态混凝土相同的含气量，引气剂掺量就需要成倍增加，引气剂掺量往往是常态混凝土的十几倍到几十倍。例如龙首电站、喀腊塑克工程、金安桥电站等大坝碾压混凝土的引气剂掺量一般为胶凝材料的0.10%～0.30%（常态混凝土一般掺量是0.007%～0.012%）才能使含气量达到3.5%～5.5%，从而保证碾压混凝土抗冻性能达到F100～F300的要求。

一般在含气量相同的情况下，碾压混凝土中引气剂的使用量是常态混凝土的十几甚至几十倍。

碾压混凝土含气量具有与常态混凝土相同的性能。碾压混凝土中引气剂掺量的多少，主要依据抗冻等级和骨料最大粒径，通过试验确定含气量。《水工混凝土施工规范》(DL/T 5144—2001)规定：当抗冻等级不小于F200，骨料最大粒径分别为20mm、40mm、80mm和150mm(120 mm)时，供参考的含气量分别为5.5%、5.0%、4.5%和4.0%。

当抗冻等级不大于F150，骨料最大粒径分别为20mm、40mm、80mm和150mm(120 mm)时，供参考的含气量分别为4.5%、4.0%、3.5%和3.0%。

由于引气剂具有的微小气泡作用和占有一定体积，含气量增大会使混凝土的表观密度减小。引气剂的使用会使硬化后的混凝土导热系数随含气量的增大而增大。

引气剂的使用会引起混凝土干缩增大，但引气剂的使用在保持VC值不变的情况下降低了用水量，所以引气剂对混凝土干缩的总影响很小。

5.2.3 凝结时间

混凝土的凝结时间分为初凝时间和终凝时间。初凝时间表示碾压混凝开始硬化，是确定碾压混凝土从拌和到仓面碾压施工时间的极限。终凝时间表示混凝土已经硬化，此时混凝土的力学强度开始快速发展。

混凝土的凝结理化特性是在加水拌和后水泥胶凝体在由凝聚结构（凝聚结构有触变复原性能）向结晶网状结构转变时的一个突变。这个突变的物理量可以通过多种方法量测。例如，用超声波测定混凝土中的波速时，当水泥凝胶开始变化结晶时，声速有一个突变跳跃；用热学法测定混凝土水化温升速率，在水化过程中温升速率同样有一突变跳跃点；用两个电极板测定一段混凝土电流时，同样测到存在一个突变点；用测针测定贯入阻力时也能测到这个突变点。工程上采用的是测针测定贯入阻力法，即用高精度贯入阻力仪测定碾压混凝土的贯入阻力—历时关系过程线，随着历时的增长，贯入阻力增加，该过程线由两段直线组成，水化初期贯入阻力值较低，增长速率也较缓慢，至一定历时，直线出现一个拐点，直线斜率变陡，增长速率增加。一般认为出现拐点的历时称为初凝时间。

由于碾压混凝土采取通仓薄层摊铺、连续碾压上升的施工工艺，要求碾压混凝土凝结时间能保证正常流水施工，因此碾压混凝土要比常态混凝土初凝时间要长得多。特别是高温时段或高温季节对初凝时间的要求会更长。一般新拌碾压混凝土的初凝时间要求不小于 12h，才能保证碾压混凝土从拌和到初凝前碾压完毕以及后续的上层碾压混凝土连续摊铺碾压，否则将按施工缝进行处理后才能进行后续碾压混凝土施工。

水泥与外加剂的相容性、骨料品种、VC 值、施工时的温度、风速、日照等是影响碾压混凝土凝结时间的主要因素。当高温时段或太阳曝晒时，新拌碾压混凝土凝结时间损失很快，特别是采用密度大的硬质骨料，虽然碾压混凝土密度很大，但引起拌和物的凝结时间严重缩短。例如，百色、金安桥大坝碾压混凝土采用辉绿岩、玄武岩骨料，碾压混凝土表观密度分别达到 2 650kg/m^3 和 2 630kg/m^3。其凝结时间严重缩短，后通过外加剂优选和提高外加剂掺量，有效延长了拌和物的凝结时间，保证了碾压混凝土快速施工和层间结合质量。

5.2.4　表观密度

碾压混凝土拌和物的单位体积质量称为表观密度，单位为 kg/m^3。表观密度是碾压混凝土配合比设计计算材料用量的依据，是评定现场碾压混凝土相对密实度的重要指标，也是检测拌和物质量及含气量的一种手段。而且碾压混凝土表观密度也是混凝土坝设计的重要参数，碾压混凝土重力坝是依靠重度保持稳定的。其表观密度即重度的取值范围，将决定坝体断面尺寸及抗滑稳定。

碾压混凝土拌和物表观密度与骨料密度、级配和含气量有关，同时与现场施工碾压密实度有关。使用密度大的骨料，良好级配和最大粒径可以有效增大混凝土的表观密度。大量工程实例表明，碾压混凝土表观密度一般比常态混凝土大，主要是因为碾压混凝土配合比和施工方法与常态混凝土有较大区别。由于碾压混凝土拌和物呈无坍落度的半塑性混凝土状态，其胶材用量、单位用水量均比常态混凝土少，同时骨料用量却大于常态混凝土，加之碾压混凝土施工为薄层通仓摊铺、采用振动碾进行碾压，其密实性显著优于常态混凝土。

碾压混凝土表观密度由于采用的骨料品种不同，其密度差异较大。一般的碾压混凝土表观密度为 2 400～2 450kg/m^3，采用辉绿岩、玄武岩的碾压混凝土表观密度可达到 2 600～2 660kg/m^3。

基准表观密度是以选定配合比的碾压混凝土在室内试验中获得的表观密度的平均值。碾压混凝土基准表观密度的确定是检测现场压实度、相对密实度的重要依据。

基准表观密度确定方法：一是用绝对体积法计算，根据碾压混凝土配合比设计参数和原材料密度、含气量，计算出每立方米混凝土材料用量，作为试拌的基准。二是按照基准配合比，通过拌和试验对拌和物表观密度等性能进行验证。三是根据拌和物表观密度控制要求和科学计数法，对混凝土基准表观密度取整，以 $10kg/m^3$ 为准。

压实度指施工仓面实测表观密度与碾压混凝土室内试验获得的平均基准表观密度之比，是评价碾压混凝土压实质量的指标。对于大坝的外部混凝土不得小于98%，对于内部混凝土不得小于97%。

表观密度对混凝土抗压强度有一定的影响。对于设计指标、龄期、级配等相同的混凝土，一般容重越大，强度越高。

碾压混凝土表观密度与采用的砂石骨料及级配有关，砂石骨料品种相同的情况下，主要取决于施工工艺和施工质量的控制。例如，金安桥水电站大坝碾压混凝土砂石骨料采用玄武岩，岩块容重达 $26\sim28kN/m^3$，根据施工仓面生产对碾压混凝土压实度及表观密度2 379组检测结果表明，压实度达98.5%～99.9%，表观密度最小值为 $2\ 593kg/m^3$，最大值为 $2\ 623kg/m^3$，平均值为 $2\ 601kg/m^3$。说明金安桥水电站大坝碾压混凝土的实际容重远大于一般工程设计时常规采用的混凝土容重（$24kN/m^3$），这对大坝抗震安全和大坝稳定均十分有利。

5.3 力学性能

5.3.1 力学性能简述

碾压混凝土的强度性能主要为抗压强度、劈拉强度、抗剪强度等。影响碾压混凝土强度性能的主要因素有水胶比、掺合料掺量、密实度等，同时也与水泥、掺合料的品质密切相关。由于碾压混凝土主要应用在大坝大体积无结构的部位（碾压混凝土重力坝），因此，设计的强度等级要求较低，而抗裂和耐久性指标要求较高。所以，强度已不再是坝工碾压混凝土主要的控制因素。

碾压混凝土的抗压强度与其密实性直接相关。例如，将碾压混凝土拌和物视为如同砾石土料类的物质，研究碾压混凝土中单位用水量与混凝土表观密度的关系及单位用水量与混凝土抗压强度的关系，结果发现单位用水量存在最佳值现象。说明了碾压混凝土的抗压强度与密实度之间的关系密切。

碾压混凝土的劈拉强度（即劈裂抗拉）与常态混凝土一样，随着水胶比的增大而降低，随着抗压强度的增加而增加。由于抗拉强度试验复杂，采用劈拉强度替代抗拉强度，其值完全可以代替抗拉强度，而且偏于保守。混凝土能承受压应力，但其允许抗拉强度不超过抗压强度的 10%。

混凝土抗拉强度是影响混凝土抗裂性的重要因素之一。它主要由水泥砂浆抗拉能力、水泥砂浆与骨料的界面胶结能力，以及骨料本身抗拉能力组成。混凝土抗拉强度越高，其抗裂能力越强。混凝土抗拉强度与抗压强度之比称为拉压比。常态混凝土的拉压比一般为 7%～12%。高掺粉煤灰含量的碾压混凝土的拉压比(90d)为 7%～9%。

碾压混凝土抗剪强度的大小关系到坝体的抗滑稳定性，也关系到坝体设计断面的大小。从某种意义上说，坝体混凝土的抗剪强度比抗压强度更为重要。坝体碾压混凝土的抗剪强度有多种情况。室内外试验表明，碾压混凝土本体及施工层内碾压混凝土的抗剪强度与常态混凝土的抗剪强度并无大的差异。连续铺筑的施工层面(碾压混凝土在初凝时间内连续铺筑的层面)混凝土的抗剪强度与层内混凝土的抗剪强度相当。超过混凝土初凝时间而未对层面进行处理或层面骨料架空位置，混凝土的抗剪强度明显低于本体混凝土的抗剪强度。作为冷缝处理(层间间隔超过混凝土的初凝时间，铺砂浆或灰浆)的施工层面，抗剪强度低于本体混凝土的抗剪强度，降低的程度与层面处理措施及施工质量有关。

碾压混凝土的层面抗剪强度是坝工设计者最关心的参数之一，特别是高碾压混凝土坝显得更重要。改善碾压混凝土施工层面结合质量，提高施工层面混凝土的抗剪强度是层间结合质量研究的一个重点课题。笔者曾建议改进碾压机械，设计专门的凸块振动碾进行碾压作业，或者在碾压作业完成后增加“刨毛”作业工序，以提高碾压混凝土的层间结合性能。

5.3.2　影响力学性能的因素

影响碾压混凝土强度性能的因素较多，主要与原材料、水胶比、骨料性能、掺合料品种和掺量、设计龄期、成型条件和养护条件等因素有关。

1.水胶比

影响混凝土强度的最主要因素是水胶比(水灰比)。保持含气量不变，在最大骨料粒径条件下，混凝土强度直接随水胶比的变化而变化。大量的碾压混凝土抗压强度与水胶比的关系试验结果表明，无论是贫碾压混凝土或高粉煤灰富胶凝碾压混凝土，都与常态混凝土一样完全符合“水灰比定则”，即随着水胶比的增大，抗压强度下降。在一定范围内，抗压强度与水胶比[$(C+F)/W$] 基本呈直线关系。

2.骨料的影响

(1)砂率。当砂子粗细及胶凝材料用量和水胶比一定时，随着砂率的减小，碾压混凝土的抗压强度逐渐提高。但当砂率小到一定程度之后，碾压混凝土的强度反而降低，即存在某一砂率，使碾压混凝土的抗压强度为最大值。这一砂率称为最优砂率。因为砂率大时，胶凝材料浆体体积与砂子空隙体积的比值较小，砂率小时，砂浆体积与粗骨料空隙体积的比值较小，这都能使混凝土的抗压强度降低。

(2)砂中石粉含量。当砂率、胶凝材料用量及水胶比一定时，随着砂中石粉含量的增加，碾压混凝土的抗压强度提高。对于人工砂中所含的石粉，石粉含量增大至20%时，试验结果表明对抗压强度仍有所改善。因为砂中石粉的存在改善了混凝土拌和物的施工性能，混凝土拌和物易于振动密实。石粉在硬化后的混凝土中充当微集料，对碾压混凝土强度起改善作用。

(3)粗骨料最大粒径。与常态混凝土比较，粗骨料级配对碾压混凝土压实效果的影响较大。碾压混凝土的表观密度随着骨料最大粒径的增大而增大，但最大粒径的增大，易造成粗骨料分离，影响碾压施工的质量。工程实例已经证明，间断级配会使碾压混凝土骨料分离严重，因此间断级配不适用于碾压混凝土。碾压混凝土骨料分离与最大粒径密切相关。例如，百色采用骨料最大粒径为60mm的准Ⅲ级配。越南、缅甸、老挝等碾压混凝土采用骨料的最大粒径为40mm或50mm。最大粒径的减小可显著改善碾压混凝土骨料分离的现象。

3.成型振动条件对力学性能的影响

大量的试验研究表明，碾压混凝土成型振动时间应以试件表面全面泛浆为原则，并未按标准规定的2～3倍VC值时间进行控制。究其原因，由于试验是模拟现场施工实际的一种研究技术措施，试验与施工现场情况必须尽量相吻合才能为工程的质量和施工提供科学依据。

碾压混凝土采用全断面筑坝技术，原材料控制满足要求后，碾压混凝土从拌和、运输、入仓、摊铺、碾压、喷雾、养护等现场施工全过程，对碾压完成后的碾压混凝土质量评定。评定结果是：碾压完后的碾压混凝土层面必须是全面泛浆，有一层薄薄的浆体，人走在上面感觉有弹性，保证上层碾压混凝土骨料嵌入下层已碾压好的混凝土中，从而保证了碾压混凝土层间结合，提高抗渗性能。所以，碾压混凝土试件采用3倍VC值时间振动成型是不适宜的。

碾压混凝土在进行VC值试验时，在很短的时间就全面泛浆了，为什么成型时采用2～3倍时间的VC值却满足不了全面泛浆的要求呢？原因分析认为：主要是在VC值试验时，采用的维勃稠度仪和振捣台是固定在一起的，形成整体，而进行碾压混凝土试件成型时，虽然也在试模上加设了配重，但由于试模与振动台是分离的，振动频率、振幅与VC值试验采用固定在一起的维勃稠度仪完全不同。大量的试验证明，试模成型时，采用2～3倍VC值时间进行控制，碾压混凝土拌和物表面不能达到全面泛浆，这与施工现场实际碾压全面泛浆是不符的。同时由于碾压混凝土拌和物成型时受边界环境条件的影响，例如拌和物表面失水，VC值经时损失等因素的影响，按2～3倍VC值时间进行振动时，试件表面也不能完全泛浆。因此，碾压混凝土在进行试件成型时，振动控制时间应以试件表面全面泛浆为标准。

4.养护对混凝土性能的影响

大量试验表明，混凝土试件不经过养护便暴露在干燥的空气中，在早龄期阶段其强度会停止增长。混凝土浇筑完成后，立即在干燥空气中暴露6个月龄期的强度，只相当于先潮湿养护14d，是暴露在干燥空气中同龄期混凝土强度的1/2。养护温度对强度增长有明显的影响。试验结果表明，要达到规定强度，低温养护要比高温养护需要的时间长。在高温下连续养护28d，其强度的增长随温度的变化而变化。在28d龄期内，养护温度越高，强度也越高。

5.强度与龄期发展系数

由于碾压混凝土主要在大坝大体积无结构的部位应用，设计的强度等级要求较低，强度已不再是影响碾压混凝土质量的重要指标，但碾压混凝土掺用大量的掺合料，其后期强度增长显著。另外，碾压混凝土强度受其他指标的控制影响，为了满足极限拉伸值和抗冻等级的设计指标要求，90d或180d长龄期的碾压混凝土就需要适当提高强度才能满足抗裂和耐久性的指标要求，这是导致碾压混凝土强度超强的主要因素。

碾压混凝土掺用了较多的掺合材料，其早期抗压强度较低且增长较慢。28d或90d以后，由于掺合材料（如粉煤灰）中活性氧化硅等与水泥水化过程中产生的$Ca(OH)_2$发生二次水化反应，生成水化硅酸钙凝胶等水化产物，使硬化胶凝材料浆不断密实，强度不断提高。所以碾压混凝土90d和180d龄期的强度增长率比28d碾压混凝土强度增长率高得多。国内部分工程碾压混凝土抗压强度平均发展系数见表5-1。结果表明，碾压混凝土抗压强度90d与28d相比，其增长率为150%～170%。180d与28d相比，其增长率为180%～220%。

表5-1 国内部分工程碾压混凝土抗压强度平均发展系数统计表

工程名称	碾压混凝土设计指标	级配	粉煤灰掺量(%)	各龄期混凝土抗压强度和28d龄期抗压强度发展系数(%)				备注
				7d	28d	90d	180d	
龙首	C_{90}20W8F300	Ⅱ	53	72	100	143	—	卵石天然砂
	C_{90}20W8F300	Ⅲ	65	75	100	156	—	
景洪	C_{90}15W6F50	Ⅲ	NH60	76	100	118	120	NH双掺料（矿渣＋石粉）天然砂＋碎石
	C_{90}15W6F50	Ⅲ	50	51	100	168	212	
	C_{90}15W8F150	Ⅱ	NH50	66	100	127	—	

表 5-1(续)

工程名称	碾压混凝土设计指标	级配	粉煤灰掺量(%)	各龄期混凝土抗压强度和28d龄期抗压强度发展系数(%)				备注
				7d	28d	90d	180d	
光照	C_{90}25W12F150	Ⅱ	50	57	100	136	—	人工灰岩粗细骨料
	C_{90}25W8F100	Ⅲ	50	55	100	138	—	
	C_{90}20W6F100	Ⅲ	55	55	100	150	—	
	C_{90}20W8F100	Ⅱ	55	60	100	153	—	
	C_{90}25W6F50	Ⅲ	60	61	100	158	—	
龙滩	C_{90}25W6F100	Ⅲ	55	50	100	157	194	人工灰岩粗细骨料
	C_{90}20W6F100	Ⅲ	60	42	100	165	195	
	C_{90}15W6F50	Ⅲ	65	31	100	169	238	
	C_{90}25W12F150	Ⅱ	55	52	100	147	166	
金安桥	C_{90}20W6F100	Ⅲ	60	50	100	171	203	人工玄武岩粗细骨料
	C_{90}20W8F100	Ⅱ	55	56	100	167	189	
	C_{90}15W6F100	Ⅲ	63	42	100	189	218	
百色	R_{180}150S2D50	准Ⅲ	63	55	100	166	238	人工辉绿岩粗细骨料
	R_{180}200S10D50	Ⅱ	58	61	100	152	211	
蔺河口	R_{90}200S8D50	Ⅱ	63	68	100	152	—	人工灰岩粗细骨料
	R_{90}200S6D50	Ⅲ	65	59	100	160	—	
喀腊塑克	R_{180}150W4F50	Ⅲ	65	52	100	167	229	水洗天然砂人工片麻花岗岩粗骨料
	R_{180}200W4F50	Ⅲ	60	64	100	161	207	
	R_{180}150W6F200	Ⅲ	50	62	100	131	170	
	R_{180}200W10F100	Ⅱ	50	64	100	150	184	
	R_{180}200W10F300	Ⅱ	40	74	100	128	151	

随着粉煤灰掺量的增加,碾压混凝土的后期强度增长显著。说明在满足设计和施工要求的前提下,粉煤灰的掺入,显著降低了混凝土中的水泥用量,十分有利于碾压混凝土的温度控制和防裂。同时,结果也表明,景洪碾压混凝土采用双掺料NH(矿渣+石粉),早期强度高,但后期强度发展系数明显偏低,表明矿渣+石粉双掺料碾压混凝土后期强度增长明显低于粉煤灰碾压混凝土。

5.4 变形性能

碾压混凝土变形性能主要包括极限拉伸值、弹性模量、徐变、干缩、自生体积变形、泊松比等。其中极限拉伸值是碾压混凝土防裂设计的重要指标。

5.4.1 极限拉伸(抗拉强度)

混凝土极限拉伸是指在拉伸荷载作用下，混凝土最大拉伸变形量。极限拉伸值越大，混凝土抗裂能力越高。极限拉伸值和抗拉强度是评价混凝土抗裂性能的主要指标。提高混凝土极限拉伸值、抗拉强度及降低弹性模量，是防止大坝裂缝的一项重要措施。我们希望的是碾压混凝土极限拉伸值高、弹性模量低，因为它可使混凝土更好地承受温度应力变化和提高防裂性能。

影响碾压混凝土极限拉伸值的因素较多，主要与胶凝材料用量、骨料品种、含气量、设计龄期、VC 值等密切相关，特别是碾压混凝土胶凝浆体含量的高低对极限拉伸影响较大。

早期的碾压混凝土被定义为超干硬性或干硬性混凝土，VC 值大，碾压混凝土的极限拉伸值明显低于常态混凝土。采用全断面碾压混凝土筑坝技术以来，碾压混凝土逐步过渡到目前的无坍落度的半塑性混凝土，随着对石粉含量的增加和浆砂比的提高，碾压混凝土的极限拉伸值有了很大提高，甚至有个别工程的碾压混凝土极限拉伸试验值大于常态混凝土(例如沙牌工程)，但大多数工程碾压混凝土 90d 龄期的极限拉伸值在 $0.7\times10^{-4}\sim0.8\times10^{-4}$，仍然低于相同原材料的常态混凝土。这主要与水泥用量少、掺合料掺量大及胶凝材料总量少有关。

近年来，大量的试验结果已经表明，采用高石粉含量、低 VC 值的富胶凝浆体材料，碾压混凝土的极限拉伸值显著提高，弹性模量降低，有效地提高了碾压混凝土坝的抗裂性能。这里特别需要说明的是，富胶凝材料与富胶凝浆体材料是两个不同的概念，富胶凝浆体包含了 0.08mm 以下颗粒的微石粉，有效地增加了浆体含量，提高了浆砂体积比。例如，百色、光照、金安桥等工程，采用较大的浆砂比和低 VC 值，其极限拉伸值和弹性模量均优于前期科研单位的试验结果，满足设计要求。

目前，设计为了提高抗裂性能，主要途径是提高极限拉伸值来达到提高抗裂的目的。提高极限拉伸值指标与碾压混凝土设计指标、龄期、强度等有一个最佳的结合点。如果碾压混凝土设计龄期采用 90d，要提高极限拉伸值就意味着要降低水胶比、增加胶材用量。但极限拉伸值的提高效果并不明显，反而提高了强度和弹性模量，增加了水化热温升和应力，这对温控和防裂不利。

极限拉伸值是混凝土轴向受拉试件达到破坏点时的测值。拉伸值是弹性、徐变、抗拉强度的函数，而其大小既取决于混凝土特性，又与施加抗拉荷载的速度相关。

采用富胶凝浆体材料和低 VC 值，有效地提高了碾压混凝土浆砂比，极限拉伸值也明显提高。影响碾压混凝土极限拉伸的因素很多，例如沙牌采用低铝高铁脆性低的水泥、弹性模量很低的片麻花岗岩骨料，显著提高了极限拉伸值，极限拉伸值达到 1.35×10^{-4} 以上，在国内不多见。百色、金安桥采用硬质的辉绿岩、玄武岩骨料，前期科研单位试验结果表明，极限拉伸值很低。这主要是采用的 VC 值较大，对石粉含量的认识不足，致使碾压混凝土胶凝浆体偏少，即浆砂比 PV 值一般小于 0.35，导致极限拉伸值低、弹模高。施工配合比试验研究结果表明，采用适宜的水胶比、提高粉煤灰和外加剂掺量、石粉代砂、低 VC 值的技术措施，使拌和物性能发生质的变化，能提高极限拉伸值、降低弹性模量。

由于碾压混凝土的特性，其抗拉强度、极限拉伸值一般比常态混凝土低。近年来，对提高碾压混凝土抗拉强度、极限拉伸值采取的措施一是在碾压混凝土中掺硅粉，二是掺微纤维。两种措施均可以有效提高碾压混凝土抗裂性能。

部分工程碾压混凝土极限拉伸值见表 5-2。

5.4.2 弹性模量

混凝土弹性模量是指混凝土产生单位应变所需要的应力。它取决于骨料本身的弹性模量及混凝土的灰浆率，采用骨料弹性模量高的碾压混凝土，其弹性模量也高，灰浆率高的碾压混凝土可以降低弹性模量。弹性模量越高，对混凝土温度应力和抗裂越不利。

混凝土并不是一种真正的弹性材料，在连续增加荷载情况下，混凝土的应力应变关系图通常可用一条曲线来表示。已经充分硬化的混凝土，若预先施加了适度的荷载，在通常采用的工作应力范围内，其应变关系，从实用角度讲是一条斜率一定的直线。根据应力应变曲线中的直线求出的应力与应变的比值即为弹性模量。加荷量超过工作应力范围以后，应力应变关系就越来越偏离直线，意味着应力应变不再呈线性关系。应力高于 28d 破坏强度的 75%时，其应力应变比基本一致。尽管弹性模量与强度不直接成直线比例，一般来说，高强度混凝土弹性模量也比较高。普通混凝土 28d 龄期的弹性模量为 20～40GPa。

多数材料的弹性模量并不随龄期变化，而且，卸荷后的弹性复原等于加荷载时的弹性变形，与加荷的时间长短无关。然而，混凝土的弹性模量一般随龄期的增加而增大，特别是碾压混凝土尤为明显，这与碾压混凝土后期强度增长显著有关。由于混凝土弹性模量随龄期增长，混凝土早期释放大量水化热时能自由膨胀和收缩，而后期冷却的收缩就受到约束，从而产生较大的拉应力。

除用静力法求应力应变关系外(与试验加荷应力量相对应的应变值都是直接测出的)，还可以用动力法测定弹性模量，或者测试件的自振频率、测量穿透试件的声波速度。通常混凝土试件经冻融试验或受碱骨料反应作用后，大多采用动力法测量其受损害的程度。动力法是一种非破损试验，不用破坏试件且既快又简便的测定弹模方法。如果测定出的自然频率或波速比较低，表明弹性模量已经下降，混凝土质量变差。

大量碾压混凝土筑坝技术实践证明，碾压混凝土强度几乎全部超过设计的配制强度，且富余量较大，这样提高了混凝土弹性模量，增加了坝体的温度应力，对抗裂是不利的。例如，龙滩大坝碾压混凝土抗压强度平均为 28～39MPa，但弹性模量达到 35～43GPa，充分说明强度与弹性模量呈正相关的规律。

所以，碾压混凝土强度已不是控制碾压混凝土技术指标的主要因素，碾压混凝土拌和物性能、层间结合、温控防裂是碾压混凝土施工的最重要的技术指标。这些性能都与碾压混凝土浆砂比大小直接有关。所以，在配合比设计中必须重视浆砂比。

部分工程碾压混凝土弹性模量见表 5-2。

表 5-2　部分工程碾压混凝土极限拉伸值、弹性模量统计表

序号	工程名称	设计指标	配合比参数				极限拉伸值($\times10^{-4}$)90d	弹性模量(GPa)90d
			级配	水胶比	水泥(kg/m³)	胶材用量(kg/m³)		
1	岩滩	R_{90}150	Ⅲ	0.566	55	159	0.70	
2	普定	R_{90}150	Ⅲ	0.55	54	153	0.72	41.2
3		R_{90}200	Ⅱ	0.50	85	188	0.81	39.8
4	江垭	R_{180}100	Ⅲ	0.61	46	153	0.77	
5		R_{180}200	Ⅱ	0.53	87	194	0.86	
6	棉花滩	R_{180}150	Ⅲ	0.60	51	147	0.73	
7		R_{180}100	Ⅲ	0.65	48	136	0.72	
8		R_{180}200	Ⅱ	0.50	90	200	0.75	
9	大朝山	R_{180}150	Ⅲ	0.50	67	168	0.74	
10		R_{180}200	Ⅱ	0.50	94	188	0.86	
11	龙首	R_{90}20	Ⅲ	0.48	62	177	0.78	34.2
12		R_{90}20F300	Ⅱ	0.43	96	205	0.87	29.6
13	沙牌	R_{90}200	Ⅱ	0.53	115	192	0.136	16.65
14		R_{90}200	Ⅲ	0.50	93	186	0.135	16.65
15	蔺河口	R_{90}200	Ⅱ	0.47	74	185	0.91	42.7
16		R_{90}200	Ⅲ	0.47	66	177	0.82	41.3
17	百色	R_{180}15	准Ⅲ	0.60	59	160	0.78	31.5
18		R_{180}20	Ⅱ	0.50	89	212	0.90	33.9
19	索风营	C_{90}15	Ⅲ	0.55	64	160	0.71	34.5
20		C_{90}20	Ⅱ	0.50	94	188	0.86	37.8

表 5-2(续)

序号	工程名称	设计指标	配合比参数				极限拉伸值(×10⁻⁴)90d	弹性模量(GPa)90d
			级配	水胶比	水泥(kg/m³)	胶材用量(kg/m³)		
21	招徕河	$C_{90}20$	Ⅱ	0.48	88.5	177	0.93	31.0
22		$C_{90}20$	Ⅲ	0.48	70.3	156	0.88	31.3
23	龙滩(宣威粉煤灰)	下部 $C_{90}25$	Ⅲ	0.41	85	193	0.86	43.9
24		中部 $C_{90}20$	Ⅲ	0.45	67	173	0.75	36.9
25		上部 $C_{90}15$	Ⅲ	0.48	56	165	0.72	35.9
26		防渗区 $C_{90}25$	Ⅱ	0.40	98	217	0.96	37.9
27		下部 $C_{90}25$	Ⅲ	0.45	83	180	0.90	45.3
28	光照	上部 $C_{90}20$	Ⅲ	0.50	70	177	0.87	44.2
29		上部 $C_{90}15$	Ⅲ	0.55	3357	164	0.81	42.3
30		外部 $C_{90}25$	Ⅱ	0.45	92	207	0.92	45.4
31		外部 $C_{90}20$	Ⅱ	0.50	77	195	0.88	43.1
32	戈兰滩	$C_{90}15$	Ⅲ	0.50	66	166	0.91	34.5
33		$C_{90}20$	Ⅱ	0.45	93	207	0.90	37.3
34	金安桥	下部 $C_{90}20$	Ⅱ	0.47	76	191	0.79	38.8
35		上部 $C_{90}15$	Ⅲ	0.53	63	170	0.78	35.2
36		防渗区 $C_{90}20$	Ⅱ	0.47	96	213	0.83	34.6
37	喀腊塑克	$R_{180}200F300W10$	Ⅱ	0.45	131	218	0.84	36.0
38		$R_{180}200F300W10$	Ⅱ	0.47	91	202	0.81	31.3
39		$R_{180}200F200W6$	Ⅲ	0.45	100	200	0.79	34.9
40		$R_{180}150F50W4$	Ⅲ	0.56	61	161	0.79	33.6
41	功果桥	$C_{90}15$	Ⅲ	0.50	81	180	0.82	24.2
42		$C_{90}20$	Ⅱ	0.46	109	218	0.89	30.5
43	莲花台	$C_{180}15$	Ⅲ	0.55	54	155	0.74	27.8
44		$C_{180}20$	Ⅱ	0.47	81	202	0.78	29.7
45	官地	下部 $C_{90}25$	Ⅲ	0.45	82	205	0.81	35.4
46		中部 $C_{90}20$	Ⅲ	0.48	77	192	0.77	32.7
47		上部 $C_{90}15$	Ⅲ	0.51	63	180	0.75	31.5
48		防渗区 $C_{90}25$	Ⅱ	0.45	102	227	0.85	39.4
49		防渗区 $C_{90}20$	Ⅱ	0.48	96	213	0.82	35.1

5.4.3 自生体积变形

在恒温恒湿条件下，由胶凝材料的水化作用引起的混凝土体积变形称为自生体积变形(简称自变)。混凝土在硬化过程中之所以会产生体积变化，主要是由胶凝材料和水在水化反应前后反应物与生成物的密度不同所致，即生成物的密度小于固态反应物的密度。尽管水化后的固相体积比水化前的固相体积大，但对于胶凝材料和水体系的总体积来说却缩小了(膨胀水泥除外)。这种化学减缩现象是胶凝材料在水化反应过程产生的。

混凝土自生体积变形有膨胀的也有收缩的。当自变为膨胀变形时，可补偿因温降产生的收缩变形，这对混凝土的抗裂性是有利的，但当自变为收缩变形时，对混凝土的抗裂性是不利的，因此自变对混凝土抗裂性有不容忽视的影响。自生体积变形偶尔可能呈现膨胀，通常以收缩居多，而且完全是混凝土内部化学反应的结果并与龄期有关。此外，自生体积变形与干缩或其他外界影响引起的体积变化无关。自身收缩量的变化幅度很大，可以由目前已观测到的 10×10^{-6} 达到 150×10^{-6} 以上，但自生体积变化过大对混凝土是有害的。在混凝土早期抗拉强度尚未充分形成以前，由于温度下降和干缩等原因产生了收缩，受约束的硬化混凝土会产生裂缝。裂缝不仅是影响混凝土承受设计荷载能力的一个弱点，而且还会严重损害混凝土的耐久性和外观。裂缝内侵入水会损害混凝土的耐久性，同时还会加速浸析作用和对配筋的腐蚀作用。有裂缝的混凝土暴露在冻融环境中会进一步受到破坏。当混凝土中含有碱活性骨料和碱含量高的水泥(碱含量超过0.6%时)，或受到含可溶性硫酸盐的水作用时，都会产生崩解。由于各种组分体积变化特性的差异所造成混凝土的应力不均匀，这会破坏其内部结构，并影响水泥石与骨料颗粒之间的胶结，特别是经过反复胀缩以后，还会引起崩解。在有约束的情况下，混凝土的膨胀会产生过高的压应力并在接缝处剥落。

自生体积收缩与干缩不同，它与用水量关系不大，主要取决于胶凝材料的特性和总用量。富胶凝材料混凝土的自身收缩要比贫胶凝材料混凝土大。混凝土浇筑后，在60～90d龄期内自身收缩最为显著。体积变化能否引起裂缝，在很大程度上取决于内力和外力抵抗收缩的程度。大体积混凝土块表面受到干燥或冷却，而内部并未受到这种作用时就会促使外部开裂。碾压混凝土自生体积变形比常态混凝土小，一般约为常态混凝土的50%。碾压混凝土中水泥用量少，掺用的粉煤灰主要反应发生在后期，因此，自生体积变形较小。

5.4.4 干缩(湿胀)

混凝土干缩是指置于未饱和空气中的混凝土因水分散失而引起的体积缩小变

形。干缩变形主要是混凝土在干燥过程中，首先发生气孔水和毛细孔水的蒸发，但气孔水的蒸发并不能引起混凝土的收缩。毛细孔水的蒸发，使毛细孔内水面后退，弯月面曲率变大，在表面张力的作用下，水的内部压力比外部压力小。随着空气湿度的降低，毛细孔中的负压逐渐增大，产生收缩力，使混凝土收缩。当毛细孔中的水蒸发完毕后，如继续干燥，则凝胶体颗粒的吸附水也发生部分蒸发。失去水膜的凝胶体颗粒由于分子引力的作用，使粒子间距离变小而发生收缩。

影响混凝土干缩的因素主要有水泥品种、混合材种类及掺量、骨料品种及含量、外加剂品种及掺量、混凝土配合比、介质温度与相对湿度、养护条件、混凝土龄期、结构特征及碳化作用等。其中骨料品种对混凝土干缩影响最大。有关文献资料表明：砂岩骨料混凝土干缩最大，石灰岩与石英岩骨料混凝土干缩都较小，花岗岩与玄武岩骨料混凝土干缩为居中。就大坝碾压混凝土来说，90d干缩变形达$(250\sim350)\times10^{-6}$，辉绿岩高石粉人工砂的碾压混凝土其90d干缩率可达600×10^{-6}以上，比大坝碾压混凝土水化热温升引起的温度变形[$(150\sim200)\times10^{-6}$]大得多。因此，碾压混凝土如果不进行很好地养护，极易发生表面干缩裂缝。

干缩受多种因素的影响，按其重要程度包括单位用水量、骨料成分、石粉含量及初期养护的持续时间。而拌和物的总需水量是影响干缩的主要因素，干缩随用水量的增大而增大。所以，配合比设计需要尽量降低混凝土的单位用水量。碾压混凝土掺用大量的粉煤灰掺合料，选用不同等级的粉煤灰，其需水量比不同，需水量比大的粉煤灰会增强干缩，优质的粉煤灰需水量比小，可以降低干缩，这种影响与粉煤灰的需水量比成正比。所以，碾压混凝土使用需水量比小的优质粉煤灰，其干缩率也小。碾压混凝土的干缩率与常态混凝土不同，由于碾压混凝土需要较高的石粉含量来达到提高浆砂比和可碾性的目的，石粉含量高，有利于液化泛浆、层间结合和提高密实性，同时有利于抗渗性能、抗冻性能、极限拉伸值的提高，而且可以降低弹性模量，但过高的石粉含量对硬化碾压混凝土的干缩不利。例如，百色工程采用辉绿岩骨料碾压混凝土，辉绿岩人工砂石粉含量很高，其干缩率明显高于石粉含量适宜的碾压混凝土干缩率。

5.4.5 徐变

在持续荷载作用下，混凝土变形随时间不断增加的现象称徐变。徐变变形比瞬时弹性变形大1～3倍。单位应力作用下的徐变变形称为徐变度(单位为10^{-6}/MPa)。混凝土徐变对混凝土温度应力有很大影响，对大体积混凝土来说，混凝土徐变越大，应力松弛就越大，越有利于混凝土抗裂。

混凝土承受恒定的持续荷载所产生的变形可分为两种：弹性变形和徐变变形。弹性变形是加荷后立即发生的变形，卸掉荷载又立即全部恢复。徐变变形是一种随时间持续发展的变形。在大多数混凝土建筑物中，静荷载是连续起作用的，在总荷载中占主要部分。所以，在计算这类构件变形时，不论是瞬时变形还是持续的塑性变形都必须考虑。逐渐发展的塑性变形对缓慢的温度变化和干缩所引起的应力发展都有很大影响，我们通常称它为徐变，以便与另一种不相同的塑性作用区别开。混凝土的这种塑性作用像金属的塑性流变一样，是不可恢复的，可以看成是一种初期破坏型式。而徐变至少部分是可恢复的，甚至在应力很低时也会产生的。

在持续荷载下，混凝土徐变可以无限地继续下去。有两个长期进行试验的试件，在持续荷载作用下经过 20 年之后仍然有变形。但徐变的速度是陆续减弱的。根据试验室中得到的徐变参数，利用计算机程序求出各个徐变变量之间的确切关系。混凝土早龄期开始受荷承载时，徐变函数的值比较大，后龄期加荷时，函数的值较小，随时间的增长，混凝土按加减速度继续变形，然而没有明显的极限。尽管有大量试验成果完全可以证实混凝土的徐变是没有限度的，但通常仍假定徐变变形有一个上限。

水灰比和加荷强度变化直接影响徐变增长率，水灰比增大，徐变也随之增大，徐变与荷载大致成正比。许多提高强度和弹性模量的因素都会使徐变减少。一般来说，用颗粒结构较松的骨料（如某些砂岩）制成的混凝土，比用颗粒结构较密实的骨料（如石英或石灰岩）制成的混凝土徐变量要大。

在设计中经常用折减弹性模量数值方法近似地考虑徐变。当需要用更确切的关系计算时，例如根据大体积混凝土的应变观测结果计算应力时，应参照下列特性对徐变进行数学分析和预估：

（1）徐变是一种滞后的弹性变形，不涉及结构的破坏或滑动，因此不是一种黏滞固体的塑性流变。

（2）在工作应力区域内，徐变与应力成正比。但是当应力接近混凝土极限强度时，徐变增长比应力增长速度快得多。

（3）如果考虑龄期对混凝土特性变化的影响，则所有的徐变都是可恢复的。

（4）徐变无正负号，不论是正应力或负应力其比值均相等。

（5）叠加原理适用于徐变。

（6）徐变应变的泊松比与弹性应变的泊松比相同。

研究碾压混凝土坝温度徐变应力研究的目的，是满足大坝在施工期及运行期的温度徐变。在应力安全的条件下，按照工程经验拟定的大坝不同分缝间距、碾压混凝土不同浇筑温度方案，对碾压混凝土坝施工期、运行期的温度徐变应力，进行全过程仿真计算研究。总结、归纳出大坝温度、应力分布变化规律，寻找经济合理的大坝分缝间距及碾压混凝土浇筑温度方案，为大坝混凝土施工温度控制提供设计依据。

影响徐变的因素有很多。碾压混凝土的徐变与常态混凝土相似，也受下列因

素的影响。它们主要是:

(1)水泥的性质:结晶体形成慢而少,则徐变较大。

(2)骨料的矿物成分与级配:骨料结构较疏松、密度较小或级配不良、空隙较多则徐变大。

(3)混凝土配合比,特别是水胶比和粗骨料用量:配合比中胶凝材料用量多、水胶比较大,粗骨料用量较少则徐变大。

(4)加荷的龄期及持荷时间:加荷时混凝土的龄期短、强度低,徐变大;持荷时间越长,徐变越大。

(5)加荷应力:加荷应力越大,徐变越大。

(6)结构尺寸:结构尺寸越小,徐变越大。

徐变是影响温度应力的一个重要材料性质,徐变的存在使温度应力的部分得到松弛。徐变越大,温度应力越小。混凝土的徐变主要与胶凝材料用量有关,与常态混凝土相比,碾压混凝土胶凝材料少,其徐变度一般较小。

5.5 耐久性能

混凝土最大优势就是其具有耐久性。经久耐用的混凝土,承受可能遇到的各种恶劣运行条件的影响,如抗渗、抗冻、抗侵蚀、抗风化、化学作用及磨蚀等。水工碾压混凝土耐久性质量的优劣直接关系到大坝的使用寿命和安全运行。近年来,对水工碾压混凝土的耐久性要求已经和常态混凝土相同,其抗冻等级已经提高到一个新的高度和水平。水工混凝土耐久性主要用抗冻等级进行衡量和评价。抗冻等级是水工混凝土耐久性极为重要的控制指标之一,不论是南方、北方或炎热、寒冷地区,碾压混凝土的设计抗冻等级大都达到或超过 F50、F100、F200。严寒地区的抗冻等级达到 F300,甚至 F400。碾压混凝土含气量与耐久性密切相关,但新拌混凝土出机含气量与实际浇筑后的碾压混凝土含气量存在很大差异,反映为硬化混凝土含气量达不到设计要求,从而导致硬化混凝土芯样满足不了设计要求的抗冻等级。

5.5.1 抗渗性能

1.抗渗等级

作为挡水建筑物的碾压混凝土坝,防渗是碾压混凝土坝的第一要务。碾压混凝土本体抗渗性能并不逊色于常态混凝土,但碾压混凝土采用薄层摊铺碾压,层缝面的防渗性能优劣是碾压混凝土坝的薄弱环节。所以,层间结合质量直接关系到坝体的防渗性能,是碾压混凝土筑坝的核心技术。

水工混凝土对抗渗性能提出了专门的设计要求，以抗渗等级作为渗透性评定标准。混凝土抗渗等级分为六级（W2、W4、W6、W8、W10、W12）。抗渗等级与渗透系数关系见表 5-3。

表 5-3　混凝土抗渗等级与渗透系数换算关系表

抗渗等级	渗透系数(cm/h)	抗渗等级	渗透系数(cm/h)
W2	7.05×10^{-5}	W8	9.40×10^{-6}
W3	4.93×10^{-5}	W9	6.89×10^{-6}
W4	2.81×10^{-5}	W10	6.20×10^{-6}
W5	2.16×10^{-5}	W11	5.42×10^{-6}
W6	1.50×10^{-5}	W12	4.64×10^{-6}
W7	1.14×10^{-5}		

由于碾压混凝土高掺粉煤灰的特性，抗渗性能具有与强度性能基本相同的性能，一般采用 90d 长龄期进行抗渗性能试验。

碾压混凝土的抗渗性能除关系到混凝土的挡水作用外，还直接影响混凝土的抗冻性及抗侵蚀性等性能。碾压混凝土的抗渗性主要取决于配合比及混凝土的密实度。以前贫碾压混凝土由于胶凝材料用量较少、水胶比较大，密实性较差。近年来，碾压混凝土定义为无坍落度的半塑性混凝土，高掺粉煤灰、高石粉含量、低 VC 值，碾压混凝土胶凝浆体材料显著增加，施工易于碾压密实，90d 龄期的抗渗标号一般都可以达到 W8 以上，碾压混凝土坝的防渗效果与常态混凝土坝相当或更强。

高粉煤灰含量的碾压混凝土由于水胶比较小、施工较密实，故原生孔隙较少。随着龄期的延长，粉煤灰逐渐水化，水化产物不断填充原生孔隙，使粗孔细化，细孔堵塞，部分连通孔隙变成封闭孔隙。因此，抗渗性能随着龄期的延长而明显提高。这是高粉煤灰含量和高石粉含量碾压混凝土的一个显著特点。

实际碾压混凝土工程整体的抗渗能力主要受水平施工缝面抗渗性能所控制。水平施工缝面的间歇时间、冷缝的处理方式及处理质量等对抗渗性有很大的影响。经过适当处理的水平施工面，抗渗性能同样可以得到明显的提高。

2.影响抗渗性能的因素

硬化的碾压混凝土如果由十分密实的物质组成，就可能完全不透水。但实际上不可能用密实的水泥砂浆全部填满混凝土骨料间的空隙。为使拌和物易于施工作业，实际的用水量要大于水泥水化所需要的水量，这些多余的水就造成空隙和孔洞，它们可能相串通，形成连续的通道。此外，水化产物的绝对体积小于水泥和水原有的绝对体积之和，因而，水化以后，硬化的水泥石不可能占据与原来新鲜水泥浆相同的空间，结果在硬化的水泥石中额外又增加了空隙。有目的地引入的含气量和挟带进来的含气量也会在混凝土中形成空隙。但下面解释的加气是为了改善混凝土抗渗性而不会增加透水性。

硬化的混凝土有某种固有的透水性，这些水可能是通过毛细孔隙也可能是借助压力渗入混凝土的。尽管如此，碾压混凝土的透水性在可控制的范围使大坝挡水建筑物防渗性能满足设计要求，而不致成为一个严重问题。

5.5.2 抗冻性能

1.冻融破坏的机制

关于混凝土受冻与冻融循环破坏的机制有多种解释。水在结冰时体积增加9%，从而产生膨胀力。此膨胀力产生的机制通常有两种解释：第一种是静水压力，水在毛细孔内结冰时，由于水结为冰产生体积膨胀，过剩的水被迫向外流动，且水受挤而流出的速度随结冰面的推进而加快，但此流动将受到毛细管内壁的阻力作用，从而产生静水压力。静水压力的大小取决于水流动时阻力的大小，以及混凝土的渗透性和通道的长短（静水压力解除前的最短流程）。第二种是渗透压力，当毛细孔水部分结冰时，结冰的纯水从含碱和其他物质的溶液中析出，使溶液浓度局部升高，形成浓度差，促使凝胶水向毛细孔扩散，产生渗透压力。

2.抗冻等级与含气量

抗冻等级是评价混凝土耐久性极为重要的指标之一。随着全断面碾压混凝土筑坝技术的不断发展，不论是寒冷的北方地区或温和的南方地区，大坝碾压混凝土抗冻等级越来越高。早期的碾压混凝土抗冻试验采用28d龄期进行，高掺粉煤灰的碾压混凝土抗冻性比常态混凝土差。近年来，随着碾压混凝土定义的改变，对碾压混凝土性能不断深化研究，特别是富胶凝浆体、低VC值以及引气剂在碾压混凝土中的作用越来越广泛，抗冻等级采用与强度相同的龄期进行试验，抗冻性能已经与常态混凝土基本相同，碾压混凝土配合比设计已经可以配制出达到F300的抗冻等级。

提高碾压混凝土的抗冻性，最根本的途径是掺用引气剂，使混凝土中含有大量的不连通的微小气泡，改善混凝土的孔结构。对暴露在大气中的大坝碾压混凝土，有目的地在碾压混凝土中引入一定的空气能大大提高碾压混凝土的冻融能力，混凝土的这种气泡可以消除自由水结冰膨胀所产生的压力。含气量的大小应根据不同的抗冻等级确定。例如，新疆喀腊塑克大坝碾压混凝土，设计根据不同的部位，碾压混凝土采用不同的抗冻等级：大坝水位变化区为F300、下游水位变化区上部为F200、死水位下部为F100、大坝内部为F50，针对碾压混凝土不同的抗冻等级，其含气量分别按照5.0%～6.0%、4.5%～5.5%、4.0%～5.0%、3.0%～4.0%控制。试验结果表明，是可以满足设计要求的抗冻等级。

5.5.3　抗磨蚀性能

碾压混凝土能否用于溢流坝坝面、溢洪道或护坦等部位(碾压混凝土一般布置在大体积混凝土的内部,在碾压混凝土的结构面一般设置有变态混凝土),经受高速水流的作用,除了与混凝土表面能否施工平整外,与混凝土本身的抗冲磨、防空蚀(简称抗磨蚀)的性能也密切有关。引起混凝土表面磨蚀的主要原因有空蚀、水流中磨损、物质的运动撞击等。

在承受高速水流通过的混凝土表面上,如有一障碍物或表面突变,在紧靠其下游处,产生一个强负压区,这个负压区很快被含有小的快速运动的水蒸气气穴流所充满。水蒸气气穴形成于负压区的上游侧,然后流经该区域,并在紧靠其下游的某点,由于水流中压力增高而破裂,当气穴破裂时,空穴周围的水在高速下冲向其中心,因而聚集了巨大的能量。这些空穴从形成、运动到破裂的整个过程就叫作空蚀。一个个小的蒸气气穴聚集起来后的冲击,不仅能破坏混凝土,而且还能使最坚硬的金属产生坑穴。这种高能量冲击的重复作用最终形成坑穴或孔沟,即称之为空化侵蚀(空蚀)。当高速水流流经泄槽或溢洪道表面有突然射流或减压时,就会发生空穴。在有水流流动的水平面和斜面,或者垂直面上,都可能发生空蚀现象。溢洪道消力池表面及消力墩邻接处周边混凝土的空化剥蚀情况,往往就是洪水期间高速水流在混凝土表面引起了负压现象,导致了此处的空蚀破坏。在避免不了的低压区及危险区域,有时用金属或者用抗空蚀能力比混凝土更强的其他材料对表面进行保护。在上游适宜位置将含气量掺入水流,这对减少空穴的发生和减轻其对某些结构物的作用方面是很有效的。

水中磨损物质所引起的混凝土磨蚀,像空蚀破坏一样严重,但是,一般来讲,不会像空蚀破坏那样产生灾难性事故。在溢洪道水跃区及泄水闸消力池产生的紊流流态,特别容易发生磨损破坏。在这些区域中的水流作用会将下游河床的卵石、砾石及砂卷回到混凝土衬砌的消力池,水流在池中的作用就相当于一个球磨机,即使最好的混凝土也不能承受这种严重的磨损作用。对比而言,空蚀破坏没有或很少使骨料颗粒磨损。虽然磨损破坏最严重的情形发生在上面刚讲过的部位,但是,在导流洞、渠道和污水管道中,类似的破坏也可能发生。

混凝土的抗磨蚀性能与混凝土的强度、组成材料及配合比有关。选用坚硬耐磨的骨料,如高标号硅酸盐水泥,配制成水泥浆用量较少的高标号混凝土,经振捣密实,并使表面平整光滑,则其抗冲磨性能就高。这种对常态混凝土抗磨蚀性能的要求,同样也适用于碾压混凝土。

碾压混凝土有关资料表明，在抗压强度基本相同的情况下，碾压混凝土的抗磨蚀性能较常态混凝土好。

5.5.4 抗化学侵蚀性能

同常态混凝土一样，碾压混凝土的抗化学侵蚀性主要是指抗溶出性侵蚀、抗碳酸性侵蚀、抗一般酸性侵蚀、抗硫酸盐侵蚀及抗镁盐侵蚀。目前碾压混凝土抗化学侵蚀方面的资料比较缺乏。但根据侵蚀原理可以说明，碾压混凝土的抗溶出性侵蚀、抗镁盐及抗硫酸盐侵蚀的能力是比较强的。这是因为碾压混凝土中掺用了大量的粉煤灰，熟料相对减少，C_3S 及 C_4A 含量也相对减少，水化析出的 $Ca(OH)_2$ 含量也较少且与粉煤灰发生二次水化反应生成稳定的水化硅酸钙和水化铝酸钙，故抗溶出性侵蚀能力较强。由于 $Ca(OH)_2$ 减少，从而又提高了抗硫酸盐侵蚀的能力。此外，因为易受硫酸盐侵蚀的水化铝酸钙含量相对减少，从而又提高了抗硫酸盐侵蚀的能力。由于碾压混凝土中 $Ca(OH)_2$ 较少，因此其抗酸性侵蚀的能力也是较强的。

水泥与水化合后生成的化合物中有一种是熟石灰，它会很快被水溶解(如水中存在溶解的二氧化碳，其侵蚀性更大)，水是穿过裂缝或顺着有缺陷的施工缝或是穿过相连通的孔隙渗出来。这样或那样的固体物质被浸析，可能会严重损害混凝土的质量。混凝土表面常见的白色溶出物或霜斑就是由于浸析作用及相伴随的碳化作用蒸发后的产物。

5.6 热力学性能

碾压混凝土的热学性能是分析坝体混凝土内的温度、温度应力和温度变形的主要依据。它主要指混凝土产生或者散失热量的各种性能。碾压混凝土中掺入了大量粉煤灰等掺合料，因此，各种热学性能与常态混凝土有显著差别。

碾压混凝土热学性能包括胶凝材料水化热、绝热温升、比热、导热系数、导温系数、线膨胀系数等。其中绝热温升是温度控制计算的主要指标。

在大体积混凝土中，为了使混凝土散出多余的热量，热力学特性就显得十分重要。

影响混凝土热学特性的主要因素是骨料的矿物成分、水泥、掺合料等的热学性能。因为混凝土含气会形成良好的隔热层，含气量的引入可以明显改善新拌混凝土的性能、提高耐久性。

5.6.1 胶凝材料水化热

水泥水化过程中放出的热量称为水泥水化热。碾压混凝土中掺有粉煤灰等掺合料，掺合料水化反应也产生热量，故把水泥加上粉煤灰(或其他掺合材料)水化过程放出的热量称为胶凝材料水化热。

胶凝材料的水化热高低主要与水泥品种、水泥矿物成分含量、掺合材料的品质及掺量等因素有关。硅酸盐水泥(纯熟料水泥)的水化热(在规定加水量和养护温度情况下)主要与熟料的矿物组成有关。水泥主要矿物完全水化产生的热量最大的是 C_3A，其次是 C_3S，再次是 C_4AF，最小的是 C_2S。

胶凝材料中除了熟料之外，还有一部分混合材料及大量的掺合料。根据国内及国外掺混合材料(包括粉煤灰、铁矿渣与石粉、磷矿渣与凝灰岩、火山灰等)的试验结果表明，其发热量仅为水泥熟料发热量的 50%左右。

大量试验结果表明，粉煤灰的掺入使胶凝材料水化热降低。水化热试验测定胶凝材料水化热，从得到的温度过程线可以得出，由于粉煤灰的掺入，温度过程线的温度峰值降低，温峰推后，后期降温稍慢，总热量减少。

5.6.2 绝热温升

混凝土的绝热温升是混凝土在绝热条件下的温升值。混凝土的绝热温升是温控防裂计算和温控设计的基础。由于混凝土的热传导性能较差，连续浇筑的大体积混凝土内部的温升值接近于混凝土的绝热温升值。试验室混凝土的绝热温升是混凝土试件在既不散失热量又不从外界吸收热量的情况下测定的。但由于设备和边界条件的限制，要直接测出混凝土的最终温升是困难的。

混凝土的发热量主要由水泥水化热引起，虽然粉煤灰在水化过程中也会发热，但其发热量是很小的。碾压混凝土的水泥用量较常态混凝土少，因此绝热温升也很低。同时碾压混凝土中粉煤灰掺量大，而粉煤灰有延迟发热的特点，因此，碾压混凝土的水化热温升速度慢，后期温升较大。20 世纪 80 年代末及 90 年代修建的碾压混凝土坝观测资料表明，碾压混凝土坝要达到稳定温度，需要很长的时间，一般需要几十年的时间才能达到稳定温度。相对常态混凝土，碾压混凝土胶凝材料用量少，掺合料用量大，水化热一般较低。由于配合比的差异，碾压混凝土绝热温升值最大值可达 20℃左右，最小值仅 11℃左右。

大中型工程碾压混凝土热学性能由试验确定，一般工程可参考类似工程资料进行确定。因混凝土的热学性能取决于水、水泥、掺合料及骨料的热学性能，所以可根据混凝土配合比中各种材料用量计算出单位混凝土的总热量。

混凝土的绝热温升由试验室在边界绝热的条件下测得，目前试验室的试验一般只能做到28d。28d以后根据经验拟合一个计算公式。例如，金安桥工程碾压混凝土绝热温升公式为 $Q_t=16.7T/(T+2.057)$（Ⅲ级配 $C_{90}20$）和 $Q_t=15.4T/(T+2.057)$（Ⅲ级配 $C_{90}15$），光照工程碾压混凝土绝热温升公式为 $Q_t=16.04T/(T+2.65)$（Ⅱ级配 $C_{90}20$）和 $Q_t=15.40T/(T+2.66)$（Ⅲ级配 $C_{90}15$）。试验方法主要受仪器设备和边界条件的限制，不能反映碾压混凝土热量释放时间较长的过程，尤其是掺有大量粉煤灰的碾压混凝土温度发展过程缓慢，试验室结果与实际工程测得的温度结果存在较大的误差。所以，室内试验测得的绝热温升值仅供推算和比较参考，与大坝实际的绝热温升还是存在较大的差异性。

碾压混凝土的绝热温升发展过程与混凝土的初始温度有关。实际工程中，坝体混凝土的温升并不等于室内试验获得的绝热温升，最高温升更不等同于混凝土的最终绝热温升。碾压混凝土施工过程中，由于连续铺筑碾压，碾压混凝土边界散热条件主要是受自身热量的影响，特别是内部混凝土向外界周围散失热量困难。所以，坝体碾压混凝土实测最高温升一般都高于混凝土最终绝热温升。

碾压混凝土绝热温升的特点：由于碾压混凝土水泥用量很少、掺用大量的掺合料，所以绝热温升明显低于常态混凝土，这对温控有利。但碾压混凝土坝不设纵缝，施工采用通仓薄层摊铺、连续碾压上升，散热条件与常态混凝土柱状浇筑的散热方式完全不同。坝体内部散热效果差，特别是碾压混凝土后期发热量持续时间很长，要求大坝内部温度达到稳定温度则需要几十年的时间。这也是碾压混凝土温控特点不利的一面。

5.6.3 导温系数(也称热扩散系数)

碾压混凝土的导温系数（也称热扩散系数）是表示混凝土在冷却或升温过程中各点达到同样温度的速度。它是反映混凝土热量扩散的一项综合指标。用 α 表示，单位为 m^2/h。混凝土的导温系数越大，则各点达到同样温度的速度越快。混凝土的导温系数随混凝土的骨料种类、骨料用量、混凝土的表观密度（或含气量）及温度而变化。一般情况下，随着混凝土表观密度的减小、温度的升高、含水率的增大，混凝土的导温系数降低。使用不同骨料对混凝土导温系数的影响按以下顺序降低：石英岩、白云岩、石灰岩、花岗岩、流纹岩、玄武岩。普通混凝土的导温系数（也称热扩散系数）为 $0.002\sim0.006m^2/h$。碾压混凝土的导温系数与常态混凝土没有明显的差别。

5.6.4　导热系数

混凝土的导热系数是混凝土传导热量的能力。它表示在面积 1m^2，厚度 1m 的混凝土板上，当板两侧表面温差为 1℃时，1h 内通过板面的热量。导热系数用 λ 表示，单位为 kJ/(m·h·℃)。混凝土的导热系数随混凝土的表观密度、温度及含水状态而变化，也与骨料的用量及骨料的导热系数有关，一般随混凝土表观密度的增加、温度的升高及含水率的增大，其导热系数也增大。一般混凝土的导热系数 λ=6～13kJ/(m·h·℃)。碾压混凝土的导热系数与常态混凝土基本相同。

5.6.5　比热

混凝土的比热表示单位质量的混凝土温度升高(或降低) 1℃所吸收(或放出)的热量，用 c 表示。它随混凝土含水率的增大、骨料用量的减少而提高。一般混凝土的比热介于 8～1. 2kJ/(kg·℃)。碾压混凝土的比热与常态混凝土无明显差别。

混凝土的以上三个热学性能系数之间有如下关系：

$$\alpha=\lambda/(c\cdot\gamma)$$

式中　α——混凝土导温系数，m^2/h。

λ——混凝土导热系数，kJ/(m·h·℃)。

c——混凝土比热，kJ/(kg·℃)。

γ——混凝土表观密度，kg/m^3。

5.6.6　线膨胀系数

混凝土线膨胀系数是指单位温度变化导致混凝土长度方向的变形，用 α 表示。单位为 10^{-6}/℃。混凝土线膨胀系数主要取决于骨料的线膨胀系数。有关文献资料表明，砂岩骨料混凝土 α 值为(11～12)×10^{-6}/℃、花岗岩骨料 α 值为 (8～9)×10^{-6}/℃、石灰岩骨料混凝土 α 值仅为(5～6)×10^{-6}/℃。一般混凝土的线膨胀系数在(6～12)×10^{-6}/℃之间。碾压混凝土的线膨胀系数与常态混凝土没有明显的差别。混凝土 α 值越小，温度变形就越小，所产生的温度应力越小，其抗裂能力越强。

表 5-4 部分工程碾压混凝土热力学性能统计表

序号	工程名称	混凝土种类及部位	级配	导温系数 α(m/h)	导热系数 [kJ/(m·h·℃)]	比热 c [kJ/(kg·℃)]	线膨胀系数 $\alpha(10^{-6}/℃)$	容度(kg/m³)	绝热温升(龄期 28d)(℃)
1	普定	R_{90}200	Ⅱ	0.003 268	7.942	0.966 9	5.098	2 475	22.95
2		R_{90}150	Ⅲ	0.003 836	8.090	0.884 8	5.824	2 481	16.05
3	龙首	C_{90}20W8F300	Ⅱ	0.003 600	8.088	0.924 0	10.200	2 400	20.30
4		C_{90}20W6F100	Ⅲ	0.004 700	8.292	0.859 0	10.500	2 400	17.80
5	索风营	C_{90}20	Ⅱ	0.003 300	7.760	0.963 0	5.670	2 468	17.75
6		C_{90}15	Ⅲ	0.003 500	8.040	0.960 0	5.610	2 450	16.79
7	龙滩	RCC	Ⅲ	0.003 941	9.270	0.967 2	7.000	2 400	15.08/18.50
8	武都引水	RCCⅡ	Ⅱ	0.002 990	9.289	1.250	—	2 450	13.60
9		RCCⅢ	Ⅲ	0.002 980	9.151	1.240	—	2 450	11.80
10	全安桥	C_{90}20	Ⅱ	0.002 401	7.380	0.966 2	8.000	2 600	18.60
11		C_{90}20	Ⅲ	0.002 511	7.390	0.926 9	8.210	2 630	16.80
12	喀腊塑克	R_{180}20W10F300	Ⅱ	0.003 800	8.490	0.951	9.250	2 400	24.29
13		R_{180}20W4F500	Ⅲ	0.003 800	8.340	0.884	8.960	2 450	17.61

表 5-4(续)

序号	工程名称	混凝土种类及部位	级配	导温系数 α(m/h)	导热系数[kJ/(m·h·℃)]	比热 c [kJ/(kg·℃)]	线膨胀系数 α(10^{-6}/℃)	密度(kg/m³)	绝热温升(龄期 28d)(℃)
14	官地	C_{90}25	Ⅱ	0.003 00	7.760	0.960	7.54	2 630	20.9
15		C_{90}20	Ⅱ	0.002 90	7.580	0.940	7.61	2 630	19.60
16		C_{90}25	Ⅲ	0.003 00	7.340	0.900	7.70	2 660	18.10
17		C_{90}25	Ⅲ	0.003 00	7.540	0.950	7.72	2 660	17.40
18		C_{90}15	Ⅲ	0.002 90	7.710	0.980	7.73	2 660	16.90
19	光照	C_{90}15W6F50	Ⅲ	0.003 40	8.110	0.920	5.47	2 438	15.40
20		C_{90}20W6F100	Ⅱ	0.003 80	8.140	0.940	5.54	2 445	16.04
21	大花水	C_{90}20W6F100(拱坝)	Ⅱ	0.003 60	8.220	0.942	6.500	2 400	19.30
22		C_{90}15W6F50(重力坝)	Ⅲ	0.003 50	7.880	0.931	6.500	2 400	17.90

说明：RCCⅡ级配为大坝迎水面防渗区混凝土，RCCⅢ级配为大坝内部混凝土。

第6章　碾压混凝土温度控制

6.1　概述

相比常态混凝土，碾压混凝土水泥用量少，粉煤灰等掺合料掺量大，极大地降低了混凝土的水化发热量。碾压混凝土绝热温升低，有利于温控。常态混凝土水化热温升过程很快，最高温度一般发生在第2～3天，但碾压混凝土的水化热放热过程缓慢，最高温度一般发生在第10～30天甚至在180天左右，温升持续时间长。碾压混凝土施工采用全断面通仓薄层摊铺、连续碾压上升，且坝体不设置纵缝，横缝也不形成暴露面，主要靠层面散热。由于降温过程延续很长时间，坝体内部碾压混凝土将长期处于较高的温度状态，坝内温度降至稳定温度状况往往需要几十年甚至更长的时间。

大坝是重要的挡水建筑物，不允许渗漏(或渗漏量在设计允许值以内)，渗漏对大坝的安全性十分不利，裂缝是造成渗漏的最主要的因素。大坝混凝土自浇筑时开始，就要经受自身水化热和外界环境温度的作用，混凝土中任一点的位移和变形不断地变化，当受到外部和内部的约束时，就产生了温度应力。温度应力是温差在约束条件下产生的，若温度应力超过了混凝土的极限强度，或应变超过了混凝土的极限拉伸值，由混凝土构成的大坝建筑物就要产生裂缝。裂缝发展到严重程度，大坝建筑物的承载能力将被削弱甚至被破坏。控制碾压混凝土温度的目的是一方面采取有效措施控制大坝内部混凝土的最高温升，另一方面防止环境温度骤变使大坝内外温差过大引起温度应力造成裂缝。

混凝土是一种不良导温材料，水泥水化热产生的热量的增加速率远大于热扩散率，因此混凝土内部温度升高。由于材料的热胀冷缩性质，表层混凝土随散热时间的增加而逐渐冷却收缩。但这种收缩受到周围及内部混凝土的约束，不能自由发生，从而产生拉应力，当这种拉应力超过混凝土的抗拉强度时，就产生裂缝。因此，为了减少混凝土中的温度裂缝，必须控制坝体内部混凝土的最高温升。大量的试验研究结果表明，混凝土浇筑温度越高，水泥水化热化学反应越快，内外温差越大，产生的拉应力也越大。因此，温度是导致大坝混凝土产生裂缝的主要原因之一。

碾压混凝土坝虽然水化热低，早期坝面裂缝较少，但坝内高温持续时间长，且大坝表面由于受到低温、曝晒、干湿等风化作用，使坝体内外温差增大，故表面极易出现裂缝。碾压混凝土坝表面裂缝出现较多的时期往往在大坝建成以后，表面裂缝可发展为深层裂缝，甚至贯穿性裂缝。因此，加强混凝土表面的养护至关重要。

气温年变化和寒潮也是引起大坝裂缝的重要原因，它们对碾压混凝土和常态混凝土的影响是相同的，实际上建成的碾压混凝土坝中已经出现了气温年变化和寒潮引起的裂缝。因此，防止环境温度变化和内外温差过大产生的裂缝，是碾压混凝土坝防裂的重要工作。其主要措施就是采用聚合物水泥柔性防水涂料对大坝表面进行全方位保护。

混凝土坝按其坝高分为低坝、中坝、高坝。坝高在 30m 以下为低坝，坝高在 30～70m 为中坝，坝高在 70m 以上为高坝。碾压混凝土的优势之一就是简化温控或取消温控。早期碾压混凝土坝大多为高度较低的中低坝，施工充分利用低温季节和低温时段，大都不采取温控措施。处于亚热带地区的越南、泰国、柬埔寨、老挝、缅甸等国的碾压混凝土坝，坝体均不采取冷却水管的温控措施，一般采用单一的强度指标和单一的骨料级配，其骨料最大粒径一般采用 40mm、50mm 或 60mm。例如，越南波来哥隆碾压混凝土重力坝，180d 龄期抗压强度为 20MPa，骨料最大粒径为 40mm。泰国塔丹碾压混凝土重力坝，90d 龄期抗压强度为 15MPa，骨料最大粒径为 63mm。缅甸耶瓦碾压混凝土重力坝，365d 龄期抗压强度为 20MPa，骨料最大粒径为 40mm。这些坝的温控措施及设计理念值得学习借鉴。

但是近年来，由于碾压混凝土坝高度和体积的增加，为了赶工或缩短工期，高温季节和高温时段连续浇筑碾压混凝土已成惯例，这样碾压混凝土的温控措施越来越严。温度控制技术路线主要是照搬常态混凝土温度控制措施，已经和常态混凝土坝没有什么区别，这使碾压混凝土温度控制呈现越来越复杂的趋势。不论是低坝、中坝、高坝，还是高温时段或低温的冬季时段，凡是碾压混凝土坝均要设计有冷却水管。烦琐的温控措施给最有利的低温时段碾压混凝土简单快速的施工带来一定负面影响。碾压混凝土坝的温度应力和温度控制有其自身的特点，温度控制应根据材料性能、结构尺寸、气候条件、铺筑层厚、浇筑温度、碾压升层及间歇方式，并结合仓面降温散热措施等进行研究，合理安排施工时段，尽量简化温度控制方式。

裂缝是混凝土坝普遍存在的间题，所谓“无坝不裂”长期困扰着人们。长期以来人们对混凝土坝采取了一系列防裂、抗裂措施，从设计、施工到管理，包括坝体分缝分块、混凝土抗裂性能提高、温度控制、表面养护等。碾压混凝土温度及温度应力与常态混凝土坝是有区别的，因此碾压混凝土坝与常态混凝土坝的温度荷载有所不同。由于碾压混凝土坝采用全断面薄层通仓推铺、连续碾压上升，施工期碾压混凝土水化热温升所产生的温度应力因坝体温降过程漫长，将长期影响碾压混凝土坝的应力状态。温度荷裁、水(沙)压力、自重、渗透压力以及地震作用是坝体的五种主要荷载，而温度荷载是大坝温度变化引起的一种特殊荷载。温度荷载具有一些特殊性:一方面是混凝土因温度压力过大而裂开后，约束条件就改变，温度应力也就消除或松弛。另一方面是温度应力取决于很多因素，尤其是碾压混凝土施工中的许多因素，例如，浇筑时段、施工进度、温控措施、施工工艺、质量控制水平等。所以，通过温控设计仿真计算得出的温度应力与实际施工中的温度控制效果往往差别较大。

碾压混凝土温度控制费用不但投入大，而且也是制约碾压混凝土施工进度的关键因素之一。在碾压混凝土的温控标准、温控技术路线、施工管理、冷却工艺等方面应进行深入的研究和创新，使碾压混凝土的温控防裂和快速施工有一个最佳的结合点。以"小温差、及时冷却、缓慢降温"为技术路线，尽可能减小冷却降温过程中的温度梯度和温差，以降低温度徐变应力，并加强混凝土的养护和表面保温工作。常用的温度控制措施主要有：

(1)合理布置，简化坝体细部结构。

(2)根据工程特点、温度控制、施工条件、气候条件合理安排混凝土浇筑进度，尽量利用低温季节的有利时段浇筑碾压混凝土。

(3)确定合适的碾压层厚、升程高度及碾压方式，优先采用连续均匀上升碾压混凝土铺筑方式，避免在基础约束范围内长期间歇。

(4)优先选用发热量较低的水泥、合理确定掺合料的掺量、使用高效减水剂等措施降低水泥用量，减少发热量。采用合适的碾压混凝土原材料，优化混凝土配合比，改善碾压混凝土性能，提高碾压混凝土的抗裂能力。

(5)在粗骨料堆上洒水、喷雾，料堆加高，地垄取料、加设凉棚，用冷却水或加片冰拌和预冷粗骨料控制碾压混凝土出机口温度。

(6)在碾压混凝土运输过程中采用保温遮阳措施防止热量倒灌。采用仓面喷雾或流水养护、保温及喷雾降温等综合温度控制措施控制浇筑温度在设计要求允许范围内。

(7)采用斜层平摊铺筑法缩短碾压层层间间歇时间，以减少浇筑过程中预冷混凝土温度的回升，并提高层面胶结质量。

(8)埋设冷却水管进行初期冷却削峰降温甚至进行中后期冷却。

(9)严寒及寒冷地区重视碾压混凝土保温。根据坝址的气候条件及施工情况进行坝面、仓面及侧面的保温和保湿养护。冬季寒潮时期对孔口、廊道等通风部位进行及时封闭。

6.2 碾压混凝土温控标准

碾压混凝土坝温度标准按照规范及温度控制设计仿真计算结果，确定坝体不同部位的稳定温度，以此作为计算坝体不同部位的温度控制标准。坝体温度控制标准主要有：

(1)基础温差。是指坝体基础约束范围内混凝土最高温度与稳定温度之差。

(2)新老混凝土温控标准。在间歇期超过 28d 的老混凝土面上继续浇筑时，老混凝土面以上 1/4L 范围内的新浇筑混凝土按新老混凝土温差控制。

(3)表面混凝土温控标准。混凝土内外温差控制不允许超过设计的内外温差标准。

(4)容许最高温度。坝体混凝土浇筑块最高温度控制不允许超过设计的容许最高温度。

(5)相邻块高差控制。碾压混凝土施工中,各坝块应均匀上升,相邻坝块高差、相邻坝块浇筑的间隔时间、整个大坝最高和最低坝块高差应按照规范和设计要求进行控制,一般不超过 30m 为宜。有的工程为了布置溜槽,经过验算,最高和最低坝块高差可以超过 30m。

6.2.1　碾压混凝土温差

温差是引起坝体温度应力和大坝产生裂缝的主要原因之一。碾压混凝土早期水化热低,弹性模量小,徐变较大,但是由于坝体上升速度快,在坝体内部高温持续的时间长,混凝土从最高温度降低到稳定温度的过程非常缓慢,往往需要几十年,更容易因内外温差而出现裂缝。由此可知,混凝土坝的裂缝大多数是由于温度应力引起,而温度应力是温差在约束条件下所产生的,因此防止裂缝的关键是控制混凝土的温度应力,即控制混凝土温差。碾压混凝土坝的温差主要包括基础温差、坝体内外温差、上下层新老混凝土温差。

1. 基础温差及基础容许温差

基础温差是指坝体基础约束范围内混凝土最高温度与稳定温度之差。基础温差是控制坝基混凝土发生深层裂缝的重要指标,主要随碾压混凝土性能、浇筑块的高长比、浇筑块长边长度、混凝土与基岩的弹性模量比、坝址区气候条件等因素而变化。就碾压混凝土重力坝而言,由于不设纵缝,其底宽较大,基础约束范围亦较高,为了防止基础混凝土裂缝,设计时一般给出基础容许温差以便施工时进行控制。

据国内部分混凝土坝裂缝调查,基础部位出现裂缝主要有下列几种情况。

(1)基岩上薄层浇筑块,长时间停歇,以致混凝土薄层的约束应力和由于内外温差引起的应力相叠加,使块长中部产生的拉应力远大于混凝土的抗拉强度,形成贯穿裂缝。

(2)岩石表面起伏很大,局部有深坑或突出尖角,致使混凝土浇筑块厚度不均匀,造成局部应力集中,形成基础混凝土裂缝。

(3)施工期坝上留缺口导流或汛期过水,在混凝土温度较高时,因受水的冷冲击,造成基础混凝土开裂。

碾压混凝土坝基础容许温差,应根据大坝分缝、分块尺寸、混凝土及基岩的热力学指标、混凝土允许最高温度及《碾压混凝土坝设计规范》(SL314)中的有关规定执行。碾压混凝土重力坝的基础容许温差参照《混凝土重力坝设计规范》(NB /T

35026—2014)，当碾压混凝土28d龄期极限拉伸值不低于0.70×10^{-4}时，规范建议的基础容许温差见表6-1。

表6-1 碾压混凝土重力坝基础容许温差

距离基础面高度(m)	浇筑仓号长边长度		
	30m以下	30～70m	70m以上
强约束区(0～0.2L)	15.5～18.0℃	12.0～14.5℃	10.0～12.0℃
弱约束区(0.2～0.4L)	17.0～19.0℃	14.5～16.5℃	12.0～14.5℃
非约束区(0.4L以上)	19.0～22.0℃	17.0～19.0℃	15.0～17.0℃

由于基础容许温差涉及的因素多，且碾压混凝土具有与常态混凝土不同的特点，因此各工程的具体条件也很不一样。基础容许温差是导致大坝发生深层裂缝的重要原因之一，碾压混凝土高坝、中坝的基础容许温差值必须根据工程的具体条件，经温度控制设计后确定。国内部分工程碾压混凝土温差标准见表6-2。

表6-2 国内部分工程碾压混凝土温差标准

序号	工程名称	浇筑块长边长度(m)	基础允许温差(℃)		允许浇筑温度(℃)		坝体内外温差(℃)	允许最高温度(℃)
			0～0.2L	0.2～0.4L	约束区	非约束区		
1	普定	30～70	14	17	—	—	17～19	—
2	龙首	30～70	14	16	20	24	17～19	38
3	招徕河	30～70	14	16	16	20	22	35
4	索风营	>70	14	17	18	22	20	36.5
5	光照	>70	16	18	20	20	15	38
6	百色	>70	10	21	16	22	—	36
7	龙滩	>70	16	19	17	22	20	35
8	金安桥	>70	12	13.5	17	22	15	33
9	喀腊塑克	>70	12	14.5	15	18	16	34
10	官地	>70	12	13	17	17	15	33

2.坝体内外温差或最高温度

由于碾压混凝土的水化热放热过程较缓慢，碾压混凝土浇筑后达到最高温度的时间较迟，降温过程也将延续很长时间，坝体内部碾压混凝土将长期处于较高的温度状态。当施工后冬季来临时或遇寒潮气温骤降时，外部混凝土冷却，容易形成较大的内外温度差，即坝体混凝土内外温差是指坝体混凝土的平均温度与表面温度(包括拆模或气温骤降引起的表面温度下降)之差。因此，防止气候环境温度变化造成坝体内外温差过大产生表面裂缝，是碾压混凝土坝防裂的重要问题。

为了防止混凝土表面裂缝，在施工中应控制其内外温差。根据具体工程的实际情况，碾压混凝土内外温差一般为 15～22℃（其下限用于基础和老混凝土约束范围的部分）。在施工中，由于内外温差不便于控制，多用控制坝体最高温度来代替。

碾压混凝土坝最高温度的确定可分为两种情况：一种为基础约束区混凝土，另一种为脱离基础约束的上部混凝土。

（1）对于基础约束区混凝土，应分别由满足基础温差和内外温差的要求来确定混凝土容许最高温度，择其最小者定为设计值。

（2）对于脱离基础约束的混凝土，按照内外温差要求确定混凝土容许最高温度。

大量的试验研究结果表明，混凝土浇筑温度越高，水泥水化热化学反应越快，温度对混凝土水化热反应速率的影响进一步加重了温度裂缝的严重性。因此，在实际工程中，根据各浇筑时段、浇筑部位的不同，对坝体允许浇筑温度进行控制。

混凝土的浇筑温度和最高温升均应满足设计规定的施工图纸要求。在施工中应通过试验建立混凝土出机口温度与现场浇筑温度之间的关系，并采取有效措施减少混凝土运送过程中的温升。一般出机口温度由现场允许浇筑温度确定，即出机口温度比允许浇筑温度约低 5℃。

3. 上下层温差

碾压混凝土由于采用全断面通仓碾压且不设纵缝，坝体的断面尺寸较大，施工仓面大。在长间歇期部位，上下层新老混凝土的温差所引起的温度应力往往较大。当在间歇期超过 28d 的老混凝土面上继续浇筑时，老混凝土面以上 1/4L 范围内的新浇筑混凝土按新老混凝土上下层温差控制。上下层温差控制标准应符合设计要求，一般上下层温差控制在 15～20℃。当浇筑块侧面长期暴露时，宜采用较小值。对于长时间的间歇混凝土，宜按照基础容许温差考虑。

4. 表面保温标准

对碾压混凝土坝采用表面保温，可减小内外温差，防止裂缝发生，这在工程实际中是种很有效的温控措施。日平均气温在 2～6d 内连续下降超过 5℃者为气温骤降或寒潮，未满 28d 龄期的混凝土暴露的表面可能产生裂缝。因此，在基础混凝土上下游坝面及其他重要部位，应有表面保护措施。此外，对于长期暴露部位，由于气温年变化，可能形成大的内外温差，在后期也可能产生裂缝，应根据当地水文气象条件，研究确定进行表面保护的时间和材料。

5. 冷却水管温差标准

为了防止初期水管冷却时水温与混凝土块体温度的温差过大、冷却速度过快和冷却幅度太大而产生裂缝，要对冷却水温、初期冷却速度、允许冷却时间或降温总量进行适当控制。实际工程中规定的水管冷却温差一般约 20℃，初期允许冷却速度一般控制在 1.0℃/d。

6.2.2 温度应力

在大坝混凝土结构中，混凝土温度应力的发展过程可分为早期应力、中期应力、晚期应力3个阶段。

(1)早期应力。自浇筑混凝土开始至水泥放热作用基本结束时止，一般约1个月，碾压混凝土为40～90d。这个阶段有两个特点：一是因水泥水化作用而放出大量水化热，引起温度场的急剧变化。二是混凝土弹性模量随着时间的延长而急剧增加。

(2)中期应力。自水泥放热作用基本结束至混凝土冷却到稳定温度时，这个时期温度应力是由于混凝土的冷却及外界温度变化所引起的，这些应力与早期产生的温度应力相叠加。在此期间，混凝土弹性模量还有一些变化，但变化幅度较小。

(3)晚期应力。在混凝土完全冷却以后的运行时期，温度应力主要是由外界气温和水温的变化所引起的，这些应力与早期和中期的残余应力相互叠加形成了混凝土晚期应力。

6.2.3 混凝土坝裂缝

碾压混凝土坝的裂缝大多数是表面裂缝，在一定条件下，表面裂缝可发展为深层裂缝，甚至贯穿性裂缝。因此，加强混凝土表面养护至关重要。由于碾压混凝土早期强度低，因此气温骤降是引起碾压混凝土表面裂缝的最不利因素之一。冬季内外温差过大容易引起混凝土表面裂缝，因此，应重视气温骤降期间及冬季碾压混凝土的保温措施。《混凝土重力坝设计规范》(NB /T 35026—2014)将大坝混凝土的裂缝分为3类。

(1)表面裂缝：缝宽小于0.3mm，缝深不大于1m，平面缝长小于5m，呈规则状，多由于气温骤降期温度冲击且保温不善等形成，对结构应力、耐久性和安全运行有轻微影响。

目前的碾压混凝土坝在上游面设一定厚度的Ⅱ级配碾压混凝土或常态混凝土防渗层。防渗层混凝土水泥用量高、绝热温升高，其力学、热学性能与内部碾压混凝土存在一定差异。这些特点使防渗层混凝土具有更大的拉应力，易出现裂缝。表面裂缝也会引起局部应力重分布，损害坝体整体强度。表面裂缝会像楔子形状一样，在库水压力下可能会发展为深层裂缝或贯穿性裂缝。

(2)深层裂缝：缝宽不大于0.5mm，缝深不大于5m，缝长大于5m，呈规则状，多由于内外温差过大或较大的气温骤降冲击且保温不善等形成，对结构应力、耐久性有一定影响，一旦扩大发展，危害性更大。

(3)贯穿裂缝:缝宽大于 0.5mm,缝深大于 5m,侧(立)面缝长大于 5m,平面贯穿全仓或一个坝块,主要是由于基础温差超过设计标准,或在基础约束区受较大气温骤降冲击产生的裂缝在后期降温中继续发展等原因,使结构应力、耐久性和安全系数降到临界值或其下,结构物的整体性、稳定性受到破坏。贯穿裂缝及深层裂缝危害性极大。

6.3　碾压混凝土温控设计

6.3.1　基本资料

碾压混凝土坝温度控制标准及措施与坝址气候等自然条件密切相关,必须认真收集坝址气温、水温(上游水库温度一般可参考类似水库水温确定)和坝基地温等资料,并进行整理分析,作为大坝温度控制设计的基本依据。此外,影响水库水温的因素众多,关系复杂。

大坝温度控制设计与碾压混凝土力学、热学性能及变形性能密切相关。工程实践表明,温度控制设计已经由单纯分析温度场、温度应力及研究降温措施,并注意结合碾压混凝土材料性能进行研究。例如,提高碾压混凝土的极限拉伸值、选择热膨胀系数低的骨料以及利用碾压混凝土自身体积变形、徐变补偿温度收缩等,更多地从碾压混凝土材料方面研究防裂问题。

6.3.2　混凝土热学性能

混凝土的热学性能一般包括导温系数、导热系数、比热、线膨胀系数及绝热温升。大中型工程混凝土热学性能由试验确定。因混凝土的热学性能取决于水、水泥及粗骨料的热学性能,所以可根据混凝土配合比中各种材料用量及其特性,以加权平均法进行估算。碾压混凝土热学特性见 5.6 节相关内容。

6.3.3　出机口温度及浇筑温度

工程施工中一般以设计提供的招标文件技术条款规定的坝体混凝土允许最高温度为控制标准,推求混凝土内部最高温度和需采取的对应温控措施。以下以金安桥碾压混凝土坝为例阐述碾压混凝土坝施工中各环节温控要求的计算。

根据金安桥水电站大坝混凝土分区图可知,Ⅱ级配碾压混凝土位于大坝上下游面,宽度相对于Ⅲ级配来说要单薄得多,而Ⅲ级配以 1 350m 高程以下 $C_{90}20$ 厚度最大,绝热温升较高,温控要求最严。经综合比较,碾压混凝土温控计算以 $C_{90}20$

为主。其他种类混凝土，可参照Ⅲ级配 $C_{90}20$ 混凝土温控措施，根据温控要求及浇筑时段做适当调整即可。

1.混凝土出机口温度

混凝土出机口温度取决于拌和前各种原材料的温度，利用拌和前混凝土原材料的总热量与拌和后流态混凝土的总热量相等的原理，可求得混凝土的出机口温度 T_0。混凝土出机口温度根据热平衡原理按下式计算：

$$T_0=\frac{\sum(c_i\cdot W_i\cdot T_i)+q}{\sum c_i\cdot W_i}$$

式中 T_0——混凝土出机口温度；

W_i——每立方米混凝土中各种原材料的重量(kg/m^3)；

C_i——混凝土各种原材料的比热[kJ/(kg・℃)]；

T_i——混凝土各种原材料的温度(℃)。考虑到骨料堆存的遮阳保温，骨料温度取月平均气温值加1～2℃；

q——每立方米混凝土拌和时的机械热(kJ)。

2.混凝土入仓温度

混凝土入仓温度计算方法如下：

$$T_I=T_0+\left(T_a+\frac{R}{\beta}-T_0\right)\cdot\left(\Phi+\sum A_i\cdot\tau_i\right)$$

式中 T_I——混凝土入仓温度；

T_0——混凝土出机口温度；

T_a——气温；

R/β——太阳辐射热引起的气温升高值，该值与纬度和浇筑月份有关；

Φ——混凝土在运输装料、卸料、转运等过程中的热交换系数；

$\sum A_i\tau_i$——混凝土在运输过程中的热交换系数。τ 为运输时间(分)；A 与混凝土运输工具和单车运输混凝土量有关。

3.混凝土浇筑温度

混凝土浇筑温度计算方法如下：

$$T_p=T_I+\left(T_a+\frac{R}{\beta}-T_I\right)\cdot(\Phi_1+\Phi_2)$$

式中 T_p——混凝土浇筑温度；

T_I——混凝土入仓温度；

T_a——气温；

R/β——太阳辐射热引起的气温升高值，该值与纬度和浇筑月份有关；

Φ_1——混凝土平仓前的温度回升系数；

Φ_2——混凝土平仓以后，振捣至上坯混凝土覆盖前的仓面温度回升系数，采用单向差分法计算混凝土浇筑过程中的温度回升率。

4. 太阳辐射热温升影响

(1)计算方法。太阳辐射热温升计算根据朱伯芳院士编著的《大体积混凝土温度应力与温度控制》中有关公式计算，多云或阴天太阳辐射热引起的气温增值为：

$$\Delta T_a=\frac{R}{\beta}$$

式中　ΔT_a——太阳辐射热温升，该值与纬度和浇筑月份有关；

β——混凝土表面热交换系数，值约为 80kJ/(m^2·h·℃)；

R——太阳辐射热被建筑物吸收的部分；

$$R=\alpha_S S$$

α_S——吸收系数，混凝土表面取 0.65；

S——太阳辐射热，考虑一定云量影响；

$$S=S_0(1-K\times n)$$

S_0——晴天太阳辐射热；

n——平均云量，取 0.2；

K——与纬度有关的系数。查金安桥水电站纬度约为 26.5°，取 $K=0.68$。

(2)太阳辐射热温升。从地图上查得金安桥水电站坝址纬度约 26.5°，根据朱伯芳院士编著的《大体积混凝土温度应力与温度控制》，查得金安桥水电站工程相应 5 月晴天太阳辐射热约为 1 288.7kJ/(m^2·h)，6～8 月晴天太阳辐射热约 1 254.94～1 360.7kJ/(m^2·h)，代入上述各式计算可得：5 月、6～8 月白天少云天气太阳辐射热引起的等效月平均气温温升分别为 7.62℃、7.35～8.10℃。

太阳辐射热在一天内按余弦分布考虑，计算正午高温时段太阳辐射热引起的等效气温增幅峰值：6～8 月高温季节正午时段太阳辐射热引起的等效气温增幅可达 20.3～21.94℃。因此，高温时段施工碾压混凝土时，在混凝土运输浇筑过程中必须加强喷雾保湿、遮阳保温等工作，尽量缩短混凝土覆盖时间，减少太阳辐射热对浇筑温度的影响。

6.3.4　混凝土最高温度计算及成果分析

通常浇筑块的最高温度不仅与浇筑温度有关，还与不同配合比的混凝土的热学性能、水泥水化热、浇筑块一次升层高度、散热面及间歇时间、养护方式、气温等息息相关。考虑到浇筑块平面尺寸大大超过浇筑层厚度，计算混凝土早期最高温度时可忽略浇筑块侧面散热的影响。金安桥水电站工程按《混凝土重力坝设计规范》中的有关要求进行计算。其中，自然散热时采用单向差分法计算，初期通水冷却时，将差分法计算与一期通水冷却计算相结合进行，即采用差分法计算一期通水冷却及层面散热。金安桥水电站碾压混凝土自然浇筑时混凝土内部最高温度的计算结果见表 6-3。

表 6-3 自然浇筑时代表性碾压混凝土内部最高温度(℃)

混凝土	层厚及间歇期	1月	2月	3月	4月	5月	6月	7月	8月	9月	10月	11月	12月
$C_{90}20$ Ⅲ级配碾压混凝土	1.5m,6d	23.23	27.07	32.18	33.50	35.25	34.04	34.22	34.34	31.92	30.45	25.95	23.24
	3m,7d	26.93	30.73	35.80	37.17	38.90	37.71	37.89	38.01	35.61	34.16	29.63	26.94

根据计算过程及成果,类似可求出其他部位混凝土的自然最高内部温度,可知自然浇筑时,混凝土内部最高温度超过设计允许的最高温度,所以必须采取必要的温控措施,才能确保混凝土内部温度满足设计的温控标准。根据设计要求的温控标准(具体见招标文件施工图册《坝体混凝土温控分区图》),可反推出要求的混凝土出机口温度及必须采取的温控组合措施。

6.4 碾压混凝土温度控制措施

6.4.1 碾压混凝土温度控制特点

大体积混凝土与常态混凝土板、梁、柱等非大体积混凝土最重要的区别之一是需控制大体积混凝土的温升,以减少温度应力和裂缝。碾压混凝土坝应针对其通仓薄层、连续碾压上升等施工特点,进行防裂和温度控制设计。《碾压混凝土坝设计规范》(SL 314—2004)规定,碾压混凝土重力坝的高坝、中坝应进行坝体温度控制设计,提出温度控制标准及防止裂缝的措施。高坝、中坝的温度控制设计方法可参照《混凝土重力坝设计规范》(NB /T 35026—2014)的规定执行,高坝或大型工程宜采用有限元法对坝体温度场、温度应力进行分析,并进行温度控制仿真计算。

温度控制与防裂是碾压混凝土坝设计、施工中的一项重要任务。混凝土防裂的最主要手段就是通过温度控制措施和结构措施控制温度应力。碾压混凝土与常态混凝土的最大区别是配合比设计与施工方法的不同。碾压混凝土的拌和物性能、力学性能、变形性能、耐久性性能及热学性能与常态混凝土存在着一定的差异,碾压混凝土坝由于取消了纵缝,施工采用通仓薄层摊铺碾压连续上升的浇筑方式,造成其绝热温升与常态混凝土有着明显的区别。所以,碾压混凝土的温度应力和温控措施有其自身的特点,在进行温度控制时,要充分考虑碾压混凝土的材料特性及施工方法特性的影响因素。

大坝在选定了合适的分缝间距后,最大温度徐变应力的具体数值与大坝最大温差有直接关系。控制住了大坝的最高温升,即可控制住最大温度徐变应力,因此采用有效的混凝土温控措施控制住大坝的最高温升至关重要。

温度控制措施首先要对坝体进行合理的分缝分块、施工碾压分层高度及间歇时间设计，优先采用连续均匀上升的铺筑方式，避免在基础约束区内长时间的间歇，对长期暴露的过流面、越冬面适当配置限裂钢筋。坝体分缝设计除受混凝土初凝时间和浇筑能力的制约外，最主要的是还受大坝温度控制要求的制约，合理的分缝分块既能加快施工进度，又能使温度应力得到必要的释放，防止或减少裂缝的产生。碾压混凝土重力坝从简化施工工艺、减少施工干扰，加快坝体浇筑进度，同时提高坝体的整体性等方面考虑，通过坝体温度应力计算分析，在采用一定的温度控制措施条件下，坝体不设纵缝，造成大坝底宽很大。目前，碾压混凝土坝经温度控制仿真设计计算，重力坝的横缝间距宜控制在 20m 左右，超过 25m 时应专门论证。一般当坝段宽度大于 25m 时，在大坝上游迎水面中部设置一条深 3～4m 的短缝，很好地防止了上游迎水面大坝表面裂缝甚至劈头裂缝的产生。例如，百色、龙滩、光照、金安桥等碾压混凝土重力坝，当横缝超过一定宽度时在大坝上游面均设置了短缝，实践证明效果良好。

碾压混凝土坝体内部水化热放热速度慢，但随着水化反应的进行，坝体内部的温度会升高且高于浇筑温度。坝体碾压混凝土达到的最高温升取决于拌和物的出机温度、水泥用量、水泥放热特性、坝段尺寸及浇筑速度、周围的温度状况、混凝土热学特性、人工冷却降低热量等因素。为防止碾压混凝土产生裂缝，必须从结构设计、原材料选择、配合比设计、施工方案、施工质量、温度控制、养护和表面保护等方面采取综合措施，使混凝土最高温升控制在设计允许范围内。

碾压混凝土施工过程中的温度控制措施，主要遵循《水工碾压混凝土施工规范》(DL/T 5112—2009)、《碾压混凝土坝设计规范》(SL 314—2004)规定执行。其内容主要包括：

(1)合理安排施工程序和进度。

(2)降低混凝土水化热温升。

(3)降低混凝土浇筑温度。

(4)通水冷却降低坝体内外温差。

(5)表面养护保温及大坝长期表面保护。

(6)温度监测。

6.4.2　合理安排施工程序和进度

根据工程特点、温度控制、施工条件、气候条件和施工进度安排等确定适宜的碾压混凝土坝的碾压层厚、升程高度及碾压方式，合理安排混凝土施工程序和施工进度，充分利用低温季节的有利时段浇筑碾压混凝土。此外，提高施工管理水平，精心组织施工，防止基础贯穿裂缝，减少表面裂缝。在施工中做到：

(1)基础约束区混凝土、孔口等重要结构部位，在设计规定的间歇期内连续均匀上升，不出现薄层长间歇，其余部位基本做到短间歇均匀上升。

(2)尽量缩短固结灌浆时间。

(3)基础约束区等温控要求严的混凝土尽量安排在11月至次年4月气温较低季节浇筑，避开6～8月高温季节，尽可能利用晚间低温时段浇筑，避开白天高温时段，无法避开时采取降温措施。

6.4.3 降低混凝土水化热温升

1.控制原材料温度及相关标准

为了防止混凝土大坝的裂缝，需要从混凝土组成材料源头上控制水化热温升。近年来国内工程对混凝土原材料的温度越来越重视，如对水泥的细度、氧化镁含量、水化热、矿物成分、粉煤灰需水量比、外加剂减水率等均提出了具体的控制指标。同时，对水泥、粉煤灰到工地的温度做了专门规定，一般要求水泥温度不得超过60℃(某工地进场的水泥温度达到90℃，原因是厂家储存堆放时间短，散热不足)、粉煤灰不得超过45℃，这对降低混凝土水化热温升起到了十分有利作用。为此，在满足混凝土各项指标时，原材料选择应考虑以下因素。

(1)尽量选择水化热温升较低的水泥，如中低热水泥、低热水泥或低热微膨胀水泥。

(2)选择热膨胀系数小的骨料。例如，灰岩骨料热膨胀系数α最小。

(3)选择优质的掺合料，尽量选择需水量比小的掺合料。例如，选择Ⅰ级粉煤灰。

(4)外加剂要求选择减水率高、满足凝结时间的缓凝高效减水剂。

(5)尽量提高碾压混凝土极限拉伸值，降低弹性模量。

(6)控制混凝土自生体积变形收缩性最小。

(7)在散热容易且强度要求高的部位，可适当提高混凝土的强度等级。例如坝体上游面防渗区的混凝土。

(8)尽量使碾压混凝土徐变度较大，以求松弛系数K较小。

(9)掺加适量的氧化镁，利用氧化镁材料水化反应后期的微膨胀特性，以抵消后期一部分混凝土的降温收缩，从而减小温度应力。

2.优化配合比设计

主体工程混凝土开浇以前，应安排充分的时间进行混凝土施工配合比优化设计工作。在满足混凝土设计要求的强度、抗冻、抗渗、极限拉伸值等主要指标和施工性能要求时，应通过优化配合比设计，科学合理地降低混凝土单位水泥用量，这对降低混凝土水化热温升具有明显的现实意义。此外，尽量选用抗裂性能好的骨料，例如，灰岩；采用微膨胀混凝土，控制混凝土自生体积的变形；选择发热量较低的水泥，减少水泥用量；采用较优的骨料级配和优质粉煤灰；优选复合外加剂（减水剂和引气剂），降低混凝土单位水泥用量，以减少混凝土水化热温升和延缓水化热发散速率，改善混凝土抗裂性能，提高混凝土抗裂能力。

水泥是混凝土的主要胶凝材料，水泥与水发生化学反应时将产生大量的水化热，故混凝土中的温度主要取决于水泥水化热高低、用量以及浇筑温度。而混凝土是一种不良导温材料，水泥水化热产生的热量增加速率远远大于热扩散率。大量的试验研究结果表明：混凝土浇筑温度越高，水泥水化热化学反应速率越快，而较快的水化热反应速率是导致混凝土内部产生较高温度的主要因素。

在进行混凝土配合比设计时，在满足混凝土设计要求和原材料确定的条件下，碾压混凝土配合比优化采取的主要技术路线为：

（1）选择优质的外加剂，提高减水率，降低单位用水量。提高掺合料掺量，降低水泥用量。

（2）合理选择骨料粒径和级配，降低空隙率。提高砂中石粉含量，达到有效改善碾压混凝土的工作性和降低胶凝材料的目的。

（3）使碾压混凝土各项设计指标相互匹配，采用长龄期。例如，采用 180d 龄期等对减少水泥用量、降低水化热温升和防止裂缝将产生有利的影响。

3. 提高极限拉伸值、抗拉强度及降低碾压混凝土弹性模量

碾压混凝土的抗裂性能的主要指标为极限拉伸值和抗拉强度。提高极限拉伸值、抗拉强度及降低碾压混凝土的弹性模量，是防止大坝开裂的一项重要措施。

极限拉伸值是碾压混凝土抗裂性能的一个重要指标，而影响极限拉伸值的因素较多，主要有原材料的性质、配合比、施工质量等。碾压混凝土的极限拉伸值随龄期的增加而增加，总胶凝材料用量减少，极限拉伸值亦降低。

沙牌工程采用花岗岩人工骨料，指导水泥厂家调整水泥配方，提高 C_4AF（铁铝酸四钙）与 C_2S（硅酸二钙）含量，降低 C_3S（硅酸三钙）与 C_3A（铝酸三钙）含量，降低了水泥的脆性系数（水泥胶砂抗压强度与抗折强度比值），并通过掺用高效缓凝减水剂等措施，改善了碾压混凝土的变形性能，提高了抗裂性能。根据配合比试验成果，碾压混凝土的极限拉伸值达到 $1.25\times10^{-4}\sim1.49\times10^{-4}$。

碾压混凝土的抗裂性能除受碾压混凝土的极限拉伸值影响外，其自身体积变形、收缩、徐变对其亦有影响，施工质量的影响更不应忽视。

普定水电站在利用灰岩人工砂石骨料（其混凝土热膨胀系数低）的基础上，采用高效减水及强缓凝性的复合外加剂，并外掺氧化镁，使碾压混凝土具有一定的微膨胀，提高了碾压混凝土的抗裂性能。

索风营水电站采用全断面外掺氧化镁，简化了温控措施，取得了良好效果。

6.4.4 降低混凝土浇筑温度

1.降低料仓骨料温度

骨料温度对混凝土出机口温度影响极大。《水工混凝土施工规范》(DL/T 5144—2015)对降低成品料的温度措施进行了专门的规定。

(1)成品料仓骨料的堆料高度不宜低于6m,并应有足够的储备。当堆料高度大于6m时,堆存5~7d的骨料内部温度可以接近月平均温度。

(2)对成品料仓应搭设遮阳防雨棚,避免太阳照射时温度升高或下雨时骨料含水量超标。

(3)骨料堆料下设地垄廊道,通过地垄取料,地垄出料的廊道半埋藏或全埋藏于地下,来获得较低的骨料温度。

(4)使用骨料时要特别注意各漏斗口的弧门轮流开启情况,使已堆存几天、温度较低的骨料得以利用。

(5)避免刚加工或刚运至堆场温度较高的骨料运上拌和楼。

在高温季节,对堆料场的骨料采用喷雾、喷淋冷水的措施对骨料进行降温时,要考虑碾压混凝土单位用水量少的特性,应严格控制骨料的含水率不超标,以保证碾压混凝土拌和物VC值在可控的范围,避免因骨料含水量超标特别是砂含水量超标引起的无法加冰拌和的情况。

2.风冷骨料降温

因为骨料约占混凝土质量的80%以上,其中粗骨料约占60%以上,是混凝土的主体,因此降低混凝土的出机温度最有效的措施是降低骨料温度。降低碾压混凝土骨料温度主要采用一次风冷、二次风冷,效果十分显著。风冷骨料通常在拌和楼的储料仓内或骨料输送廊道的过程中进行,其含水量在冷却过程中会略有下降,拌和楼停产时亦能维持或降低料温。风冷骨料可将骨料温度降到零下(但要注意防止料仓冻结而影响供料),且与加冰拌和相结合是最常用的冷却措施。5~20mm的骨料不宜用负温冷风冷却。已经过水冷的骨料在拌和楼储仓一般只用冷风保持其原始进料温度即可。为克服小石较大的风阻,一般采用较小的风量和较高风压的风机。

混凝土制冷系统由三部分组成:风冷系统、冰系统、冷水系统。其中,一次骨料风冷系统、二次骨料风冷系统合起来称为两次风冷骨料系统。

(1)粗骨料进入一次风冷车间骨料冷却料仓。骨料冷却料仓由三个料仓组成,分别存放G1、G2、G3三种骨料。每个调节料仓自上而下分为进料区、冷却区、储料区。冷风自下而上通过骨料,骨料按用料速度自上而下流动,边进料,边冷却,边出料。冷却后的骨料经保温廊道由胶带机送至拌和楼相应的料仓进行二次风冷。拌和楼料仓同样由三个料仓组成，分别存放 G1、G2、G3 三种骨料，料仓由上而下也分成进料区、冷却区、储料区三个区域，通过风冷使骨料进一步降到设计值。拌和楼上二次风冷循环系统的结构型式与一次风冷基本相同。冷却到设计终温的骨料称量后经拌和楼集料斗进入拌和机拌和。一次风冷系统、二次风冷系统骨料仓外的冷风机的冷源由氨制冷系统提供。

(2)冰系统设于制冷楼内，由片冰机和冰库组成，冰库设于片冰机下部。片冰机生产的片冰落入储冰库中储存，储冰库中的片冰由气力输冰装置(或其他输送手段)送到拌和楼上的调节冰仓，通过调节冰仓下的螺旋输送机送到拌和楼称量器中称量后，送入集料斗加入拌和机。冰系统的冷源由氨制冷系统提供。

(3)混凝土拌和用冷水是由设于制冷车间内的冷水机组或螺旋管式蒸发器生产的 3～6℃冷水，冷水经水泵输送到拌和楼称量斗称量后进入集料斗加入拌和机。冷水系统的冷源由制冷系统提供。

一般风冷骨料的参数如下。

(1)一次风冷：5～20mm 骨料，进风温度 0℃，料温 8℃。20～40mm 骨料，进风温度－5℃，料温 5℃。40～80mm 骨料，进风温度－5℃，料温 5℃。三种骨料的平均温度可达到 6℃以下。

(2)二次风冷：5～20mm 骨料，进风温度 0℃，料温 4℃。20～40mm 骨料，进风温度－10℃，料温 0℃。40～80mm 骨料，进风温度－10℃，料温 0℃。三种骨料的平均温度可达到 1℃以下。

(3)风冷骨料时间，在冷透程度为 70%～80%时，大石需 45～50min，中石需 40～45min，小石需 35～40min。

为给加冰拌和腾出更多加冰的空间，二次风冷为一次风冷的继续，风冷后骨料含水率下降。例如，金安桥在左右岸拌和系统设计中均配置了足够大的制冷容量，且有较大富裕。对骨料分别进行了一次风冷、二次风冷。一次风冷的进风温度为－5～0℃，骨料出料温度在 6℃以下。按两种工况运行，5～20mm 骨料用 0～3℃风温，20～40mm 和 40～80mm 两级用－5～－2℃风温，这样可使一次风冷骨料平均终温在 6℃以下。一次风冷车间配制专用调压阀，可方便地通过实现不同供液压力来调节供风温度。二次风冷与一次风冷相同，亦按两种工况运行，5～20mm 骨料用 0～3℃风温，20～40mm 和 40～80mm 两级用－12～－8℃风温。5～20mm 骨料温度在 4℃左右，20～40mm 骨料温度在 0℃左右，40～80mm 骨料温度达到负温也是可行的(中石和大石可以负温，砂和小石若负温，极易发生冻仓，从而引起下料输送困难)。要特别强调的是，不能采用间断冷却的办法，否则会使骨料温度产生波动。

3. 加冰拌和

(1)采用加冰片拌和降低混凝土出机温度是最常用的控制措施之一。冰片厚度一般为 1.5～2.5mm，呈不规则片状。每吨冰片比表面积大约有 1 700m^2/t，因此掺在混凝土中极易融化，但只要保持冰片干燥过冷，就可以进行储存和运输处理。

常压下纯水密实的冰，密度为 917kg/m^3，熔点 0℃，熔解热通常取 335kJ/kg。冰温−50～0℃时，导热系数为 2.326kJ/(m·h·℃)。冰温在−20～0℃时，平均比热为 2.093kJ/(kg·℃)。

(2)加冰拌和的降温效果。影响降温效果的主要因素是加冰率和冰面的过冷干燥程度，其他如冰温、冰柱形状大小对降温效果也有一定影响。根据国内工程加冰片的降温效果，混凝土中加冰片 10kg/m^3，降低混凝土温度 1.2～1.4℃。由于碾压混凝土用水量少，一般加冰片 20～30kg/m^3。

加入冰片后，拌和时间要适当延长，延长的时间视拌和设备性能而定，碾压混凝土加冰拌和时间应通过试验测定。为了提高混凝土的降温效果，确保拌和的均匀性，保证尽量多加冰，而加入冰量的多少与砂和骨料的含水率大小直接有关，故应严格控制砂石料的含水率和外加剂用水量。大量工程实践证明，砂含水率应严格控制在 6%以下，5～20mm 骨料控制在 1%以下，20～40mm 骨料控制在 0.5%以下，40～80mm 骨料控制在 0.3%以下。如果做到这一点，碾压混凝土的加冰量就可以提高到 30kg/m^{3}以上，这样可降低混凝土温度 2.5～3℃。

4.防止运输过程中温度倒灌

(1)汽车遮阳减少温度回升。碾压混凝土的运输主要采用自卸汽车，在自卸汽车顶部设置遮阳篷，车厢加装保温层。一般拌和楼至仓面的运输时间 15～30min，根据金安桥的测温结果，碾压混凝土的温度回升一般为 0.4～0.9℃，故汽车遮阳对减少温度回升十分有利。同样，未采用遮阳篷的自卸汽车，在太阳照射下，碾压混凝土的温度回升将为 2～5℃。

(2)自卸汽车采取喷雾降温措施。采用自卸汽车运输混凝土时，空车返回拌和楼时，在拌和楼前对自卸汽车进行喷雾，其降温效果良好。喷雾装置可架设在进入拌和楼前 10～25m 长的道路两侧，略高于自卸车箱，使该范围形成雾状环境，当汽车在楼前等候时，喷雾不但给车厢降温，而且雾状环境可避免阳光直射车厢，对防止混凝土温度回升倒灌效果显著。

此外，设冲洗台并经常冲洗自卸汽车车厢，对降温和保持汽车清洁及顺利下料都大有益处。

(3)加强调度生产管理，强化调度权威，严防运输过程中的压车现象。开仓、收仓时提前协调拌和站。

5.仓面喷雾保湿，改变小气候

在高温季节、多风和干燥气候条件下施工，碾压混凝土表面水分蒸发迅速，极易失水发白，混凝土温度飙升。采取喷雾保湿措施，可以使仓面上空形成一层雾状隔热层，使仓面混凝土在浇筑过程中减少阳光直射强度，这是降低仓面环境温度和减少混凝土浇筑温度回升十分重要的温控措施。仓面喷雾保湿不但直接关系到碾压混凝土的可碾性、层间结合，最主要的是可以改变仓面小气候(如同人站在雨雾下面的感觉)，可有效降低仓面温度 4～6℃，对温控十分有利。

喷雾可以采用人工喷雾，也可以采用喷雾机。不论是人工喷雾还是机械喷雾，喷雾枪的喷嘴十分重要，要求喷出的雾滴一般为 40～100μm，保证仓面形成白色雾状。采用喷毛枪代替喷雾枪喷雾，仓面极容易形成下小雨现象，混凝土表面也易形成积水(改变积水处混凝土的水胶比，是不允许的)。如果要采用喷毛枪进行喷雾，需要对喷毛枪的喷嘴进行改装，安装喷雾喷嘴后即可使用喷毛枪进行喷雾。

喷雾保湿是碾压混凝土层间结合和温度控制中极其重要的环节和保证措施，应引起业主、监理、施工各参建单位的高度重视。在施工过程中，由于施工单位质量管理混乱，不重视喷雾保湿工作，监理工程师监督不到位，导致喷雾保湿工作效果差，引起层间结合质量差的工程实例很多。

6. 及时碾压，及时覆盖，防止温度回升

(1)碾压混凝土摊铺后及时碾压不但可以有效控制仓面温度回升(寒冷时防止热量散失，温度下降)，而且也是保证碾压质量层间结合的关键。实际施工中，振动碾碾压条带一般要碾压 10 遍，单台振动碾的碾压效率约 $70m^3/h$。由于碾压混凝土施工采用通仓薄层摊铺、连续碾压上升，往往是仓面碾压混凝土摊铺好后，却不能及时碾压，延误很长时间，无法保证碾压与平仓工序协调匹配。如果再加上喷雾保湿不到位，将严重影响碾压混凝土浇筑温度回升和层间结合质量。碾压混凝土经拌和、运输、入仓后，必须做到及时摊铺、及时碾压、喷雾保湿及覆盖，即人们常说的碾压混凝土施工各工序做到无缝衔接。这是保证层间结合质量和防止浇筑温度升高(严寒季节为温度下降)的关键。

(2)及时覆盖。对碾压完成的混凝土，高温季节在太阳照射下，混凝土温度回升很快，所以新浇混凝土仓面应及时覆盖，这是防止温度回升的关键。

混凝土在高温季节与高温时段，浇筑过程中的温度变化有两种情况：一是运输途中的温度回升。根据许多工程实测资料的统计，采用自卸汽车直接入仓，温度回升一般不超过 1℃。二是仓面温度回升。这是主要的，温度回升值随混凝土入仓到上层覆盖新混凝土的时间长短而不同，一般间隔 1h 回升率为 20%，间隔 2h 回升率为 30%，间隔 3h 回升率为 45%。在高温时段，日照强时通常回升率达 30%～70%。从以往的施工水平看，碾压混凝土入仓到覆盖上层混凝土的时间一般长达 2～4h，因此及时覆盖保温防止温度倒灌至关重要。例如，金安桥工程，15:00 对碾压完后的混凝土进行测温，浇筑温度 17℃，仓面未进行喷雾和覆盖，当时太阳照射强烈，气温 30℃，到 16:00 时，即 1h 后继续进行测温，此时浇筑温度很快上升到 22℃，温度回升高达 5℃。测温结果表明，碾压完毕后的混凝土如果不及时进行表面覆盖，对控制浇筑温度回升和温度倒灌十分不利。

铺设保温被是控制仓面温度回升的一种方便有效的措施。近年来，仓面保温材料一般选择保温被，保温被采用两层1cm厚聚乙烯保温卷材外套塑料编织彩条布。这种保温被主要为第三代泡沫塑料制品高压聚乙烯泡沫塑料，该材料导温系数小，即保温性能好，柔软可折性强，抗拉强度高，防水性能好(具有独立气泡结构)，密度小，弹性好，外表光泽，耐冲击性好，耐化学、耐老化性好，且无毒、无臭，耐低温、耐油及防火性也好，因此可适用于仓内高低不平的任何形状的混凝土面作覆盖物，而紧贴混凝土表面可以起到隔温效果。这种保温被具有质量轻(节省劳动力)、使用方便、可重复使用(在一个仓内可重复使用，浇筑完一个仓冲洗干净又可反复使用，耐用性好，可用若干年)的特点。

在高温季节或高温时段浇筑温控混凝土，为防止仓面混凝土温度回升过快，必须在浇筑过程中对新浇混凝土进行覆盖保温。在碾压混凝土施工时，开仓浇筑前要求每仓配备不少于50%仓面面积的保温被，对已经碾压好的混凝土立即覆盖；对摊铺好后的碾压混凝土如果未能及时进行碾压，也要进行覆盖。及时覆盖是控制高温季节强日照下混凝土浇筑温度回升的主要措施。

三峡工程曾在夏季通过实测得出，新混凝土覆盖与不覆盖保温被相比在10cm深处混凝土的温度，间隔1h高5℃，间隔2～3h高5.5℃，间隔4.5h高6.75℃。由此可知在太阳直射温度为28～35℃时覆盖保温被可使浇筑温度降低5～6℃。另外，在实测气温达33～36℃时，在15cm深处覆盖保温被比不覆盖保温被1h后浇筑温度少回升2～4℃，2h后浇筑温度少回升4～5℃，3h后少回升7～8℃。这充分说明覆盖保温被对降低混凝土温度回升率防止热量倒灌作用显著。

高温季节保温被覆盖24～36h后，当混凝土温度高于气温时应及时揭开散热，条件允许时宜采用表面流水养护。

7.浇筑分层和层间间歇期

碾压混凝土采用连续上升浇筑方式，浇筑层厚一般为1.0～3.0m。层间间歇期从散热、防裂及施工作业各方面综合考虑分析论证合理的层间间歇，一般不小于3d，也尽量避免大于10d，一般控制10d内碾压一层。对于有严格温控防裂要求的基础强约束区和重要结构部位，控制层间间歇期为3～7d，低温季节浇筑取下限值。例如，大花水、索风营、招徕河等水电站采取连续翻升技术，最大连续上升高度达33.5m；金安桥工程最大连续升层9m。

6.4.5 通水冷却，降低坝体内外温差

1.坝内埋设冷却水管

坝内混凝土中埋设冷却水管的主要作用是削减混凝土浇筑块一期水化热温升

峰值，降低混凝土内部温度，以利于控制混凝土最高温度和基础温差，减小坝体内外温差，改善坝体施工期温度应力分布状况。

国内大量的温度控制仿真计算及工程通水冷却结果表明，在坝体内部埋设冷却水管，水平间排距 1.5m×1.5m，上下层垂直间距 3m，混凝土浇筑完 1d 后通水，时间一般为 20d 左右，可将坝体最高温度降低 2～5℃，说明采取通水冷却措施降低坝体内部温度效果明显。

水管通水冷却过程一般分两期，即一期冷却（初期通水冷却）和二期冷却（后期通水冷却）。一期冷却是在碾压混凝土浇筑完毕后通水，应严格控制碾压过程中通水冷却，目的是防止冷却水管被碾爆破漏水（冷却水管一旦破裂，造成冷却水在碾压仓号内像泉眼一样到处漫流形成积水，及时排水会带走部分灰浆，影响混凝土的水胶比，因为堵漏，正常的上料、摊铺、碾压工艺流水作业循环被打乱，严重影响仓面的生产组织和效率）。一期冷却的作用是削减混凝土的水化热温升控制混凝土的最高温度（即削峰）。二期冷却的目的是降低坝体混凝土最高温度，使坝体上游面的温度降低至下闸蓄水时要求的坝面温度，防止库水冷击导致大坝上游面温差过大产生裂缝。

2.冷却水管的技术要求

需通水冷却的混凝土应按设计要求埋设冷却水管，向预埋在混凝土中的冷却水管送制冷水或天然河水进行冷却，通过水流带走坝体混凝土的热量。通水时坝体混凝土温度与冷却水之间的温差一般不超过 25℃，每天不宜降温大于 0.5℃，避免由于通水过冷而导致内部温差过大引起坝体降温速度过快而产生裂缝。

目前，坝内冷却多采用集装箱式冷却机组，冷却水管基本淘汰了铁管，大量采用高密度聚乙烯塑料水管，故对冷却水管设计提出了以下具体的要求。

（1）塑料冷却水管为内径 28mm、外径 32mm 的 HDPE 高密度聚乙烯塑料水管，其指标见表 6-4。

表 6-4　大坝冷却用 HDPE 塑料水管指标

<table>
<tr><th colspan="2">项目</th><th>单位</th><th>标准</th></tr>
<tr><td colspan="2">导热系数</td><td>kJ/(m·h·℃)</td><td>≥1.0</td></tr>
<tr><td colspan="2">拉伸屈服应力</td><td>MPa</td><td>≥20</td></tr>
<tr><td colspan="2">纵向尺寸收缩率</td><td>%</td><td><3</td></tr>
<tr><td colspan="2">破坏内水静压力</td><td>MPa</td><td>≥2.0</td></tr>
<tr><td rowspan="2">液压试验</td><td>温度:20℃
换向应力:11.8MPa,时间 1h</td><td colspan="2" rowspan="2">不破裂,无渗漏</td></tr>
<tr><td>温度:80℃
换向应力:3.9MPa,时间 170h</td></tr>
</table>

(2)冷却水管在埋设于混凝土中前，其内外壁均应干净且没有水垢。水管的接头采用膨胀式防水接头，防止漏水。循环冷却水管的单根长度一般不宜超过250m。预埋冷却水管不能跨越横缝，以防止切缝时切断水管。

(3)冷却水管应垂直水流方向布置。冷却水管水平间距以1.5m为宜，垂直间距与浇筑层厚相同(具体见各个工程的设计要求)。水管布置在每个浇筑块的底部，使用钢筋制成的U形卡固定，见图6-1。在浇筑混凝土之前进行通水试验，检查水管是否堵塞或漏水。水管应细心地加以保护，以防止在混凝土浇筑或混凝土浇筑后的其他工作中，以及试验中冷却水管移位或被破坏。伸出混凝土的管头应加帽覆盖或用其他方法加以保护。在已浇筑的仓面上打孔时，要采取有效措施确保冷却水管不被钻孔打断损坏。

图6-1 冷却水管铺设(采用U形卡固定)

(4)在混凝土浇筑过程中冷却水管中应通以不低于0.18MPa压力的循环水，看是否有水流渗出；应用压力表及流量计同时指示混凝土浇筑期间的阻力情况。在混凝土浇筑以前应修好渗水及阻塞之处。如果冷却水管在混凝土浇筑过程中受到任何破坏，应立即停止浇筑混凝土直到冷却水管修复并通过试验后方能继续进行。

(5)冷却水管在用过以后，应按要求进行灌浆回填。坝面露出的水管接头应割去，留下的孔口应用灰浆完全充填。

3.通水冷却技术要求

碾压混凝土浇筑的坝体，其混凝土最高温度仍可能超过设计允许最高温度时宜进行一期通水，以降低混凝土最高温度，削减温升的峰值，确保坝体最高温度控制在设计允许范围内。一期通水冷却一般采用制冷水，可削减混凝土水化热温升2～5℃。在低温季节为降低成本，在11月至次年2月常通河水进行初期冷却，3～

10 月常通 8～12℃制冷水冷却。初期通水采取动态控制，在混凝土内部温度处于上升阶段时，应加强其内部温度监测，必要时可加大通水强度或降低制冷水温度，以确保混凝土内部温度控制在设计允许的范围内。同时当混凝土内部温度达到其峰值后，可适当放宽通水要求，避免出现不必要的超冷。初期通水时间一般为 15～21d，不仅可削减最高温度 2～5℃，还可使高温季节浇筑的混凝土继续降温满足混凝土内外温度要求，减少后期通水时间。

(1)一期通水冷却水的温度应按混凝土的温度适时变更，使混凝土的最高温度不超过允许的最高值。冷却宜采用 6～12℃的制冷水，冷却水温与混凝土温差应控制在 20℃以内。根据工程实际情况也有工程采用河水通水冷却。

(2)一期通水单根水管通水流量应不小于 20L/min，在混凝土碾压完成收仓后开始通水，通水冷却时间宜控制在 20d 左右，冷却水方向 24h 调换一次，通水降温速度不宜大于 1℃/d。根据国内工程降温情况也有工程要求通水降温速度不大于 0.5℃/d，以防止因降温速度过快使混凝土内部产生裂缝。

(3)冷却水应为含泥沙量极少的清水，以防止管道堵塞。其流量、流速应保证在管径 28mm 左右的水管，流量以 18～25L/min 为宜。

(4)为充分检测混凝土内部冷却降温的情况，宜在混凝土内部埋设温度计测温，也可根据通水计划进行闷温测温，闷温时间为 5～7d。例如，金安桥工程为了实时掌握混凝土内部温度，在典型坝段增加埋设数百支温度计。

(5)二期通水冷却是为了接缝灌浆和大坝蓄水。当降温时间要求紧、降温幅度大时通制冷水，当通水时间长时，尤其是因蓄水进行二次通水冷却时，根据具体情况，可通河水。

6.4.6 养护及表面保护，防止表面制缝

1. 养护要求

碾压混凝土应按设计要求或适用于工地条件的方法进行养护。养护时间不宜少于设计龄期的 90d 或 180d，使碾压混凝土保持适当的温度和湿度，营造混凝土良好的硬化条件，是保证混凝土强度增长，防止表面干裂的重要措施。

混凝土浇筑完毕后，早期应避免日光暴晒，其表面宜加遮盖，浇筑完毕12～18h内即开始养护，但在炎热、干燥气候情况下应提前进行养护工作。工地有条件的混凝土面最好采用流水养护或者蓄水养护的方式。

混凝土养护应保持连续性，养护期间不得出现干湿交替现象。

2. 表面保护，防止表面裂缝

工程实践表明，大体积混凝土所产生的裂缝，绝大多数都是表面裂缝，其中少部分后来会发展为深层或贯穿裂缝，影响大坝的整体性和耐久性。

引起表面裂缝的主要原因是干缩和温度应力。干缩引起的表面裂缝主要通过养护来解决。温度应力与气温骤降、水化热、初始温差等原因有关，在施工中预留的缺口、孔洞在过水时与低温水接触在缺口的底部和折角等应力集中的部位容易出现冷击裂缝。大量工程实践证明，采用表面保护是防止混凝土表面裂缝产生的有效手段。

碾压混凝土施工宜在日平均气温 3～25℃时进行。当日平均气温高于 25℃以及月平均气温高于允许浇筑温度时，如要进行碾压混凝土施工，则必须采取有效的降温措施。当日平均气温低于 3℃或遇到温度骤降时，应暂停碾压混凝土施工，并对坝面及仓面采取适当的保温措施。碾压混凝土坝应根据坝址的气候条件及施工情况进行坝面、仓面及侧面的保温和保湿养护。通过保温设计，选定保温材料，确定保温时间，对孔口、廊道等通风部位应及时封闭；严寒及寒冷地区应重视冬季的表面保温。在大坝混凝土施工过程中，应做好天气预报资料收集工作，特别是做好应对气温骤降的准备工作。当日平均气温在 2～4d 内连续下降 6℃以上时，对龄期 5～60d 的混凝土暴露面，尤其是基础块、上下游面、廊道孔洞及其他重要部位，需进行早期表面保护，保温材料贴挂牢固，覆盖搭接严密。

混凝土表面保护一般要求如下：

(1)对坝体上、下游面及孔洞部位在每年冬季来临前或遇寒潮时，需完成表面永久保温施工，可粘贴厚 30～50mm 的聚苯乙烯泡沫塑料板。

(2)在气温骤降频繁的季节，混凝土需加强早期表面保护。未拆模的混凝土遇到寒潮时，需在模板外贴保温被，并延长拆模时间，选择适当的时间拆模。新浇混凝土拆模板后遇到寒潮时，坝体表面立即覆盖厚 20mm 的聚乙烯保温被，其等效热交换系数 $B \leqslant 10$kJ/(m^2·h·℃)，保护材料应紧贴被保护面。

(3)高温及低温季节浇筑的混凝土，浇筑完毕后立即用厚 20mm 的聚乙烯保温被进行覆盖，一般保温被的等效热交换系数不低于 10kJ/(m^2·h·℃)。

(4)对于永久暴露面，低温季节(如 11 月至翌年 3 月，或者日平均气温 2～3d 内连续下降 6℃时)必须对混凝土表面进行保温，对底孔、深孔、尾水管、竖井、廊道及其他所有孔洞进行遮挡封堵。

(5)低温季节如果预测拆模后混凝土表面可能降温 6～9℃时，应推迟拆模，或者拆模后立即进行表面保温。

(6)当气温在 0℃以下时，对龄期小于 7d 的混凝土立即进行表面覆盖保温。

大坝施工中保温时间短，要求保温材料抗风、抗水，施工时保温材料紧贴混凝土表面。国内应用于水电工程的保温材料有珍珠岩、纤维板、聚乙烯、聚苯乙烯等，目前国内普遍应用的是聚乙烯卷材和聚苯乙烯保温板。

混凝土表面保护材料的施工方法可分为喷涂、内贴和外贴三种。材料用喷枪喷在混凝土面上，利用材料发泡形成一定厚度的保温层。所谓内贴，就是将保温材料粘贴或固定在所架立模板的内侧面上，待拆模后即形成保温层。所谓外贴，就是混凝土浇筑拆模后，将保温材料钉铆或粘贴在混凝土表面上形成保温层。

在高温季节，碾压混凝土入仓后温度回升快。例如，在高温季节白天浇筑温度为15℃，4h后的浇筑温度可达26～27℃，回升10℃以上。因此，采用喷雾、盖保温被、快速覆盖对降低高温季节的浇筑温度是非常必要的。

混凝土碾压完毕后立即覆盖保温，待混凝土温度高于环境温度后，即除去保温以利于表面散热。通过覆盖保温措施可以使高温季节浇筑混凝土的最高温度降低2～4℃。

6.4.7　温度监测

如果只有温控措施，没有必要的测温及监测手段，对于温控的效果就无从评价，也不便于分析发生裂缝的原因。因此，在保证温控措施效果的同时，应对混凝土施工全过程进行温度观测，对所采取的温控措施进行监测，以及对已浇筑混凝土的内部状况进行观测。大、中型工程应由专门部门（或组织）配备必要的人员和器材从事温控工作。温度观测分为施工过程中的温度观测、混凝土最高温度观测、坝体内部温度变化过程观测。

施工过程中的温度监测。施工过程中的温度观测又分为对预冷骨料的温度观测、对原材料的观测、对出机口混凝土的温度观测以及对混凝土入仓温度、浇筑温度的观测。对预冷骨料的温度观测主要是检查骨料的预冷效果，一般使用红外线测温仪或温度计进行。只有上述4个环节的温度控制均达到要求，混凝土的最高温度才有可能控制在设计要求范围内。需注意的一点是，所有的测温器材在使用前和施工过程中都要进行率定，确保测温数据的真实可靠。

混凝土最高温度观测可利用预先在坝体内埋设的测温仪器进行观测。温度仪器主要采用差阻式温度计测温、光纤测温。一般在坝体中埋设的安全监测仪器本身也带有温度读数功能。若预先在坝体内埋设的仪器不足，可在浇筑混凝土的过程中埋入钢管，待收仓后在钢管内放入温度仪进行温度观测。

6.4.8　优化施工规划，加强施工管理

（1）合理安排施工进度，尽量利用低温季节浇筑基础约束区混凝土。在条件具备的情况下，一般选择夜间、阴天和秋冬季节浇筑，可以避免高温阳光直射，降低入仓温度。

（2）在工程可研阶段、招标、施工阶段均要重视混凝土的温控防裂工作，从设计、施工方面开展相应的科研和优化工作。

(3)重视施工前期的准备工作,不仅要重视混凝土制备和浇筑方面的准备工作,而且需要重视混凝土温度控制方面的准备工作,如制冷厂的安装调试,冷却水管及保温材料的准备。

(4)混凝土最高温度可利用预先埋设在坝体内的差组式温度计或光纤测温。通过温度监测成果,建立碾压混凝土温控预警机制,及时、动态、有效地调整温控措施。

(5)建立健全混凝土现场管理机制,加强混凝土温控管理。业主、监理、设计、施工、监测等各方,应由业主牵头成立温控管理组织,形成上下联动的温控管理体系并严格奖惩。这样能够做到对现场温控及时掌握,对问题及时处理。

(6)碾压混凝土坝分缝可以有效地减少坝基对坝体的约束。通过合理地分缝可以诱使温度应力在分缝处得到释放,减少裂缝的发生。

6.5 温度控制的思考

6.5.1 能否取消坝内冷却水管

碾压混凝土的优势之一就是能够机械化、大仓号、高强度地快速施工。早期碾压混凝土坝高度较低,充分利用低温季节和低温时段施工,大都不采取温控措施。但是近年来,由于碾压混凝土坝高度和体积的增加,为了赶工或缩短工期,高温季节和高温时段连续浇筑碾压混凝土已成常态化。碾压混凝土坝温控措施已经和常态混凝土坝的温控措施没有什么区别,温控措施越来越复杂和严苛。在坝体内部埋设大量的冷却水管,对碾压混凝土的快速施工带来一定的不利影响。

大量的工程测温实践表明,一般浇筑温度比出机口温度上升 3～5℃,水化热温升引起的混凝土内部温升则增加 10℃左右。施工中往往由于仓面温控措施和管理不到位,使预冷碾压混凝土优势丧失,导致碾压混凝土仓面浇筑温度回升很快(施工生产中采取很多措施才使出机口温度符合设计要求,但在仓面中由于施工生产组织不力,很容易使前期降下的温度被倒灌回升)。所以,施工过程中要严格控制浇筑温度,对入仓的碾压混凝土要做到及时碾压、及时覆盖、及时养护,防止温度回升倒灌,避免入仓混凝土从外界吸收热量。工程实践证明:仓面喷雾保湿是提高层间结合质量、防止浇筑温度回升和倒灌十分重要的措施,可以有效改变仓面小气候,降低仓面温度 4～6℃,对温度控制十分有利。

在混凝土防裂措施中,提高极限拉伸值是提高混凝土抗裂性能的一个重要手段。但针对碾压混凝土材料的特性,通过提高碾压混凝土的极限拉伸值达到提高防裂性能的目的往往是得不偿失。因为碾压混凝土强度等级较低,提高碾压混凝土的极限拉伸值,即意味着要通过降低水胶比、增加水泥用量、提高强度来实现。

但水泥的增加又相应增加了混凝土水化热温升，而强度的提高又使混凝土温度应力与弹性模量相应提高，反而对温控不利。由于水泥用量和混凝土绝热温升是直线关系，水泥的水化热一般为 293kJ/kg，通常混凝土每增加 10kg/m^3 水泥，其绝热温升约升高 1～1.5℃。由于混凝土是脆性材料，因此，极限拉伸值的提高与混凝土强度的增加并非直线关系，依靠提高极限拉伸值达到提高抗裂性能的目的与实际结果相差较大。同时，在考虑碾压混凝土极限拉伸设计值时，应采用长龄期(180d 或 360d)后期的极限拉伸值作为设计值。

碾压混凝土的温度控制与防裂是辩证统一、相辅相成的关系，不能片面强调一方面，而忽视另一方面。碾压混凝土的温度控制应根据各个工程的实际情况，因地制宜地进行。例如，百色低温和次高温的温控是有区别的，低温按坝内最高温度 38℃控制，自然温控入仓，低温时段取消了冷却水管。

仓面埋设冷却水管对碾压混凝土快速施工干扰很大，取消冷却水管的缺点是一旦前置的各项温控措施失效，冷却水管是最后一道削减混凝土最高温升的手段，因此取消坝体冷却水管将是对目前碾压混凝土温控的挑战。取消冷却水管并非对碾压混凝土不进行温控，而是温控措施技术路线重点不同，把温控措施主要放在碾压混凝土入仓前和碾压过程中，严格控制浇筑温度不超标准，这对碾压混凝土施工生产组织要求较高。取消冷却水管温控措施的主要技术路线如下：

(1) 高温季节和高温时段不浇碾压混凝土，尽量利用低温季节或低温时段浇筑碾压混凝土，这样可以有效降低坝体混凝土的最高温升。

(2) 严格控制碾压混凝土出机口温度是关键。出机口温度控制应严格控制水泥、粉煤灰入罐温度，预冷骨料，冷水或加冷水、加冰拌和，保证了出机口温度，就可以减轻对现场碾压混凝土温控的压力，有利于快速施工。

(3) 要严格控制碾压混凝土温度回升。防止温度倒灌回升的关键是及时运输入仓、及时碾压、覆盖保温和仓面喷雾保湿，改变小气候。碾压后的混凝土及时养护、及时覆盖保温材料是防止温度回升的有效措施。

金安桥工地实测表明，在高温季节的高温时段，仓面喷雾保湿和覆盖保温不及时或者未进行喷雾保湿和及时覆盖的混凝土在太阳的暴晒下吸收热量很快，导致蓄热量很大。其浇筑温度比正常喷雾保湿和覆盖保温的混凝土浇筑温度高 5～10℃，局部太阳暴晒的混凝土可以达到 30℃以上。

温度控制涉及设计、施工、监理等各个参建单位和碾压混凝土施工的各个环节，任何一个环节的失控或者温度超标，都将温控的压力传导到下一个环节。如果多个环节失控将引起浇筑温度超标，一期通水冷却环节再弥补不了前置各个工序环节的温度超标，最终导致该仓号或者坝段混凝土温度超过最高允许温度，给大坝温控防裂带来极大的隐患。

6.5.2 施工质量对温控防裂的影响

碾压混凝土坝的温度控制与防裂成功与否，施工质量尤为重要，所以施工过程是否严格按照温控设计要求进行施工是温度控制的关键。

碾压混凝土施工过程中，由于不科学的赶工，或者制冷系统容量偏小，或预冷混凝土达不到设计要求，虽然温度控制节省了投入，但温控裂缝却付出了沉重的代价，后果严重，大坝温度应力急剧增加。例如，国内某碾压混凝土拱坝由于温度控制管理失控产生裂缝，这方面的教训是极其深刻的。

我国碾压混凝土采用薄层铺筑碾压、连续上升的施工方式，已经打破了高温期碾压混凝土不宜施工的禁区。因此，近年来大部分碾压混凝土坝均应设冷却水管，采用高密度聚乙烯冷却水管可使混凝土最高温度降低 2～4℃。利用低温季节的有利时段，浇筑碾压混凝土可降低浇筑温度，从而降低坝体混凝土的最高温度，并可节约混凝土温控投资。

碾压混凝土的浇筑方式对坝体温度状态有一定的影响。当采用薄层连续碾压或升程高度较大时，碾压混凝土层面散热效果较小，碾压混凝土水化热温升接近绝热温升，坝内最高温度相应较高，但此浇筑方式能减少层面处理工作量，提高施工速度。当采用薄层碾压短间歇均匀上升或碾压升程高度较小时，可提高碾压混凝土层面的散热效果（但高温期不宜采用，应避免温度倒灌），降低碾压混凝土水化热温升和坝内最高温度，但此浇筑方式增加了层面处理工作量，降低了施工速度。碾压混凝土靠层面间歇期进行散热，与浇筑时段、气候条件、温度关系密切，高温时段的白天不但散热效果不好，而且往往产生温度倒灌，反而不利于温度控制。因此，碾压混凝土浇筑方式应根据仓面大小、浇筑温度、施工季节、施工进度要求、施工设备、能够采取的温控措施、温度控制分析等来综合考虑确定。

依据迎水面防渗区温度特点，坝体上游迎水面防渗层Ⅱ级配碾压混凝土及变态混凝土比坝体内部碾压混凝土的水泥用量高 30～50kg/m^3。试验结果表明，防渗区混凝土绝热温升明显高于大坝内部，其发热速率大，温控计算中最大温度往往产生在靠近上游迎水面 2～8m 范围内；在同一高程，若未采取通水冷却措施，上游迎水面防渗区的温度比中间部位的温度高 3～5℃。

部分工程为了提高层间结合和防渗性能，采用在每个层面铺洒灰浆或砂浆的技术措施，无形中增加了混凝土水化热温升，对温控防裂十分不利，而且也不经济。层间结合防渗技术路线主要还是碾压后的混凝土层面全面泛浆，使上层骨料能嵌入下层已经碾压的混凝土中，这是保证层间结合和防渗最好的技术措施，而不用依靠上游Ⅱ级配混凝土区加大铺洒灰浆或砂浆。

6.5.3　长期保护表面防裂

碾压混凝土坝为层缝结构，层面多，层间抗拉强度较低，碾压混凝土坝下闸蓄水或水温较低时，遇水冷击或温度骤降时，坝体内外温差增大，容易引起层面或水平裂缝，甚至劈头裂缝。

朱伯芳院士对“无坝不裂”的根本原因进行了科学的分析，他认为一个重要的原因就是长期对大坝表面保护的重视程度不够，对长期暴露的上下游表面没有很好的保护，提出对混凝土表面进行永久保温。已经过三峡工程试验验证，永久保温效果良好。

针对碾压混凝土坝内高温持续时间长、层缝多的特点，为了防止坝体内外温差大易造成表面裂缝的现象，受朱伯芳院士全面保温防裂的启迪，并根据近年来国内碾压混凝土坝的上游面涂防渗材料，作者认为，需要对大坝表面保护进行技术创新，即“给大坝穿衣服”。采用聚合物水泥柔性防水涂料对大坝表面全方位进行保护，可以起到事半功倍的作用。

聚合物水泥防水涂料，是近年来欧、美、日、韩等发达国家和地区兴起的一种新型防水材料，由于其优异的耐水性、耐久性、抗风化性能，得到了市场的青睐。聚合物水泥防水涂料是用有机聚合物乳液对特种水泥改性并辅以多种助剂，采用特殊工艺制备而成。该涂料的配方设计机理是基于有机聚合物乳液失水而成为具有黏结性和连续性的弹性膜层，同时在失水过程中水泥吸收乳液中的水发生水化反应而成为水泥硬化体，柔性的聚合物膜层与水泥硬化体相互贯穿牢固地黏结成一个坚固而有弹性的防水层。水泥硬化体的存在，有效地改善了聚合物成膜物质遇水溶胀的缺陷，使防水层既有有机材料高韧、高弹的性能，又有无机材料耐水性好、强度高的优点。

对碾压混凝土坝表面防裂应重在预防，因为碾压混凝土坝大多数是表面裂缝，在一定的条件下表面裂缝可发展为深层裂缝，往往很难处理。因此，加强混凝土坝表面保护至关重要。对大坝表面涂 3～5mm 厚度的聚合物水泥柔性防水材料，可以起到很好的表面保护作用，即可以防渗、保湿、防裂、保温，又可以增强混凝土耐久性，而且施工简单快速，造价低廉。与常规的 XPS 保温板进行混凝土表面保护相比，聚合物水泥柔性防水材料有着极大的优越性。

6.5.4　温控智能监控系统

国内一些科研、建设项目业主和设计单位开展了碾压混凝土坝施工智能仿真系统的研究。在具体工程项目施工时，可以积极地利用这些施工智能仿真系统的研究成果为碾压混凝土坝的施工提供高科技的、智能的技术支撑。例如，黄登水电站建设了“数字黄登·大坝施工信息化系统”，综合运用工程技术、计算机技术、无线网络技术、手持式数据采集技术、数据传感技术（物联网）、数据库技术等，对大坝混凝土从原材料、生产、运输、浇筑到运行实施全面质量监控，实现了远程、移动、实时、便捷的智能温度控制。该智能温控系统实现了对碾压混凝土骨料温度、出机口温度、入仓温度、浇筑温度、仓面小气候、混凝土内部温度过程、温度梯度、通水冷却进水水温、出水水温、通水流量等温控要素的自动采集及全过程实时监测，确保数据的实时和准确。为真实、全面地评估大坝温控施工情况提供直接依据，通过温控智能监控系统的实施，对温控施工进行实时预警和干预，特别是智能通水的实施，可以实现无人工干预、个性化、智能化的通水冷却，提高智能温控施工水平。温控智能监控系统，值得广泛地推广应用。

一般大中型水利水电工程碾压混凝土均有设计单位提供的碾压混凝土温度控制专题报告、碾压混凝土温度控制施工技术要求以及施工图。施工单位要认真研究设计文件，并结合自己的施工经验和现场试验成果编制本工程的碾压混凝土温控施工设计，然后报监理单位批准。

下面提供云南金沙江金安桥水电站大坝碾压混凝土温控施工技术要求及措施供读者参考。

6.6 金安桥水电站大坝碾压混凝土温控设计及施工控制措施研究

6.6.1 工程概述

金安桥水电站位于云南省丽江市金沙江中游河段，是金沙江中游规划“一库八级”电站的第五级。该电站装机容量 4×600MW，枢纽工程主要由拦河坝、右岸溢流表孔及消力池、右岸泄洪冲沙底孔、左岸冲沙底孔、坝后式厂房及进场交通洞等组成。

拦河坝为混凝土重力坝，坝顶长 640m，最大坝高为 160m。混凝土方量约为 392.3 万 m^3，其中碾压混凝土 264.8 万 m^3，碾压混凝土占比约为 64.5%。

大坝共分 21 个坝段，其中 0# 坝段为左岸键槽坝段；1# ～5# 坝段及 11# 坝段、16# ～20# 坝段分别为左岸非溢流坝段和右岸非溢流坝段，横缝间距在 20～30m，顺水流方向最大长度 126m；6# 坝段和 12# 坝段分别为左、右岸冲沙坝段，横缝间距分别为 30m 和 26m，顺水流方向最大长度 117m；7# ～10# 坝段为厂房坝段，横缝间距 34m（上游面设置短缝），顺水流方向最大长度 156m；13# ～15# 坝段为溢流坝段，横缝间距 31m（上游面设置短缝），顺水流方向最大长度 114m。

大坝混凝土浇筑水平运输采用自卸汽车运输，垂直运输以缆机、高架门机、塔吊、满管溜槽等组合方式为主。

由有限元分析计算可知，大坝基础混凝土浇筑块在 5～8 月浇筑基础碾压混凝土（C_{90}20Ⅲ级配），浇筑层厚 1.5m，间歇 5 天，浇筑温度 17.0℃，有水管冷却并采取仓面喷雾措施的情况下，浇筑块长度分别为 30m、45m、60m、75m、100m、120m 和 156m 的温度应力。计算结果表明：浇筑块愈长，温度应力愈大，当浇筑块边长超过 75m 后，温度应力增幅较小；浇筑块长边长 156m 时，最大温度应力仍小于允许拉应力。通过温度应力分析计算，确定了碾压混凝土采用通仓浇筑的方案是可行的，这为碾压混凝土快速施工从设计上提供了技术保证。

工程实践表明：坝体横缝间距越大甚至不设横缝，施工干扰小工序简化有利于快速施工，节约造价。但横缝间距越大，温度应力也越大，出现裂缝的概率也越大。反之，横缝间距小增加了切缝工序，不利于施工速度，且增加了施工成本，但是能够控制和减少温度应力引起的裂缝。金安桥水电选取 14m、20m、34m 等不同的横缝间距对厂房坝段进行了仿真计算。结果表明，当横缝间距达到 34m 时，其最大横向温度应力仍小于允许温度应力。为了控制或减少温度应力引起的裂缝，在上游面设置短缝。

6.6.2　基本资料

坝址附近有丽江、永胜、华坪三个气象站，其中只有华坪气象站和坝址海拔较为接近，因此推断坝址气象站的气温与华坪气象站的气温相差不大，因此选取坝址气象站 2003—2005 年年平均气温作为设计值是合适的。

坝址区 2003—2005 年年平均气温为 20.0℃，2004 年绝对最高气温 35.9℃，绝对最低气温 0.7℃，2005 年绝对最高气温 39.6℃，绝对最低气温 2.4℃。因此，金安桥水电站工程无冬季施工问题。

坝址区 2003—2005 年年平均水温 14.2℃，2004 年绝对最高水温 19.8℃，绝对最低水温 7.2℃，2005 年绝对最高水温 21.4℃，绝对最低水温 7.5℃。因此，金安桥水电站工程无冬季冰凌情况。坝址区河水月平均水温较相应的月平均气温低 4～9℃。

金安桥水电站坝址地处中国西南横断山区，年平均气温为 12.4～24.6℃，极端最高气温为 24.3～35.9℃，最冷月平均气温为－6.2～15.6℃。坝址区气温昼夜温差较大，日温差大于 15℃的天数在 2004 年有 145d，主要集中在 11 月至翌年的 5 月。其气候特点是垂直分布明显，干湿季分明，受到低纬高原（云贵高原）的影响，早晚温差大，终年太阳辐射强，年日照时数长，光能充足，冬、春季风较大。由于碾压混凝土的施工特点，施工仓面摊铺大，施工碾压需要 8～10 遍，时间较长，导致碾压混凝土表面失水严重，对碾压混凝土施工和层间结合质量极为不利。

金安桥水电站碾压混凝土工期紧、任务重，全年施工，在坝址区测得 2008 年最高气温为 37℃多，在 1～3 月风力较大，混凝土易泛白，这为碾压混凝土温控工作制造了不小的难度。为保证碾压混凝土质量及工程顺利施工，加强了金安桥水电站碾压混凝土温控工作，不仅在技术上优化配合比减少水泥用量，也对原材料预冷、运输过程、入仓及浇筑温度、一期冷却及养护进行了强化控制，还在混凝土生产的各个环节制定了严格的管理标准。此外，在过程控制中不断创新，建立了“金安桥温控档案”及闷温结束审批制度，不断调整和完善控制标准，成立了碾压温控“整治小组”，定期或不定期组织检查。通过上述措施，金安桥形成了一整套混凝土温度控制体系，使混凝土温度控制工作始终处于受控状态，有效地控制了混凝土裂缝的产生，碾压混凝土取芯芯样获得率高达 99.7%，D=150mm 芯样最长达16.49m，居国内同类芯样前列。

6.6.3　温控施工技术要求

1.术语与定义

(1)基础强约束区：一般指距离基础面 0～0.2L(“L”指浇筑仓号、浇筑块长边的长度，下同)高度范围内的混凝土。

(2)基础弱约束区：一般指距离基础面 0.2～0.4L 高度范围内的混凝土。

(3)非约束区：一般指距离基础面高度大于 0.4L 的混凝土。

(4)老混凝土：龄期超过 28d 的混凝土。

(5)仓内气温：指浇筑仓号内中心点混凝土表面高度 1.5m 处的大气温度。

(6)外界气温：指在坝区简易气象站测得的气温。

(7)混凝土机口温度：在拌和站出料口取样，测得的混凝土表面以下 5cm 处的混凝土温度。(使用插入式温度计观测)

(8)混凝土入仓温度：混凝土入仓下料后平仓前，在距离混凝土表面 10cm 深处测量的混凝土内部温度。

(9)混凝土浇筑温度：混凝土经过平仓碾压后，在覆盖上一层混凝土前在距离混凝土表面 5～10cm 深处测量的混凝土温度。

(10)基础温差：基础约束区(0.4L)内，混凝土的最高温度和该部位稳定温度之差。

(11)老混凝土温差：老混凝土以上高度 0.25L 范围内混凝土最高平均温度和开始浇筑混凝土时下层老混凝土的平均温度之差。

(12)表面混凝土温差：混凝土内部最高温度和混凝土表面温度之差。

2. 坝体混凝土温差控制标准及相关要求

碾压混凝土基础允许温差见表 6-5。

表 6-5　碾压混凝土基础允许温差(℃)

距离基础面高度(m)	浇筑仓号长边长度		
	30m 以下	30～70m	70m 以上
强约束区(0～0.2L)	16.0	13.5	12.0
弱约束区(0.2～0.4L)	17.0	15.0	13.5
非约束区(0.4L 以上)	19.0	17.0	15.0

常态混凝土基础允许温差见表 6-6。

表 6-6　常态混凝土基础允许温差(℃)

距离基础面高度(m)	浇筑仓号长边长度				
	17m 以下	17～21m	21～30m	30～40m	40m 以上
强约束区(0～0.2L)	24.0	22.0	19.0	17.0	15.0
弱约束区(0.2～0.4L)	26.0	25.0	22.0	20.0	17.0
非约束区(0.4L 以上)	28.0	27.0	24.0	22.0	20.0

碾压混凝土容许最高温度见表 6-7。

表 6-7　碾压混凝土允许最高温度(℃)

月份 碾压混凝土温控分区	4～9 月	3、10 月	11 月至翌年 2 月
4	27.0	27.0	27.0
5	28.5	28.5	28.5
6	27.5	27.5	27.5
7	28.5	28.5	28.5
8	30.5	30.5	29.0
9	28.0	28.0	28.0
10	29.5	29.5	29.0
11	28.5	28.5	28.5
12	30.0	30.0	29.0
13	30.5	30.5	29.0
14	30.5	30.5	29.0

表 6-7(续)

碾压混凝土温控分区 \ 月份	4～9 月	3、10 月	11 月至翌年 2 月
15	32.0	31.0	29.0
16	31.0	31.0	29.0

(1)间歇期超过 28d 的老混凝土面上继续浇筑时，老混凝土面以上 0.25L 范围内的新浇筑混凝土按照新老混凝土温差控制，标准为：碾压混凝土不高于 13℃，常态混凝土不高于 15℃。

(2)老混凝土面以上新浇筑混凝土应短间歇均匀上升，避免再次出现老混凝土。

(3)无论是碾压混凝土还是常态混凝土，其内外温差控制不得超过 16℃。

(4)为便于施工时的温度控制，设计单位一般会给出坝体混凝土温控分区施工详图，以施工图纸中规定的各个部位的坝体混凝土允许最高温度为施工控制标准。施工中要注意紧密结合设计要求的坝体混凝土温差控制标准。

(5)坝体混凝土施工中各坝段宜均匀上升。相邻坝段的高差不应大于 12m，整个大坝最高坝块和最低坝块的高差应控制在 30m 以内。如超过上述规定，应进行专门论证。

金安桥水电站大坝施工中为了架设满管溜槽形成入仓条件，经过论证，施工时实际高差达到 60m 左右。

6.6.4 温控施工措施

1.合理安排混凝土施工程序和进度

合理安排混凝土施工程序和施工进度，防止基础贯穿裂缝，减少表面裂缝。在施工中做到：基础约束区混凝土、表孔等重要结构部位，在设计规定的间歇期内连续均匀上升，不出现薄层长间歇；其余部位基本做到短间歇均匀上升；尽量缩短固结灌浆时间。基础约束区混凝土尽量安排在 10 月至翌年 4 月气温较低季节浇筑，避开 5～9 月高温季节，无法避开时尽可能利用晚间低温时段浇筑，避开白天高温时段。

2.优化混凝土配合比，提高混凝土抗裂能力

主体工程混凝土开浇以前，安排充分的时间进行混凝土施工配合比优化设计与碾压混凝土生产工艺方式。选择发热量较低的中热水泥、较优骨料级配和优质粉煤灰，优选复合外加剂(减水剂和引气剂)，降低混凝土单位水泥用量，以减少混凝土水化热温升和延缓水化热发散速率，提高混凝土抗裂能力。

混凝土施工中采取有效措施优化混凝土配合比，保证混凝土所必需的极限拉伸值(或抗拉强度)、施工匀质性指标及强度保证率。在施工过程中强化施工管理，严格工艺，保证施工匀质性和强度保证率达到设计要求，改善混凝土抗裂性能，提高混凝土抗裂能力。

金安桥水电站大坝碾压混凝土在施工中本着在不改变混凝土物理及化学性能的前提下，依据试验不断调整碾压混凝土配合比，改善碾压混凝土可碾性并降低水化热。

在前期施工中发现碾压混凝土用水量偏大，混凝土超强比较大，这样既不经济又不利于温控。为了防止混凝土内部温度过高，在不影响混凝土性能的前提下，经过专家论证和大量试验，针对碾压混凝土采取了一系列优化措施，如适当降低砂率、提高石粉含量、调整 VC 值、调整外加剂掺量、减少用水量、降低水泥用量。减少水泥用量，坝体内部混凝土由原来的 72kg，减少至 63kg。施工优化后的混凝土满足劈裂抗拉、抗冻、抗渗、极拉的设计要求，同时提高了混凝土的可碾性，降低了水化热，节省了投资。金安桥电站的碾压混凝土选用永保 42.5 中热硅酸盐水泥，水化热跟同类产品相比较低。根据现场实测，混凝土内部最高温度出现的时间比正常情况迟 3～5d，一般收仓后 20d 左右出现最高温度。

3. 控制拌和楼出机口温度

控制混凝土细骨料的含水率在 6%以下，且含水率波动幅度小于 2%。对混凝土骨料进行预冷，并采取加冰、加制冷水拌和混凝土以降低混凝土出机口温度。4～9月浇筑基础约束区混凝土，出机口温度按不大于 12℃的标准进行控制；其他情况出机口温度按设计要求的浇筑温度做适当调整。

4. 控制浇筑块最高温升

(1)混凝土的入仓温度，根据浇筑部位、浇筑月份的不同，以混凝土的浇筑温度进行控制，混凝土的浇筑温度见表 6-7。

(2)采用有效的运输、入仓保温措施，减少混凝土浇筑过程中的温度回升，快速入仓、平仓、碾压。碾压混凝土从加水拌和到碾压完毕必须在 2h 以内完成，以减少外界温度的倒灌。在混凝土碾压密实后立即覆盖等效热交换系数 $\beta \leqslant 15.0$kJ/(m^2 · h · ℃)的保温材料进行保温，且混凝土覆盖时间必须控制在 5h 之内。从出机口至碾压完毕控制混凝土温度，使温度回升不大于 5℃。

(3)尽量避免高温时段浇筑混凝土，充分利用低温季节和早晚及夜间气温低的时段浇筑。高温时段浇筑时，进行仓面喷雾，使仓面始终保持湿润，以降低仓面环境温度。喷雾时水分不要过量，要求雾滴直径达到 40～80μm。

5. 控制浇筑层厚及间歇期

(1)在满足浇筑计划的同时，尽可能采用薄层、短间歇、均匀上升的浇筑方法。

(2)控制混凝土浇筑层厚和层间间歇时间，基础约束区范围内，每铺层碾压压实厚度0.30m,连续碾压5层后间歇不少于6d。基础约束区范围以外,每铺层碾压压实厚度0.30m,连续碾压5～10层后间歇不少于6～7d。经过专门论证后,可以连续上升。

(3)严格按坝体混凝土温控分区图要求进行施工。

6.建立温控管理体系

业主单位成立了金安桥水电站混凝土温控领导小组,聘请国内知名坝工碾压混凝土专家成立专家工作组,在设计代表处、监理部和施工单位项目部设立了温控工作组。他们形成了从业主、设计、监理、施工到知名专家等各参建单位一体的温控管理组织体系,制定了碾压混凝土温控资料归档、大坝混凝土温控评价管理办法及大坝混凝土温控奖罚管理办法等管理措施,从混凝土的原材料到拌和生产、运输、浇筑、养护、通水冷却和混凝土内部温度监测"一条龙"的温控工作体系,确保温控信息渠道畅通,处置措施迅速及时。

在具体施工生产上制定了天气、混凝土温度控制、间歇期三个预警制度;编制了混凝土出机口温度控制、混凝土入仓温度控制、浇筑温度超温停仓制度、通水冷却控制、混凝土表面保护、混凝土养护、高温及冬季混凝土温控、优化混凝土配合比、混凝土内部温度仪器跟踪监测、裂缝处理等作业指导书;制定了大坝碾压混凝土仓号温控档案管理制度、混凝土温度控制奖罚管理办法、混凝土温度控制协调制度。

根据施工情况综合各参建单位意见及建议,结合设计院《坝体及厂房混凝土温控施工技术要求》、三峡监理部《金安桥水电站工程混凝土温度控制监理实施细则》及各阶段温控例会纪要,制定了金安桥水电站工程大坝碾压混凝土温控"标准"手册,便于现场技术人员和作业操作人员理解和实施。

6.6.5 混凝土原材料控制措施标准

1.原材料温度标准

混凝土原材料检查项目、控制标准见表6-8。

表6-8 混凝土原材料入罐温度控制标准

项目	控制标准	检查频次
粉煤灰	<40℃	每批次1次
石粉	<60℃	每批次1次
水泥	≤60℃	每批次1次

2.骨料含水率控制标准

骨料含水率控制标准详见表6-9。检查频次在高温时段:砂可控制在每小时1次;中、大石每班1次。检查合格率≥90%。

表 6-9　骨料饱和面干含水率控制标准

粒径(mm)	含水率(%)	允许偏差范围(%)
5 以下(砂)	≤6	0.5
5～20	≤1	0.2
20～40	≤0.8	0.2
40～80	≤0.5	0.2

6.6.6　拌和楼及出机口温控标准

出机口温度控制标准按≤12℃控制，个别时段按 14℃设防，但超过 12℃的比例，应小于 10%；大于 14℃停拌降温，恢复拌料时按 12℃控制。检查频次至少每 2h 1 次，检查点数合格率≥90%。

(1)混凝土骨料采用一、二次风冷等措施预冷，混凝土开仓前提前 3h 通知拌和楼预冷水及粗骨料，骨料预冷时间不少于 3h，防止冻仓。严禁冷却时断时续，确保骨料冷透合格率≥90%。一次、二次风冷骨料温度控制标准见表 6-10。检查频次非高温季节每 2h 测温检测 1 次，在高温时节可控制在每 1h 1 次。

表 6-10　一次、二次风冷骨料温度控制标准

<table>
<tr><td colspan="4">一次风冷</td></tr>
<tr><td>粒径(mm)</td><td>进风温度(℃)</td><td>骨料</td><td>备注</td></tr>
<tr><td>5～20(小)</td><td>0～3</td><td><8℃</td><td></td></tr>
<tr><td>20～40(中)</td><td rowspan="2">−2～−5</td><td rowspan="2"><5℃</td><td rowspan="2"></td></tr>
<tr><td>40～80(大)</td></tr>
<tr><td colspan="4">二次风冷</td></tr>
<tr><td>5～20(小)</td><td>0～3</td><td><3℃</td><td></td></tr>
<tr><td>20～40(中)</td><td rowspan="2">−12～−8</td><td><0℃</td><td rowspan="2"></td></tr>
<tr><td>40～80(大)</td><td><0℃</td></tr>
</table>

(2)拌和用制冷水控制标准按≤3℃控制，检查频次至少每 2h 1 次，检查点数合格率≥90%。

(3)严格控制砂、石骨料的含水率，使其满足规范要求。主要控制砂含水率小于 6%，小石含水率小于 1%。

(4)采取加片冰、加 4℃制冷水拌和的措施以降低混凝土出机口温度。按骨料的实际含水量情况及时调整混凝土用水量和加冰量，确保混凝土出机口温度及 VC 值满足要求。预冷温度要求见表 6-11。

表 6-11 混凝土材料温度控制标准(℃)

混凝土	水	小石	中石	大石	测温点
≤12	<4	3	<3	<3	拌和楼

(5)碾压混凝土出机温度控制不高于12℃。若骨料、拌和水温度已达到要求,而出机口混凝土温度仍达不到12℃的控制值,则加冰15kg/m³左右代替部分冷却水来调节出机口温度。

(6)若混凝土正常生产时温度突然升高,暂时停机检查:检查粗骨料温度是否符合要求,若偏高,加强风冷至要求温度后开机生产;检查砂石含水率(砂含水≤6%,小石含水≤1%),若偏大要加强脱水措施。

(7)保持料仓的低温状态:检测混凝土出机温度的同时检测粗骨料、水的温度。料仓随用随补,保持堆高在出风口以上,不得将料仓打空再上料。若检测到粗骨料温度超标且影响到混凝土出机温度,暂时停料,待骨料及水降至控制温度后开机生产。

(8)机械维修期间或因特殊原因不能生产温控混凝土时,将生产任务转移至另一拌和楼继续生产。四座拌和楼中除一座用于生产常态混凝土外,其余三座可同时生产碾压混凝土,也可倒换生产碾压混凝土,视具体情况而定。

(9)运输料车装完料后应立即运至仓面并尽快卸料,中间不得延误耽搁。交接班期间上一班生产的拌和物必须在本班卸在仓面内,不得在车中保留时间过长而在下一班时卸在仓中。

(10)监理发出因温度超标停料指令后立即停料调整。

6.6.7 入仓温度与浇筑温度控制标准及措施

(1)入仓温度。入仓温度应不高于机口温度1℃,白班温度检测频次为每2h 1次,夜班为每4h 1次,只作为控制指标。

(2)混凝土浇筑温度。浇筑温度应不高于17℃,每100m²仓面面积不少于1个测点,最小仓面每一浇筑层不少于3个测点,测点均匀分布在浇筑层面上,测温点的深度为5~10cm。白班温度检测频次为每2h 1次,夜班为每4h 1次。检查点数合格率≥90%。

(3)加强施工管理,尽量减少转运次数。各施工环节统一调度,紧密配合,提高运输车辆和缆机的利用率,缩短混凝土运输时间。

(4)禁止采用尾气设于车厢的汽车运输混凝土,混凝土运输车辆车厢冲洗时间间隔不大于2h。

(5)在3~10月运输混凝土时,吊罐、自卸车等混凝土的容器侧壁用隔热材料进行保温,顶部设防晒棚,以有效控制混凝土在运输途中的温度回升。控制混凝土温度从出机口至振捣密实温度回升不大于 5℃。实测温度回升很少，基本在 0.3～0.9℃。

(6)混凝土入仓后及时进行平仓、碾压或振捣，提高混凝土浇筑强度。

(7)在 3～10 月高温时段，尽可能利用早、晚或夜间气温较低的时段进行浇筑。碾压混凝土从拌和到碾压必须在 2h 内完成。

(8)坝体混凝土的浇筑温度严格按照《坝体混凝土温控分区图》的要求执行。

(9)当浇筑仓内气温高于 25℃时，采取仓内喷雾措施，营造仓内小气候。采用喷雾枪在仓面上空及附近喷水雾，喷雾要能覆盖整个仓面，雾滴直径达到 40～80μm，有效降低浇筑部位的局部环境温度，减少热量倒灌。喷雾时应防止混凝土表面积水。

(10)在 3～10 月高温季节，混凝土碾压或振捣密实后立即覆盖等效热交换系数 $\beta \leqslant 15kJ/(m^2 \cdot h \cdot ℃)$的保温材料进行保温，直到上坯混凝土开始铺料时才能逐步揭开，并且要求上坯混凝土覆盖时间不超过 5h。

(11)控制碾压混凝土浇筑温度与出机口温度之差小于 5℃，常态混凝土浇筑温度与出机口温度之差小于 6℃。

(12)外界日平均气温降至 4℃以下时，混凝土的浇筑温度不能低于 7℃，任何部位的混凝土浇筑温度在任何季节不能低于 5℃。

(13)指定专人抽检入仓及浇筑温度，每 2h 不少于 1 次，制定 1h 内 3 个测点超温暂停浇筑等管理措施。

6.6.8　通水冷却

一期通水冷却是削减混凝土水化热温升的最有效措施之一。根据前述坝体最高温度计算成果，大体积混凝土除 12 月至翌年 1 月最高温度能满足设计要求外，其他季节施工的混凝土均需采取相应的温控措施。在温控要求较严部位，须进行一期通水冷却，以削减混凝土内部水化热峰值。一期通水分为直接通河水与 10℃制冷水，低温季节可直接通河水，高温季节须通制冷水，冷却水必须回收，冷却水与坝体混凝土温差不超过 25℃，坝体降温幅度不得大于 1℃/d。一期通水流量控制在$1.2m^3/h$左右，从混凝土开始浇筑时通水，冷却水每 24h 换向 1 次，使坝体混凝土冷却均匀。一期通水采取动态控制，在混凝土内部温度处于上升阶段时，应加强其内部温度监测，必要时可加大通水强度或降低制冷水温度，以确保混凝土内部温度控制在设计允许的范围内。同时，当混凝土内部温度达到其峰值后，可适当放宽通水要求，避免出现不必要的超冷。一期通水时间为 20d 左右，不仅可削减 2～4℃最高温度峰值，还可使高温季节浇筑的混凝土达到最高温度后降低至 25～27℃。

1.冷却水管布置

(1)坝体内部冷却水管水平间距为 1.5m，上游防渗层为 1.0m。垂直间距一般与浇筑分层厚度一致，当浇筑层厚为3m时，蛇形管垂直间距采用1.5m(中间加铺一层)或3m。务必采取有效措施保证水管在施工中不破损。

(2)冷却蛇形管距离上、下游混凝土表面1～1.5m埋设；不允许穿越各类孔、洞，与施工缝、临时缝的间距为0.75～1.5m；与孔洞的间距为1～1.5m。

(3)冷却蛇形管垂直于水流方向布置，冷却水管的升管接至廊道，或布置在坝体下游。进出口处水管水平间距和垂直间距不小于1m。管口外露长度不小于20cm，并对管口进行妥善保护，防止堵塞。

(4)单根水管的长度不大于300m。

2.冷却通水标准

(1)每组冷却管必须进行通水通畅性检查，检查合格率100%。

(2)一期通水流量控制在1.2～1.5m^3/h，使混凝土的最高温度不超过允许的最高值。混凝土开始浇筑完成一坯层时即可通水，冷却时间控制在15～20d，冷却水方向24h调换一次。监理检查合格率在90%以上。

(3)坝体降温速度每天不大于1℃，一期冷却进口水温与混凝土最高温度之差不超过25℃，二期通水冷却进口水温与混凝土最高温差不超过30℃。

(4)坝体一期冷却时，冷却蛇形管入口处水温采用10℃。

(5)一期冷却通水结束的标准：基础约束区混凝土温度降至20～22℃，非约束区混凝土温度降至22～24℃。

(6)混凝土温度内部监测控制标准。检查点数合格率≥90%。观测频次：开始浇筑至浇后7d，每6h测1次，温度出现高峰期间要加密观测，第7天至上层混凝土覆盖期间，每天测1次。

(7)允许最高温度。坝体碾压混凝土容许最高温度见表6-7。

(8)混凝土内外温差，不超过16℃。

(9)间歇期控制标准。碾压混凝土浇筑层厚不大于3m，对于1.5m升层混凝土，控制间歇期不超过6d；3m升层混凝土，间歇期按5～7d控制；浇筑坯层间歇期不超过5个小时。混凝土间歇期不超过28d，间歇期超过28d的老混凝土面上继续浇筑时，老混凝土面以上1/4L范围内的新浇筑混凝土按新老混凝土温差控制，温差控制标准为不大于15℃。

(10)闷温。闷温测温必须用压缩空气将冷却水管内的积水先吹出。不同水管的闷温时间见表6-12。

表6-12　冷却水管不同间距闷温参考时间

水管水平间距(m)×垂直间距(m)	1.5×1	1.5×1.5	1.5×2	1.5×3
闷温时间(d)	3～4	4～5	4～5	4～6

3.通水冷却管理措施

(1)对每组冷却水管在预埋并完成上一坯层后，及时进行通水畅通性检查，由大坝部混凝土组旁站监理人员逐组检查。

(2)由大坝混凝土温控组派专人每日检查、记录冷却水温沿途损失，检查通水冷却管编号，确保 24h 通水换向；每日检查制冷水产量与通水管组数供求总量比，确保足够的通水流量，严格控制通水时间，对进水温度、出水温度、流量等进行抽查。

(3)对通水合格的冷却水管见证闷温过程，对闷温不合格的冷却水管及时要求继续通水冷却，加强温度检测。

(4)协调落实混凝土内部最高温度监测，及时掌握混凝土内部最高温度；建立混凝土内部温度变化信息的快速反馈制度，便于各方采取相应措施。

(5)每天对新增冷却水管的移交情况进行检查，发现问题及时协调解决。

(6)根据实际检查情况，严格温控奖罚措施。

4. 取消大坝二期通水冷却

一期通水冷却是削减混凝土水化热温升的有效措施之一。金安桥水电站大坝各环节温控措施得到了严格的控制，且一期通水冷却效果好，满足设计要求。因此，通过温控分析计算后优化通水冷却措施，首次取消了大坝二期通水冷却。工程实践证明，大坝并未因取消二期冷却而发生裂缝。

5. 大坝混凝土一期冷却冷水系统

大坝大部分大体积混凝土需进行一期冷却，以削减混凝土内部水化热温升峰值。部分坝肩混凝土及厂房挡水坝段 1 290m 高程以下混凝土需进行二期冷却，以满足坝体接触(缝)灌浆温度要求(经优化取消了二期通水)。

根据大坝温控计算结果，温控要求较严的区域一期高温时段需通 10℃ 制冷水，低温时段及部分温控要求较低区域可通河水，一期通水最大强度为 $200m^3/h$，二期通水最大强度为 $500m^3/h$。由于大坝施工用水量大，系统供水提供给坝体冷却水的最大流量为 $300m^3/h$，因此为降低坝体冷却水成本，避免另设供水系统，坝体冷却水循环回收。大坝供水系统仅提供补充冷却水 $210m^3/h$ 左右的损耗水。

移动式冷水站采用国电杭机所产的 CCWPWC100C 型冷却塔冷却的集装式冷水站，该型式冷水站已在索风营、龙滩、光照等工程投入使用，工艺先进、性能稳定，已取得较为成功的经验。该型号冷水站的冷冻水系统为闭式系统，单台制冷容量为 591kW(50 万 kcal)，制冷水量为 $100m^3/h$，两台冷水量合计为 $200m^3/h$，满足坝体一期冷却要求。闭式系统的冷水站与所冷却的坝面位置不受限制，系统具备供应冷却水配套设施，移动灵活，设备简单，制冷性能系数高，节省能源及受施工条件限制少等特点。冷水站采用智能控制系统对冷冻水的温度、压力、流量进行控制调节，方便、灵活，具有高度集成的机组，体积小、重量轻，适应冷却大坝各部位、各时期的不同要求。CCWPWC100C 闭式系统的主要技术参数见表 6-13。

表 6-13 CCWPWC 冷水站系统主要技术指标

名义制冷量	591kW
冷冻水流量	$100m^3/h$
冷冻水箱容积	$10m^3$
最大输入功率	212.9kW
制冷剂	R717
运行重量	24 400kg
补水量	$2.6m^3/h$
使用电源	三相 380V 50Hz
冷却水流量	$150m^3/h$
冷冻水进出管径	DN150mm
冷却水进出口管径	DN150mm
冷却水进口温度	≤32℃

当一期为通河水冷却时，移动式冷水站提供冷却水的循环动力，冷却水吸收的热量由冷水站内的冷却塔散发，将升温后的回水温度降至河水水温，以确保一期冷却效果。大坝一、二期冷却水系统设备配置见表 6-14。

表 6-14 大坝一、二期通水冷却设备表

序号	设备名称	规格型号	数量	单台重(kg)	单台使用电源和功率	备注
1	移动式冷水站	CCWPWC100C	2 台	24 400	380V、591kW	一期冷却
2	冷却塔	$250m^3/h$	2 台	2 500	380V、15kW	备用二期冷却
3	水泵	$Q=280m^3/h$、$H=16m$	2 台	380	380V、18.5kW	备用二期冷却

大坝一期冷却采用 2 台 CCWPWC100C 移动式冷水站，该冷水站外型尺寸：长×宽×高=7 200mm×2 591mm×2 591mm。为缩短坝外供水管道长度，大坝混凝土一期冷却分为左、右两部边，1 290m 高程以下以 8[#]、9[#] 坝段分缝线为界，以上以 9[#]、10[#] 坝段分缝为界，左、右岸各布置 1 台移动式冷水站。移动式冷水站随大坝混凝土冷却部位的上升而上升，在大坝整个施工过程中，左、右岸移动式冷水站前后布置三层，每层冷却其上、下各 25～30m 高程范围内的混凝土。移动式冷水站为一整体式结构，外型尺寸小，重量轻，移动灵活。冷水站底架上有安装孔，通过弹簧减振器与基础螺栓连接，对安放地基无特殊承载要求，能适应金安桥水电站工程各部位混凝土通水冷却要求。当安装平台位于开挖平台时，可直接将冷水站安放在开挖平台上；无现存平台时，在边坡上用脚手钢管搭设能满足冷水站安装、运行要求的人工平台。移动式冷水站布置在缆机覆盖范围内，当对应层混凝土冷却

完成后，利用缆机将冷水站转入下层循环。大坝混凝土一期冷却移动式冷水站左、右布置高程大致对称，具体见表 6-15。

表 6-15　大坝左、右岸移动式冷水站布置位置及冷却范围

布置高程	冷却时段	冷却高程	冷却坝段	
			左岸	右岸
1 292m	2006 年 10 月～2007 年 6 月	1 264～1 317m	5# ～8#	9# ～12#
1 340m	2007 年 7 月～2008 年 7 月	1 317～1 367m	3# ～9#	10# ～17#
1 392m	2008 年 8 月～2009 年 9 月	1 367～1 424m	1# ～9#	10# ～20#

6.6.9　混凝土养护及保护措施

(1)混凝土收仓 12h 后，采用花管流水＋人工洒水等手段进行连续养护，不少于 28d。检查频次为每班 1 次。

(2)混凝土表面用湿养护方法在养护期间进行连续不间断的养护以保持表面湿润，或养护到新混凝土浇筑。抽查频次为每班 1 次，表面无时干时湿现象，表面湿面积达混凝土表面积的 100％。

(3)在高温多风时段，混凝土施工完后，其水平面需用防水帆布或其他有效保温防晒材料覆盖，防止混凝土表面曝晒升温或出现干缩裂缝。

(4)周转使用的保护材料，必须保持清洁、干燥，以保证不降低保护标准。

(5)在完成坯层混凝土在太阳直射或温度倒灌的情况下，必须覆盖保温材料，盖前必须浸湿，必须对所有混凝土运输设备进行遮阳。当高温季节在阳光下碾压施工时，层面应及时覆盖等效热交换系数 $\beta\leqslant 15\text{kJ}/(\text{m}^2\cdot\text{h}\cdot℃)$的保温材料。当仓内温度超过 25℃时，进行不间断喷雾降温，喷雾覆盖降温范围为整个碾压作业仓面。

(6)当日平均气温在 2～4d 内连续下降 6℃以上时，对龄期 5～60d 的混凝土暴露面，尤其是基础块、上下游面、廊道孔洞及其他重要部位，需进行早期表面保护。保温材料必须贴挂牢固，覆盖搭接严密。在气温骤降频繁季节(11 月至翌年4 月)，新浇混凝土横缝面必须进行早期表面保护。混凝土拆模后，坝体横缝面立即覆盖 15mm 厚的聚苯乙烯泡沫塑料板[$\beta\leqslant 9\text{kJ}/(\text{m}^2\cdot\text{h}\cdot℃)$]，泡沫塑料板采用钉铆人工固定在横缝面上。泡沫塑料板在侧面混凝土覆盖前拆除，周转投入下一循环过程中使用。

(7)采用泡沫塑料板作为表面保温材料，施工时须确保其与混凝土面结合密实，各块搭接部位严密，避免出现局部保温不严现象。在入冬之前，需对坝面廊道、进出水口等所有暴露在外的孔洞用门或保温被进行封堵，避免混凝土内壁受到冷击作用。

6.6.10 小结

(1)仿真分析和现场初步监测成果表明,金安桥大坝混凝土温度控制方案和施工期所采取的温控措施基本合理。

(2)大坝总工期为3年,每年6～8月浇筑的混凝土,坝体内出现3个高温区,每个高温区内局部部位的最高温度为30～32℃。监测资料表明,除2007—2008年高温浇筑的基础强约束区部分坝段混凝土最高温度和基础温差均不满足设计要求外,其余时段浇筑的混凝土最高温度、基础温差、上下温差、内外温差基本满足设计要求。

(3)计算结果表明,大坝上、下游面附近混凝土在浇筑10年以后进入准稳定温度场状态;Ⅱ级配混凝土区域大约在浇筑15年后进入准稳定温度场状态;Ⅲ级配混凝土应力场在30年后进入稳定状态,大约在50年后形成稳定温度场。

(4)上游表面应力控制较好,除上游坝踵区附近混凝土,大坝上游表面各综合应力基本控制在1.8MPa以内。即使应力较大的越冬层面附近,其综合应力也可控制在1.8MPa左右。

(5)Ⅱ级配混凝土在浇筑约15年后,进入准稳定温度场。此后,应力随温度变化而波动,最大应力基本趋于稳定,在上游表面附近应力值不超过1.0MPa,下游面附近不超过1.5MPa,满足设计要求。Ⅲ级配混凝土坝体除局部拉应力超过允许值,施工期及运行期坝体混凝土的综合应力及拉应力均未超过材料的允许值,满足规范要求。

第7章　碾压混凝土坝施工技术

7.1　概述

碾压混凝土施工的特点是快速、连续地高强度机械化施工，整个生产系统的任一个环节出现故障、不协调或不配套的情况，都会影响工程进度、工程质量及碾压混凝土快速施工特点的发挥。要保证“快速”施工，需要按照《碾压混凝土坝设计规范》(SL 314—2004)、《水工碾压混凝土施工规范》(DL/T 5112—2009)、《水工混凝土施工规范》(DL/T 5144—2015)、《水工混凝土试验规程》(SL 352—2006)以及工程招标、投标文件技术条款的有关规定，制订科学合理的施工组织设计、施工技术方案，实现最佳的资源配置、高水平的组织管理、操作熟练的施工人员以及合理的中标价格，这是保证碾压混凝土快速施工的前提。

“施工速度快”是碾压混凝土筑坝技术的最大优势。常态混凝土大坝施工，由于受浇筑强度、温控的制约，坝体被横缝、纵缝分成许多浇筑仓，混凝土采用柱状浇筑、跳仓施工，导致模板工作量成倍增加，而且并缝灌浆工作量大，加上振捣和层面冲毛处理等造成常态混凝土坝人工用量大。而碾压混凝土坝采用大通仓浇筑，模板量少，摊铺碾压均由机械设备完成，机械化程度高，人工用量少。一般百米级高度以上的混凝土大坝，采用传统的常态混凝土筑坝技术，需要4～6年工期才能建成。而采用碾压混凝土筑坝技术，大坝一般仅2～3年即可建成。例如，大朝山、蔺河口、棉花滩、百色、龙滩、光照、金安桥等100～200m级的碾压混凝土大坝，与早期工程规模相似的龙羊峡、乌江渡、白山、李家峡、万家寨、构皮滩等常态混凝土大坝相比，工期缩短了1/3以上。特别是目前最高的碾压混凝土坝——黄登水电站碾压混凝土坝（坝高203m），从浇筑到全线封顶，工期才36个月，浇筑混凝土321.37万m^3。缩短工期就意味着提前发电，经济效益十分显著。

20多年来，碾压混凝土筑坝技术从早期的探索期、过渡期发展到目前的成熟期，碾压混凝土也从干硬性混凝土过渡到无坍落度的半塑性混凝土。实践证明，修建碾压混凝土坝，已经不受气候条件和地域条件限制，只要建设混凝土坝的地质、地形条件适合，均可采用碾压混凝土筑坝技术。

碾压混凝土与常态混凝土主要的区别是配合比材料组成和施工方法的不同。碾压混凝土具有水泥用量少、掺合料（粉煤灰等）掺量大、水化热低的特点，由于不设纵缝、模板量大幅减少，施工方法采用通仓薄层浇筑、连续上升。碾压混凝土在振动碾的碾压下密实高，避免了常态混凝土经常发生漏振的缺陷。

“层间结合、温控防裂”是碾压混凝土快速施工的核心技术，由于采用全断面碾压混凝土筑坝技术，混凝土的层间结合质量一直为人们所关注。早期提高层间结合质量的技术路线主要依靠层缝面铺砂浆，究其原因是早期的碾压混凝土为超干硬性或干硬性混凝土，拌和物VC值很大，碾压后的混凝土层面液化泛浆很差，大坝主要靠上游面的常态混凝土进行防渗，即所谓的“金包银”防渗体系。20世纪90年代后期，随着全断面筑坝技术的快速发展，碾压混凝土拌和物性能发生了质的变化，由混凝土拌和物已发展为无坍落度半塑性混凝土，其拌和物性能具有明显的富胶凝浆体和缓凝时间长的特性，保证了上层碾压混凝土经碾压后骨料嵌入下层混凝土中，使层间结合的难题得到了很好的解决。碾压混凝土硬化的各项性能也从早期的高强度、高弹模、低拉伸、低抗渗、低抗冻性能的混凝土，发展到目前的高拉伸、低弹模、高抗渗、高抗冻、防裂性能好的混凝土。

由于碾压混凝土坝体下部宽度大，且构造相对简单，十分有利于碾压混凝土快速施工。随着坝体上升，坝体上部宽度呈现越来越窄的趋势，且坝体上部溢流表孔或坝后厂房引水钢管等建筑物的布置，使坝体上部构造较为复杂，对碾压混凝土的快速施工十分不利。虽然坝体上部碾压混凝土工程量不大，但坝体上升速度反而没有底部快。所以，施工组织设计要充分考虑碾压混凝土快速施工的特点和坝体构造的影响因素，其均衡施工的工程量不能按月进行平均分配，而且坝体下部碾压混凝土的施工强度要比上部大得多，这是碾压混凝土与常态混凝土在大坝均衡施工生产中最大的区别。

7.2 碾压混凝土施工分区

碾压混凝土施工分区主要是根据坝体材料分区高程、坝体结构布置、拌和生产能力、道路布置、运输入仓方式、浇筑强度等因素，合理地进行施工分区，充分考虑了碾压混凝土大仓面连续快速浇筑施工的特点。在满足层间间隔时间要求的前提下，仓面越大，施工效率越高。

并仓方案的选择与坝体施工的控制性进度要求、混凝土生产系统的生产能力、浇筑机械的生产能力及坝体施工的成本控制等因素有关，在不同的阶段，优选的目标也各有侧重。

(1)施工时间最短的原则。施工时间最短指仓位或机械的等待时间在满足其他边界条件的前提下达到最短。

(2)强度均衡的原则。坝体施工过程中，根据月浇筑强度及混凝土小时入仓强度的变化实时调整施工方案，使混凝土浇筑方案与机械设备的生产能力、混凝土的生产和运输能力相适应。

(3)进度控制要求的原则。混凝土坝的坝体结构复杂，存在孔洞等特殊部位。这些特殊部位的施工工序复杂，处理时间长，坝段上升速度比较慢，可能是影响整个坝体进度的控制性因素。为了达到施工导流对坝体最低高程的要求，在确定浇筑仓选择方案时应考虑加快这些坝段施工进度的措施。

(4)影响仓面划分的因素:①平层铺筑方式时可控最大仓面面积。②碾压混凝土运输方案的施工布置对浇筑分仓的影响。③防洪度汛对浇筑分仓的影响。

近年来,国内碾压混凝土施工分区主要以通仓和 3m 升层为主,也有 4.5m 甚至 6m 的升层,往往把几个仓位合并为一个大的仓面进行施工。由于坝体横缝采用切缝机分缝以及斜层碾压的施工工艺,分缝和层间间隔时间已不再成为制约施工分区的主要因素。对碾压混凝土而言,仓面划分得大,既有利于仓面设备效率的发挥,又有利于减少坝段之间的模板使用数量,同时,也有利于仓面管理。但是,仓面过大也有不利的一面,由于层间间歇时间、温控、大坝基础固结灌浆等原因,导致碾压混凝土不能连续上升,间歇期浇筑设备闲置也会影响设备效率的发挥。另外,仓面过大时,一旦遇到特殊意外情况,例如,层间间隔时间超过初凝时间(冷缝按照施工缝进行处理),容易影响碾压混凝土层间结合质量。

不论是单仓施工或大通仓施工,仓面施工组织设计十分重要。仓面设计是施工技术人员对设计图纸和设计内容充分理解和消化后的高度集成和综合浓缩,应按照施工组织设计总进度计划,结合仓面特点、技术要求和浇筑方法、资源配置情况、质量安全保证措施等编制详细的仓面施工作业指导书,便于技术人员对作业层人员进行技术交底,便于作业层人员理解和接受,从而保证施工工艺的严格执行,提高施工效率。在现场施工生产中,应设置一个负责人作为仓面的总指挥,统一指挥和布置仓号的各项资源,避免“打乱仗”现象。

国内工程在投标时,针对工程的具体情况,在混凝土施工组织设计中,对大坝碾压混凝土施工分区一般都进行了较详细的规划。例如,龙滩大坝碾压混凝土浇筑量巨大,工期紧迫,技术复杂。为此,针对不同的浇筑高程、气象条件、浇筑设备能力、坝段的形象面貌要求、度汛要求等合理地对浇筑仓号进行仓面规划及仓面工艺设计,高温季节碾压混凝土施工 1～2 个坝段为一个浇筑仓,仓面面积 4 000～6 500m^2;低温季节碾压混凝土施工 3～4 个坝段为一个浇筑仓,仓面面积 10 000～15 000m^2。每一个浇筑仓均进行仓面设计,仓面工艺设计将该浇筑仓的仓面特性、技术要求、施工方法、质量要点、资源配置等汇集到仓面工艺设计之中,指导作业队严格按仓面工艺设计的要求有序、高效地进行施工。再例如,金安桥大坝碾压混凝土施工分区和分层,在满足浇筑进度的同时,尽可能采用薄层、短间歇、均匀上升的施工工艺。金安桥大坝碾压混凝土分仓主要根据大坝结构、混凝土生产系统拌和强度进行划分,左、右岸冲沙底孔 6 号、12 号坝段按照底孔部位高程分别单独为一仓施工,左、右岸非溢流坝段 2～6 号、16～19 号合并为一仓施工,溢流坝段 13～15 号合并为一仓施工,厂房坝段 7～11 号合并为一仓施工。同时,根据坝体结构和不同的浇筑高程、道路布置、入仓方式及拌和楼生产强度等,当坝体碾压混凝土浇筑到高程 1 352m 以上时,施工分区将左非坝段、左冲坝段及厂房坝段 2～11 号合并为一个大通仓进行施工，将右非坝段及溢流坝段 13～19 号合并为一个大通仓进行施工，将 12 号右岸冲砂坝段单独为一仓进行施工。金安桥大坝碾压混凝土仓面设计共分为 10 个碾压区进行施工，极大地简化了横缝模板工作量。大坝碾压混凝土浇筑分层厚度为 3.0m，局部位置根据结构要求等因素分层调整为 1.5m。碾压混凝土坝相邻仓位高差之间采用碾压混凝土斜坡道路进行过渡，见图 7-2（即随着碾压层的升高，在相邻的仓位先行碾压一个斜坡道便于汽车直接运料入仓）。该方法已经成功地在百色、光照、喀腊塑克、金安桥等工程中使用。

黄登水电站碾压混凝土坝共分 7 大区（不包含进水口坝段），为了保证施工强度及质量，结合资源配置最大仓面面积 8 000～10 000m^2，每层从左到右分为 2～3 个区。采用薄层铺料、碾压，短间歇连续上升的施工方法，混凝土升层高度以 6 米为主。主要采用自卸汽车直接入仓、汽车运输＋满管溜槽入仓＋汽车仓内转运、皮带输送＋满管溜槽＋汽车仓内转运等入仓方式，实现了大坝混凝土浇筑顺利上升。大坝 2015 年、2016 年两个浇筑高峰年月平均浇筑强度均保持在 10 万 m^3 以上，创造了最高月浇筑量 19 万 m^3、最高日浇筑量 13 330m^3、最高班产量 7 245m^3 的施工纪录。

7.3 模板工程

碾压混凝土模板要求适应其快速施工的特点，有足够的刚度和稳定性，保证混凝土浇筑后的构筑物的形状、尺寸和相对位置等符合设计要求。因此，模板是确保碾压混凝土连续上升、快速施工的关键设备之一，对碾压混凝土的外观、质量、施工进度、成本等各方面均有重大影响。实际施工生产中经常出现因模板安装不及时而中断施工，甚至有时因拆模板导致 2～3d 的时间间歇。模板安装对施工速度的影响应得到充分的重视。

7.3.1 模板设计的原则

适应于碾压混凝土施工的模板有钢模板、木模板、混凝土模板等。模板结构型式有组合钢模板、半悬臂模板、悬臂模板、连续上升式翻转模板、混凝土预制模板。在选择碾压混凝土模板时，须根据碾压混凝土浇筑升层高度来确定，并考虑其经济性。

《水电水利工程模板施工规范》(DL/T 5110—2013)、《水工碾压混凝土施工规范》(DL/T 5112—2009)对模板做了专门规定。模板应满足强度、刚度和稳定性的要求，能承受振动碾碾压施工中的各项载荷，并能保证建筑物的设计形状、尺寸正确及变形在允许范围内。

在进行模板设计时，首先模板所承受的基本荷载是混凝土对模板的侧压力，其次是模板自重、施工荷载及风荷载，目前在国内尚无成熟的碾压混凝土模板侧压力经验公式可应用。根据有关实验研究文献资料，碾压混凝土的侧压力与 VC 值、碾压遍数、浇筑速度等关系密切。如 VC 值越小，侧压力越大，VC 值越大，侧压力越小，尤其是在模板边加浆浇筑变态混凝土时，侧压力增大得越多。碾压混凝土的动态侧压力随碾压遍数的增加而增大，当达到一定遍数后侧压力反而略有下降。碾压混凝土的上升速度越快，其侧压力也就相应越大，而且浇筑碾压层越厚，其压力也越大。间歇时间对碾压混凝土侧压力影响很大，间歇时间越长，上层碾压对下层施加的影响就越小，尤其是对 24h 前浇筑的碾压混凝土，基本没有影响，即侧压力接近为零。碾压混凝土的侧压力一般为 0.003 5～0.008MPa，大的为 0.01～0.017MPa，加浆振捣的碾压混凝土侧压力比未加浆振捣的侧压力约大 1 倍，碾压混凝土侧压力的计算厚度，可初步按 24～36h 内的最大浇筑厚度考虑。

在实际工程中，由于模板周边 50cm 或更大范围内普遍采用浇筑变态混凝土，一般习惯将碾压混凝土的侧压力仍按常态混凝土的规律取值。如三峡水利枢纽三期工程碾压混凝土围堰的翻转模板设计，在振捣变态混凝土时模板所受侧压力合力为 20.28kN/m^2，而连续上升式翻转模板承受的最大碾压混凝土侧压力按 15kN/m^2设计。

7.3.2　模板型式简介

碾压混凝土施工模板有悬臂模板、连续上升式翻升模板、预制模板等。目前，普遍采用的是可连续上下交替上升的全悬臂钢模板（一般三块一组），其上、中、下两块面板可脱开互换，交替上升，满足了坝体快速施工的要求。同时，在部分工程坝体碾压混凝土连续上升的过程中，采用连续上升式台阶模板，使溢流消能台阶一次浇筑成型。针对坝体体形复杂、曲率变化大的特点，招徕河水电站拱坝工程在施工中专门研制了收缝式双向可调节连续翻升模板，为坝体快速施工创造了条件。

碾压混凝土模板不断改进、优化，目前，悬臂翻升钢模板是各个水电工程主流使用的模板，本书主要阐述悬臂翻升钢模板。一般悬臂翻升钢模板的特点如下：

（1）具备可调式悬臂翻升功能，单块重量适中，有足够的刚度。

（2）模板内侧配置有装饰条，便于拆模后的坝面形成网格状，视觉上消除了模板之间的微小错台，具有装饰效果。

（3）后桁架与面板之间采用螺栓装配，方便拆装运输，适于不同工程重复使用。

（4）配置有附着式翻转安全栏杆，提高了仓面作业的安全性。

（5）悬臂翻升钢模板已形成直立面、斜面、圆弧面、反弧面系列应用，且与常态混凝土通用，拓展了可调式悬臂翻升钢模板的应用。模板的应用功能集可调、悬臂、翻升、装饰、安全、装配、组合、通用等特点于一身，功能齐全，重量适中，拆装灵活。

模板的设计、制作和使用，应遵循《水电水利工程模板施工规范》(DL/T 5110—2013)的有关规定，模板型式应与结构、构作特征、施工条件和浇筑方法相适应，模板设计应能够满足碾压混凝土快速、连续施工的要求。目前，国内碾压混凝土坝工程模板主要使用连续上升悬臂模板，拱坝多使用可调悬臂翻升模板、双向可调连续上升的翻升模板、下游面连续上升式台阶模板等。龙滩、光照、金安桥等重力坝主要使用大型翻升钢模板。背水面、廊道等孔洞结构可采用预制混凝土模板方案。为了便于模板周边的铺筑作业，不宜设斜向拉条或尽量少设斜向拉条。混凝土浇筑过程中，应安排专职人员检查、维护、调整模板的位置和形态，防止变位变形、漏浆等问题。由于碾压混凝土早期强度较低，其凝结时间、初期强度、模板侧压力等与常态混凝土差别较大，因此，碾压混凝土施工中模板拆除、翻升的时机，应通过计算、测试和现场生产性试验确定，并注意留充足的安全富裕度。

1. 钢模板

(1)钢模板的面板厚度应根据结构受力要求计算确定，且厚度应不小于5mm。

(2)所有螺栓和铆钉必须是埋头的，以免拆模时影响混凝土表面美观。

(3)附件的设计必须使模板能安装牢固，拆除时不致损坏混凝土。

(4)金属面板间的接缝必须光滑紧密，不允许采用有凹坑、皱褶和其他表面缺陷的模板或拉杆孔破坏的模板。

(5)模板的受力骨架应采用型钢或钢管制作。

2. 滑动模板

(1)滑动模板必须采用钢内衬，内衬表面光滑平整。

(2)滑模应采用导轨导向，能精确就位并连续移动。

(3)滑动模板必须有足够的高度，使滑模下端的混凝土在模板移动时不致坍塌。

(4)滑动模板应有足够的重量，以便在浇筑混凝土时模板不受抬升力的影响。

7.3.3 模板制作、安装与拆除的一般规定

(1)模板的制作应满足施工图要求的建筑物结构外形，其制作允许偏差不应超过《水电水利工程模板施工规范》(DL/T 5110—2013)的规定。

(2)模板安装必须按混凝土结构物的详图测量放样，重要结构应加密布置控制点，以利检查校核。建筑物分层施工时，应逐层校正上下层偏差。

(3)模板安装过程中，必须设置足够的临时固定设施，以防倾覆。模板的钢拉条不应弯曲，直径要大于8mm。拉条与锚固的连接必须牢固，预埋的锚固件(螺

栓、钢筋环等)在承受荷载时,必须有足够的锚固强度。

(4)模板之间的接缝必须平整严密,模板下端不应有"错台",混凝土和钢筋混凝土结构的模板允许偏差,应遵守《混凝土结构工程施工质量验收规范》(GB 50204—2015)的规定,大体积混凝土模板安装的允许偏差应遵循《水工混凝土施工规范》(DL/T 5144—2009)的规定。

(5)模板面板涂抹专用脱模剂。脱模剂应为同一厂家生产的同一产品,应在钢筋架立之前涂刷,不得与钢筋及混凝土面接触。

(6)埋入混凝土的预制混凝土模板与混凝土接触的表面应按照本技术条款有关"施工缝处理"的规定进行凿毛和清理。

(7)钢模板在每次使用前应清除干净,钢模面板应涂刷矿物油类的防锈保护涂料,但不得采用污染混凝土的油剂,不得影响混凝土质量。已浇的混凝土面若沾染污迹,应采取措施及时清除。

除符合施工图的规定外,模板拆除时限还应遵守下列规定:

(1)不承重侧面模板应在混凝土强度达到2.5MPa以上,并能保证其表面及棱角不因拆模而损伤时,方可拆除。

(2)墩、墙和柱部位在其强度不低于3.5MPa时,方可拆除。底模应在混凝土强度达到如表7-1中的规定后,方可拆除。

表7-1 现浇混凝土底模拆除时混凝土强度标准

结构类型	结构跨度(m)	按设计的混凝土强度标准值的百分率计(%)
板	≤2	50
	>2,≤8	75
	>8	100
梁、拱、壳	≤8	75
	>8	100
悬臂结构	≤2	75
	>2	100

7.3.4 连续翻升模板

翻升模板采用悬臂结构型式,通过水平方向预埋的锚筋固定,无须在仓内设置斜拉筋,模板受力条件好,仓面安装简单,可连续翻升,便于碾压混凝土机械化、快速施工作业。目前,连续上升式翻转模板是国内大体积碾压混凝土施工普遍采用的模板型式。连续上升式翻转模板已形成系列品牌产品。该模板面板有300cm×310cm、300cm×210cm、300cm×155cm三种,由三块模板组合成一单元连续上升,上、下层模板面板之间通过连接销连接；左、右之间用U形卡连接；上、下桁架之间通过插销和调节螺杆连接，桁架与面板用连接螺栓固定；在转折处，可通过调节螺杆实现变坡，不影响仓内混凝土连续浇筑。该系列翻转模板的主要技术参数：①翻转模板承受的最大混凝土侧压力为15kN/m²。②锚筋D15拉拔力为60kN/m²。③混凝土的浇筑速度宜为30cm/8h，最大不超过1.2m/d。④持力层锚筋所在的混凝土浇筑完毕48h后方能受力。

翻升模板在安装前一般在模板存放场地进行预拼装。标识编号运往仓面立模。首层起始模板采用传统的里拉外撑的方式加固。面板比仓面设计线内倾10mm，以后各层立模均应内倾6mm。

悬臂翻升钢模板的拆除与安装是现场模板施工前后紧密衔接的两道工序。下层模板拆除后即安装成为上层模板，此时原上层模板即成为下层模板，依此类推(一个模板组合由上、中、下三块模板组成)。

模板拆除时，首先采用8t仓面吊吊住设于面板两侧的吊耳，使上、下层模板后桁架连杆拆除，此时模板处于自重状态，然后再拆除上、下模板间连接的螺栓与套筒螺栓。模板拆除时须控制模板的晃动，防止面板激烈撞击已拆模的混凝土表面。

模板拆除后应先人工清除模板面板及边框上黏结的少量水泥浆块，然后进行安装。安装时，仓面吊通过平衡梁将模板对准上仓块翻升模板的导向机构，徐徐落下，模板即可准确就位，然后再将桁架后部连杆铰接，使其成为新的悬臂模板。此时，仓面吊与模板脱钩，通过人工调节桁架连杆来实现面板内外倾斜度的调整，使之达到施工精度要求。据统计，正常情况下一块直立面模板(3m×3m)从拆除至安装、调整完成，耗时约15min，一块斜面模板(3m×1.875m)从拆除至安装并调整完成，耗时约12min。每班劳动力组合为：8t吊车1台，操作人员6人(吊车司机2人、指挥1人、拆装模板工2人、辅助工1人)。

模板安装质量控制措施如下：

(1)模板安装严格按照施工图纸和测量放样点拉线进行控制。模板每翻升1次，测量放样1次，根据放样点检查模板变形情况并及时调整。

(2)立模过程中，须及时清洗模板表面及侧面灰浆，安装好后的模板表面应光洁、平整，且接缝严密。

(3)面板之间的垂直缝用U形卡连接，U形卡不应少于4个，水平缝用连接销连接，不少于3个。

(4)模板安装时顶部按向仓内预倾6～10mm控制，预埋螺栓应保持在同一水平线上，预埋螺栓内的特殊内螺纹应涂抹黄油。

(5)控制碾压混凝土上升速度不大于1.2m/d。

(6)混凝土浇筑过程中，经常检查模板的形状及位置，如发现模板变形走样，立即紧固调节螺杆，上紧U形卡。

(7)模板周边碾压混凝土需使用小型振动碾碾压。

(8)埋设中间层模板锚筋的该层碾压混凝土凝期未达到要求时不得拆除其下层模板。

(9)对使用中的模板定期校正与保养。

悬臂翻升钢模板是一次性投资较高、用钢量较大的施工工具,要求多次重复周转使用。因此在使用过程中应当尽量避免碰撞,拆模时不得任意撬砸,堆放时防止倾覆,同时还应经常进行保养。模板施工管理的规定一般如下:

(1)模板由施工项目部设备物资部门统一进行管理。对于不遵守有关模板使用和保养规定的人员给予一定的经济处罚,将模板的管理等同于设备管理。

(2)把好进场关,模板进场时进行统一的编号,每块模板验收时均按编号统一进行登记造册,对存在缺陷的模板均要求退回制作单位返修。

(3)施工区应尽可能的平整,一片场地供模板统一堆放,并按编号堆放整齐。每块模板从堆放场运至施工仓面或从施工仓面运回堆放场时也要进行登记造册,记录其完好情况。

(4)模板工进行统一的培训,以使每位工人均掌握模板工作原理以及拆除与安装过程中须注意的事项。

(5)拆模后放在仓面或堆放场暂不用的模板,必须及时清除模板上的混凝土残渣和水泥浆,并涂刷隔离剂。

(6)设置专用零件箱用于存放模板的零件,并由专人负责保管,以防丢失和浪费。

(7)拆模后若发现模板边角或装饰条等有破损时,必须及时进行修理。

(8)仓面混凝土施工时要防止混凝土散落至后部肋板,严禁人为将混凝土弃至模板后肋板上。

7.3.5　混凝土预制模板

混凝土预制模板一般采用重力式,并作为建筑物结构的一部分,不需拆除。断面型式有矩形、梯形及 π 形等,可用于直立面、斜面和台阶。坝体内的廊道、小孔洞等宜采用混凝土预制模板。

在我国碾压混凝土坝体施工中,坝面为台阶或斜面的坝体一般采用预制重力式混凝土模板,垂直面采用 π 形重力板式混凝土模板,内部为常态(或变态)混凝土过度。随着变态混凝土的广泛应用,以及碾压混凝土特制模板技术的成熟,坝面预制混凝土模板的使用逐渐减少甚至基本不用。下面重点阐述坝内孔洞的预制模板。

坝体内的孔洞主要是廊道、电梯井等，这些部位均可采用预制混凝土模板施工，周边浇筑变态混凝土过度。

在以往的施工中，对碾压混凝土坝中廊道的形成，应用最普遍的方式是在仓号内架立廊道模板，并同步浇筑常态混凝土形成廊道。其次是采用先充填砂砾石后挖除的方式形成廊道。例如，美国的 Willow Creek 坝内廊道就是采用该方式。该方法在早期修建的碾压混凝土坝中应用普遍，但现在基本不采用。目前，在我国随着变态混凝土的广泛应用，采用预制混凝土廊道已成为最普遍的方式。

(1)坝体内廊道预制模板标准节断面尺寸一般为 2m×2.5m、3m×3.5m。采用钢筋混凝土全断面预制，壁厚 15～20cm，每节长度 1.0～1.5m。侧墙及顶部均留有 80mm 的吊装孔及中部留有 50mm 的拉模筋、接缝灌浆管预留孔等。

(2)爬坡段、拐弯段、水平交叉段均可采用预制异型廊道模板。水平交叉的十字形、丁字形、L 字形廊道段，可采用两块半边三通预制件、四通预制件，在现场组合成所需的接头型式。

(3)预制廊道一般集中在工地预制场现场，采用定型的钢模板批量生产。廊道模板与混凝土接触的所有外表面须在拆模后进行打毛处理，并做好养护。

(4)在廊道较集中的部位，廊道将浇筑仓面分隔为两个或多个小区。为方便碾压混凝土在仓内的运输，施工时，可在廊道群间预留缺口作为通道，待碾压混凝土浇筑收仓后，再用常态混凝土浇筑廊道预留缺口段。

(5)电梯井、竖井、通气孔、坝体上下游倒悬部位及拱坝的横缝、诱导缝均可采用预制模板。

(6)特殊部位原结构设计的钢筋配置量较大，无法全部置于预制模板内时，可分两层配置，待预制模板安装、定位后，再沿其外层按设计要求布置钢筋。或者沿预制模板按设计量布置钢筋，模板周边 50cm 范围内浇筑变态混凝土。

(7)坝面台阶一般采用预制模板。随着施工工艺的改进，坝面台阶也采用定型组合钢模板。

7.3.6 龙滩工程模板简介

右岸大坝碾压混凝土范围坝体结构形状比较规则，大部分属大体积混凝土，故大量采用整体钢模板。大模板规格有 3m×3.1m、3m×1.82m 翻升钢模板，3m×3.1m 悬臂钢模板及 3m×3.1m 悬臂 WISA 模板。根据各部位的结构特点及合同文件的有关要求，模板工程规划及模板使用情况分别见表 7-2、表 7-3。

表 7-2　模板工程规划统计表

序号	名称	规格(长×高)(m)	数量(块)	使用部位
1	翻升模板	3.0×3.1	702	大坝上、下游面及横缝面
2		2.0×3.1	72	大坝上、下游面及横缝面
3		3×1.82	760	大坝上、下游面及横 V 装面
4		2×1.82	12	大坝上、下游面及横缝面
5		1.5×0.6	96	大坝下游面栈桥入仓处
6	悬臂模板	3.0×3.1	280	大坝上、下游面及横缝面
7	悬管 WISA 模板	3.0×3.1	140	导墙、闸墩
8	异型模板	3.0×3.1	60	底孔进口边墙及胸墙
9	圆弧模板	R=1.0	10	底孔进口底板
10	筒模		6	电梯井、楼梯井、电缆井各 2 套
11	台阶模板	1.5×0.6	320	溢流面碾压混凝土台阶
12	钢模板	P3015	1 000	孔洞、边角补缺、理件等部位

表 7-3　龙滩水电站大坝模板使用情况统计表

序号	名称	规格(长×高)(m)	数量(块)	使用部位
1	翻升模板	3.0×3.1	702	大坝上、下游面及横缝面
2		2.0×3.1	72	大坝上、下游面及横缝面
3		3×1.82	760	大坝上、下游面及横 V 装面
4		2×1.82	12	大坝上、下游面及横缝面
5		1.5×0.6	96	大坝下游面栈桥入仓处
6	悬臂模板	3.0×3.1	280	大坝上、下游面及横缝面
7	悬管 WISA 模板	3.0×3.1	140	导墙、闸墩
8	异型模板	3.0×3.1	60	底孔进口边墙及胸墙
9	圆弧模板	R=1.0	10	底孔进口底板
10	筒模		6	电梯井、楼梯井、电缆井各 2 套
11	台阶模板	1.5×0.6	320	溢流面碾压混凝土台阶
12	钢模板	P3015	1 000	孔洞、边角补缺、理件等部位

说明：1. 未计入门槽、通航坝段施工缝、溢流面台阶等部位定型木模板使用量。

2. 大坝上游面、溢流坝段下游直立面、通航坝段上下游面、横缝面采用 3m×3.1m、3m×1.82m 翻升钢模板。

3. 导墙、闸墩及通航坝段通航孔口迎水面采用 3m×3.1m 悬臂 WISA 模板。

4. 溢流面碾压混凝土台阶采用 1.5m×0.6m 定型钢模板和定型木模板。

5. 底孔进水口边墙及胸墙采用异型钢模板。

6. 坝体牛腿、通航坝段施工缝面、闸门槽、井、室、集水井、二期混凝土采用组合钢木模板。

7. 廊道采用混凝土预制模板，预制廊道安装不方便的部位采用组合钢模板。

8. 电梯井采用内筒模(高度为 3.0m 的定型钢模板)。

7.3.7 金安桥水电站大坝模板工程

1.模板规划设计

碾压混凝土重力坝坝体混凝土结构形状比较规则，大部分属大体积碾压混凝土，可大量采用整体钢模板。在满足工程质量和进度的情况下，结合工程施工方案并参考其他工程在碾压混凝土施工中的模板成功经验，模板规划如下：

(1)碾压混凝土大坝上游面主要以 3m×3.2m(宽×高)和 3m×1.8m 的悬臂钢模板为主，这种模板可满足碾压混凝土的施工要求，并可最大限度减少施工中机械设备的干扰。该模板在工程中广泛应用，各施工单位具有丰富的使用经验。

(2)大坝下游面 1∶0.75 斜面和横缝面采用 3m×2.0m(宽×高)钢模板，部分横缝面采用 1.6m×2.4m 框架钢模板。

(3)廊道以混凝土预制模板为主，廊道局部不规则面采用组合小钢模和木模，电梯井和通风竖井采用成套定型钢架模板。

(4)孔洞曲面采用定制的曲面悬臂钢模板或半悬臂钢模板或定型木模板。

(5)厂房坝段、进水口采用覆膜胶合板(维萨面板)，渐变段采用拱架木模板，板面贴胶合板，背管、栅墩采用圆形半悬臂钢模板。

(6)左、右冲沙底孔周边采用覆膜胶合板(维萨面板)，渐变段采用拱架木模板，板面贴胶合板。

(7)溢流坝段闸墩直段采用悬臂模板(维萨面板)，溢流面采用专门设计加工制作的拉模。

(8)进水口坝段上游倒悬体采用牛腿承重模板。

(9)板梁柱结构采用覆膜胶合板、塔式钢管做支撑架。

(10)门槽采用组合钢模板及预埋木质模板盒。

(11)溢洪、冲砂系统边墙采用 3.0m 悬臂模板。

2.悬臂及半悬臂模板结构型式

半悬臂模板主要由钢模面板、型钢框架组成，模板固定采用上下拉筋固定。半悬臂大模板的型式见图 7-1。

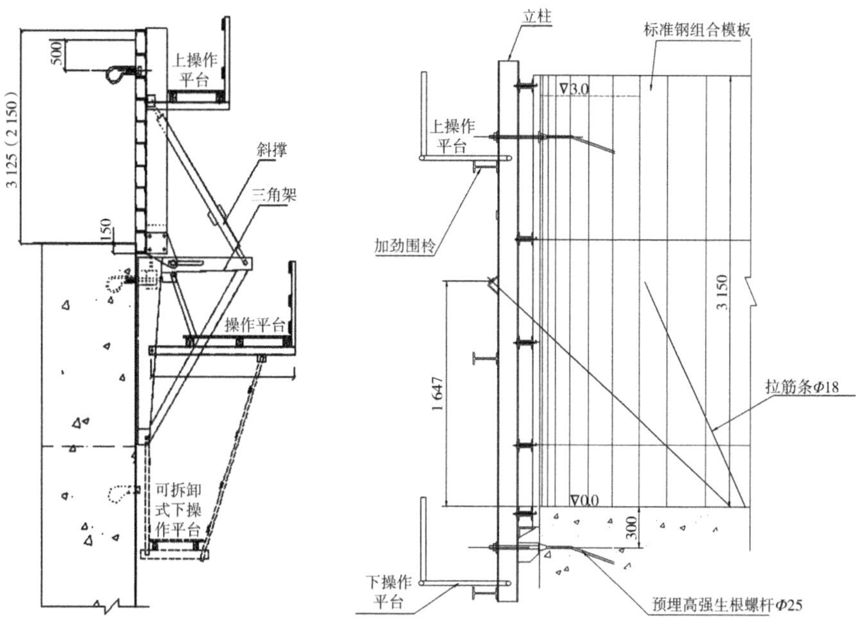

图 7-1　悬臂及半悬臂大模板示意图

3.模板制作、安装、拆除及维护

(1)模板荷载。综合考虑常态混凝土坍落度(碾压混凝土边沿部位为变态混凝土,荷载按照常态混凝土考虑)、混凝土铺料厚度和浇筑上升速度、气温和混凝土初凝时间、振捣等因素的影响。除承重模板荷载按实际浇筑层厚影响范围计外,其余模板荷载按 19kN/m^{2}计,模板与普通混凝土的黏结力按 0.5kN/m^{2}计。

(2)精度要求。模板面板的平整度、模板的刚度是影响混凝土外观平整度的主要因素,本工程施工用模板尺寸精度见表 7-4。

表 7-4　金安桥水电站大坝模板制作允许偏差

偏差项目		允许偏差(mm)
一、木模		
小型模板:长和宽		±2
大型模板(长、宽大于 3m):长和宽		±3
大型模板对角线		±3
模板面平整度	相邻两板面高差	0.5
	局部不平(用 2m 直尺检查)	3
面板缝隙		1
二、钢模、覆膜木(竹)胶合板模板		
小型模板:长和宽		±2
大型模板(长、宽大于 3m):长和宽		±3

表 7-4(续)

偏差项目	允许偏差(mm)
大型模板对角线	±3
模板局部不平(用 2m 直尺检查)	2
连接配件的孔眼位置	±1

(3)加工制作。悬臂模板及滑模的面板是在专业厂家加工制作的,钢桁架式背架需专门设计加工。定型模板等的加工制作在专设的模板加工厂进行。用于现场施工模板的加工制作以及组装必须满足以下各项要求:

①模板的面板及支撑系统必须保证有足够的强度和刚度,以承受荷载、满足稳定、不变形走样等,并有足够的密封性,以保证不漏浆。

②钢模板面板厚度不小于 3mm,钢模板面应尽量光滑,不容许有凹坑、皱褶或其他表面缺陷。

③当采用木材时,材质不低于Ⅲ等材,腐朽、严重扭曲或脆性的木材不用作木模材料。

④钢桁架式背架的焊接制作在专用模具上进行,用于连接组装的插口及调节螺杆需保证其加工精度。

⑤钢模面板及活动部分涂防锈的保护涂料,其他部分涂防锈漆。

(4)模板安装。碾压混凝土仓面大模板主要包括悬臂模板、半悬臂曲面模板、定型平面及曲面组合模板等。仓面吊车或缆机通过平衡梁将模板对准已浇混凝土预埋的定位锥,并徐徐落下,使模板准确就位。然后将定位锥螺母拧紧,摘掉吊车吊钩,调节桁架连杆使模板达到施工精度要求。特别应注意的是,由于模板桁架受力后产生弹性变形,加之各部件的安装配合间隙,模板安装时应予内倾。通过多年使用该类模板的经验,内倾量控制在 3~6mm 较为适宜。模板安装时,测量人员随时用仪器检查校正。起始仓模板的安装方法:立模时,清理模板下口,使模板贴紧混凝土面,为保证模板稳定,在模板外侧设地锚支撑桩,地锚桩采用 $d=48$ 的钢管,每隔 1.5m 布置一道,同时预埋好下一仓模板使用时的定位锥。该仓施工完成后,直接在已浇混凝土上安装悬臂模板。施工时注意以下事项:

①用振捣器振捣模板边混凝土时,注意振捣器不要碰撞定位锥,以防变形。模板直接提升安装时,下方严禁作业和通行。

②模板周转达到 10 次左右时,检查清理模板丝杆调节件,上润滑油一次。施工过程中,随时检查螺栓、标准件,以免松落。

③模板安装时按混凝土结构物的施工详图测量放样,必要时加密设置控制点,以利于模板的检查和校正。模板在安装过程中要有临时固定设施,以防倾覆。

④局部大模板不能安装的部位,采用普通钢模板,用拉条固定。模板的钢拉条不能弯曲,直径 16mm,拉条与锚环的连接应牢固可靠。预埋在下层混凝土中的锚

固件(螺栓、钢筋环等),在承受荷载时,要有足够的锚固强度。

⑤模板之间的接缝平整严密,分层施工时,逐层校正下层偏差,使模板下端不产生错台。

⑥模板及支架上,严禁堆放超过设计荷载的材料及设备。脚手架、人行道等不得支承在模板及支架上;必须支承时,模板结构要考虑其荷载。混凝土浇筑时,必须按模板设计荷载控制浇筑顺序、速度及施工荷载。

⑦混凝土浇筑过程中,设专人经常检查、调整模板的形状及位置。对模板的支架,加强检查、维护。模板如有变形走样,立即采取有效措施予以矫正,否则停止混凝土浇筑。

上述模板安装的允许偏差要严格控制。模板安装的允许偏差见表 7-5、表 7-6。

表 7-5　碾压混凝土大模板安装允许偏差　　单位:mm

偏差项目		混凝土结构的部位	
		外露表面	隐蔽内面
模板平整度	相邻两面板高差	2	5
	局部不平(用 2m 直尺检查)	5	10
面板缝隙		2	2
结构物边线与设计边线	外模板	0 －10	15
	内模板	＋10 0	
结构物水平截面内部尺寸		±20	
承重模板标高		＋5 0	
预留孔洞	中心线位置	5	
	截面内部尺寸	＋1 0	

表 7-6　一般现浇结果模板安装允许偏差　　单位:mm

项目		允许偏差
轴线位置 底模上表面标高		5 ＋5 0
截面内部尺寸	基础 柱、墙、梁	±10 ＋4 －5

表 7-6(续)

项目		允许偏差
层高垂直	全高 5m	6
	全高＞5m	8
相邻两面板高差		2
表面局部不平(用 2m 直尺检查)		5

(5)模板拆除。用仓面吊通过平衡梁起吊拆除大块模板。

①全悬臂模板的拆除。用仓面吊通过平衡梁吊紧模板,收紧调节螺杆使全悬臂模板脱离混凝土面,然后由人工站在工作平台上松开固定模板的螺栓,之后再将模板吊离混凝土面。

②半悬臂模板的拆除。首先用仓面吊吊紧模板,然后由人工松开固定模板的螺栓,再撬动模板,使其脱离混凝土面并吊离。

③拆除模板的期限,应遵守下列规定:非承重的侧面模板,在混凝土强度达到 2.5MPa 以上,能保证表面及棱角不因拆模而损坏时,才能拆除。钢筋混凝土结构的承重模板应在混凝土强度达到表 7-7 的规定后,方可拆除。经计算复核,当混凝土结构的实际强度已能承受自重及其他实际荷载时,报监理人批准后方可提前拆模。

④拆模时,根据锚固情况,分批拆除锚固连接件,以防止大片模板坠落。拆模使用专用工具,以免使混凝土及模板受到损伤。

⑤拆下的模板、支架及配件,及时清理、维修,并分类堆存,妥善保管。

表 7-7　现浇结构拆除模板所需混凝土强度表

结构类型	结构跨度(m)	按设计的混凝土强度标准值的百分率计(%)
	2	50
板	＞2,≤8	75
	＞8	100
梁、拱、壳	≤8	75
	＞8	100
悬臂构件	≤2	75
	＞2	100

(6)模板的维护与维修。

①钢模板在每次使用前清洗干净,为防锈和拆洗方便,在钢模板面板上涂刷矿物油类的防锈保护涂料,不要采用能污染混凝土的油剂。若检查发现已浇的混凝土面沾染污迹,则采取有效措施予以清除。

②木模板面则采用烤涂石蜡或其他保护涂料的方法。

③将仓面损坏的模板及时运回模板加工厂维修,所有大钢模板每周转 10 次以上时均进行全面维护保养 1 次,以有效延长模板使用寿命,确保模板精度。

7.4　碾压混凝土生产

混凝土生产系统包括拌和楼、骨料系统、制冷系统、胶凝材料输送系统、空压系统、水及外加剂系统。

碾压混凝土的生产工艺：通过胶带机将混凝土骨料输送到拌和楼的骨料仓内，选用合适的输送方法将水泥、煤灰输送到拌和楼的水泥、煤灰料仓内，水（或低温冷冻水）、外加剂、片冰输送到拌和楼各自对应的料仓内，按设计的混凝土配合比称量上述物料后送入拌和楼的搅拌机拌和生产成混凝土。

(1)强制式拌和楼和自落式拌和楼均能生产合格的碾压混凝土，但强制式拌和楼生产效率高，骨料配料机构简单，楼内产生的灰尘相对自落式拌和楼少，因此碾压混凝土生产系统一般优先选取强制式搅拌机的拌和楼（站）。

(2)系统总布置充分考虑混凝土生产系统的出料型式以及现场施工场地的地形条件，保证系统运行顺畅和安全。设备配置要满足混凝土生产系统生产能力的需要，并考虑适当的负荷率，保障设备在高峰时段的连续生产能力。

(3)保证拌和楼、制冷车间、风冷料仓、水泥罐、粉煤灰罐等荷载较大的设备基础位于地质良好地段，或者做必要、可靠的基础处理。

(4)选用投资省、能耗低、环保性能好的设备。相同工艺要求的设备尽可能选用两台以上，选用的规格型号尽可能相同，有利于配件供应、操作和维修。

(5)混凝土生产系统内设置污水处理系统，污水排放符合国家有关环保法规和工程环境保护办法的要求。

7.4.1　碾压混凝土生产系统设计

碾压混凝土的拌和设备分为强制式搅拌设备、自落式搅拌设备、强制连续式搅拌设备，碾压混凝土拌和宜选用强制式搅拌设备，也可采用自落式或强制连续式搅拌设备。

根据大量的工程施工实践，用强制式搅拌机拌和碾压混凝土，不仅质量好，而且拌和时间短。因此，强制式搅拌机尤其适用于拌和碾压混凝土。近年来，国内大坝碾压混凝土采用强制式搅拌设备的较多。例如，龙首、江垭、蔺河口、龙滩、光照、金安桥、官地等工程。自落式或强制连续式搅拌机也可拌和出质量好的碾压混凝土。例如，自落式搅拌机在三峡三期围堰、百色等工程成功使用，另外强制连续式搅拌机在沙牌、索风营、招体河、喀腊塑克等多个工程使用。连续强制式碾压混凝土搅拌设备具有土建工程量小、体积小、重量轻、安装拆除快捷方便等特点。例如，中国水电八局与清华大学合作的 MY－BOX 连续强制式搅拌系统，在沙牌碾压混凝土拱坝中成功应用，质量控制和所取芯样试验结果显示，其各种物理力学指标满足设计要求。在招徕河、喀腊塑克库等大坝碾压混凝土施工中，选用广州多维机械投资有限公司生产的 $150m^3/h$ 连续强制式搅拌机，其性能满足设计以及碾压混凝土施工规范要求，混凝土质量良好。但连续强制式搅拌机也存在一定的问题，其性能类似混凝土搅拌车的情况。每次开停机时，料头、料尾混凝土拌和物匀质性稍差，由于离心作用，料头的主要问题是粗骨料多，浆体包裹不充分，尾部粗骨料少、砂浆较多，拌和物 VC 值波动大，解决办法是将各种组分出料时间差调整到最佳时刻。

目前，混凝土拌和系统已经全部采用计算机自动化控制，同时由于碾压混凝土拌和物性能的改变，不论是强制式搅拌机、自落式搅拌机还是连续强制式搅拌机均可以生产出质量优良的新拌碾压混凝土，而且完全可以达到精确拌和的质量要求。

1.生产系统小时生产能力计算

月高峰混凝土生产强度一般应按施工进度计划确定。

(1)按高峰月混凝土生产强度确定。

$$Q_h = \frac{K_m Q_m}{N T_r}$$

式中 Q_h ——小时生产能力；

K_m ——小时不均匀系数，一般取 1.5；

Q_m ——混凝土高峰月浇筑强度；

N——每月工作日；

T_r ——每个工作日的工作小时。

例如：高峰月混凝土生产强度为 6 万 m^3，每月按 25 个工作日，每个工作日按 20 个工作小时计算，即每月 500 个工作小时。

$$Q_h = 1.5 \times 60\ 000/(25 \times 20) = 180m^3/h$$

(2)按碾压混凝土最大仓面确定小时生产能力。

$$Q_h = \frac{M_m H}{T_f}$$

式中 M_m——最大碾压混凝土仓面面积，m^2；

H——碾压混凝土每层厚，m；

T_f——碾压混凝土覆盖时间，按 4～8h 取值，平均取 6h。

例如：最大碾压混凝土仓面面积为 2 $000m^2$，按 4～8h 覆盖完，平均取 6h，每层厚按 0.3m 计算。

$$Q_h = 2\ 000 \times 0.3/6 = 100m^3/h$$

综合上述(1)、(2)两种情况计算，小时生产能力 Q_h 取大值。

国内部分工程碾压混凝土搅拌设备见表 7-8。

表 7-8　国内部分工程碾压混凝土拌和设备及拌和生产能力统计表

序号	工程名称	拌和楼(类型)	产品规格及容量	数量(座)	拌和生产能力(m^3/h)
1	大朝山	自落式	4×3.0	2	碾压混凝土 324m^3/h 或常态混凝土 555m^3/h
			3×1.5	1	
2	金安桥	强制式(左岸)	2×4.5	2	拌和能力(铭牌)产量：碾压混凝土 3×300m^3/h，常态混凝土 240m^3/h，温控混凝土 3×250m^3/h+180m^3/h
		强制式(右岸)	2×4.5	1	
		自落式(右岸)	4×3.0	1	
3	光照	强制式(左岸)	2×4.5	2	拌和能力(铭牌)：左岸 660m^3/h+右岸 180m^3/h=840m^3/h
		强制式(左岸)	2×3.0	1	
		自落式(右岸)	4×3.0	1	
4	官地	强制式(低线)	2×6.0	2	设计生产能力：低线 2×300m^3/h，高线 480m^3/h
		强制式(高线)	2×6.0	1	
		自落式(高线)	4×3.0	1	
5	龙滩	强制式	2×6	3	设计生产能力 3×300m^3/h+180m^3/h=1 080m^3/h，最高班产达到 4 770m^3/h
		自落式	4×3	1	
6	功果桥	强制式	2×4.5	1	综合生产能力：常态混凝土 560m^3/h，碾压混凝土 460m^3/h，制冷混凝土 400m^3/h
		强制式	2×3.0	1	
7	百色	自落式	4×3.0	1	额定生产能力：碾压混凝土 470m^3/h，常态混凝土 200m^3/h
		强制式	2×4.5	1	
		强制式	2×3.0	1	
8	蔺河口	强制式	1×3.0	1	拌和生产能力(铭牌)：315m^3/h
		强制式	2×1.5	2	
9	沙牌	连续强制式		1	生产能力：连续式 200m^3/h，自落式 60m^3/h
		自落式		1	
10	龙首	强制式	3×1.5	3	拌和生产能力 (铭牌)：3×75m^3/h—225m^3/h，1×10m^3/h
		强制式	1×1.0	1	

2.骨料储存量计算

设置混凝土骨料调节料仓时，一般骨料调节料仓骨料储存量是高峰月强度1～3d的骨料用量。临时混凝土骨料调节料仓骨料储存量是高峰月强度不小于8h的骨料用量。

$$W = \frac{NQq}{M}$$

式中 W——骨料储存量，t；

N——骨料储存使用的时间，1～3d；

Q——混凝土月高峰时段的平均浇筑强度，m^3/月；

q——混凝土中的骨料用量，t/m^3；

M——月工作天数，一般取25d。

3.胶凝材料储存量计算

胶凝材料的储量一般由混凝土浇筑月高峰的平均用量确定。大、中型工程所需要的胶凝材料宜是混凝土浇筑月高峰期5～7d的用量储存，运输条件差或供料困难时可取15～25d。

$$W = n\frac{Qp}{M}$$

式中 W——胶凝材料的储量；

Q——混凝土月高峰时段的平均浇筑强度，m^3/月；

p——混凝土中的胶凝材料用量，t/m^3；

M——月工作天数，一般取25d；

n——胶凝材料必须储备的天数，一般取7d。

混凝土预冷及出机口温度计算见本书6.3章节内容，或参考其他专业资料。

7.4.2 投料顺序与拌和时间

碾压混凝土浇筑采取薄层、连续上升的方式，碾压混凝土生产强度非常高。拌和时间长短，决定碾压混凝土的生产能力及入仓强度，直接影响大坝的施工进度，因此碾压混凝土拌和工艺试验十分重要。碾压混凝土拌和工艺试验在混凝土施工生产之前进行，以便取得碾压混凝土拌和所需的各项技术参数，为大坝碾压混凝土的生产质量控制提供有效的参数。拌和工艺试验的主要内容是确定碾压混凝土的最佳投料顺序及最少样和时间两个参数，以达到充分保证碾压混凝土拌和物均匀和节约经济的目的。

碾压混凝土的投料顺序、拌和时间、拌和量，都应通过现场碾压混凝土拌和工艺试验确定。实践表明，不同的搅拌机，例如，强制式、自落式或连续式搅拌机，其投料顺序和搅拌时间是不相同的。碾压混凝土拌和状态及性能的好坏，与原材料投料顺序及拌和时间以及搅拌设备直接有关。所以,投料顺序与拌和时间需要通过试验选择最合理的投料顺序和最佳的拌和时间。不同投料顺序对拌和物均匀性有较大的影响,不同的拌和机种类的拌和时间也存在较大差异。采用强制式拌和机拌制混凝土,其拌和时间远低于自落式的拌和机,强制式搅拌机的拌和时间一般为 80～90s,而自落式拌和机的拌和时间一般为 150～180s。

1.强制式搅拌机拌和工艺试验

拌和工艺试验先初步选定一种投料顺序,分别进行不同拌和时间试验,确定满足混凝土均匀性的最短拌和时间。然后在相同的拌和时间条件下,再分别进行不同的投料顺序方式,最终确定碾压混凝土的最佳投料顺序和拌和时间。百色碾压混凝土拌和工艺试验结果见表 7-9。

表 7-9　强制式拌和机拌制碾压混凝土工艺试验成果

<table>
<tr><th>编号</th><th>投料顺序</th><th>拌和时间(s)</th><th>混凝土拌和物性状</th></tr>
<tr><td>①</td><td rowspan="4">砂→大石→中石→小石→水泥＋粉煤灰＋水＋外加剂</td><td>70</td><td>较差</td></tr>
<tr><td>②</td><td>80</td><td>一般</td></tr>
<tr><td>③</td><td>85</td><td>较好</td></tr>
<tr><td>④</td><td>90</td><td>好</td></tr>
<tr><td>⑤</td><td>砂＋水泥＋粉煤灰→小石→中石→大石→水＋外加剂</td><td>85</td><td>较好</td></tr>
<tr><td>⑥</td><td>砂→小石→中石→大石→水泥＋粉煤灰＋水＋外加剂</td><td>85</td><td>一般</td></tr>
<tr><td>⑦</td><td>水泥＋粉煤灰＋水＋外加剂→砂→小石→中石→大石</td><td>85</td><td>较好</td></tr>
<tr><td>⑧</td><td rowspan="3">砂＋水泥＋粉煤灰＋水＋外加剂→小石→中石→准大石</td><td>75</td><td>较好</td></tr>
<tr><td>⑨</td><td>85</td><td>好</td></tr>
<tr><td>⑩</td><td>90</td><td>好</td></tr>
</table>

碾压混凝土拌和工艺试验结果表明:

(1)编号①～④试验。在投料顺序相同的条件下,碾压混凝土拌和物性状随拌和时间的延长而变好。当拌和时间为 85s 时,均匀性较好;拌和时间为 90s 时,均匀性更好。因此,碾压混凝土拌和时间确定为 90s。

(2)编号⑤～⑩试验。采用不同的投料顺序,对拌和物性状影响较大。采用⑦、⑧、⑨、⑩投料顺序拌制的碾压混凝土均匀性效果最佳,即人工砂＋水泥＋粉煤灰＋水＋外加剂,先同时投料拌制砂浆,再分别将小石、中石、大石按顺序投入砂浆进行拌制。

采用强制式搅拌机,为什么投料顺序对碾压混凝土拌和物均匀性会产生较大的影响？分析认为，由于强制式搅拌机搅拌叶片与钢壁存在一定的间隙，采用拌制砂浆的投料顺序，可以对间隙起到润滑作用。如果按照粗骨料→胶凝材料＋水→砂的顺序（自落式大都采用此投料顺序），叶片与钢壁间隙极容易被针片状的骨料卡住，影响拌和质量。

2. 自落式拌和机拌和工艺试验

（1）投料顺序。根据自落式搅拌机的构造，并结合三峡二期工程混凝土拌和工艺实施经验，试验中我们采用以下两种投料顺序。

①中石＋小石→水泥＋粉煤灰→外加剂＋水＋砂→大石。

②大石＋中石＋小石→水泥＋粉煤灰→外加剂＋水、砂。

（2）拌和时间。为寻求更短拌和时间的可能性，加快混凝土拌和速度，提高拌和楼产量，对不同拌和时间的混凝土拌和物均匀性进行了试验。试验中采用120s、150s和180s，并分别采用第一、第二种材料投料顺序交叉试验，试验结果见表7-10。

表7-10　不同投料顺序交叉试验成果表

编号	投料顺序	拌和时间(s)	VC值	含气量	抗压强度(MPa)	
					7d	28d
①	中石＋小石→水泥＋粉煤灰→外加剂＋水＋砂→大石	120	9.7	0.9	9.1	15.0
②		150	6.8	2.8	11.6	19.6
③		180	8.9	2.4	9.4	16.5
④	大石＋中石＋小石→水泥＋粉煤灰→外加剂＋水＋砂	150	6.9	3.7	10.8	20.0
⑤		180	8.2	1.5	9.7	16.3

试验结果表明，第一种投料顺序拌和时间为120s时混凝土拌和物VC值较大，表明混凝土拌和不充分，混凝土拌和物均匀性较差。拌和时间为150s时，VC值要小于120s和180s拌和时间的VC值，混凝土含气量较高，有利于提高混凝土的抗冻性能。第二种投料顺序拌和时间为180s时，7d、28d抗压强度偏差率小，但是VC值较大且含气量较小。经比较确定碾压混凝土生产采用第二种投料顺序（大、中、小石→水泥＋粉煤灰→外加剂＋水→砂）拌和，拌和时间确定为150s。

3. 连续式流样机样和工艺

一般连续式搅拌机投料顺序为：粗骨料、水泥、掺合料及水，最后为砂，拌和时间一般为20s左右，连续式搅拌机停开机时，料头、料尾容易产生拌和物不均匀现象。

在调整投料顺序及拌和时间时，注意考察搅拌机轴的阻力大小的变化情况。目前，较为先进的双卧轴强制式搅拌机是通过电流大小来反映搅拌机轴的阻力大小的，通过油压电流曲线图，可以直观看到投料顺序调整对搅拌机的影响。在调整投料顺序时，还应考察碾压混凝土拌和物性状的变化。例如，是否搅拌均匀、VC值大小、有无胶凝材结团（块）等现象。

7.4.3　碾压混凝土生产系统工程实例

1. 龙滩右岸混凝土生产系统简介

(1)混凝土生产系统。碾压混凝土均由布置在右岸高程 360.00m 及 308.50m 的两座混凝土生产系统生产。高程 360.00m 混凝土生产系统配备 1 座 2×6.0m^3 双卧轴强制式搅拌楼和 1 座 4×30m^3 的自落式搅拌楼。强制式搅拌楼主要用于生产碾压混凝土,同时也能生产常态混凝土,碾压混凝土设计生产能力为 300m^3/h,常态混凝土设计生产能力为 250m^3/h,自落式搅拌楼主要用于生产常态混凝土,设计生产能力为 180m^3/h。高程 308.50m 混凝土生产系统配备 2 座 2×6.0m^3 双卧轴强制式搅拌楼,主要用于生产碾压混凝土,同时也能生产常态混凝土,碾压混凝土设计生产能力为 2×300m^3/h,常态混凝土设计生产能力为 2×250m^3/h。两大拌和系统详细技术指标见表 7-11。

表 7-11　龙滩水电站混凝土生产系统主要技术指标表(右岸)

序号	项目	单位	技术指标			备注
			高程 360.00m 拌和系统	高程 308.50m 拌和系统	合计	
1	混凝土设计生产能力	m^3/ h	480	600	1 080	
2	预冷混凝土设计生产能力	m^3/ h	220	440	660	碾压混凝土出机口 12℃
			150	360	510	常态混凝土出机口 10℃
3	筛洗脱水车间处理能力	m^3/h	1 300	1 400	2 700	筛洗粗骨料
4	成品骨料设计输送能力	t/h	2 400	2 700	5 100	其中砂分别为 600t/h、700t/h
5	成品骨料活容量	t	27 000	45 000	7 200	满足高峰期 1d 用量
6	水泥设计输送能力	t/h	120	120	240	
7	水泥储量	t	4 500	4 500	9 000	满足高峰期 7d 用量

表 7-1(续)

序号	项目	单位	技术指标			备注
			高程 360.00m 拌和系统	高程 308.50m 拌和系统	合计	
8	粉煤灰设计输送能力	t/h	90	90	180	
9	粉煤灰储量	t	1 700	2 550	4 250	满足高峰期 3d 用量
10	用风量	m^3/min	180	180	360	其中备用容量各为 $20m^3/min$
11	冷风循环量	$\times 10^4 m^3/h$	56	64	120	未计二次风冷风量
12	片冰生产能力	t/h	11.25	10	21.25	
13	5℃冷水生产能力	m^3/h	145	35	180	高系统含大坝冷却水 $120m^3/h$
14	需水量	m^3/h	950	850	1 800	其中预冷系统各为 $800m^3/h$、$680rn^3/h$
		$\times 10^4$ kW	1.56	1.62	3.18	
15	制冷装机容量	$\times 10^4$ cal/l	1 343	1 399	2 742	
16	系统总装机容量	kW	15 000	14 724	29 724	
17	工作制度	班/d	3	3		
18	系统总建筑面积	m^2	2 690	3 518	6 209	未包含制冷楼
19	系统总占地面积	m^2	53 000	41 000	4 000	

(2)强制式拌和系统拌制碾压混凝土时的投料顺序和拌和时间。

①Ⅱ级配碾压混凝土的投料顺序选择为:砂+水泥+粉煤灰→水+外加剂→小石+中石,拌和时间为90s。

②Ⅲ级配碾压混凝土的投料顺序选择为:砂+水泥+粉煤灰→水+外加剂→小石+中石+大石,拌和时间为90s。

(3)自落式拌和系统拌制碾压混凝土时的投料顺序和拌和时间。

①Ⅱ级配碾压混凝土的投料顺序为:小石+外加剂+水→水泥+粉煤灰+砂→中石,拌和时间为150s。

②Ⅲ级配碾压混凝土的投料顺序为:中石+小石+外加剂+水→水泥+粉煤灰+砂→大石,拌和时间为150s。

(4)预冷混凝土拌和时间。当碾压混凝土的生产过程中需要采取加冰等其他措施时,在投料顺序不变的前提下,强制式拌和系统的拌和时间在原有基础上延长15s,自落式拌和系统的拌和时间在原有基础上延长30s。

(5)拌和楼前三罐严密监控。碾压混凝土每次开盘拌和时,由试验室现场试验检测人员对拌和楼前三罐进行严密监控,做到"一罐试,二罐调,三罐复调,四罐正常",前三罐混凝土需经试验室质控员检测合格后方可运输入仓浇筑。

2.金安桥水电站碾压混凝土生产系统质量控制要点

(1)工程概况。金安桥水电站工程在云南省丽江市境内的金沙江中游河段上,是金沙江中游河段规划的第五级电站。

电站总装机容量4×600MW,枢纽主要有挡水大坝、右岸溢流表孔及消力池、右岸泄洪(冲沙)底孔、左岸冲沙底孔、坝后厂房及交通洞等。

拦河坝为碾压混凝土重力坝,坝顶高程1 424m,最大坝高160m,坝顶长度640m。坝体上、下游面为变态混凝土防渗层,中间部位为碾压混凝土。从左至右依次为混凝土键槽坝段、左岸非溢流坝段、河床坝段、左岸冲沙底孔坝段、电站进水口坝段、右岸泄洪(冲沙)底孔坝段、右岸溢流坝段、右岸非溢流坝段。非溢流坝段坝顶宽度12m。

坝后主厂房尺寸为224m×28.9m×72.3m(长×宽×高),从左至右依次布置安装间、主机段及副安装间,主厂房安装4台600MW机组,水轮发电机组安装高程1286.00m,发电机层高程1303.50m,机组间距30m。水机副厂房布置在下游尾水管上方,电气副厂房、中控室及GIS大厅布置在上游,厂坝间设主变压器平台,出线场位于GIS楼顶。混凝土量625.6×$10^4$$m^3$。

(2)拌和系统布置。大坝混凝土在左、右岸各有一套拌和系统。右岸拌和系统由两个拌和楼组成,1#楼为4×3m^3自落式拌和机,生产能力为150m^3/h;2#楼为2×4.5m^3强制式拌和机,生产能力为180m^3/h。左岸拌和系统由两个拌和楼组成,3#楼、4#楼皆为2×4.5m^3强制式拌和机,生产能力各为180m^3/h。四座拌和楼总生产能力为690m^3/h。

厂房混凝土拌和系统由2×3m^3强制式拌和楼组成,生产能力为120m^3/h。

(3)原材料质量控制。

①水泥。主体工程水泥为永保P.MH42.5、滇西P.MH42.5散装水泥。运至

工地的每一批水泥，皆有厂家的出厂合格证和品质试验报告。验收复检报告齐全，质量合格。

②外加剂。本工程使用的外加剂有AM－Ⅱ缓凝高效减水剂、ZB－1G碾压混凝土15缓凝高效减水剂、ZB－1G引气剂，满足缓凝性、减水性、和易性及抗渗、抗冻性能的要求。质量符合要求，外加剂厂家出厂合格证、产品质量检验结果及使用说明，进场验收质量检验报告齐全。外加剂配成溶液使用，用比重计控制密度，配制称量准确，搅拌均匀。AM－Ⅱ缓凝高效减水剂浓度20%，密度1.10；ZB－1RCC15缓凝高效减水剂浓度20%，密度1.103；ZB－1G浓度5%，密度1.006。

③拌和用水。本工程用于拌制和养护混凝土的水为金沙江水，经过滤后可以饮用，符合国家标准。

④骨料。使用玄武岩加工的人工骨料，质量应满足规范和合同要求。

⑤掺合料。粉煤灰的品质符合现行《水工混凝土掺用粉煤灰技术规范》(DL/T 5055—2007)。粉煤灰选用Ⅰ级和Ⅱ级粉煤灰。每批产品均有合格证及进场检验报告，抽检频率符合要求。

⑥硅粉。所用硅粉品质符合《高强高性能混凝土用矿物外加剂》(GB/T 18736—2002)和《水工混凝土硅粉品质标准暂行规定》(水规科1991－10号)的要求。按设计要求硅粉的掺量为8%(使用在有抗冲磨要求的混凝土中)。

⑦微纤维。抗冲耐磨混凝土掺用微纤维，微纤维采用重庆福祥金属纤维有限公司生产的聚丙烯微纤维，其纤维抗拉强度应≥450MPa，纤维杨氏弹性模量应≥3 500MPa，纤维断裂伸长率≤25%，分散性能≥Ⅱ级，经检测符合规定要求。微纤维掺量0.9kg/m^3。

(4)混凝土配合比管理措施。为准确执行混凝土配合比，保证混凝土料对号入仓，编制了金安桥水电站工程混凝土配合比管理措施，实施效果较好。拌和楼混凝土生产质量监理控制，主要工作包括：检查原材料称量误差、拌和时间；抽检坍落度、含气量、原材料温度及混凝土出机口温度、外加剂配制是否符合要求，掺合料是否按配合比掺加，操作人员是否按配合比定称、校核称量计量系统；检查机械设备运行状态，施工单位是否按规定取样成型。

①在混凝土浇筑前28d，对承包人报送的混凝土配合比设计及试验成果，根据设计图纸及有关文件按混凝土性能指标的要求，审批完毕。

②任一仓号开盘前2h，审签承包人按设计图纸及文件要求的混凝土标号，按经监理部审批的混凝土配合比设计，并根据原材料检测情况，施工要求的级配、坍落度或VC值等提出混凝土施工配合比。

③不得使用未经监理工程师审批签字的配合比。当配合比开出后24h仍未开盘搅料而要延期使用时，需监理工程师(试验)重新签证。

④按监理工程师(试验)审签的配合比准确核对秤杆。承包人试验室可根据现场的实际情况对配料单予以调整,允许调整范围见表 7-12。

表 7-12　金安桥水电站拌和站配料单允许调整范围

序号	变化条件	调整值
1	细度模数每±0.2	砂率±1%
2	砂、小石含水	根据实际调整用水量
3	坍落度每±1cm	用水量±2.5kg/m³
4	砂率每±1%	用水量±1.5kg/m³
5	超逊径	根据实际调整
6	外加剂浓度变化	根据实际调整
7	VC 值每增减 1s	用水量减增 2kg/m³

⑤当砂的细度模数超出控制中值时,每超出±0.2,相应增减砂率±1%。

⑥骨料的含水从拌和水中扣除。

⑦根据天气的变化,可适当增减坍落度。坍落度每±1cm,拌和用水相应增减±2.5kg/m³,保持水灰比不变。

⑧根据拌和物的和易性可适当调整砂率,砂率每变化±1%,用水量相应调整±1.5kg/m³。

⑨根据骨料的超逊径含量,做适当调整,保证各级骨料的标准比例。

⑩保持好外加剂的常用稀释浓度,若遇特殊情况达不到正常的浓度,应保证有效物掺量的准确。外加剂的稀释水从拌和水中扣除。

⑪机口 VC 值应根据施工现场的气候变化,动态选用和控制,机口值可在 5～12s 范围内,机口允许偏差≤3s。本工程 VC 值选定为 3～5s,若超出机口允许偏差 3s 控制界限时,每增减 1s,用水量相应减增 2kg/m³。

⑫入仓方法由吊罐、溜槽、卡车直接入仓改为泵送,或由泵送改为其他方法,配合比也须变更,需监理工程师(试验)重新签证,不能在秤上直接调整配合比参数。

⑬在调整配料单的过程中,无论砂率、用水量如何变化,水胶比不能改变。

⑭由Ⅲ级配改为Ⅱ级配这类的级配改变,虽然标号相同,但配合比也须变更,需监理工程师(试验)重新签证,不能在秤上直接调整配合比参数。

⑮每有新仓号开盘,按配料单准确核对秤杆。

⑯每月校秤,监理旁站记录整个校核过程,并且做出评价和签证。

⑰进厂水泥入仓温度小于 60℃,拌和楼使用的水泥温度小于 60℃。

⑱经常与仓面监理沟通,根据反馈情况,对拌和物做适当调整。

⑲混凝土的 VC 值应保持一定范围内的稳定,并根据现场施工情况动态调整。

(5)拌和质量。

①审查承建单位拌和楼运行质量保证体系。检查生产记录及拌和运行记录。

②督促承建单位对拌和楼的计量器具进行定期鉴定。

③督促拌和设备投产前，按批准的配合比进行最佳投料顺序和拌和时间的试验。

④审签配合比，检查配合比执行情况。

⑤记录水泥、粉煤灰、硅粉、减水剂、加气剂等材料的每批进厂数量、名称、厂家、等级，并记录各种材料的储存库编号。

⑥检查各种材料的库存量是否充足，随时保证库存足备。

⑦随机抽查原材料质量，检查骨料含水量、含泥量、超逊径含量。检查砂的级配、细度模数、含水量、石粉含量，并根据材料的变化及时调整配合比。

⑧检查外加剂的浓度，确保外加剂配料的准确。

⑨检查拌和时间、配料精度。

⑩检查混凝土的均匀性、和易性是否良好。

⑪检查混凝土含气量、坍落度、VC值是否满足要求。

⑫检查混凝土出机口温度控制。

(6)拌和楼原材料检测。

①含水量：砂子(小于6%)、小石(小于1%)每4h检测1次，雨雪后等特殊情况加密检测。根据含水量的变化调整配料单的用水量。

②砂的细度模数(常态2.4～2.8，碾压2.2～2.9)和石粉含量(常态6%～18%，碾压15%～22%)每天检测1次。当砂的细度模数超出控制中值0.2时，应调整配合比的砂率。调整方法：FM每变化±0.2，相应调整砂率±1%。

③粗骨料的超径(小于5%)、逊径(小于10%)、含泥量(D_{20}、$D_{40}\leqslant1\%$，D_{80}、$D_{150}\leqslant0.5\%$)每班检测1次。根据超逊径含量的变化调整配料单。

④外加剂浓度，每天1次。大坝标常态混凝土减水剂JM－2，浓度20%，比重1.103，引气剂ZB－1G，浓度3%，比重1.006；碾压混凝土减水剂ZB－1RCC15，浓度20%，比重1.10，引气剂ZB－1G，浓度5%，比重1.006。厂房标减水剂SKY－2R，浓度20%，比重1.095，引气剂ZB－1G，浓度1%，比重1.005。所用稀释水从配料单用水量中扣除。

(7)拌和物质量检测。

①温控混凝土温度检测：每2h检测1次，记录气温、水温、粗骨料温度、混凝土出机口温度(混凝土出机口温度根据浇筑允许温度减去3～5℃控制)。

②出机口混凝土含气量1次/4h，坍落度1～2次/4h，VC值1次/2h，同时检测均匀性、和易性。

③拌和时间。随时检查，每8h不少于1次。四局1号拌和楼自落式150s，加冰时增加30s。2号拌和楼强制式90s，加冰时增加15s。葛局强制式75s，加冰时增加15s。出机混凝土拌和物中无冰块。

④称量误差，随时检查，每8h不少于2次。质量标准：水、水泥、粉煤灰、外加剂±1%，骨料±2%。

⑤含气量检测频率1次/4h，碾压混凝土要求4%～5%，实测值为3.8%～4.5%，符合要求。

⑥水胶比，检测频率1次/工作班，要求为配合比设计值的±0.03，实测值为0～±0.03，符合要求。

⑦拌和物外观评价，检测频率1次/2h，拌和物颜色均匀。砂石表面附浆均匀，无水泥、粉煤灰团块。刚出机的拌和物用手轻握时能成团，松开后手心无过多灰浆附黏，石子表面有灰浆光亮感，符合要求。

拌和楼检测项目、标准及频率见表7-13。

表7-13　金安桥水电站拌和站检测项目和标准及检测频次表

<table>
<tr><th>序号</th><th colspan="2">项　目</th><th colspan="2">标　准</th><th>规定频率</th></tr>
<tr><td>1</td><td rowspan="4">砂</td><td>FM</td><td colspan="2">常态2.4～2.8，碾压2.2～2.9</td><td>1/d</td></tr>
<tr><td>2</td><td>含水(%)</td><td colspan="2">≤6</td><td>1/4h</td></tr>
<tr><td>3</td><td>含石粉(%)</td><td colspan="2">常态6～18，碾压15～22（内控指标）</td><td>1/d</td></tr>
<tr><td>4</td><td>含泥块</td><td colspan="2">不允许</td><td>必要时</td></tr>
<tr><td>5</td><td rowspan="5">粗骨料</td><td>超径(%)</td><td colspan="2"><5</td><td>1/班</td></tr>
<tr><td>6</td><td>逊径(%)</td><td colspan="2"><10</td><td>1/班</td></tr>
<tr><td>7</td><td>小石含水(%)</td><td colspan="2">≤1（内控指标）</td><td>1/4h</td></tr>
<tr><td>8</td><td>含泥(%)</td><td colspan="2">D_{20}、D_{40}<1，D_{40}、D_{80}<0.5</td><td rowspan="2">必要时</td></tr>
<tr><td>9</td><td>含泥块</td><td colspan="2">不允许</td></tr>
<tr><td>10</td><td rowspan="4">外加剂</td><td rowspan="4">溶液比重</td><td>（四局）JM－2减水剂，浓度20%，常态混凝土1.103</td><td>ZB－1RCC15，浓度20%碾压混凝土1.100</td><td rowspan="2">1/d</td></tr>
<tr><td>11</td><td>（四局）ZB－1G引气剂，浓度3%，常态混凝土1.006</td><td>（四局）ZB－1G引气剂碾压混凝土1.009（浓度5%）</td></tr>
<tr><td>12</td><td colspan="2">（葛洲坝）JM－2减水剂，浓度20%，1.100</td><td rowspan="2">—</td></tr>
<tr><td>13</td><td colspan="2">（葛洲坝）ZB－1G引气剂，浓度1%，1.004</td></tr>
<tr><td>14</td><td rowspan="5">温度(℃)</td><td>气温</td><td colspan="2">自然温度</td><td>—</td></tr>
<tr><td>15</td><td>水</td><td colspan="2">≤4（参考）</td><td>—</td></tr>
<tr><td>16</td><td>砂</td><td colspan="2">自然温度</td><td>—</td></tr>
<tr><td>17</td><td>粗骨料</td><td colspan="2">≤3（参考）</td><td>—</td></tr>
<tr><td>18</td><td>混凝土出机口</td><td colspan="2">按温控分区图允许浇筑温度减去3～5</td><td>1/2h</td></tr>
</table>

表 7-13(续)

序号	项目		标准	规定频率
19	含气量(%)		常态 3～5,碾压 4～5	1/4h
20	VC 值(s)		3～5	1/2h
21	拌和时间(s)	1# 楼(自落式)	150(加冰增加 30s)	1/8h
22		2#、3#、4# 楼(强制式)	90(加冰增加 15s)	
23		厂房标拌和站(强制)	75(加冰增加 15s)	
24	称量误差(%)	水、水泥、粉煤灰、外加剂	±1	2/8h
25		骨料	±2	

(8)废料。有下列情况之一者,作为废料弃置在指定地点。

①错用配料单并已无法补救,不能满足质量要求。

②任意一种材料计量失控或漏配,不符合质量要求。

③拌和不均匀或夹带生料。

④出机温度和坍落度超过最大允许值。

(9)其他。

①在其他条件正常的情况下,拌和质量的波动一般可能受到砂细度模数变化及骨料超逊径、含水量变化的影响,在混凝土拌和过程中需加以注意。

②碾压混凝土用砂细度模数在 2.8～3.0,较规范值 2.2～2.9 偏大。细度模数偏大时在拌和楼调整砂率。

③因玄武岩料场中局部地段含有绿泥石、熔结凝灰岩、火山角砾熔岩等成分,导致加工的成品人工砂脱水十分困难,含水率超标,砂的含水率有时达到 6%～9%,较规范值 6%偏大,给碾压混凝土拌和带来了一定的困难。拌和用水量调整较频繁,为了显著降低碾压混凝土用砂的含水率,经专家咨询及试验确定采取了掺 20%干砂的技术措施,加强了脱水措施。砂经掺 20%干砂后含水率在 3.6%～6.8%,效果较好。

④碾压混凝土用砂的石粉含量由于玄武岩骨料硬脆、密度大,加工的玄武岩人工砂石粉含量偏低,在 13%～16%。为了提高碾压混凝土的可碾性,需要提高人工砂石粉含量至 18%～22%,为此采用外掺石粉方案,即根据每天的实测值在拌和时补足,一般外加石粉量为 5%～8%,同时减去等量的砂用量。

⑤玄武岩人工碎石中的中石、大石由于玄武岩骨料硬、脆性大,在运输过程中

增加了逊径含量，有时逊径含量达到 20%。逊径含量偏大时在拌和楼调整配料量。

3. 龙开口水电站大坝混凝土生产系统简介

龙开口水电站大坝工程混凝土总量约 355.0 万 m^3，其中碾压混凝土约 257.7 万 m^3，常态混凝土约 97.3 万 m^3，混凝土最大级配为Ⅲ级配，需满足混凝土月高峰浇筑强度 17.86 万 m^3，系统碾压混凝土设计生产能力 700m^3/h（考虑满足最大仓面 10 131m^2的入仓强度要求）。系统预冷混凝土设计生产能力 600m^3/h，要求混凝土出机口温度碾压混凝土为 12℃、常态混凝土为 11℃。

龙开口水电站大坝工程混凝土生产系统配置 4 座 HL240－2s3000L 强制式拌和楼，采用骨料两次风冷、加片冰、加冷水拌和的混凝土预冷工艺，制冷装机容量 1 350 万 kcal/h。

7.5　碾压混凝土运输

7.5.1　入仓方式

碾压混凝土的入仓方式需根据机械设备配制、施工布置特点和地形条件等综合因素进行选用。大量的工程施工实践证明，碾压混凝土入仓运输是制约快速施工的关键因素之一。混凝土浇筑运输方式包括水平运输和垂直运输两部分。

最常用的运输方式是采用自卸车、带式输送机、箱式满管、真空溜槽（管）、真空缓降溜管、布料机和胎带机等。相比较而言，自卸车直接入仓是最简便有效的方式，自卸汽车运输具有适应性强、机动灵活、直接入仓、可减少分离等优点，在中低坝宜尽可能采用汽车进仓，在高坝尽可能创造条件采用汽车进仓，其他运输工具常采用组合运输方式。自卸汽车、带式输送机、箱式满管、真空溜槽（管）和真空缓降溜管等已成为碾压混凝土运输的主要手段，缆机、门机、塔机可作为辅助运输机具。由于塔带机（顶带机）和胎带机的引进和开发应用，将混凝土水平和垂直运输合二为一，实现了对混凝土运输传统方式的变革。近年来在光照、沙陀、金安桥、思林、黄登等众多水电站工程中采用箱式满管输送碾压混凝土，取得良好效果。国内部分工程碾压混凝土运输方式见表 7-14。

碾压混凝土运输设备如自卸汽车、皮带机、溜槽等，均应设置遮阳、防雨措施，以减少外界环境对碾压混凝土拌和物性能的影响。经多个工程实测，一般拌和楼距大坝仓面的运输时间多在 15～30min，自卸汽车顶设置自动苫布进行遮阳防晒保温，碾压混凝土入仓温度回升一般不超过 1℃。

表 7-14 部分工程碾压混凝土运输组合方式

序号	组合方式	工程实例
1	自卸汽车直接入仓	各工程普遍采用。具备直接入仓条件的部位尽量采用此种方式
2	自卸汽车(带式输送机)+箱式满管+(带式输送机)仓面汽车转运	金安桥、鲁地拉、光照、沙陀、思林、黄登
3	自卸汽车(带式输送机)+真空溜槽(管)+(带式输送机)仓面汽车转运	索风营、棉花滩、招徕河、普定、江垭、大朝山、沙牌、龙滩
4	自卸汽车(带式输送机)+真空缓降溜管+(带式输送机)仓面汽车转运	大花水、思林、格里桥
5	高速带式输送机+塔带机(顶带机)	三峡、龙滩、向家坝
6	自卸汽车+高速带式输送机+罗泰克(Rotex)胎带机(塔带机)	三峡纵向围堰
7	自卸汽车+缆机(高架门机)	龙首

7.5.2 汽车运输直接入仓

汽车直接入仓是快速施工最有效的方式,可以极大地减少中间环节,减少混凝土温度升倒灌。近年来,中低坝及高坝下部普遍采用以汽车直接入仓为主的方式。一般百米级高山峡谷地区的大坝要结合坝区边坡的开挖和防护在坝的左岸、右岸布置底线(进厂公路)、中线、高线(上坝)公路。通过不同高程公路的布置能有效地降低混凝土运输的高差,减少溜管、溜槽的高差。

自卸汽车运输碾压混凝土直接入仓,入仓口的数量、结构和封仓施工方法对施工质量和施工速度有很大影响。车轮夹带的污染物、泥土等将影响混凝土层面的胶结质量。水分的带入将改变混凝土的工作度和水胶比,影响混凝土质量。汽车急刹车和急转弯将破坏新浇筑的混凝土表面,并影响层面结合。为确保进入仓口坝体部位的结构形体,需要对入仓口采取跨越模板的技术措施。

碾压混凝土直接入仓路线的布置一般为:坝体下部结合地形利用当地材料分层填筑入仓道路,入仓道路随着坝体的升高而升高,道路的布置尽可能减少修路的工程量。同时,应使道路的修筑尽可能少影响碾压混凝土的上升。例如,龙滩水电站工程采用入仓钢栈桥配合下游小型 1.5m×0.6m 连续翻升钢模板的使用,使汽车能通过钢栈桥直接跨过下游模板进入仓面,解决了入仓道路与下游面模板相冲突的问题。开仓之前先将入仓道路填筑到位,按照结构要求安装第一层小翻转模板,将钢栈桥吊装就位,即可开仓浇筑。在浇筑过程中随着浇筑层面的上升,开始提升钢栈桥桥板，并安装后续几层小翻转模板。钢栈桥提升时，汽车无法通过，因此，钢栈桥提升作业应在尽量短的时间内完成。

自卸汽车运混凝土进仓也可采用其他架桥方式。例如，国内的龙门滩水电站也采用过 40m 的贝雷桥方式。

不论是坝前还是坝后，自卸汽车直接入仓时要注意：

(1)保持道路坡比不陡于 12.5%。

(2)自卸汽车直接入仓跨越模板的方式必须采用钢栈桥，确保已浇筑的坝面不受损坏。

(3)为尽量减少车轮对已浇筑层的损坏，转弯时车速要尽量慢，转弯半径要尽量大。

(4)上坝道路尽量采用混凝土硬化路面，在上坝道路的末端应设置轮胎清洗装置或者用干净的排水良好的砂砾石路面。

(5)当汽车运输混凝土到摊铺地点卸料时，尽量把料卸在已摊铺但尚未碾压的混凝土面上，然后再用推土机进行摊铺。

(6)尽量减少卸料过程中的粗骨料聚集现象。对粗骨料已经滚落聚集的，现场仓号内要配制足够的劳动力并及时用人工把聚集的粗骨料分散到摊铺的层面上。有的工地在仓号内配制微型的挖掘机来代替人工散布聚集的粗骨料，效果很好。

(7)在大坝坝面上普遍采用汽车来完成坝面混凝土在不同浇筑仓号的倒运。在高差不同的仓号之间设置碾压混凝土斜坡道，以便汽车倒运混凝土，见图 7-2。

(8)高度重视入仓道路口封仓的施工组织工作。

图 7-2　高差不同的仓号间采用碾压混凝土斜坡道

汽车运输碾压混凝土直接入仓(见图 7-3)是最简单、最直接的入仓方式，一般适用于低碾压混凝土坝或中高碾压混凝土坝的低部位混凝土浇筑。有资料表明，岩滩水电站碾压混凝土坝施工中，使用了葛洲坝集团公司施工科学研究所研制的

QT20型汽车碾压混凝土摊铺机。该设备在车厢顶部设置遮阳防晒装置，在车厢尾部设卸料抗分离装置，在车厢尾部及尾侧部设液控挡板和铺料装置，有效地解决了汽车运输过程中的混凝土辐射温升问题、汽车卸料过程中的骨料分离问题、汽车卸料摊铺过程中铺筑层厚不匀问题。汽车式碾压混凝土摊铺机基本满足了快速入仓、均匀摊铺的要求，简化了平仓作业和平仓设备，在仓面用这种摊铺自卸车来完成运输和布料平仓值得推广。

图7-3　汽车运输碾压混凝土直接入仓

7.5.3　箱式满管垂直运输

由于大坝大多修建在高山峡谷中，上坝道路的高差大，汽车无法直接入仓，因此，碾压混凝土垂直运输采用了多种运输设备和型式，先后经历了负压（真空）溜管、塔带机、缆机、塔机及集料斗周转等多种入仓方式。高坝的中上部运输大都采用汽车运输＋真空溜管、满管溜槽等组合方式，在大朝山、沙牌、蔺河口等工程中采用了百米级负压（真空）溜管。其中大朝山电站左、右岸各布置两条真空溜管，其中左岸真空溜管的最大高差为86.6m，槽身长120m，真空溜管的输送能力为220m^3/h，是当时国内输送高度最大的真空溜管。百米级真空溜管是解决高山狭谷地区、高落差条件下碾压混凝土垂直运输的一种简单经济的有效手段，极大地提高了碾压混凝土的施工进度，使碾压混凝土施工快速度技术优势得到了充分的发挥。目前，采用满管溜槽成功地解决了高差大的垂直运输入仓难题，即汽车（深槽皮带机）＋满管溜槽＋仓面汽车的联合运输入仓方式。实践证明，采用满管溜槽联合入仓方案，是投入少、简单快捷和有效的运输入仓方式。由于箱式满管的诸多优点，已基本取代了真空溜槽和真空缓降溜筒，成为目前最常用的垂直运输手段。例如，黄登水电站根据施工条件，大坝混凝土浇筑采用自卸车运输直接入仓、仓内满管＋自卸车运输入仓、皮带机＋满管入仓等入仓方式。金安桥水电站采取自卸车运输直接入仓、仓内满管＋自卸车运输入仓方式。

下面重点阐述箱式满管，负压（真空）溜管、真空缓降溜筒等方式可以参考其他相关资料。

目前，满管溜槽的断面尺寸一般为 80cm×80cm，满管溜槽顶部间隔开设排气孔，下倾角一般为 40°～50°，并取消了仓面集料斗，仓外汽车通过卸料斗经满管溜槽直接把料卸入仓面汽车中，倒运十分简捷快速。例如，坝高 200.5m 的光照工程碾压混凝土水平运输主要采用汽车和深槽高速皮带机，垂直运输主要采用缆机和箱式满管溜槽。碾压混凝土入仓方式组合有自卸汽车直接入仓、皮带机＋箱式满管溜槽入仓、自卸汽车＋箱式满管溜槽、自卸汽车＋缆机入仓等 4 种组合入仓方式，有效解决了坝体高差大、入仓难度大的难题。在大坝高程 622.50m 以上碾压混凝土水平运输采用深槽高速皮带机进行输送，混凝土从拌和楼卸料后经深槽高速皮带输送至箱式满管受料斗，再由箱式满管输送至仓面。由于目前的碾压混凝土为高石粉含量、低 VC 值的半塑性混凝土，骨料分离问题已得到解决。满管溜槽已经成功地在光照、白沙、戈兰滩、金安桥等工程使用，取得了良好的效果，有效解决了制约碾压混凝土垂直运输和入仓浇筑强度大的施工难题。金安桥左岸高程 1 424.0m满管溜槽如图 7-4 所示。

图 7-4　金安桥水电站左岸满管溜槽

(1)箱式满管入仓系统结构包括调节料斗、下料控制装置（出口弧门）、箱式满管槽身及系统支撑结构等 4 部分，关键应解决好槽、斗形状、截面大小、控制方式和系统密封等问题。

(2)为了保证混凝土连续下料和达到满管效果,设计采用大料斗,料斗容积约 $20m^3$,上口尺寸为 3 400mm×3 400mm,下口尺寸为 800mm×800mm,高度为 3 150mm,调节料斗罐体钢板厚度为 6mm。

(3)箱式满管的出口安装大口径的液压弧门,出口弧门段总高度为 1 200mm,上口尺寸为 1 000mm×1 000mm,下口尺寸为 100mm×1 000mm。两扇弧门分别由两个 34BM－BOH－T 油泵控制,由 YML2－4 的电机提供动力,电机油泵就近置于仓面上。箱式满管下料通畅,下料速度快,平均 10s 即可装满 1 车,为连续高强度施工创造条件。例如,金安桥工程经过简化还取消了出口的弧门和液压控制系统。

(4)箱式满管槽身结构。方形箱式满管槽身构件包括 1.5m 的标准节长,0.55m 的非标准节,断面尺寸为 800mm×800mm 的 0.7m 出口渐变扩大节长,断面尺寸为 800mm×1 000mm,45°的弯头节。圆形箱式满管槽身构件包括 3～6m 的标准节长,1.5m 的非标准节,断面直径为 800mm,出口渐变扩大节长 0.7m,断面尺寸为 800mm×1 000mm,45°的弯头节。其中出口渐变扩大节安装在弯头节和出口弧门之间,以免混凝土下料时发生堵管现象。箱式满管槽身每节均采用螺栓法兰连接,便于安装拆卸。

(5)箱式满管的制作安装成本和维修成本低廉,其管身只需 A3 钢或 16Mn 钢,无须采用特殊的耐磨材料。箱式满管的管身四面相同,可翻转调剂使用,但底部较易磨穿,当管底部磨穿时只需将侧面或顶面翻转至底面即可继续送料,磨损不严重的地方只需贴块钢板焊接即可。

(6)箱式满管集储料和输送两大功能于一体,既是大口径的输送管,又是巨型储料箱。单条箱式满管的输送量可达 $500m^3/h$,远高于一般的垂直输送系统,在高强度的混凝土浇筑工程中其优势更为明显。

(7)箱式满管输送的工况是混凝土箱式满管输送,可有效减小混凝土的落料高度。箱式满管底部的混凝土对上部混凝土也有缓冲作用,克服了碾压混凝土输送过程中骨料的分离,保证了碾压混凝土的质量。

(8)可与水平运输的带式输送机或自卸汽车匹配使用,箱式满管垂直输送可和深槽高速带式输送机、汽车卸料等结合使用,特别是和深槽高速带式输送机结合时能充分消化带式输送机的高强度输送,有效避免了皮带的压料,缩短了碾压混凝土从拌和楼到碾压仓面的时间,保证了碾压混凝土的浇筑质量。

(9)箱式满管既可输送碾压混凝土,亦可输送常态混凝土。箱式满管满足各种不同边坡条件的混凝土输送上坝需要,坡度 45°～90°时均能输送碾压混凝土,在陡峭的 V 形坝肩和坝体缺口浇筑碾压混凝土时应用效果较好。

箱式满管运输入仓能实现碾压混凝土的快速运输,解决混凝土垂直运输难题。在实际浇筑中,其运行状态平稳,经济实用,生产效率高。例如,光照工程采用箱式满管输送碾压混凝土，其输送能力可达 500m^3/h，最大日浇筑强度 11 161m^3，最大月浇筑强度达 221 831m^3，输送混凝土 150 万 m^3以上。

7.5.4　带式输送机运输入仓

在不具备自卸汽车直接入仓的情况下，带式输送机运输系统是满足碾压混凝土高强度施工的有效运输手段。带式输送机是一种连续的运输机械，生产效率高，对碾压混凝土要求快速入仓适应性较强。它将混凝土水平运输、垂直运输及仓面布料功能融为一体，具有很强的混凝土浇筑能力。高速带式输送机带宽 650～900mm、带速 3.5～4m/s，最大角度达 25°，可在立柱上爬升，适用于坝高、工程量大的工程，无论是在碾压混凝土还是在常态混凝土坝中均得到了广泛的应用。例如，三峡、龙滩仓面采用塔带机直接布料。塔带机理论生产率在 350m^3/h 左右，平均达 250m^3/h 左右，在常态混凝土大坝的施工中受仓面制约，以及混凝土强度等级多及平仓振捣等因素，难以充分发挥设备的效率。例如，在三峡工程施工使用中，其生产效率仅达到理论生产率的 50%，甚至更低。而碾压混凝土坝仓面大、混凝土强度等级少，正好发挥带式输送设备的优势。例如，龙滩水电站大坝工程碾压混凝土施工，采用了高速带式输送机配塔式布料机的入仓方式，塔式布料机生产率最高达 350m^3/h，最低达 150m^3/h，平均生产率达到 250m^3/h，日浇筑强度达 2.1 万 m^3，月浇筑强度达 32 万 m^3。

采用从混凝土拌和楼直抵大坝的高速带式输送机连续浇筑的施工布置的优点：进料速度快、残渣少、维修少、劳动强度低，消除了运输车辆对浇筑层面的损坏，提高了劳动效率。此外，传送机道还可以做通道，做浇筑面上照明、供水、通信和送电线路的支架。上料带式输送机能自升，在坝顶或廊道上游区，由于宽度很小，采用自卸汽车在仓内转料。由于工作面的限制使得混凝土的施工效率很低，特别是在坝轴线较长的情况下，在坝上沿坝轴线方向布置带式输送机将大大提高生产效率。

7.5.5　水平运输和垂直运输一体化

从小浪底、三峡工程开始引进塔带机（顶带机）和胎带机，将混凝土水平运输和垂直运输合二为一。以塔带机为手段浇筑碾压混凝土是集水平运输、垂直运输和仓面布料于一体，可实现混凝土从拌和楼到浇筑仓面的一条龙作业，具有速度快、效率高、覆盖面大、连续供料和直接布料等优点，具有显著的优越性。龙滩工程碾压混凝土水平和垂直运输一体化，采用高速供料线＋塔（顶）带机浇筑混凝土，使其浇筑强度成倍的提高。

(1)胎带机运输入仓。胎带机主要由轮胎式起重机底盘、伸缩式工作臂螺旋给料机和皮带给料机等组成,伸缩式工作臂最大幅可达 61m,最大仰角 30°,最大俯角 15°,并可回转 350°。胎带机在现场由混凝土运输车供料,施工方便,工作幅度大,输送能力强,适合于大坝基础及高程较低时的混凝土浇筑。在彭水水电站大坝、三峡水利枢纽工程碾压混凝土纵向围堰和龙滩水电站大坝下部坝体施工中都采用了胎带机。

胎带机运输混凝土的过程为:由配套的混凝土运输车将混凝土从拌和楼运到浇筑地点,并倒入螺旋给料机中,通过给料机将混凝土均匀地输送到皮带,然后沿着工作臂上的皮带把混凝土送到工作臂的端部,在臂端部设置的有一个面料斗,下接软橡皮袋,混凝土沿软袋滑落到浇筑仓里,不易造成骨料分离。国内已自主研发生产出 40～60m 系列履带式布料机,并普遍应用于碾压混凝土工程施工。

(2)塔带机运输入仓。塔带机是将塔机与带式输送机结合,集混凝土水平运输、垂直运输及仓面布料等功能为一体的高效率的混凝土运输入仓设备,尤其适用于大型碾压混凝土工程施工。自 1994 年塔带机首先在三峡水利枢纽一期工程纵向碾压混凝土围堰施工中进行生产性试验后,已陆续在三峡水利枢纽三期工程横向碾压混凝土围堰、龙滩水电站碾压混凝土重力坝的施工中得到应用。TC－2400 型塔带机的起重机臂长度为 84m,最大工作半径 80m,最大起重量 60t,塔柱最大抗力矩3 400t·m,吊臂最远点额定力矩 2 400t·m,塔柱节标准长度为 9.3m,塔机总高 119.7m。

塔带机的主要优点是:控制范围大,输送混凝土的能力强,操作方便,塔柱可自选升高,能适应各种配合的混凝土浇筑施工。

塔带机输送混凝土的施工过程为:由拌和楼出料口下的供料胶带机(采用移动式)向塔带机供料胶带输送混凝土,则混凝土沿输送胶带被送到浇筑仓内。在工作过程中,输送胶带杆件可由塔带机上的起重小车向上或向下吊起,吊起的倾角为＋30°～－30°,当混凝土浇筑仓较高时,爬升平台可沿主塔爬升。若爬升平台升高,料机胶带太陡,可加设附塔,加长给料机皮带,折线向上输送,以减小坡度。塔带机及混凝土供料线配备了一系列混凝土输送专用设备,如刮刀、转料斗及下料导管等,基本上克服了普通带式输送机输送混凝土时存在的骨料分离、灰浆损失等大的缺陷。三峡水利枢纽三期工程横向碾压混凝土围堰中所使用的 MD2200 型顶带机在结构型式及工作原理上则与罗泰克(Rotex)塔带机相似,也是由塔机及塔机支撑的皮带系统构成。例如,三峡水利枢纽三期工程碾压混凝土围堰浇筑混凝土 110.5 万 m^3,创下了碾压混凝土围堰浇筑仓面 19 012m^2、120d 浇筑混凝土 110 万 m^3、连续上升高度 57.5m、连续 60d 日产过 1.5 万 m^3 等多项世界纪录。

7.5.6　缆机及门、塔机运输入仓

缆机与门、塔机运输入仓都是混凝土坝施工中的一种垂直运输方式，通常与自卸汽车等水平运输设备配合使用。缆机及门、塔机运输入仓强度低，在碾压混凝土施工中，缆机和门、塔机只作为辅助入仓手段使用，适合在边角、结构复杂和入仓困难的部位使用。

(1)缆机运输入仓的主要特点是：设备可布置在坝体之外的岸坡上，与主体工程施工无干扰，适用于地形狭窄的工程，不受导流、度汛和基坑过水的影响，可提前安装投产，及早形成生产能力，一次安装可连续浇筑至坝顶高程，控制范围大。缆机按塔架移动方式可分为固定式缆机、辐射式缆机、平移式缆机、摆塔式缆机等 4 类，平移式缆机适用于浇筑重力坝或重力拱坝，辐射式缆机适用于浇筑拱坝。例如，大朝山、龙首、龙滩、金安桥等水电站碾压混凝土工程，均采用了缆机辅助运输入仓方式。

龙滩水电站根据地形条件与缆机所承担的混凝土浇筑范围，选用了 2 台 20t 平移式中速缆机，布置在同一平台。金安桥布置了 2 台 30t 平移式高度缆机。

(2)门(塔)机运输入仓。门(塔)机一般布置在栈桥上，并沿栈桥上的轨道行走以扩大浇筑范围。门机的主要特点是运行方便，变幅性能较好，可以在拥挤的施工场地和狭窄的部位工作。国内新产高架门机的起重高度达 60～70m，适合于高混凝土坝的浇筑施工。门机入仓强度低，在碾压混凝土施工中一般只作为辅助手段。

7.5.7　混凝土入仓应注意的事项

(1)骨料分离问题。皮带运输转运时容易造成骨料分离，如果处理不当，会严重影响碾压混凝土的施工质量。碾压混凝土拌和物经过皮带较长距离的运输后，由于皮带及下部托辊等的运动作用带来的振动，大骨料逐渐上浮，细骨料逐渐下沉，致使砂浆与骨料发生分离。机头卸料时，由于离心力作用，使大骨料抛向外侧而分离；中间卸料时，由于刮板与皮带结合不紧密，浆体与骨料发生分离。其次是砂浆损失，由于皮带的黏挂，刮板不能刮干净，因而造成砂浆损失。最后是 VC 值损失，由于皮带上混凝土暴露面大，水分蒸发造成 VC 值损失。美国罗泰克(Rotex)公司产的带式输送机较好地解决了一般带式输送机所存在的缺点，国内研制的高速槽型带式输送机也基本上解决了上述问题，其带速 3.4m/s，带宽 650mm，槽角 60°。

另外，拌和楼卸料口、负压(真空)溜管、满管溜槽(管)、布料机等设备在使用中，出口处混凝土速度可达 5～10m/s，若直接卸于自卸汽车上，会造成严重的冲击和骨料分离。因此，拌和楼出口弧门下面应设置缓降性能好的橡胶卸料口。现场

仓面溜管(槽)应设垂直向下的弯头和橡胶卸料口,可以大幅度减缓出口速度,并有混合和改善提高均匀性的作用,可有效地防止冲击和分离。采用特制的橡胶软管和其他特殊结构的溜管可以有效地防止骨料分离。

(2)采用塔带机浇筑碾压混凝土时,其温度回升较大。由于拌和物从出机口经供料线运输到浇筑仓内,混凝土薄层摊铺在皮带上,与空气接触面积大,冷热交换快,同时供料线接转次数多。根据三峡实测资料,高温时段当气温在 25～32℃时,可使出机 12～14℃预冷混凝土温度回升 4～6℃,远远高于汽车直接入仓的温度回升。

(3)采用塔带机浇筑碾压混凝土时,不合格料处理具有滞后性。碾压混凝土施工过程中,拌和楼偶尔生产出不合格料属正常现象。采用塔带机浇筑碾压混凝土,要经过长距离的皮带机输送,当不合格料到达仓面时,几百米的皮带机上可能都有不合格料。如果拌和物运送过程中发生设备故障或停电等,导致供料线不能正常运转,则不但使仓面停仓,还会使供料线皮带上的混凝土料处理起来十分困难。因此,对设备维护、保养和施工组织管理有更高的要求。

(4)带式输送机作为连续运送混凝土的设备,其实际运输能力受制于拌和楼、受料装置、带式输送机、转料装置、供料设备之间的协调配合,其中任何一部分出故障,整个运输系统难以正常工作。因此,应将其作为一个整体考虑,在提高各组成部分保证率的同时,着重考虑如何提高系统的保证率,转料漏斗的数量和容量应具备足够的储料调节能力,系统应具有一定的冗余能力,提高系统的自动化控制程度。

(5)采用汽车+吊罐+缆机的方式。缆机的入仓强度是很低的,不足以满足碾压混凝土高强度入仓的要求,只能作为补充手段在狭窄陡深的河谷地形或者高坝的顶部以及薄拱坝等混凝土方量较小的情况下使用。

7.6 碾压混凝土仓面施工

7.6.1 钢筋、止水及预埋件钢筋

1.钢筋

碾压混凝土坝体内的钢筋一般很少,只有廊道、电梯井等孔洞周边布有钢筋,这些钢筋应在碾压混凝土开仓前安装完毕。孔洞周边一般采用常态混凝土或变态混凝土与碾压混凝土同时浇筑。钢筋的制作安装按照有关规范执行,除部分采用焊接连接,其余一般采用轧直螺纹机械连接,直接利用专门的冷轧钢设备,在工厂加工成直螺纹,仓内一般采用套筒连接即可,可大大加快仓内钢筋施工速度。施工

中应注意保护架立好的钢筋，避免在碾压混凝土卸料、平仓、碾压过程中损坏止水及预埋件。

2.止水及预埋件

对于碾压混凝土坝中的钢衬、门槽、引水管等预埋工作应事先制订预埋方案，一般采用二期预埋和浇筑混凝土的办法。

(1)止水。止水位置要有测量放样数据，要求放样准确，可在加工厂制作定型沥青杉板、定型木模板，可分别用于碾压混凝土仓内横缝及碾压仓侧面横缝。用钢筋支撑架和拉筋将模板及止水片固定牢固，在止水片周围50cm范围内浇筑变态混凝土。变态混凝土施工时应仔细谨慎，不能损坏止水材料，如有损坏，应及时加以修复。该部位混凝土中的大骨料应用人工剔除，以免产生渗水通道。

(2)冷水管的埋设。为了适应混凝土施工的特点要求，冷却水管采用直径32mm的高密度聚乙烯塑料管。分坝段垂直水流方向呈蛇形铺设，每间隔1.0～2.0m用自制U形钢筋卡固定。在坝上游约20m×40m区域内，通过预埋导管引入上游廊道，下游侧冷却水管与两侧冷却管连接并从下游侧引出。同时，为了减少施工干扰，冷却水管采用相邻坝段错层布置。

(3)坝体竖直排水孔可采用拔管方式成孔，随着碾压混凝土逐层依次拔管上升，对于水平孔采用预埋塑料盲沟的形式成孔，亦可采用钻机钻孔方法或预埋塑料排水盲管等形式形成坝体排水管。

(4)碾压混凝土内部观测仪器和电缆的埋设，宜采用掏槽法，即在前一层混凝土碾压密实后，按仪器和引线位置，掏槽安装埋设仪器，经检验合格后，人工回填混凝土料并捣实，再进行下一层铺料碾压。对温度计一类没有方向性要求的仪器，掏槽能盖过仪器和电缆即可。对有方向性要求的仪器，尽量深埋并在槽底部先铺一层砂浆，上部至少有20cm的人工回填保护层。回填工作应在混凝土初凝时间以前完成，回填物中要剔除粒径大于40mm的骨料，用小型平板振捣器仔细捣实。引出的电缆在埋设点附近须预留0.5～1.0m的长度，垂直或斜向上引的电缆须水平敷设到廊道后再向上(或向外)引。

(5)仪器的安装、埋设混凝土回填作业由专人负责，并妥善保护。如发现有异常变化或损坏现象应及时采取补救措施。

应做好埋设件的埋设、保护、检测、记录等工作。在埋有管道、观测仪器和其他埋件的部位进行混凝土施工时，应对埋设件严格按设计要求妥加保护。

7.6.2　仓面配套设备

仓面配套设备是保证碾压混凝土高强度连续碾压施工的基础。全断面碾压混凝土施工普通采用通仓薄层碾压连续上升的施工工艺，所采用的仓面平仓机、切缝机、振动碾、仓面起吊设备、喷雾机等施工设备随着碾压混凝土施工技术的发展而发展。

振动碾是碾压施工重要的设备。振动碾机型的选择，应考虑碾压效率、激振力、滚筒尺寸、振动频率、振幅、行走速度、维护要求和运行的可靠性。目前振动碾主要有德国宝马、美国悍马、日本酒井及国产碾压设备。例如，德国宝马 Bw202AD 振动碾采用铰式软连接结构，为双钢轮自行式，具体性能参数如下：

总重量 10 724kg。

前轮轴加载 5 364kg。静态线性加载 25.10kg。

后轮轴加载 5 360kg。静态线性加载 25.10kg。

振动角±8°。钢轮直径 1 220mm。

转弯半径 4.9m。行走速度 0～6km/h。

最大爬坡能力 37°。

振动频率 30～45Hz。

发动机 Deuced 公司生产的 BF4L913 型。

系统电压额定功率 70kW。转速 2 150r/min。

系统电压 12V。

燃油箱容量 129L。洒水箱容积 830L。

龙滩大坝碾压混凝土施工仓面设备按同时浇筑 2 个约 10 000m^2 仓号进行配置，最高日浇筑能力可达 20 000～25 000m^2。龙滩大坝仓面配套设备见下表 7-15。

表 7-15　龙滩电站大坝碾压混凝土施工仓面主要设备表

序号	设备名称	规格型号	单位	数量	单台生产效率(m^3/s)
1	振动碾	BW202AD－2	台	13	70～80
2	小型振动碾	BW75S－2	台	3	
3	小型振动碾	SW200	台	3	
4	平仓机	CATD3GLGP	台	3	130～150
5	平仓机	SD16 L	台	5	100～120
6	履带式切缝机	Rl30LC－5	台	2	
7	振捣机	EX60	台	2	
8	高压水冲毛机	GCHJ50B	台	15	50
9	车载高压水冲毛机	WLQ90/50	台	1	50
10	喷雾机	HW35	台	16	
11	风动搅拌储浆车		辆	1	
12	油动搅拌储浆车		辆	1	
13	仓面吊	8t、16t、25t	辆	10	
14	核子密度仪	MC－3	台	4	

国内碾压混凝土使用的振动碾大多为德国宝马、美国悍马、日本酒井及国产碾压设备，大量施工实践证明，每台振动碾的碾压强度一般为 65～75m^3/h 碾压混凝土，考虑摊铺、平仓、保养以及转移等因素影响，实际 1 台振动碾的碾压效率为 1 000～1 400m^3碾压混凝土。例如，金安桥工程使用美国悍马 HD130 双钢轮振动碾，前后钢轮工作宽度为 2 140mm，扣除搭界宽度 20cm，实际碾压条带宽度为 1.94m(200～2 140mm)，考虑来回倒进行走，振动碾行走速度按 1.25km/h，碾压 10 遍，即“无振＋有振＋无振”的“2＋6＋2”碾压方式，每层碾压厚度为 30cm，1 台振动碾经计算碾压方量为 73 m^3/h[(1 250÷10)×1.94×0.3＝73(m^3/h)]。

要提高仓面碾压效率，一是要按照摊铺碾压强度配置足够的碾压设备；二是配置质量和激振力合适的振动碾，减少碾压遍数。

7.6.3　卸料与平仓(摊铺)

碾压混凝土坝施工采用的摊铺方法有平层通仓法和斜层平推法。对于相对较小的仓面，例如，布置有廊道、泄水孔等建筑物的仓面采用平仓浇筑。对于大仓面则采用斜层平推法浇筑。对于主要建筑物周边、廊道、竖井、岸坡、监测仪器、预埋件等部位，采用“边角”部位的混凝土及变态混凝土施工工艺。

经验收合格的仓面在铺筑碾压混凝土之前，老混凝土层面应铺设一层砂浆，砂浆的铺设应与碾压混凝土摊铺同步进行。碾压层的允许间歇时间因气温、空气湿度而异。当碾压后的混凝土超过允许间隔时间时，要继续铺筑碾压混凝土，但需要经过处理后才能继续浇筑。一般对超过允许间隔时间的碾压混凝土层面铺洒砂浆或灰浆(水泥＋粉煤灰)，然后进行上层碾压混凝土铺筑施工(按照施工冷缝处理)。

碾压混凝土的摊铺应固定方向逐条带摊铺，使施工层次分明，便于控制层间间隔时间，便于有序施工。卸料、摊铺、平仓条带应平行于坝轴线。如果施工受横向廊道切割及孔底部位等的制约，摊铺平仓条带可平行于水流方向，但迎水面(包括下游水位以下坝面)3～5m 范围内，平仓、碾压方向应平行于坝轴线，平仓方向平行于坝轴线是为了避免在重要部位形成可能的顺水流方向抗渗的薄弱带。根据工程实践，新拌碾压混凝土入仓后尽量卸在已摊铺但未碾压的层面上，可以起到明显的缓冲作用，有利于防止骨料分离，然后按平仓厚度平仓，使铺料条带向前延伸推进。

碾压混凝土的压实厚度为 30cm 时，一般摊铺平仓松铺厚度约 34cm。为使平仓的层厚均匀，一般需在仓面模板上标记层厚刻度线和该仓面的高程。自卸汽车仓面卸料应采用梅花形叠压式卸料或退铺法两点式卸料，先起升料斗卸 1/3，移动 1m 左右再卸 2/3。梅花形或两点式卸料的目的是减小堆料高度，有利于消除由自卸车卸料带来的骨料分离，并可使料堆底部集中的骨料得以分散。料堆在仓面上布置成梅花形，每次卸料时，为了减少骨料分离，汽车都应将料卸于铺筑层摊铺前沿的台阶上，再由平仓机将混凝土从台阶上推到台阶下进行移位式平仓。实际施工中，在各条带之间，由于平仓所带来的骨料分离现象还是会出现的，需用人工加以处理，及时将集中的骨料散开，有的工程在仓面配制微型挖掘机代替人工将集中的粗骨料散布开，其效率高，节约人工，效果很好。卸料后应及时平仓、及时碾压。仓面组织要井然有序力争流水作业，相邻摊铺条带之间容易形成错台，会引起碾压不均匀。在完成摊铺工序后，宜采用推土机全面平整后再统一进行下一道的碾压工序，切忌不能平仓和碾压工序不分，边平仓边碾压，容易造成碾压遍数混乱，也容易造成设备安全事故。

汽车在碾压混凝土仓面行驶时，应平稳慢行，避免在仓内急刹车、急转弯等，以免有损已施工的碾压混凝土质量。

采用塔带机、布料机、带式输送机卸料时，布料厚度宜控制在45～50cm，橡皮筒距仓面高度不大于1.5m，采用鱼鳞式分布法形成坯层，以减少骨料分离。

采用吊罐卸料时，控制卸料高度不大于1.5m；否则需用储料斗，再在仓内采用自卸汽车、装载机等分送至仓面。

所有卸料工序必须严格控制靠模板条带卸料与平仓，卸料堆边缘与模板距离不应小于30cm。同时，卸料平仓时应注意控制好Ⅱ级配与Ⅲ级配碾压混凝土的界线。

入仓、卸料、摊铺（平仓）、碾压是一条龙的流水作业工序。碾压混凝土一般多个坝段并仓形成大的浇筑仓号。因此，斜层平推摊铺碾压工艺是最常用的施工方法，本章重点阐述斜层摊铺碾压工艺。

7.6.4 碾压作业

碾压施工时振动碾的行走速度直接影响碾压效率及压实质量，行走速度过快压实效果差，过慢则易陷碾并降低施工效率。水工碾压混凝土规范规定，振动碾的行走速度应控制在1.0～1.5km/h。近年来，由于碾压混凝土拌和物性能的改变，振动碾的行走速度明显提高。施工实践证明，当采用斜坡碾压工艺时，振动碾的上坡速度已经超过了1.5km/h（行走过慢则容易陷碾子）。关于振动碾的行走速度，最终应通过现场检测确定，以满足表观密度和设计要求的相对密实度为原则。现场以规定的行走速度折合成碾压距离所需要的时间来控制。

大型振动碾尽量靠近模板碾压，施工效率高，质量容易保证，但应控制模板位移。对于仓面、模板附近等大型振动碾无法靠近的部位，采用小型振动碾薄层分层碾压或者采用浇筑变态混凝土的方式。

坝体迎水面3～5m范围内，碾压方向应平行于坝轴线方向。碾压方向平行于坝轴线可避免碾压条带接触不良形成渗水通道，故迎水面3～5m范围内碾压方向应平行于坝轴线。采用斜层平推法碾压时，需有切实措施。为了保证碾压条带相互搭接的压实质量，当多台振动碾同时工作时，应采取措施以避免漏碾。碾压作业条带间搭接宽度为 10～20cm，端头部位搭接宽度宜为 100cm 左右。端头部位搭接的长度，应保证振动碾的前后轮都能进入搭接范围，可根据选用的振动碾轴距来决定搭接长度。在搭接区域宜采用小型振动碾补碾。

每个碾压条带作业结束后，应及时按网格布点检测混凝土的表观密度，低于规定指标时应立即重复检测，并查找原因，采取处理措施。表观密度的检测结果是碾压混凝土是否压实的主要标志，当测值低于规定指标时，需要增加碾压遍数，仍达不到规定指标时应分析原因，采取相应措施。因为碾压混凝土符合混凝土水胶比定则，只要表观密度能够满足要求，碾压中出现的“弹簧土”现象一般认为是有利于层间结合的（这一点不同于土石坝心墙施工，在土石坝心墙黏性土料碾压作业中出现“弹簧图”时应挖除作废料处理）。

碾压混凝土的一个升层（一般为 3m）施工结束，需要作为水平施工缝停歇的层面或冷缝，达到规定的碾压遍数及表观密度后，待在碾压混凝土未终凝前，最好采用振动碾进行无振碾压收面，可以防止混凝土表面产生裂缝和收缩，有利于弥合细微的表面裂纹。

碾压混凝土入仓后应尽快完成平仓和碾压。碾压混凝土从拌和加水到碾压完毕的最长允许历时称为允许间歇时间。允许间歇时间具体应根据不同季节、天气条件及 VC 值变化规律，经过试验或类比其他工程实例来确定，一般不宜超过 2h。及时碾压、缩短间歇时间的目的是为了避免因拌和物放置时间过长而引起混凝土可碾性差、层间结合不好的质量问题以及温度倒灌。所以，对碾压混凝土拌和物自拌和到碾压完毕的时间进行了限制。国内的棉花滩、龙首、百色、龙滩、光照、金安桥等许多工程实践证明，碾压混凝土从拌和开始至仓面 2～3h 内完成碾压，则碾压混凝土层面液化泛浆快、可碾性好，层间结合有保证。同时，对上、下层碾压混凝土热缝的间隔时间，也要严格控制在能够满足层间结合质量的允许间隔时间内，具体的最大允许层间间隔时间应根据工程的具体条件由现场试验确定。

龙滩工程在高温季节规定层间间隔时间不超过 4h，并对不同的季节、不同的气温情况对层间间隔时间均做了具体的规定。碾压作业采用条带搭接法，碾压方向垂直于水流方向，碾压条带间的搭接宽度为 15～20cm，碾压不到的部位铺筑变态混凝土，用插入式振捣器人工振捣密实，振动碾行走速度控制在 1.0～1.5km/h 范围，碾压遍数按“无振＋有振＋无振”方式“2＋8＋2”遍控制，碾压设备选用德国 BOMA－202AD 和 BW－201AD，靠近模板边位置用 BW－201AD 型小型振动碾碾压。在施工高峰期，仓面里的振动碾达到 15 台[振动碾效率按 $65m^3/(h \cdot 台)$计算]，才能满足浇筑强度需要。

施工高峰期，仓面碾压设备多，再加上推铺设备、运输设备、模板吊装设备、切缝设备等,仓面显得繁忙而拥挤,必须加强仓面施工生产的组织管理,避免设备施工互相干扰。此外,还必须合理地布置摊铺碾压条带和汽车运行通道,划定设备的作业范围使摊铺和碾压有机地衔接,最大限度地发挥设备的效益。在碾压过程中除按规范操作外,还必须注意以下几点。

(1)碾压层面上必须全面泛浆,对不泛浆的部位应挖出并重铺细料碾压。

(2)两条碾压带因碾压作业形成的高差,采取无振慢速碾压 1～2 遍做压平处理。

(3)每次碾压作业开始后,应对局部大骨料集中的片区,及时推铺碾压混凝土拌和物的细料,以消除局部骨料集中和架空。

(4)每层碾压作业结束后,应及时按网格布点检测混凝土的压实容重,若所测容重低于规定指标,则应及时补碾。

为了及时将骨料分离后集中的粗骨料散布到未碾压的混凝土面上和挖出不泛浆的碾压混凝土,一般应在仓面配置小型的挖掘机完成上述作业(目的是替代原来的人工作业提高效率且减少对后续工序的影响)。

7.6.5　斜层碾压施工工艺

碾压混凝土施工一般视仓面大小考虑铺料方式。小仓面通常采用平层铺筑法,如仓面面积过大无法满足混凝土覆盖时间要求或保证率不高时,可考虑采用斜层平摊铺筑法,一般仓面大于 5 000m^2时采用斜层摊铺碾压法。目前,斜层碾压已成为碾压混凝土快速施工的主要方式。

1.斜层碾压的主要优点

(1)斜层碾压工艺最大的优点就是在资源配置有限的情况下,均衡浇筑强度使大仓面的碾压混凝土施工成为可能,并能减少大仓面浇筑的资源配置,全面降低设备投入和临建工程费用,从而节省工程投资。

(2)斜层碾压施工工艺可大大缩短碾压混凝土层间间隔时间,由原来平层碾压的 4～6h 可缩短到 2～4h,这对提高碾压层间结合和改变层间结构性能十分有利。

(3)仓面内可以进行大规模的循环流水作业,减少浇筑分块面积过小的影响和模板工程量,在不增加浇筑强度的前提下提高施工效率,加快工程进度。采用斜层碾压,完成一个 3m 升层大于 10 000m^2 的大仓面,可以比平层碾压提前 3d 以上完成。

(4)由于层面间隔时间大大缩短,上层混凝土覆盖快,减少了碾压混凝土浇筑温度的回升,同时浇筑面积小,仓面喷雾保温等措施容易实施,有利于高温季节施工。

(5)在多雨地区,由于斜面便于排水,斜层碾压作业面积小,从而降低了降雨的影响范围和程度,也便于雨后恢复生产的处理。

(6)在高寒地区的严寒季节，由于斜层碾压工艺的浇筑面积小，便于仓面的加热升温和保温。

2.斜层碾压施工特点

碾压混凝土施工有以下两大控制指标：

(1)碾压混凝土拌和物从拌和至仓面碾压完毕控制在 2h(视温度条件及缓凝时间可适当延长至 4h)以内。

(2)碾压混凝土层间间隔时间控制在混凝土初凝时间(一般取 4～8h)以内，或者控制在根据《水工混凝土试验规程》(DL/T 5150—2001)按照现场碾压混凝土仓面贯入阻力检测的控制值以内。

采用全断面碾压混凝土筑坝技术，由于切缝技术的改进，可以是若干仓位合并为一个大通仓施工，有效地减少了横缝模板及工作量。通常碾压仓面的面积达到 5 000～10 000m^2，有的工程往往还突破 10 000m^2，甚至达到 20 000m^2以上。例如，金安桥左岸 11 号坝段高程 1 350.00m 的通仓浇筑面积达到 14 000m^2。如此大的仓面，如果按照平层碾压工艺，必须进行分仓碾压，即将整个坝面分解成若干仓块分开铺筑碾压，才能满足允许浇筑时间及层间间隔时间两大控制指标的要求。如果要按最大仓面进行碾压施工，仓面处理的工作量会成倍增加，同时需要增加相应的拌和、运输、平仓、碾压等施工设施的配置。如何解决通仓薄层摊铺、仓面过大、碾压连续上升难以保证的难题成为关键。我国从江垭、汾河二库工程开始，对仓面碾压进行了技术创新，碾压混凝土施工采用斜层平推法铺筑碾压工艺，简称“斜层碾压”，取得了成功经验。斜层碾压工艺已成为碾压混凝土施工普遍采用的工艺，它为在有限的资源配置条件下解决碾压混凝土大仓面施工提供了一条有效的途径。斜面碾压工艺不但可以节约大量的资源投入，同时对提高碾压混凝土的层间结合质量，保证雨季、高温季的碾压混凝土施工质量提供了更可靠的保障。大坝碾压混凝土斜层碾压施工工艺如图 7-5 所示。

采用斜层碾压的目的主要是减小铺筑碾压的作业面积，缩短层间间隔时间，可以把碾压混凝土层间间隔时间始终控制在允许的范围内。斜层碾压把大仓面转换成面积较小的仓面，这样可以极大地缩短碾压混凝土层间间歇时间，提高混凝土层间结合质量。其显著的优点就是在资源配置有限的情况下，比平层碾压工艺节省机械设备、人员的配置。特别是在气温较高的季节，采取斜层碾压施工工艺，由于碾压面积小，有效地减少了温度倒灌，减少了喷雾保湿的面积，效果十分明显。同时，也有利于雨季施工，碾压面积小，遇到降雨时可以迅速地对仓面进行覆盖，减少降雨对新浇筑混凝土的损害。

根据江垭、百色、龙滩、光照、金安桥等多个工程的实践，斜层坡度控制在 1∶20～1∶10 时，可进行正常施工，斜坡碾压效果好。在满足初凝前覆盖的条件下，坡比越小越好，因为坡比小，则斜层铺筑面积大，有利于快速施工。当斜坡坡度大于1∶10

时，由于坡度过陡，不易保证铺料厚度均匀和碾压质量，而且振动碾上坡时必须加快速度，否则容易打滑导致上坡困难，碾压质量也不易保证。例如，光照大坝碾压混凝土采用大仓面通仓浇筑(最大仓面达 2.2 万 m^2)。为避免大通仓平层碾压层间覆盖时间过长，VC 值损失大，可碾性差，机械设备、人员投入过大，以及降低碾压混凝土供料强度，提高层间结合质量，碾压混凝土广泛采用斜层碾压施工技术。斜层碾压的混凝土量占大坝碾压混凝土总量的 92%，并在施工中对斜层碾压施工工艺不断进行深化，在碾压方向、坡角处理、增设水平垫层、斜面坡度等问题上进行了深入的研究，使斜层碾压施工工艺日臻成熟。采用斜层碾压工艺，碾压混凝土日浇筑量达 13 582m^3，碾压混凝土月浇筑量达到 22 万～25 万 m^3。

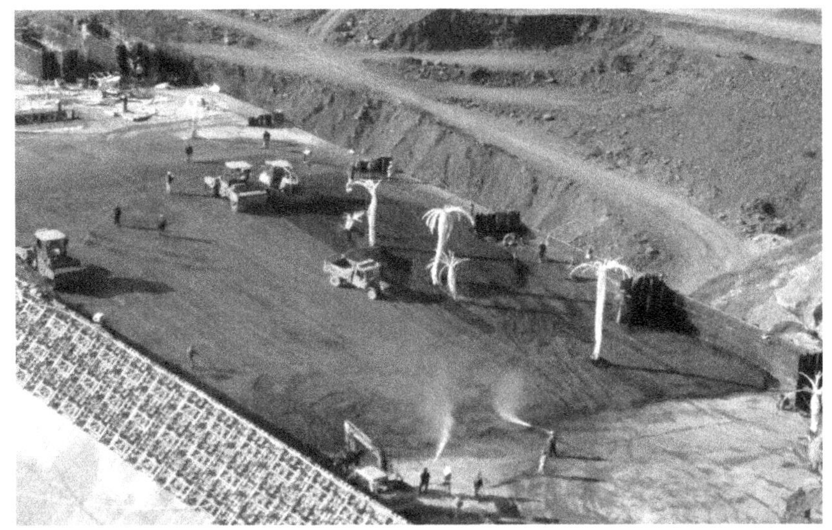

图 7-5　金安桥水电站大坝斜层碾压

3. 斜层碾压的施工要点

斜层碾压施工的工艺流程和平层碾压施工工艺流程的要求是一样的，关键在于斜层的 3 个要点(坡度、摊铺厚度和坡脚处理)的控制。斜层碾压施工工艺流程为：编制浇筑要领图，浇筑要领图详细描述施工方案，在每仓混凝土开仓前由工程技术人员编制，按浇筑要领图的要求组织施工，具体如下。

(1)由仓面指挥长按《碾压混凝土施工工法》(可参考附录) 和仓面浇筑要领图的要求组织实施。

(2)斜面坡度控制范围为 1∶20～1∶10。

(3)开仓面积应根据浇筑设备、拌和设备、运输设备生产能力设定，一般开仓仓面宽度不小于 15m，以保证机械化施工的流水作业最小需求。

(4)斜面的形成和推进：第一层碾压混凝土摊铺长度视坡比确定，不得小于 30～45m，从第二层开始，一端缩进逐层升高，前进的仓面一端即形成斜面，直至一端升高至 3m(升层高度一般为 3m)，另一端即形成预定坡度的斜面，斜层推进时应先在前沿铺设 1～2cm 砂浆，再摊铺碾压混凝土并碾压密实，而后进行斜面碾压混凝土施工。

(5)仓面卸料：卸料由仓面车辆引导员指挥，采用退铺法依次卸料，宜按梅花形依次堆放，先升起料斗卸 1/3，移动 1m 左右位置后卸剩余的 2/3，目的是减少骨料分离。自卸汽车将混凝土料卸于铺筑层摊铺前沿的台阶上，再由平仓机将混凝土从台阶上推到台阶下进行平推式平仓，卸料尽可能均匀。对于料堆坡脚出现的部分已分离的骨料，由人工将其均匀地摊铺到未碾压的混凝土层面上。

(6)平仓：浇筑前在周边模板和底部老混凝土面上测量画出各层的平仓线。每层平仓厚度一般为 34cm 左右(碾压后层厚 30cm)，经检查若超出规定值的部位必须重新平仓，局部不平的部位采用人工辅助铺平，平仓方向由坡顶向坡底进行，坡比不得小于 1∶10，在斜层坡脚、坡顶处形成的尖角，应采用小型振动碾碾压密实。平仓过程中出现在摊铺条带两侧集中的粗骨料由人工或机械(小型挖掘机)均匀分散于条带上。

(7)碾压：采用大型双轮高频振动碾，采用搭接法碾压，搭接宽度为 20cm，振动碾的行走速度为 1.0～1.5km/h，碾压遍数按“无振＋有振＋无振”方式为“2＋8＋2”遍，如果有振 6 遍后混凝土仍不泛浆，应开启振动碾自带的水箱洒水进行水分补偿，如因 VC 值偏大仍无法泛浆，可采取加浆后再碾压的方法处理。因斜层尖角部位的骨料易被压碎，应尽量避免在坡脚部位形成薄层尖角。在斜层坡脚有意识地伸出一个小平段是避免形成薄层尖角的一个有效的方法。采用斜层平推法施工时，要注意每个斜层升程的高度与温控要求预埋冷却水管的间隔相协调。例如，龙滩工程高温季节每个斜层的升程高度为 1.5～3.0m，低温季节为 3.0～6.0m。当采用斜层铺筑法时，开仓前应按拟定的斜层坡度在模板上做标记，并严格按标记摊铺，摊铺沿坝轴线由坡顶至坡脚进行。

4.斜面碾压施工中应注意的问题

(1)仓面污染问题。因斜面碾压技术要求已收仓的碾压混凝土上不得行驶汽车，即采用端退法浇筑，在汽车运输和卸料过程中，由于仓面面积小、层面间歇时间短，已经碾压完成的层面容易受到入仓汽车扰动，层面易遭到破坏。如果必须在已收仓的混凝土面上行驶汽车时，可采用铺垫钢板形成入仓道路的方式，保护已浇筑完成的混凝土，对已经破坏的混凝土加强处理或者及时清除。

(2)斜面碾压的坡脚。坡脚部位在高温季节应覆盖湿麻袋或采用其他方式保温保湿。斜面碾压的坡脚混凝土如因搁置时间较长，坡脚处理可采用切脚工艺，切除的混凝土需作废料处理，或者需要铺洒灰浆用于变态混凝土施工。

(3)斜面施工切缝。斜面施工的切缝因斜面碾压作业时，振动碾碾压时会产生单向偏移，故切缝成缝会形成一种折向的折线缝面，与设计线面会存在一定的偏差。

(4)斜面施工仓面。斜面施工的仓面收仓时,存在着斜面与平仓之间的过渡问题,且随着仓面面积越来越小,施工时易存在收仓过快、碾压作业层厚质量不易保证的问题。

(5)振动碾碾压作用力的方向都是铅直的,平层铺筑压实厚度为 h,则斜层铺筑实际的压实厚度为 $h/\cos\alpha$(α 为斜层铺筑法中混凝土铺筑层面与水平面的夹角),那么单位体积混凝土所获得的压实能量为 $E\cos\alpha$(E 为平层铺筑法中单位体积混凝土所获得的压实能量)。因此,采用相同的碾压层厚时,斜层铺筑法中单位体积混凝土所获得的压实能量将小于平层铺筑时获得的压实能量。在实际施工中斜层碾压和平层碾压采用相同的压实参数,这样压实度不满足设计要求的概率将大于平层碾压。因此,斜层碾压施工时要严格控制好碾压层厚和碾压遍数。

(6)斜层摊铺碾压在模板边角部位铺筑变态混凝土施工时,人工铺洒浆液更难保证均匀,由于坡度造成坡脚处浆液较丰富,而坡顶处浆液较贫乏,因此,振捣时要求人工将坡脚富余的浆液转移到浆液贫乏处以保证浆液均匀。

7.6.6 横缝成缝

碾压混凝土坝施工不设纵缝,但由于受到温度应力、地基不均匀沉陷等作用,往往需要在垂直坝轴线方向设置一定数量的结构缝,即横缝。

碾压混凝土成缝方式很多,横缝可用切缝机切割、手工切缝、设置诱导孔、隔板或者模板等方法形成,先后经历了掏槽预置隔缝板、造孔填干砂的诱导孔及切缝机切缝等多种方式。碾压混凝土施工成缝使用的切缝机基本上可以分为两种类型:一种是用液压挖掘机改装的液压振动切缝机;另一种是使用电动冲击夯改装的电动冲击式切缝机。例如,平板振捣器改制的切缝器切缝+填充隔缝彩条布,高频振捣器改制的切缝器切缝+填充彩条布,打夯机改制的切缝器切缝+填充彩条布及专门的液压切缝机切缝设备+缝内填彩条布等不同的工艺。缝面位置及缝内填充材料均应满足设计要求。

(1)切缝机切缝。目前,横缝的成缝方式主要采用切缝机切缝,这种方式不占直线工期,不影响仓内施工,适合于大仓面快速施工。碾压混凝土切缝机切缝有“先碾后切”“先切后碾”及“先碾后切缝再碾”等几种方式。根据以往施工经验,采用先碾压后切缝再骑缝补碾压的顺序成缝效果良好。“先碾后切”方式适用于大型切缝机械如液压切缝机的切缝施工,因大型切缝机具有足够的激振力将切缝时刀片遇到的混凝土中的骨料击碎后切入混凝土中,从而按设计线进行成缝,质量有保证。“先碾后切”为目前的主流方式,主要是施工干扰小,特别是斜层碾压必须在碾压完成之后,才能进行切缝施工。碾压混凝土横缝缝面位置由测量放样定位。例如,采用 HP913-C 液压切缝机切缝,切出宽度为 12mm 的连续缝隙,横缝成缝面积等于设计成缝面积，缝内按施工图纸所示的材料填缝。例如，镀锌铁片、PVC（彩条布）等材料。

“先切后碾”方式适用于小型切缝机械。例如，由振动夯改制的简易切缝器，因其动力较小，采用先切后碾方式成缝效率较高。但切缝需要在整个平仓完成之后进行，虽然容易切缝，但对仓面施工干扰大，特别是斜层碾压的条带摊铺也不允许采用先切后碾方式进行，所以一般不采用这种工艺。

“先碾后切缝再碾”方式特别适合由振动夯改制的简易切缝机，施工时采用先无振两遍，再切缝施工，最后进行剩余遍数的碾压作业施工。从施工的成缝看，缝面均已形成有效的贯通，切缝效果优于“先碾后切”方式。这主要是由于仓面未碾压密实，切缝时刀片遇到混凝土中的大骨料，依靠切缝器的振动力将骨料振移开缝面位置，容易保证成缝的设计线和填缝材料的深度。仓面施工时，静碾两遍后，按照测量放线定好的分缝位置以及设定好的间距摆好彩条布，用切缝机直接在彩条布上切缝，一边成缝一边把彩条布带入缝内，切缝、填缝一气呵成。为了保证切缝位置的准确，在碾压混凝土仓号准备时，通过测量放线，在上、下游模板上标定出结构缝位置，切缝前利用标定线在混凝土面上画线，切缝时沿着画线下刀，使切成的缝与设计图相符。其施工工序为：测量放线→画出结构缝位置线→切缝→填充彩条布→检查验收→切缝完毕后振动碾无振碾压 1～2 遍。例如，龙滩工程通仓浇筑坝段的横缝伸缩缝是采用液压切缝机（液压反铲加装一个切缝刀片）切缝成型，缝内填彩条布。其方法是：预先将彩条布剪成 28cm 长、比切缝刀宽小 1～2cm 的小块，当每层碾压混凝土完成碾压后开始切缝，切缝缝宽 24mm，完成切缝后立即将已裁剪好的彩条布嵌入缝中。

近年来，碾压混凝土成缝主要采用振动夯改制的切缝机进行。切缝造机成缝效果好，机动灵活，施工干扰小，对碾压好的混凝土表面破坏小。为了保证缝面的形成，规定成缝面积每层应满足设计要求。振动夯改制的切缝机易于操作，机重约 35kg，1 台切缝器只需 3 人操作，施工时将切缝机用手推车运至工作面，2 人进行切缝施工，另 1 人填充隔缝材料，操作起来十分方便。切缝前先依据设置于施工缝两端的桩号、拉线做好标志，然后进行切缝。切缝深度不得小于铺筑层厚的 2/3，（一般不得小于 25cm），填缝材料间距不得大于 10cm，高度应比压实厚度低 3～5cm，以保证成缝面积，不影响混凝土压实度及层间结合质量。

（2）诱导孔在碾压混凝土拱坝中应用较多。当采用薄层连续铺筑施工时，诱导孔可在混凝土碾压后采用风钻造孔。当采用间歇式施工时，可在层间间歇时间造孔，诱导孔造缝。较典型的诱导孔造缝方法，是在碾压混凝土压实后沿着结构缝的位置钻孔。当采用薄层连续铺筑施工时，诱导孔可在混凝土碾压后由人工打钎或风钻钻进形成；当采用间隔式施工时，可在层间间隔时间用风钻钻成。钻孔孔径 90mm，孔距 1m，每次孔深 3m。钻孔应在混凝土具有一定（约 7d 龄期）强度后，内部混凝土水化温升高峰期(实测平均22d,最少14d)前进行。成孔后孔内应填塞干燥砂子,以免上层施工时混凝土填塞诱导孔,达不到诱导缝的目的。由于采用风钻造孔,且需要配置空压机,增加了工艺设备和工序,影响坝面生产,近年来很少采用,一般只在特殊情况下采用。

(3)预埋分缝板造缝。在混凝土平仓时(后),设置钢板,相邻隔板间距不得大于10cm,以保证成缝质量和面积;隔板高度比压实厚度低2～3cm。限制隔板间距的目的在于保证成缝面积,规定隔板高度是为了不影响混凝土压实及不致破坏隔板。例如,普定水电站拱坝的诱导缝是采用两块对接的多孔预制混凝土成缝板,板长1.0m,高0.3m,厚0.04～0.05m,按双向间断的型式布置,沿水平向间距2.0m、高程方向间距0.6m(隔两个碾压层)布置,以在坝内同一断面上预先形成若干人造小缝。

(4)模板成缝。当仓面分区浇筑,或个别坝段提前升高时,可在横缝位置立模,拆模后即成缝。

7.6.7 保证层间结合

1.优化碾压混凝土配合比

碾压混凝土坝层间结合质量与配合比设计关系密切,精心设计的配合比对层间结合起着关键作用。优良的施工配合比经振动碾碾压2～5遍,层面就可以全面泛浆。“层间结合、温控防裂”是碾压混凝土快速筑坝的核心关键技术。碾压混凝土本身的物理力学指标并不逊色于常态混凝土。根据已建碾压混凝土坝经验,只要配合比设计合理,施工速度、施工工艺、施工质量控制得到保证,层间结合质量完全能够达到设计要求。近年来,碾压混凝土配合比设计上突出了全断面碾压混凝土拌和物性能特点,其拌和物具有富胶凝浆体(高石粉含量、浆砂比大)、低VC值的特点,以及具有显著缓凝作用的性能,从而使新拌碾压混凝土初凝时间长、可碾性好,保证了碾压混凝土能在初凝时间之前完成上一层碾压混凝土的碾压施工,保证了上、下两层骨料的相互嵌入,从而保证了层间结合的质量。

2.快速入仓及时平仓碾压

碾压混凝土从拌和、运输、入仓,必须做到及时摊铺平仓、及时碾压和覆盖保湿,即业内常说的碾压混凝土施工越快越好。由于及时碾压和喷雾保湿改变了小气候,保证了碾压混凝土的可碾性、液化泛浆和层间结合质量,所以加快碾压混凝土浇筑速度和及时碾压,是保证层间结合质量控制的关键技术所在,也是温控防止高温季节温度倒灌的要求。

碾压混凝土摊铺后及时碾压是保证层间结合质量的关键。现场振动碾的行走速度直接影响碾压效率及压实质量。施工实践证明，振动碾行走速度一般控制在1.0～1.5km/h 范围内碾压效果好，行走速度过快压实效果差，过慢振动碾易陷碾并降低施工效率。

金安桥大坝仓面采用大通仓碾压施工，往往是 3～5 个以上坝段连成整体仓面，仓面 5 台振动碾也无法保证碾压与平仓同步，往往是摊铺好后的碾压混凝土不能及时碾压，延误很长时间。由于碾压设备数量不能满足现场浇筑强度要求，不但制约了碾压混凝土快速施工，对碾压混凝土层间结合质量也极为不利，因此务必配置足够的碾压设备资源。

3. VC 值动态控制

VC 值的大小对碾压混凝土的性能有着显著的影响。近年来大量工程实践证明，碾压混凝土现场控制的重点是拌和物 VC 值和凝结时间，VC 值动态控制是保证碾压混凝土可碾性和层间结合的关键。VC 值动态控制是根据气温、风速、蒸发情况适时调整出机口 VC 值，出机口 VC 值一般控制在 1～5s，现场 VC 值一般控制在 3～6s 比较适宜。在保证不陷碾和满足现场正常碾压的条件下，现场 VC 值尽量采用低值。碾压后的碾压层面，必须是全面泛浆，有弹性，振动碾滚轮前后呈弹性起伏。试验和施工人员应根据现场碾压作业后的泛浆情况和 VC 值的实测值，由试验人员及时通知拌和楼调整 VC 值。碾压混凝土液化泛浆是在振动碾碾压作用下从混凝土液化中提出的浆体，这层薄薄的表面浆体是保证层间结合质量的关键所在。液化泛浆已作为评价碾压混凝土可碾性的重要标准，碾压混凝土配合比在满足可碾性的前提下，影响液化泛浆的主要因素是入仓后是否及时碾压以及气温导致的 VC 值损失。提高液化泛浆最有效的技术措施是保持配合比参数不变，根据不同时段温度采用不同的外加剂掺量。

4. 仓面喷雾保湿与层间结合质量

由于碾压混凝土层面受环境影响较为敏感，当气温过高、阳光辐射大以及风较大时，表面极容易失水泛白，从而影响层间结合质量。碾压混凝土仓面喷雾保湿尤为重要，直接关系到碾压混凝土现场施工的可碾性、层间结合质量以及温度回升和倒灌。喷雾可以改变仓面小气候，达到保湿降温的目的。降低温度 4～6℃，对温控十分有利。一般仓面温度上升 1℃，坝内温度相应上升 0.5℃，所以喷雾保湿是温控防裂的重要措施，同时也是提高层间结合质量的重要技术措施之一，施工时应高度重视。

(1)喷雾机喷雾(如图 7-6)。喷雾设备的优劣对喷雾保湿效果影响很大，在这方面有许多成功的经验和失败的教训，要保证喷雾保湿效果应选好喷雾设备。葛洲坝集团公司、闽江工程局等对喷务设备进行了一系列喷雾试验研究，通过优选喷嘴、加配风机和高压泵组成喷雾机组等。研制出的新型喷雾机,已成功投入施工生产。采用喷雾机喷雾,距离可达到 25～30m,当喷雾机进行 120°旋转时,其喷雾面积可以达到 650m^2。

目前国内厂家可以提供各类型的喷雾设备以满足碾压混凝土施工生产的需要。

图 7-6　仓内喷雾机喷雾

(2)喷雾枪喷雾。人工手持式喷雾枪机动灵活,用其进行仓面喷雾,为仓面喷雾保湿的普遍做法。喷雾枪喷雾可以形成白色的雾状,效果很好。以往喷雾枪大都采用冲毛机代替,喷雾枪的喷嘴直径大都在 0.5mm 以上,其中冲毛机的高压喷枪喷口直径达到 1.4mm,喷出的雾滴粒径在 200～500μm(像毛毛雨一样)。由于雾化效果不好,水的蒸发量少,不但降温效果不明显,且由于雾滴落入上层混凝土面上,形成仓面积水,改变了混凝土的水灰比,反而降低了混凝土质量。许多工程对冲毛机喷嘴直径进行了改造。在高温、太阳照射、多风蒸发量大时,采用改造过的冲毛机由于流量和压力大,进行喷雾效果良好。

采用雾滴粒径很小的喷雾枪,喷雾距离很近,效果差。当雾滴小至一定程度时,在喷出初速度一样的情况下,粒径越小,其动能就越小,喷射距离也就越短,控制的面积也就越小。如果雾滴粒小到 20～30μm 时,喷出的雾就像白烟一样飘出约 0.5m 以后就蒸发了,达不到降温保湿的目的,而且一般工地水质较差,很小的喷嘴极容易被堵塞。因此,喷嘴直径过小时的微雾并不适合大仓面的喷雾保湿。工程实践表明,喷雾枪的喷嘴直径在 50～100μm 时,喷雾保湿效果良好。喷雾机喷雾效果除受喷嘴影响较大外,其流量、压力对喷雾效果的影响也是很大的。例如，龙滩工程为了达到最佳雾化效果，在龙滩工地选用了 3 个厂家的 3 种喷嘴进行了试验，雾滴粒分别在 30～100μm，并且在分带风机吹送及不带风机吹送两种工况下进行试验。试验结果表明，喷雾距离与现场风力及风向关系较大，当现场风力发生变化时，喷雾距离变化较大，阳光强弱及风力大小对雾滴蒸发量影响也较大。在喷雾范围内进行温度测量时，温度计容易被水雾包围，对测量结果有一定影响。根据试验结果，喷嘴采用日本池内公司生产的 1/4MKB80014S303－RW 型空圆锥形微雾喷嘴，雾化较好，喷雾距离远，最适合仓面喷雾，而且该型喷嘴具有拆装方便、便于清洗、抗堵性好的优点(如图 7-7)。

国内科研单位成功研制的自动化智能喷雾保湿系统见 1.4.20 节。

图 7-7　金安桥水电站仓面喷雾

5. VC 值动态控制与喷雾保湿工程实例

新疆喀腊塑克工程，针对坝址区干燥、多风、蒸发强烈的气候特性，现场碾压作业时根据不同的气温、风速、日照情况对碾压混凝土机口 VC 值进行动态调整，以保证仓面碾压的及时泛浆和层间结合质量。本工程碾压混凝土工作度的控制原则为：出机口 VC 值一般控制在 1～3s，现场仓面碾压混凝土的工作度控制在 4～6s，同时，对层间间隔时间进行严格控制。由于坝址区气候特点，导致碾压混凝土施工时失水严重，为保证碾压混凝土的可碾性和层间结合质量，本工程施工规定间隔时间一般控制在 4h 以内，并做到快速入仓、快速摊铺、快速碾压、快速覆盖，这一措施很好地保证了层间结合质量。

根据工程经验和坝址区气候特点，高温季节浇筑混凝土时，外界气温较高，坝址区累年各月平均最高气温出现在7月，为31.8℃，河水温度为17.7℃。碾压混凝土失水补偿的指导思路如下：

(1)从提高浇筑仓面周边空气湿度的角度出发，利用低温河水和高压风形成低温雾气，改变仓内小环境，降低仓内气温，提高浇筑仓面的空气湿度，减少蒸发，从而达到有效防止温度倒灌和减少VC值损失的目的。

(2)浇筑仓面采用固定和移动式喷雾相结合的喷雾方式，满足大仓面失水补偿需要。

(3)摊铺的碾压混凝土失水补偿由喷雾设备和振动碾压补水共同完成。

根据施工需要共配置4台远程固定式喷雾机和3台冲毛机，并带6把手持式喷雾枪，专用于仓面喷雾保湿，同时配置了2台200t/h、5～10℃的冷水机组为喷淋系统、喷雾系统及混凝土通水冷却系统提供冷却水。实践证明，固定式远程喷雾机具有自动作业的优点，但移动不便，且在风大季节效果不良。手持式喷雾枪具有机动灵活、控制范围大、对仓面施工干扰小的特点。因此，将固定式和移动式喷雾进行有效组合，操作机动性强，运行效果良好，对浇筑仓面起到了很好的降温保湿效果，基本上达到降低仓内小环境温度6～8℃，仓面湿度80%以上，将仓面温度保持在不高于23℃左右，满足了混凝土浇筑时环境气温的要求。

7.6.8 施工过程中不合格料的处理

碾压混凝土施工生产中出现不合格料在所难免，拌和楼出机口发现不合格料处理较容易，可作为废料处理。但由于各种因素的影响，往往是碾压混凝土拌和物已经入仓，才发现VC值过大、过小或不能及时碾压导致VC值超出了施工控制的范围，成为无法碾压的干硬性混凝土或常态混凝土。此时，不应简单地作为弃料处理，可将不合格的碾压混凝土拌和物卸在大坝下游模板、岸坡或廊道等部位周边，如果VC值过大超出要求的范围，变态混凝土采用铺洒灰浆的施工方式进行处理，如果是常态混凝土直接振捣即可。对不能按照要求进行挖除的不合格料，同样采用变态混凝土处理方式，铺洒灰浆进行振捣。由于碾压混凝土符合水胶比定则，采用变态混凝土处理方式，实践证明处理效果很好。

斜层碾压坡脚往往成为斜坡碾压的薄弱面，坡脚难于碾压密实，斜层平推法铺筑上一层碾压混凝土时预留20～30cm宽度的坡脚边缘。随着斜面的推进，宜先将坡角处厚度小于15cm的部分切除，铺洒在混凝土面上，在下一条带的施工缝面铺砂浆时，预留的坡脚边缘部分也应铺洒砂浆并与下一条带同时碾压，或者对坡脚处的混凝土表面铺洒灰浆，采用变态混凝土方式处理之后，然后再在其上摊铺碾压混凝土。

7.6.9　提高碾压层厚，减少碾压层缝面数量的技术创新

全断面碾压混凝土施工特点是通仓薄层摊铺、连续碾压上升，每层碾压完成后的层间厚度为 30cm，一个 100m 高度的碾压混凝土坝就有 300 层缝面，这么多的层间缝面极易成为渗漏的通道，对大坝的防渗性能、层间抗剪以及整体性能十分不利。早期我国部分学者对碾压混凝土坝层间结合、坝体防渗等一直怀有疑虑和争论，层间结合的质量问题一直是业内多年来研究的主要课题。层间接缝的抗拉、抗剪强度在碾压混凝土坝的设计中起主导作用，尤其是在地震高发区域，已经将碾压混凝土坝层间缝面的最小摩擦系数和黏聚强度作为设计控制指标。

《水工碾压混凝土施工规范》(DL/T 5112—2009)规定，施工中采用的碾压厚度及碾压遍数宜经过试验确定，并与铺筑的综合生产能力等因素一并考虑。根据气候、铺筑方法等条件的不同，可选用不同的碾压厚度，碾压厚度不宜小于混凝土最大骨料粒径的 3 倍。施工实践证明，不同振动碾所能压实的厚度不同，同一配合比的拌和物对于不同振动碾所需的压实遍数也不同。碾压厚度和碾压遍数可通过现场试验并结合生产系统的综合生产能力确定，施工中根据条件采用不同的碾压厚度，有利于满足对层间间隔时间的要求。碾压厚度若小于最大骨料粒径的 3 倍，则最大粒径骨料将影响压实效果或骨料被压碎。

碾压混凝土坝层缝多，碾压费时费工，严重制约了碾压混凝土快速施工，所以十分有必要研究是否可以提高碾压层厚度、减少碾压缝面、提高碾压混凝土施工升层高度。如从目前传统的 30cm 碾压层厚提高至 50cm、75cm 甚至更厚的碾压厚度，一般将 3m 升层提高至 6m 甚至更高的升层。由于碾压混凝土本体防渗性能并不逊色于常态混凝土，碾压层厚的提高可以明显加快碾压混凝土筑坝速度，有效减少碾压混凝土坝层缝面。

贵州黄花寨碾压混凝土双曲拱坝于 2006 年 10 月进行了现场 50cm、75cm、100cm 不同层厚对比试验，探讨突破现行规范 30cm 碾压层厚的限制。试验结果表明：现场碾压混凝土摊铺层厚 100cm，碾压条带碾压遍数按“无振＋有振＋无振”的“2＋8＋2”“2＋10＋2”“2＋12＋2”进行控制，分别距碾压表面 60cm、90cm 进行密实度检测。距碾压表面 60cm 处的相对密实度均大于 97％。距碾压表面 90cm 处的碾压条带遍数“2＋8＋2”相对密实度小于 97％，不符合规范要求。距碾压表面 90cm 处的碾压条带遍数“2＋10＋2”“2＋12＋2”相对密实度均大于 97％，符合规范要求。

观音阁水电站采用RCD法(厚层碾压法),压实层厚度为75cm,每一碾压层分三层台阶式卸料摊铺,每层厚27cm,并使用推土机在摊铺过程中对碾压混凝土进行预压实,待三层摊铺完毕,再进行振动碾压。

云南马祖山水电站碾压混凝土坝于2008年11月下旬,进行碾压层厚为50cm、75cm的专项试验。提高碾压混凝土层厚现场试验的成功带来如下启示。

(1)碾压混凝土摊铺层厚完全可以突破规范30cm的规定。

(2)碾压层厚可以提高至40cm、50cm、60cm甚至更厚。

(3)碾压层厚可以按照大坝的下部、中部、上部实行不同的碾压厚度。

(4)碾压层厚的提高与模板刚度及稳定性、振动碾质量及激振力如何相匹配等课题需要深化研究。

随着碾压混凝土层厚度的增加,变态混凝土插孔、注浆、振捣将成为施工难点。根据百色、光照、金安桥等碾压混凝土坝的实践经验,采用机拌变态混凝土就可以解决层厚的施工难题。机拌变态混凝土是在拌和楼拌制碾压混凝土时,在碾压混凝土中加入规定比例的水泥粉煤灰浆液,而制成的一种低坍落度混凝土。机拌变态混凝土入仓与碾压混凝土入仓方式相同,入仓后混凝土采用振捣器进行振捣,不仅简化了变态混凝土的操作程序,而且使大体积变态混凝土的质量更有保证。

目前,为了加快碾压混凝土施工速度,几个甚至数十个坝段连成一个大仓面,碾压混凝土摊铺碾压均采用斜层平推法施工,实际斜层平推碾压混凝土摊铺往往已经突破30cm规范的限制,40～50cm层厚已经势在必行。

7.6.10 溢流面抗冲磨混凝土与碾压混凝土同步上升技术

溢流坝段溢流面抗冲磨施工往往成为影响碾压混凝土坝施工进度的主要因素之一。设计上为考虑大坝施工质量和施工难度,往往按传统做法将溢流面抗冲耐磨混凝土与坝体碾压混凝土分为二期施工。有的大坝待坝体碾压混凝土先行上升到一定高度后(可能是某一个阶段),再浇筑溢流面层的高性能抗冲磨混凝土。也有大坝是将坝体碾压混凝土浇到堰顶,然后才开始回过头来浇筑溢流面层高性能抗冲磨混凝土,这样溢流面层高性能抗冲磨混凝土就成了制约大坝施工进度的一个瓶颈,其施工难度更大,往往需要采用滑模或拉模来赶工,而效果又不佳,导致大坝工期延长或滞后。此外,还容易形成高性能抗冲磨混凝土与先期浇筑的碾压混凝土在变形、应力状况方面产生不一致,形成"两层皮"现象。溢流坝段为泄洪建筑物,与工程安全度汛和大坝下闸蓄水的目标关系紧密,溢流坝段溢流面抗冲磨混凝土与碾压混凝土同步上升工艺在百色、光照、戈兰滩、喀腊塑克等工程均成功实施。例如,戈兰滩大坝溢流坝段采用一次立模浇筑成型的施工工艺,溢流面与坝体碾压混凝土同期浇筑、同步上升，节约工期3个月左右，改变了溢流坝段进度滞后的被动局面，有利于坝体的整体性、总体进度。同时，大坝混凝土施工减少了一次立模、一道缝面插筋和人工凿毛处理，从而有效简化了施工，降低了工程造价。

1.同步上升的优点

由于溢流面与碾压混凝土同步上升，只需要在溢流面外侧立一道模板就可确保大坝成型，从而避免碾压混凝土立一道模板以及抗冲磨混凝土区域再进行滑模施工的现象。减少大坝混凝土一次立模、人工凿毛，从而节约成本。同时，由于只在溢流面立模，混凝土一次成型，避免了在滑模过程中相邻滑模混凝土之间的"错台"现象，最大的优点是避免了高性能抗冲磨混凝土与碾压混凝土新老混凝土层间结合的不利现象。

2.同步上升的缺点

由于共同上升，高性能抗冲磨混凝土的温度控制要求更严，同时出现碾压混凝土、常态混凝土共同施工的情况，容易造成混凝土浇筑时的混仓现象，需要对入仓混凝土进行醒目标识，提供仓面组织管理水平。

3.溢流面外观质量

为了确保溢流面混凝土外观体型准确，符合规范及设计要求，立模测量放样误差应严格控制在5mm以内，模板架立完成后对模板变形、刚度等进行仔细检测，确保合格。混凝土浇筑完成模板拆除后，对混凝土体型进行测量，根据实测数据分析总结，对下次立模的工艺提出改进要求。

戈兰滩大坝溢流面抗冲磨混凝土与主坝混凝土同步上升，大坝溢流面一次成型，溢流面的体形规则、美观，最为主要的是提高了抗冲磨混凝土性能，特别是层间结合性能，抗冲磨混凝土自身抗冲耐磨性能完全满足设计要求。如果溢流面抗冲耐磨混凝土采用二期施工，由于底层混凝土龄期大大超过28d，底层混凝土与上层抗冲耐磨混凝土形成了新老混凝土，为加强约束区，实际已经形成"两张皮"现象。溢流表孔在洪期泄水过程中，特别是高速水流空蚀作用下，极易从抗冲耐磨层混凝土与底层碾压混凝土分层处产生空蚀破坏。这方面的教训实在是太多了。

采用碾压混凝土与抗冲耐磨混凝土同步上升施工工艺不单纯是快速施工和节约资金的问题，而且直接关系到抗冲耐磨混凝土的质量、和泄洪度汛及大坝的质量安全。溢流面抗冲磨混凝土与大坝碾压混凝土同步上升施工技术值得在今后的施工中大力推广应用。

7.6.11 垫层碾压混凝土施工

碾压混凝土坝由于不设纵缝，其底宽较大(指重力坝)，基础约束范围亦较高，为了防止基础混凝土裂缝，应对基础允许温度进行控制。大坝的基础在凸凹不平的基岩面上，不利于进行碾压混凝土的铺筑施工，因此碾压混凝土铺筑前均设计一定厚度的垫层混凝土，达到找平和固结灌浆的目的，在找平后形成可以碾压施工的工作面才能进行碾压混凝土施工。

由于垫层采用常态混凝土浇筑，一方面，垫层混凝土强度高(强度等级一般不小于 C25)，水泥用量大，对温控不利；另一方面，垫层混凝土浇筑仓面小，模板量大，施工强度低。因此，垫层混凝土的浇筑成为制约碾压混凝土坝快速施工的关键因素之一。

《水工碾压混凝土施工规范》(DL/T 5112—2009)规定，大坝基础块铺筑前，应先在基岩面上铺砂浆，再浇筑垫层混凝土或变态混凝土，也可在基岩面上直接铺筑小骨料混凝土或富砂浆混凝土，除有专门要求外，其厚度以找平后便于碾压作业为原则。

一般基础垫层混凝土大都选择冬季或低温时期来浇筑。近年来的施工实践表明，碾压混凝土完全可以达到与常态混凝土相同的质量和性能，因此采用低坍落度常态混凝土找平基岩面后，立即采用碾压混凝土跟进施工，利用低温时期碾压混凝土快速浇筑垫层混凝土，替代原来的常态混凝土垫层的工艺，能明显缩短基础垫层混凝土施工工期，为固结灌浆施工创造有利的条件。同时，因为碾压混凝土比常态混凝土水泥用量少，水化热也就小，可有效地控制基础温差，防止坝基混凝土发生深层裂缝，对温控和施工进度十分有利。例如，百色工程大坝基础垫层就是采用碾压混凝土快速施工技术。2002 年 12 月百色碾压混凝土重力坝基础垫层采用常态混凝土找平后，碾压混凝土立即同步跟进浇筑。由于碾压混凝土高强度快速施工，利用最佳的低温季节很快完成了基础约束区垫层混凝土浇筑(基础固结灌浆安排在高温季节不浇筑碾压混凝土的 6～8 月进行，增加了部分钻孔费用，但对有盖重同灌是有利的)，温控措施大为简化，而且很好地防止了基础贯穿性裂缝。2003 年 8 月钻孔取芯样钻至基岩，芯样中基岩、常态混凝土、碾压混凝土层间结合紧密，强度完全满足设计要求。3 根 10～12m 的长芯样完整无缺，基岩与混凝土层缝面结合紧密。

7.7 高温多雨地区金安桥大坝碾压混凝土施工

7.7.1 工程概况

金安桥水电站位于云南省丽江地区境内的金沙江中游河段上，是金沙江中游河段规划的“一库八级”梯级水电站中的第五级电站，电站总装机 2 400MW。金安桥水电站为碾压混凝土重力坝＋坝后式厂房，坝顶高程 1 424.00m，最大坝高 160m，坝顶长度 640m，共 21 个坝段。拦河坝从左到右为 0 号键槽坝段、1～5 号左岸非溢流坝段、0～5 号坝段，全长 192m，坝顶宽度 12m。6 号左岸冲沙底孔段，坝段长 30m，冲沙压力钢管从厂房安装间下方延伸到下游。7～11 号厂房坝段，长 156m，坝顶宽度 26m。12 号右岸泄洪兼冲沙底孔坝段，紧邻厂房坝段右端墙布置，坝段长 26m，坝顶宽度 21m。13～15 号右岸溢流表孔坝段，坝段全长 93m，坝顶宽度 31m，布置 5 个表孔，采用底流消能。16～20 号右岸非溢流坝段全长 183m，坝顶宽度 12m。

坝后厂房 4 台机采用单机单管引水型式，管径 10.5m，为坝后半背压力钢管，外包 1.5m 厚的钢筋混凝土。电站进水口为坝面立式进水口，进水口高程 1 370.00m。主厂房体型尺为 213m×34m×79.2m(长×宽×高)，安装 4×600MW 混流式水轮发电机组。

大坝混凝土总量 329 万 m^3，其中碾压混凝土 251 万 m^3，常态混凝土 78 万 m^3。大坝混凝土在电站进水口、拦污栅墩、联系梁、门槽、放水孔、闸墩等结构复杂区域为常态混凝土，其他部位为碾压混凝土。坝体混凝土分区以高程 1 350.00m 为界，分为大坝下部和大坝上部，下部为 C_{90}20Ⅲ级配碾压混凝土，上部为 C_{90}15Ⅲ级配碾压混凝土，上游面采用 C_{90}20Ⅱ级配碾压混凝土防渗。根据不同的作用水头，上游面采用不同的防渗层厚度，从大坝下部到坝顶分别为 5m、4m、3mⅡ级配防渗碾压混凝土。

根据坝体混凝土施工需要，工程布置了 2 台 30t 平移式缆机。缆机承担大坝常态混凝土浇筑和大坝金属结构吊装工作。碾压混凝土主要通过胶带机、满管、溜槽、汽车入仓等方式解决。

施工特点、重点和难点如下：

(1)金安桥水电站大坝具有工程规模大、技术复杂、施工强度高、工期紧、影响因素多等施工特点。

(2)由于采用坝后式厂房的枢纽布置格局。坝身孔口多达 12 个，分别布置 5 孔泄洪表孔、3 孔冲沙泄洪底孔、4 孔厂房进水口。厂房坝段施工是控制本工程大坝混凝土施工进度的关键线路，特别是引水压力钢管安装与混凝土浇筑交叉或平行作业，干扰大，安装精度和质量是施工的重点和难点。

(3)坝体内的纵向、横向廊道布置多，大致按基础层、高程 1 297.00m、高程 1 320.00m、高程 1 359.00m、高程 1 388.00m 布置 5 层廊道，纵横交错，廊道累计长度超过 5 000 延米。廊道模板主要采用预制混凝土模板型式，但是大量的预制混凝土模板吊装给碾压备仓带来一定难度，备仓周期长，廊道分割对形成大仓面连续施工也带来不利影响。碾压混凝土重力坝的廊道布置和优化值得工程设计的进一步优化。

(4)坝体不分纵缝,碾压混凝土采取通仓薄层摊铺浇筑,浇筑仓面大,强度高(2007 年 12 月碾压混凝土最高强度达 22.43 万 m^3),高峰持续时间长。除保证混凝土拌和能力外,混凝土出机口温度控制要求严,运输入仓强度高,缩短碾压混凝土层间间隔时间,加强仓面喷雾保湿、覆盖养护、冷水冷却是施工生产的重点。

根据工程的施工特点、重点和难点,从玄武岩骨料碾压混凝土配合比优化、坝体材料分区、运输入仓方案、仓面分区规划、层间结合质量、温控防裂等方面进行了科学合理的优化,保证了度汛等重大节点工期目标的按期实现。

7.7.2 碾压混凝土配合比优化

1.玄武岩骨料碾压混凝土特性

碾压混凝土配合比设计在碾压混凝土筑坝中占有举足轻重的作用。各项经济技术指标科学合理的配合比是碾压混凝土施工和大坝质量的基础保证,也是碾压混凝土快速筑坝的关键技术之一。

金安桥大坝碾压混凝土采用玄武岩骨料,前期设计单位、有关科研单位以及施工单位在混凝土配合比试验中均发现,金安桥工程混凝土使用的玄武岩骨料,有别于其他骨料。玄武岩骨料密度大,表面粗糙,具有很强的吸附性。由于玄武岩骨料特性,导致混凝土用水量急剧增加,单位用水量比一般灰岩骨料碾压混凝土用水量高 20～30kg/m^3,Ⅲ级配、Ⅱ级配混凝土表观密度分别达到 2 630kg/m^3 和 2 600kg/m^3。其性能与百色、官地工程使用的辉绿岩和玄武岩等火成岩骨料碾压混凝土性能十分相近,同样存在着用水量高、密度大的现象。试验中也发现,采用玄武岩人工砂拌制的碾压混凝土拌和物性能很差,液化泛浆慢,主要原因是玄武岩人工砂石粉含量偏低,达不到设计要求的 15%～22%的石粉含量。

2.配合比设计

经过反复大量的试验研究,通过玄武岩骨料碾压混凝土对比试验分析以及现场生产性工艺试验,选定了初步的碾压混凝土配合比。初步配合比控制指标:石粉含量 16%～20%,出机口 VC 值 3～5s,缓凝高效减水剂掺量 1.0%,引气剂掺量 25‱～30‱才能满足含气量 3%～4%的要求。初步选定的配合比从 2007 年 5 月开始应用,在施工浇筑中发现新拌碾压混凝土的可碾性较差,液化泛浆不充分,碾压后的表面经常发生麻面现象,影响层间结合,质量波动较大。分析认为,玄武岩骨料碾压混凝土特性和人工砂石粉含量波动,是影响新拌碾压混凝土工作性的主要因素，加之仓面大，碾压混凝土 VC 值经时损失不可避免，出机口 VC 值按3～5s控制偏大。

根据初期碾压混凝土的施工情况，需要对玄武岩骨料碾压混凝土配合比进行优化调整。首先对石粉含量通过试验进行优选确定，试验结果表明：碾压混凝土 C_{90}20Ⅲ级配石粉含量为 18%，C_{90}15Ⅱ级配石粉含量为 19%，拌和物工作性能良好。采用外掺石粉代砂的方案动态控制，即每班按照实际检测的人工砂石粉含量与确定的石粉含量差额进行石粉代砂计算，减少了石粉含量波动的影响。针对 VC 值经时损失情况，调整出机口 VC 值 1～3s，出机口 VC 值控制以仓面可碾性良好为原则。针对玄武岩骨料碾压混凝土用水量高、液化泛浆差的特性，通过提高缓凝高效减水剂掺量，有效地解决了液化泛浆差的难题。同时对 C_{90}15Ⅲ级配碾压混凝土进行优化，把水泥用量从 72kg/m^{3}降至 63kg/m^3，有效地降低了水化热温升。配合比通过优化后，碾压混凝土拌和物性能明显改善，消除了碾压后混凝土表面容易产生麻面的现象，显著提高了碾压混凝土层间结合质量。金安桥大坝碾压混凝土施工配合比见表 4-46。

7.7.3　坝体材料分区优化

1. 非溢流坝段碾压混凝土材料分区优化

坝体材料分区对碾压混凝土快速筑坝有较大的影响，从大坝温控防裂角度考虑，应尽量降低水泥用量，把水化热温升降低到最低程度。金安桥大坝原设计的《碾压混凝土施工分区及分层图》表明，大坝 0# 键槽坝段、1#～5# 左岸非溢流坝段、16#～20# 右岸非溢流坝段高程 1 413.00m 以下为碾压混凝土，距坝顶高程 1 424.00m的 11m 的范围设计为相同指标的常态混凝土。对原设计的坝体材料分区进行优化，即非溢流坝段碾压混凝土分区范围从高程 1 413.00m 提高至高程 1 422.50m，这样非溢流坝段碾压混凝土分区提高约 9.5m(仅剩坝顶 1.5m 的范围保留原设计的常态混凝土)。碾压混凝土置换替代常态混凝土 3.5 万 m^3。

2. 进水口坝段混凝土材料分区优化

7～10 号坝段为进水口坝段，各坝段宽度为 34m，共布置 4 个电站进水口。原设计 7～10 号进水口坝段碾压混凝土施工到高程 1 366.00m，高程 1 366.00m 以上为常态混凝土。根据进水口结构施工的需要和碾压混凝土施工的便利条件，设计调整碾压混凝土到高程 1 367.80m，碾压混凝土采用汽车入仓方式，减轻大坝常态混凝土浇筑强度高的压力。

进水口坝段高程 1 367.80m 以上到坝顶高程 1 424.00m 为常态混凝土，原材料分区均为 C_{28}25W8F100Ⅱ级配混凝土，混凝土胶材用量 300kg/m^3。若全部浇筑单一的Ⅱ级配混凝土，水泥用量高达 225kg/m^3，结果致使混凝土水化热温升很高，浇筑后的混凝土表面裂缝较多，对结构是不利的。根据国内三峡、李家峡、万家寨、武都等大型水电站厂房坝段压力钢管外围混凝土分区情况，对原混凝土设计指标进行优化。除钢管、孔口、门槽周边 2m 左右范围内钢筋密集的部位浇筑Ⅱ级配 C_{28}25W8F100 混凝土外，其余部位混凝土设计指标调整为Ⅲ级配 C_{90}30W8F100，设计龄期 90d，从而提高了粉煤灰掺量，降低了胶材用量，减少了水泥水化热和混凝土绝热温升。在金安桥工程进行 C_{90}30W8F100Ⅲ级配混凝土配合比优化试验，结果显示，水胶比为 0.47，粉煤灰掺量为 30%，胶材用量从原来的 300kg/m^{3}降至 245kg/m^3，水泥用量也相应从 225kg/m^{3}降至 172kg/m^3。

3. 大坝 6 号、11～15 号坝段碾压混凝土的分区优化

6 号坝段高程 1 387.00m 以下除左冲底孔钢管周围、检修事故门槽周围以外为碾压混凝土，高程 1 387.00m 以上坝面缩窄且布置了检修事故门槽，则均为常态混凝土。11～12 号坝段右泄底孔高程 1 333.00～1 346.50m、检修门槽周围、右泄底孔工作门区域为常态混凝土，除此以外的高程 1 413.00m 以下大体积混凝土为碾压混凝土，大坝高程 1 413.00m 以上由于坝面缩窄且布置了检修门槽，则均为常态混凝土。13～15 号坝段高程 1 393.00m 以下为碾压混凝土，高程 1 393.00m 以上进入表孔闸墩、溢流堰常态混凝土施工。

6 号坝段在高程 1 387.00m 以下的碾压混凝土基本与相邻坝段进行通仓施工。11～15 号坝段在穿越右泄底孔常态区之后通仓碾压到高程 1 393.00m。高程 1 393.00m以上为常态碾压混凝土，其工程量不大，入仓主要靠缆机。大坝混凝土施工高峰主要在高程 1 352.00m 以下施工阶段，如何同步施工，大坝底孔区域的常态混凝土是非常重要的，也是确保碾压混凝土快速、均匀上升的关键步骤。

4. 大坝下游的溢洪道、右泄槽的大体积混凝土的分区优化

在大坝下游的溢洪道和右泄槽基础混凝土中，原设计总量为 67 万 m^3，优化后将 20 万 m^{3}大体积常态混凝土调整为碾压混凝土。并主要采用汽车入仓方式，减少了原方案的门机、塔机的布置，施工设备、模板量大量减少，混凝土水泥用量明显降低，十分有利于温控防裂，并缩短了混凝土施工工期，其技术经济效益也十分显著。

7.7.4 运输入仓方案优化

1. “汽车＋满管溜档”运输方案

碾压混凝土入仓运输历来是制约快速施工的关键因素之一。大坝碾压混凝土运输应以快速、简捷、经济为原则。碾压混凝土运输入仓有多种运输入仓方案，即

汽车运输、皮带机输送、负压溜槽、集料斗周转、缆机或塔机垂直运输等。大量的工程施工实践证明，碾压混凝土采用汽车运输直接入仓是最有效的运输方式，可以极大地减少中间环节，有效控制混凝土温度倒灌回升。

金安桥大坝原施工组织设计中碾压混凝土运输系统布置方案为水平运输，以采用自卸汽车和深槽皮带机供料线为主。垂直运输以采用负压溜槽及缆机为主。由于缆机除吊运常态混凝土外，还用以承担备仓、仓面设备转移、金属结构安装等辅助工作。原混凝土运输入仓方案，大量采用皮带机供料线和负压溜槽等入仓方式，将给碾压混凝土高强度运输过程中皮带机供料线及负压溜槽设计、布置及维护带来较大的困难，而且相互间施工干扰大，运输方案布置繁杂，费时费工，加之国产缆机效率差，采用缆机垂直运输碾压混凝土也与实际施工强度要求不符。金安桥碾压混凝土重力坝具有仓面大、通仓连续铺筑、强度高的施工特点，实际施工中对原运输入仓方案进行了优化，取消了原深槽皮带机和负压溜槽的运输布置方案。碾压混凝土运输优化方案主要采用自卸汽车直接入仓，垂直运输采用箱式满管溜槽输送混凝土。大坝下部高程 1 348.00m 以下碾压混凝土采用自卸汽车直接入仓方式，大坝上部高程 1 348.00m 以上采用自卸汽车＋满管溜槽＋仓面汽车联合运输方案。这样充分利用了自卸汽车运输机动性强、满管溜槽效率高、仓面汽车灵活的优势，满足了大坝碾压混凝土高强度快速施工要求。

2.箱式满管溜槽

满管溜槽是解决垂直运输高效的技术设备，目前碾压混凝土坝的高度越来越高，狭窄河谷的坝体，上坝道路高差很大，汽车将无法直接入仓，碾压混凝土中间环节垂直运输采用满管溜槽进行输送，即“自卸汽车＋满管溜槽＋仓面汽车”，完全替代了以往传统的负压溜槽运输方案。箱式满管溜槽结构设计主要包括四部分：卸料料斗、满管槽身结构、下料出口弯头节、系统支撑结构，箱式满管应解决好卸料料斗形状、槽身截面大小、系统密封及安装部位稳定控制等问题。为了保证混凝土连续下料和达到满管输送的效果，金安桥卸料采用大料斗，卸料料斗容积约 $20m^3$，上口尺寸为 3 400mm×3 400mm，下口尺寸为 800mm×800mm，高度为 3 150mm（为了防止卸料外泄，在上口处三面又加高 400mm 的挡板），卸料料斗壁厚钢板为 8mm，料斗布置在岸坡坝段预留的缺口中，采用 4 根支撑柱通过地脚螺栓与基础连接，箱式满管槽身构件包括标准节长 1.0m、非标准节 0.55m，断面尺寸均为 800mm×800mm。箱式满管槽身每节均采用法兰螺栓连接，拆装均十分方便，其中出口渐变段扩大节安装在弯头节和出口弧门之间。满管溜槽下倾角为 40°～50°，取消了出口弧门和仓面集料斗（原来的负压溜槽在仓面均设集料斗）。自卸汽车通过满管溜槽直接把碾压混凝土卸入仓面汽车中，运输 $9m^3$ 碾压混凝土从卸料斗开始经满管溜槽到仓面汽车接料结束，一般用时 15～25s，十分简捷快速。由于碾压混凝土均为高石粉含量、低 VC 值的半塑性混凝土，令人担忧的骨料分离问题也迎刃而解。箱式满管结构布置如图 7-4 所示。

金安桥大坝为玄武岩骨料碾压混凝土，由于玄武岩骨料硬度大等特性，导致满管溜槽严重磨损，一般输送 3 万 m^3 碾压混凝土满管溜槽底部就被磨穿，故在长满管溜槽中，对底部和两侧边高度 200mm 处，焊接 20mm 厚度的钢板进行加固（或者选用耐磨钢板加工制造满管溜槽）。箱式满管溜槽系统分别布置在大坝左岸高程 1 360.00m、高程 1 424.00m 及右岸高程 1 400.00m、高程 1 424.00m 处。单条箱式满管设计输送能力为 $500m^3/h$。箱式满管实现碾压混凝土的快速运输，VC 值损失小，对提高层间结合十分有利，彻底解决了碾压混凝土垂直运输难题，在实际浇筑中，满管运行状态平稳。金安桥大坝将自卸汽车与箱式满管匹配使用，输送混凝土约 70 万 m^3，输送强度和质量非常理想，为碾压混凝土快速筑坝运输入仓技术提供了宝贵经验。

7.7.5 仓面分区与快速施工

碾压混凝土仓面分区原则主要根据大坝结构、布置型式、拌和系统强度、浇筑高程、浇筑设备能力、坝段的节点形象要求，以及运输入仓方式进行合理的仓面分区。

针对金安桥大坝碾压混凝土施工强度大、工序衔接紧密的特点，采用大仓面连续快速浇筑，可以充分发挥碾压混凝土机械化快速施工的优势，在满足层间间隔时间要求的前提下，仓面越大，施工效率越高。由于目前碾压混凝土摊铺碾压基本全部采用斜层平推法碾压施工，金安桥的施工经验，只要条件允许，尽量把若干坝段和仓面并成一个仓面。这样可以有效减少模板量，实现了流水循环作业，均衡施工，充分发挥碾压混凝土快速施工的优势。根据坝体混凝土温控分区图和施工方案，金安桥大坝碾压混凝土施工分层，升层高度一般按照 3.0m 进行控制。为满足 2008 年度汛要求，在左岸 6 号及右岸 12 号底孔坝段最大升程达到 9m。大坝 5～18 号坝段 1 348～1 352m 高程全线合并为一大通仓施工，仓面面积达到了 2 万 m^2 以上（425m×55m），单仓浇筑碾压混凝土 4.2 万 m^3。

7.7.6 层间结合关键技术

1.影响层间结合的因素

层间结合质量在碾压混凝土施工中十分重要，直接关系到大坝的防渗、抗滑稳定性。碾压混凝土现场质量控制也是层间结合的重点。影响层间结合的因素较多，如配合比、VC 值、石粉含量、凝结时间、缝面砂浆摊铺、碾压层时间间隔、层间处理等。当新拌碾压混凝土性能满足可碾性、液化泛浆的要求后，为了确保混凝土层间结合良好，应严格控制层间间隔时间。混凝土缝面在冲毛处理并经监理验收合格后，在摊铺碾压混凝土前均先铺一层 15cm 砂浆层（砂浆强度等级比碾压混凝土高一级），然后立即在其上摊铺碾压混凝土，并应在砂浆初凝以前碾压完毕。碾压层碾压混凝土采用大仓面薄层连续铺筑：碾压层厚度一般为 30cm，摊铺厚度约为 34～36cm。碾压混凝土施工中，上、下层碾压混凝土间隔时间越短，连续铺筑层面（热缝）的层间结合质量和层间的黏聚力就越好。层间间隔时间主要控制上、下层连续铺筑允许时间，即层间（热缝）铺筑时间小于初凝时间：使碾压后的混凝土表面全面泛浆、有弹性，保证上层骨料嵌入已碾压完成的下层碾压混凝土中，这样就能有效提高层间结合质量和抗滑稳定性能。如果间隔时间超过了下层碾压混凝土初凝时间，失去塑性，就会产生冷缝，冷缝即施工缝，需要采取摊铺砂浆等措施进行层面处理。各碾压层混凝土碾压按规定的碾压参数进行控制，及时检测并根据混凝土表面泛浆情况和核子密度仪检测结果决定是否增加碾压遍数。对于碾压层出现的不泛浆、毛面、骨料集中、冷缝等情况及时采取措施进行处理，以确保碾压混凝土的施工质量。

2. VC 值的控制是可碾性的关键

VC 值的大小对碾压混凝土的性能有着显著的影响，近年来大量工程实践证明，碾压混凝土现场控制的重点是拌和物 VC 值和初凝时间。VC 值动态控制是保证碾压混凝土可碾性和层间结合的关键。金安桥碾压混凝土根据不同季节、时段、气温变化随时调整出机口 VC 值，白天控制出机口 VC 值为 1～3s，仓面 VC 值按 3～5s 控制，夜晚控制出机口 VC 值为 2～5s，出机口 VC 值按下限控制，在满足现场正常碾压的条件下，出机口 VC 值控制以仓面不陷碾为原则。

碾压混凝土液化泛浆是在振动碾的振动碾压作用下从混凝土液化中提出的浆体，这层薄薄的表面浆体是保证层间结合质量的关键所在。液化泛浆已作为评价碾压混凝土可碾性的重要标准。碾压混凝土配合比在满足可碾性的前提下，影响液化泛浆的主要因素是 VC 值经时损失和入仓后的碾压混凝土是否及时碾压。

针对金安桥玄武岩骨料碾压混凝土液化泛浆较差的情况，在保持配合比参数不变的条件下，提高外加剂掺量，在外加剂减水和缓凝的双层叠加作用下，降低了 VC 值，延缓了凝结时间，有效提高了碾压混凝土的可碾性、液化泛浆和层间结合质量。

3. 斜层碾压、缩短间隔时间

金安桥大坝往往几个坝段合成一个仓面，面积很大。碾压工艺主要采用斜层碾压。斜层碾压有效减小了碾压混凝土摊铺作业面积，提高了碾压效率，缩短了层间间隔时间。斜层碾压已成为碾压混凝土快速施工的主要方式。斜层碾压主要有以下优点。

(1)可以大大缩短碾压混凝土层间间隔时间,由原来平层碾压的4～6h可缩短到2～4h,对提高碾压层间结合和改变层间结构性能十分有利。

(2)可以采用均衡浇筑强度覆盖面积很大的仓面进行碾压,从而减少大仓面浇筑的资源配置,全面降低设备投入和临建工程费用,从而节省工程投资。

(3) 可以进行大规模的循环流水作业,减少浇筑分块面积过小的影响和模板工程量,在不增加浇筑强度的前提下提高施工效率。采用斜层碾压,完成一个3m升程大于10 000m^2的大仓面,可以比平层碾压提前3d以上完成。

(4) 由于层面间隔时间大大缩短,上层混凝土覆盖快,减少了碾压混凝土浇筑温度回升,同时浇筑面积小,仓面喷雾保温等措施容易实施,因而对高温季节施工具有良好的适应性。

(5)在多雨地区,由于斜面便于排水,浇筑面积小便于处理,从而降低了降雨的影响范围和程度,故也适合在多雨天气施工。

斜层碾压对入仓的碾压混凝土采用斜层平推法摊铺后进行碾压。斜层碾压的具体做法是开仓段先平层铺筑碾压,然后铺筑层自下而上依次缩短进行碾压,从而使新浇筑的混凝土表面形成一个斜面,至收仓端的大部分混凝土按此斜面铺筑碾压,铺筑方法与碾压混凝土平层铺筑法基本相同,收仓端通过几个依次加长的平层收仓。斜层平推的方向原则宜平行于坝轴线,若上下游方向浇筑时,斜层平推碾压方向应从下游向上游方向推进。

斜层坡度、升程高度和碾压层厚度是斜层碾压的三个主要参数,通过选择合适的参数,使层间间隔时间控制在碾压混凝土初凝时间之内。金安桥大坝碾压混凝土施工中,斜层碾压的坡度控制在1∶12～1∶10范围,升程高度3m,碾压层厚度按30cm进行控制,则斜坡的长度为31～36m,按仓面最大分区宽度控制,斜坡面积一般控制在2 000m^2内。

7.7.7 大坝上游面Ⅱ级配防渗碾压混凝土施工

大坝在上游面4～9m范围内为Ⅱ级配防渗层混凝土,是大坝本身防渗的主要部位,必须高度重视该部位防渗混凝土的施工,确保混凝土层间结合质量达到防渗效果。对此采用优化施工配合比,使各项技术指标均满足设计要求。该部位碾压混凝土在施工时,每一碾压混凝土层上面在覆盖上一层碾压混凝土前铺洒2mm厚的水泥粉煤灰灰浆。

(1)水泥浆体铺设全过程应由现场总指挥统一安排,仓内设专人负责该项施工。

(2)水泥灰浆按试验室签发的配料单配制,要求配料计量准确,搅拌均匀,试验室对配制浆液的质量进行检查。

(3)洒铺水泥浆时,做到洒铺区内干净,无积水。

(4)洒铺水泥浆体不宜过早，在该条带卸料之前分段进行，不允许洒铺水泥浆后，长时间未覆盖混凝土。

(5)水泥浆铺设应均匀，不漏铺，沿上游模板一线应适当的铺厚一些，以增强层间结合的效果。

(6)水泥粉煤灰灰浆采用仓面储浆车(与变态混凝土仓面储浆车相同)边铺洒水泥粉煤灰灰浆，边摊铺混凝土，水泥粉煤灰灰浆覆盖的时间控制在初凝时间以内。

7.7.8　大坝温控防裂关键技术

金安桥工程地处云贵高原，坝址区海拔高，具有典型的高原气候特点，昼夜温差大、光照强烈、多风、蒸发量大，近几年来极端最高气温为 40℃，极端最低气温为 −6.2℃，冬、春季寒潮降温频繁，对温控防裂影响较大。同时，由于碾压混凝土采用大通仓且不分纵缝的薄层连续上升的浇筑方式，仓面分区尺寸过大，基岩的约束作用强，容易产生贯穿裂缝。且碾压混凝土温度下降过程缓慢，内外温差引起的内部约束时间长，易产生表面裂缝，甚至引起劈头裂缝，影响大坝结构安全。因此，混凝土温度控制是本工程施工的关键技术问题之一，在施工期间必须对混凝土采取严格的温度控制措施，防止裂缝产生，保证坝体结构的整体性。

1. 温度控制设计要求

金安桥大坝设计要求：大坝混凝土内外温差、允许最高浇筑温度、允许最高温度等。(具体见设计图纸)

(1)混凝土内外温差。按照设计要求碾压混凝土内外温差控制不超过 15℃。

(2)允许最高浇筑温度。按照设计的混凝土温控分区，碾压混凝土浇筑条件为：距基岩面厚度 0～0.2m，浇筑层厚度 3m，浇筑层间歇期 7～10d。一期通水冷却不少于 15d。设计确定的高温期为 4～9 月，允许最高浇筑温度：大坝垫层约束区 17℃，大坝下部区(高程 1 350.00m 以下)20℃，大坝上部区(高程 1 350.00m 以上)22℃。相应 4～9 月碾压混凝土出机口温度：约束区 12℃，大坝下部 14℃，大坝上部 16℃。

(3)允许最高温度。高温期 4～9 月，碾压混凝土容许最高温度为约束区 27℃，大坝下部区 31.5℃，大坝上部区 33℃。

2. 降低混凝土水化热温升

碾压混凝土配合比在满足设计和施工要求的前提下，尽量降低水泥用量和单位用水量，提高粉煤灰掺量，达到有效降低混凝土水化热温升的目的。

金安桥采用 42.5 中热水泥，对中热水泥制定了内控指标：28d 抗压强度 (47.5±2.5)MPa、抗折强度大于 8.0MPa，水化热小于 283kJ/kg，细度小于 $320m^2/kg$，氧化镁含量 3.5%～5.0%，水泥入罐温度不大于 60℃。对供应的二级粉煤灰要求需水量比不大于100%，粉煤灰入罐温度不大于45℃。针对玄武岩人工砂含水率高的问题(含水率高造成加冰困难)，采用掺干砂20%的技术措施有效降低了人工砂含水率。

配合比设计优化采用“两高两低一代”技术路线，即高掺粉煤灰、高掺外加剂，低用水量、低VC值和石粉代砂的技术路线。C_{90}20及C_{90}15Ⅲ级配碾压混凝土粉煤灰掺量分别提高至60%及63%，外加剂掺量提高至1.2%，把原Ⅲ级配用水量从100kg/m^3降低至90kg/m^3，出机口VC值从3～5s降至1～3s，同时采用外掺石粉代砂技术方案，有效降低了碾压混凝土水化热温升，改善了碾压混凝土性能。

通过对原材料的严格控制和配合比优化，从源头上对碾压混凝土水化热温升进行了有效控制。

3.控制出机口温度

(1)混凝土制冷系统。金安桥在大坝下游左、右岸各布置了1座拌和站，共4座拌和楼。左岸拌和系统距坝轴线约2.7km，高程1 220.00m，布置3号和4号拌和楼，两座拌和楼均为2×4.5m^3强制式拌和楼，主要拌和碾压混凝土，铭牌生产强度为500m^3/h。右岸拌和系统距坝轴线约0.75km，高程1 370.00m，布置1号和2号拌和楼，其中1号楼为4×3m^3自落式拌和楼，2号楼为2×4.5m^3强制式拌和楼。该拌和系统以拌和常态混凝土为主。左、右岸拌和系统预冷设施按碾压混凝土出机口温度不大于12℃、常态混凝土不大于10℃进行配置。根据外界气温及混凝土出机口温度要求，可选择骨料一次风冷、二次风冷、加冷水、加冰等不同的组合方式，满足预冷混凝土出机口温度要求。

(2)预冷混凝土。降低骨料温度：为了生产合格的预冷混凝土，需要对混凝土原材料采取降温措施，以降低混凝土出机口温度。根据混凝土出机口温度计算可知，各种原材料中，对混凝土出机口温度影响最大的是石子的温度，石子温度降低1℃，出机口的混凝土温度可降低约0.6℃。对于碾压混凝土，应严格控制成品砂的含水率，对粗骨料进行一、二次风冷，达到满足4～9月高温时段12℃最低出机口温度要求(无法对细骨料进行风冷，因为风冷细骨料容易造成细骨料冻结，不利于细骨料在拌和站皮带机上的运输)。冷水拌和：利用螺杆冷水机组提供的冷水进行拌和，水温降低1℃可使混凝土出机口温度降低0.2℃左右。加冰拌和：利用片冰代替一部分拌和用水，由于片冰在拌和过程中融解，将吸收80kcal/kg的潜热，可进一步降低混凝土的出机口温度，根据计算，每立方米混凝土加冰率为用水量的25%、50%时，可以降低混凝土温度2.8℃、5.7℃(建议尝试采用加干冰拌和的方式达到降温的目的，因为骨料含水量大的情况下，骨料本身的含水量已经达到拌和用水量，造成无法加冰的情况)。

4.浇筑过程温度控制

(1)运输过程中的温度控制：为降低混凝土在运输过程中的温度回升，施工中须加强管理，加快混凝土的入仓速度，减少其暴露时间及倒运次数，以减少运输过程中的温度回升。金安桥大坝碾压混凝土完全依靠自卸汽车运输，在自卸汽车的车厢顶部设置了可以滑动的遮阳苫布，可有效防止混凝土在运输途中的温度回升。自卸汽车运输混凝土从拌和楼到大坝层面一般为 15～20min，统计表明，碾压混凝土的温度回升一般为 0.6～1.1℃。

(2)浇筑过程温度控制。加快仓面碾压速度：在施工中，严格控制碾压混凝土运输时间和仓面浇筑层间覆盖前的暴露时间，减少温度倒灌，加快混凝土入仓速度和覆盖速度，降低混凝土浇筑温度，从而降低坝体最高温度。碾压混凝土入仓后及时平仓，及时碾压，金安桥大坝碾压混凝土浇筑主要采用连续上升的斜层碾压方式，碾压混凝土从出机到碾压完毕一般控制在 4h 以内，层间间隔时间控制在 6～8h 范围。

喷雾降温保湿：白天干燥或高温时段，为改善可碾性、防止混凝土初凝和温度倒灌，碾压混凝土在推铺和碾压过程中，采用喷雾枪在仓面上空喷水雾，一是起到保湿作用，防止混凝土表面发干变白；二是有效改善仓面小气候，可以降低仓面温度 4～6℃。

覆盖洒水养护：对每一条带碾压完成经检测达到密实度要求的收仓面，立即覆盖聚氯乙烯卷材。碾压混凝土终凝后即开始洒水养护，对已浇混凝土进行不间断洒水养护保持仓面潮湿，洒水养护持续至上一层碾压混凝土开始浇筑为止。

通过运输、浇筑过程中的各种温控措施，控制混凝土温度从出机口至碾压完成温度回升不大于 5℃，基本控制碾压混凝土浇筑温度不超过设计要求。

5. 大坝通水冷却

(1)冷却水管布置：坝体碾压混凝土冷却水管布置，水平间距上游防渗区为 1.0m，防渗区以外 1.5m，垂直间距均为 1.5m。冷却水管采用专用 HDPE 塑料水管，冷却水管铺设顺碾压条带进行。每层冷却水管均铺设在开仓面第一个碾压层面上，采用钢筋 U 形卡固定，未覆盖碾压混凝土前，严防机械碾压。冷却水管按要求的间排距埋设，距上、下游坝面 1.0～1.5m，水管距缝面、坝内孔洞周边 1.0～1.5m，单根管路总长不大于 300m。冷却水管管头根据冷却管路设计及引管规划引入廊道或坝后，排列有序，做好标记，管口妥善保护，防止堵塞。

(2)一期通水冷却：一期通水冷却是削减混凝土水化热温升的有效措施之一，以削减混凝土内部水化热峰值。根据观测资料，碾压混凝土最高温度一般出现在混凝土浇筑后第 4 天至第 9 天。

一期通水分为直接通江水与 10℃制冷水。低温季节可直接通河水，高温季节须通制冷水，冷却水必须回收，冷却水与坝体混凝土温差不超过 25℃，坝体降温幅度不得大于 1℃/d，一期通水流量控制在 1.2m^3/h 左右。从混凝土开始浇筑时通水，冷却水每 24h 换向一次，使坝体混凝土冷却均匀。一期通水采取动态控制，在混凝土内部温度处于上升阶段时，应加强其内部温度监测，必要时可加大通水强度或降低制冷水温度，以确保混凝土内部温度控制在设计允许的范围内。同时，当混凝土内部温度达到其峰值后，可适当放宽通水要求，避免出现不必要的超冷。一期通水时间为20d左右，一般可以削减2～4℃最高温度峰值。

7.7.9 碾压混凝土仓面施工及管理

1.一般规定

(1)对碾压混凝土施工现场管理、操作人员进行全面培训。

(2)碾压混凝土的施工仓面每班设总指挥长1人，现场施工员2～3人。总指挥长全面安排、组织、指挥、协调碾压施工，对其质量、进度、安全负责，总指挥长遇到处理不了的问题，应及时向上级部门反映，以便尽快解决。

(3)质检部门、试验室现场值班人员应佩戴袖标上岗，对施工过程中的质量进行监督。检查及抽样检验，并按规定填写记录。现场试验结果及时反馈。

(4)除施工总指挥长和现场指挥员外，其他人员不能在仓面直接指挥生产。各单位人员及领导在仓面或施工过程中发现的问题及做出的决定和意见也应通过仓面总指挥实施下达。

(5)所有参加碾压混凝土的施工人员，都必须遵守现场交接班制度；坚守工作岗位，按规定做好施工记录；临时离开工作岗位须经总指挥长同意。

(6)仓面上施工的所有设备、检测仪器工具，在暂不施工时均应停放在不影响施工或现场指挥员指定的位置上，进入仓面的其他人员，行走路线或停留位置不得影响正常施工。

(7)仓面施工的整个过程均应保持仓面的干净，无杂物、无油污。凡进入碾压混凝土施工仓面的人员都必须将鞋子黏着的泥土、油污清除干净，禁止向仓面抛投任何杂物(如烟头、火柴棒、碎纸、塑料袋等)；施工设备尽量开出仓面加油(若由于条件限制非得在仓面加油，必须采取措施，不得污染仓面)，质检人员负责监督和检查。在碾压混凝土不断上升的模板施工中，立模人员必须把木屑、马丁或钉子等及时清除仓外，以免影响混凝土质量和损坏入仓汽车的轮胎。

(8)仓面上必须有通信联系设施，保证其仓面与拌和楼及有关部门的畅通联系。

(9)仓面因某种原因需拌和楼暂停拌和混凝土或放慢拌和速度时，由总指挥长及时通知拌和楼值班负责人。

2.卸料与平仓

(1)大坝迎水面8～15m范围卸料平仓方向与坝轴线平行。

(2)平仓厚度由碾压混凝土的浇筑仓面大小及碾压厚度决定，每一升层的厚度根据仓面面积和入仓条件决定。每次碾压混凝土浇筑前，应用油漆在上下游模板上按水平距离每隔10m画出分层平面的高度线。

(3)汽车在碾压混凝土仓面行驶时，应平稳慢行，避免在仓内进行急刹车、急转弯等有损已施工混凝土质量的操作。

(4)汽车在仓面的卸料位置由仓面现场指挥持旗指定，司机必须服从指挥，卸料方法采用二次卸料，卸在平仓条带上。

(5)必须严格控制靠模板条带的卸料与平仓。

(6)卸料堆边缘与模板距离不应小于0.3m。与模板接触带采用人工铺料，反弹后集中的骨料必须分散开。

(7)卸料平仓时应严格控制Ⅱ级配混凝土和Ⅲ级配混凝土的分界线，其误差不得超过30cm。

(8)为减少骨料的分离，卸料平仓必须做到：车卸料后，卸料周边集中的大骨料由人工分散到料堆上，不允许继续在未处理的料堆附近卸料；平仓机平仓时，出现在两侧集中的骨料，由人工分散于条带上。

(9)卸料平仓宜采用串联链式作业方法，一般按下列顺序进行：每层起始条带，第一汽车的卸料位置应距模板边1.5m，距边坡基岩6m，卸2～3车料后，平仓机将混凝土拌和物推至距边坡基岩4m(常态混凝土分界边线)处，达到平仓厚度。平仓机驶上新摊铺的混凝土面层，调头并退到后部。汽车每次驶上混凝土坡面卸料。汽车卸料后，平仓机随即开始按平仓厚度平仓推进混凝土，前部略低。

(10)仓面平仓作业后，要以人工辅助摊铺，主要要求做到平顺，没有显著凹凸起伏，不允许有较大的高差，尤其严禁整个仓面向下游倾斜。

3.碾压

(1)BW202AD大碾、BW75S小碾碾压作业程序根据工艺试验确定。振动碾作业的行走速度采用1～1.5km/h。

(2)大坝迎水面8～15m范围碾压方向平行于坝轴线。

(3)碾压作业要求碾压条带清楚，走偏误差应控制在10cm范围内，相邻碾压条带必须重叠15～20cm，同一条带分段碾压时，其接头部位应重叠碾压1～2m。

(4)两条碾压带间因碾压作业形成的高差，一般应采取无振慢速碾压1～2遍做压平处理。

(5)每次碾压作业开始后，应派人对局部大骨料集中的片区，及时摊铺碾压混凝土拌和物的细料，以消除局部骨料的集中和架空。

(6)碾压混凝土从拌和至碾压完毕，一般要求2h内完成，不允许入仓或平仓后的碾压混凝土拌和物长时间暴露，以免VC值的损失。

(7)碾压混凝土的层间允许间隔时间必须控制在混凝土的初凝时间以内或者现场试验测定的允许值以内。

(8)碾压作业完成后,试验人员用核子密度仪检测其压实容重。压实容重应大于或等于设计院要求值,当低于要求指标时,应及时通知现场指挥补碾。补碾后仍达不到要求,应挖除处理并查明原因,采取改进措施。核子密度仪在仓面内严格按规范要求进行检测控制。

(9)碾压作业后的碾压层,要求有微浆出露,振动碾滚轮前后略呈弹性起伏,试验和施工人员根据现场碾压作业后的实际情况和VC值的实测值,及时通知拌和楼调整其VC值,并由试验值班人员通知拌和楼试验质控室进行调整。

(10)采用BW75S小碾靠近模板作业时,应及时清理靠模板一线凸出的砂浆或混凝土残余,使混凝土水平面与模板接触密实,小碾距模板的距离控制在2~3cm范围(指横缝)。

(11)模板阴角、混凝土预制块结合部、有钢筋的部位等小碾无法碾压作业时,采用变态混凝土作业法。

7.7.10 高温季节施工

当日平均气温等于或高于25℃时进入高温季节施工,为确保高温季节浇筑混凝土的质量,应从混凝土生产、运输和仓面管理进行精心组织和安排,确保碾压混凝土的浇筑温度不超过设计允许的温度值。

(1)优化混凝土施工配合比,采用高效缓凝减水剂,延长混凝土初凝时间。根据大朝山工程的研究成果和经验,采用高效缓凝减水剂,并进行复合调整试验,将碾压混凝土在环境温度为33~35℃气温下的初凝时间延长到6h以上是完全可以实现的。

(2)混凝土拌和物投料顺序严格按照高温季节工艺试验成果执行,骨料二次风冷时间不得小于设计规定时间(主要通过骨料温度控制)。拌和楼生产混凝土前,拌和楼搅拌机内部采用冷水冲洗,以降低搅拌机结构起始温度,降低混凝土在拌和过程中的热传导。同时,在满足混凝土和易性的情况下,尽量缩短拌和时间,以减少混凝土拌和时产生的机械热。

(3)混凝土运输过程中,对混凝土运输车辆车厢顶部采用彩条布搭设遮阳棚,侧面加设5cm厚的聚乙烯泡沫保温板,以减少因太阳直射引起的混凝土温度回升和VC值损失,视气温情况机口VC值降低1~3s,以保证仓面VC值在5~7s范围内。

(4)根据仓面施工进度实际情况,仓面施工总指挥随时与拌和楼保持联系,使拌和楼生产混凝土强度与仓面施工强度相适应,减少混凝土在仓外等待卸料的时间。

(5)仓面采取喷雾措施,以补偿仓内混凝土表面蒸发的水分,保持仓面湿润,控制并降低整个仓面的环境温度。

喷雾采用喷雾机并根据仓面的大小和喷雾有效覆盖范围合理布置。为加强喷雾效果，喷雾机架高 2～3m，同时控制喷雾强度。

要特别加强上游Ⅱ级配碾压混凝土范围内的喷雾管理工作，采取有效措施，确保该范围内的喷雾雾化充分，强度适宜，并始终处于雾区的笼罩之下。

(6)白天高温时段对碾压混凝土仓面进行分区管理，在完成碾压作业的表面覆盖隔热被。隔热被采用在三峡工程普遍应用的 1.0cm 厚高发泡聚乙烯卷材外包彩条布制成的隔热被。根据三峡测试成果，经保护后的混凝土表面等效放热系数小于 2.21W/(m^2·K)。

(7)在碾压混凝土中埋设冷却水管，进行通水冷却，以削减水化热温升，确保混凝土最高温度不超过设计允许的温度及减小坝体内外温度梯度。

(8)施工过程中，合理安排施工工序和机械设备及人员配置，在早晚夜间低温时段多浇筑混凝土，尽量减少在高温时段浇筑混凝土。

7.7.11　雨季施工

如果浇筑过程中降雨强度 6min 内达到或超过 0.3mm 时，立即停止混凝土入仓作业，已入仓的混凝土尽快平仓静碾压实封面。如遇大雨或暴雨，将卸入仓内的混凝土料堆、未完成碾压作业的条带和整个仓面全部覆盖，待雨后再做处理。在混凝土浇筑过程中降雨强度 6min 内小于 0.3mm 时，则继续浇筑。

雨季施工采取如下措施：

(1)加强和气象部门的联系，取得当地中长期天气预报，并落实收听、记录、发布当日天气预报的工作，以便提前做好生产安排，做好物资和各项准备。

(2)在碾压混凝土施工前要制定好雨季施工措施，并组建专门的防雨队伍，做到分工明确，责任清楚，全面落实雨季施工措施。

(3)按最大仓仓面面积配置防雨覆盖材料，放在仓面备用。在仓面开浇前，在两岸岸坡约高于仓面收仓高程的平台上设临时排水沟，把岸坡雨水引向仓外。在浇筑过程中要准备好工具，做好仓面排水工作。

(4)为监测降雨量大小，现场准备好雨量计进行测量。

(5)拌和楼生产的碾压混凝土拌和物 VC 值适当调大，如降雨持续时间长，采取适当减小碾压混凝土水灰比的措施，具体减小幅度由现场试验室值班负责人根据现场情况确定。

(6)已入仓的拌和料迅速平仓、碾压，严禁未碾压好的混凝土拌和物长时间暴露在雨中(暴露时间不超过 10min)。

雨后恢复施工应做好如下工作：

(1)停放在露天运送混凝土的施工车辆，必须将车斗内的水倾倒干净。

(2)立即排除场内的积水，清理仓面污染物，当符合要求后，即开始碾压混凝土的铺筑施工。

(3)新生产的碾压混凝土 VC 值宜按上限控制。

(4)由质检人员对仓面进行认真检查，有漏碾或碾压不够之处，赶紧补碾，漏碾已初凝而无法恢复碾压者，以及被雨水浸泡强度降低者，予以挖除。

7.7.12 混凝土养护和保护

(1)碾压混凝土施工结束 12～18h 后开始进行洒水养护。对于永久暴露面，采用流水养护至设计龄期。对水平施工层面维持至上一层碾压混凝土开始铺筑为止。养护时派专人负责，同时做好养护记录。

(2)当日平均气温低于 3℃或遇气温骤降(指日平均气温在 2～3d 内连续下降 6℃以上)冷击时，为防止碾压混凝土的暴露表面产生裂缝，坝面及仓面(特别是上游坝面)覆盖保温被，并适当延长拆模时间，所有孔、洞及廊道等入口进行封堵以防受到冷气的袭击(保温材料的选用需经试验确定)。

(3)高气温季节施工过程中，对碾压混凝土仓面进行喷雾保湿，降低仓面环境温度，正在施工和刚碾压完毕的仓面，采取覆盖彩条布保湿的处理措施。

7.7.13 结语

(1)金安桥大坝充分利用碾压混凝土快速施工的技术优势，对快速施工关键技术进行科学合理的优化和技术创新，保证了度汛等重大节点工期目标的按期实现。

(2) 针对玄武岩骨料特性，碾压混凝土配合比设计优化技术路线正确，有效降低了混凝土水化热温升，明显改善了碾压混凝土工作性能。

(3) 坝体合理的材料分区可以充分发挥碾压混凝土快速施工优势，有利于温控防裂，且技术经济效益显著。

(4)自卸“汽车＋满管溜槽＋仓面汽车”运输方案是快捷、高效、灵活的运输方式，有效减少了混凝土温度回升，加快了施工进度。

(5)金安桥的施工经验表明，只要条件允许，尽量把若干坝段并成一个大仓面，可以实现流水作业、循环作业，均衡施工，提高了碾压混凝土施工效率。

(6)碾压混凝土现场质量控制的关键是层间结合，应严格控制出机 VC 值，及时碾压，采用斜层碾压有效缩短层间间隔时间，减少仓面的资源配置，提高层间结合质量。

7.8　严寒干燥地区的龙首拱坝碾压混凝土施工

7.8.1　工程概况

龙首水电站工程位于河西走廊甘肃省张掖市西北部黑河流域莺落峡峡口处，距张掖市公路里程 41km。水电站属中型三等工程，总装机容量 52MW，库容 0.132 亿m^3。龙首水电站主体工程布置设计先进，结构复杂，由左岸重力坝、主河床双曲薄拱坝、右岸推力墩组成，坝顶高程 1 751.50m，最大坝高 80m，坝顶最大弧长 140.84m，坝顶宽 5m，坝底宽 13.5m，厚高比 0.17，坝身设 3 层廊道。整个挡水建筑物采用全断面碾压混凝土施工，碾压混凝土方量 17.6 万 m^3，占混凝土总方量的 84.6%。

龙首水电站坝址区为高地震地区，为典型的大陆性气候，夏季酷热，雨量稀少，蒸发量大，冬季严寒，冰冻期长达 4 个月之久，最大冻土深度 1.5m。多年平均年降水量为 171.6mm，多年平均年蒸发量为 1 378.7mm，年蒸发量是降水量的 8 倍多。年平均气温为 8.5℃，绝对最高气温 37.2℃，绝对最低气温－33.0℃，日温差平均大于 20℃。

龙首水电站工期安排十分紧张，从工程开工到第一台机组发电，要求在 2 年时间内完成。所以，碾压混凝土必须在夏季高温期、低温严寒期进行施工，才能实现总工期目标要求。龙首工程于 1999 年 4 月 18 日开工，2000 年 3 月 11 日碾压混凝土开始施工，10 个月完成 16 个月的工期任务，2001 年 4 月实现了提前半年下闸蓄水的目标。

龙首水电站拱坝碾压混凝土设计龄期采用 90d，设计强度 20MPa，保证率 95%，经计算碾压混凝土配制强度 28.25MPa。碾压混凝土设计强度虽然不是很高，但抗冻等级 F300 却是国内最高的，设计对拱坝耐久性的要求较高。

7.8.2　原材料

(1)水泥：甘肃永登“祁连山”牌 P.Ⅱ42.5 硅酸盐水泥，多次抽检 28d 抗压强度在 53.5～64.8MPa，强度富裕量较大。

(2)粉煤灰：甘肃永昌电厂风选Ⅱ级配粉煤灰，多次抽检平均值为烧失量 5.3%、需水量比 98%、细度 15.8%、三氧化硫 0.6%。

(3)膨胀剂：选用辽宁海城 MgO(氧化镁)，外掺 MgO 以补偿混凝土收缩变形，掺量为胶凝材料的 4.3%。

(4)外加剂：选用 NF 复合缓凝高效减水剂，掺量 0.9%。引气剂 NF－C，掺量按照不同抗冻等级确定。

(5)骨料:龙首碾压混凝土骨料为天然砂砾石,料场位于坝址下游 2km 处,砂砾石储量较大。骨料前期采用传统湿法生产,造成砂中小于 0.16mm 的细粉流失过多,细粉含量仅有 5%。为此,从 2000 年 3 月起,骨料采用干法生产,由于龙首气候干燥,砂砾石处于干燥、松散状态,因此干法生产采取了措施,有效降低了砂石骨料含泥量较大的问题,同时砂的细粉含量提高到 14%。

7.8.3 施工配合比

1.施工配合比优化调整

针对龙首工程碾压混凝土抗冻等级高以及干燥严寒的地域环境对施工造成的不利影响,施工配合比设计技术路线为:

(1)一是选用较小的水胶比,尽量选用较大的粉煤灰掺量,以降低混凝土温升,补充天然砂石粉含量偏低的不足。

(2)采用较小的 VC 值,在碾压混凝土中掺用优质的缓凝减水剂和引气剂,延长碾压混凝土凝结时间,提高含气量,以适应龙首气候干燥蒸发量大的特点,从而有效提高碾压混凝土的层间结合和高抗冻性能要求。

(3)在碾压混凝土中掺加适量膨胀剂氧化镁,补偿混凝土温降收缩变形,减少混凝土温度裂缝。

碾压混凝土生产性试验中碾压混凝土配合比完全按照设计提供的配合比进行,结果表明,碾压混凝土和易性不好,骨料分离比较多,碾压结束后混凝土表面有明显的骨料未被砂浆包裹的现象,碾压混凝土表面泛浆不充分,碾压容重和拌和容重均较小。分析其原因认为,设计提交的配合比中用水量偏低,砂率较小,VC 值大,导致砂浆难以充分包裹粗骨料。从现场碾压情况来看,入仓 VC 值在 8s 以下时,可碾压性尚好,入仓 VC 值在 10s 以上时,可碾性变差,同时也发现混凝土含气量未达到原设计值。

经过建设各方的认真研究分析,认为设计提交的配合比用水量及砂率偏低,同时天然砂中 0~16mm 以下的细小颗粒含量太小,仅有 5%,这些因素是导致碾压混凝土工作性和可碾性差的主要原因。为此,施工单位在设计提交的碾压混凝土配合比参数的基础上,对原设计的配合比进行了优化调整。对Ⅱ级配碾压混凝土的调整集中在提高 α 值和砂浆比 PV,即提高碾压混凝土的浆体含量。对Ⅲ级配的调整集中在提高 β 值,即提高砂浆比例。经计算,Ⅱ级配、Ⅲ级配碾压混凝土的 α 值在 1.41~1.54 之间,β 值在 1.28~1.35 之间,浆砂比在 0.39~0.42 之间。适当地提高碾压混凝土配合比中的浆体比例和砂浆比例,改善混凝土的和易性,有利于引气,提高了碾压混凝土的抗冻性能,同时也改善了碾压混凝土可碾性和层面结合质量。

2.施工配合比参数分析

(1)水胶比:水胶比直接影响碾压混凝土物理性能和耐久性指标,考虑到粉煤灰掺量对碾压混凝土性能的影响,在不改变原设计单位碾压混凝土配合比的前提下,经试验论证,碾压混凝土水胶比Ⅱ级配0.43,Ⅲ级配0.48。

(2)砂率:依据天然砂和卵石骨料孔隙率,碾压混凝土最优砂率调整为Ⅱ级配32%、Ⅲ级配28%。同时将水洗天然砂改为干法生产天然砂,使砂中小于0.16mm的细粉含量提高到14%,有效提高了浆砂比值。

(3)用水量:原设计的Ⅱ级配、Ⅲ级配用水量分别为83kg/m³、78kg/m³,不能适应龙首干燥、蒸发量的R碾压混凝土施工条件。优化后的碾压混凝土施工配合比Ⅱ级配、Ⅲ级配用水量分别为88kg/m³、82kg/m³。夏季高温期为了保证碾压混凝土施工,用水量又分别增加了3kg/m³,即Ⅱ级配、Ⅲ级配用水量分别达到91kg/m³、85kg/m³。

(4)粉煤灰:在满足耐久性抗冻要求的前提下,尽可能提高粉煤灰掺量,拱坝上、下游面Ⅱ级配R碾压混凝土均掺粉煤灰53%,拱坝内部碾压混凝土掺粉煤灰66%,有利于抗裂和降低温升。

(5)浆砂比:在R碾压混凝土配合比设计中人们对浆砂比越来越重视,浆砂比即灰浆绝对体积(包括砂中粒径小于0.08mm的颗粒体积)与砂浆绝对体积的比值。根据近年来全断面碾压混凝土筑坝实践经验,一般浆砂比不宜低于0.42。浆砂比从直观上体现了碾压混凝土材料之间的比例关系,是评价R碾压混凝土拌和物可碾性、液化泛浆、层间结合、抗骨料分离等重要的施工性能指标。经计算,碾压混凝土施工配合比中浆砂比在0.40～0.43。

(6)骨料级配:良好的骨料级配可以获得混凝土最大表观密度,同时还应考虑两方面因素:一是最优级配与天然骨料的平衡;二是碾压混凝土骨料抗分离性能。经试验结果及综合考虑,骨料级配选用Ⅱ级配中石∶小石=60∶40,Ⅲ级配大石∶中石∶小石=35∶35∶30。

(7)VC值:VC值对R碾压混凝土的性能有着显著的影响,施工实践证明,采用小的VC值可以极大地改善碾压混凝土拌和物的工作性,提高可碾性、液化泛浆及层间结合,解决碾压混凝土在干燥、高温、蒸发量大以及严寒等气候条件下不利于施工的问题。针对龙首地区特有的气候条件,研究了碾压混凝土出机VC值与入仓VC值经时间损失关系,为VC值动态控制提供了依据。VC值实行动态控制,出机VC值按0～3s控制,仓面VC值按3～7s控制。

(8)含气量:根据不同的抗冻等级,采用不同的含气量,F300、F200、F100、F50分别控制含气量4.5%～5.5%、4.0%～5.0%、3.5%～4.5%、2.5%～3.5%,相应引气剂NF-C掺量分别为0.45%、0.40%、0.07%、0.05%。为了满足F300抗冻等级要求,碾压混凝土含气量需要控制在4.5%～5.5%范围,致使引气剂NF-

C 掺量很大，达到 0.45%，为常态混凝土的 30～40 倍。分析认为：碾压混凝土为无坍落度的混凝土，本身含气量很低，难以引入空气。含气测定是在模拟碾压混凝土压实状态下测定的，含气量的损失很快，损失量大。高掺粉煤灰，因为粉煤灰对气泡有很强的吸附作用，所以碾压混凝土含气量控制在 4.5%～5.5%时，引气剂的掺量就需要超常量增加。

(9)表观密度：碾压混凝土表观密度，Ⅱ级配 2 400kg/m³，Ⅲ级配 2 420kg/m³。

3. 龙首拱坝碾压混凝土施工配合比

龙首拱坝碾压混凝土施工配合比见下表 7-16。结果表明，采用较小的水胶比和 VC 值，高掺粉煤灰，适当提高用水量和外加剂掺量，能有效地改善碾压混凝土施工性能，使各项性能满足设计要求。

表 7-16　龙首电站碾压混凝土配合比表

工程部位	迎水面 1 736.00m 以上	迎水面 1 736.00m 以下	拱坝内部	重力坝内部
设计指标	C_{90}20F300W8	C_{90}20F200W8	C_{90}20F100W6	C_{90}20F50W6
级配	Ⅱ	Ⅱ	Ⅲ	Ⅲ
水胶比	0.43	0.43	0.48	0.43
用水(kg/m³)	88	88	82	82
粉煤灰(%)	53	53	66	66
砂率(%)	32	32	30	30
减水剂 NH－A(%)	0.9	0.9	0.9	0.9
引气剂 NF－C(%)	0.45	0.40	0.07	0.05
MgO(%)	4.3	4.3	4.3	4.3
仓面 VC 值(s)	3～7	3～7	3～7	3～7
含气量(%)	4.5～5.5	4.0～5.0	3.4～4.5	2.5～3.5
表观密度(kg/m³)	2 400	2 400	2 420	2 420

7.8.4　干燥高温期的碾压混凝土施工

1. 碾压混凝土温度控制措施

2000 年 3 月 11 日，龙首水电站主坝碾压混凝土开始浇筑，施工现场证明，由于干法生产的天然砂细粉含量较高，采用小的 VC 值，新拌碾压混凝土可碾性好，液化泛浆充分，一般碾压 3～4 遍时就充分泛浆。

龙首工程在 6 月以后，坝址区白天气温很高，最高气温达到 38℃，骨料的自然温度在 35℃左右，河水温度在 17～19℃。拱坝和重力坝要求浇筑温度控制在 20℃

和 24℃内，所以碾压混凝土的出机口温度需要控制在 16℃以下，并且使仓面温度降至 30℃以下才能满足浇筑温度要求。

为了有效控制混凝土温度，在拌和厂设置了制冷水系统和供热系统，通过这两个系统在高温期来降低混凝土出机温度，在低温期升高混凝土出机温度。

(1)控制骨科温度。原材料温度对碾压混凝土出机温度影响很大，而骨料在混凝土中占有很大比例，控制骨料温度可以有效地降低混凝土温度。因此，骨料降温采用防晒棚、冷水喷淋和冷却水管三种措施。

河西走廊昼夜温差大，白天阳光照射的地表温度可达到 45℃以上，表层骨料的温度可达到 40℃左右。为此，对露天堆放的骨料在骨料仓上搭设了防晒棚，同时在棚内还布置了冷水喷淋 V 装置，此方法有效地降低了棚内的温度和表层骨料的温度，实践证明，可使骨料温度降低 8～11℃。

另外，在成品骨料仓和配料仓内布设了供气(水)排管，排管均用 $d=108$mm 钢管焊接组成。布设排管的目的在于高温期通入 1～3℃的人工循环冷水，对骨料进行冷却降温，低温期通暖气提高骨料温度。

骨料在运输过程中由于受气温影响，在运输成品骨料的皮带机上均搭设了防晒(高温期)保温棚(低温期)，棚内设置管路，夏季通冷水，冬季通暖气。

(2)控制胶凝材料温度。水泥和粉煤灰储料罐罐体露天在阳光照射下，其表面温度均可上升到 45℃左右。为了防止水泥和粉煤灰温度升高，在储料罐外围搭设了遮阳棚，并在储料罐下部锥体部分上，用 $d=38$mm 的硬质塑料管紧密缠绕且外用保温被将硬质塑料管包裹严密，然后在管内通人工制冷循环水，达到降低胶凝材料温度的目的。

(3)控制拌和用水温度。龙首工程混凝土拌和用水采用黑河河水，河水主要来源于祁连山的雪水，高温期水温在 17～19℃，低温期水温在 0～3℃。混凝土的出机温度在高温期要求小于 16℃，低温期要求大于 10℃，在高温期主要通过制冷厂将河水进行冷却，使其温度达到 3℃以下。

(4)控制运输、平仓、碾压过程中的温度回升。龙首工程由于受施工道路等条件限制，碾压混凝土运输采用 3 种方式入仓，即汽车直接运输入仓、汽车运输负压溜管入仓以及汽车运输缆机吊罐入仓。在高温期如何缩短碾压混凝土出机到入仓的碾压时间也是温度控制的关键，为了防止太阳照射温度回升，采用了在自卸车和负压溜管设置遮阳棚，同时对运输车上的碾压混凝土加盖保温被的方法，降低了碾压混凝土水分蒸发和表面失水泛白现象。严格缩短运输时间，控制碾压混凝土自拌和楼出机到仓面完成碾压尽量不超过 2h。

(5)喷雾、覆盖保湿降温措施。碾压混凝土仓面喷雾的作用有以下 3 个方面：一是对仓号碾压混凝土进行增湿保水，防止碾压混凝土表面发干变白而影响碾压混凝土内在质量。二是改变仓面小气候，形成雾化区，使仓面温度降低，湿度增大。

三是对老混凝土面进行喷雾湿润，加强层面结合质量。

由于龙首地区气候特点，碾压混凝土料下至仓内后，表面极易发干变白，在这种情况下，先采用喷雾保湿降温，然后再进行碾压，否则，发干变白的骨料就容易被压碎，并造成层面一直不泛浆。喷雾作业要与仓面覆盖相结合。通过现场试验，选用麻袋作为仓面保湿覆盖材料，由于麻袋有良好的吸水功能，它能够保证仓面实施连续喷雾，仓面碾压混凝土不会因连续喷雾而产生积水现象，有效改善了仓面小气候，降低了仓面气温，保持了碾压混凝土表面水分。

喷雾通常有3个时机：第一是铺浆前喷雾，目的是湿润底层碾压混凝土表面，有利于层面结合。第二是碾压混凝土摊铺过程到碾压前的喷雾，改善干燥蒸发量大造成碾压混凝土表面失水发干、发白的现象，降低入仓VC值损失大的不利影响，实施增湿补充水分的操作，此时喷枪要向上喷，以使雾化区能笼罩整个碾压混凝土作业面，使得整个碾压混凝土表面保湿均匀。第三是对碾压好的碾压混凝土面实施喷雾，主要目的是降低仓面温度，保持整个碾压混凝土表面湿润，这时要结合仓面覆盖，实施连续喷雾，喷枪要向上喷，使仓面雾化区最大化。在整个喷雾作业中，还要注意天气变化，在夜间、阴雨天气等情况下，可实施间断喷雾，在高温、白天阳光强烈时，实施连续喷雾。

高温期采用湿润麻袋对碾压混凝土进行覆盖，一是为了防止碾压混凝土水分蒸发；二是防止碾压混凝土受阳光照射及高温影响而温度回升。在碾压混凝土完成碾压或平仓后，对碾压混凝土面进行覆盖，同时根据麻袋中水分的蒸发情况及时喷雾保湿。当下一层碾压混凝土施工时，随铺料条带一边掀起麻袋一边卸料一边覆盖麻袋，很好地解决了干燥高温期碾压混凝土水分蒸发量大的施工难题。

碾压完成的碾压混凝土表面，应该是全面泛浆充分，表面有0.5～1.0cm厚的砂浆层，人走在表面感觉有弹性，说明碾压效果是好的。

2000年6月中旬至9月上旬，白天从11:00至18:00，气温高达26～36℃，采用喷雾和湿麻袋覆盖措施。当气温高达28℃以上时，每5～8min喷雾一次，仓内气温基本保持在19～23℃范围，相对湿度在70%左右，降低了VC值损失，保证了碾压混凝土施工质量。

碾压混凝土温度可以保持在18～26℃，降温保湿效果明显，能有效地保持碾压混凝土表面湿润，同时，湿麻袋覆盖下的温度、湿度满足了碾压混凝土凝结时间的要求。

2. VC值动态控制

龙首工程位于河西走廊，年降雨量稀少，蒸发量是降雨量的8倍，因此在高温期碾压混凝土施工时，碾压混凝土中水分蒸发极快，给施工带来极大的困难。碾压混凝土运输、入仓、摊铺、碾压等过程中水分蒸发、VC值损失快等现象十分严重。VC值的损失将随时间、温度特别是阳光照射而迅速增大，根据现场测试，当碾压混凝土不被覆盖时，VC 值在 90min 内与被覆盖时相差 5～7s。而在仓号中，最直观的表现是仓面碾压混凝土表面发白，这一过程仅在碾压混凝土平仓后 10min 左右出现。

当仓面碾压混凝土的 VC 值较大，振动碾碾压 3 遍后，层面仍不泛浆时，可以用振动碾进行适量补水，再进行碾压，但效果很不理想。现场操作表明，当 VC 值大于 10s 时，碾压效果差，表面有骨料架空和泛浆不充分现象存在。

高温期 VC 值损失增大、水分蒸发是主要因素，因而喷雾覆盖并适当补水是减小 VC 值损失的有效方法。由于风力和日照，混凝土在碾实前失水较快，采用适当补水措施，降低碾压混凝土出机工作度 VC 值，一般 VC 值每增减 1s，用水量相应增减 1～1.5kg/m^3。高温期控制出机口 VC 值在 0～3s 内，仓面 VC 值在 3～7s 内，同时提高碾压混凝土的浇筑速度，尽可能减少转运次数。入仓摊铺后的碾压混凝土及时采取喷雾和覆盖。上述措施明显改善了碾压混凝土的可碾性、液化泛浆，有效提高了层间结合质量。

3. 正常碾压后无振碾压

对碾压完后的碾压混凝土在 2～4h 内，可进行无振碾压 1 遍，这样可以减小仓面微裂缝，延缓碾压混凝土的凝结时间。此方法不但适用于高温期，在其他时期仓面较大、浇筑速度缓慢时，同样可以采用。

7.8.5　严寒期的碾压混凝土蓄热法施工

1. 碾压混凝土蓄热法施工

龙首水电站工程的碾压混凝土在严寒地区施工，龙首工程全年可在常温期施工的时间较短，即每年的 4～10 月，仅有 7 个月，当时建设单位要求提前半年下闸蓄水，因此，施工单位必须利用低温严寒期进行碾压混凝土施工，才能保证提前下闸蓄水目标的实现。11～12 月龙首坝址平均温度为－15～－2℃，如何解决冬季低温碾压混凝土施工是龙首工程面临的新问题。为此，施工单位决定采用蓄热法进行碾压混凝土冬季施工。蓄热法施工主要措施如下：

(1)采用蓄热法提高原材料的温度，保证新拌混凝土出机温度达到规定的温度。

(2)在碾压混凝土中掺一定量的防冻剂，防止混凝土早期受冻破坏。

(3)采用暖棚保证浇筑的基岩面和混凝土层保持正温。

(4)对入仓混凝土施工完后及时覆盖保温，以满足在负温条件下水泥水化反应的需要，保证混凝土强度和耐久性质量。

2. 原材料蓄热法

蓄热法：龙首工程根据施工场地及骨料堆的特点，采用蓄热法对拌和水和骨料加热。

(1)水的加热方法:拌和水用蒸汽加热,将蒸汽导管插入水箱内,水的加热温度控制在40~50℃范围,以防止混凝土假凝。

(2)砂石骨料加热方法:在砂、石骨料堆中埋入蒸汽管,管的直径为$d=$108mm,呈蛇字形排放。在通蒸汽加温时,管壁的热量使周围的空气形成热循环,通过热传递,达到预热砂、石骨料的目的。

保温措施:骨料料仓周边贴有3cm厚的保温材料,外部挂保温被,骨料输送料皮带采用全封闭式,尽量减少骨料的热量损失。

3.碾压混凝土掺防冻剂措施

当气温在-10~-3℃时,为防止碾压混凝土早期受冻破坏,在碾压混凝土中掺入4%的DH_8防冻剂,提高混凝土防冻性能,降低混凝土中拌和用水的冰点,使混凝土液相在一定的负温范围内不冰冻,从而使碾压混凝土不遭受冻害,并保证水泥水化反应能继续进行,使混凝土继续硬化。掺入防冻剂的碾压混凝土在没有保温措施的情况下,混凝土能免遭冻害,但强度略低于标准养护强度。其结果表明,初始水化反应没有完全进行,也就是说掺有防冻剂的新拌混凝土在负温下向固相硬化发展的速度较慢,因试件体积较小,易受温度影响,但大体积混凝土中受温度影响甚微。

4.碾压混凝土施工保温措施

各种原材料通过预热,拌和物出机温度均在12℃左右,由于外界温度低,在运输过程中由空气及运输机械带走部分温度,使拌和物热量损失较大。拌和站与施工现场的距离约3km,平均每车混凝土入仓时间需30min左右。混凝土入仓时间越长热量损失就越多,所以热量损失的关键在于缩短入仓时间。故混凝土入仓时间宜控制在30min以内,仓面保温措施:根据施工规范要求,基岩面温度必须达到正温方可施工。为此,在施工浇筑的仓面中架设暖棚,采用火炉升温,使仓内温度达到正温,使新浇筑混凝土在外界负温下仍满足强度增长所需的温度。

在低温严寒期,为了防止表层碾压混凝土受冻、水分蒸发和浇筑温度降低,首先采用纤维彩条布覆盖在已碾压或平仓而未及时碾压的碾压混凝土面上,然后用5cm厚的保温被再覆盖在纤维彩条布上,当下层碾压混凝土施工时,随铺料条带边揭边卸料。

混凝土碾压完后的温度,除与运输、碾压过程中的热量损失有关外,还与混凝土入仓后被模板及保温材料吸收去的部分热量有关。混凝土平仓碾压时与空气接触,热量损失较大,最低温度降到3℃。因碾压混凝土高掺粉煤灰,水化热小,早期强度低,故混凝土早期保温必须满足强度增长要求。

对浇筑完成的仓面用保温材料覆盖保温,使原材料中预热的热量及水泥水化热量蓄积在混凝土内部,以获得混凝土早期强度和提高抗冻的能力。

7.8.6　结语

干燥严寒地区的龙首拱坝碾压混凝土的研究与应用：前期龙首碾压混凝土工艺试验及生产性试验发现按照原设计单位提交的配合比进行试验，由于原配合比试验是在气候温和、潮湿的南方地区进行的，配合比的单位用水量、砂率、外加剂掺量、VC 值等参数完全不能适应龙首坝址区多风干燥、温差大、蒸发量高以及严寒期长的气候特点。

龙首工程在恶劣气候条件下的碾压混凝土全年施工，为严寒干燥地区碾压混凝土施工提供了施工经验。

第 8 章　变态混凝土施工技术

8.1　概述

《碾压混凝土坝设计规范》(SL314—2004)规定，变态混凝土是指在碾压混凝土摊铺作业后，在已摊铺的碾压混凝土中，铺洒掺入一定比例的灰浆而形成的富浆混凝土后振捣密实的混凝土。变态混凝土具有一定的坍落度，必须使用振捣器振捣密实。变态混凝土主要运用于大坝防渗区表面部位，模板周边，止水、岸坡、廊道、孔洞、斜层碾压的坡脚，监测仪器预埋及设有钢筋的无法采用振动碾碾压的部位。采用变态混凝土工艺便于碾压混凝土施工，可明显加快碾压混凝土施工进度。

1993 年，我国贵州普定工程坝体首次采用碾压混凝土自身防渗技术，在国内最先打破碾压混凝土筑坝技术中传统“金包银”的防渗结构模式。在坝体迎水面使用骨料最大粒径 40mm 的Ⅱ级配碾压混凝土作为坝体防渗层，与坝体Ⅲ级配碾压混凝土同步填筑，同层碾压。同时在模板边缘、廊道及竖井边墙、岩坡边坡等部位的碾压混凝土中加入灰浆(约为混凝土体积的 4%～6%)，改变成坍落度为 2～4cm 的变态混凝土，再用插入式振捣器振实。普定坝多年挡水运行实践证明，其防渗效果不亚于常态混凝土。20 世纪 90 年代后期至今，碾压混凝土坝基本采用全断面筑坝技术＋变态混凝土的施工工艺，取代了原来“金包银”的施工工艺，极大地加快了工程进度。

碾压混凝土坝的防渗体系先后经历了“金包银”、钢筋混凝土面板防渗、沥青混合料防渗、碾压混凝土自身防渗、变态混凝土防渗等防渗结构型式。在上述各种防渗结构中，“金包银”型式在我国已经基本不用，混凝土面板和沥青混合料防渗也已很少采用。早期的碾压混凝土防渗体系采用“金包银”型式，由于“金包银”2～3m 厚的常态混凝土与碾压混凝土性能存在着较大的差异，两种混凝土强度等级不同，导致混凝土变形、温控、收缩等性能不同，“金包银”的常态混凝土更容易开裂，而且坝体上游面的“金包银”常态混凝土与碾压混凝土往往容易形成“两张皮”现象。所以，“金包银”防渗体系反而更容易形成渗漏。例如，伊朗 2002 年开工建设的 Zirdan 碾压混凝土大坝上游面、下游面采用 2m 厚的常态混凝土作为大坝的防渗结构，即采用“金包银”的防渗体系，尤其是 2m 厚的常态混凝土更容易开裂，大坝防渗实际效果不理想。

随着碾压混凝土快速筑坝技术的不断创新和完善，以及配合比设计的成熟和施工技术的进步，碾压混凝土采用高石粉含量、低 VC 值、富胶凝浆体，已经成为无坍落度的半塑性混凝土，可碾性明显得到改善。因此，碾压混凝土层间结合层(缝)面的抗滑稳定和防渗问题得到了彻底的解决，变态混凝土的应用有效地促进了全断面碾压混凝土快速筑坝技术的快速发展。碾压混凝土坝上游防渗结构普遍采用Ⅱ级配富胶凝碾压混凝土，一般防渗层厚度与水头比值取 1/15～1/12，视坝高的不同，其厚度为 2～10m。Ⅱ级配富胶凝碾压混凝土与变态混凝土（上游坝面模板附近）防渗结构施工方便，质量更易保证。

变态混凝土在碾压混凝土施工过程中，具有机动灵活、简化施工的优势。例如，当碾压混凝土 VC 值波动过大或者过小时，工作度 VC 值超出了规范标准控制范围，已经无法满足碾压施工的要求。针对此情况，不应简单地将这种碾压混凝土作为弃料处理，可将这种碾压混凝土移送摊铺到大坝下游模板、岸坡或廊道等部位的周边，采用变态混凝土施工方式进行处理。

采用斜层碾压时，坡脚往往成为斜坡碾压的薄弱面，坡脚难于碾压密实，在摊铺上层碾压混凝土之前，可对坡脚碾压混凝土铺洒灰浆，采用变态混凝土方式进行处理，效果也很好。

变态混凝土由于受坝体设计和模板施工的制约，其厚度在大坝某些部位呈现越来越厚的趋势。例如，变态混凝土厚度受大坝坡比（一般下游为 1∶0.75，高坝上游下部一般为 1∶0.02～1∶0.3）、模板拉筋等的影响，其厚度从 30cm、50cm 向 100cm 发展，变态混凝土胶凝材料用量大（水泥用量大，水化热大），因此，变态混凝土并非越厚越好，过厚的变态混凝土对温控、干缩及表面防裂是不利的。

变态混凝土施工质量直接关系到大坝防渗性能，所以备受人们关注。变态混凝土的质量控制需要从灰浆配合比、灰浆匀质性、加浆方式（造孔）、加浆量、振捣时间、变态混凝土与碾压混凝土过渡搭接等方面进行规范施工。变态混凝土质量更依赖于灰浆质量、加浆方式和良好、及时地振捣。对灰浆的均匀性、加浆方式应不断进行技术创新，提高变态混凝土的质量。变态混凝土质量的关键还在于仓面施工管理，如果仓面施工组织混乱，施工人员责任心不强，很容易造成加浆不及时、灰浆沉淀、铺浆不均匀、漏振等质量问题。

变态混凝土所用灰浆由水泥、粉煤灰及外加剂加水拌制而成，其水胶比应不大于同种碾压混凝土的水胶比。灰浆的主要特点是稳定性差，由于灰浆的组成材料水泥、粉煤灰的表观密度不同，只要在稍短时间内静止停放，就会自然产生大量的沉淀，导致灰浆上部密度（浓度）明显降低。如果变态混凝土中加入不同密度（浓度）的灰浆，将直接影响变态混凝土水胶比变化。所以，灰浆的匀质性是影响变态混凝土质量的主要因素之一。

变态混凝土具有与常态混凝土相同的坍落度，正常振捣即可泛浆达到密实，拆模后大坝表面光洁、平整、美观。变态混凝土与相邻的碾压混凝土结合良好（克服了“金包银”结构中常态混凝土和碾压混凝土结合差的问题），但其凝结时间明显延长，在低温季节和低温时段，拆模不宜过早。这一点在施工时应注意。

变态混凝土同样遵循水胶比定则。根据多个工程统计，变态混凝土 90d 抗压强度一般为28d抗压强度的160%～171%，180d抗压强度一般为28d抗压强度的229%～246%。变态混凝土的后期强度增幅很大，其增长指标大于同抗压等级的碾压混凝土，其强度、耐久性、极限拉伸值等指标一般优于同等强度等级的碾压混凝土。

由于灰浆在变态混凝土中的重要性，对使用的灰浆在工程中均需进行灰浆配合比试验。灰浆配合比试验主要进行灰浆密度、凝结时间、析水率、匀质性及抗压强度等试验，为灰浆的现场拌制提供配合比。国内部分工程变态混凝土灰浆配合比见表8-1。

从表8-1可以看出，灰浆的用水量一般为500～600kg/m^3，粉煤灰掺量为45%～60%，外加剂采用与碾压混凝土相同的缓凝高效减水剂，掺量一般为0.5%～0.7%，灰浆的密度一般为1 600～1 800kg/m^3。灰浆密度是灰浆质量控制的重要指标，主要与水泥和掺合料的表观密度有关，在现场主要是通过泥浆比重计测试灰浆密度，进行灰浆匀质性控制。控制灰浆密度（浓度）的实质是控制灰浆的水胶比，即灰浆的水胶比应不大于同种碾压混凝土的水胶比。

表 8-1 国内部分工程变态混凝土灰浆配合比统计表

工程名称	碾压混凝土设计指标	配合比参数				材料用量(kg/m³)				灰浆密度(kg/m³)
		水胶比	粉煤灰(%)	减水剂(%)	引气剂(%)	水	水泥	粉煤灰	外加剂	
龙首	C_{90}20F300W8	0.45	40	0.7	—	531	401	779	8	1 719
蔺河口	R_{90}200D50S8	0.51	50	0.7	0.007	590	578	579	8	1 755
百色	R_{90}20S10D50	0.50	58	0.6	0.03	550	462	638	6	1 656
招徕河	C_{90}20F150W8	0.48	50	0.6	—	523	545	545	6.5	1 613
龙滩	C_{90}25W12F150	0.40	50	0.4	—	497	621	621	5	1 744
光照	C_{90}25W12F150	0.45	50	0.7	—	523	581	581	8	1 693
	C_{90}20W10F100	0.50	55	0.7	—	574	517	631	8	1 730
	C_{90}15W6F50	0.55	60	0.7	—	594	432	648	7	1 581
金安桥	C_{90}20W8F100	0.52	50	0.5	—	574	552	552	5	1 683
居普渡	C_{90}20W8F100	0.47	55	0.7	—	572	548	669	8.5	1 798
功果桥	C_{180}20W10F100	46	40	0.7	—	558	728	486	8	1 780
喀拉塑克	R_{180}20F300W10	0.44	30	0.7	—	534	850	364	8.5	1 757
向家坝	C_{180}25W10F150	0.42	50	0.4	—	497	592	591	4.7	1 685
官地	C_{90}25W6F100	0.45	50	0.7	—	500	555	555	7.8	1 618
	C_{90}20W6F50	0.48	50	0.7	—	500	521	521	7.3	1 549
	C_{90}15W6F50	0.50	50	0.7	—	500	500	500	7.0	1 507

说明：灰浆按照碾压混凝土体积的4%～6%加浆，即每立方米加浆量为40～60L。坍落度控制在2～4cm。

变态混凝土的加浆量一般为碾压混凝土体积的4%～6%。加浆量与碾压混凝土的VC值有关，VC值越大加浆量也越大，当VC值为3～5s时加浆量一般为6%。

8.2 变态混凝土施工技术

8.2.1 加浆方式

变态混凝土施工质量直接关系到大坝防渗性能。影响变态混凝土施工质量的关键是灰浆在混凝土中的匀质性，而要保证变态混凝土加浆质量的匀质性，加浆方式十分关键。大量的工程实践表明，目前插孔法加浆技术应用比较成熟，已成为加浆的主流方式。加浆方式先后经历了多种方法，主要有表层加浆、分层加浆、掏槽加浆、插孔加浆等不同方式。

(1)表层加浆法。早期的变态混凝土的加浆方式以表层铺浆为主。该方法的优点在于方便性、不干扰仓面施工，但是这种方法不能使灰浆均匀地渗透到混凝土中，振捣后灰浆上浮。

(2)分层加浆法。将碾压混凝土分两层推铺，第一层摊铺约为17cm，在其上铺洒灰浆，然后再铺筑第二层，与碾压混凝土摊铺层平，在其表面第二次铺洒灰浆。采用该方法虽然灰浆铺洒比较均匀，但费时、费力，不利于现场施工组织和提高施工速度。

(3)掏槽加浆法。该方法只能解决一定深度的均匀问题，不能满足变态混凝土浇筑宽度要求，因为掏槽深度、宽度有限，在这样有限的沟槽中加浆，灰浆很难渗透到整个浇筑层中，而且加浆完成后，还要及时对加浆完后的沟槽进行覆盖，人工工作量大。另外，施加振捣时灰浆容易上浮，因此不能满足变态混凝土整个浇筑层均匀性的要求。

(4)插孔加浆法(邮票打孔法)。插孔加浆法是在摊铺好的碾压混凝土面上采用40～60mm的插孔器进行造孔。目前造孔主要采用人工脚踩插孔器进行钻孔，人工造孔费力、费时，效果差，孔深难于达到不小于20cm深度的要求，孔内灰浆往往渗透不到底部和周边，所以造孔深度是影响变态混凝土施工质量的关键。机械化的插孔器是借鉴手提式振动夯原理，把振动夯端部改造为插孔器，在夯头端部安装单杆或多杆插孔器，这样可以有效地提高造孔深度和造孔效率，减轻劳动强度，提高造孔质量和效率。

加入孔内的灰浆在经过约10min的渗透后，底部已经比较均匀，开始振捣后，这些灰浆将会均匀地沿着预留的低约束通道上浮，从而使中上层灰浆均匀分布，变态混凝土质量也容易得到保证。

插孔加浆法一般要求造孔孔深大于20cm，孔间距不大于25cm。

8.2.2　确保灰浆均匀

控制灰浆均匀性和加浆量是变态混凝土施工中一道极其关键的施工工艺要求，直接影响到变态混凝土的质量。为了保证灰浆的均匀性，灰浆要严格按照灰浆配合比进行配制，在施工现场应设置制浆站进行集中制浆，灰浆从开始拌制到使用完毕放置，时间宜控制在 1h 之内，做到随用随拌。

由于灰浆的特性，水泥容易产生沉淀，导致灰浆浓度不均匀。为了防止灰浆沉淀，保证灰浆的均匀性，需要对运输灰浆车的车厢进行技术创新改造，研究在灰浆车厢中安装搅拌器，灰浆车要按照搅拌器工作原理进行技术改造。每次加浆前先用搅拌器对灰浆车厢中的灰浆进行搅拌，灰浆均匀之后，再对已经插孔好的碾压混凝土进行加浆。目前变态混凝土的加浆方式主要是人工现场加浆，无法达到像拌和楼机拌混凝土那样准确的加浆量和均匀性，因此现场加浆作业需要责任心强的员工专人负责，加浆量严格按照碾压混凝土单位体积加浆铺洒，加浆完成后的变态混凝土一般应停 10min，便于灰浆充分渗透到碾压混凝土中，然后开始振捣。

8.2.3　变态混凝土振捣与搭接

根据施工实践，加浆的碾压混凝土的铺层厚度一般与平仓厚度相同，可以减少人工作业量，提高施工效率。为保证变态混凝土的施工质量，可以通过人工辅助进行铺料(现场一般配置微型挖掘机，尽量代替人工操作)。

灰浆应严格按规定用量，在变态范围或距岩面、模板 30～50cm 范围(范围根据设计要求确定)内加浆，混凝土单位体积加浆量的偏差应控制在允许范围之内。加浆量应根据具体要求经试验确定，主要与碾压混凝土 VC 值的大小有关，一般加浆量是按照变态混凝土坍落度 2～4cm 的要求控制。为了保证质量，应准确标定加浆计量用具和对应的加浆面积并精心组织施工。机械加浆有利于控制加浆量，确保灰浆的均匀性。

变态混凝土与碾压混凝土碾压时需要搭接一定宽度，才能保证变态区域和碾压区域的良好过渡结合，强力振捣是保证变态混凝土均匀性、上下层结合以及与碾压区结合质量的必要措施。振捣时应将振捣器插入下层混凝土 5cm 左右，相邻区域混凝土碾压时与变态区域搭接宽度应大于 20cm。在变态混凝土与碾压混凝土的结合部位两种混凝土应交叉浇筑，变态混凝土应在初凝前振捣密实，碾压混凝土应在允许层间间隔时间内碾压完毕，施工时注意采用振动碾对接头部位进行重点碾压处理。

8.3 机拌变态混凝土

大坝碾压混凝土施工中浇筑遇到一些结构复杂部位，要求采用常态混凝土或变态混凝土施工的廊道周边、模板周边等大体积变态混凝土。在不影响碾压混凝土施工的前提下，改用拌和楼直接拌制变态混凝土代替现场加浆的变态混凝土，不但减少了现场变态的加浆量，优化了仓号内的工艺，减少了仓面施工工序的干扰，降低了劳动强度，还极大地加快了施工进度，同时也提高了变态混凝土浇筑的质量。

机拌变态混凝土近年来在棉花滩、百色、龙滩、光照、金安桥等工程已经大量采用。由于碾压混凝土的许多部位采用变态混凝土施工，例如，垫层、岸坡、廊道、上下游表面部位等变态混凝土往往数量大而集中，若按现场加浆的施工方法，加浆工作量过大，劳动强度大，施工进度慢，并且加浆均匀性很难得到保证，直接影响变态混凝土施工质量。因此，在实际施工中，只要施工条件允许，在能够应用汽车运输直接入仓的部位，采用拌和楼直接拌制变态混凝土。机拌变态混凝土是在拌制碾压混凝土时，加入规定比例的水泥粉煤灰灰浆，即每立方碾压混凝土中加 40～60L 灰浆而拌制成坍落度 2～4cm 的常态混凝土。这种机拌变态混凝土施工方便，简化了变态混凝土的操作程序，使变态混凝土的质量更有保证。

8.4 防渗区变态混凝土掺纤维工程实例研究

8.4.1 概述

百色水利枢纽碾压混凝土主坝工程采用辉绿岩人工骨料。辉绿岩人工骨料密度大，为 3.0g/cm^{3}以上，硬度大，弹性模量高，加工难度大，特别是辉绿岩人工砂石粉含量很高，粒径级配较差，需水量比远远高于国内采用的其他种类岩石人工骨料，比一般人工骨料拌制的混凝土多用水 30～40kg/m^3。从石粉对碾压混凝土性能影响的研究中发现，高石粉含量会导致混凝土干缩增大，为改善碾压混凝土迎水面的抗渗、抗裂等性能，在借鉴常态混凝土掺聚丙烯纤维措施的基础上，对迎水面防渗区Ⅱ级配碾压混凝土和变态混凝土进行掺聚丙烯纤维。

众所周知，混凝土是一种优良的建筑材料，它的发展和应用已有 170 多年的历史，具有多方面的优良性能，如抗拉、抗剪、抗冲击、抗爆，但它存在着一个主要缺陷——韧性较差。经多年研究，在混凝土中掺加纤维可提高混凝土的以上性能。目前常用的纤维分为两种：一种是高弹性模量的纤维，包括玻璃纤维、石棉纤维、钢纤维；一种是低弹性模量的纤维，如尼龙、人造丝、植物纤维和聚合物纤维。聚丙烯纤维是一种新型混凝土纤维，被称为混凝土的“次要增强钢筋”，千万根聚丙烯纤维加入混凝土后，能有效抑制混凝土的塑性收缩、龟裂，减少由于混凝土离析、泌水、收缩等因素形成的原生微裂缝的发生和开展，减少原生微裂缝的数量和尺度，显著提高混凝土的极限拉伸、断裂韧性、抗冲击和疲劳性能，分散混凝土的内部应力集中。

8.4.2　原材料

(1)水泥采用业主提供的田东525号中热硅酸盐水泥，检测结果表明，水泥物理和化学指标符合标准。

(2)粉煤灰。试验采用的粉煤灰为业主提供的云南曲靖Ⅱ级粉煤灰和贵州盘县Ⅱ级粉煤灰，粉煤灰检测按照《水工混凝土掺用粉煤灰技术规范》(DL/T 5055—2007)进行，检测结果表明：两种粉煤灰均符合Ⅱ级粉煤灰指标要求。

(3)骨料。细骨料为辉绿岩人工砂，辉绿岩人工砂采用巴马克干法生产，人工砂品质检测及颗粒级配试验结果表明，辉绿岩人工砂细度模数为2.67～2.77，石粉含量为20.6%～21.9%，而且粗细颗粒两极分化，颗粒级配不良。粗骨料为辉绿岩(密度为3.0g/cm^3)人工碎石，采用准Ⅲ级配，骨料最大粒径为60mm。碾压混凝土配合比试验结果表明，采用辉绿岩骨料拌制的碾压混凝土，其准Ⅲ级配、Ⅱ级配的表观密度分别达到2 650kg/m^{3}和2 600kg/m^3。

(4)外加剂。通过试验，碾压混凝土选用浙江龙游五强混凝土外加剂有限责任公司的缓凝高效减水剂ZB－1RCC15，引气剂选用河北混凝土外加剂厂的DH_9。

(5)聚丙烯纤维。试验研究采用四川华神建材有限责任公司生产的“好亦特”牌聚丙烯纤维，规格分别为19mm、8mm、6mm、4mm。聚丙烯纤维品质结果见表8-2。检验结果表明，聚丙烯纤维各项指标合格。

表8-2　聚丙烯纤维品质检验结果表

检测项目	控制指标	检测结果
吸水率(%)	—	无
比重	0.9～1.0	0.91
熔点(℃)	155～165	160～170
燃点(℃)	≥550	590
热传导性能(W/km)	≤0.5	低
酸碱阻抗	0.99～1.01	高
张力强度(MPa)	≥500	560～770
杨氏弹性系数(MPa)	≥3 500	3 500

8.4.3 掺聚丙烯纤维灰浆

掺聚丙烯纤维灰浆由水泥、粉煤灰、外加剂并按比例掺聚丙烯纤维拌制而成。根据有关资料，一般每立方米混凝土掺聚丙烯纤维0.5～1.0kg。本次试验变态混凝土中掺聚丙烯纤维0.8kg/m³，掺纤维灰浆体积按碾压混凝土体积的5%～8%控制，按6%计算，相应聚丙烯纤维在灰浆中的掺量为13.3kg/m³。

掺聚丙烯纤维灰浆采用大坝迎水面碾压混凝土配合比（见表8-3），变态灰浆水胶比0.50，用水量550kg/m³，ZB－1RCC15掺0.3%，聚丙烯纤维13.3kg/m³。灰浆原材料由田东525号中热水泥、曲靖Ⅱ级粉煤灰、外加剂ZB－1RCC15、华神聚丙烯纤维及水组成。

表8-3 大坝迎水面碾压混凝土配合比

设计要求及工程部位	级配	水胶比	砂率（%）	粉煤灰（%）	ZB－1RCC15（%）	DH9（%）	用水量（kg/m³）	表观密度（kg/m³）
R_{180} 20S10D50 迎水面碾压混凝土	Ⅱ级	0.50	38	58	0.8	0.015	108	2 600
	灰浆	0.50	—	58	0.3	—	550	1 653

聚丙烯纤维灰浆掺加微纤维的试验方法是：先将称量好的水泥、粉煤灰、微纤维进行干搅拌，搅拌均匀后再加入水与外加剂，继续搅拌均匀为止。本次试验研究采用19mm、8mm、6mm、4mm等4种不同长度规格的微纤维，进行了聚丙烯纤维灰浆试拌，试验结果如下：

(1)长度19mm微纤维试验情况：加入水与外加剂后，即出现纤维球团，延长搅拌时间，纤维球团仍分散不均匀，有少量直径5～6mm的微纤维团存在，沉淀较慢，存放后纤维附近局部出现水膜，导致19mm微纤维灰浆加入碾压混凝土后依然以球团状存在，进行振捣后，不易分散。

(2)长度8mm微纤维试验情况：加入水与外加剂后，纤维有少量的成团现象，微纤结团直径3～4mm，加入碾压混凝土中后，微纤维分布不均匀，进行振捣后，仍有少量微纤维团存在。

(3)长度6mm微纤维试验情况：加入水与外加剂后，纤维有少量的成团现象。微纤维团直径2～3mm，加入碾压混凝土中，进行人工振捣后，均能分散开，无纤维团存在。

(4)长度4mm微纤维试验情况：加入水与外加剂后，微纤维均能分散到浆液中，分散均匀。

8.4.4 纤维灰浆注浆方法

根据国内碾压混凝土中变态混凝土注浆方式，纤维灰浆掺加方法选用表面打孔注浆法、掏槽注浆法、分层注浆法等3种方式，以比较不同的注浆方式变态混凝土中的纤维分布情况。纤维变态混凝土注浆试验模拟现场碾压混凝土摊铺情况，采用体积长×宽×高为60cm×60cm×35cm的试件箱进行试验。纤维灰浆注浆方法的试验结果分析如下。

(1)不同长度的纤维灰浆及采用3种注浆方式，在变态混凝土中的分布差异很大。长度19mm、8mm的微纤维在变态混凝土中分布都不均匀，长度6mm、4mm的微纤维在变态混凝土中分布比较均匀，说明纤维长度对纤维在混凝土中的分布有较大影响。

(2)打孔法。孔径4cm，孔距10cm，孔深贯通底部。碾压混凝土摊铺厚度35cm，先将孔打好，注入纤维灰浆，然后用碾压混凝土将孔口封堵，用振捣棒振捣至浆液泛出，然后将纤维变态混凝土试件纵向劈开、横向劈开进行观察，混凝土无纤维团存在，由底部往上，孔周围纤维分布多而密集，底部纤维较少，上部纤维较多，中部纤维略少于上部，纤维分布不均匀。

(3)掏槽法。底部铺25cm厚的碾压混凝土，由此厚度处开槽，槽宽15cm，深约15cm，槽与槽间距15cm，注入纤维灰浆，然后用碾压混凝土盖满沟槽，振捣棒振捣至浆液泛出，然后将纤维变态混凝土试件纵向劈开、横向劈开进行观察，碾压混凝土中无纤维团存在，微纤维分散均匀。从槽的纵向来看，槽左、右约15cm范围内纤维较多，15cm以外纤维较少，底部纤维较少，中部、上部纤维较多，纤维分布不均匀。

(4)分层法。底部铺8～10cm厚的碾压混凝土，注入纤维灰浆，铺盖10cm厚的碾压混凝土，再注入一层纤维灰浆，最后用碾压混凝土铺盖至总厚度35cm。然后振捣至浆液泛出为止，将试件纵向、横向劈开观察，碾压混凝土中无纤维团存在，纤维分散均匀，试件由底部5cm以上均有纤维分布(5cm以下纤维较少)，采用分二层纤维灰浆铺浇法，纤维分布基本均匀，好于打孔法、开槽法。

经比较分析，以上纤维灰浆在碾压混凝土中的注浆方式，其底部纤维均分布很少，原因是微纤维本身很轻，振捣后微纤维往上移动。但随着碾压混凝土厚度的增加，微纤维往上移动的阻力增大，移动的数量不断减少，碾压混凝土超过一定的厚度，微纤维几乎无法移动，而只能依靠振捣棒插进拔出时所产生的引导作用而将微纤维带出来。从劈开后的断面观察，均有从下往上斜垂直方向的多条振捣棒拔出时显示的痕迹，振捣从下往上均有纤维分布，并且较多，而振捣棒周围稍远距离却只有少量的微纤维分布，说明这些纤维是依托振捣棒往上抽出时所产生的引导作用而随带出来的纤维，而不是振捣时纤维自身移动的结果。试验研究结果表明，分层法比其他两种方法使纤维分布得均匀，故再次对层间法进行试验。

纤维灰浆采用分层法分二次浇入纤维灰浆，碾压混凝土厚度为30cm，每层摊铺厚度为10cm，人工振捣完毕后，劈开观察，纤维分布基本均匀，但最底部微纤维分布数量较少，局部地方仍有纤维分散不匀，形成某些部位纤维较多，某些部位纤维较少的情况。这与振捣棒之间的距离有关，如振捣棒插孔距离大，这部分混凝土纤维分布就较少，而且不均匀。

为此，又进行了纤维灰浆变态混凝土机械拌和法试验。具体方法是：Ⅱ级配碾压混凝土采用强制式搅拌机拌和 60s 后停机，分别加入不同长度的聚丙烯纤维（4mm、6mm、8mm、19mm）灰浆，继续拌和 30s 后成为纤维变态混凝土，出机观察，拌和物和易性好，纤维分布均匀。把纤维变态混凝土装入试件箱用振捣棒进行振捣，纵向、横向劈开观察，4 种不同长度的微纤维在碾压混凝土中均分布均匀。试验结果说明，掺聚丙烯纤维灰浆在仓面若采用打孔法、开槽法、层间法等 3 种不同的方式注浆，聚丙烯纤维均不易在碾压混凝土中分布均匀，不适宜现场施工。

8.4.5 掺纤维碾压混凝土性能研究

根据上述试验结果，考虑施工的可行性，如何解决在碾压混凝土中掺纤维变态混凝土的均匀性问题又是面临的一个新课题。为此，必须从另一种技术路线出发，先在拌和楼直接把聚丙烯纤维掺入Ⅱ级配碾压混凝土中，把拌和好后的掺纤维碾压混凝土运到施工现场，再加入常规的变态混凝土灰浆，这样就可以保证防渗区掺纤维变态混凝土的均匀性。

防渗区Ⅱ级配掺纤维碾压混凝土试验，采用强制式搅拌机拌和，投料顺序为水泥、粉煤灰、聚丙烯纤维、骨料，先干搅拌 15s，然后加入外加剂溶液和水，再搅拌 60s，出机后即为纤维碾压混凝土。然后，在纤维碾压混凝土中注入常规的变态混凝土灰浆，则成为纤维变态混凝土。观察纤维碾压混凝土和纤维变态混凝土拌和物，纤维分布均匀，拌和物和易性好。防渗区掺聚丙烯纤维碾压混凝土拌和物性能、力学性能、其他性能试验结果见表 8-4、表 8-5、表 8-6。试验结果表明：

（1）和易性。编号 QR－2 纤维碾压混凝土与 QR－1 基准碾压混凝土相比，VC 值增加约 2s，初凝、终凝约延长 53min 和 2h45min，纤维分布均匀，外观无明显变化。QR－4 纤维变态混凝土与 QR－3 基准变态混凝土相比，坍落度无明显变化，凝结时间约缩短 30min，纤维分布均匀，外观略显黏稠。

（2）强度。纤维碾压混凝土和纤维变态混凝土与基准碾压混凝土、变态混凝土相比，7d、28d、180d 抗压强度略有降低，但抗拉强度提高明显。

（3）其他性能。按照设计龄期 180d 进行分析，编号 QR－2 纤维碾压混凝土与 QR－1 基准碾压混凝土相比，抗渗等级从 W10 提高到 W12，极限拉伸值从 0.76×10^{-4} 提高到 0.87×10^{-4}，弹性模量从 36.5GPa 降低到 31.7GPa，干缩率从 4.54×10^{-4} 降低至 4.02×10^{-4}。编号 QR－4 纤维变态混凝土与 QR－3 基准变态混凝土相比，同样，抗渗等级从 W10 提高到 W12，极限拉伸值从 0.78×10^{-4} 提高到 0.95×10^{-4}，弹性模量从 35.1GPa 降低到 32.0GPa，干缩率从 4.70×10^{-4} 降低至 4.01×10^{-6}。

综上所述，掺聚丙烯纤维明显改善了碾压混凝土及纤维变态混凝土性能，提高了防渗区碾压混凝土和变态混凝土的抗渗、抗裂等性能。

表 8-4　掺入聚丙烯纤维碾压混凝土试验参数

试验编号	混凝土种类	水胶比	粉煤灰(%)	砂率(%)	ZB—1_{RCC15}(%)	DHg(%)	VC 值坍落度	水(kg/m^3)	纤维(kg/m^3)	表观密度(kg/m^3)
QR—1	碾压混凝土	0.5	58	38	0.8	0.015	3～8s	106		2 600
QR—2	掺纤维碾压混凝土	0.5	58	38	0.8	0.015	3～8s	106	0.8	2 600
QR—3	变态混凝土	0.5	58	38	0.8	0.015	1～3cm	106		2 600
QR—4	掺纤维变态混凝土	0.5	58	38	0.8	0.015	1～3cm	106	0.8	2 600
灰浆	灰浆	0.5	58	—	0.3	0.003	—	550	—	1 653

表 8-5　掺入聚丙烯纤维碾压混凝土凝结时间、抗压强度、劈拉强度试验成果

试验编号	混凝土种类	水胶比	纤维(kg/m^3)	凝结时间		抗压强度(MPa)			劈拉强度(MPa)	
				初凝	终凝	7d	28d	180d	28d	180d
QR—1	碾压混凝土	0.5		6h35min	12h55min	9.1	14.6	29.7	1.27	2.42
QR—2	掺纤维碾压混凝土	0.5	0.8	7h28min	15h40min	8.3	14.5	28.7	1.29	2.72
QR—3	变态混凝土	0.5		16h00min	22h48min	7.1	13.2	27.0	1.07	2.14
QR—4	掺纤维变态混凝土	0.5	0.8	15h30min	22h25min	7.0	13.0	25.3	1.18	2.61

表 8-6　掺入聚丙烯纤维碾压混凝土极限拉伸、弹性模量、干缩率试验成果

试验编号	抗渗等级	极限拉伸值($\times10^{-4}$)		弹性模量(GPa)		干缩率($\times10^{-6}$)						
		28d	180d	28d	180d	3d	7d	14d	28d	60d	90d	180d
QR—1	＞W10	0.63	0.76	26.7	36.5	−85	−181	−298	−383	−422	−441	−454
QR—2	＞W12	0.67	0.87	20.6	31.7	−65	−162	−259	−343	−382	−394	−402
QR—3	＞W10	0.61	0.78	27.4	35.1	−26	−118	−222	−378	−444	−464	−470
QR—4	＞W12	0.64	0.95	23.6	32.0	−26	−103	−187	−343	−375	−394	−401

8.4.6 小结

(1)防渗区碾压混凝土中掺聚丙烯纤维提高碾压混凝土的抗渗、防裂性能在技术上是可行的。

(2)灰浆中掺入聚丙烯纤维,采用打孔法、开槽法、层间法等不同的方式在碾压混凝土中注浆,聚丙烯纤维均不易在变态混凝土中分布均匀,在灰浆中掺加纤维的方法不适宜现场施工。

(3)防渗区掺聚丙烯纤维碾压混凝土可在拌和楼直接拌制,掺纤维碾压混凝土运至浇筑仓面,在仓面加入常规灰浆,这样变态混凝土中纤维分布均匀,方法简便易行。

(4)试验研究结果表明,掺聚丙烯纤维碾压混凝土和纤维变态混凝土可以有效地提高防渗区混凝土的抗渗、抗裂等性能。

(5)在防渗区碾压混凝土中掺聚丙烯纤维,聚丙烯纤维的掺量、规格等对碾压混凝土性能的影响还需要进一步的深化研究。

推荐的防渗区掺聚丙烯纤维碾压混凝土施工的配合比见表8-7。

表8-7 百色工程防渗区碾压混凝土掺聚丙烯纤维配合比

设计要求	R_{180}20S10D50 碾压混凝土	R_{180}20S10D50 变态混凝土
水胶比	0.50	0.50
水(kg/m³)	106	550
粉煤灰(%)	58	58
砂率(%)	38	—
纤维(kg/m³)	0.8	—
ZB—1RCC15(%)	0.8	0.3
DH9(%)	0.015	0.003
VC值坍落度(s)	3~8	1~3
表观密度(kg/m³)	2 600	1 653
备注		灰浆掺5%~7%

8.5 百色碾压混凝土坝变态混凝土施工

8.5.1 概述

百色主坝碾压混凝土重力坝碾压混凝土浇筑方量为210.4万m³。在施工中,变态混凝土广泛地运用于上游迎水面的防渗部位、两岸坝基垫层混凝土、孔洞周边、模板周边、拼缝钢筋网或无法采用碾压混凝土施工的部位，应用变态混凝土总方量达16.33万m^3左右。根据原设计要求，在百色大坝3～9号坝段基岩面需覆盖一层1.5m厚的常态混凝土垫层，岸坡的垫层常态混凝土与坝体碾压混凝土同步上升。由于两种混凝土的初凝、终凝时间有差异，要做到同步上升有一定难度，同时在实际施工中两种混凝土的同步施工，存在诸多不利的相互干扰因素。为了简化碾压混凝土筑坝施工程序，进一步提高碾压混凝土筑坝速度，把变态混凝土的应用范围优化扩大到岸坡基岩面的垫层混凝土，取消原来1.5m厚的常态混凝土垫层，即3B～4号坝段99.5～123m及8B坝段124.5～132m岸坡基础部位直接浇筑1.5m厚的变态混凝土，与坝体碾压混凝土同步上升。岸坡基础部位采用变态混凝土的部位还有左岸2～3号坝段147～177m及右岸11号坝段163～177m，其岸坡基础浇筑2m厚的变态混凝土，取消原来2m厚的常态混凝土垫层。浇筑岸坡坝基垫层变态混凝土时，先在基岩面上铺洒一层砂浆，再在上面覆盖碾压混凝土料，并且要求做到先碾压坝体碾压混凝土，后加浆浇筑岸坡基础垫层变态混凝土，两种混凝土均应在2h内浇捣完毕。岸坡基岩面变态混凝土施工，达到设计要求厚度后，可直接在其上进行碾压混凝土作业。

通过研究采用插孔加浆新工艺，有利于控制加浆方式及加浆量，对于具备汽车直接入仓的岸坡变态混凝土集中部位及钢筋网部位采用拌和楼直接拌制变态混凝土的方法(机拌变态混凝土)。以前这些部位通常采用浇筑常态混凝土的方法进行施工，采用变态混凝土施工以后大大加快了施工进度。

8.5.2　变态混凝土的施工工艺

1.铺料

变态混凝土在铺料时，若同大仓面碾压混凝土一起直接使用平仓机进行摊铺时，变态混凝土区域往往骨料集中，且局部会高出碾压混凝土大仓面，振实后变态混凝土部位高出碾压混凝土仓面，不利于振捣作业，且易造成变态混凝土的灰浆流失。因此，变态混凝土的铺料采取人工辅助摊铺平整，同时为防止变态混凝土的灰浆流入碾压混凝土仓面，一般要求变态混凝土区域低于相邻的碾压混凝土6～10cm的槽状。

2.插孔和加浆

首先，为了满足变态混凝土所使用部位的物理力学性能，须对变态混凝土所用灰浆进行试验，设计出灰浆中水泥和粉煤灰以及外加剂各种材料用量的配合比及加浆量等参数。其次，为了保证浆液的均匀性，应设置制浆站进行集中制浆，净浆放置时间不宜过长，净浆从开始拌制到使用完毕控制在1h之内，做到随用随拌。

采用的变态混凝土加浆方式是人工现场洒浆，无法达到像拌和楼拌制混凝土那样准确的加浆量和均匀性，因此现场加浆作业要进行严格控制，做到专人负责加浆，使用专门的浆液容器按面积定量、均匀铺洒加浆。加浆方式主要有底部加浆和顶部加浆两种方式。底部加浆就是在下一层变态混凝土层面上加浆后再在其上面摊铺碾压混凝土后进行振捣，用振动力使浆液向上渗透，直到顶面出浆为止，这种加浆方式的优点是均匀性较好，但振捣相对困难。顶部加浆是在摊铺好的碾压混凝土面上铺洒灰浆进行振捣，这种方式振捣容易，但浆液向下渗透困难，不易均匀，且会出现浆体浮在表面的不利状况。

由于传统的顶部、底部加浆方式都存在一定的缺陷，无法保证变态混凝土的质量，为了使净浆能够均匀渗透入碾压混凝土中，并且能够有效控制加浆量，因此改进了插孔器，改水平加浆为垂直加浆方式。一般铺浆前先在摊铺好的碾压混凝土面上用 d=50mm 的造孔器进行造孔，插孔按梅花形布置，孔距一般为 25cm，孔深大于 20cm。然后采用人工手提桶（有计量刻度标志）铺洒净浆，加浆时控制一桶浆液加入既定的加浆孔内，从而达到控制加浆量的目的。插孔器表面要保持光滑，端部必须是子弹头型的锥体，减小摩擦阻力，便于保证插孔插入，使用完后，插孔器表面应及时清理保持干净光亮。

3. 振捣

变态混凝土的振捣一般先于邻近的碾压混凝土上进行，有时也可在周边碾压完后进行。振捣一般采用高频振捣器。振捣一般要求在加浆 15min 之后进行，振捣时间控制在 25～30s，振捣时振捣器插入下层的深度要在 10cm 以上。在与碾压混凝土搭接交错部位要求高频振捣器振捣范围超过搭接范围，使两者互相融混密实。对于变态混凝土与碾压混凝土局部搭接凸出部分，一般采用小型振动碾把搭接部位补充碾压平整、密实。

8.5.3 变态混凝土灰浆配合比

百色大坝变态混凝土所使用的浆液采取集中拌制，制浆站设在右岸坝头，制浆站生产能力为 5.0m^3/h。净浆通过管道从制浆站输送至浇筑仓面，仓面上用机动翻斗车盛装净浆运往使用地点。在摊铺好的 30cm 碾压混凝土层面上人工铺洒净浆。变态混凝土的加浆量通过试验确定，在碾压混凝土中加 6%的水泥和粉煤灰灰浆，即每立方米碾压混凝土中加 60L 灰浆。同时，不同标号碾压混凝土采用不同的灰浆，灰浆的配合比见表 8-8。

表 8-8　变态混凝土灰浆配合比

标号	级配	配合成分(kg/m³)			外加剂(%)
		水泥	粉煤灰	水	ZB－1RCC15
R15	准Ⅲ级配	400	600	550	0.6
R20	Ⅱ级配	462	638	550	0.6

灰浆的现场质控主要通过测试其密度，密度达不到要求的视为废浆。密度控制标准见表 8-9。

表 8-9　变态混凝土灰浆检测标准

项目	变态混凝土灰浆质控指标		备注
标号	R15	R20	采用泥浆比重计检测
密度(g/cm³)	≥1.56	≥1.66	采用泥浆比重计检测

8.5.4　小结

百色碾压混凝土主坝工程，变态混凝土采用插孔法加浆方式，变态混凝土区域的碾压混凝土摊铺采用人工辅助摊铺平整，避免了大骨料集中现象。为防止变态混凝土的灰浆流入碾压混凝土仓面，变态混凝土区域摊铺低于碾压混凝土，形成 6～10cm 的槽状，较好地解决了两种形态混凝土搭接的质量问题。机拌变态混凝土在垫层、岸坡等部位的应用以及对插孔加浆工艺的改进和现场质量的严格控制对其他工程有很好的借鉴价值。

8.6　金安桥水电站变态混凝土施工简介

变态混凝土主要用于大坝碾压混凝土内模板边沿 50cm 处、止水埋设处和其他孔口周边以及振动碾难以靠近的部位等。变态混凝土与碾压混凝土结合部位，用 BW75S 振动碾压实收平，其浇筑随碾压混凝土施工逐层进行。变态混凝土掺用的水泥粉煤灰灰浆配合比设计通过试验确定。

大坝混凝土工程所用水泥粉煤灰灰浆采用集中制浆站拌制，通过专用管道及灰浆泵输送至仓面灰浆运输车上的储浆桶内，储浆桶内设有机械搅拌器。水泥掺合料浆的摊铺采用在以往大坝碾压混凝土施工中成功使用过的方式，即水泥掺合料浆的摊铺速度与碾压混凝土的摊铺速度相适应，仓面铺浆按 2m 一段分段控制。同时，在摊铺过程中对浆液进行连续搅拌，以保证浆液均匀混合。注浆管出口安有流量计量器，以控制注浆量。为防止浆液的沉淀，在供浆过程中要保持搅拌设备的连续运转。输送浆液的管道在进入仓面以前的适当位置设置放空阀门，以便根据需要冲洗排空管道内沉淀的浆液和清洗管道的废水。仓面铺浆系统示意图见图 8-1。仓面铺浆系统由 1 个 $1m^3$ 的储浆桶、高速搅拌机、柴油发电机、自动记录仪及出浆管路、水泥粉煤灰灰浆仓面储浆车等组成。

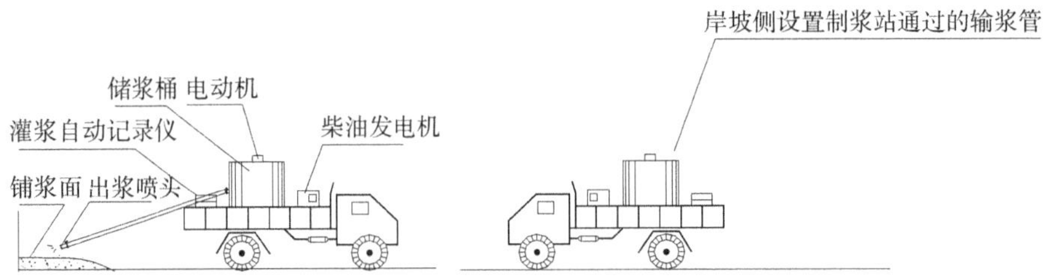

图 8-1 变态混凝土仓面铺浆系统示意图

变态混凝土的铺筑层厚为 34cm 左右，分两层摊铺一次碾压。首先在处理好的层面上水平铺设一层水泥掺合料浆（体积为变态混凝土中规定浆液掺量的一半），然后铺筑第一层碾压混凝土，摊铺好后在碾压混凝土层面上水平铺设另外一半水泥掺合料浆，接着摊铺第二层碾压混凝土。第二层碾压混凝土摊铺好后，采用手持大功率振捣器将碾压混凝土和浆液的混合物振捣密实。层面连续上升时，在浇筑上层混凝土时振捣器深入下层变态混凝土内 5～10cm，振捣器拔出时，混凝土表面不留有孔洞。振捣作业在水泥掺合料开始加水搅拌后的 1h 内完成，并做到细致认真，使混凝土外光内实，严防漏、欠振现象发生。

在大坝上下游止水埋设处的变态混凝土施工过程中，采取专门措施保护好止水材料，该部位混凝土中的大骨料用人工剔除，振捣必须仔细谨慎，防止产生渗水通道。

大坝碾压混凝土与岸坡岩面之间采用变态混凝土连接时，碾压混凝土和变态混凝土按顺序交叉同步上升，先进行碾压混凝土作业，完成后即铺垫一层变态混凝土，且略低于碾压混凝土，人工采用高频振捣器先沿基岩依次向仓内方向振捣，并插入下一层混凝土 5cm 左右。在两种混凝土结合处振捣器垂直插入碾压混凝土中，精心振捣，确保两种混凝土融混密实。两种混凝土结合部位表面用 BW75S 振动碾碾压收平。

第9章 碾压混凝土施工质量控制

碾压混凝土的质量控制是在碾压混凝土施工过程中和施工完成后所进行的与碾压混凝土质量直接相关的各项工作。碾压混凝土的质量控制贯穿碾压混凝土坝建设的各个环节和全过程，以及大坝施工完成后所进行的与碾压混凝土质量直接相关的各项工作。它具有全面性（各项指标）、全过程性（各道工序）、时间性（各种龄期）和各种检测频率等特性。质量控制的关键是要有科学的控制程序、检测手段以及有效的质量保证体系。

由于碾压混凝土大坝的形成具有一次性的特点，其生产过程的检测和控制、使生产始终处于控制状态就显得尤为重要。质量管理保证体系是进行质量检测和控制的重要保障。质量控制的关键是要有一个科学的控制程序和有效的质量保证运行体系。有效的质量保证运行体系对于碾压混凝土相关的每一个环节，都要有专人或机构依照设计或规范要求的标准认真地、严格地负责检测、核准，落实质量保证措施。质量控制的关键是管理到位，“人、机、法、料、环”各个环节中人的因素是第一位的，高水平的质量管理必须形成科学化、规范化、制度化的管理，必须按照招标、投标合同文件条款、规程规范、设计要求进行控制检测，使质量管理落到实处。

碾压混凝土是由水泥、骨料（石粉）、掺合料、外加剂、水等组分按施工配合比拌和、摊铺碾压而形成的一种人工合成的大坝建筑材料。碾压混凝土的使用性能、安全性能、耐久性能和与环境的适应性能都与其质量密切相关。

配合比是碾压混凝土生产质量控制的重要依据。由于原材料、拌和设备、施工环境等因素的影响，实际生产的碾压混凝土拌和物与批准的施工配合比存在一定的差异性。保证碾压混凝土拌和物性能波动控制在允许的范围内，是保证施工质量和硬化后碾压混凝土各项性能指标满足设计要求的前提。

碾压混凝土的检测与质量控制从原材料、拌和、运输、入仓、摊铺、碾压、喷雾保湿、覆盖养护等与多道工序紧密相关。每一道施工工序的质量控制是环环紧扣的，任何一道工序出现问题都影响的不仅仅是后续的工序，也影响整个碾压混凝土的质量，特别是层间结合质量。碾压混凝土的层间结合质量直接关系到大坝的防渗性能、层间抗滑稳定和使用功能，如层间结合质量不合格将造成严重的不良后果。

我国的碾压混凝土施工技术发展很快，筑坝技术已达到坝高200m级水平，许多新技术、新材料、新工艺、新设备已得到广泛应用。为了适应碾压混凝土快速筑坝技术发展的需要，新的碾压混凝土施工规范在内容上重点突出水工碾压混凝土施工的质量和安全，力求反映水工碾压混凝土施工的新水平。碾压混凝土质量控制主要依据《水工碾压混凝土施工规范》(DL/T 5112—2009) 以及招标文件技术条款的有关规定执行。该规范规定，“碾压混凝土拌和物的VC值现场宜选用2～

12s。机口 VC 值应根据施工现场的气候条件变化，动态选用和控制，宜为 2～8s”。同时，取消了碾压过程中对碾压混凝土出现“弹簧土”现象的处理要求。条文说明指出，“只要表观密度能够满足要求，碾压中出现的弹簧土现象有利于层间结合，不必处理”。为了确保人身和环境安全，修订中增加了对核子水分密度仪使用的要求并引入相关标准。

在碾压混凝土施工中，质量检测与控制的方法较多，为实现对碾压混凝土生产全过程、全面的质量检测与控制，采用数理统计分析是最基本的方法。对碾压混凝土施工各工序中取得的质量数据（包括对材料的质量检测结果，生产过程中的生产工艺参数、产品质量参数等)，应采用质量管理图表进行数理统计分析。随着信息化的发展，在碾压混凝土施工和质量控制过程中，应建立健全信息化的施工和质量控制动态管理体系。

我国从 20 世纪 90 年代水利水电工程实行招投标制度以来，工程项目建设中实行了工程监理制，对项目的工程建设实行了全过程的质量监督管理，通过有效的控制、管理和组织协调工作，保证了工程按施工合同目标顺利进行。所以，监理工程师的素质及责任直接关系到工程质量的监督控制。同时，现场试验室在质量控制过程中越来越得到重视，已是极为重要的质量控制技术部门，通过试验检测可以有效进行质量控制和工程质量保证。所以，招标技术合同条款中均对现场试验室专门做了规定。为了切实保证工程质量，项目工程参建各方要切实履行各自的职责，建设单位要充分发挥业主的主导作用，监理单位要依据合同发挥监理的监督和协调作用，施工单位要按照合同承担质量保证作用。

碾压混凝土筑坝技术在快速发展的同时，也存在着不令人满足的质量问题。例如，个别工程碾压混凝土用材不当，施工过程中偷工减料，施工工艺粗放，施工人员质量意识淡薄以及对碾压混凝土筑坝技术知之甚少或皮毛掌握。在碾压混凝土筑坝过程中，工程质量问题和事故均有发生，在发展过程中也有不少惨痛教训。例如，巴西有一座碾压混凝土重力坝蓄水后溃决。有的国家修建的碾压混凝土坝成为病坝，不得不修补处理。我国修建的碾压混凝土坝中也有个别大坝存在着质量问题，特别是在一些支流上修建的高度在 100m 以下的碾压混凝土坝，质量问题较多。个别大坝建成后，透水率大、芯样获得率低、层间结合抗剪性能差，蓄水后大坝严重渗漏，不得不进行大量的灌浆和坝面防渗处理，给工程质量和效益带来损失。

9.1 质量控制标准

碾压混凝土的质量控制是对原材料、配合比、拌和物、运输、碾压浇筑仓面的每一道工序的质量控制与检测。碾压混凝土质量控制主要依据《水工碾压混凝土施工规范》(DL/T 5112—2009)、水电水利基本建设工程单元工程质量等级评定标准

第8部分《水工碾压混凝土工程》(DL/T 5113.8—2012)以及具体工程合同文件技术条款的有关规定执行。

9.2　原材料质量控制标准

《水工碾压混凝土施工规范》(DL/T 5112—2009)对碾压混凝土原材料、配合比、施工质量控制进行了规定。

(1)水泥的品质及检测应符合《通用硅酸盐水泥》(GB 175—2007)、《中热、低热、低热矿渣硅酸水泥》(GB 200—2003)、《矿渣硅酸盐水泥、火山灰质硅酸盐水泥及粉煤灰硅酸盐水泥》(GB 1344—1999)、《低热微膨胀水泥》(GB 2938—2008)等的有关规定。

(2)《水工碾压混凝土施工规范》(DL/T 5112—2009)的相关规定中将矿渣粉、磷渣粉、火山灰等活性材料列入掺合料。各种掺合料的品质及检测应符合《用于水泥和混凝土中的粉煤灰》(GB/T 1596—2005)、《水工混凝土掺用粉煤灰技术规范》(DL/T 5055—2007)、《用于水泥和混凝土中的粒化高炉矿渣粉》(GB/T 18046—2008)、《水工混凝土掺用磷渣粉技术规范》(DL/T 5387—2007)的规定。外加剂品质及检测应符合《水工混凝土外加剂技术规范》(DL/T 5100—2014)的规定。

(3)砂石骨料品质及检测应符合《水工混凝土砂石骨料试验规程》(DL/T 5151—2014)、《水工碾压混凝土施工规范》(DL/T 5112—2009)的相关规定。

(4)拌和及养护用水应符合《水工混凝土施工规范》(DL/T 5144—2015)、《水工混凝土水质分析试验规程》(DL/T 5152—2001)的规定。

(5)《水工碾压混凝土施工规范》(DL/T 5112—2009)中对人工砂中的石粉含量控制标准做了新的补充,将其放宽到10%～22%,并提出最佳石粉含量应通过试验确定。石粉中$d<0.08$mm的微粒有一定的减水作用,同时促进水泥的水化且有一定的活性。此外,还规定了石粉中$d<0.08$mm的微粒含量不宜小于5%。

9.3　混凝土配合比控制

碾压混凝土配合比设计应遵循《水工混凝土配合比设计规程》(DL/T 5330—2015)的规定,满足工程设计的各项技术指标及施工工艺要求。碾压混凝土的配置强度应遵循《水工混凝土施工规范》(DL/T 5144—2015)的规定。

(1)《水工碾压混凝土施工规范》(DL/T 5112—2009)对碾压混凝土配合比的部分参数做出了规定,主要有:水胶比不宜大于0.65;永久建筑物碾压混凝土胶凝材料用量不宜低于130kg/m^3,当低于130kg/m^{3}时应做专题试验论证。这为进一步优化碾压混凝土配合比设计提供了依据。

(2)VC值选用控制标准。VC值的大小对碾压混凝土的性能有显著影响。混凝土VC值的选取，是控制水工碾压混凝土质量的关键指标。《水工碾压混凝土施工规范》(DL/T 5112—2009)规定：碾压混凝土拌和物的VC值现场宜选用2～12s，机口VC值应根据施工现场的气候条件变化，动态选用和控制，宜在2～8s范围内。

(3)弹簧土质量控制标准。《水工碾压混凝土施工规范》(DL/T 5112—2009)中取消了碾压过程中对弹簧土处理的要求，条文说明指出，只要表观密度能满足要求，碾压中出现的弹簧土现象，有利于层间结合，可不必处理。

9.4 质量检测与控制

9.4.1 质量检查目的和内容

碾压混凝土质量检查的目的就是使碾压混凝土最终达到混凝土产品的质量要求。碾压混凝土的质量检查分为两部分：碾压混凝土生产阶段的质量检查和碾压混凝土施工阶段的质量检查。

9.4.2 原材料的检测与控制

1.原材料的检测及质量评定

原材料进行检测的目的是：检查水泥、掺合料、骨料和外加剂的质量是否满足质量标准，并根据检查结果调整碾压混凝土配合比和改善施工工艺，以及评定原材料的生产控制水平。例如，龙滩工程每班测定人工粗骨料的裹粉含量，对超过指标的骨料进行二次冲洗。

根据《水工碾压混凝土施工规范》(DL/T 5112—2009)、《水工混凝土试验规程》(DL/T 5150—2001)的有关规定，碾压混凝土原材料检测项目和检测频率见表9-1。

表9-1 碾压混凝土原材料检测项目和检测频率

名称	检测项目	取样地点	检测频率	检测目的
水泥	细度、安定性、标准稠度、需水量、凝结时间、等级	水泥库	每 200 400t 一次	检定出厂水泥质量
掺合料	密度、细度、需水量比或流动度比、烧失量	仓库	每 200 400t 一次	评定质量稳定性
	强度比或活性指数		必要时进行	检定活性

表 9-1(续)

名称	检测项目	取样地点	检测频率	检测目的
细骨料	细度摸数、石粉和微粒含量	拌和厂、筛分厂	每天一次	筛分厂控制生产、调整配合比
	颗粒级配	筛分厂	必要时进行	
	含水率	拌和厂	每 2h 一次或必要时进行	调整混凝土用水量
	含泥量、表观密度	拌和厂、筛分厂	必要时进行	检验细骨料质量
大石 中石 小石	超、逊径	拌和厂、筛分厂	每班一次	筛分厂控制生产、调整配合比
小石	含水率	拌和厂	每班一次或必要时进行	调整混凝土用水量
	黏土、淤泥、细屑含量	拌和厂、筛分厂	必要时进行	检验小石质量
外加剂	溶液浓度	拌和厂	每班一次	调整外加剂掺量

说明：每批不足 200t 时，也应检测一次。

2. 水泥检测

每批水泥均应有厂家的品质检测报告，应按国家和行业的有关规定，对每批水泥进行取样检测，必要时还应进行化学成分分析。检测取样以 200t 同品种、同标号水泥为一个取样单位，不足 200t 时也应作为一取样单位。可采用机械连续取样，亦可从 20 个不同部位水泥中等量取样，混合取样后作为样品，其总数量至少 10kg。检测的项目应包括水泥强度等级、凝结时间、体积安定性、稠度、细度、密度及水化热等。水泥的质量检验应按现行有关国家标准和行业标准进行。

3. 粉煤灰及其他掺合料的检验

粉煤灰的检验按《水工混凝土掺用粉煤灰技术规范》(DL/T 5055—2007)进行。粉煤灰及其他经批准的掺合料的检测取样以每 200t 为一取样单位，不足 200t 也作为一取样单位。检测项目包括细度、需水量比、烧失量和三氧化硫等指标。对于细度和需水量比，每天至少检查 1 次，连续 10 个样品中，其个别样品的细度与平均值应相差不大于 10%。

4. 外加剂的检测

外加剂的检验按《水工混凝土外加剂技术规程》(DL/T 5100—1999)、《混凝土外加剂》(GB 8076—2008)的有关规定进行。

混凝土所使用的各种外加剂均应有厂家的质量证明书，应按国家和行业标准进行试验鉴定，贮存时间过长的应重新取样检测，严禁使用变质的不合格外加剂。

现场掺用的减水剂溶液浓缩物，以5t为取样单位，加气剂以200kg为一取样单位，对配置的外加剂溶液应有防止沉淀和保证其浓度均匀的措施。每天应检测1～2次，并每班至少检测一次。当浓度变化超过±0.5%时应及时调整溶液掺量。检测合格的外加剂储存期超过6个月的在使用前要重新检测。

5.骨料质量检测

骨料的质量检验按表9-1的规定在拌和楼进行。例如，金安桥水电站检测频次为砂、小石的含水率每4h至少检查1次，其含水率的变化应控制在±0.5%范围内。当气温变化较大或雨后骨料含水量突变的情况下，应每2h检查1次。砂的细度模数、石粉含量每班至少检查1次，当砂子细度模数超出控制中值±0.2时，需调整配料单的砂率。骨料的超逊径、含泥量应每8h检查1次，表观密度每24h检查1次。对称量配料精度每月应进行1次检验标定。

严格控制各级粗骨料超、逊径含量。现场生产的粗骨料主要控制超、逊径和各级石子的含水率。对于骨料超、逊径的检验，当使用原孔筛检验时，其控制标准为超径小于5%，逊径小于10%；使用超、逊径筛检验时，其控制标准为超径0，逊径小于2%。

粗骨料主要应对小石(粒径5～20mm)含水率进行检测，石子含水率的允许偏差为±0.2。小石含水率、VC值和抗压强度测定结果表明，小石含水率波动会引起碾压混凝土VC值和抗压强度波动。

6.水质检测

拌和及养护混凝土所用的水，除按规定进行水质分析外，在水源改变或对水质有怀疑时，应采取砂浆强度试验法进行检测对比。如果水样制成的砂浆抗压强度低于原合格水源制成的砂浆28d龄期抗压强度的90%时，该水不能继续使用。

7.原材料的温度检测

对混凝土原材料温度进行抽检，视温度情况，每班抽检1～2次。

8.石粉含量控制

石粉等对碾压混凝土的均匀性和泛浆性能很重要。大量的试验研究和工程实践证明，石粉已经成为碾压混凝土不可缺少的组成材料。优质的石粉可极大地改善碾压混凝土的工作性和可碾性，有利于层面液化泛浆和层间结合质量的提高，增强碾压混凝土层面的胶结性能，有效提高碾压混凝土的密实性和抗渗性等综合性能。

加工的人工砂石粉含量总是在波动，当石粉含量过低或采用天然砂时，可采用外掺石粉代砂技术措施，有效提高碾压混凝土拌和物性能和施工性能。石粉每增减1%，用水量相应增减1.5kg/m^3左右，VC值约变化1s。一般碾压混凝土石粉含量按照16%～22%进行控制，当人工砂石粉含量在16%～22%范围波动时，用水量相应增减9～12kg/m^3。由此可见，石粉含量变化将直接影响用水量和水胶比变化，进而影响拌和物性能的稳定和硬化混凝土质量。所以，石粉含量需要按照规定范围严格控制。

9.严格控制砂的含水率

砂含水率及细度模数的波动将引起用水量及拌和物性能的变动，应严格控制细骨料砂的含水率和颗粒级配。人工砂的细度模数宜为2.2～2.9，天然砂的细度模数宜为2.0～3.0；使用细度模数小于2.0的天然砂，应经过试验论证。细度模数允许偏差为±0.2，否则应及时调整碾压混凝土配合比。砂约占碾压混凝土组成材料的1/3，其质量在700～800kg/m^3范围内，当砂的含水率波动1.0%时，含水量相应波动7～8kg/m^3，可引起VC值变化3～5s。所以，砂含水率是引起新拌碾压混凝土VC值变化的主要因素之一。因此，应力求砂石骨料表面含水率的稳定，避免骨料的“随筛随用”，在料场设计中要考虑较好的脱水条件和足够的脱水时间。

拌和前含水率一般控制在6%以下，当含水率变化超过±0.5%时，应调整混凝土拌和用水量。对碾压混凝土生产和质量影响较敏感的砂子含水率测定，应力求自动连续进行，以便及时准确调整混凝土用水量，保证混凝土质量。近年来一些工程采用干法生产骨料。例如，龙首工程的天然骨料、百色工程的人工骨料都采用干法生产，很好地解决了小石和砂子的含水量不稳定的问题。

9.4.3　拌和物的检测与控制

1.称量设备校验及拌和均匀性检测

碾压混凝土的称量配料是质量控制的基础性工作，如衡器精度不够或配料不准，则无法对碾压混凝土质量进行控制。碾压混凝土对用水量的控制，较常规混凝土的要求更严。碾压混凝土拌和投料顺序和拌和时间必须按照试验确定的方案进行，每班抽查拌和时间不得少于2次，必要时应对拌和均匀性进行检测。

碾压混凝土拌和物的检测中，规定了用于碾压混凝土的配料称量衡器应每月检验标定1次。配料称量允许偏差要求：水、水泥及掺合料、外加剂为±1%，粗骨料和细骨料为±2%。

因为每盘混凝土各组成材料称量准确与否，是影响混凝土生产质量的重要因素。因此，每班称量前，应对称量设备进行零点校验。所以拌和设备投入运行后，应定期检测。当拌和楼称量误差属于“偶然波动范围”时，操作人员应按试验室人员的意见处理。当情况严重，对碾压混凝土质量影响大时，则应作废料处理。如频繁发生范围波动，碾压混凝土质量失控时，要及时查明原因进行处理。

碾压混凝土拌和物质量控制在很大程度上取决于试验人员的经验。为了及时发现拌和过程中的失控现象，务必派有经验的试验室人员，经常观察出机口碾压混凝土拌和物颜色是否均匀，砂石颗粒表面是否均匀黏附灰浆，目测估计拌和物VC

值是否合适，含水率的检测数据与实际砂料罐(仓)储存情况是否对应，石粉含量是否在允许的控制范围等。

碾压混凝土质量的检测，可在搅拌机口随机同盘取样进行。检测的重点是出机口的新拌碾压混凝土性能，其目的是发现施工中的失控因素，并及时调整。检测项目和频率按照规范执行，详见表 9-2。

表 9-2 碾压混凝土拌和物检测项目和频率

检测项目	检测频率	检测目的
VC 值	每 2h 一次①	控制工作度变化
含气量	使用引气剂时，每班 1～2 次	调整引气剂掺量
温度	每 2～4h 一次	温度控制要求
抗压强度	28d 龄期每 500m^3 成型一组，设计龄期每 1 000m^3 成型一组。不足 500m^3，至少每班取样 1 次	检验碾压混凝土拌和质量及施工质量
极限拉伸 弹性模量	酌情取样，或根据要求或与芯样对应	施工质量控制和评定

说明：①气候条件变化较大(大风、雨天、高温)时应适当增加检测次数。

2. 严格控制拌和物 VC 值

碾压混凝土拌和物的 VC 值应根据气候及仓面施工状况实行动态控制，碾压混凝土拌和物 VC 值选定后，出机口的 VC 值每 4h 应检查 1～2 次，出机口 VC 值允许偏差±3s，当超出控制界限时，应及时查明原因进行调整。对确认不能适应碾压施工的拌和物应做不合理的处理。

由于碾压混凝土的拌和物与常规混凝土相比有着更高的要求，受气温、气象条件影响较大，VC 值随碾压混凝土放置时间的延长而增大。因此，不同季节和天气情况，甚至白天和夜间施工，对 VC 值的要求应有所不同。施工时，拌和物 VC 值应按不同情况选用不同的 VC 值基准值进行动态控制。要达到这一目的，在碾压混凝土开始施工之前，应通过试验建立 VC 值与时间、温度条件的关系曲线，作为出机口 VC 动态控制的依据，并根据 VC 值控制范围，调整碾压混凝土用水量和配合比参数关系。

3. 严格控制拌和物含气量

无论北方寒冷地区还是南方亚热带、热带地区，抗冻等级已成为碾压混凝土耐久性设计的必要指标。为了提高大坝混凝土的耐久性，混凝土中需保持一定的含气量。碾压混凝土由于掺加比例较大的掺合料，且拌和物为无坍落度的“半塑性”混凝土，引气比较困难，要达到与常态混凝土相同的含气量，就需要使用比常态混凝土高数倍的引气剂掺量。为了保证碾压混凝土的施工质量，提高碾压混凝土的耐久性性能，应严格控制掺加引气剂的碾压混凝土的含气量，其含气量的变动范围应控制在±1%内。

4. 温度检测

新拌混凝土及混凝土施工期间，温度检查与控制十分重要。

(1)外界气温及棚内、廊道气温每 4h 至少测量 1 次。

(2)水温及骨料温度每 2h 至少测量 1 次。

(3)混凝土的出机口温度和浇筑温度，每 2～4h 至少测量 1 次。

(4)已浇筑的块体内部温度，浇后 3d 内应特别加强观测，以后可按气温及部位情况定期观测，测温时应注意边角最易降温的部位。

5. 碾压混凝土试件取样成型要求

碾压混凝土抗压强度的检测，以机口取样为主，同一等级混凝土的试样数量应以《水工碾压混凝土施工规范》(DL/T 5112—2009)及招标文件规定为准。同组试件应取自同一盘混凝土，试件必须在机口随机取样，不得有意向性地挑选。浇筑地点试件的取样数量应不少于机口取样数量的 10%，以资比较。同一强度等级混凝土试件取样数量抗压强度应按照表 9-2、表 9-3 中的规定要求，以及抗拉强度、极限拉伸、抗渗、抗冻等检测要求，参照《水工混凝土施工规范》(DL/T 5144—2009)规定执行。

(1)抗压强度：大体积碾压混凝土 28d 龄期每 500m^3 成型一组，设计龄期每 1 000m^3 成型一组。

(2)抗拉强度：28d 龄期每 2 000m^3 成型一组，设计龄期每 3 000m^3 成型一组。

(3)抗渗、抗冻或其他主要特殊要求应在施工中适当取样检验。其数量可按每季度施工的主要部位取样成型 1～2 组。

9.4.4　现场质量检测与控制

1. 现场铺筑及碾压检测项目

碾压混凝土现场质量检测中，规定了碾压混凝土铺筑时，应符合表 9-3 的要求。

表 9-3　碾压混凝土施工现场检测项目和标准

项类	项次	项目	质量标准	检测频次
主控项目	1	无垫层混凝土的基础块铺筑	基岩面上先铺砂浆，再浇筑变态混凝土，或在基岩土面上直接铺筑小骨料混凝土或富砂浆混凝土。砂浆摊铺均匀，混凝土振捣密实	1 次/碾压层或作业仓面
	2	碾压混凝土品种及强度等级分区	符合设计要求	1 次/碾压层或作业仓面

表 9-3(续)

项类	项次	项目	质量标准	检测频次
主控项目	3	碾压摊铺层厚和碾压遍数	碾压摊铺层厚应控制在碾压工艺试验确定的范围内,碾压遍数、有振无振的顺序遵循碾压工艺试验确定方案	1 次/2h
	4	仓面实测 VC 值	仓面在压实前测试 VC 值,控制在设计值±5s 波动范围	1 次/(100～200m^2 碾压层)
	5	仓面碾压混凝土外观	碾压 3～4 遍后,碾压过后混凝土有弹性(塑性回弹),80%以上表面有明显灰浆泛出,混凝土表面湿润,有亮感,及时处理泌水,无明显骨料集中	1 次/(200～500m^2 碾压层)
	6	压实密实度	满足设计要求,无设计要求时,应满足外部碾压混凝土相对压实度不小于 98%、内部碾压混凝土相对压实度不小于 97%	每一结合部位 1 次
	7	异种混凝土结合部位浇筑碾压	在两种混凝土初凝前,结合部位碾压振捣密实	1 次/碾压层或作业仓面
	8	混凝土温度控制	碾压土的仓面温度应控制在设计规定范围;摊铺、碾压过程中保湿,碾压后及时遮盖,仓面保温措施符合要求;冷却水管埋设和通水应符合设计要求	1 次/工作班
	9	碾压层面状态与处理工艺	下层碾压混凝土未初凝前可连续铺上层碾压混凝土,下层碾压混凝土初凝但未终凝,应铺砂浆或灰浆后再覆盖上层碾压混凝土,下层碾压混凝土已终凝,应按施工缝处理后再覆盖上层碾压混凝土	1 次/碾压层或作业仓面
	10	铺浆	砂浆厚度 10～15mm,摊铺均匀,砂浆的水胶比由试验确定,不得在仓面加水,边铺边覆盖上层混凝土,灰浆水胶比与碾压混凝土水胶比应相同,喷洒均匀,边喷洒边覆盖上层混凝土	1 次/缝面或作业仓面

表 9-3(续)

项类	项次	项目	质量标准	检测频次
一般项目	11	运输卸料工艺	运输方式与运输机具有避免产生骨料分离的措施，车辆入仓前应冲洗干净，在仓面行驶时无急刹车、急转弯，任一环节的接料、卸料的跌落高度和料堆高度不宜超过 1.5m，并宜设有缓冲措施，仓内卸料宜采用梅花形重叠方式，卸料堆旁的分离骨料应用人工分散	1 次/工作班
	12	平仓工艺	(1)薄层平仓，每层摊铺厚度在 170～340mm，或符合设计规定要求值； (2)边缘死角部位辅以人工摊铺； (3)平仓后，仓面平整，无坑洼，厚度均匀； (4)斜层摊铺，层面不得倾向下游，坡度不得陡于 1∶10，坡脚部位应避免形成薄层尖角	1 次/工作班
	13	碾压工艺	(1)在坝体迎水面 3～4m 范围碾压方向与水流方向垂直； (2)碾压条带搭接宽度为 100～200mm，端头部位搭接宽度宜为 1m； (3)靠近模板、基岩等大振动碾无法碾压的边缘部位，应采用小振动碾碾压，或做成变态混凝土	1 次/工作班
	14	造缝、模板、止水及埋件保护	造缝、模板、止水及埋件埋设符合设计要求，保护完好	1 次/碾压层
	15	混凝土养生	铺筑仓面保持湿润，永久暴露面养生时间符合，要求水平面养护到上层碾压混凝土铺筑为止	1 次/工作班
	16	入仓温度	设计指标	2～4h 1 次
	17	横缝设置	横缝位置、填缝材料及切缝深度符合设计要求	1 次/缝面

说明：气候条件变化较大(大风、雨天、高温)时，增加 VC 值、入仓温度的检测次数。

2.施工仓面质量控制具体要求

(1)为了保证上下层的层面结合良好，层间允许间隔时间必须控制在设计要求的范围内，使层面质量满足抗剪强度和抗渗性能要求。层间允许间隔时间应根据不同气温和施工环境条件通过试验确定。随着高效缓凝减水剂的研制和应用，碾压混凝土凝结时间已经大大延长。因此，碾压混凝土加水拌和至碾压完毕的允许时间已经突破了2h的控制标准。

造成层间结合不良的原因是多方面的，其中与现场施工有关的主要有两个方面：层间间歇时间过长，或碾压混凝土已凝结硬化，而未做处理或处理不当；配合比和施工方法不当造成骨料分离，使粗骨料分离过分集中于下一层表面上。

根据《水工碾压混凝土施工规范》(DL/T 5112—2009)，碾压后的层面(或处理后的碾压层面)是否允许继续摊铺覆盖下层碾压混凝土的标准，即直接铺筑允许条件应根据现场的具体情况综合考虑各种因素并经试验确定。现场有的以碾压混凝土的初凝时间作为直接铺筑允许条件的判断标准，即以所谓的“2h”“4h”或“更长时间”作为标准控制，这种控制标准没有考虑混凝土层间的亲和力、层面的力学特性和渗流特性，显然用初凝时间作为直接铺筑允许条件的标准过于简单。大中型工程直接铺筑时间可根据《水工混凝土试验规程》(DL/T 5150—2001)按照现场碾压混凝土仓面贯入阻力检测值确定，具体见1.3.3节内容。

(2)当不能保证层间的塑性结合时应做施工缝处理，但处理方法随凝结硬化程度不同而各不相同。常用方法是对已凝结硬化的碾压混凝土层面，在继续碾压施工之前，将层面清理干净，在接缝垫层料摊开之后，尽快覆盖碾压混凝土拌和物，以确保良好的黏结性。目前多采用铺砂浆或灰浆作垫层，但应注意做到摊铺均匀，以及摊开后及时覆盖，避免砂浆或灰浆泛白变干，造成两层碾压混凝土之间形成不良夹层，使层间接缝的形态恶化。

(3)防止碾压层面的扰动破坏和污染。碾压混凝土大多采用汽车直接入仓，或汽车在仓面内布料倒运，应注意控制汽车行走速度和回转半径，应设专门清洗汽车的场地，入仓前将车轮冲洗干净，防止将污物、淤泥带入仓内。仓内各种机械，应严格防止漏油。油污的憎水性，必然使层间不能黏结，如发现油污应及时清除。

(4)使用压力冲毛机处理施工缝面，应控制冲毛时间，一般应在碾压混凝土终凝后间隔适当时间进行，应避免冲毛过早影响层面结合。

(5)平仓机平仓时，不应在硬化中的碾压混凝土表面往返行走，更不要原地转向。履带对硬化碾压混凝土面的破坏性很大，当外露的石子松动或破碎时，应当在清除干净后，先铺砂浆，再铺碾压混凝土。碾压面除应保持清洁、无污染外，还应保持湿润状态，直到覆盖上层碾压混凝土为止。防止层面干燥，可用喷雾或喷洒水的措施，以不形成水滴为宜。

(6)避免和改善骨料分离。碾压混凝土拌和物是由颗粒大小和密度各不相同的材料混合而成，在运输、卸料、平仓过程中发生骨料分离是难以避免的。一旦发生明显分离，应用人工把集中的大骨料分散于未经碾压的碾压混凝土料中，如果是因配合比变化造成的分离，应及时查明原因调整配合比。

(7)改善骨料分离的办法可采用：①优选抗分离性好的碾压混凝土配合比。②减小卸料、装车时的跌落和堆料高度。③在拌和机口和各中间转运料斗的出口，设置缓冲设施改善骨料分离状况。

9.4.5　现场表观密度检测及相对密实度要求

1. 表观密度检测

碾压混凝土现场表观密度检测主要采用核子水分密度仪检测。对铺筑碾压完成的混凝土，每 100～200m^2 至少应有 1 个检测点，且每一铺筑层碾压仓面内应不少于 3 个检测点。由于碾压完毕后，压实能量有段释放过程，所以碾压完 10min 以后再进行核子密度仪测试。核子水分密度仪应在使用前进行标定。碾压混凝土标定块应采用与工程一致的原材料配合比配制的碾压混凝土标定块进行标定。

2. 相对密实度要求

《水工碾压混凝土施工规范》(DL/T 5112—2009)规定，坝体防渗区碾压混凝土相对密实度不应小于 98%，内部碾压混凝土相对密实度不应小于 97%。碾压混凝土的表观密度应压实到配合比设计表观密度的 97%以上，以满足碾压混凝土密实性和大坝稳定要求。

3. 核子水分密度仪使用

(1)在碾压混凝土施工现场，主要是通过核子密度仪检测碾压混凝土的压实度，达到控制碾压质量的目的。

(2)核子密度仪与灌沙法或其他破坏性检测方法相比较，其优势是显而易见的。其优势主要包括无损检测、准确检测、检测速度快，还能在碾压完成后几分钟内检查出结果，可以立即对是否需要增加碾压进行指导。

(3)目前在碾压混凝土施工中用得比较多的是浅层核子仪，测量深度为 30cm 的浅层核子密度/湿度检测仪，常见的型号有国内的科汇 K2030 型、科汇 K2040 型，美国的 3440 型、MC－3C 型和 MC－4C 型核子仪等。除了浅层核子仪，测量深度达到 60～90cm 的中层核子仪也开始使用，这也为增加碾压混凝土单层松铺厚度、加快碾压混凝土的施工速度提供了有利的技术支撑。中层核子仪常见型号有 MC－S－24 型和 MC－S－36 型。

(4)核子水分密度仪应在使用前用与工程一致的原材料配制碾压混凝土进行标定。

(5)核子水分密度仪是具有放射源的检测仪器，其使用应引起高度重视。核子水分密度仪的使用，应由经过专门培训的人员使用、维护保养，严禁拆装仪器内的放射源，严格按操作规程作业。同时，核子水分密度仪应进行仪器登记备案，存放在符合安全规定的地方，一旦发生丢失或仪器放射源损坏，应立即采取措施妥善处理，并及时报告有关管理部门。核子水分密度仪的使用应按《核子水分密度仪现场测试规程》(SL 275—2014)中的规定执行。

4. 碾压混凝土与其他结合部的质量控制

碾压混凝土施工中避免不了需要在周边岸坡、廊道周边等部位浇筑异种碾压混凝土。由于其性能和碾压混凝土有较大的差异，因此施工方式截然不同。为了保证结合部位的施工质量，应采用专门的方法进行捣实处理。

由于异种碾压混凝土与碾压混凝土两者的初凝时间往往有很大的差别，为了保证两种碾压混凝土层面同步上升，除注意控制两种碾压混凝土搭接部位的摊铺碾压质量外，还应注意调整控制异种碾压混凝土的凝结时间及异种碾压混凝土施工的先后顺序，使之不至于形成冷缝影响质量。常态混凝土与碾压混凝土的结合部两种混凝土应交叉浇筑，常态混凝土应在初凝前振捣密实，碾压混凝土应在允许层间间隔时间内碾压完毕。

结合部位的常态混凝土振捣与碾压混凝土碾压应相互搭接，搭接常态混凝土的范围不小于200mm。在结合部位，振捣器应插入到碾压混凝土中，并用振动碾对结合处补充碾压。

5. 关键工序的时间控制

试验表明，碾压混凝土的质量与以下工序的时间存在着密切的关系：

(1)碾压混凝土拌和时间(按照不同的搅拌设备确定最小拌和时间，强制式搅拌机一般不小于90s)。

(2)碾压混凝土拌和物从入仓至开始碾压的时间(一般不超过60min)。

(3)层缝面的垫层料如砂浆从摊铺到覆盖的时间(一般不超过15min)。

(4)碾压混凝土拌和物从出机至碾压完毕的时间(一般不超过2h)，或根据现场试验确定。

6. 现场监督检验措施

每次拌制、浇筑碾压混凝土前由专人进行以下项目的检测，并做好记录。碾压混凝土浇筑过程中，质量检测人员随时进行巡回检测监督，并做好浇筑记录，施工质量责任坚持“谁施工，谁负责”的原则。

(1)检测碾压混凝土配合比、配料单、原材料(如水泥、外加剂、粗细骨料及含水量、水等)是否符合规定要求，如有变化应及时调整配合比或禁止拌制。

(2)检测各原材料掺量与外加剂掺量，每班抽查不少于4次并做好记录。

(3)记录有关碾压混凝土生产过程中的各项参数，如搅拌时间、石粉含量等。

(4)检测碾压混凝土VC值是否符合要求，应随机抽样，但每班不得少于3次。

(5)测定并记录碾压混凝土生产时的温度和碾压混凝土运输到工地的时间及温度变化。

(6)检测并监督试件制作的全过程。

(7)检测试件的养护条件及试验设备是否符合要求。

9.5　碾压混凝土质量评定统计计算

9.5.1　碾压混凝土试件取样成型规定

碾压混凝土质量评定中，规定了碾压混凝土试件应在搅拌机机口取样成型。碾压混凝土生产质量控制应以 150mm 标准立方体试件、标准养护 28d 或设计龄期的抗压强度为准。机口取样成型的 28d 或设计龄期试件的抗压强度，主要用以衡量评定碾压混凝土拌和物生产的质量管理水平。

9.5.2　混凝土平均强度 m_{fcu}、标准差 σ、合格率 P_s 的计算方法

碾压混凝土质量评定计算公式及使用符号按《水工混凝土施工规范》(DL/T 5144—2009)执行，并与《水工混凝土配合比设计规程》(DL/T 5330—2015)、《混凝土强度检验评定标准》(GB 50107—2010)等规范一致。碾压混凝土工程量大，施工工期长，批量检验样本量大。适用的统计计算方法如下。

(1)平均强度。

$$m_{fcu} = \frac{\sum_{i=1}^{n} f_{cu,i}}{n}$$

式中　m_{fcu}——n 组混凝土试件强度平均值，MPa；

$f_{cu,i}$——第 i 组混凝土试件的强度值，MPa；

n——试件的组数。

(2)标准差。

$$\sigma = \sqrt{\frac{\sum_{i=1}^{n} f_{cu,i}^2 - nmf_{cu}^2}{n-1}}$$

式中　σ——标准差；

$f_{cu,i}$——统计周期内第 i 组混凝土试件强度值，MPa；

n——统计周期内相同强度等级标注的混凝土试件组数；

m_{fcu}——统计周期内第 n 组混凝土试件强度的平均值，MPa。

(3)不低于设计强度标准值百分率。

$$P_s = \frac{n_0}{n} \times 100\ \%$$

式中　P_s——不低于设计强度标准值百分率；

n_0——统计周期内试件强度不低于设计强度标准值的组数。

(4)强度保证率。

$$t=\frac{m_{fcu}-f_{cu,k}}{\sigma}$$

式中 t——概率度系数；

$f_{cu,k}$——混凝土设计龄期的强度标准值，MPa。

保证率 p 可根据概率度系数 t 由表 9-4 查得。

表 9-4 保证率和概率度系数关系表

保证率 p(%)	65.5	69.2	72.5	75.8	78.8	80.0	82.9	85.0	90.0	93.3	95.0	97.7	99.9
概率度系数 t	0.40	0.50	0.60	0.70	0.80	0.84	0.95	1.04	1.28	1.50	1.65	2.00	3.00

9.5.3 碾压混凝土强度评定

根据碾压混凝土的特点，碾压混凝土质量评定应以设计龄期(90d 或 180d)的抗压强度为准。碾压混凝土强度平均值和最小值应同时满足下列要求。

$$m_{fcu}\geqslant f_{cu,k}+Kt\sigma_0$$

$$f_{cu,\min}\geqslant 0.75f_{cu,k}\ (\leqslant 20\text{MPa})$$

$$f_{cu,\min}\geqslant 0.80f_{cu,k}\ (>20\text{MPa})$$

式中 K——合格判定系数，根据验收批统计组数值，按照表 9-5 选取。

表 9-5 合格判定系数 K 值表

n	2	3	4	5	6～10	11～15	16～25	>25
K	0.71	0.58	0.50	0.45	0.36	0.28	0.23	0.20

说明：1. 同一验收批混凝土，应由强度标准相同、配合比和生产工艺基本相同的混凝土组成。

2. 验收批混凝土强度标准差 σ 的计算值小于 $0.06f_{cu,k}$ 时，应取 $\sigma=0.06f_{cu,k}$。

9.5.4 碾压混凝土抗冻、抗渗检验指标

碾压混凝土抗冻、抗渗检验的合格率不应低于 80%。抗渗、抗冻或其他主要特殊要求应在施工中适当取样检验，其数量可按招标文件、设计要求或规范取样成型，一般每季度施工的主要部位取样成型 1～2 组。

9.5.5 碾压混凝土生产质量水平评定标准

混凝土生产的质量水平，常用强度均值和标准差描述。碾压混凝土生产质量

水平评定标准应由一批(至少30组)连续机口取样的28d或设计龄期抗压强度标准差σ值表示,见表9-6。碾压混凝土强度的调查结果表明,生产的质量管理水平越高,反映强度变异的强度标准差越小。

碾压混凝土生产质量水平评定与《水工混凝土施工规范》(DL/T 5144—2009)评定标准方相同。根据碾压混凝土特点,强度不低于强度标准值的百分率(P_s),优秀与良好分别不小于90%及不小于85%。

表9-6 碾压混凝土生产水平评定标准表

评定指标		质量等级			
		优秀	良好	一般	差
不同强度等级下的混凝土强度标准差σ(MPa)	$\leqslant C_{90}20(C_{180}20)$	<3.0	$3.0\leqslant\sigma<3.5$	$3.5\leqslant\sigma<4.5$	>4.5
	$>C_{90}20(C_{180}20)$	<3.5	$3.5\leqslant\sigma<4.0$	$4.0\leqslant\sigma<5.0$	>5.0
强度不低于强度标准值的百分率P_s(%)		≥90	≥85	≥80	<80

说明:当统计数据组数n值足够大时(如$n>30$),保证率P和合格率P_s(强度不低于设计强度等级的百分率)两者的结果相近。为便于现场混凝土质量控制的计算,表9-6把P_s列为衡量管理生产水平指标之一,以避免出现标准差达到优良而合格率或保证率却很低时,误评为较高水平。

9.5.6 碾压混凝土钻孔取芯质量评定

在混凝土搅拌机机口取样,成型的标准立方体试件,不能反映碾压混凝土出机后的一系列施工操作,包括运输、平仓、碾压和养护中所引起的质量差异。而钻孔取样是评定碾压混凝土质量的综合方法,故现场综合评价碾压混凝土质量目前多采用钻孔取样法。钻孔取样可在碾压混凝土达到设计龄期后根据《水工混凝土施工规范》(DL/T 5144—2015)有关强度检验规定,大体积混凝土取芯试验可按每万立方米混凝土钻孔2~10m取样。钻孔取样的数量和部位应根据招标文件、设计要求及需要确定,具体钻孔取样部位应根据工程施工的具体情况确定。钻孔取样评定包括以下内容。

(1)芯样获得率:评价碾压混凝土的均质性。

(2)压水试验:评定碾压混凝土的抗渗性。

(3)芯样的物理力学性能试验:评定碾压混凝土的均质性和力学性能。

(4)芯样断口位置及形态描述:描述断口形态,分别统计芯样断口在不同类型碾压层间结合处的数量,并计算占总断口数的比例,评价层间结合是否符合设计要求。

(5)芯样外观描述:评定碾压混凝土的均质性和密实性,评定标准见表9-7。

表 9-7　碾压混凝土芯样外观评定标准

级　别	表面光滑程度	表面致密程度	骨料分布均匀性
优良	光滑	致密	均匀
一般	基本光滑	稍有孔	基本均匀
差	不光滑	有部分孔洞	不均匀

说明：本表适用于金刚石钻头钻取的芯样。

9.6　碾压混凝土质量管理措施、缺陷处理

9.6.1　管理方法和措施

为了有效地实施混凝土质量控制，必须明确质量目标，建立健全质量保证体系相应的质检人员和必要的检验及试验设备，建立起一套完整的从原始记录到资料整理、提交、归档的制度。在碾压混凝土施工中应充分应用各类技术手段，尤其在温度控制的各个环节充分利用各类自动化的在线监测仪器，实现数据的自动采集、传输，运用相关软件对数据进行汇总分析，并及时指导现场施工生产。施工单位通常将施工规范、技术要求与各单位自身条件结合起来，形成施工工法以规范各作业层的施工行为。通过工程技术人员技术交底将各待浇仓块的各作业内容的施工要点及顺序形成作业指导书(浇筑要领图)，最终使各有关人员掌握作业面的施工秩序及关键环节的控制。

1. 质量管理图表简介

为实现对碾压混凝土生产全过程、全面的质量检测与控制，运用数理统计分析是最基本的方法。对碾压混凝土施工各工序中取得的质量数据(包括对材料的质量检测结果，生产过程中的生产工艺参数、产品质量参数等)，应采用质量管理图表进行数理统计分析。常用的质量管理图表有下面几种。

(1)排列图法与分层法。排列图法是为寻找主要质量问题或影响质量主要原因所使用的图示方法，它应用了“关键的少数，次要的多数”原理，分类找出各种问题。分层法也叫分类法或分组法，它是将收集来的数据按照不同的目的，加以分类再进行加工整理的办法。该方法常与其他方法联用，如与排列图法联用，即为“分层排列图法”。

(2)调查表与因果图法。调查表是用以数据搜集、整理和原因调查的图表，并可在此基础上进行粗略的分析。常用的调查表有废品项目调查表、缺陷位置调查表和矩阵调查表等。因果图是表示质量特性与原因关系的图，它是通过质量特征现象从多个方面入手逐步追溯分析绘制而成的，通过该图，对问题出现的前因后果可一目了然。

(3)散布图法。散布图也叫相关图,它是表示两个变量之间变化关系的图,通过建立两者之间的函数关系,来判断各种因素对产品质量有无影响及影响程度大小。

(4)直方图法。直方图是通过对数据的加工整理,从而分析和掌握质量数据的分布情况及估算工序不合格率的一种方法。

(5)控制图法。控制图是一种通过图表来显示生产随时间变化的过程中质量波动情况的方法,它有助于分析和判断是系统性原因还是偶然性原因所造成的波动,从而提醒操作人员及时做出正确的判断,采取对策消除系统性因素影响,保持工序处于稳定状态。

2.质量管理保证体系

(1)项目经理是质量的第一责任人。质量管理和保证体系是进行质量检测与控制的重要保障,工程各项目的项目经理是质量的第一责任人,主管生产的副经理是质量主管责任人,总工程师是质量技术负责人。

(2)坚持"三检"制度。初检、互检和终检的三级质检部门,要机构设置完善,人员配备齐全。"三检"制度,重在初检。加强施工队、班组的质检力量,配备专职质检员,充分发挥基层质检员的作用,把好质检第一关。

(3)质检人员的责任心。定期进行质检员考评。通过考评,将责任心不强、素质不高、把关不严、不能胜任质检工作的质检人员及时调换工作岗位。同时,建立质检人员工作档案,对质检人员的工作情况定期评定并记录在案,增强质检人员的责任心,使质检人员"责、权、利"一致,从而促进质量保证体系整体素质的提高。

(4)质量工作规范化、制度化。在建立健全质量管理和保证体系的前提下,新标准要求根据工程规模和质量控制及管理的需要,相应配备技术人员和试验、检测设备,相应制定一整套技术管理与质量控制制度,以保证各项质量工作规范化、制度化,真正有效地落到实处。

9.6.2　特殊环境下的质量控制

1.高温期碾压混凝土施工质量控制特点

在高温期碾压混凝土施工质量控制特点就是温度控制和出机口VC值的控制。温度控制主要有两方面,一是碾压混凝土出机口的温度,二是仓面温度。出机口的温度控制与常态混凝土相同。碾压仓面的温度控制主要从以下方面采取措施。

(1)运输设施保护。运输碾压混凝土的所有设备如自卸车、皮带机等加设遮阳棚,防止碾压混凝土在运输途中温度倒灌回升。

(2)降低仓面温度。通过仓面喷雾,营造仓面小气候,可使仓内温度较外界气温低4~6℃,同时可使仓面保持60%~80%的湿度。

(3)仓面及时覆盖。仓面采用塑料布或其他保水材料(湿麻袋等)进行覆盖以防止碾压混凝土被阳光直射，达到与气温隔离，防止温度倒灌、水分蒸发。

VC 值的控制主要针对高温期碾压混凝土水分蒸发快的特点进行的，一般控制在 3s 以下，以现场碾压不陷碾为原则，可以有效提高可碾性和层间结合质量。

2. 低温环境下碾压混凝土施工质量控制特点

低温环境下碾压混凝土施工质量控制特点是如何提高出机口碾压混凝土的温度和控制浇筑温度，如何防止碾压混凝土受冻害。提高出机口的温度主要采取以下措施：

(1)骨料预热。在骨料仓和配料仓中，夏季用于通冷却水的排管中通蒸汽对骨料进行加温，对所有运输骨料的皮带机密封通暖气防止运输过程中温度散失。

(2)热水拌和。碾压混凝土拌和用水通过蒸汽升温法(向水箱内通蒸汽)提高拌和水温。

浇筑温度的控制主要采用蓄热法施工，主要采取以下措施：

(1)覆盖保温。在碾压混凝土运输途中加盖保温被，碾压混凝土平仓或碾压后及时覆盖保温被，模板拆除后挂保温被养护。

(2)采用保温模板在模板内侧(非永久面)或外侧贴 3～5cm 厚的泡沫板，防止新浇碾压混凝土受冻害。

(3)仓面加温。自仓号准备至仓号收面在仓内采用火炉加温使基础面（或老碾压混凝土面)温度保持在 0℃以上。

为了防止碾压混凝土受冻害，除采用以上的温度控制措施外，主要采取了在碾压混凝土拌和时适量加入防冻剂。防冻剂对碾压混凝土后期强度影响较大（可通过调整配合比补偿），其掺量必须严格控制，使用前要经过试验论证。例如，龙首工程坝址位于河西走廊，该地区属典型的内陆气候，夏季炎热、冬季寒冷、蒸发量大，夏季气温高达 35℃以上，冬季最低气温达－30℃，年蒸发量是降雨量的 8.03 倍。按常规高温期 6 月中旬至 8 月中旬，低温期 11 月和 12 月均不能进行碾压混凝土施工，年内有效施工工期仅为 4 个月，且大坝地处 V 形峡谷，入仓方式困难，浇筑强度有限，无论从工期还是整体经济效益上都需突破极端气温环境不能浇筑碾压混凝土的限制。因此在高温酷暑期、严寒冰冻期(－15～0℃)，研究了干燥严寒地区的碾压混凝土施工技术，通过严格的质量控制和严寒气候条件下的施工措施，保证碾压混凝土的施工。

9.6.3 碾压混凝土缺陷处理

1. 碾压混凝土缺陷类型

碾压混凝土的质量缺陷有表面损坏、表面平整度(错台和扭曲变形)、麻面、蜂窝、狗洞、层间结合不良、异种碾压混凝土结合不良、碾压混凝土与基岩结合不良、渗水、裂缝等。根据缺陷产生的部位可分为碾压混凝土表面缺陷和内部缺陷两种。

在施工过程中，应对发现的碾压混凝土质量缺陷产生的原因、处理措施及处理后的质量情况进行检测和评定。

2.碾压混凝土缺陷修补

(1)碾压混凝土表面质量缺陷。如表面损坏、表面平整度(错台和扭曲变形)、麻面、蜂窝、狗洞、表面裂缝等，处理起来比较简单。常用的修补方法为：人工凿毛后胶凝材料(水泥砂浆或环氧砂浆)回填抹平，磨光机修理至符合平整度要求，对于表面细小裂缝、龟裂一般进行凿除后回填即可。表面质量缺陷处理效果应满足有关规程、规范要求。

(2)层间结合不良、异种碾压混凝土结合不良、碾压混凝土与基岩结合不良。内部缺陷在钻孔取芯、超声波物探以及钻孔压水过程中表现出来的碾压混凝土内部质量缺陷，主要是由垫层胶凝材料失效、骨料分离、大骨料集中架空、层间间隔时间过长而未进行有效处理、层面受污染、漏振等因素造成的，具有局部性、分散性，处理的难度大。对可疑浇筑部位布置钻孔，用钻孔压水，湿孔抽水，定量注水，测量碾压混凝土芯样获得率、容重，通过记录钻孔过程和碾压混凝土芯样外观等方法检测碾压混凝土内部缺陷的严重程度和范围，通常多采用水泥灌浆方法进行处理，有时也根据危害程度进行化学灌浆处理。

(3)碾压混凝土裂缝的处理。裂缝从型式上可分为表面、深层、贯穿三种裂缝，从成缝原因上可分为干缩、温度、应力裂缝三类。危害性较大的裂缝破坏了建筑物的整体性，改变了建筑物的受力状态，造成渗水、漏水、钢筋锈蚀等，降低了建筑物的耐久性，危害了建筑物的安全运行。因此，必须认真对待每一条裂缝，分析产生裂缝的原因，严格按要求进行补强处理。

裂缝检测是查明裂缝形状，分析成因和危害，作为拟定处理方案的依据。检测方式有低温季节的普查和对重点裂缝的定期观测。检测方法有表面测绘、压风、压水试验、钻孔取样检测、孔内照相、孔内电视、电视录像和声波法测深等。通过检测可以查明：①裂缝位置、长度、宽度、深度、倾向、错距、缝口渗水含钙析出的情况。②重要裂缝的开度变化及其与气温、荷载的关系。③缝面状况，裂缝与碾压混凝土架空的联通情况，以及与邻近结构的预留缝、管路串通情况。

大体积碾压混凝土表面裂缝一般只做简单处理，深层、贯穿性裂缝必须进行处理。裂缝分布部位不同，其对建筑物安全的影响程度不同，处理要求标准也不尽相同。对重要部位发现的裂缝，需提请设计单位进行裂缝处理补强方案设计，以保障建筑物安全运行。

3.碾压混凝土裂缝处理补强措施

(1)裂缝表面处理措施有沿裂缝铺设骑缝钢筋、缝口凿槽嵌缝、粘贴或涂刷防渗堵漏时料等。凿槽封口材料一般为环氧砂浆或预缩水泥砂浆或微膨预缩水泥砂浆等。

(2)裂缝灌浆处理常用措施有水泥灌浆和化学灌浆。

9.7 钻孔取芯、压水及原位抗剪试验

碾压混凝土为大仓面分层碾压施工，施工中会形成很多层面和缝面，层面和缝面通常会形成碾压混凝土的薄弱面，碾压混凝土施工时对层面或缝面的处理尤为重要，特别是对冷缝的处理。薄弱面不仅影响碾压混凝土的强度，还会影响碾压混凝土的透水性能。如果库水沿层面或薄弱部位进入坝体，则会增加坝体的孔隙水压力及扬压力，降低坝体的抗滑稳定性，而且渗透水会将混凝土结构中的部分成分带走，影响混凝土强度和耐久性。所以，碾压混凝土层间结合质量一直是碾压混凝土坝的重点。

碾压混凝土本体的抗渗性能、抗剪性能并不逊色于常态混凝土，但其众多的层缝面结构特性是影响防渗性能的主要因素，其渗透特性是评价碾压混凝土质量的一个重要指标。碾压混凝土压水试验是用高压方式把水压入钻孔，根据碾压混凝土透水率了解碾压混凝土裂隙情况和透水性的一种原位试验。压水试验是用专门的止水栓塞把一定长度的钻孔试验段隔离出来，然后用固定的水头向这一段钻孔压水，水通过碾压混凝土孔壁周围的裂隙向碾压混凝土内渗透，最终渗透的水量会趋于一个稳定值。根据压水水头、试段长度和稳定渗水量，可以判定碾压混凝土透水性的强弱。通过在碾压混凝土中进行压水试验，可以检测碾压混凝土层面或缝面的处理效果，试验方法一般参照《水利水电工程钻孔压水试验规程》(SL 31—2003)。

早期，我国的碾压混凝土防渗体系采用所谓的“金包银”方式，故碾压混凝土定义为超干硬性或干硬性混凝土。拌和物 VC 值为 15～25s，同时对石粉的作用缺乏认识，研究不够，致使碾压混凝土拌和物干涩、骨料分离、黏聚性和可碾性差。碾压后的混凝土层缝面极易形成所谓的“千层饼”现象，曾一度严重制约了碾压混凝土筑坝技术的快速发展。由此可见，层间结合质量是影响碾压混凝土快速筑坝技术的关键因素所在。

1993 年我国普定坝开创了全断面碾压混凝土筑坝技术的先河，此后，全断面碾压混凝土筑坝技术在我国广泛应用。科技及工程技术人员通过大量的试验研究与工程实践，使干硬性碾压混凝土拌和物逐步过渡到无坍落度的亚塑性混凝土。同时，配合比设计紧紧围绕拌和物性能进行试验，随着对石粉含量、凝结时间、VC 值的动态控制与层间结合质量的深化研究，有效提高了施工可碾性，使碾压后的混凝土表面全面液化泛浆、有弹性，保证上层碾压混凝土骨料嵌入已经碾压完成的下层混凝土中，令人担忧的层间结合问题也迎刃而解。

早期 1986 年坑口钻孔取芯，最长的芯样 60 多厘米，目前大多是 16m 以上的超长芯样，大于 10m 的芯样已屡见不鲜。黄登水电站碾压混凝土重力坝实现了碾压

混凝土6m升层，成功取出两根超长混凝土芯样，其中一根长 24.6m，直径 193mm，打破了观音岩水电站创造的 23.15m，直径 188mm 的碾压混凝土芯样记录，成为目前世界上最长的碾压混凝土芯样，见图 9-1。

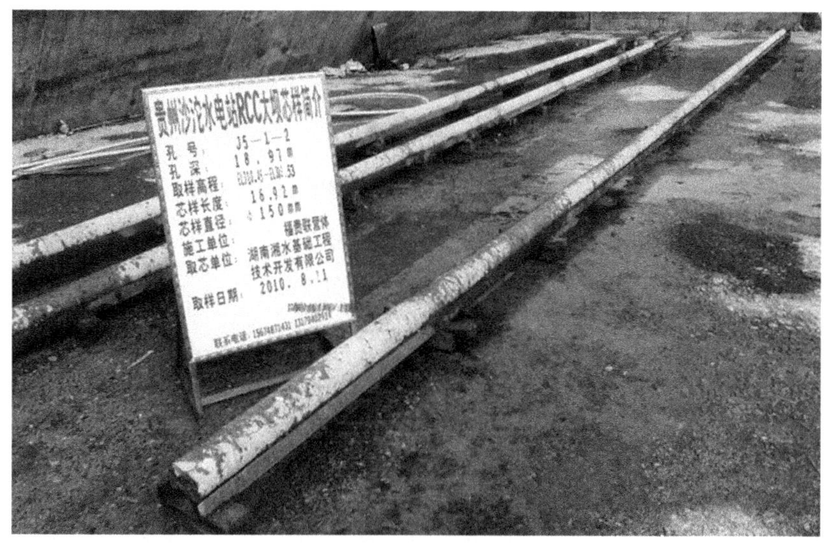

图 9-1　沙陀水电站大坝碾压混凝土芯样(长 16.92m)

大多数碾压混凝土坝钻孔取芯及压水试验总体评价中，透水率小于设计要求，摩擦系数大于设计要求。

《水工混凝土试验规程》(SL 352—2006)“碾压混凝土自身和层间结合的原位抗剪强度试验”的主要内容有：

(1)试验采用的加荷、传力、量测系统仪器设备及滚轴排摩擦系数率定等，应符合《水利水电工程岩石试验规程》(SL 264—2001)的规定。

(2)原位抗剪选定的试验区域不小于 2m×8m，试体布置在同一层面上，数量4～5块，每块试体的剪切尺寸不小于 500mm×500mm。试体龄期不少于 21d，严防试体扰动。

(3)试验结果主要是抗剪断强度参数，即 f、c'。

9.8　光照水电站碾压混凝土压水试验及芯样性能试验成果分析

9.8.1　碾压试验块压水检测成果

光照水电站碾压混凝土试验块压水检测成果见表 9-8。

表 9-8 光照水电站碾压混凝土压水试验检测成果

项目		$C_{90}25$		$C_{90}20$	$C_{90}15$
		W12F150	W8F100	W6F100	W6F50
透水率(Lu)	平均值	0.06	0.04	0.06	0.04
	最大值	0.07	0.10	0.10	0.04
	最小值	0.05	0.00	0.00	0.04

从光照水电站碾压混凝土试验块压水试验检测成果分析，透水率较低，碾压混凝土层面或缝面结合较好，说明采用层面或缝面处理的措施合理，满足设计要求。

9.8.2 碾压混凝土芯样性能试验

碾压混凝土芯样试验检测项目为容重、抗压强度、抗拉强度、抗压弹模、抗拉弹模、抗剪断强度、极限拉伸值、抗渗等级和抗冻等级，部分检测项目试验成果见表 9-9。

表 9-9 光照水电站大坝碾压混凝土芯样性能试验成果

项目		$C_{90}25$		$C_{90}20$		$C_{90}15$
		W12F150	W8F100	W10F100	W6F100	W6F50
抗压强度(MPa)	平均值	27.8	29.7	29.2	23.3	22.0
	最大值	41.0	33.3	41.2	36.7	34.8
	最小值	18.9	26.2	23.3	16.4	16.9
抗拉强度(MPa)	平均值	2.00	2.36	1.39	1.64	1.15
	最大值	2.71	3.21	2.04	2.11	1.68
	最小值	1.44	1.85	0.95	1.06	0.86
极限拉伸(10^{-4})	平均值	0.63	0.69	0.57	0.51	0.51
	最大值	0.84	0.91	0.83	0.63	0.64
	最小值	0.51	0.50	0.47	0.42	0.42
弹性模量(GPa)	平均值	34.3	36.5	32.6	31.3	28.8
	最大值	42.8	46.6	42.0	38.8	36.5
	最小值	24.6	24.7	26.2	20.4	20.3
容重(kg/m^3)	平均值	2 405	2 498	2 479	2 500	2 539
	最大值	2 445	2 526	2 511	2 543	2 598
	最小值	2 360	2 464	2 438	2 471	2 459

从碾压混凝土芯样抗压强度试验统计结果分析，90d 芯样抗压强度均满足设计要求。

从碾压混凝土芯样的抗拉强度、极限拉伸值的试验结果统计分析，碾压混凝土芯样的抗拉强度为同种类、同强度等级混凝土抗压强度的 8%～12%，大坝外部Ⅱ级配防渗碾压混凝土的抗拉强度和极限拉伸值比大坝内部Ⅲ级配碾压混凝土的高。

从碾压混凝土芯样的抗压弹模检测结果统计分析，碾压混凝土芯样的抗压弹模值适中。

从碾压混凝土芯样的容重试验统计结果分析，所检测的各种碾压混凝土芯样容重平均值与现场试验结果接近。除极个别碾压混凝土芯样容重未达到设计要求（不小于 2 400kg/m^3）外，其余均达到设计要求。

9.8.3　碾压混凝土芯样抗渗统计分析

从碾压混凝土芯样的抗渗等级性能试验结果统计看，各种类型不同强度等级的碾压混凝土芯样本体及层间抗渗在 0.8MPa 水压下持续 24h 后均未出现渗水现象。大坝外部Ⅱ级配碾压混凝土的相对渗透系数较小，各级碾压混凝土的层间试件抗渗性能较本体试件稍差，但差别不大，说明碾压混凝土层间结合较好。

9.8.4　碾压混凝土芯样抗剪断强度参数统计分析

（1）从碾压混凝土芯样抗剪断试验结果统计分析，本体和层间的碾压混凝土芯样的抗剪断强度参数（摩擦系数、黏聚力）均满足设计要求。

（2）碾压混凝土本体比碾压混凝土层间的抗剪断强度参数高。

（3）不同种类等级的碾压混凝土相比，C_{90}25W8F100Ⅱ级配碾压混凝土的抗剪断参数最高，其后依次为 C_{90}25W12F150Ⅲ级配碾压混凝土、C_{90}20W10F100Ⅱ级配碾压混凝土、C_{90}20W6F100Ⅲ级配碾压混凝土、C_{90}15W6F50Ⅲ级配碾压混凝土。

9.8.5　碾压混凝土芯样抗冻等级统计分析

从试验结果分析，C_{90}25W12F150Ⅲ级配碾压混凝土芯样均达不到 F150 抗冻等级，大部分仅达到 F100 抗冻等级。C_{90}20W10F100Ⅱ级配碾压混凝土大部分达不到 F100 抗冻等级。C_{90}20W6F100Ⅲ级配有 1/3 达到 F100 抗冻等级。C_{90}15W6F50Ⅲ级配碾压混凝土只有 1/2 芯样达到 F50 抗冻等级。从总体上看，碾压混凝土芯样的抗冻等级不高，经分析主要有以下四个方面的原因。

（1）经核查，现场拌和楼引气剂的掺量比室内推荐的碾压混凝土配合比的掺量少，导致碾压混凝土中的含气量偏低。

(2)碾压混凝土经过运输、层面摊铺后,其含气量有一定的损失。

(3)碾压混凝土芯样钻孔取芯和运输、芯样的切割加工会导致碾压混凝土微细裂缝损伤加大,使水更易渗入裂缝中,因而碾压混凝土芯样的抗冻损坏加快,抗冻等级降低。

(4)碾压混凝土经过钻孔取芯,其表面受损,导致抗冻等级偏低。

9.8.6 小结

通过对光照水电站大坝碾压混凝土钻孔芯样的性能检测和统计分析,可以得出以下结论:

(1)大坝碾压混凝土芯样整体外观较好,整体密实性好。

(2)从碾压混凝土芯样的抗渗等级和抗剪断参数的检查来看,碾压混凝土的层间结合良好。

(3)碾压混凝土层间与碾压混凝土本体的试验检测结果总体相差不大。

(4)碾压混凝土芯样抗压强度均达到设计要求。

(5)碾压混凝土芯样的抗拉强度为抗压强度的 8%～12%。

(6)碾压混凝土芯样的抗压弹模和抗拉弹模随龄期的增长而增大,抗压弹模值稍大于设计要求,这与骨料本身的弹模较高有关。

(7)碾压混凝土芯样的抗冻等级与设计要求有一定差距,这是因为碾压混凝土的含气量偏低的原因。

9.9 金安桥水电站碾压混凝土压水试验及芯样性能试验研究

9.9.1 概况

金安桥水电站工程枢纽主要由混凝土重力坝、右岸溢流表孔及消力池、右岸泄洪(冲沙)底孔、左岸冲沙底孔、坝后厂房及交通洞等永久建筑物组成。碾压混凝土重力坝最大坝高 160m,坝顶长度 640m。坝体混凝土总方量常态混凝土约为 120 万 m^3,碾压混凝土 240 万 m^3。碾压混凝土于 2007 年 5 月开始浇筑,至 2010 年 6 月底,基本浇筑完成。

为检查碾压混凝土质量,按照合同要求在碾压混凝土达到规定龄期后进行钻孔取样及压水试验。钻孔取芯及压水试验应和大坝碾压混凝土施工进度相结合,尽量减小相互的影响和干扰。孔位布置要有代表性,避开安全监测仪器、管线、预埋件等。碾压混凝土取芯及压水试验共计进行了 3 次,选取其中 1 次进行典型阐述。

本次主要检查部位布置在右岸 13#、14# 溢流坝段，左岸 7# ～11# 厂房坝段的碾压混凝土部位。

9.9.2　孔位布置和施工设备的选择

1. 孔位布置

在右岸 13# 溢流坝段 1 345m 高程布置了 3 个检查孔，其中混凝土取芯孔 2 个（Ⅱ级配、Ⅲ级配各 1 个），压水检查孔 1 个（Ⅱ级配区）。在 14# 溢流坝段 1 342m 高程布置了 4 个检查孔，其中混凝土取芯孔 2 个（Ⅱ级配、Ⅲ级配各 1 个），压水检查孔 2 个（Ⅱ级配、Ⅲ级配各 1 个）。在左岸 7# ～11# 厂房坝段 1 317.5m 高程布置了 7 个检查孔（全为Ⅲ级配碾压混凝土），其中混凝土取芯孔 5 个，压水检查孔 2 个。共计布置混凝土取芯孔 9 个，压水检查孔 5 个。孔位桩号见表 9-10。

表 9-10　钻孔孔位统计表

坝段	级配	孔位				孔深(m)	备注
		坝横	坝纵	孔顶高程(m)	孔底高程(m)		
7#	Ⅲ	0+84.00	0+209.00	1 317.5	1 296.5	21.0	取芯孔
8#	Ⅲ	0+86.00	0+243.00	1 317.5	1 296.5	21.0	取芯孔
8#	Ⅲ	0+82.00	0+243.00	1 317.5	1 305.5	12.0	压水孔
9#	Ⅲ	0+84.00	0+279.50	1 317.5	1 296.5	21.0	取芯孔
10#	Ⅲ	0+86.00	0+311.00	1 317.5	1 296.5	21.0	取芯孔
10#	Ⅲ	0+82.00	0+311.00	1 317.5	1 305.5	12.0	压水孔
11#	Ⅲ	0+84.00	0+318.30	1 317.5	1 296.5	21.0	取芯孔
13#	Ⅱ	0+3.07	0+379.00	1 345.0	1 322.0	23.0	取芯孔
13#	Ⅲ	0+46.00	0+375.50	1 345.0	1 291.5	53.5	取芯孔取至基岩
13#	Ⅱ	0+3.07	0+369.00	1 345.0	1 333.0	12.0	压水孔
14#	Ⅱ	0+3.00	0+413.00	1 342.0	1 322.0	20.0	取芯孔
14#	Ⅲ	0+56.42	0+413.74	1 342.0	1 311.0	31.0	取芯孔
14#	Ⅱ	0+3.00	0+403.40	1 342.0	1 330.0	12.0	压水孔
14#	Ⅲ	0+52.86	0+400.19	1 342.0	1 303.5	38.5	压水孔

2. 取芯样和压水主要检查设备

由于一般混凝土的渗透系数很小，而根据常规《水电水利工程钻孔压水试验规程》(DLT 5331—2005)所要求的设备性能和精度远远不能满足检查混凝土防渗性能的要求，为了较为精确地测出碾压混凝土的防渗性能，根据取芯直径及钻孔压水检查要求，选取的主要设备见表9-11。

表9-11 钻孔取芯主要设备器材表

设备名称	型号及规格	单位	数量	备注
岩芯钻机	HGY－300 XY－4	台	2	地质钻机配金刚石钻头
精密流量泵		台	1	压力 0～1.6MPa
流量测试仪	H97－2	台	1	
泥浆泵	BW－150	台	1	供水使用
止水栓塞	外径 d=75mm	套	20	单管顶压式压缩胶塞

上述四种不同的计量设备组装在一起，既可单独读数，也可相互核实。在试验的过程中，可根据渗透量的大小不同，在不拆除和重新装卸设备的情况下连续试验，以确保计量的连续性和准确性，具体见图9-2～图9-5。

(1)流量泵：根据碾压混凝土压水试验检查要求，采用高精密流量泵。压力可在0～1.6MPa之间无级调节。最大流量为1.33L/min，可在0～1.33L/min之间任意调节。

(2)H97－2型流量测试仪：该流量测试仪采用体积法配合电表读数。由于碾压混凝土存在渗透离散性大的特点，本测试仪设四个挡位，可满足不同流量的压水试验精度要求。

(3)普通流量表：当流量较大时，均采用普通流量表读数计时。

(4)供水系统：常规压水试验采用普通水泵和钻杆作为连通管。采用中间无接头的专用胶管作为工作管，杜绝了钻杆接头可能漏水而影响试验结果的现象。

图9-2 钻孔设备：HGY－300型地质岩芯钻机

图 9-3　取出芯样作业

图 9-4　长 11.04m 的芯样

图 9-5　金安桥大坝碾压混凝土取芯长 15.73m 的超长芯样

9.9.3 钻孔取芯及芯样强度

1.钻孔取芯情况

碾压混凝土Ⅱ级配区钻孔取芯用 $d=171$mm 的钻具钻取 $d=150$mm 的芯样。碾压混凝土Ⅲ级配区钻孔取芯用 $d=219$mm 的钻具取 $d=200$mm 的芯样。

芯样检查:碾压混凝土整体质量良好。芯样呈圆形柱状,表面光滑,骨料分布均匀,结构密实,胶结情况好,气孔少。三次取样总计钻孔 791.25m,芯样获得率为 98.86%,芯样平均长度 0.98m,大于 10m 的芯样有 10 根。

(1)13# 坝段(河床坝段)碾压Ⅲ级配区,主孔进尺 53.7m,入基岩 0.27m,柱状岩芯 53.47m,单根最长芯样 11.04m。芯样较完整,表面光滑,骨料分布均匀,结构密实,胶结好。混凝土与基岩面黏结密实,胶结良好。

(2)1# 坝段取出 1 根 16.49m 的超长芯样(金安桥工程最长芯样)。

(3)11# 坝段在深 40.07m 的同一孔内取出 15.73m、10.92m、10.36m 三根长芯样。

2.芯样强度

按照设计要求对碾压混凝土芯样做容重、抗压强度、静力抗压弹模、抗拉强度、极限拉伸值、抗渗等级、抗冻等级、抗剪强度等试验检测。通过各种试验结果,以评述碾压混凝土的力学性能和耐久性能是否满足设计要求,综合评价碾压混凝土施工质量。

对碾压混凝土坝所取的 $d=200$mm 和 $d=150$mm 芯样,进行抗压强度试验,最后换算成 150mm 立方体的抗压强度、芯样抗压强度、容重试验结果:C_{90}20Ⅱ级配混凝土芯样(15 组)抗压强度平均值为 26.0MPa,最大值为 32.5MPa,最小值为 18.6MPa,满足Ⅱ级配抗压强度设计要求。C_{90}20Ⅲ级配混凝土芯样抗压强度平均值为 24.1MPa,最大值为 38.6MPa,最小值为 17.9MPa,满足Ⅲ级配抗压强度设计要求。C_{90}20Ⅱ级配碾压混凝土容重检测 25 组,平均值为 2 541kg/m^3,最大值为 2 590kg/m^3,最小值为 2 455kg/m^3。C_{90}20Ⅲ级配碾压混凝土容重检测 40 组,平均值为 2 641kg/m^3,最大值为 2 729kg/m^3,最小值为 2 573kg/m^3,符合玄武岩骨料表观密度值较大的特性。

(1)芯样抗拉强度、极限拉伸和弹模试验。芯样抗拉强度、极限拉伸值试验结果见表 9-12。

表 9-12　芯样抗拉强度、极限拉伸值

设计强度指标	芯样直径(mm)	试验组数	高径比	抗拉强度(MPa)	极限拉伸值($\times10^{-4}$)
Ⅱ级配 $C_{90}20$	150	9	2∶1	1.09	0.69
Ⅲ级配 $C_{90}20$	200	9	2∶1	1.01	0.59

$C_{90}20$Ⅱ级配混凝土芯样轴心抗拉强度平均值为 1.09MPa，最大值 1.12MPa，最小值 0.92MPa；极限拉伸值平均为 0.69×10^{-4}，最大值 0.80×10^{-4}，最小值 0.53×10^{-4}。$C_{90}20$Ⅲ级配混凝土芯样轴心抗拉强度平均值为 1.01MPa，最大值 1.42MPa，最小值 0.70MPa；极限拉伸值平均为 0.59×10^{-4}，最大值 0.77×10^{-4}，最小值 0.47×10^{-4}。以上两种级配混凝土抗拉强度和极限拉伸值满足设计要求。

$C_{90}20$Ⅱ级配混凝土芯样所做的静力抗压弹模为 31.5GPa，$C_{90}20$Ⅲ级配混凝土芯样所做的静力抗压弹模为 29.45GPa，比设计的 35GPa 低，有利于坝体的抗裂。

(2)芯样抗剪试验。碾压混凝土芯样抗剪强度试验，做了 2 组Ⅱ级配 $C_{90}20$(本体热缝)抗剪强度和 5 组Ⅲ级配 $C_{90}20$(本体热缝和层面冷缝)抗剪强度，其试验结果见表 9-13。

表 9-13　芯样抗剪试验成果表

设计强度指标	芯样直径(mm)	试验组数	检测龄期(d)	抗剪断峰值强度参数	
				f'	c'(MPa)
$C_{90}20$Ⅱ级配本体	150	2	306～336	1.32	1.83
$C_{90}20$Ⅲ级配本体	200	2	286～313	1.27	1.82
$C_{90}20$Ⅲ级配层面	200	3	337～433	1.22	1.65

(3)芯样抗冻、抗渗试验。选取 3 组Ⅱ级配 $C_{90}20$ 和 4 组Ⅲ级配 $C_{90}20$ 碾压混凝土芯样，进行抗渗等级试验，抗渗等级均满足 W8 设计要求，但劈开后其渗水高度均较高，6 个试件当中有 1～2 个全透水。

对 $C_{90}20$Ⅲ级配碾压混凝土芯样进行 2 组(6 块)抗冻试验，其抗冻等级 5 块为 F75，1 块为 F50，低于 F100 设计要求，主要因为混凝土运输、层面推铺碾压过程中混凝土含气量损失。现场原级配芯样浆体量少于试验室标准条件的浆体量，芯样在钻取、运输以及切割过程中，对混凝土芯样的影响造成芯样混凝土抗冻损坏加速，抗冻等级降低。试验结果见表 9-14。

表 9-14 芯样抗冻、抗渗试验成果表

设计强度指标	试验组数	0.9MPa 下渗水高度(cm)	设计强度指标	试验组数(两组)	检测龄期(d)	抗冻等级
Ⅱ级配 C_{90}20 W8	3	9.2	Ⅲ级配 C_{90}20 F100	5 块	294～360	F75
Ⅲ级配 C_{90}20 W8	4	11.7		1 块	294	F50

9.9.4 压水试验

根据取芯孔布置情况，在施工中，同坝段先钻压水孔，后钻取芯孔，以免造成压力水串透。

试验采用单点法，自上而下单栓塞逐段阻塞压水。碾压混凝土的压水分段长度为 3.0m，第一段压力为 0.3MPa，以下各段压力为 0.6 MPa。在遇到较大渗透量时，改变栓塞位置，再缩短段长，逐步找出渗透量较大的部位。

压水试验首先采用精密流量表，当最大渗水量大于或等于流量家最大流量时，换用 BW－150 泵供水，其最大供水量为 150L/min。

采用地质钻机钻孔，d＝75mm 的刚石钻头旋转钻进，每次钻进深度为压水试段长度。开钻前用预埋扣件将钻机底座固定，使钻机立轴垂直，保证钻孔垂直。

将钻具下至孔底，用 BW－150 泵的流量开至最大挡位（流量达 150L/min）洗孔，直至孔口无岩粉带出，回水清洁，方可进行下道工序。

每段次压水试验前，均对压水试验设备进行了调试检查。首先检查栓塞装置，查看胶塞是否变形，滑动是否灵活，连通管接头是否松动，管路、阀门、供水泵是否漏水等。同时将滤水器、供水泵、流量测试仪、压力表、进水稳定箱等安装完毕，然后利用钻机上的卷扬机将止水隔离装置放入孔内。

首先启动供水精密流量泵，关闭调压阀，将止水栓塞提起，让孔口返水，排净试段内及工作管路中的空气，观测回水无岩粉带出后，再用钻机顶压胶塞止水。胶塞压缩后，隔离止水，此时将阀门由大向小操作，观测精密压力表的压力上升过程，达到或稍超过设计值时，停止操作。

关闭供水阀，打开 H97－2 型流量测试仪，继续调整调压阀使试段压力达到设计值，并保持稳定。压力表反映的压力稳定，所有部位观测无漏水现象，这时采用电子秒表计时，进行流量观测。根据钻孔压水试验技术要求，每隔 5min 记录 1 次水量，在流量无持续增大趋势，且连续 5 个流量中最大值与最小值之差小于最终值的 10％时，试验结束。当渗漏较大时，改用 BW－150 型水泵利用水表读数，读数的方法与试验工艺相同。

从现场压水检查及检测成果资料分析：总压水段数为 58 段，透水率 q 小于 0.1Lu的为 19 段，占总段数的 33%；透水率为 0.1～0.5Lu 的有 36 段，占总段数的 62%；透水率为 0.5～1.0Lu 的有 3 段，占总段数的 5%。所选钻孔 58 段的压水试验结果表明，混凝土最小透水率为 0.02Lu，最大透水率为 0.90Lu(孔口段)，因此，大坝碾压混凝土整体抗渗性能良好。

9.10 金安桥水电站碾压混凝土坝现场原位抗剪试验研究

由于碾压混凝土坝是分层碾压施工而成，施工热升层通常只有 30cm 左右，施工间歇的冷升层为 150～300cm，这就使得碾压混凝土坝存在大量的水平施工层面以及层间的间隙面。如果设计或者施工处理不当的话，这些水平施工层面以及层间的间隙面就有可能成为碾压混凝土坝抗滑稳定的薄弱部位。碾压混凝土层面原位抗剪试验是检测碾压混凝土层面抵抗剪切荷载的性能、评价碾压混凝土质量并校核坝体抗剪设计参数的主要检测手段，并为碾压混凝土坝设计及施工提供科学依据。同时，层面的抗剪强度参数也是数值分析碾压混凝土重力坝层面抗滑稳定的重要参数。

9.10.1 试验位置选择及布置

金安桥水电站大坝碾压混凝土共布置 6 组原位抗剪断试验，分两次进行。

(1)第一次试验于 2008 年 12 月在 10 号坝段坝后高程 1 317.5m 平台进行。试验组数为 3 组，每组 5 块试件，混凝土设计等级为 C_{90}20W6F100Ⅲ级配碾压混凝土。

(2)第二次试验于 2009 年 2 月在 1 号坝段坝高程 1 422.5m 坝面进行。试验组数为 3 组，每组 5 块试件，混凝土设计等级为 C_{90}15W6F100Ⅲ级配碾压混凝土。

9.10.2 试验方法

试验仪器设备系统主要由加荷、传力、量测三大部分组成，还有其他试验装置。

(1)加荷系统：由液压千斤顶、高压油泵、压力表、高压软管组成。

(2)传力系统：由传力柱、反力支架、承压板、滚轴排等组成。

(3)量测系统：由大行程百分表、磁性表座、表座支架组成。

(4)其他：数码相机、记录设备、液压油、地质描述及安装等工具。

试件尺寸50cm×50cm，采用切割机切缝，然后用风镐剔除多余混凝土，再经过切割机修整而成。试件完成后，开始试验前泡水养护48h以上。测试方法按《水利水电工程岩石试验规程》（SL 264—2001）及《水工混凝土试验规程》（SL 352—2006）的有关规定进行。试验采用平推法，剪切方向与坝体实际受力方向一致。

（1）垂直荷载的施加方法。碾压混凝土现场抗剪试验的最大正应力为3.0MPa。现场抗剪断试验采用多点峰值法，试件的正应力初步设定为0.6MPa、1.2MPa、1.8MPa、2.4MPa、3.0MPa。每块试件的垂直荷载分3～5级施加，每加一级垂直荷载，经5min测读一次垂直变形，即可施加下一级荷载。加到预定荷载后，当连续两次垂直变形读数之差不超过1%mm时，认为已达到稳定要求，即可开始施加水平剪切荷载。

（2）剪切荷载的施加方法。开始按照预估最大剪切荷载的8%～10%分级均匀等量施加，当所加荷载引起的水平变形为前一荷载变形的1.5倍时（或视具体情况确定），荷载减半按4%～5%施加，直至剪断。荷载的施加方法以时间控制，每5min一次，每级荷载施加前后各读一次变形。临近剪断时，密切注视和检测并记录压力变化及相应的水平变形（压力及变形同步观测）。在整个剪切过程中，垂直荷载应始终保持为常数。

试验过程中，随时记录试验中发生的调表、换表、碰表、千斤顶漏油、补压、混凝土松动、掉块等情况 。

试块完毕后，翻转试块，对剪断面的物理特征如破坏型式、起伏情况、剪断面面积等进行描述和测算，并进行拍照，见图9-6。

图9-6　金安桥水电站大坝现场原位抗剪试验

9.10.3　试验成果分析

1.理论及公式

抗剪强度用库仑公式表示：

$$\tau=\sigma f'+c',\sigma=P/F,\tau=Q/F$$

式中　σ——作用于剪切面上的法向应力，MPa；

τ——作用于剪切面上的顺水流方向的剪应力，MPa；

P——作用于剪切面上的全部垂直荷载（含千斤顶重量、设备重量及试块重量），N；

Q——作用于剪切面上的水平荷载，其值等于施加的总水平荷载减去滚轴排的摩擦力，N；

F——剪切面积，mm^2；

f'——剪切面摩擦系数；

c'——碾压混凝土黏聚力。

绘制不同法向应力下的剪应力 τ 与剪切变形 u 的关系曲线以及剪应力 r 与法向应力 σ 的关系曲线。

根据上述曲线用图解法或最小二乘法确定峰值抗剪断强度参数 f' 值和 c' 值。

2.抗剪试验成果统计

坝体 C_{90}20W6F100 和 C_{90}15W6F100Ⅲ级配碾压混凝土现场原位抗剪断试验成果分别见表 9-15、表 9-16。

表 9-15　C_{90}20W6F100 碾压混凝土原位抗剪试验成果表

试验部位	抗剪断峰值强度参数							
11# 坝段后坝高程 1 320m 平台	综合值		第一组(τ)		第二组(τ)		第三组(τ)	
	f'	c'(MPa)	f'	c'(MPa)	f'	c'(MPa)	f'	c'(MPa)
	1.28	1.63	1.28	1.65	1.32	1.51	1.24	1.73
龄期(d)	仓面高程(m)		开仓时间		收仓时间		试验日期	
302	1 315.00～1 317.70		2008.2.8 PM9:30		2008.2.19 PM9:30		2008.12.16～2008.12.17	
混凝土设计强度等级及缝面工况			C_{90}20W6F100(Ⅲ级配)　热缝(缝面不处理)					
浇筑条件			天气:小雨　气温:13℃　相对湿度:62%　风速:2.0m/s					

表 9-16　C_{90}15W6F100 碾压混凝土原位抗剪试验成果表

<table>
<tr><td>试验部位</td><td colspan="8">抗剪断峰值强度参数</td></tr>
<tr><td rowspan="3">1# 坝段高程
1 422.5m</td><td colspan="2">综合值</td><td colspan="2">第四组(τ)</td><td colspan="2">第五组(τ)</td><td colspan="2">第六组(τ)</td></tr>
<tr><td>f′</td><td>c′(MPa)</td><td>f′</td><td>c′(MPa)</td><td>f′</td><td>c′(MPa)</td><td>f′</td><td>c′(MPa)</td></tr>
<tr><td>1.20</td><td>1.79</td><td>1.20</td><td>1.87</td><td>1.20</td><td>1.71</td><td>1.21</td><td>1.78</td></tr>
<tr><td>龄期(d)</td><td colspan="2">仓面高程(m)</td><td colspan="2">开仓时间</td><td colspan="2">收仓时间</td><td colspan="2">试验日期</td></tr>
<tr><td>106</td><td colspan="2">1 420.00～
1 422.5</td><td colspan="2">2008.11.08</td><td colspan="2">2008.11.10</td><td colspan="2">2009.2.22～
2009.2.24</td></tr>
<tr><td colspan="3">混凝土设计强度等级及缝面工况</td><td colspan="6">C₉₀15W6F100(Ⅲ级配)　热缝(缝面不处理)</td></tr>
<tr><td colspan="3">浇筑条件</td><td colspan="6">天气:晴　气温:20℃　相对湿度:48%　风速:3.5m/s</td></tr>
</table>

3.坝体碾压混凝土现场原位抗剪断强度参数值

(1)C_{90}20W6F100(Ⅲ级配):f'=1.24～1.32、c'=1.51～1.73MPa,抗剪断强度参数综合值:f'=1.28、c'=1.63MPa。

(2)C_{90}15W6F100(Ⅲ级配):f'=1.20～1.21、c'=1.71～1.87MPa,抗剪断强度参数综合值:f=1.20、c'=1.79MPa。

通过对大坝现场2次的原位抗剪试验,坝体混凝土抗剪稳定参数 f'、c'满足设计要求。碾压混凝土层(缝)面胶接良好,粗骨料分布均匀。大坝碾压混凝土工程质量满足设计要求,大坝抗滑稳定性好。

金安桥水电站大坝碾压混凝土进行了2组原位抗剪试验,其试验样本量还是偏少,仅对设计选用的参设值进行了初步验证。国内有工程项目进行大量的原位抗剪试验,提供了丰富的试验数据和样本量。例如,龙滩电站进行了热缝、冷缝及其不同处理工艺(层面铺水泥和粉煤灰砂浆、层面铺胶凝材料净浆、层面铺细骨料混凝土),不同龄期、层面进行冲毛处理和不进行冲毛处理,不同季节、不同层间间歇时间、不同胶凝材料用量等多种工况的组合原位抗剪试验,感兴趣的读者可以查阅相关资料进一步研究。大量试验表明:

(1)随着胶凝材料用量的增加,碾压混凝土抗剪断强度呈增长趋势。胶凝材料用量从160kg/m^3增加到170kg/m^3时抗剪断强度明显增大,胶凝材料用量达到一定程度后碾压混凝土抗剪断强度增长趋势放缓。

(2)高碾压混凝土重力坝中,采用高胶凝材料是必要的,但由于胶凝材料用量到一定程度后所带来的抗剪断强度的增长有限,而相应的工程成本和温控难度增加,因此采用高胶凝材料碾压混凝土筑坝时应存在一个相对经济的胶凝材料用量。

(3)层面抗剪断强度受层间间歇时间影响较大,为保证在施工过程中达到设计指标要求，低温季节层间间歇时间应控制不超过 8h，常温季节层间间歇时间应控制不超过 6h，高温季节层间间歇时间应控制不超过 4h。

(4)碾压混凝土层面抗剪断强度参数中，不同施工工况之间相比较，摩擦系数 f 值比较稳定，而黏聚力 c 波动较大。层面抗剪断强度受层间间歇时间影响较大，层面间隔时间越长，其层面黏结强度越低，大坝施工应以层面不处理的连续薄层浇筑为主，碾压混凝土直接铺筑必须在规定的时间内完成，以使层间胶结良好。

(5)超过规定间歇时间的层面必须作为冷缝进行处理，层面铺水泥和粉煤灰的砂浆、胶凝材料净浆或铺细骨料混凝土的 3 种处理方式，其抗剪断强度相当，无明显起控制作用的工况。

(6)冷缝处理在铺浆以前对层面作刷毛和冲毛处理的层面结合强度，较之未做刷毛处理的层面结合强度有明显的提高。

(7)冷缝处理在层面上摊铺水泥和粉煤灰胶浆(砂浆)的强度等级和配合比，是层面结合强度的重要影响因素。经层面处理的碾压混凝土的抗剪断峰值强度随胶凝材料净浆(砂浆)中水胶比的减小、胶凝材料用量的增大、粉煤灰掺量的降低而增大。因此，从提高层面的抗剪断强度方面考虑，宜将层面上摊铺胶凝材料净浆(或砂浆)的强度等级提高一级。

9.10.4　小结

2008 年 5 月至 2009 年 12 月，对金安桥水电站大坝碾压混凝土进行了钻孔取芯。芯样外观内实外光，获取率高达 99.7%，最长达 16.49m，成为当时国内芯样之首，碾压混凝土质量优良。

大坝碾压混凝土质量控制检测结果表明，弱风化玄武岩骨料碾压混凝土强度、本体抗剪强度、极限拉伸值、抗冻、抗渗及密实度等性能满足设计要求，质量优良。大坝现场原位抗剪断进行了 6 组试验，结果表明：$f'=1.20\sim1.32$、$c'=1.51\text{MPa}\sim1.87\text{MPa}$，大于 $f'\geqslant1.0$ 和 $c'\geqslant1.1\text{MPa}$ 设计要求。大坝温度反馈及安全监测反馈委托河海大学进行计算分析，成果表明：大坝温度场温度稳定，坝体变形很小，满足设计要求。

第10章　附　录

本附录主要介绍金安桥水电站大坝碾压混凝土施工工法，具体内容如下。

10.1　总则

(1)本工法紧密结合目前水利水电行业碾压混凝土施工的发展和较成熟的新技术、新材料、新工艺、新设备的实际情况，借鉴国内多个工程的碾压混凝土工法，以《水工碾压混凝土施工规范》(DL/T 5112)、《水工混凝土施工规范》(DL/T 5144)、《金安桥水电站大坝土建及金属结构安装工程施工合同》第二卷：技术条款、《金安桥水电站永久水工建筑物混凝土施工技术要求》为主要依据，结合本工程大坝碾压混凝土施工的具体情况编制。

(2)有关混凝土试验按照《水工混凝土试验规程》(DLT 5150)、《水利水电工程岩石试验规程》(SL 264—2001)等规范执行。

(3)所有参加本工程大坝碾压混凝土施工及管理的人员必须遵守本工法。本工法在实施过程中出现的问题请及时反馈给业主公司，以便及时修正。

10.2　规范引用标准

下列标准中不注日期，所引用的标准均采用其最新版本，适用于本工法。

GB 175　　通用硅酸盐水泥
GB 200　　中热硅酸盐水泥、低热硅酸盐水泥、低热矿渣硅酸盐水泥
GB/T 1596　　用于水泥和混凝土中的粉煤灰
GB 2938　　低热微膨胀水泥
GB/T 18046　　用于水泥和混凝土中的粒化高炉矿渣粉
DL/T 5055　　水工混凝土掺用粉煤灰技术规范
DL/T 5100　　水工混凝土外加剂技术规范
DL/ T 5150　　水工混凝土试验规程
SL 352　　水工混凝土试验规程
DL/T 5151　　水工混凝土砂石骨料试验规程
DL/T 5152　　水工混凝土水质分析试验规程
DL/T 5330　　水工混凝土配合比设计规程
DL/T 5112　　水工碾压混凝土施工规范
DL/T 5144　　水工混凝土施工规范
SL 314　　碾压混凝土坝设计规范

SL 319 混凝土重力坝设计规范
DL 5108 混凝土重力坝设计规范
SL 275 核子水分一密度仪现场测试规程
DL/T 5169 水工混凝土钢筋施工规范
DL/T 5178 混凝土坝安全监测技术规范
DL/T 5148 水工建筑物水泥灌浆施工技术规范
DL/T 5110 水电水利工程模板施工规范
DL/T 5113.1 水电水利基本建设工程单元工程质量等级评定标准(一)土建工程
DL/T 5113.8 水电水利基本建设工程单元工程质量等级评定标准(八)碾压混凝土工程
DL/T 5123 水电站基本建设工程验收规程

10.3 名词术语

(1)掺合料:用于拌制碾压混凝土、砂浆和灰浆时,掺入的粉煤灰等矿物质材料。

(2)石粉含量:细骨料石粉中粒径小于0.16mm的颗粒含量的质量百分比。石粉含量宜控制在16%~22%。

(3)强度等级:按标准条件下的立方体抗压强度分成若干等级,称为混凝土强度等级。

(4)胶凝材料用量:每立方米混凝土中水泥和掺合料的总和。

(5)胶凝浆体用量:每立方米混凝土中水泥+掺合料+0.08mm微石粉含量的总和,是影响浆砂比PV值的主要因素。

(6)水胶比:每立方米混凝土用水量与胶凝材料用量的比值。

(7)拌和时间:全部材料加入后经过拌和至出料开始的时间。

(8)混凝土运输时间:从机口全部卸料完到混凝土卸入仓内的时间。

(9)碾压厚度:每一作业层摊铺后,未碾压的混凝土厚度。

(10)压实厚度:每一碾压作业层经碾压达到设计要求的密实度或容重时的厚度。

(11)相对密实度:施工仓面实测表观密度与碾压混凝土室内试验获得的平均基准表观密度之比。相对密实度大坝内部大于97%,外部防渗区大于98%。

(12)基准表观密度:已选定配合比的碾压混凝土在室内试验获得的表观密度大于平均值。

(13)变态混凝土:在已经摊铺的碾压混凝土中,掺入一定比例的灰浆(水泥+

掺合料+外加剂)后振捣密实的混凝土。

(14)垫层拌和物:铺在浇铸层或基岩面上的,与碾压混凝土相适应的灰浆、砂浆或小级配富浆混凝土。

(15)VC值:即碾压混凝土拌和物工作度,指在规定条件下碾压混凝土拌和物从开始振捣到表面泛浆所需的时间,以秒为计量单位。

(16)α值:灰浆体积与砂浆孔隙体积之比。

(17)β值:砂浆体积与骨料空隙体积之比。

(18)PV值:胶凝浆体体积与砂浆体积之比,简称浆砂比。浆砂比PV值不宜小于0.42。影响PV值的主要因素是石粉含量。

(19)层间间隔时间:从下层混凝土拌和物加水时起,到上层混凝土碾压完毕为止的历时。

(20)直接铺筑允许时间:不经过任何层面处理直接铺筑上层混凝土就能够满足层间结合质量要求的最大层间间隔时间。

(21)冷缝:层间间隔时间超过直接铺筑允许时间的碾压混凝土层面。

(22)施工缝:根据施工要求而设置的缝。

(23)毛面:经过处理形成的无乳皮的粗糙的混凝土表面。

(24)出机口温度:混凝土拌和完成、出料至运输设备时,混凝土料堆表面10cm深处的温度。

(25)入仓温度:混凝土运输至仓面,卸料摊铺后混凝土料堆表面10cm深处的温度。

(26)浇筑温度:碾压混凝土经过平仓碾压,覆盖上层混凝土前距混凝土表面10cm深处的温度。

(27)仓面环境温度:混凝土浇筑仓面上方1.5m处的温度。

(28)气温骤降:日平均气温在24h内连续下降累计6℃以上。

(29)寒潮:日平均气温5℃以下的气温骤降。

10.4 原材料控制与管理

10.4.1 碾压混凝土材料组成

碾压混凝土由水泥、掺合料(粉煤灰)、水、粗细骨料(砂、石)、外加剂以及石粉等材料组成。碾压混凝土采用的原材料品质应符合现行的国家标准及本工法的规定要求,原材料控制由质量管理部、试验中心以及相关的作业操作厂队共同负责实施。凡用于主体工程的水泥、粉煤灰、外加剂、钢材均须按照合同及规范规定的抽样项目及频次抽样复检。

碾压混凝土原材料质量检验要求见表10-1。

(1)原材料的检测由试验中心负责实施,水泥、水、粉煤灰、钢材、外加剂的质量与控制按《原材料室内质控要领图》实施。原材料(水泥、粉煤灰、外加剂、钢材、骨料)检测项目抽样频率按“某水电站碾压混凝土大坝工程原材料检测项目抽样频率表”执行。

(2)骨料评定标准。粗骨料超、逊径含量:以超、逊径筛检验时,其控制标准为超径等于0,逊径小于2%,砂细度模数变化值不超过±0.2,否则,调整碾压混凝土配合比;细骨料含水率小于6%,含水率变化值不超过±0.5%,骨料表面含水率小于±02%,再则,调整碾压混凝土用水量。

(3)砂石料检测由试验中心按《砂石料场质控要领图》实施。当骨料级配检验结果超出规定时,应立即通知砂石厂和报告工程师,同时再次抽样检查。如果试样仍超出规定极限,应立即再次报告工程师,应认为该生产过程是失控的,应采取有效措施进行。

表10-1 碾压混凝土原材料质量检验要求

名称	检验项目	取样地点	控制指标	取样次数	检测目的
水泥	比表面积、细度、安定性、标准稠度、凝结时间、强度	仓库	国家标准	每批或400t或根据需要取样	验证进场水泥质量
掺合料	细度、需水量比、烧失量、含水量	仓库	满足规范和设计要求	连续供料以200t为一批取1次	验证进场粉煤灰质量
	SO_3含量	仓库	满足规范和设计要求	每季度1次	
外加剂	混凝土减水率、泌水率、含气、凝结时间	仓库	满足规范要求	每批1次	验证进场外加剂质量
细骨料(砂)	细度模数FM、石粉含量、含水量	含砂石厂成品仓或出料皮带上	FM2.2~2.9、石粉含量16%~20%	FM:1次/班、石粉含量:1次/班、含水量:2h/次	生产(拌和物)质量控制
	饱和面干密度、饱和干吸水率、容重(松散、振实)、孔隙率、有机质、云母含量、硫化物及硫酸盐含量	含砂石厂成品仓或出料皮带上	满足规范和设计要求	1次/月	

表 10-1(续)

名称	检验项目	取样地点	控制指标	取样次数	检测目的
粗骨料	超逊径(大、中生产成品)	砂石厂成品仓或出料皮带上	超小于5% 逊小于10% 针片状小于15%	1次/班	生产(成品)质量检验
	小石含水率	砂石厂成品仓或出料皮带上	允许偏差小于0.2%	1次/班	
	含泥量、泥块含量碎指标、针片状、饱和面干密度、饱和面干吸水率、容重、孔隙率、颗粒级配	砂石厂成品仓或出料皮带上	满足规范要求	视具体情况而定	
钢材	力学	仓库	满足规范和设计要求	每批60t 1次	验证进场钢材质量

说明:试验用水检测频次视具体情况而定。大、中、小石,砂等的含泥量必要时进行抽样检测。抽样方法按规范进行,当一次抽样不合格时,则加倍抽样,若仍达不到设计要求,则该产品列为不合格品或降级使用。

10.4.2 水泥、粉煤灰

水泥、粉煤灰的接收与储存:由试验中心负责水泥、粉煤灰的检验,按表10-1中的有关条款执行,采购人员负责水泥的接收工作,库管人员负责水泥的储存工作。不同生产厂家、不同批次的水泥或粉煤灰均要分开入罐存放,储存量应满足碾压混凝土浇筑强度的需要。

10.4.3 拌和用水

拌制和养护混凝土用水必须符合《水工混凝土施工规范》(DL/T 5144—2001)的要求。

10.4.4 外加剂

外加剂必须按试验中心签发的配料单配制,要求计量准确、搅拌均匀,并由试验中心负责检查和测试。

10.4.5 骨料

由试验中心负责对生产的骨料按规定的项目和频数进行检测，每周末把检测结果整理上报给监理工程师。

10.5 碾压混凝土配合比选定及配料单签发

10.5.1 配合比的选定

(1)碾压混凝土、垫层混凝土、接触砂浆、水泥灰浆的配合比和参数选择按审批的配合比设计试验报告和有关试验成果确定。

(2)碾压混凝土施工配合比的选择和配合比重要参数的调整，必须由试验中心提出报告，经总工程师审定并报监理工程师批准后使用。

10.5.2 混凝土配料单的签发

(1)碾压混凝土浇筑通知单由浇筑队填写，并提前2～6h送交试验中心，试验中心应在开机前30min签发出混凝土配料单。

(2)试验中心在发送施工配料单之前，必须对所使用的原材料进行检查及抽样检验。

(3)试验中心对所发送的施工配料单负责。配料单必须经过校核人校核无误并经监理师签字后才能发出。

10.6 碾压混凝土浇筑施工前检查与验收

10.6.1 准备工作检查

(1)由调度室(或生产部)负责检查碾压混凝土浇筑前的各项准备工作。如机械设备、人员配置、入仓道路、通信设施情况、仓内照明及供排水情况检查。质量管理部负责检测仪器状态是否正常。

(2)采用汽车运输直接入仓时，汽车轮胎冲洗处的设施应符合技术要求。距大坝入仓口应有足够的脱水距离，进仓道路必须铺成碎石路面并冲洗干净，无污染。

(3)施工设备检查工作由设备使用单位负责。汽车轮胎冲洗设施由浇筑队负责，质量管理部负责检查。入仓道路由调度室负责检查，洗车台由浇筑队配合摆放。

10.6.2 仓内单元工程检查验收

仓内单元工程质量检查验收坚持“三检制”：施工班组（队）一检、浇筑队二检、质量管理部三检。验收前测量人员应完成模板、预埋件等校核工作。各施工班组应认真做好一检并填写检查表格，质检人员应加强施工过程的检查，单元工程终检合格后进行质量评定。

10.6.3 基础或混凝土施工缝处理的检查项目

(1)建基面。
(2)地表水和地下水。
(3)岩石清洗。
(4)表面造毛。
(5)仓面清洗。
(6)仓面积水。
(7)输浆管筒架设及连接。
(8)防雨、保温设施齐备。
(9)振捣平仓工具配备。
(10)测量检查、复核资料。

10.6.4 模板的检查项目

(1)模板及支架的材料质量。
(2)模板及支架结构的稳定性、刚度。
(3)模板表面相邻两面板高差。
(4)局部不平。
(5)表面水泥砂浆黏结。
(6)表面涂脱模剂。
(7)接缝缝隙。
(8)立模线与设计线偏差。
(9)预留孔、洞尺寸及位置偏差。
(10)测量检查、复核资料。

10.6.5 钢筋的检查项目

(1)批号、钢号、规格。

(2)钢筋表面处理。

(3)保护层厚度局部偏差。

(4)主筋间距局部偏差。

(5)箍筋间距局部偏差。

(6)分布筋间距局部偏差。

(7)安装后的刚性及稳定性。

(8)焊缝表面。

(9)焊缝长度。

(10)焊缝高度。

(11)焊接试验成果。

(12)机械连接方式。

(13)机械连接试验结果。

10.6.6 止水、伸缩缝的检查项目

(1)金属止水片及塑料止水片的几何尺寸。

(2)金属止水片及塑料止水片的搭接长度。

(3)安装偏差。

(4)插入基础部分。

(5)敷沥青料。

(6)粘贴沥青油毛毡。

(7)铺设预制油毛毡。

(8)沥青井、柱安装。

(9)沥青散板。

10.6.7 预埋件的检查项目

(1)预埋件的规格。

(2)预埋件的表面。

(3)埋件的位置。

(4)预埋件的安装牢固性。

(5)预埋管子的连接。

10.6.8　混凝土预制件的安装

(1)混凝土预制件外型尺寸和强度应符合设计要求。

(2)混凝土预制件型号、安装位置应符合设计要求。

(3)混凝土预制件安装时,其底部及构件间接触部位的连接应符合设计要求。

(4)浇筑主体工程混凝土预制构件制作,必须按试验中心签发的配合比施工,并由试验中心检查和抽样检查,出厂前应进行验收,合格后方能出厂使用。

10.6.9　灌浆系统

(1)灌浆系统埋件的材料、规格、尺寸应符合设计要求。

(2)埋设位置要准确、固定,并连接牢固。

(3)埋设管路必须畅通。

10.6.10　验收合格证签发和施工中的检查

(1)专职质检员对10.6.2中各条全部检查合格后申请监理工程师验收,经验收合格后,由监理工程师签发“同意开仓”合格证。

(2)合格证一式三份,一份由监理工程师保存,两份交质量管理部留作竣工验收资料保存。

(3)未签发开仓合格证,严禁开仓浇筑混凝土,否则做严重违章处理。

(4)坝体分段验仓、模板、钢筋、灌浆管路和预制件等,在碾压混凝土施工过程中需继续施工的,其质量要求与检查验收程序同10.6.2节。

(5)10.6.2节中各项验收项目,在碾压混凝土施工中应派人值班并认真保护,发现异常情况及时认真检查处理,当损坏严重应立即报告仓面指挥长,由仓面指挥长通知作业队迅速采取措施。

(6)在碾压混凝土施工中,仓面每班专职质控人员包括质检部专职质检员1人,试验中心检测员3～4人,仓面指挥长1人,各质控人员应互相配合,将施工中出现的问题尽快反映给仓面指挥长,由仓面指挥长全权处理。仓面监理工程师或专职质检员发现质量问题时,仓面指挥长必须按监理工程师或专职质检员的意见执行,如有不同意见应向上级领导反映协调解决。

10.7 混凝土拌和与管理

10.7.1 拌和与管理

拌和站对碾压混凝土拌和生产与质量全面负责。试验中心负责对混凝土拌和质量进行全面监控。

(1)混凝土拌和生产时,每座拌和楼每班设总值班1人,质控员1人,拌和领班1人。配料操作、拌和层监控、放料监控、混凝土标识牌发放等岗位配足人数,以保证拌和生产正常进行。试验中心每班配拌和楼质控人员不少于6人(左右岸拌和系统各3人),保证碾压混凝土连续生产。拌和楼试验中心值班人员必须坚守岗位,认真负责和填写好质量控制原始记录,并做好现场交接班工作。

(2)拌和楼和试验中心应紧密配合,共同把好质量关,对混凝土拌和生产中出现的质量问题应及时协商处理,当意见不一致时,上报项目部总工程师共同协商处理。

10.7.2 混凝土拌和

(1)拌和楼称量设备精度检验由拌和厂负责实施,质量管理部、工程技术部、设备部和试验中心负责联合检查验收。称量碾压混凝土组成材料的衡器应在作业开始之前对其精度进行检验,称量设备精度应符合有关规定,确认正常后方可开机。

(2)每班开机前(包括更换配料单),应按试验中心签发的配料单定称,经试验中心质控员校核无误后方可开机拌和。用水量调整权属试验中心质控员,未经当班质控员同意,任何人不得擅自改变用水量。

(3)评定标准。材料称量误差不应超过下述范围(按重量计):水、水泥、粉煤灰、外加剂,±1%;粗细骨料,±2%。当频繁发生较大范围波动质量无保证时,操作人员应及时汇报并查找原因,必要时应临时停机,立即检查,排除故障再经校核后开机。

(4)碾压混凝土料应充分搅拌均匀,满足施工的工作度要求。其投料顺序为砂→胶凝材料→水→外加剂→小石→中石→大石,拌和时间为90s。

(5)在混凝土拌和过程中,试验中心拌和楼质控人员应对出机口混凝土质量情况加强巡视、检查,发现异常情况时应查找原因并及时处理,严禁不合格的混凝土入仓,构成下列情况之一者作为废料处理:①拌和不充分的生料。②VC值大于12s。③混凝土拌和物均匀性很差,达不到密度要求。

(6)拌和过程中拌和楼值班人员应经常观察灰浆在拌和机叶片上的黏结情况，若黏结严重应及时清理。交接班之前，必须将拌和机内的黏结物清除。

(7)配料、拌和过程中出现漏水、漏液、漏灰和电子秤飘移现象后应及时检修，影响混凝土质量时应临时停机处理。

(8)拌和楼生产人员和质控人员均必须在现场岗位上交接班，不得因交接班中断而耽误生产。

(9)拌和楼机口 VC 值控制应在配合比设计范围内根据气候和途中损失值进行动态控制。碾压混凝土 VC 值的波动范围宜控制在±5s，当碾压混凝土的 VC 值超出规定范围时，应尽量保持 $W/(C+F)$ 不变的情况下调整用水量，仓面 VC 值调整由仓面指挥长决定，并由仓面试验中心人员通知拌和楼执行。

(10)抽样检测由现场试验中心负责，混凝土拌和厂负责拌制混凝土，当混凝土拌和运行时，包括水泥、粉煤灰、各种粒径的料，水和外加剂等所有组成材料都应加以控制。所有水泥和粉煤灰的类别和来源，所用骨料颗粒分组，每平方米所用的各配合比，每种骨料的天然含水量，以及在运行过程中各种设计配合比，每立方米的料量和用水重量均应做好记录。

(11)出机口的检测包括机口的 VC 值、机口混凝土试件试验等的检测频率和取样组数按表 10-2 的规定执行。每个月月底将上述检测成果按单元工程进行统计，形成试件成果汇总表，试验结果应与浇筑仓号相对应。

表 10-2　碾压混凝土拌和楼质量控制检测项目及抽样频率表

名称	检测项目	取样地点	取样频次	控制指标	检测目的
外加剂	比重、浓度	配制车间或拌和楼	每班 1～2 次	符合配制要求	控制配制浓度
细骨（砂）	FM，石粉含量	拌和楼	每班 1 次	FM 为 2.2～2.9，石粉含量 16%～22%	控制变化范围，必要时查原因，调整配合比
	含水率	拌和楼	每 2 小时 1 次	4h 内含水渐变不超过 1%	控制 W/C
粗骨料	超、逊径	拌和楼	每班 1 次	原孔筛：超径小于 5%，逊径小于 10%	控制变化范围，必要时查原因，调整配合比
	含泥量	拌和楼	—	—	—
	小石含水率	拌和楼	每班 2～4 次	4h 内含水渐变不超过 1%	控制 W/C

表 10-2(续)

名称	检测项目	取样地点	取样频次	控制指标	检测目的
混凝土拌合物	抗压强度成型	出机口	28d 龄期 500m^3 成型 1 组,设计龄期 1 000m^3 成型 1 组	设计指标	混凝土硬化后质量评定
	混凝土其他性能	出机口	设计规定	设计指标	混凝土硬化后质量评定
	VC 值	出机口	每 2 小时 1 次	符合配料单规定值	控制配料误差
	含气量	出机口	每班 1 次	符合配合比设计值	控制外加剂配料误差
温度检测	水温	拌和楼	每 2 小时 1 次	—	温控要求
	气温	拌和楼	每 2 小时 1 次	—	
	混凝土温度	拌和楼	每 2 小时 1 次	—	

10.8 混凝土运输

10.8.1 自卸汽车运输

(1)由驾驶员负责自卸汽车运输过程中的相关工作,每一仓块浇筑前后应冲洗车厢使之保持干净,高温季节运输碾压混凝土应按要求加盖遮阳篷,质检人员、仓面指挥长负责检查执行情况。

(2)采用自卸汽车运输混凝土时,车辆行走的道路必须平整。洗车台后应有一段砂砾石等强透水材料的路段,方便车辆清洗后把水带入仓内。

(3)在仓块开仓前由生产指挥部负责进仓道路的修筑及其他路况的检查,发现问题及时安排整改。自卸汽车入仓前冲洗人员负责在洗车台或人工用高压水将轮胎冲洗干净,并防止将水带入仓面。轮胎冲洗情况由质检员负责检查。

(4)汽车装混凝土时,司机应服从放料人员指挥。由集料斗向汽车放料时,必须坚持多下点料,料装满后,驾驶室应挂标识牌,标明所装混凝土的种类,方可驶离拌和楼,未挂标识牌的汽车不得驶离拌和楼进入浇筑仓内。拌和楼设置发放标识牌岗位,发牌员对各运输车进行发牌,发牌员由浇筑队要料人员担任。

(5)驾驶员负责在仓面运输混凝土的汽车应保持整洁,加强保养、维修,保持车况良好,无漏油、漏水。

(6)仓面碾压混凝土运输采用自卸汽车,自卸汽车应为后卸式,自卸汽车在仓面上应行驶平稳,严格控制行驶速度。无论是空车还是载重,其行驶速度必须控制在10km/h之内,行车路线尽量避开已铺砂浆或水泥浆的部位,避免急刹车、急转弯等有损碾压混凝土质量的操作。对不听劝告者,专职质检员和仓面指挥长均有权按照相关规定对其进行处罚,对屡犯不改者予以清退出场。

10.8.2 满管溜槽运行管理

(1)满管溜槽安装应符合设计要求。

(2)定期(每班)检查衬板,发现破损要及时修复或更换。定期检查由满管溜槽运行人员负责,质检员在每仓开仓前检查一次。

(3)溜槽出料控制人员对溜槽集料箱的出料要严格控制,要根据汽车容量的大小放料,不得随意操作。

(4)在仓面收仓后,碾压混凝土终凝前,如需对溜槽冲洗保养,其出口段设置水箱接水,防止冲洗水洒落仓内。

10.9 仓内施工管理

10.9.1 仓面管理

(1)碾压混凝土仓面施工由浇筑队负责。每班设仓面指挥长1人,指挥诱导员2人。指挥长全面安排、组织、指挥、协调碾压施工,对质量、进度、安全负责。仓面施工质量检查项目见表10-3。

表10-3 大坝碾压混凝土仓面施工质量检查、检测频次表

检测项目	控制指标	检测(查)方法	检测(查)次数	检测(检查)目的
压实密度	设计值	核子密度仪测试	100～200m^2至少1个测点,每个单元中控制每层不少于3个点	控制施工质量
VC值	3～5s	取样测试	每个单元每班不少于2次	控制施工质量
抗压强度	设计值	试模成型	每个单元取样相当于机口取样数量的5%	控制施工质量

(2)仓面指挥长接受工程师的技术指导、专职质检员的质量监督,指挥长遇到处理不了的技术问题时,应及时向项目部工程师反映,以便尽快解决。

(3)仓面指挥长、指挥诱导员、质控人员、试验中心现场检测员都必须佩戴工作证上岗。质控人员、试验中心现场检测员对施工质量进行检查和抽样检验,并按规定填写记录,见表10-4。

表10-4 仓面施工质量检查项目表

序号	检查项目	质量标准	检查或负责人
1	汽车冲洗	车体干净无泥水带入	仓面指挥长、现场质检员
2	仓面清洁	无污物、无油污	
3	积水、外来水	无积水	
4	砂浆、水泥浆铺设	均匀、无遗漏,按照要求铺设	
5	层间结合时间	下层混凝土未初凝	
6	骨料分离处理	分散处理	
7	平仓厚度	高差小于±5cm	
8	碾压层表面	平整、泛浆、有弹性	试验室检测员
9	压实容重	98%	
10	VC值	3~12s	
11	碾压遍数	符合施工设计要求	质检员
12	废料、次品料处理	按照要求处理或清理	
13	异种混凝土结合部位	符合施工设计要求	
14	雨天施工	措施符合雨天施工要求	仓面指挥长
15	高温、日晒条件下施工	符合高温、日晒施工要求	

(4)除指挥长和仓面指挥诱导员外,其他人员都不应在仓面直接指挥生产。项目部领导、工程师、专职质检员等人员发现问题和做出处理决定须通过指挥长实施,仓面指挥长必须按意见执行,如有不同意见应向上级领导反映。试验中心现场检测员发现问题应及时报告专职质检员或仓面指挥长,并配合查找原因且做详细记录。

(5)所有参加碾压混凝土施工的人员,都必须遵守现场交接班制度,坚守工作岗位,按规定做好施工记录,临时离开工作岗位需经指挥长同意。

(6)为保持仓面干净,禁止一切人员向仓面抛掷任何杂物(如烟头、塑料袋、碎纸等)。

10.9.2 仓面设备管理

(1)设备进仓前应进行全面检查和保养,使设备处于良好运行状态。设备检查由操作手负责,要求做详细记录并接受设备管理部的检查。

(2)设备在进仓前应进行全面清洗,汽车进仓前应把车厢内外、轮胎、底部、叶子板及车架的泥污冲洗干净,冲洗后还必须脱水干净方可入仓。设备清洗状况由质检员不定期检查。

(3)设备的运行应按操作规程进行。设备由专人使用,持证上岗,操作手应爱护设备,不得随意让别人使用,否则将视严重程度予以处理及至清退出场。

(4)驾驶员负责汽车在碾压混凝土仓面行驶时,避免急刹车、急转弯等有损混凝土质量的操作,汽车卸料应听从仓面诱导员指挥,诱导员必须采用持旗和口哨方式指挥。

(5)施工设备应尽可能利用施工进仓道路开出仓面加油,若在仓面加油必须采取铺垫地毡等措施,以保护仓面不受污染,质检人员负责监督检查。

(6)仓面设备的停放由指挥长安排,做到设备停放整齐有序,操作手必须无条件服从指挥,不使用的设备应撤出仓面。

(7)施工仓面上的所有设备、检测仪器工具,在暂不工作时均应停放在现场指挥长指挥的位置上或不影响施工的位置上。

(8)设备由操作手进行定期维修保养,维修保养要求做详细记录,对出现故障的设备应及时报告仓面指挥长和设备管理部门。

(9)维修设备应尽可能利用碾压混凝土入仓道路开出仓面,或吊出仓面,如必须在仓面维修时,仓面须铺垫地毡,以保护仓面不受污染。

(10)未经项目部许可仓面上禁止参观,只有参加仓面施工的人员(包括业主代表、监理工程师、设计代表等)方可进入仓面。进入仓面的人员必须佩戴仓面出入证(或工作证),非施工人员必须持有经项目部批准的单方可进入。

(11)凡进入碾压混凝土仓面的人员都必须将鞋子上黏着的泥污洗净,禁止向仓面抛掷任何杂物(如烟头、火柴棒、碎纸等)。对不听劝告者,不论职务高低,仓面指挥长或专职质检员均有权对其依规进行相应的罚款。

(12)进入仓面的非作业人员行走路线或停留位置不得影响正常施工。

10.9.3 施工人员的培训与教育

(1)施工人员必须经过培训,具备施工能力方可参加施工,特殊作业必须持证上岗。

(2)施工技术人员要定期进行培训,以提高技术水平。

(3)培训工作由技术管理部门组织实施。

10.10 卸料

10.10.1 总则

碾压混凝土采用大仓面薄层连续铺筑，碾压层厚度为30cm，摊铺厚度为34～36cm。若需改变，须经现场试验并经监理工程师批准。

(1)采用自卸汽车直接进仓卸料时，为了减少骨料分离，卸料宜采用双点叠压卸料，自卸汽车必须将混凝土料卸于铺筑层摊铺前沿的台阶上，再由平仓机将混凝土从台阶上推到台阶下进行移位式平仓。卸料尽可能均匀，当料堆旁出现分离骨料时，应由人工或用其他机械将其均匀地摊铺到未碾压的混凝土面上。

(2)仓面诱导员按浇筑要领图的要求逐层逐条带的铺筑顺序，指挥自卸汽车的运行路线和卸料地点，司机必须服从指挥。

(3)采用吊罐入仓时，由吊罐指挥人员负责指挥，卸料自由高度不宜大于1.5m。卸料堆边缘与模板距离不应小于1.2m。

(4)卸料平仓时诱导员应严格控制Ⅲ级配和Ⅱ级配混凝土分界线，分界线每20m设一红旗进行标识，混凝土摊铺后误差对于Ⅱ级配不许有负值，也不得大于30cm，并由质检员负责检查。

(5)由拌和楼控制室操作人员、质控员和试验人员在拌和楼出机口共同把关，严禁不合格的碾压混凝土料进仓，一旦不合格的碾压混凝土料进仓内，由仓面指挥长负责处理。

10.10.2 平仓

(1)测量人员负责安排在周边模板上每隔20m画线放样，标识桩号、高程和平仓控制线，用于控制摊铺层厚等。对Ⅱ级配区和准Ⅲ级配区等不同混凝土之间的混凝土分界线每20m放样一个点，浇筑队按放样点进行红旗标识。

(2)平仓采用平仓机进行，行进时履带不得破坏已碾好的混凝土。人工操作将用来辅助边缘区及其他被指定或认可部位的堆卸与平仓作业，人工操作由仓面指挥长指挥，专职质检员监督。

(3)平仓作业由平仓机手负责，碾压混凝土平仓方向应按浇筑要领图的要求，摊铺要均匀，每碾压层平仓一次。质检员根据周边所画出的平仓线进行拉线检查，每层平仓厚度为34～36cm。检查结果超出规定值的部位必须重新平仓，局部不平的部位用人工辅助铺平。

(4)汽车卸下的混凝土料应立即平仓，以便于混凝土料卸于铺筑层摊铺前沿的台阶上,以满足由拌和物投料起至拌和物在仓面上碾压完毕在 2h 内完成的要求。平仓过的混凝土表面应平整、无凹坑。

(5)平仓过程中出现在两侧和坡脚集中的骨料由人工均匀分散于条带上。这一工作由仓面值班指挥长安排实施,质检人员负责检查、监督。

(6)平仓后的层面上,若发现层面有局部骨料集中,可用人工铺撒细骨料予以处理,也可采用人工或机械将局部集中的粗骨料铺撒分散到已摊铺的层面上。

10.10.3 碾压

(1)碾压设备:振动碾机型的选择,应考虑碾压效率、起振力、滚筒尺寸、振动频率、振幅、行走速度、维护要求和运行的可靠性。对特殊部位的混凝土碾压,应采用小型振动碾或浇筑变态混凝土。

(2)对计划采用的各类碾压设备,应根据碾压试验所确定并经监理工程师批准的满足设计要求的各项碾压参数进行控制。

(3)由碾压机手负责碾压作业,每个铺筑层摊平后,按要求的振动碾压遍数进行碾压,采用悍马双钢轮振动碾,碾压遍数为“2+8+2”,即先无振 2 遍,再有振 8 遍,最后无振 2 遍。碾压机手在每一条带碾压过程中必须记点碾压遍数,不得随意更改。仓面指挥长和专职质检员可以根据表面泛浆情况和核子密度仪检测结果决定是否增加碾压遍数。专职质检员负责碾压作业的随机检查。碾压方向应按浇筑要领图的要求,碾压条带间的搭接宽度为 20cm,端头部位的搭接宽度宜为 100cm。

(4)由试验中心仓面检测员负责碾压结果检测,每层碾压作业结束后,应及时按网格布点检测混凝土压实度容重,核子密度计按 100~200m^2 的网格布点且每一浇筑单元中每碾压层面不少于 3 个点,仓面碾压混凝土的压实度和容重控制标准应满足设计通知文件要求。当检测结果不合格时,应立即重复检测,确定低于规定指标时应立即报告仓面指挥长并协助查找原因,采取补碾等处理措施,碾压机手必须无条件服从仓面指挥长的补碾要求。

(5)碾压机手负责控制振动碾的行走速度在 1.0~1.5km/h 范围内。专职质检员必须随时检测振动碾行走速度是否满足要求,要求每班不少于 2 次,发现超速度应及时向碾压机手指出并要求改正。

(6)由仓面指挥长负责控制碾压层间歇时间,连续上升铺筑的碾压混凝土层间允许间隔时间(系指下层混凝土拌和物拌和加水时起到上层碾压混凝土碾压完毕为止)应控制在 6~8h 内,最长不允许超出混凝土初凝时间,若超出混凝土初凝时间,铺 1.5cm 厚的水泥砂浆或 5mm 的水泥粉煤灰灰浆,且混凝土拌和物从拌和到碾压完毕的历时应不大于 2h。

(7)由仓面监理工程师和质检员决定,仓面指挥长负责安排执行水分补偿碾压，如果由于气温、风力等因素的影响，碾压层面由于水分蒸发而致VC值太大，发生久压不会泛浆时，应在最后两遍利用碾压机上的自带水箱在碾轮表面洒水进行水分补偿碾压。水分补偿的程度以碾压后的层面湿润为准，不允许过多补偿水分，不允许出现振动碾碾压时层面水泥砂浆随振动碾流动的状态。

(8)当密实度低于设计要求时，应及时通知碾压机手按指示补碾，如补碾后仍达不到要求，应挖除处理。碾压过程中仓面质检员应做好施工情况记录，质控人员做好质控记录。

(9)模板、基岩周边采用振动碾直接靠近碾压，无法碾压到的50～100cm或复杂结构物周边，直接浇筑变态混凝土。

(10)碾压时，对混凝土产生裂缝、表面骨料集中部位、碾压不密实的情况，质检人员应要求指挥长采用人工挖除，重新铺料碾压直至达到设计要求。

(11)仓面的VC值原则上控制在3～12s，现场试验中心应根据现场的气温、昼夜阴晴、湿度等气候条件适当调整出机口VC值，碾压以碾压完毕的混凝土层面达到全面泛浆、人在上面行走有微弹性、仓面没有骨料集中为准。

(12)因碾压混凝土料堆放时间过长而造成的表面泛白，应铺洒灰浆或喷雾处理。

10.10.4 变态混凝土施工

(1)河床部位的基础常态混凝土在浇筑完毕之后，宜间歇3～7d，方可在其上铺筑碾压混凝土，但应避免长期间歇，间歇时间以不超过28d为宜，其层面应按施工缝处理。靠岸坡部位的基础垫层变态混凝土先于主体碾压混凝土浇筑，在碾压混凝土施工中，对于靠岸坡垫层混凝土部位50cm的范围加浆振捣变态混凝土。

(2)变态混凝土是在碾压混凝土拌和物铺料前后铺洒水泥粉煤灰灰浆，予以变态，用常态混凝土振捣法作业振实，并能满足设计要求的混凝土。变态混凝土所用水泥粉煤灰灰浆的配制通过试验确定，铺浆方式采用人工手提桶铺洒，要求每桶浆液铺洒的宽度和长度固定，均匀铺洒。铺浆数量为混凝土量的5%，采用注浆法(即先插孔后加浆)，振捣可采用Φ100mm高频振捣器或Φ70mm软轴式振捣器。

(3)变态混凝土主要用于两岸坡基岩面、大坝上下游模板面、伸缩缝、上下游止水材料埋设处、廊道、电梯井周边及振动碾碾压不到的地方等，也可用在常态混凝土与碾压混凝土交接部位。变态混凝土与碾压混凝土可同步或交叉浇筑，并应在两种混凝土规定时间内振捣或碾压完毕。

(4)仓面指挥长负责安排变态混凝土施工时间，根据现场情况，宜采用先碾压后变态的方式。在变态混凝土与碾压混凝土交接处，用振捣器向碾压混凝土方向振捣，在搭接部位碾压后再用高频振捣器垂直插入振捣，使两者互相融混密实。如采用先变态后碾压的方式，振动碾应完成骑缝碾压。

(5)对于上游面 50cm 变态混凝土区域,以及岸坡、廊道周边、下游斜面模板边的变态混凝土施工,在摊铺好的碾压混凝土面上用 20mm 的造孔器人工造孔,造孔按梅花形布置,孔距约为 30cm,孔深 20cm。然后采用人工手提桶定量定孔数进行中、顶部加浆的方式,加浆量控制在混凝土量的 5%,加浆约 15min 之后进行振捣,振捣时间不小于 30s。对于变态混凝土与碾压混凝土搭接凸出部分,原则上用大型振动碾把搭接部位碾平,若实在无法用大碾碾压,可采用小型振动碾碾压。

(6)对于岸坡平台基础面等变态集中部位,可采用拌和楼直接拌制变态混凝土,平台先浇筑两层(大于 60cm)的变态混凝土,第三层开始改为碾压混凝土施工。

(7)对于不同品种的混凝土接触缝,可利用大型振动碾进行骑缝碾压。

10.11 仓面质量管理

由质量管理部负责质量检查、监督、评定等质量控制工作,现场试验室负责按表 10-5 进行质量控制。

表 10-5 大坝碾压混凝土仓面施工质量控制检查、测试频次表

项目	控制指标	检测(查)方法	检测(查)频数	检测(查)目的
压实度	设计值	核子密度仪	100～200m^2 至少 1 个点,每单元每次不少于 3 点	施工质量控制
VC 值	3～5s	取样测试	每个单元每班不少于 2 次	
抗压强度	设计值	取样成型	每个单元取样数为机口取样数的 5%～10%	

10.11.1 评定标准

(1)压实密度:每一层碾压混凝土压实容重实测值有 85%不小于设计值。相对压实度:相对压实度的实测值应达到 98.0%。具体以设计通知为准。

(2)施工过程中试验中心应根据不同天气、气温、湿度情况下 VC 值损失范围,对拌和楼出机口 VC 值动态控制,及时根据施工现场情况进行调整,质量管理部严格控制碾压混凝土的 2h 碾压时间限制和两个碾压层的规定时间间隔。当碾压混凝土相对压实度达不到规定要求时,应进行补碾,如若补碾后仍达不到要求立即通知工程师,并查找分析原因,直到解决方可继续施工。

(3)单元划分。左岸非溢流坝段为一个单元,右岸非溢流坝段为一个单元,厂房坝段为一个单元,溢流坝段为一个单元,左、右岸冲砂孔坝段工程为一个单元。

10.11.2 止水

(1)伸缩缝上下游止水片的材料及施工要求应符合《水工混凝土施工规范》(DL/T 5144—2001)的有关规定。

(2)止水材料施工由浇筑工种负责,位置要有测量放样数据(测量中心提供),要求放样准确。在止水材料埋设处变态混凝土施工过程中应采取适当的措施支撑(如用钢筋支架加以固定)和妥善保护这些止水材料,振捣应仔细谨慎,止水材料如有损坏,应加以修复,该部位混凝土中的大骨料应人工予以剔除,以免产生任何渗水通道。质检人员应把止水设施的施工作为重要质控项目加以检查和监督。

10.11.3 预埋件及埋设仪器

(1)预埋件由埋设人员负责埋设件的埋设、保护、检测、记录等工作。在埋有管道、观测仪器和其他埋件的部位进行混凝土施工时,应对埋设件妥加保护。

(2)碾压混凝土内部观测仪器和电缆的埋设,采用掏槽法,即在前一层混凝土碾压密实后,按仪器和引线位置,掏槽安装埋设仪器,经检验合格后,人工回填混凝土料并捣实,再进行下一层铺料碾压。

(3)对温度计一类没有方向性要求的仪器,掏槽以能盖过仪器和电缆即可。对有方向性要求的仪器,尽量深埋并在槽底部先铺一层砂浆,上部至少回填60cm的变态混凝土。回填工作应在混凝土初凝时间以前完成。回填物中要剔除大于40mm的骨料,用小型平板振捣器仔细捣实。

(4)引出电缆在埋设点附近须预留0.5~1.0m的富余度。垂直或斜向上引的电缆须水平敷设到廊道后再向上(或向外)引申。

(5)仪器和电缆在埋设完毕后,应详细记录施工过程并及时绘制实际埋设图提交给工程师。仪器的安装、埋设混凝土回填作业由负责观测项目的施工单位派专人负责,并妥善保护,如发现有异常变化或损坏现象及时向监理工程师报告并及时采取补救措施,观测项目施工不应影响碾压混凝土的施工。

10.11.4 施工缝

(1)整个碾压混凝土块体必须浇筑得充分连续一致,使之凝结成一个整块,不得有层间薄弱面和渗水通道。冷缝及施工缝必须进行缝面处理,处理合格后方能继续施工。

(2)缝面处理可用高压水冲毛等方法清除混凝土表面的浮砂及松动骨料(以露

出砂粒、小石为准)。处理合格后,先均匀刮铺一层 1.5cm 厚的砂浆层(砂浆强度等级比碾压混凝土高一级),然后立即在其上摊铺碾压混凝土,并应在砂浆初凝以前碾压完毕。

(3)冲毛时间可根据施工季节、混凝土强度、设备性能等因素,经现场试验确定混高土的冲毛时间,不得提前冲毛。

(4)碾压混凝土铺筑层面在收仓时要基本上达到同一高程,因施工计划变更、降雨或其他原因造成施工中断时,应及时对已摊铺的混凝土进行碾压,迅速将停止铺筑处的混凝土面碾压成不大于 1∶4的斜面。

(5)由仓面指挥长负责缝面在浇筑过程中保持洁净和湿润,不得被污染。为减少仓面二次污染,砂浆宜逐条带分阶段依次铺浆。已受污染的缝面待铺砂浆之前用高压冲毛机冲洗干净。

10.11.5 造缝

(1)由仓面指挥长负责安排切缝时间,缝机切缝采用“先碾后切”的方式,切缝深度为该层铺料厚度的 2/3,成缝面积每层应不小于设计面的 60%,填缝材料用彩条布。

(2)造缝应按工程师批准的要求选择成缝时间,控制缝距、方向及斜度,以保证成缝质量。

10.11.6 层面处理

(1)由仓面指挥长负责层面处理工作。除上游防渗体的碾压混凝土层面按本节要求处理外,其他区域不超过初凝时间的层面不做处理,按工序继续铺筑上层碾压混凝土,超过初凝时间的层面要铺 1.5cm 厚的水泥砂浆或 5mm 厚的水泥粉煤灰灰浆,再继续铺筑上层混凝土。

(2)超过终凝时间的混凝土层面为冷缝,冷缝缝面处理方式有两种:一种是间隔在 24h 以内仍以铺砂浆处理;另一种是间隔在 24h 以上,按施工缝面处理。

(3)铺浆由固定的铺浆技工负责实施。上游Ⅱ级配防渗区范围内,每个碾压层面都要均匀铺 5mm 厚的水泥粉煤灰灰浆。仓面试验中心质检员应对配制灰浆的比重进行检测,提供浆液比重资料每班至少 1 次。

(4)当异种混凝土初凝后,清除表层乳皮铺砂浆或灰浆后方可再浇上一层。

10.11.7 排水孔施工

大坝坝身排水孔,规格为 200mm,施工采用预埋塑料盲管成孔。

10.11.8 灰浆铺设

(1)灰浆由水泥+粉煤灰+外加剂配制而成,水泥粉煤灰灰浆加浆施工主要用在上游Ⅱ级配防渗区、各种变态混凝土、层间结合及坡脚的处理,各种变态混凝土的加浆施工等水泥粉煤灰浆按试验中心签发的配料单配制,要求配料计量准确,搅拌均匀,试验中心对配制浆液的质量进行监控。

(2)水泥粉煤灰浆体铺设全过程应由仓面指挥长安排,在需要洒铺作业前1h通知制浆队值班人员进行制浆准备工作,保证在需要时可立即开始作业。

(3)洒铺水泥粉煤灰浆之前,仓面指挥长应负责监督,做到洒铺区干净、无积水,并避免出现水泥粉煤灰浆沉淀问题。

(4)Ⅱ级配防渗区层面洒铺水泥粉煤灰浆不宜过早,应在该条带卸料之前分段进行,不允许洒铺水泥浆后,长时间未覆盖混凝土。

10.11.9 斜层铺筑碾压工艺

(1)每一仓块由浇筑队根据工程技术部报批的施工措施及设计文件、图纸绘制详细的浇筑要领图,同时报送工程技术部审批。仓面指挥长、诱导员、质检员等均必须在开浇前熟悉浇筑要领,并按浇筑要领图的要求组织实施。

(2)浇筑队技术员负责安排工人在周边模板上按浇筑要领图上的要求,每隔20m画线放样,标识桩号、高程和平仓控制线,用于控制斜面摊铺层厚度等。

(3)斜层碾压的坡脚处理,按1∶15～1∶10坡度放样的碾压层底脚宽3m摊铺砂浆(坡度变化时底脚宽度相应调整)。砂浆摊铺长度与碾压条带宽度相对应。振动碾将坡脚一起碾压,碾压遍数按“2+8+2”实施。下一层开始前挖除坡脚放样线以外的坡脚碾压混凝土,坡脚切除高度以切到砂浆为准,已初凝的混凝土料作废料处理。

(4)平仓。从下游往上游倾斜或从一岸向另一岸倾斜,坡比为1∶10以上。

(5)为减少仓面二次污染,斜层坡脚老混凝土条带在铺砂浆前,均用高压水或高压冲毛机冲洗干净,分段铺设砂浆,砂浆铺设前必须将积水吸排干净。

10.12 特殊气候条件下的施工

(1)要做好防雨材料准备工作,防雨材料应稍大于仓面面积,并备放在现场。雨天施工应加强降雨量测量工作,降雨量测量由专职质检员负责。当降雨强度接近3mm/h时,每60min向指挥部和仓面指挥长报告1次雨量监测成果。

(2)当降雨量大于 3mm/h 时,不得开仓浇筑。在浇筑过程中遇到超过 3mm/h 的雨强时,停止拌和,尽快将已入仓的混凝土摊铺碾压完毕并妥善覆盖,要求用塑料布遮盖整个新混凝土面。塑料布的遮盖必须采用搭接法,搭接宽度不少于 30cm,并能阻止雨水从搭接部流入混凝土面。雨水集中引排至坝外,对个别无法自动排出而形成的水坑应采用人工抽排等措施。

(3)暂停施工令发布后,碾压混凝土施工的所有人员,都必须坚守岗位,并做好随时复工的准备工作。暂停施工,由仓面指挥长首先发布给拌和楼,并通知生产指挥部、质量管理部及工程技术部。

(4)当雨停后或降雨量小于 3mm/h,持续时间 30min 以上,且仓面未碾压的混凝土尚未初凝时,可恢复施工。雨后恢复施工时:①由运输机具的驾驶员负责将停在露天运输混凝土机具内的积水清除干净。②出机口的 VC 值宜适当增大,由指挥长通知试验中心负责调整碾压混凝土出机口 VC 值。③由质检人员认真检查,发现被雨水严重浸入的混凝土应挖除。④由仓面指挥长组织排除仓内积水,首先是卸料平仓范围内的积水。⑤对受雨水冲洗混凝土面裸露砂石严重部位,应铺水泥砂浆处理。

完成上述检查及处理工作后方可申请复工,复工必须经监理工程师认可后方可进行。

10.13　高温、低温条件下的施工

(1)碾压混凝土的浇筑温度定义为压实后在混凝土表面以下 10cm 处测得的温度。坝体各温控区 1～12 月浇筑时段的坝体允许浇筑温度见相关技术要求和招标文件的技术条款。

(2)碾压混凝土施工适宜在平均气温为 3～25℃进行,当日平均气温高于 25℃时,应大幅削减层间间隔时间,采取防高温、防日晒和调节仓面局部小气候等措施,以防混凝土在运输、摊铺、碾压时表面水分迅速蒸发散失。在每年 2 月底至 10 月底,根据坝体混凝土温控要求对混凝土生产采取相应的温控措施,如采用骨料预冷、冷水及加冰拌和、汽车搭设防晒棚、成品骨料堆高、调整 VC 值、采用高效缓凝剂、仓面喷雾等措施。

(3)当日平均气温较高时,拟在早、晚间气温较低时快速进行碾压混凝土施工(避开午间的高温时段),并对混凝土运输车搭设防晒棚。

(4)当气温在 20℃以下,层间间隔时间在 8h 以上时,层间铺水泥粉煤灰灰浆处理。当气温在 20℃以上,层间间隔时间在 6h 以上时,层间铺水泥粉煤灰灰浆处理。超过初凝并在 24h 以内,层间铺水泥砂浆处理。

(5)日平均气温低于 3℃时或最低气温低于－3℃时,应采取低温施工措施。

10.14 层面质量缺陷处理

（1）仓面泌水时，对仓面出现的个别泌水部位采取人工挖坑汇集泌水后排除。对严重泌水的部位用高频振捣器沿泌水通道振实。同时查找原因，避免严重泌水。

（2）对层面结合不良、异种混凝土结合不良及混凝土与基岩结合不良等，应对结合部加浆后再用振动碾碾实或用高频振捣器振实。

（3）拆模后专职质检员立即对混凝土外观进行检查，并详细记录，对出现的缺陷要求模板施工队一天内消缺完成，重大缺陷一周内消缺完成。缺陷处理需经监理工程师确认并达到处理要求为准。

10.15 碾压收仓后的仓面管理

10.15.1 清仓

（1）碾压混凝土浇筑收仓后，由仓面指挥长负责安排清理仓面，使仓面处于整洁状态。

（2）仓面施工机械设备停放整齐有序，材料等堆放整齐，做到坝面文明施工。

10.15.2 养护

（1）养护由专责养护人员负责，施工过程中，采取喷雾、洒水、覆盖塑料薄膜或麻袋等措施，使碾压混凝土的仓面始终保持湿润。

（2）由养护人员负责，在施工间歇期间，碾压混凝土终凝后即应开始养护工作。对于水平施工层面，养护工作应持续至上一层碾压混凝土开始铺筑时。对永久暴露面，宜养护 28d 以上。碾压混凝土的养护工作指派专人负责，同时做好养护记录。

（3）冬季施工，当气温骤降造成内外温差达 12℃以上，混凝土表面温度下降到 2℃以下或气温在 4h 以内下降到 0℃以下时，RCC 表面必须覆盖保温材料，直到混凝土表面温度回到 2℃以上为止。

（4）由养护人员负责，在碾压混凝土验收以前要保护好所有混凝土，以防损坏，并应特别小心保护混凝土表面，以防气温骤降时发生裂缝。

（5）在干燥、炎热或大风天气，水分蒸发大，用高压水枪在仓面喷雾，保持仓面湿润。在施工间歇期，终凝前层面覆盖麻袋并用高压水旋转喷头喷水养护。

参考文献

[1]牛光庭.建筑材料[M].北京:水利水电出版社,1978.

[2]朱伯芳.大体积混凝土温度应力与温度控制[M].北京:中国电力出版社,1999.

[3]贾金生.碾压混凝土坝发展水平和工程实例[M].北京:中国水利水电出版社,2006.

[4]方坤河.碾压混凝土材料、结构与性能[M].武汉:武汉大学出版社,2004.

[5]顾志刚,等.碾压混凝土坝施工技术[M].北京:中国电力出版社,1999.

[6]洪永文,等.复杂条件下高碾压混凝土重力坝设计理论与实践[M].北京:科学出版社,2004.

[7]张严明,王圣培,等.中国碾压混凝土坝 20 年[M].北京:中国水利水电出版社,2006.

[8]黄巍,等.水利水电施工技术全书第三卷第八分册·碾压混凝土施工技术[M].北京:中国水利水电出版社,2017.

[9]范福平,等.峡谷地区碾压混凝土筑坝技术与实践[M].北京:中国水利水电出版社,2015.